Determinación de estructuras orgánicas

Determinación de estructuras orgánicas

Daniel J. Pasto

Departamento de Química
Universidad de Notre Dame

Carl R. Johnson

Departamento de Química
Universidad del Estado de Wayne

EDITORIAL REVERTÉ, S. A.

Barcelona - Bogotá - Buenos Aires - Caracas - México - Rio de Janeiro

Título de la obra original:
Organic Structure Determination

Edición original en lengua inglesa publicada por:
Prentice-Hall, Inc., Englewood Cliffs, N. J.

Versión española por los

Dr. R. Areal Guerra
Profesor Adjunto de Química Orgánica y Química Textil E.T.S.I.I. Tarrasa
Universidad Politécnica de Barcelona

y

Dr. J. Tomás Romagosa
Profesor Adjunto de Química Orgánica y Química Textil E.T.S.I.I. Tarrasa
Profesor Adjunto de Química en la Escuela T.S.I. Telecomunicación, Tarrasa
Universidad Politécnica de Barcelona

Impreso en España   Printed in Spain

I.S.B.N - 84 - 291 - 7469 - 9

Dep. Leg. B. 29.703 - 1981
LITOCLUB, S.A. - Nápoles, 300 - Barcelona-25

Prólogo

El rápido desarrollo de las técnicas físicas durante los últimos quince a veinte años, tanto en instrumentación como en interpretación, ha revolucionado los métodos empleados en la determinación de estructuras. La importancia de este campo de trabajo requiere un amplio conocimiento de las diferentes técnicas disponibles que pueden facilitar la investigación de estructuras.

La intención de los autores es que "La determinación de estructuras orgánicas", debe ser como una introducción en las técnicas de investigación. En realidad es probablemente el primer curso de laboratorio en el cual el estudiante está "en su medio". El estudiante no tiene un camino preestablecido que seguir, el cual lo conduzca por el sendero correcto para la resolución de los problemas. Después de cada experimento el estudiante debe valorar la información que ha obtenido y escoger el camino que ha de seguir para los próximos experimentos.

Atendiendo a la modernización y modificación del material expuesto, hemos utilizado algunos nuevos métodos en la preparación de este texto. Hemos reducido drásticamente los extensos estudios sobre la solubilidad y factores que afectan la acidez y basicidad así como las extensas tablas de test para la determinación de grupos funcionales y tablas de compuestos con sus propiedades físicas y derivados. Creemos que los métodos instrumentales modernos han eliminado la necesidad de usar tan frecuentemente los criterios de solubilidad.

La base química necesaria para discutir los efectos de acidez y basicidad, así como la química envuelta en muchos de los test de clasificación por grupos funcionales, se supone que se adquirió en los cursos de graduación en química orgánica, no siendo necesario discutirlo en este texto, excepto en casos especiales. El disponer de tablas de compuestos y sus derivados que puedan cubrir adecuadamente unos miles de compuestos, hoy en día resultaría ser una tarea prohibitiva, y requeriría otro volumen separado. El estudiante debe di-

rigirse a las recopilaciones existentes o bien a la literatura original. (Bibliografía en el cap. 13.)

Se selecciona un formato enteramente nuevo para la presentación de las técnicas químicas empleadas en la determinación de estructuras. Para cada grupo funcional se ha previsto una sección combinando un apartado que compara la utilidad de los métodos espectrales sobre los métodos de detección de grupos funcionales, los test de clasificación química cuidadosamente seleccionados y procedimientos.

Una búsqueda por la literatura original es necesaria para ver si la sustancia propuesta ha sido previamente citada en la literatura. Si el compuesto ha sido previamente citado, se hará primero una comparación de las propiedades del producto descrito y el que se analiza, incluyendo la comparación de las propiedades de los productos químicamente transformados (derivados). Si la sustancia no ha sido previamente citada se prepara una amplia caracterización física y química de ella, así como de los posibles derivados.

En los capítulos siguientes de este libro se trata de las técnicas de aislamiento, purificación, determinación de pureza y elaboración de la estructura. No hay un camino preestablecido para seguir en cada caso particular; el investigador debe valorar los datos obtenidos y entonces decidir por el camino más adecuado. Es a menudo necesaria una considerable experiencia para avanzar en este campo.

Índice analítico

Determinación de estructuras orgánicas

Parte I

Métodos físicos de separación, purificación y caracterización

En la introducción de este texto se delimitan en términos muy generales los procedimientos más usuales seguidos en la determinación de una estructura orgánica desconocida. En el capítulo 1 describiremos las diferentes técnicas que se pueden aplicar en la separación, purificación y caracterización de una sustancia desconocida.

El procedimiento a seguir depende mucho del estado físico y las propiedades químicas generales de la sustancia. Independientemente del estado físico de la muestra, el investigador debe en primer lugar registrar el espectro en el infrarrojo de una parte homogénea de la muestra; hay dos razones para ello: durante la separación y purificación se pueden perder componentes a causa de su alta volatilidad o su alta solubilidad en fases acuosas dando muy poco rendimiento, si se han aplicado técnicas de extracción; o bien adsorciones irreversibles si se han empleado técnicas de cromatografía. Todos los picos presentes en el espectro de la muestra original deben aparecer en el espectro de los compuestos aislados. En segundo lugar pueden aparecer picos nuevos adicionales en el espectro del compuesto aislado no presentes en el espectro de la muestra original. Resulta pues ciertamente evidente que el experimentador que no aplica un cierto grado de precauciones puede incurrir en numerosos errores.

Otro proceso que puede llevarse a cabo con la sustancia desconocida es su análisis por medio de técnicas cromatográficas, bien de capa fina, o de cromatografía de gases. Esta forma de análisis indicará el número de los componentes individuales presentes, así como las cantidades relativas existentes de estos componentes. Sin embargo hay que tener mucho cuidado en la interpretación de los resultados. Muchos compuestos no son separables por estas técnicas, o si se usa cromatografía de gas-líquido no pueden eluirse de la columna, o bien se produce una descomposición produciendo uno o más productos nuevos en el cromatograma. Será necesario hacer una comparación del cromatograma de cada componente aislado de la muestra, con el cromatograma de la muestra original.

Las muestras sólidas deben ser analizadas para determinar su homogeneidad. Dos o más colores o formas cristalinas distintas, indican la probable presencia de más de un compuesto. En ciertas ocasiones puede ser conveniente separar con una lupa algunos cristales hasta reunir la cantidad suficiente (aproximadamente 5 mg) para determinar un punto de fusión y un espectro infrarrojo. Si se encuentra una mezcla de sólidos, una pequeña porción del material, debe someterse a un proceso de extracción o una separación cromatográfica buscando el separar la mezcla en sus fracciones. Cuando se logra una separación adecuada en la pequeña porción de material, el restante debe separarse con el mismo proceso de separación. No debe nunca someterse la totalidad de la muestra a un proceso de separación en el cual no se tenga la suficiente seguridad. En ciertas ocasiones una cristalización fraccionada puede conducir a la separación de los componentes, sin embargo tales procedimientos resultan frecuentemente caros si se tiene en cuenta las cantidades de material perdidas en las aguas madres.

Las muestras heterogéneas que contienen una fase sólida y una fase líquida, pueden separarse parcialmente por filtración. Sin embargo debe recordarse que la fase líquida contendrá considerables cantidades de la fase sólida y viceversa. Se deberán aplicar los procesos de extracción y cromatografía a las fases líquida y sólida, siendo normalmente aconsejable el someter la muestra sin filtrar al proceso de separación.

Las muestras líquidas pueden someterse a una cuidadosa destilación fraccionada, debiendo tomar ciertas precauciones. Sólo una pequeña parte de la muestra debe someterse a la destilación, porque algunos compuestos pueden resultar térmicamente inestables, y ciertas mezclas de compuestos pueden conducir entre ellos a interacciones químicas a elevadas temperaturas, produciendo la descomposición o la formación de compuestos distintos. La temperatura no debe sobrepasar los 150° (todas las temperaturas indicadas en este texto lo son en grados centígrados), salvo en los casos en los que las pruebas parciales, con porciones muy pequeñas de la muestra, hayan señalado una buena estabilidad. La destilación puede continuarse a temperaturas más bajas a presión reducida. Si la destilación fraccionada no produce los resultados apetecidos deben entonces emplearse las técnicas de extracción o cromatografía.

Estudios más amplios referentes a la separación de mezclas se encuentran en capítulos posteriores (véanse secciones 1.5 y 1.6 sobre cromatografía y separación de mezclas).

Cuando el químico aísla un compuesto, se encuentra entonces con el problema de determinar su pureza. Siendo indispensable que el compuesto tenga un alto grado de pureza antes de que el químico proceda a su caracterización física y química. La presencia de impurezas, incluso en las menores cantidades, puede falsear los datos (análisis elemental y funcional) conduciendo generalmente a una conclusión falsa en la interpretación conjunta de los datos.

El punto de fusión, el punto de ebullición, la densidad o el índice de refracción no son generalmente un buen criterio sobre la pureza de la muestra; particularmente en los tres últimos, cuando están presentes cantidades relativamente pequeñas de impurezas. El método más corriente y sensible de análisis tanto de sólidos como de líquidos, incluye el uso de las técnicas cromatográficas lo mismo gas-líquido que capa fina. Se recomienda efectuar estos análisis antes de proceder a la caracterización física y química del compuesto aislado. Cuando la pureza de un compuesto ha sido comprobada se puede entonces proceder al análisis elemental y espectral y al análisis de los grupos funcionales.

1

Separación y purificación

1.1 CRISTALIZACIÓN

Cristalización es la formación de cristales a partir de una disolución de un producto, o del producto fundido. Durante el proceso de formación de un cristal las moléculas tienden a fijarse sobre un cristal preexistente compuesto por el mismo tipo de moléculas, porque encajan mejor en el enrejado cristalino formado por moléculas de la misma estructura, que en aquellos formados por otro tipo de moléculas. Si el proceso de cristalización se conduce en condiciones de casi equilibrio, la tendencia de las moléculas a depositarse en las superficies compuestas por moléculas semejantes produce un notable incremento en la pureza del material cristalino obtenido. Por todo ello el proceso de recristalización es uno de los métodos más importantes de los que el químico dispone para la purificación de sólidos. Algunos procedimientos adicionales pueden incorporarse al de recristalización para eliminar impurezas. Éstos incluyen la filtración para eliminar los sólidos no disueltos, y la adsorción para eliminar las impurezas altamente polares.

La recristalización depende de la diferencia de solubilidad de la sustancia entre el disolvente frío y el mismo caliente. Es conveniente, que dicha solubilidad, sea alta en el disolvente caliente y baja en el disolvente frío, para facilitar la recuperación del material inicial. El escoger un disolvente adecuado es el punto crítico y requiere ensayos preliminares con pequeñas cantidades del material en una amplia variedad de disolventes o pares de disolventes (combinación de dos disolventes). El procedimiento general sólo lo relataremos brevemente.

1.1.1a Procedimiento

El disolvente o par de disolventes que se va a usar en la recristalización de una sustancia se escoge de la siguiente manera. Unos pocos miligramos de la sustancia se sitúan en un pequeño tubo de ensayo y se le añaden unas gotas de disolvente. En general se suele usar un disolvente poco polar en primer lugar, por ejemplo, hexano o éter de petróleo, progresando hacia disolventes de mayor polaridad, por ejemplo alcohol, agua y ácido acético. Los disolventes usados en las recristalizaciones deben tener un punto de ebullición relativamente bajo para poder eliminar fácilmente por evaporación los restos de disolventes adheridos al cristal. Una vez la muestra completamente disuelta, se enfría la disolución para ver cuando los cristales empiezan a formarse; si no aparecen cristales, el material es demasiado soluble en este disolvente y no debe usarse para la recristalización. Deben de probarse otros disolventes, hasta encontrar uno en el cual la muestra no se disuelve completamente a temperatura ambiente, pero sí al calentar. Si los cristales reaparecen al enfriar, el disolvente es adecuado. Si con un solo disolvente no se llegan a obtener los resultados adecuados, se emplean entonces mezclas de dos disolventes, uno de los cuales sea buen disolvente para la muestra y el otro la disuelve muy poco. La proporción correcta de los dos disolventes se determina por tanteo. Cuando se encuentre el disolvente adecuado se procede a recristalizar el resto de la muestra.

El material a recristalizar se coloca en un recipiente apropiado, un matraz Erlenmeyer o un tubo de centrifugado (dependiendo de la cantidad de material que se ha de cristalizar). El disolvente se añade lentamente manteniendo un suave reflujo del disolvente en el recipiente hasta que no quede muestra sin disolver. Ocasionalmente pueden estar presentes materiales altamente insolubles en la muestra, los cuales a pesar de la cantidad de disolvente añadida no se disuelven. Al mismo tiempo es conveniente añadir pequeñas cantidades de un adsorbente, generalmente carbón activo, para adsorber los productos altamente polares que estén presentes en la muestra; la adición del carbón activo debe llevarse a cabo con mucho cuidado. En las disoluciones saturadas que están sobrecalentadas, la adición de granos de carbono activo, puede producir una ebullición violenta con una probable pérdida de material. Después de la adición del adsorbente, la mezcla se hierve alrededor de 30 segundos con una agitación rápida para evitar ebulliciones bruscas, y después se dejan decantar los productos sólidos en el fondo del recipiente. Si se aprecia algún cambio en la apariencia del líquido restante, se debe añadir una cantidad adicional de adsorbente. El proceso se repite hasta que no se nota ningún cambio en la apariencia de la disolución. (Deben tomarse precauciones cuando se trabaja con compuestos altamente coloreados o polares para evitar tener un gran exceso del adsorbente; el uso de un gran exceso de adsorbente puede causar una pérdida considerable de material.) La solución caliente y saturada se filtra entonces a través de un filtro caliente saturado del disolvente el cual se mantiene caliente por un flujo del mismo disolvente con el objeto de prevenir la formación prematura de cristales (véase Fig. 1.1). El papel de filtro se lava con una pequeña cantidad de disolvente caliente. El volumen del disolvente en el matraz de recolección se reduce luego por ebullición hasta obtener de nuevo una solución saturada. En ciertas ocasiones es necesario el uso de un complemento al papel de filtro, por ejemplo Celite, para acabar de retener las pequeñas partículas de carbón. Las técnicas de filtración por succión, usando un embudo Buchner y un matraz de succión, son las que se emplean generalmente cuando hay que forzar la filtración.

El punto crítico de la recristalización es la velocidad de crecimiento del cristal a partir de la solución saturada. Si es demasiado rápida no se alcanzan las condiciones de equilibrio, y si es muy lenta se forman cristales muy grandes incluyendo generalmente una cantidad apreciable de disolvente. La solución caliente y saturada debe enfriarse a una velocidad intermedia a los dos extremos; esto se consigue generalmente dejando enfriar la disolución en la mesa de trabajo siguiendo un enfriamiento en un baño de hielo. En ciertas ocasiones y tratándose de disolventes de bajo punto de ebullición tales como el éter o el pentano puede ser conveniente enfriar la muestra en un baño de hielo seco-acetona para inducir la formación de cristales. En tales casos el matraz de recolección debe enfriarse antes de la filtración pasando una porción de disolvente frío a través del filtro.

Algunos materiales tienden a formar aceites en vez de cristales; esto suele ocurrir normalmente cuando el punto de fusión del material o de la fase líquida formada es inferior a la temperatura a la cual se tiene la disolución saturada. Se pueden añadir cantidades adicionales de disolvente para mantener transparente la disolución, hasta que los cristales empiezan a formarse; si los cristales se resisten a formarse, se rasca el lado del recipiente con una varilla de vidrio o bien se añade un cebo de cristales, que generalmente induce a la cristalización.

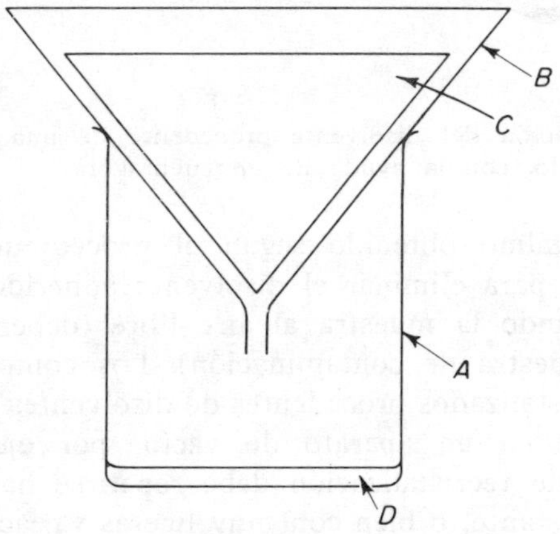

Fig. 1.1. Dispositivo para filtrar una disolución caliente durante un proceso de recristalización: (*A*) vaso, (*B*) embudo de vidrio, (*C*) papel de filtro, (*D*) disolvente para el reflujo. El dispositivo se calienta en un baño de agua, o en una placa caliente. (Nunca encima de una llama libre.)

Los cristales pueden recogerse por filtración ayudada con succión y lavarlos con pequeñas porciones del disolvente frío con el fin de eliminar los restos de aguas madres adheridas. Cuando se usa papel de filtro para recoger la muestra debe tenerse cuidado al separarse la muestra del papel en no desmenuzar algunas fibras de éste, que contaminarían la muestra, interfiriendo en los posteriores análisis elementales o espectrales.

La recristalización de miligramos de muestra se efectúa mejor en tubos de ensayo pequeños o en tubos de centrifugado. Los tubos de centrifugado son los más adecuados, pues en ellos la masa cristalina puede situarse en el fondo del tubo y las aguas madres eliminarse con una pipeta capilar (véase Fig. 1.2). La masa cristalina se debe lavar luego con algunas pequeñas cantidades de disolvente frío, y separarla del tubo para su secado.

La recristalización de compuestos altamente insolubles se consigue usando un extractor Soxhlet (véase sección 1.4 sobre extracción), en el cual el material se sitúa en el cuerpo de extracción y el material purificado se recupera en el matraz que contiene el disolvente destilado.

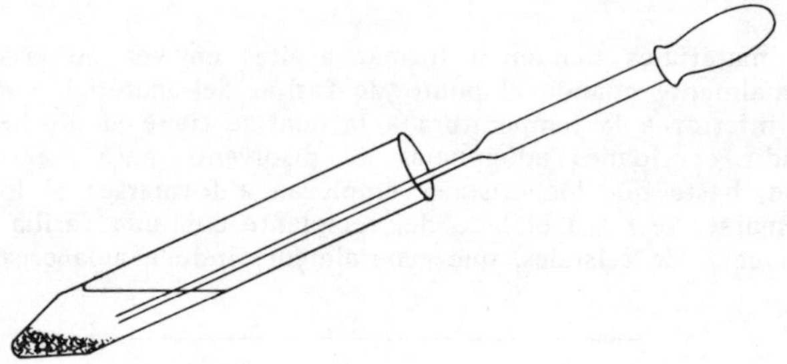

Fig. 1.2. Eliminación del disolvente procedente de una recristalización, en el tubo de centrifugado, con la ayuda de un cuentagotas.

El material cristalino obtenido según el procedimiento antes descrito se seca completamente para eliminar el disolvente adherido. Algunos compuestos pueden secarse dejando la muestra al aire libre (deben tomarse precauciones para proteger la muestra de contaminación). Los compuestos higroscópicos o los compuestos recristalizados procedentes de disolventes de alto punto de ebullición, deben secarse en un aparato de vacío (por ejemplo, un desecador de vacío). El proceso de recristalización debe repetirse hasta que se obtiene un punto de fusión constante, o bien con muy ligeras variaciones (véase la sec. 2.2 sobre puntos de fusión, para los detalles referentes a su determinación).

1.2 DESTILACIÓN

La destilación puede definirse como la evaporación parcial de un líquido con la transferencia de estos vapores y su posterior condensación en una parte distinta del aparato de destilación. La destilación es uno de los métodos más usados en la separación y purificación de líquidos. El éxito obtenido en el uso de las técnicas de destilación depende de varios factores. Entre éstos se incluye la diferencia de presión de vapor (referido a la diferencia en el punto de ebullición) de los componentes presentes, de la cantidad de muestra, del aparato de destilación (del tipo de aparato empleado), de la posible destilación simultánea de dos componentes, o la formación de azeótropos, y del cuidado que tenga el experimentador. Puesto que el proceso de destilación se basa en el hecho de que el vapor procedente de una mezcla líquida es más rico en el componente más volátil, estando la composición controlada por las leyes de Raoult y Dalton, una destilación simple no conducirá nunca a la separación completa de las dos sustancias volátiles. El uso de columnas de fraccionamiento eficaces produce resultados mucho mejores cuando se dispone de suficiente cantidad de muestra. Cuando la cantidad de muestra es demasiado pequeña para efectuar una destilación adecuada, se recomienda el uso de las técnicas cromatográficas, particularmente las preparativas de gas-líquido. Varios tipos de técnicas de destilación se describen en las secciones siguientes.

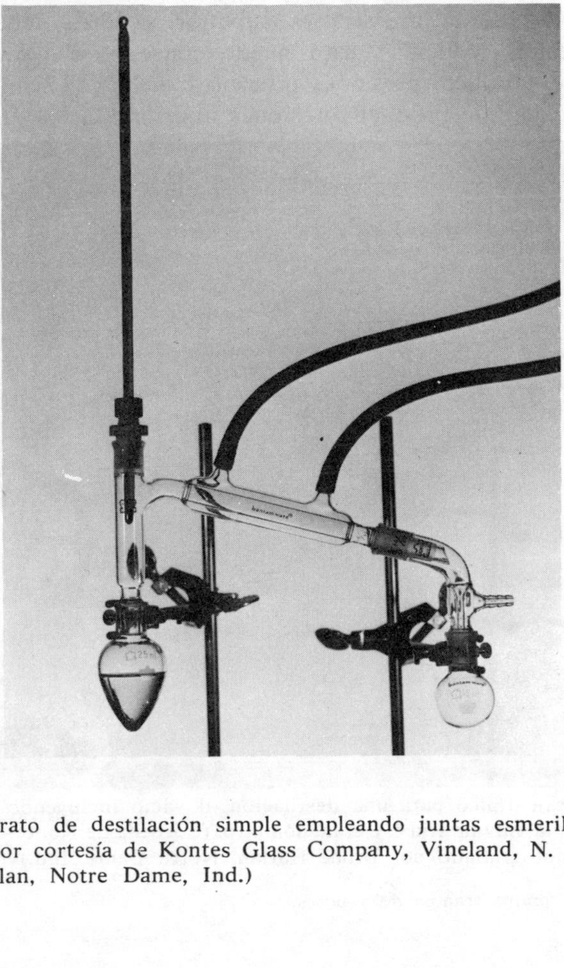

Fig. 1.3. Aparato de destilación simple empleando juntas esmeriladas de 14/20. (Reproducido por cortesía de Kontes Glass Company, Vineland, N. J.; fotografiado por Bruce Harlan, Notre Dame, Ind.)

1.2.1 *Destilación simple (no fraccionada)*

Si se sabe que una muestra contiene principalmente un solo componente volátil, puede usarse una destilación simple para obtener una purificación suficiente del compuesto. Un aparato adecuado para tal destilación se ilustra en la figura 1.3, emplea juntas esmeriladas normalizadas de tipo 14/20 (el correcto manejo de las juntas esmeriladas se describirá en la sección 1.3.1a). El aparato de la figura 1.3 se puede usar para destilación de vacío o a presión atmosférica, y es adecuado para cantidades de muestra inferiores a 0,5 gramos.

Como se indicó antes, una pequeña porción de la muestra debe someterse a una microdeterminación de su punto de ebullición (véase sección 2.4), para determinar el punto de ebullición aproximado de la muestra, así como para conocer si es estable bajo las condiciones de destilación. Por lo general si el punto de ebullición de la muestra es superior a 180°, debe realizarse una destilación a presión reducida; esto puede conseguirse usando una trompa de agua capaz de producir presiones inferiores a 12 ó 15 mm de Hg o una bomba de vacío capaz de producir presiones inferiores a 0,01 mm Hg. La figu-

Fig. 1.4. Montaje típico para una destilación al vacío incluyendo la columna de **fraccionamiento, la válvula fría * y el manómetro. (Cortesía de Kontes Glass Company, Vineland, N.J., fotografiado por Bruce Harlan, Notre Dame, Ind.)**

* **También se le denomina trampa de vapores.**

ra 1.4 muestra el montaje recomendado para una destilación al vacío incluyendo el manómetro de vacío para determinar la presión a la cual se está destilando, una válvula fría (para usarla sólo cuando se emplea una bomba de vacío), para evitar la transferencia de vapores al interior de la bomba de vacío, y una llave de paso de aire para introducir aire en el interior del sistema con el fin de igualar la presión interior del aparato con la atmosférica antes de proceder al desmontado de éste. El vacío no debe nunca interrumpirse por una separación del matraz o del termómetro. Normalmente debe usarse un escudo de seguridad en las destilaciones al vacío para proteger al experimentador encargado de la destilación.

La comparación de los puntos de ebullición a presiones diferentes se consigue fácilmente usando un nomograma (véase Apéndice 1).

La muestra se coloca en el matraz de destilación, se añade después un trozo de porcelana porosa o un capilar fino, a través del cual se pasa una débil corriente de nitrógeno o helio, para obtener una ebullición suave y continuada. En algunos casos la porcelana porosa o los trocitos de varilla, no producen la suficiente agitación de la muestra para obtener una adecuada ebullición; en tales casos es necesario producir la indispensable agitación por medio de un débil flujo de nitrógeno o helio a través del capilar hacia el interior de la disolución. Puede también usarse un agitador magnético. El matraz de destilación puede calentarse con un baño de cera o aceite, nunca con una manta calefactora o con la llama de un mechero Bunsen, pues con los dos últimos procedimientos descritos, generalmente nunca se puede obtener un control adecuado de la temperatura.

1.2.2 Destilación fraccionada

La destilación fraccionada se emplea cuando es necesario separar dos o más compuestos volátiles. El principio de la destilación fraccionada está basado en la ejecución de un gran número de ciclos teóricos de condensación-evaporación. Al usar una columna de fraccionamiento se produce un equilibrio entre el líquido condensado que desciende por su interior y los vapores ascendentes, lo cual produce el efecto de múltiples ciclos de evaporación-condensación.

La longitud y el tipo de columnas de fraccionamiento requerido, dependen de los puntos de ebullición de los componentes a separar; se consiguen separaciones adecuadas de componentes que difieren en su punto de ebullición unos 15 o 20°, usando columnas de Vigreux (véase fig. 1.5a). Para la separación de componentes de puntos de ebullición cercanos, se pueden usar columnas de relleno (véase fig. 1.5b), o las de banda giratoria (véase fig. 1.5c).

En todo momento deben mantenerse las condiciones de equilibrio en la columna de fraccionamiento para conseguir una buena separación. La rela-

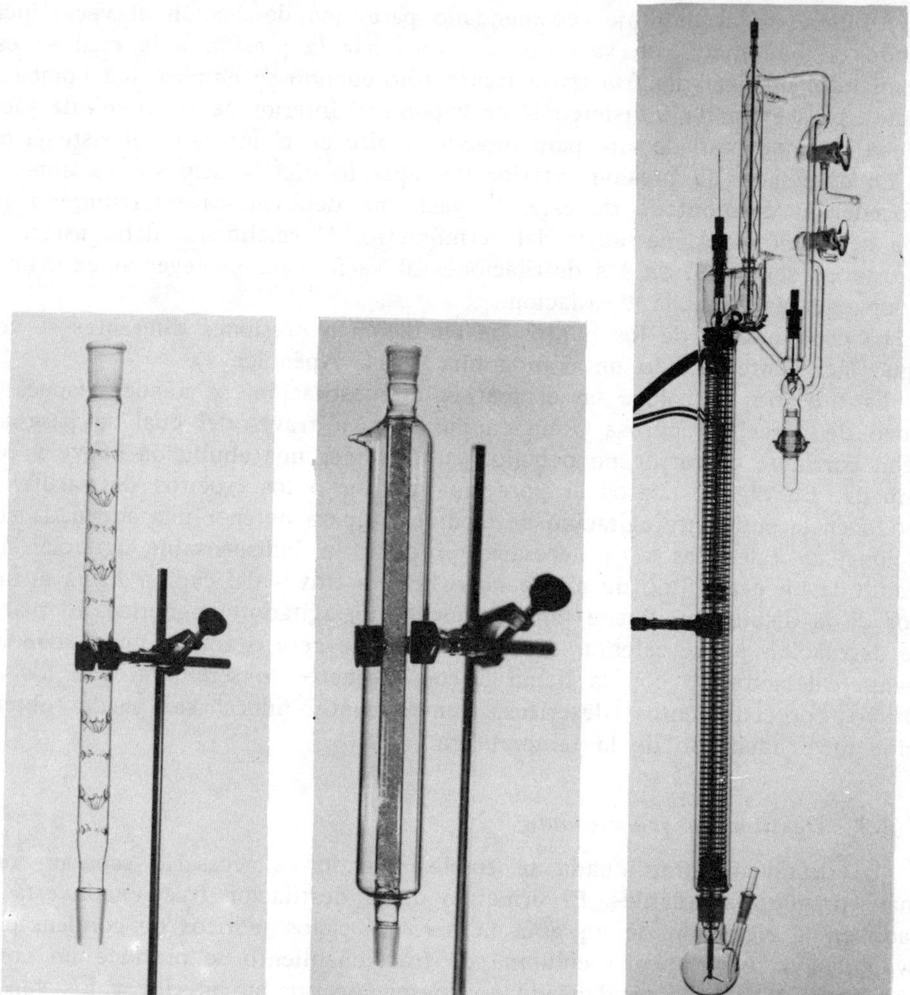

(a) (b) (c)

Fig. 1.5. Columnas características de fraccionamiento. (a) Vigreux y (b) de trozos de varilla de vidrio rellenando una columna aislada del exterior por el vacío. (Fotografías de Bruce Harlan, Notre Dame, Ind.) (c) Una columna de banda rotatoria. (Reproducido por cortesía de Nester/Faust Manufacturing Corporation, Newark, Del.; fotografía de Willard Stewart, Wilmington, Del.)

ción entre el producto destilado respecto a la cantidad de material condensado devuelto al matraz de destilación (llamada razón de reflujo), debe ser siempre mucho mayor que uno, generalmente dentro del intervalo de 5 a 10 para compuestos fácilmente separables. El mantener la razón de reflujo en esa región requiere un control muy ciudadoso de la cantidad del calor aplicado al matraz de destilación. Se debe evitar siempre el flujo excesivo de líquido por la columna. Las destilaciones fraccionadas ejecutadas a presión reducida suelen requerir el uso de un colector de fracciones tal como se muestra en la figura 1.5c. Este aparato colector no obliga a interrumpir el vacío, lo cual destruiría las condiciones de equilibrio establecidas en la columna de fraccionamiento.

1.2.3 Microdestilación

A menudo el químico se encuentra con el problema de destilar miligramos de líquido. Las pequeñas cantidades de líquido recuperadas de una columna de cromatografía gas-líquido, requieren una destilación posterior para eliminar disolventes o residuos de alto punto de ebullición (tales como las partes líquidas estacionarias usadas en la cromatografía gas-líquido, las cuales se eluyen continuamente de la columna), antes del análisis elemental o del estudio de las propiedades físicas de la muestra. Tales microdestilaciones pueden efectuarse de varias maneras.

Un método puede ser una destilación sencilla tipo válvula a válvula. Se prepara un tubo sencillo doblado en forma de dos U tal como se muestra en la figura 1.6a. La muestra se introduce en el interior de una de las secciones en forma de U, y el extremo del tubo se suelda. La porción de tubo en U que contiene la muestra se enfría por medio de un baño de hielo o hielo seco-acetona, según cual sea el punto de ebullición de la muestra, y se aplica el vacío por el otro extremo. De este modo los disolventes volátiles son fácil-

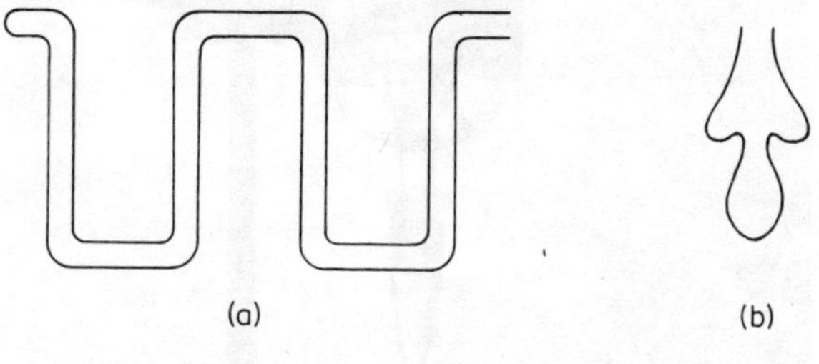

Fig. 1.6. Tubos de microdestilación.

mente eliminados. El baño frío se separa de la porción de tubo en U que contiene la muestra, y la otra sección vacía del tubo en U (el receptor), se sitúa en el baño frío. Se calienta entonces la porción del tubo en U que contiene la muestra y ésta se condensa en el tubo en U inmerso en el baño frío, dejando atrás las impurezas menos volátiles.

Pueden también efectuarse microdestilaciones empleando pequeños tubos como los ilustrados en la figura 1.6b. La muestra se sitúa en el fondo del tubo y cuando se aplica calor el material se evapora y condensa en la parte superior del aparato cayendo hacia la parte inferior dentro del espacio preparado para recibirlo. Este aparato tiene el inconveniente de la carencia de un condensador eficiente, las dificultades para la operación a presión reducida, y las dificultades en la preparación del tubo por el estudiante.

Un aparato mucho más perfeccionado se ilustra en la figura 1.7. La muestra se sitúa en el espacio inferior reservado, se vaporiza, condensando en el dedo frío y se recoge en el pequeño frasco del fondo del aparato. El recipiente de recolección puede también sumergirse en un baño frío; el valor de este aparato está en su versatilidad y la facilidad del control de la fuente de calor y de la presión. Muestras con cantidades del orden de 10 a 200 mg pueden ser satisfactoriamente destiladas en este aparato. La destilación en este

Fig. 1.7. Aparato de destilación micromolecular. (Por cortesía de los fabricantes, Kontes Glass Company, Vineland, N.J.; fotografiado por Bruce Harlan, Notre Dame, Ind.)

aparato es esencialmente una destilación molecular, pudiendo conseguirse sólo muy escaso fraccionamiento como es normal con todas las microdestilaciones.

Se dispone de algunas otras técnicas y tipos de microdestiladores. Véase sección 1.7, Referencias.

1.2.4 *Destilación por arrastre de vapor*

Si se intenta la destilación de un sistema de dos fases inmiscibles se obtiene la destilación parcial de ambas fases, la cantidad de cada fase destilada depende de su volatilidad relativa. Si una de las fases empleadas es el agua, entonces la destilación se denomina por arrastre de vapor. Las destilaciones por arrastre de vapor son muy útiles para separar compuestos volátiles de compuestos relativamente no volátiles, particularmente cuando el más volátil de ellos posee un punto de ebullición muy alto y puede sufrir descomposición si se intenta una destilación directa. Esta técnica es también adecuada si la presencia de otras impurezas menos volátiles causa la destrucción de la fracción deseada en condiciones normales de destilación. La destilación por arrastre de vapor puede a menudo usarse para separar compuestos isó-

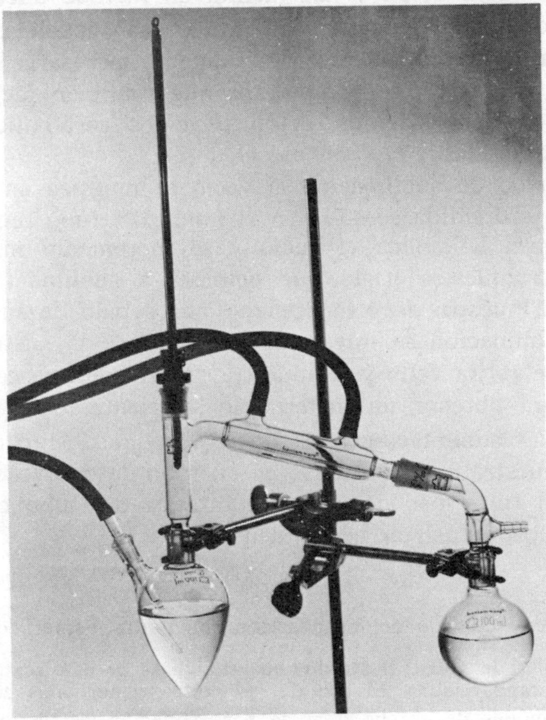

Fig. 1.8. Montaje para la destilación por arrastre de vapor con una fuente externa de vapor. (Reproducido por cortesía de Kontes Glass Company, Vineland, N.J.; fotografiado por Bruce Harlan, Notre Dame, Ind.)

meros, particularmente cuando uno de los isómeros es capaz de formar un amplio enlace por puente de hidrógeno intramolecular, entonces este isómero se convierte en el más volátil mientras que los otros isómeros pueden participar sólo en enlaces por puentes de hidrógeno intermoleculares.

Un montaje típico para la destilación por arrastre de vapor se ilustra en la figura 1.8. Las cantidades pequeñas de productos pueden destilarse por arrastre de vapor con una destilación directa de una mezcla de la muestra y agua, simplificando la fuente externa de vapor y el conjunto de conducción. El material orgánico se recupera del destilado por extracción con un disolvente orgánico.

1.3 SUBLIMACIÓN

Algunas sustancias materiales cuando se calientan pasan directamente a la fase de vapor y al enfriar vuelven directamente al estado sólido. Tal proceso se denomina *sublimación* y nos facilita un método adecuado para la purificación de productos. Desafortunadamente pocas sustancias orgánicas subliman a presión atmosférica, siendo generalmente necesaria la sublimación a presión reducida. Los tipos de compuestos que subliman fácilmente son principalmente muchos α-aminoácidos, cetonas, ácidos carboxílicos y la mayoría de anhídridos y quinonas.

Un aparato típico de sublimación al vacío se muestra en la figura 1.9. La sustancia finamente dividida se sitúa en el fondo del tubo receptor y se coloca el dedo frío dentro. Se aplica el vacío y se incrementa muy lentamente la temperatura de la muestra hasta que empieza a sublimar; sin embargo, la temperatura de la muestra *debe* mantenerse por debajo de su punto de fusión. Al final de la sublimación se interrumpe el flujo de la sustancia refrigerante al condensador, se retira éste, y la muestra se recupera rascando la superficie del dedo frío. Para obtener un material lo suficientemente puro deben efectuarse con él varias sublimaciones. Si no se dispone del aparato mostrado en la figura 1.9, la muestra puede situarse en un tubo de ensayo e insertar a modo de refrigerante un tubo más pequeño. El interior del tubo condensador debe rellenarse con hielo o construir un condensador.

1.3.1a Manejo y cuidado de los aparatos con juntas esmeriladas de precisión

Los montajes de vidrio ilustrados en las figuras de este texto lo son con juntas esmeriladas estandarizadas. El uso de las juntas esmeriladas elimina la necesidad de emplear tapones de corcho o goma para conectar las distintas piezas del aparato; esto reduce la posibilidad de contaminación de la muestra por contacto con el corcho o goma, a su vez se obtienen cierres mejores para las destilaciones al vacío. Aun cuando el uso de las juntas esmeriladas presentan muchas ventajas, tiene el inconveniente de su alto coste inicial. Sin embargo, deben tenerse ciertas precauciones en el uso y manejo de los aparatos.

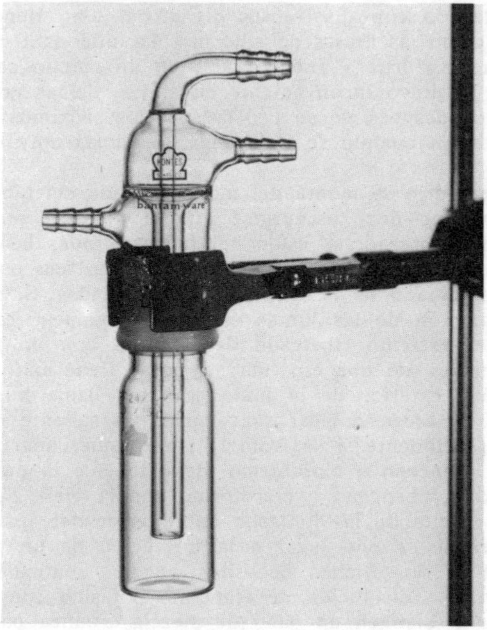

Fig. 1.9. Aparato para la sublimación al vacío. (Reproducido por cortesía de Kontes Glass Company, Vineland, N.J.; fotografiado por Bruce Harlan, Notre Dame, Ind.)

El tamaño de las juntas esmeriladas se indica por una fracción, por ejemplo, 14/20, en la cual el numerador es el diámetro de la parte más ancha de la junta, la cual adelgaza un milímetro por cada diez de longitud, y el denominador es la longitud en milímetros de la superficie esmerilada. Todas las junturas del mismo número son intercambiables. Las juntas no estandarizadas no pueden aparejarse con juntas estandarizadas.

Para evitar que las juntas se suelden se aplica un lubricante antes de proceder a su unión, consistente en una pequeña cantidad de grasa alrededor de la parte central del cuello de la junta, se procede al ensamblaje distribuyendo el lubricante alrededor de la junta con un suave movimiento de giro. (No forzar ni aplicar grandes presiones cuando se aparejan las juntas.) Debe evitarse el exceso de lubricante porque puede penetrar en el interior del aparato y contaminar la muestra; es particularmente importante en los recipientes destinados a recibir líquidos destilados los cuales fluyen a través de tales juntas lubricadas.

Para escoger el lubricante hay que tener en cuenta varios factores: temperatura a la cual se opera, vacío requerido, y reactividad química del sistema. Las tres categorías distintas de lubricantes disponibles son las grasas de hidrocarburos, las grasas de silicona, y las grasas Kel-F.* Varios tipos de grasas de hidrocarburos son fácilmente asequibles. Las grasas apiezón L, M y N poseen una presión de vapor muy baja y se recomiendan para sistemas de alto vacío; sin embargo, su temperatura máxima de trabajo es 30° centígrados. La grasa apiezón T puede usarse por debajo de 110°C. Las grasas de hidrocarburos se eliminan fácilmente por lavado con disolventes orgánicos y no tienden a oxidarse o hidrolizarse tanto como las grasas de siliconas. La silicona Dow Corning posee una presión de vapor muy baja y puede usarse en un amplio campo de temperaturas (— 40° a 150°). El único inconveniente en el uso de las grasas de silicona es el eliminar los restos después de su uso (véanse los próximos epígrafes). Las grasas Kel-F se recomiendan cuando se trabaja con sistemas muy reactivos, por ejemplo flúor.

El aparato de vidrio se monta del modo deseado sujetándolo con pinzas a un soporte o embarrado; debe asegurarse que el montaje no experimente tensión alguna, cuando las abrazaderas están apretadas y todas las juntas quedan cerradas. El aparato debe desmontarse tan pronto como sea posible una vez usado, y el lubricante eliminado de las superficies esmeriladas. Si se encuentran dificultades en la separación de las juntas esmeriladas golpear con mucho cuidado la parte exterior del extremo ribeteado de la junta con un tapón de vidrio o el extremo de la madera de una espátula; si no se tiene éxito, calentar con mucho cuidado la porción exterior de la junta con una llama humeante o amarilla de un micromechero y luego golpear suavemente un saliente de la junta. El lubricante se elimina fácilmente si se frota la parte esmerilada con un tejido y luego se lava con éter, benceno o cloroformo (debe tenerse la precaución de evitar un excesivo contacto del benceno o cloroformo con la piel). Si no se elimina inmeditamente el lubricante de las juntas o del interior del aparato puede producirse oxidación o hidrólisis, dando lugar a la formación de un depósito oscuro sobre la superficie del vidrio. Dichos depósitos pueden eliminarse de la pieza si se mantiene ésta en una disolución de etanolato potásico con el fin de eliminar la grasa de silicona, o bien en un baño de mezcla crómica para eliminar las grasas de hidrocarburos. Los aparatos de vidrio no deben dejarse mucho tiempo con el etanolato potásico porque esta base fuerte atacará débilmente las superficies esmeriladas.

Todos los residuos orgánicos deben eliminarse del vidrio inmediatamente después de su uso. Si una disolución acuosa caliente de jabón no es suficiente, someter el residuo a la acción de la acetona. Sin embargo, muchas veces es necesario depositar la pieza de vidrio en un baño de mezcla crómica por un corto espacio de tiempo (30 minutos).

1.4 EXTRACCIÓN

Se basa en la distribución de una sustancia entre dos fases inmiscibles. La constante del equilibrio de distribución se define por la ecuación (1.1)

$$K = \frac{[C_A]}{[C_B]} \qquad (1.1)$$

* *N. del T.:* El Kel-F es una grasa formada por un fluorocarburo particularmente resistente a la acción de los agentes oxidantes, ácidos y bases. Cat. Sargent S. 77346.

donde $[C_A]$ es la concentración en el equilibrio de la sustancia en la fase A, y $[C_B]$ es la concentración en el equilibrio en la fase B. El coeficiente de distribución puede calcularse usando las solubilidades límites de equilibrio del producto en las dos fases. En realidad la expresión para la constante de equilibrio resulta más compleja de lo que se muestra en la ecuación (1.1). En aquellos casos en los que las sustancias pueden existir en forma dímera o de polímeros superiores en una o ambas fases, es necesaria la introducción de coeficientes y exponentes en la ecuación 1.1 para describir adecuadamente la relación entre la concentración en las dos fases.

En los procesos de extracción empleados normalmente en química orgánica, una fase es agua y la otra un disolvente orgánico adecuado. Un cambio en el disolvente cambiará la solubilidad en esta fase y en consecuencia alterará el coeficiente de reparto. En general la regla de "lo semejante disuelve a lo semejante" es una guía adecuada cuando se escoge el disolvente apropiado.

Para aumentar o disminuir la solubilidad de la sustancia en una fase, se pueden añadir distintos productos. La solubilidad de un producto en una fase puede incrementarse con la adición de un reactivo que sea capaz de formar un complejo estable y soluble en esta fase; por ejemplo, bastantes olefinas reactivas y poliolefinas pueden extraerse hacia una fase acuosa en presencia de ion plata, o pueden extraerse agentes complejantes hacia el interior o a partir de una fase acuosa en presencia de iones metálicos capaces de dar complejos. Estos complejos pueden ser posteriormente degradados, y el producto deseado recuperado.

La solubilidad de una sustancia puede disminuirse, en especial en fases acuosas, por la adición de sales neutras que reducen la solubilidad de la sustancia en esta fase; pueden emplearse distintas sales, siendo el cloruro sódico probablemente el más usado; otras sales que se utilizan son el sulfato sódico, el carbonato potásico o el cloruro cálcico.

El coeficiente de distribución para los productos ácidos o básicos puede variarse sustancialmente variando el pH de una fase; para los productos ácidos puede demostrarse que el coeficiente de distribución entre dos fases, una de las cuales es la acuosa con una concentración de ion hidrógeno $[H^+]$, puede representarse por un coeficiente de distribución efectivo K_{ef} (véase ecuación 1.2) donde K_D es el coeficiente de distribución entre la fase orgánica y el agua pura, y K_A es la constante de ionización del ácido.

$$K_{ef} = \frac{K_D K_A}{[H^+]} \tag{1.2}$$

Esta aproximación es la base para una separación sencilla de los ácidos fuertes y los ácidos débiles por extracción con bicarbonato en disolución acuosa. Después de la extracción del ácido o de la base contenido en una fase orgánica se podrá recuperar el producto, que ahora está en la fase acuosa, acidificando o alcalinizándola.

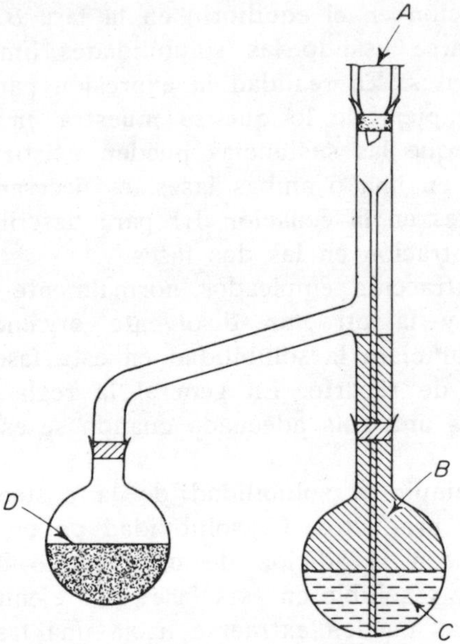

Fig. 1.10a. Diagrama de un extractor continuo simple para usarlo con una fase extractora menos densa que el agua: (*A*) condensador, (*B*) fase extractora menos densa que el agua, (*C*) fase acuosa sometida a una extracción continua y (*D*) matraz de destilación. El disolvente se vaporiza de *D*, se condensa en el condensador *A* y se conduce al fondo del matraz de extracción por medio del tubo central. La fase orgánica asciende a través de la acuosa regresando al matraz de destilación, donde se concentra el material extraído.

En muchas ocasiones, sin embargo, no es posible conseguir un coeficiente de distribución adecuado por ninguno de los procedimientos anteriores. Cuando nos encontramos con un coeficiente de distribución desfavorable, se puede ver en la ecuación 1.3 que varias extracciones con pequeñas cantidades de la fase extractora serán más eficientes que una extracción utilizando toda la fase.

$$[C_A] = [C^o_A]\left(\frac{V_A}{KV_B + V_A}\right)^n \qquad (1.3)$$

$[C_A]$ y $[C^o{}_A]$ representan la concentración final e inicial del material en la fase *A*, *K* es el coeficiente de distribución, V_A es el volumen de la fase *A*, V_B es el volumen de la fase extractora en cada etapa de extracción usada, y *n* es el número de etapas de extracción.

Las extracciones continuas líquido-líquido son indispensables cuando encontramos coeficientes de distribución particularmente desfavorables. En las

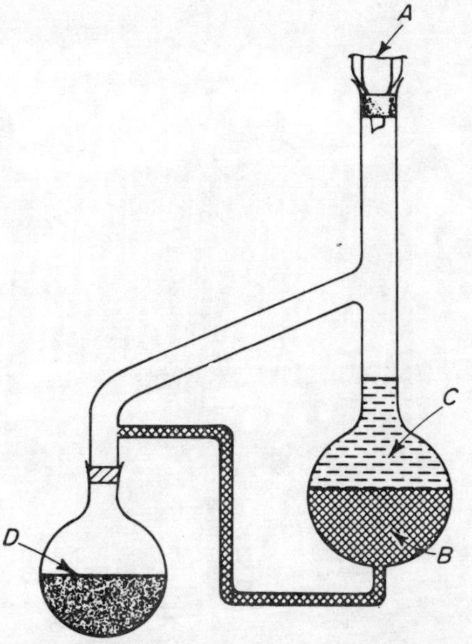

Fig. 1.10b. Diagrama de un extractor continuo para uso con disolventes más densos que el agua: (*A*) condensador, (*B*) fase extractora más densa que el agua, (*C*) fase acuosa extraída y (*D*) matraz de destilación. El disolvente extractor se evapora del matraz de destilación, se condensa y el condensado gotea hacia el fondo a través de la fase sometida a extracción. La fase extractora regresa al matraz de destilación por el pequeño tubo de retorno y el material extraído se concentra en el matraz de destilación.

figuras 1.10b y 1.10a se muestran unos procedimientos de extracción líquido-líquido continuos, adecuados para usarlos con disolventes orgánicos más y menos densos que el agua.

Otro tipo de extracción líquido-líquido es la llamada *distribución en contracorriente*. La distribución en contracorriente necesita dos fases inmiscibles, las cuales están en contacto y fluyen en direcciones opuestas. El aparato mostrado en la figura 1.11 es uno de los aparatos más elaborados de distribución en contracorriente. La fase extractora se introduce por un extremo del aparato y encuentra la fase a extraer avanzando desde el otro lado. La fase extractora y análogamente la fase extraída, no se recogen en un recipiente único y por tanto se tiene un proceso fracionado. En todos los sistemas de extracción líquido-líquido mencionados la fase extractora está siempre en contacto con la otra fase.

Las extracciones continuas líquido-sólido pueden efectuarse usando un extractor Soxhlet (véase fig. 1.12). El producto sólido, finamente dividido, se coloca en el cartucho de extracción, y se hace atravesar la muestra por el

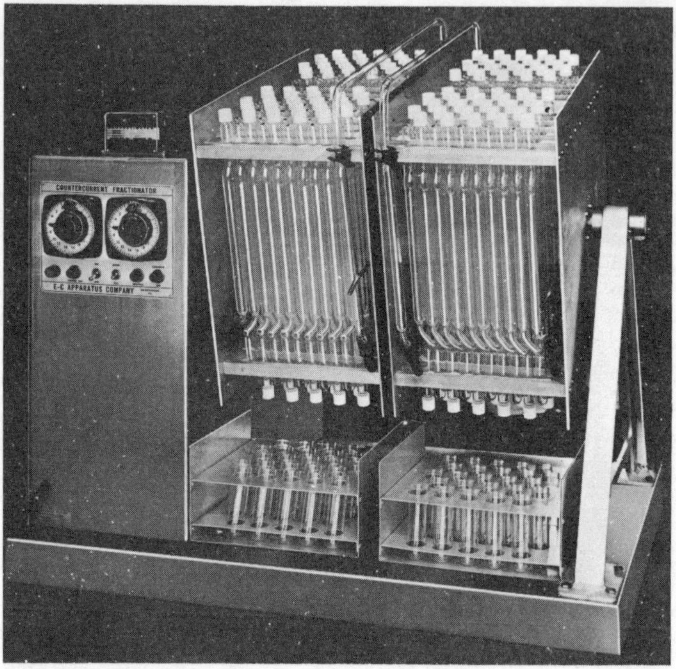

Fig. 1.11. Aparato de distribución en contracorriente. (Reproducido por cortesía de E-C Apparatus Company, Philadelphia, Pennsylvania.)

disolvente puro. El material extraído se acumula en el matraz de destilación del disolvente.

En algunas extracciones, ambas fases pueden llegar a saturarse la una con respecto a la otra. Cuando se extrae una fase acuosa con una fase orgánica, es necesario eliminar el agua disuelta antes de recuperar el material extraído por evaporación del disolvente. Por lo general la mayor parte del agua disuelta en la fase orgánica puede eliminarse lavando la fase orgánica con una solución acuosa saturada de cloruro sódico. El secado final de la fase orgánica se consigue dejándola en contacto durante un cierto tiempo con una sal inorgánica anhidra. Las sales corrientemente usadas con este fin incluyen el sulfato sódico (neutro), sulfato magnésico (ácido) y el carbonato potásico (básico). Para escoger el agente desecante adecuado hay que tener en cuenta el tipo de sustrato contenido en la disolución. Por ejemplo, un agente de secado básico puede usarse para secar disoluciones con aminas y viceversa para los ácidos. El sulfato de magnesio es el agente de desecación más eficaz pero puede absorber ciertas cantidades de compuestos muy polares.

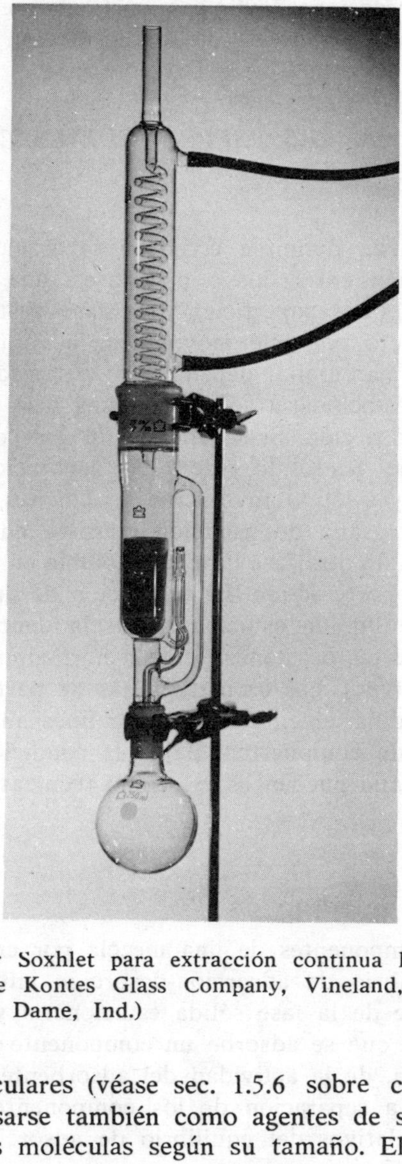

Fig. 1.12. Extractor Soxhlet para extracción continua líquido-sólido. (Reproducido por cortesía de Kontes Glass Company, Vineland, N.J.; fotografiado por Bruce Harlan, Notre Dame, Ind.)

Los tamices moleculares (véase sec. 1.5.6 sobre cromatografía por tamiz molecular), pueden usarse también como agentes de secado. Los tamices moleculares absorben las moléculas según su tamaño. El tamiz molecular puede escogerse de tal modo que sólo las moléculas de tamaño como la del agua o menores se eliminen y el material de la disolución no se elimine. Estos tamices son extremadamente útiles en el secado de disolventes. Generalmente el tamiz se coloca dentro de una columna de cromatografía y la solución es obligada a pasar lentamente a través de la columna. Los tamices moleculares pueden inducir ocasionalmente reacciones químicas, particularmente con sustratos sensibles capaces de producir reacciones de deshidratación o condensación.

1.5 SEPARACIONES CROMATOGRÁFICAS

1.5.1 Introducción

La cromatografía puede definirse como la separación de una mezcla de moléculas por distribución entre dos o más fases, una de las fases es esencialmente bidimensional (una superficie) y la fase restante, normalmente la principal, está en contacto con ella moviéndose a contracorriente. Son posibles varios tipos de cromatografía, dependiendo del estado físico de las fases involucradas. Una fase estacionaria sólida con una fase líquida móvil conduce a la cromatografía de adsorción. Si se emplea un gas como fase móvil se denomina cromatografía de gas-sólido (gsc). Las separaciones usando cromatografías de adsorción o gas-sólido involucran fenómenos de adsorción superficial. La llamada cromatografía de partición consiste en el paso de una fase líquida móvil por encima de otra fase líquida insoluble en la móvil y estacionaria en la superficie de un soporte sólido. La utilización de un gas como fase móvil en contacto con la fase líquida estacionaria es la denominada cromatografía gas-líquido (glc), y en ciertas ocasiones llamada normalmente también cromatografía en fase de vapor (vpc). Las cromatografías de partición y de gas-líquido y gas-sólido son extraordinariamente útiles para fines analíticos y para los ensayos de identificación de compuestos. Bajo las condiciones adecuadas, todas las formas de cromatografía pueden usarse como técnicas de separación de tipo preparativo.

1.5.2 Cromatografía de adsorción

La separación de componentes de una mezcla por cromatografía de adsorción depende del equilibrio de adsorción-desorción entre lo compuestos adsorbidos en la superficie de la fase sólida estacionaria y entre la fase líquida móvil. La fuerza con la que se adsorbe un componente aislado depende de la polaridad de la molécula, de la actividad del adsorbente, y de la polaridad de la fase líquida móvil. La separación de los componentes de una mezcla depende de los valores relativos del equilibrio de adsorción para cada uno de ellos.

Por lo general cuanto más polar es un compuesto, más fuertemente será adsorbido en la superficie de la fase sólida. La tabla 1.1 ordena los grupos de disolventes orgánicos más corrientes por el orden de elución (polaridad creciente). Pueden ocurrir alteraciones menores en estas series si el grupo funcional está altamente protegido, por impedimento estérico, por otras partes menos polares de la molécula.

Tabla 1.1. Secuencia de elución de compuestos

Hidrocarburos	Orden general de elución ↓
Olefinas	
Éteres	
Compuestos halogenados	
Aromáticos	
Cetonas	
Aldehídos	
Ésteres	
Alcoholes, aminas, mercaptanos	
Ácidos y bases débiles	

La actividad del adsorbente (poder de adsorción), depende del tipo de material y del modo cómo se preparó. La tabla 1.2 ordena algunos de los adsorbentes más usuales en orden de actividad creciente.

Tabla 1.2. Adsorbentes para cromatografía de adsorción

Celulosa	Orden general de aumento de actividad ↓
Almidón	
Azúcar	
Silicato de magnesio	
Sulfato de calcio	
Ácido silícico	
Florisil	
Óxido de magnesio (magnesia)	
Óxido de aluminio (alúmina)	
Carbón activado	

El escoger el adsorbente adecuado dependerá de los tipos de compuestos a cromatografiar. La celulosa, almidón y azúcares son en principio los que se usan con los compuestos muy poco activos procedentes de las plantas y animales. El silicato de magnesio es adecuado para la separación de azúcares acetilados, esteroides y aceites esenciales. El ácido silícico es un adsorbente relativamente útil para la separación de ácidos y ésteres. El florisil tiene propiedades muy similares a las del ácido silícico y puede usarse para la separación de la mayor parte de los grupos funcionales, incluyendo los derivados de los ácidos carboxílicos y aminas.

La alúmina que es el adsorbente más usado, puede obtenerse en tres formas: ácida, básica y neutra. La alúmina ácida es una alúmina lavada con ácido, la cual produce una suspensión en el agua con un pH de aproximadamente cuatro. Esta alúmina es adecuada para la separación de productos ácidos como aminoácidos y ácidos carboxílicos. La alúmina básica (pH aproximado 10) es adecuada para la separación de materiales básicos como las aminas. Las alúminas neutras (pH aproximado 7) son adecuadas para la separación de compuestos sin carácter ácido ni básico.

Adicionalmente a la variación de las propiedades ácido-base del adsorbente, la actividad de la alúmina puede alterarse con el control del contenido de humedad de la muestra. Por ejemplo, la alúmina puede prepararse con distintos grados de actividad, de uno a cinco (escala de Brockman), según los cuales la actividad disminuye cuando el número indicativo aumenta. Por lo general, los grados de mayor actividad de la alúmina se usarán sólo cuando la separación de los componentes de una mezcla resulte difícil. Los procedimientos detallados para la preparación y estandarización de los varios grados y tipos de alúmina se encuentran en la referencia 8, págs. 24-26, de la sección 1.7. Las alúminas ácidas, básicas y neutras de actividad I son las comercialmente más asequibles[1] y pueden convertirse a otros grados de actividad por la adición de un 3 % (actividad II), 6 % (III), 10 % (IV) y 15 % (V) de su peso en agua.

Si se usan adsorbentes más activos que la alúmina se pueden destruir ciertos tipos de compuestos durante la cromatografía. Por la presencia de agua en los grados bajos de actividad de la alúmina, algunos ésteres, lactonas, cloruros de ácido, pueden hidrolizarse, quedando las ácidos carboxílicos resultantes muy fuertemente adsorbidos. Los aldehídos y cetonas de bajo peso molecular experimentan condensaciones aldólicas o cetólicas muy extensas en las superficies de los adsorbentes más activos. Para escoger adecuadamente el adsorbente es necesario el conocimiento previo de los tipos de compuestos a separar. En cualquier caso se recomienda una pequeña separación cromatográfica, a modo de ensayo, con una pequeña parte de la muestra, para discernir las mejores condiciones de separación para el resto de la muestra.

Adicionalmente al control de pH del adsorbente, las propiedades del adsorbente pueden alterarse tratándolo con distintos productos químicos. Por ejemplo una alúmina recubierta de nitrato de plata, preparada por emulsión de la alúmina con una disolución al 20 % en peso de nitrato de plata en metanol-agua, seguida de la eliminación del disolvente, será especialmente adecuada para la separación de olefinas. Se puede aplicar también al adsorbente sólido una fase líquida estacionaria, por ejemplo agua, etilenglicol o ácidos carboxílicos de bajo peso molecular. Las separaciones que emplean tales preparaciones se denominan cromatografías líquido-líquido o de partición.

La recuperación de los productos procedentes de un cromatograma puede

[1] M-Woelm-Eschwege, distribuida por Alupharm Chemicals, 616 Comercial Place P. O. Box 30628, New Orleans, Louisiana, y por Bio-Rad Laboratories, 32.ª y Griffin Avenue, Richmond, California.

efectuarse según uno de los dos caminos siguientes. Los componentes aislados de la mezcla pueden separarse, desarrollados en las distintas bandas de la columna, pasando un disolvente o mezcla de disolventes de la suficiente polaridad para arrastrarlos al fondo de la columna de separación. Si las bandas aisladas pueden distinguirse por su color, o fluorescencia bajo la influencia de la luz ultravioleta, o reaccionar con un indicador coloreado, el cromatograma desarrollado puede sacarse de la columna y recuperarse los compuestos separados por extracción de las porciones cortadas de la columna, con un disolvente de alta polaridad. El procedimiento más general es, no obstante, el flujo continuo a través de la columna de disolventes de polaridad creciente para ir eliminando cada componente individualmente. Este tipo de procedimiento es el generalmente denominado cromatografía de elución.

Los solventes generalmente usados como eluyentes están ordenados en la tabla 1.3 por orden de polaridad creciente. Puesto que la separación completa dependerá de que se establezcan y mantengan las condiciones de equilibrio, la polaridad del sistema de disolventes se incrementará muy lentamente, aumentando la concentración del disolvente más polar que sigue en polaridad al que se está empleando. La velocidad en el cambio de polaridad del disolvente dependerá de la semejanza o la diferencia de los componentes de la mezcla a separar. Si se trata de separar compuestos muy parecidos, por ejemplo, olefinas o alcoholes isómeros, el cambio en la composición del disolvente debe limitarse a un pequeño tanto por ciento cada 100 ml. Ocasionalmente puede usarse un único disolvente para producir la elución completa de la columna. La separación de compuestos que tienen grupos funcionales distintos puede conseguirse con un cambio mucho más rápido en la composición del disolvente por ejemplo, 25 % cada 100 ml. La elección del sistema de eluyentes dependerá del tipo de adsorbente usado.

Tabla 1.3. Series eluotrópicas

Éter de petróleo	↓
Ciclohexano	
Tetracloruro de carbono	
Benceno	
Cloruro de metileno	
Cloroformo (exento de alcohol)	
Éter	Polaridad creciente
Acetato de etilo	
Piridina	
Acetona	
n-Propanol	
Etanol	
Metanol	
Agua	
Ácido acético	

Los comentarios acerca de los tipos distintos de compuestos que pueden separarse con cada adsorbente, vendrán íntimamente relacionados con los solventes empleados. Además los disolventes deben tener un elevado grado de pureza; la presencia de agua, alcoholes o ácidos en los disolventes menos polares puede destruir completamente la actividad en la fase sólida estacionaria.

En muchos aspectos, la aplicación de las técnicas cromatográficas de separación es más un arte que una ciencia. La experiencia adquirida en el manejo de estas técnicas permite su uso más eficaz en los trabajos posteriores. Cuando nos enfrentamos con el problema de separar una mezcla totalmente desconocida, usualmente lo mejor es efectuar un ensayo cromatográfico rápido con pequeñas cantidades de muestra bruta, empleando luego la información recogida de este ensayo para conseguir una separación más eficaz del material. El operar así conduce normalmente a un ahorro de tiempo y material. La cromatografía de capa fina (véase sec. 1.5.3), puede servir como una guía excelente para las experiencias de cromatografía en columna. La correlación entre cromatografía de capa fina y columna viene explicada en la sección 1.5.3b.

1.5.2a Técnicas de cromatografía en columna

El éxito que se puede alcanzar en estas separaciones cromatográficas dependerá del cuidado puesto en la preparación de la columna y en el proceso de elución. La figura 1.13 muestra una típica columna de adsorción. El re-

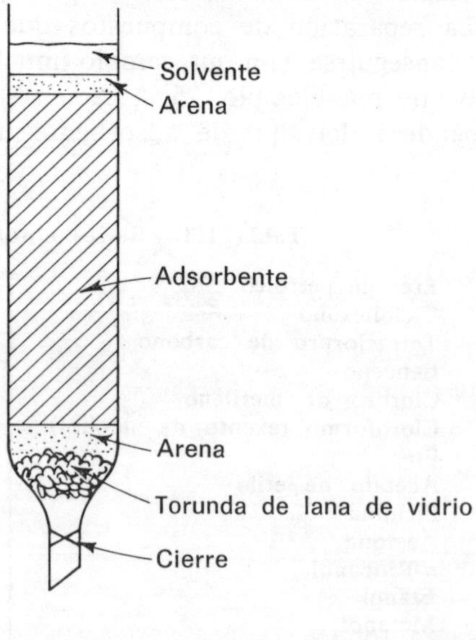

Fig. 1.13. Construcción de una columna de cromatografía.

cipiente es normalmente un tubo de vidrio, provisto de algunos medios para regular el flujo de eluyente a través de la columna (la llave de cierre es preferible que sea de teflón). Si se usa una llave de vidrio con superficies esmeriladas para controlar el flujo de eluyente, se debe eliminar cuidadosamente toda la grasa. Las grasas de cierre son normalmente solubles en muchos de los disolventes empleados en las eluciones y en consecuencia debe evitarse su presencia en las llaves para no contaminar los productos eluidos de la columna.

El relleno de la columna es muy importante. El adsorbente debe estar uniformemente distribuido sin dejar bolsas de aire. Se coloca una torunda de lana de vidrio o algodón en el fondo de la columna, y se añade una capa de arena por encima para dar una base llana al adsorbente de la columna. Los casos en los que no se le proporciona una base lo suficientemente llana a la columna, conducen a la elución simultánea de más de una fracción especialmente si el poder separador de la columna no es muy grande, tal como se ilustra en la figura 1.14.

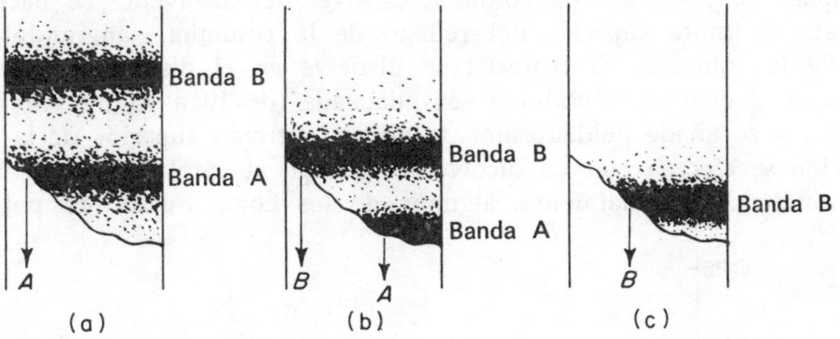

Fig. 1.14. Elución de sucesivas bandas de una columna cromatográfica que no es lo suficientemente plana en el fondo. (a) Elución de *A*, (b) elución de *A* y *B* y (c) elución de *B*.

El relleno de la columna puede efectuarse de varias maneras. El adsorbente se puede colocar seco y añadir después el divolvente. Sin embargo este método no es siempre eficaz, ya que pueden aparecer burbujas de aire en la columna, difíciles de eliminar, y además los adsorbentes aumentan de volumen al empaparse del solvente, rompiendo la columna (por ejemplo, gel de sílice y muchas otras resinas de intercambio iónico). El método recomendado consiste en llenar la columna con el disolvente de menos polaridad que se va a usar, normalmente éter de petróleo, y luego añadir el adsorbente continuamente hasta la cantidad total necesaria. El tubo debe mantenerse en posición vertical para asegurar la homogeneidad en el relleno. Los adsorbentes que no tienen una distribución uniforme en el tamaño de sus partículas y tienen baja densidad, tienden a producir columnas en las que se evidencia una separación por tamaños de partículas, cuando se las llena de esta manera; el florisil y el gel de sílice experimentan mucho este inconveniente. En tales casos el adsorbente se mezcla con el disolvente aparte, y se añade rápidamente en la columna vacía; este hecho evita normalmente la separación por tamaños en la columna. Se coloca después una última capa de arena para proteger la parte superior de la columna de alteraciones durante las adiciones de disolvente en el proceso de elución.

La cantidad de adsorbente y el tamaño de columna requeridos dependen del tipo de separación que se tenga que efectuar. Generalmente se requieren de 20 a 30 g de adsorbente, por gramo de producto a separar.

Si los componentes a separar son muy similares pueden ser necesarias relaciones de 50 o 100 por 1 para obtener la adecuada separación. La altura y el diámetro de la columna es también importante. Una columna demasiado corta no proporcionará la longitud necesaria para conseguir una buena separación, normalmente se recomienda una relación altura-diámetro de 8:1 o 10:1.

Después de preparada la columna el nivel del disolvente se hace descender hasta el límite superior del relleno de la columna, sangrando desde el fondo de la columna. El material se disuelve en el disolvente menos polar posible, en el cual la solubilidad sea adecuada (de 10 a 15 ml por gramo de producto) y se añade cuidadosamente por el extremo superior de la columna. La elución se efectúa con un disolvente análogo al empleado en la disolución de la muestra. Eventualmente, algunos de los compuestos más polares pre-

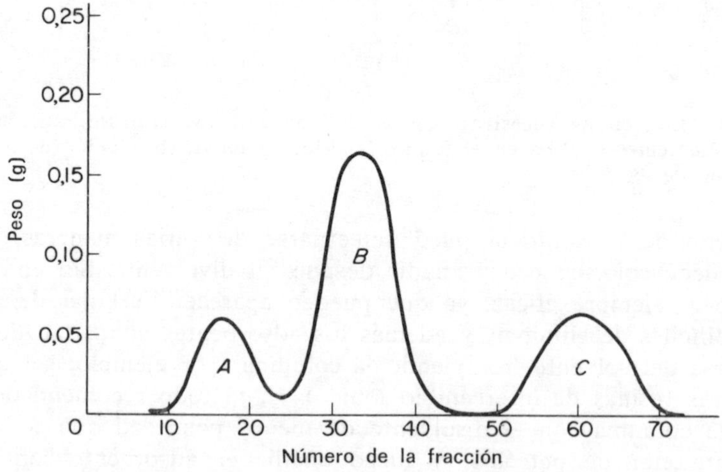

Fig. 1.15. Cromatograma típico en función de peso frente a número de fracciones.

sentes en la muestra requieren disolventes cuya polaridad sea lo suficientemente grande como para eluir rápidamente los compuestos menos polares, sin lograrse la separación. En tales casos debe añadirse la muestra a la columna con un sistema bifásico. No obstante, esto puede producir problemas de obstrucción de la columna.

La proporción en que se varía la composición del disolvente eluyente dependerá del tipo de compuestos a separar. La elución con un solo disolvente puede prolongarse hasta que se observe una notable disminución en los productos eluidos. Las fracciones recogidas deben secarse por evaporación del disolvente y representar gráficamente frente al número de orden de la fracción el sobrepeso de cada tubo colector o peso de la fracción separada. Una gráfica muy característica de una separación cromatográfica es la que muestra la figura 1.15. Una disminución en el peso de las fracciones indica que se aproxima al final de la banda de un compuesto. Las fracciones que aparecen bajo un solo pico deben juntarse para las posteriores etapas de purificación e identificación.

Por lo general se puede recuperar del 90 a 95 % del material situado en la columna de cromatografía.

1.5.3 Cromatografía de capa fina

La cromatografía de capa fina (TLC-Thin-layer chromatography) es una aplicación especial de la cromatografía de adsorción, en la cual se utiliza una capa fina de adsorbente soportada encima de una superficie plana en lugar de una columna rellena de adsorbente. La elución, o más propiamente el desarrollo del cromatograma se consigue por el movimiento capilar ascendente del disolvente a través de la capa fina de adsorbente. Desgraciadamente quedamos limitados al uso de un solo sistema de disolventes. No obstante después de usar un disolvente el cromatograma puede secarse y desarrollarse de nuevo con un segundo sistema de disolventes bien en la misma dirección o en ángulo recto al primer desarrollo.

En orden de importancia, los adsorbentes más corrientemente usados en TLC son el gel de sílice, alúmina, kieselguhr y celulosa. Los dos primeros son más importantes para los usos generales que los dos últimos. Los adsorbentes para TLC son de partículas más pequeñas que aquellos usados para columna, y normalmente contienen “yeso de París” como agente aglutinante. Por esta razón sólo deben emplearse los adsorbentes comerciales disponibles, preparados especialmente para TLC.

Para escoger el disolvente adecuado, se tendrá en cuenta el adsorbente y los productos a separar. Suelen ser las mismas reglas generales que se aplican en la cromatografía de columna. Sin embargo, cuando en TLC se emplea un solo sistema de disolvente es aconsejable efectuar una serie de ensayos previos con varios disolventes para determinar cuál será el que conduzca a una mejor separación. Para ello se preparan una serie de pequeñas placas (los portas para microscopio son excelentes para estos fines), y se les coloca la muestra desarrollándolas en los distintos solventes.

La visualización del cromatograma, para localizar la posición de cada uno de los compuestos en la mezcla separada, dependerá de los tipos de moléculas presentes en la muestra original. Si todos los compuestos son coloreados bastará la inspección ocular para distinguir las manchas. En TLC los métodos más comunes de distinguir las fracciones separadas, son su visualización con vapores de iodo, la iluminación con luz ultravioleta de capas conteniendo compuestos de fósforo, o bien la carbonización con ácido sulfúrico.

El indicador más usual es el vapor de iodo. El cromatograma desarrollado y seco se coloca en un recipiente cerrado conteniendo algunos cristales de iodo. El iodo se adsorbe en las partes del cromatograma donde hay los compuestos orgánicos; apareciendo entonces manchas pardas, debidas a la formación de complejos de transferencia de carga con el iodo. Con la ayuda de esta técnica se puede detectar la gran mayoría de compuestos orgánicos. El método es normalmente no destructivo. Las manchas pueden delimitarse y calentar luego ligeramente la placa para que el iodo sublime fuera de la placa, dejando los compuestos inalterados.

Pueden también añadirse compuestos inorgánicos de fósforo a la papilla previa a la preparación de las placas. Tales compuestos de fósforo se suelen suministrar juntamente con los plastificantes contenidos en los adsorbentes, ya preparados especialmente para estos usos. Estos compuestos emiten luz visible cuando se les excita con radiación UV. Si el compuesto que se quiere visualizar en la capa fina contiene un sistema conjugado, adsorbe él la luz emitida, y aparece una mancha oscura en la placa fosforescente. El método tiene la ventaja de su sencillez y sensibilidad a la vez que no es destructivo.

Son bastantes los compuestos orgánicos que se carbonizan al calentar con el ácido sulfúrico. Se puede colocar una pequeña cantidad de ácido sulfúrico en la papilla antes de preparar la placa, o el cromatograma desarrollado se rocía con un pulverizador con sulfúrico. La carbonización se consigue calentando la placa desarrollada con una placa caliente o estufa a 100-110°C.

Muchos de los agentes empleados en los análisis funcionales cualitativos se pueden usar para visualizar las placas. Por ejemplo, pueden usarse como indicadores: indicadores ácido-base para ácidos o bases, cloruro férrico en disolución para fenoles o enoles, 2,4-dinitrofenilhidrazida para aldehídos y cetonas, reactivos de dicromato, etc. Puede ser a veces necesario el uso de más de un agente de visualización para detectar la presencia de todos los compuestos presentes en la mezcla, efectuándose en un solo cromatograma, o bien si un indicador interfiere con el otro, en ensayos consecutivos y en placas distintas.

El valor de la TLC, radica en el poco tiempo que se requiere para efectuar un análisis. Si se efectúa sobre portas de microscopio, la operación completa, comprendiendo la preparación de las placas, desarrollo y revelado, puede durar unos 10 minutos. La TLC es muy útil para seguir el curso de una reacción, detectar productos intermedios de reacciones, analizar productos crudos procedentes de mezclas desconocidas con el fin de determinar el número de los componentes presentes, y para comprobar la eficacia de los procesos de purificación.

La cromatografía de capa fina puede emplearse también para trabajos de tipo preparativo con cantidades relativamente pequeñas, empleando capas de adsorbentes más gruesas (2000 μ) y aplicando la muestra en forma de una banda lineal en vez de una mancha en forma circular. Se desarrolla sólo una estrecha sección del cromatograma con el uso de indicadores para localizar las bandas de las sustancias. Se separan entonces las bandas de la placa y el producto del adsorbente.

La TLC puede también usarse como un método para intentar la identificación; si las condiciones de la placa se mantienen constantes, un compuesto, en varias manchas iniciales progresará hacia arriba de la placa a la misma velocidad relativa respecto a un patrón adicional o al avance del frente del disolvente. El desplazamiento relativo se designa como:

$$R_x = \frac{\text{desplazamiento del compuesto}}{\text{desplazamiento del patrón}} \tag{1.4}$$

o bien

$$R_f = \frac{\text{desplazamiento del compuesto}}{\text{desplazamiento del frente del disolvente}} \tag{1.5}$$

Para fines de identificación la comparación entre un compuesto conocido y el desconocido debe efectuarse con varios sistemas distintos de disolventes sobre varios adsorbentes. Los valores R_x y R_f obtenidos de la literatura no son lo suficientemente reproducibles para usarlos en identificaciones definitivas, deben usarse como una guía general. Cuando sea posible se efectuará la comparación directa del producto conocido y desconocido, esto se consigue cromatografiando una muestra del producto conocido, del desconocido, y de una mezcla de los dos en un solo cromatograma. Frecuentemente, con la comparación directa, una identificación final exacta no es posible cuando algunos compuestos de la mezcla tienen idénticas o muy similares propiedades de adsorción.

1.5.3a Técnicas de cromatografía de capa fina

Cromatografía en portas de microscopio

El químico que investiga en el campo de la determinación de la estructura orgánica hace un uso constante en su trabajo de la TLC sobre portas de microscopio. La evidente utilidad y conveniencia de este método para seguir las reacciones y buscar las composiciones y pureza es tal, que no podrá ser suficientemente elogiada.

Preparación de las placas. Los portas para TLC se preparan del modo más adecuado sumergiéndolos dentro de una papilla de adsorbentes comerciales para TLC en disolventes orgánicos; para preparar la papilla se pueden usar 35 g de gel de sílice G o 60 g de alúmina, mezclados con 100 ml de mezcla de cloroformo-metanol (2: 1 v/v). La papilla puede guardarse durante algún tiempo en recipientes muy limpios. Las placas se preparan como sigue:

1.° Sumergir dos portas de microscopio *limpios* y *secos* y unidos entre sí, dorso a dorso, como si fuese un solo vidrio, dentro de la papilla, sacar lentamente los vidrios de la papilla y dejarlos escurrir en el extremo del recipiente. Si las capas obtenidas son demasiado delgadas e irregulares, la papilla debe espesarse con la adición de más adsorbente.

2.° Separar los dos portas y dejarlos secar en la mesa durante 5 minutos; eliminar el exceso de adsorbente de los extremos. Las placas de gel de sílice y alúmina preparadas de este modo están dispuestas para su uso. Si no se van a usar inmediatamente se guardan en una atmósfera seca.

Aplicación de la muestra. Los aplicadores más adecuados se fabrican estirando por el centro un capilar abierto de los empleados en la determinación de puntos de fusión, hasta obtener un capilar muy fino, rompiéndolo después por la parte central. La muestra se aplica en pequeñas manchas, de disolución diluida en disolvente volátil, distantes alrededor de unos 10 milimetros del extremo de la placa; si es necesaria más de una aplicación, se deja que seque la mancha anterior antes de colocar más muestra. Con cuidado pueden colocarse incluso más de tres muestras en una sola placa. Se deja que se seque el disolvente de la mancha antes de colocar el porta en la cámara de desarrollo.

Desarrollo de la placa. Los sistemas de disolventes para los ensayos previos se escogen de un modo aproximado usando como guía general las series eluotrópicas descritas en la tabla 1.3. Es normalmente de mayor eficacia el uso de mezclas de disolventes.

La placa con la muestra se coloca en una vasija o vaso tapado de un modo adecuado (papel de aluminio o vidrio plano), el nivel del disolvente en el recipiente debe ser inferior al de la muestra en la placa. El desarrollo, considerando como tal cuando el disolvente recorrió cerca de las tres cuartas

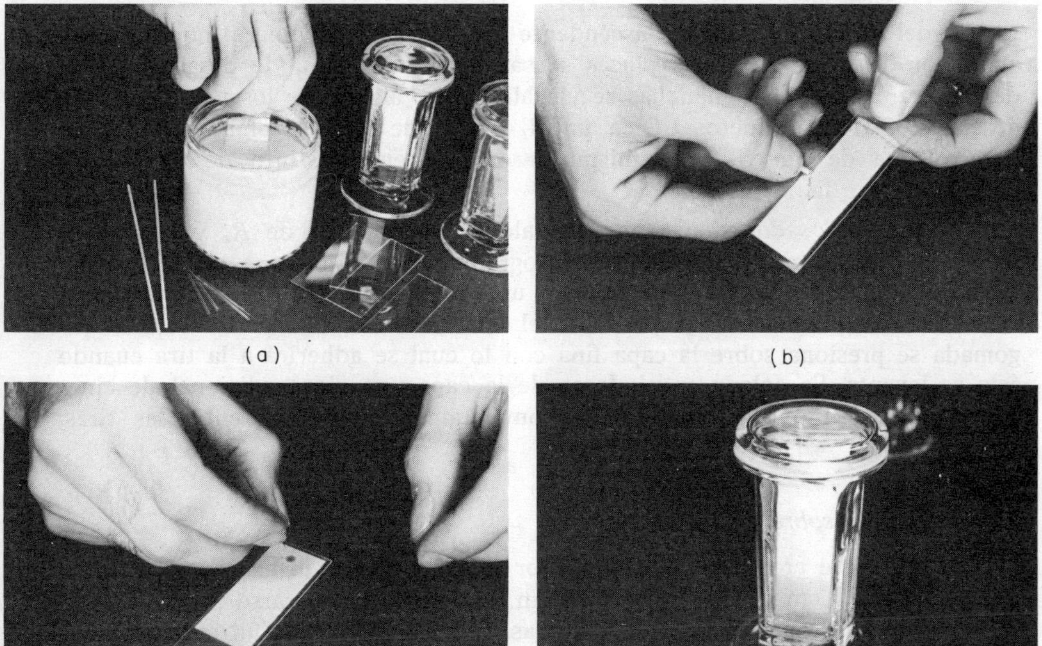

Fig. 1.16. Cromatografía de capa fina sobre portas de microscopio. (a) Dos portas de microscopio unidos dorso a dorso se sumergen en la papilla, se separan y se dejan secar. (b) Los lados se recortan separando una pequeña porción del adsorbente. (c) La muestra se aplica con un pequeño capilar. Pueden aplicarse hasta tres muestras por vidrio. (d) El cromatograma se desarrolla en una pequeña cámara cerrada, durante unos 5 minutos. Los recipientes más adecuados son unos tarros especialmente diseñados para contener vidrio de microscopio. (e) El cromatograma se visualiza colocándolo en un recipiente conteniendo unos pocos cristales de iodo. (f) La cromatografía en capa en forma de triángulo conduce a la formación de bandas en lugar de círculos. Sólo se puede colocar una muestra por vidrio, pero el método produce mejores separaciones de los componentes, facilitando la detección de elementos traza de bajo R_f. (Fotografías por L. Pepoy y D. Vegh.)

partes del total del camino ascendente en la placa, requiere normalmente alrededor de 5 minutos. Las placas se sacan de la cámara de desarrollo y se dejan secar al aire. Las manchas se visualizan por alguno de los métodos antes descritos. Si los productos tienen un R_f menor de 0,4 el cromatograma debe desarrollarse de nuevo en el mismo u otro sistema distinto de disolventes para aumentar la resolución.

Archivo de los datos. Se pueden calcular los valores de R_x y R_f o bien se puede hacer un dibujo del cromatograma en el cuaderno de notas del laboratorio. Se puede también utilizar una cinta adhesiva transparente para enganchar directamente la capa sobre el cuaderno de laboratorio. La tira engomada se presiona sobre la capa fina con lo cual se adherirá a la tira cuando ésta se levante. Se coloca en el dorso de la capa una pieza adicional de cinta adhesiva quedando el cromatograma completamente asentado entre las tiras.

Cromatografía sobre placas grandes.

Las placas de cromatografía de mayor tamaño que se utilizan normalmente tienen 5 por 20 cm o bien 20 por 20 cm, pudiendo encontrarse preparadas en el comercio sobre placas de vidrio o tiras de plástico.* Estas últimas tienen la ventaja de que se pueden cortar fácilmente para reducirlas al tamaño adecuado, pero son flexibles y requieren un soporte durante el desarrollo. Para preparar estas placas grandes se aconseja utilizar algún aparato de los que hay en el mercado. No obstante, es también posible, prepararlas esparciendo una papilla con la ayuda de un rodillo de vidrio. A tal fin se preparará una papilla acuosa con el adsorbente que se quiera utilizar, atendiendo a las instrucciones especificadas en el envase. Esta papilla se esparce uniformemente por la superficie de las placas empujando con un rodillo de vidrio cuyos extremos han sido rodeados con cinta aislante, de modo que quede la distancia precisa entre la superficie del rodillo y la placa; también se puede colocar un trozo de cinta del espesor adecuado en los bordes de la placa de vidrio, esparciendo a continuación la papilla por la superficie comprendida entre las dos cintas con la ayuda del rodillo de vidrio. Las placas así obtenidas se secarán al aire y se colocarán en un horno a 105° durante una hora o más para activarlas antes de usarlas en la cromatografía de absorción. La colocación de la muestra y el desarrollo se realiza del modo indicado para los vidrios de microscopio.

1.5.3b Relaciones entre cromatografía de columna y de capa fina

La cromatografía de capa fina se usa como un modelo para la de la columna. La cromatografía de capa fina sobre portas de microscopio nos sugerirá

* Actualmente también se emplean soportes delgados de aluminio muy fáciles de recortar y con una cierta rigidez suficiente para mantener las placas de pie.

un adsorbente y solvente para su uso en la cromatografía de columna y nos dará detalles acerca de la complejidad de la mezcla a separar. Para que el paso de la cromatografía de capa fina a columna sea eficaz, es importante que los adsorbentes usados en ambos casos, procedan del mismo fabricante. Se recomienda el siguiente procedimiento.

1.º Buscar un sistema de disolventes apropiado para conseguir una buena separación en capa fina. Tal sistema debe consistir en dos líquidos, uno polar y otro menos polar.

2.º Reducir la polaridad del sistema de disolventes añadiendo algo del menos polar, hasta que el R_f en TLC de los componentes sea menor de 0,3. Si hay sólo un compuesto que se desea aislar, y su R_f es alto, la reducción de la polaridad puede ser innecesaria.

3.º Usar el disolvente menos polar de la etapa 2, para preparar la papilla y rellenar la columna.

4.º Colocar la muestra en la columna y desarrollar con el sistema de disolventes modificado. Analizar las fracciones separadas por TLC sobre vidrios de microscopio.

1.5.4 Cromatografía sobre papel

La cromatografía sobre papel es similar a la de capa fina, excepto en que se usa papel de filtro de alta calidad como adsorbente o fase sólida estacionaria. El fundamento de la cromatografía sobre papel no es estrictamente la adsorción, sino más bien una combinación de adsorción y reparto. El reparto ocurre entre el agua que hidrata la celulosa y la fase móvil orgánica. El papel se emplea fundamentalmente cuando se trata de separar compuestos polifuncionales o muy polares, por ejemplo, azúcares o aminoácidos. Tales productos no pueden ser cromatografiados en adsorbentes más activos. El método se usa como procedimiento analítico parecido a la TLC. La magnitud de las muestra para la cromatografía sobre papel es del orden de 5 a 300 μg.

La selección del sistema de disolventes para la cromatografía sobre papel es muy importante. Para detalles sobre los sistemas de disolventes puede consultarse la lista de libros de la sección 1.7. En la mayoría de los casos el sistema de disolventes debe contener algo de agua. El desarrollo del cromatograma se consigue suspendiendo el papel de modo que su extremo inferior se introduzca en el disolvente contenido en el recipiente (cromatografía ascendente sobre papel); o bien sumergiendo el extremo superior en un pequeño recipiente con disolvente, haciendo que el movimiento del disolvente ocurra por la suma de las fuerzas de la capilaridad y la gravedad (cromatografía descendente sobre papel). El desarrollo es muy importante que ocurra en una atmósfera saturada de vapores del disolvente, de otra forma el disolvente se evaporaría del papel antes de ser reemplazado por la acción de capilaridad, y la separación de los componentes no se conseguiría.

Después de completar el desarrollo, se señala la posición del frente del disolvente y la tira de papel se seca. Se rocía el papel con un agente visualizante y se calculan los valores R_f y R_x.

1.5.4a Técnicas de cromatografía sobre papel en tubo de ensayo

Como en la cromatografía de capa fina, se pueden emplear unas técnicas elaboradas y sencillas en la cromatografía sobre papel. La técnica más sencilla implica el uso de un tubo de ensayo como cámara de desarrollo. El método se recomienda para la mayoría de los trabajos de identificación o por lo menos en los trabajos previos de exploración en la determinación de las condiciones para usar tiras largas u hojas.

Se puede usar un tubo de 6 u 8 cm. La tira, cortada de un papel de filtro Whatman núm. 1, se coloca dentro del tubo, suspendiéndola de un alfiler clavado en el tapón, doblándola en ángulo o bien cortando el papel con mayor anchura en la parte alta (fig. 1.17) que sirve para evitar su descenso por el tubo. Tocar el papel sólo por el extremo superior, de otro modo, las huellas de los dedos podrían contaminar el cromatograma.

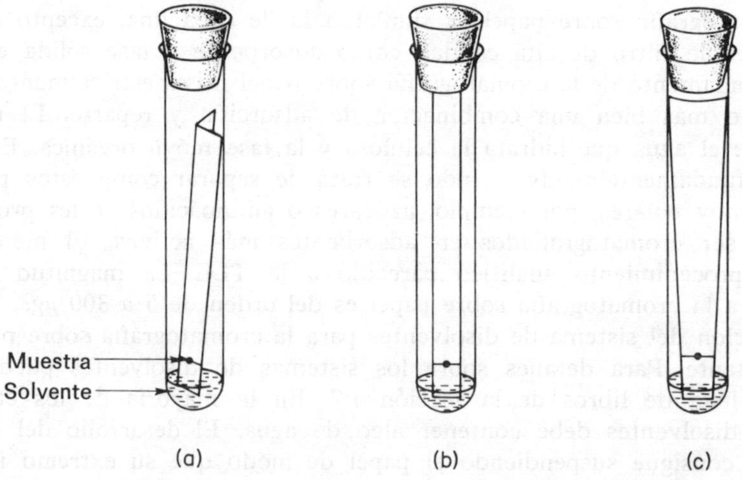

Fig. 1.17. Cromatografía sobre papel en tubos de ensayo: (a) papel sostenido en el tubo por el doblez; (b) papel sostenido por un alfiler en el tapón de goma; (c) papel sostenido en las paredes del tubo por un ensanchamiento en su extremo superior.

Hacer una marca con lápiz cerca de 1 cm de la parte inferior de la tira. La muestra se aplica en forma de pequeña mancha con una micropipeta (fabricada estirando un capilar), en el centro de la línea y se deja secar. La magnitud de la muestra debe ser de unos 10 μg. Con una pipeta se coloca una pequeña cantidad de disolvente en el fondo del tubo, de tal modo que las paredes de éste queden secas. La tira de papel con la muestra seca se coloca cuidadosamente dentro del tubo, de modo que la superficie del disolvente quede por debajo de la línea de lápiz. El tubo se cierra y se deja reposar hasta que el disolvente ascienda hasta las proximidades de lo alto de la tira de papel. Pueden ser necesarias más de 3 horas. Luego se saca el papel y se señala el nivel alcanzado por el disolvente. La tira se deja secar y los compuestos se visualizan con un rociado apropiado.

1.5.5 Cromatografía de gases

La cromatografía denominada de gas-sólido (gsc) utiliza una fase sólida estacionaria y una fase móvil gaseosa; la denominada gas-líquido (glc) utiliza una fase líquida estacionaria y fase móvil gaseosa, en ciertas ocasiones se la denomina cromatografía en fase de vapor (vpc). La fase líquida estacionaria está sostenida sobre la superficie de un soporte sólido. En la cromatografía gas-sólido la separación de los componentes de una mezcla depende del equilibrio de adsorción, como si se tratase de una columna de adsorción. En la cromatografía gas-líquido la separación dependerá de la constante de equilibrio entre las solubilidades en la fase líquida y la gaseosa. En esto radica la gran utilidad de la cromatografía de gas-líquido. El saber escoger adecuadamente las fases líquidas estacionarias permite al experimentador variar ampliamente la secuencia de elución de la columna de los compuestos de una mezcla. La cromatografía de gases, se ha convertido en uno de los métodos de análisis más eficaces con los que cuenta el químico. Esta técnica permite la separación de cantidades extremadamente pequeñas de material, del orden de 10^{-4} a 10^{-6} gramos. Los análisis cuantitativos se pueden efectuar muy fácilmente (como se discutirá con gran detalle al final de esta sección). La posibilidad de usar columnas más largas, produciendo una mayor número de platos teóricos, aumenta la eficacia de la separación más allá de cualquier otra técnica disponible. La técnica es aplicable dentro de un amplio campo de temperaturas (— 70 a + 500°), lo cual posibilita la cromatografía de productos con un amplio campo de volatilidad. Por último los análisis por cromatografía gaseosa requieren muy poco tiempo, si se les compara con otras técnicas analíticas.

La instrumentación necesaria puede ser muy simple o puede tener un alto grado de perfeccionamiento y complejidad. Los componentes básicos necesarios se muestran en la figura 1.18. Se requiere una fuente de gas a una presión relativamente alta, de 2-6,3 atm (30-100 psi), para suministrar la fase móvil gaseosa; el gas se introduce dentro de la corriente gaseosa en el bloque de inyección por medio de un microinyector que atraviesa un "septum". * Los líquidos pueden inyectarse directamente, en tanto que los sólidos se disuelven normalmente en un disolvente volátil. El bloque de inyección se mantiene a temperaturas que oscilan desde la ambiente hasta aproximadamente 350°C. La temperatura de trabajo se escoge de modo que se asegure la completa volatilización de todos los componentes presentes en la mezcla. La temperatura del inyector y de la columna no debe ser más alta que el punto de ebullición de la substancia menos volátil. La presión parcial de vapor de la mayoría de substancias, en presencia del gas portador a elevada presión, es suficiente para garantizar la completa vaporización. Debe tenerse en cuenta que las temperaturas demasiado altas en el bloque de inyección pueden provocar la descomposición de los compuestos relativamente inestables.

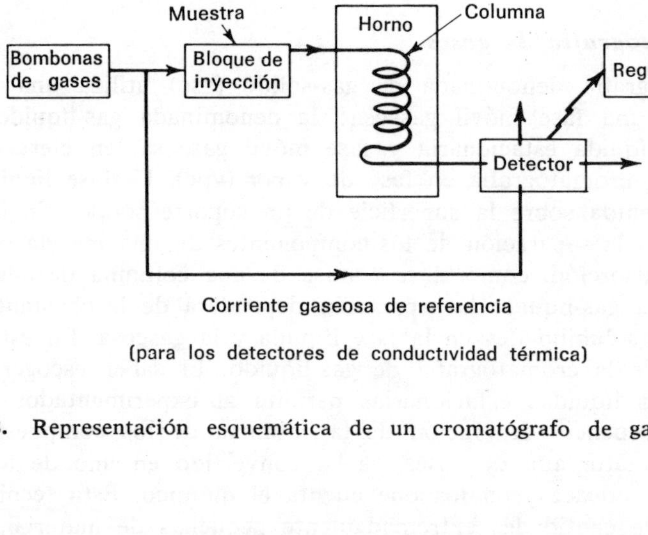

Fig. 1.18. Representación esquemática de un cromatógrafo de gases sencillo.

* *N. del T.:* Se refiere a una pieza de goma que permite ser atravesada por la aguja de la jeringa, cerrándose el agujero al retirarse ésta.

La corriente de gas, una vez fuera del bloque de inyección se conduce hacia la columna de cromatografía, situada dentro de un horno. Si los tiempos de retención de todos los componentes presentes (véase su definición más adelante) son muy similares, la columna debe mantenerse a temperatura constante (operación isotérmica). Si los tiempos de retención difieren mucho, puede ser conveniente incrementar lentamente la temperatura de la columna durante el proceso cromatográfico. Se ofrecen en el mercado instrumentos para trabajar

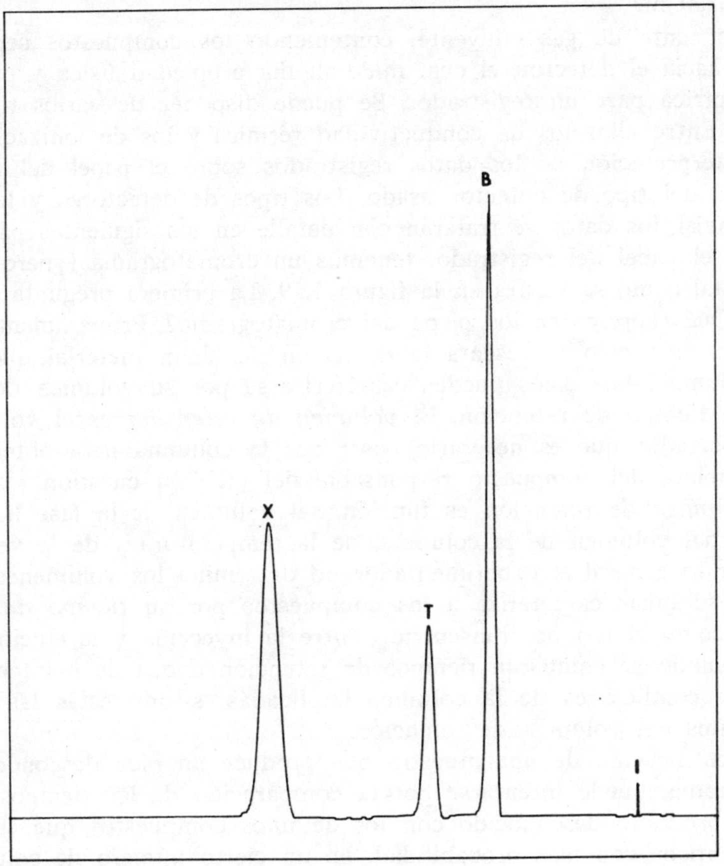

Fig. 1.19. Cromatograma gas-líquido de benceno (B), tolueno (T) y xileno (X) en una columna del 20 % de carbowax 20 M de 1,68 m a 140°. El pequeño pico marcado con I indica el punto de inyección de la muestra.

a temperatura constante y temperatura variable (programada). El tamaño de las columnas usadas dependerá de la dificultad en la separación de los componentes de la mezcla; normalmente se determina por ensayos. Las columnas corrientes suelen ser de un diámetro de unos 6 mm aproximadamente, y la longitud varía desde 0,6 a 15 m. Las longitudes corrientes de las columnas oscilan entre 1,8 m y 3 m; las columnas más largas son las requeridas en las separaciones más difíciles. Las columnas de diámetro superior, hasta 50 mm, son las que se emplean con fines preparativos (recolección de las fracciones individuales). Son también interesantes las columnas capilares de longitud superior a 100 m.

La corriente de gas efluyente, conteniendo los compuestos separados, se conduce hacia el detector, el cual mide alguna propiedad física y produce una señal eléctrica para un registrador. Se puede disponer de varios tipos de detectores. Entre ellos los de conductividad térmica y los de ionización. La correcta interpretación de los datos registrados sobre el papel del registrador, dependerá del tipo de detector usado. Los tipos de detectores y los métodos para manejar los datos se tratarán con detalle en los siguientes párrafos.

Sobre el papel del registrador tenemos un cromatograma (¡pero no un espectro!) tal como se ilustra en la figura 1.19. La primera pregunta a formular sería: ¿Qué representan los picos del cromatograma? Primeramente hay que decir que cada pico representa la detección de algún material que se eluyó de la columna. Los picos pueden caracterizarse por su volumen de retención o por su tiempo de retención. El *volumen de retención* es el volumen total de gas portador que es necesario pasar por la columna para obtener la elución completa del compuesto responsable del pico en cuestión.

El volumen de retención es función del volumen de la fase líquida estacionaria, del volumen de la columna, de la temperatura y de la velocidad de flujo. Por lo general el experimentador no determina los volúmenes de retención, en su lugar caracteriza a los compuestos por su *tiempo de retención,* definido como el tiempo transcurrido entre la inyección y la elución del producto. Cuando se comparan tiempos de retención deben de mantenerse constantes las condiciones de la columna implicadas, siendo éstas las citadas al hablar antes del volumen de retención.

La identificación de una muestra que produce un pico desconocido en un cromatograma, puede intentarse por la comparación de los tiempos de retención del producto desconocido con los de unos compuestos que se le consideran idénticos con más probabilidad, en un cierto número de columnas que difieren bastante en polaridad. Puede obtenerse una evidencia adicional cromatografiando una mezcla de la muestra conocida y la desconocida. La aparición de un solo pico cuya apariencia es semejante al de la muestra conocida y la desconocida, indica la posible identidad de las dos muestras. La identificación rigurosa de un producto desconocido no puede efectuarse por comparación de los tiempos de retención, pues es muy probable que muchos otros productos posean similares propiedades de elución.

La identificación rigurosa de un material dado, puede conseguirse recogiendo la fracción en cuanto sale del detector y caracterizarla en su composición por sus propiedades físicas; pero sin embargo no debe olvidarse que pueden ocurrir isomerizaciones y fragmentaciones en el bloque de inyección y en la columna, y el material que llega al detector puede no ser el mismo que el que inyectó. Se han desarrollado técnicas para analizar los compuestos fragmentados. La inyección de compuestos muy poco volátiles en un pirolizador, produce un amplio cracking del material y el cromatograma obtenido se denomina *pirograma cromatográfico.*

Los cromatógrafos de gases pueden también usarse en conjunción con otros tipos de instrumentos. El gas saliente puede conducirse directamente a una célula de infrarrojos o bien a un espectrómetro de infrarrojos de barrido espectral rápido o también directamente a un espectrómetro de masas. Tales procedimientos eliminan la necesidad de recoger las fracciones individuales.

El área de un pico de un cromatograma de gases representa una medida cuantitativa de alguna propiedad física del material que atraviesa el detector; para un material dado, la respuesta será lineal con la concentración, sin embargo la constante física para una serie de moléculas distintas puede no tener el mismo valor absoluto, y la respuesta relativa de un componente con respecto a otro no ser directamente proporcional a las presiones parciales de los productos en la corriente de gas eluido. La respuesta relativa a los distintos compuestos dependerá del tipo de detector usado debiéndose hacer las adecuadas correcciones en los cálculos, si se quieren obtener datos de tipo cuantitativo.

1.5.5a Detectores

Los detectores están normalmente dentro de una de las dos categorías siguientes: detectores de conductividad térmica y de ionización.

Los de conductividad térmica miden cambios en la conductividad térmica de gas eluido. El detector normalmente consiste en cuatro filamentos calentados que actúan como las cuatro resistencias de un puente de Wheatstone. Dos de los filamentos están inmersos en una corriente de gas de referencia, que es una pequeña corriente de gas que se deriva antes del inyector y columna (fig. 1.16), y que penetra en el detector para suministrar la referencia constante de resistencia. Los otros dos filamentos se sumergen en la corriente de gas eluido. Con un flujo constante de gas portador puro a través de los filamentos, se tiene una transferencia de calor constante de los filamentos al gas. Cuando un compuesto es eluido de la columna la conductividad térmica de la corriente gaseosa cambiará y en consecuencia se transferirá más o menos calor del filamento a la corriente gaseosa. El cambio en temperatura del filamento produce un cambio en la resistencia del filamento, el cual se nota por un cambio en la intensidad que lo atraviesa. Esta señal es transmitida al registrador y representada frente a una escala de tiempos. Por lo tanto con el detector de conductividad térmica el cromatograma representa el cambio en la conductividad térmica del gas eluido.

En la tabla 1.4 se ordenan las conductividades térmicas de ciertos posibles gases portadores y compuestos orgánicos en fase gaseosa a dos temperaturas distintas. La conductividad térmica de una mezcla equivale a la suma

Tabla 1.4. Conductividad térmica de varias sustancias $\left(\frac{\text{g cal}}{\text{cm}^2\ \text{seg}} \text{ por } \frac{^\circ\text{C}}{\text{cm}}\right)$

Sustancia	0°C	100°C	*Razón* $\frac{100°C}{0°C}$
Helio	33,60	39,85	1,18
Hidrógeno	39,60	49,94	1,26
Argón	3,88	5,09	1,31
Nitrógeno	5,68	7,18	1,26
Dióxido de carbono	3,35	4,96	1,48
Metano	7,16	12,3	1,72
Etano	4,26	7,77	1,83
Pentano	2,94	—	—
Benceno	2,10	4,17	1,99
Etanol	—	5,03	—

de los productos de la fracción molar por la conductividad térmica. De los cuatro gases portadores posibles mencionados en la tabla 1.4 el helio y el hidrógeno son los que conducen a medidas de mayor sensibilidad, referida a un mayor cambio en la conductividad del gas eluido con respecto a su cambio en concentración. El helio es el gas portador más usado en las medidas de conductividad térmica por unir, además, su gran inercia química. El argón y el nitrógeno no son gases adecuados para medidas de conductividad térmica, ya que pueden aparecer picos negativos con compuestos que tengan una conductividad térmica mayor que ellos.

La conversión del área de los picos de un cromatograma a pesos relativos o moles, requiere conocer la conductividad térmica de los componentes presentes en la mezcla a la temperatura del detector. Tal información es extremadamente limitada y la medida de tales valores resultaría prohibitiva por su complejidad, reduciendo la utilidad de la cromatografía gaseosa en el ámbito de la química analítica cuantitativa. Para orillar este problema se puede determinar la respuesta relativa de los componentes presentes en la mezcla. Esto se consigue haciendo el cromatograma de una mezcla cuidadosamente pesada de los compuestos puros y calculando la relación (peso/área) de cada componente, relativa a un compuesto, o bien a un patrón adicional añadido a la mezcla. El área, relativa al mismo compuesto o al patrón usado en la mezcla de composición conocida, determinada de la mezcla desconocida, se convierte a pesos multiplicando por el factor (peso)/(área) el área del cromatograma (tal como se ilustra en los cálculos que seguirán).

La inspección de los datos presentados en la última columna de la tabla 1.4 indican que la conductividad térmica de los compuestos en fase gaseosa no es constante con la temperatura. En segundo lugar la dependencia con la temperatura, que no es lineal, varía de un compuesto a otro. Por lo tanto las relaciones calculadas para un cierto detector a una temperatura pueden usarse sólo a esta misma temperatura. Si un análisis se efectúa a una temperatura de detector distinta, la respuesta relativa debe volverse a determinar a aquella temperatura. De la tabla 1.4 resulta también evidente que la diferencia en conductividad térmica aumenta con la temperatura. Para obtener un máximo de sensibilidad con el detector de conductividad térmica la temperatura del detector se mantiene a unos valores relativamente altos, 250 a 350°C.

Las determinaciones cuantitativas de rendimiento en componentes volátiles pueden efectuarse con el uso de un cromatógrafo de gases. Esto puede conseguirse con uno de los dos procedimientos siguientes. A una parte alícuota y pesada de la muestra se le añade una cantidad pesada adicional de uno de los componentes presentes en ella. Se determina el cromatograma de la mezcla y de la mezcla con el producto añadido. Los pesos absolutos o moles presentes en la mezcla pueden entonces ser calculados (véase el problema de muestra siguiente). Otro procedimiento posible involucra la adición de una cantidad pesada de un patrón interno a una parte alícuota de la mezcla, con el consiguiente gas cromatografiado. Para aplicar este método se necesita conocer las respuestas relativas de los componentes con respecto al patrón añadido. Los rendimientos no podrán calcularse sin el uso de un patrón interno, a menos que todos los productos aparezcan como picos en el cromatograma y que no haya pérdidas mecánicas de material.

1.5.5b Ejemplos de cálculos

La reacción de A (2,50 g, p. mol. 134) con reactivo X produce 2,40 g de un producto que es una mezcla conteniendo A y dos productos B (p. mol. 148) y C (p. mol. 162). El cromatograma de gases de la mezcla muestra picos para A, B y C, con áreas de 77, 229 y 276 respectivamente. La adición de 36,4 mg de B a 120,2 mg de una parte alícuota de la mezcla procedente de la reacción producen un cromatograma de gases con áreas de 111, 567 y 396 para A, B y C. Una mezcla de 52,7 mg de A, 47,3 mg de B, y 63,2 mg de C, producen un cromatograma de gases con áreas de 287, 275 y 423. Calcúlese el rendimiento en B y C basado en el material inicialmente reaccionante, de acuerdo con la siguiente ecuación:

$$A + X \rightarrow B + C$$

Solución:

$$\text{Razón de respuesta } \frac{A}{B} = \frac{\text{peso A/peso B}}{\text{área A/área B}} = \frac{52{,}7/47{,}3}{287/275} = \frac{1{,}113}{1{,}044} = 1{,}067\left(\frac{A}{B}\right)$$

$$\text{Razón de respuesta } \frac{C}{B} = \frac{\text{peso C/peso B}}{\text{área C/área B}} = \frac{63{,}2/47{,}3}{423/275} = \frac{1{,}337}{1{,}540} = 0{,}867\left(\frac{C}{B}\right)$$

Área de B en la mezcla con los productos añadidos.
Cromatograma debido al producto $B_{\text{añadido}}$ = área $B_{\text{añadido}}$ — área de

$$A_{\text{añadido}} \times \frac{\text{área } B_{\text{original}}}{\text{área de } A_{\text{original}}} = 567 - 111 \times \frac{229}{77} = 567 - 330 = 237$$

De la proporción

$$\frac{\text{peso } B_{\text{añadido}}}{\text{área } B_{\text{añadido}}} = \frac{\text{peso } B_{\text{orig}}}{\text{área } B_{\text{orig}}}$$

Tenemos:

$$\frac{36{,}4 \text{ mg B}}{237} = \frac{\text{peso } B_{\text{orig}}}{330};$$

$$\text{Peso de } B_{\text{original}} \text{ en la parte alícuota} = \frac{36{,}4 \times 330}{237} = 50{,}7 \text{ mg}$$

$$\text{Peso de B en la muestra total} = \frac{50{,}7 \text{ mg}}{0{,}1202 \text{ g}} \times 2{,}405 \text{ g} = \underline{1{,}014 \text{ g de B}}$$

$$\text{Peso de A en la muestra} = \frac{\text{área de A}}{\text{área de B}} \times \text{razón de respuesta } \frac{A}{B} \times \text{peso B}$$

$$= \frac{77}{229} \times 1{,}067 \times 1{,}014 \text{ g A} = \underline{0{,}364 \text{ g A}}$$

$$\text{Peso de C en la muestra} = \frac{\text{área de C}}{\text{área de B}} \times \text{razón de respuesta } \frac{C}{B} \times \text{peso B}$$

$$= \frac{276}{229} \times 0{,}867 \times 1{,}014 \text{ g C} = \underline{1{,}060 \text{ g C}}$$

Los rendimientos en tanto por ciento se calculan en la forma usual. En este caso particular la muestra cruda inicial es volátil, lo cual no ocurre en todos los casos.

Se puede efectuar una aproximación parecida si en lugar de emplear cantidades adicionales del producto B, se emplea un patrón interno.

La segunda categoría de detectores son normalmente denominados como detectores de ionización. La corriente de gas eluido se somete a una ionización parcial; los iones una vez formados emigran a una reja electrónica polarizada produciendo una corriente. La corriente una vez amplificada y registrada es el cromatograma. Los picos de un cromatograma obtenido a partir de un detector de ionización representan el número de iones formados. La extensión con la cual se produce la ionización varía con el tipo de detector empleado y con la naturaleza química del compuesto.

El primero de estos tipos de detectores que trataremos es el detector de ionización de llama. La corriente de gas eluido se mezcla con otra corriente de hidrógeno y oxígeno y se provoca una combustión posterior. Durante este proceso los materiales eluidos en la columna cromatográfica se someten a una combustión parcial, produciendo fragmentos iónicos, o bien se les produce una ionización por la energía desprendida en la combustión del hidrógeno. La amplitud con la cual un compuesto se ioniza dependerá del número y de los tipos de grupos funcionales contenidos en la molécula. Para obtener la información cuantitativa del cromatograma, debe emplearse la técnica de aproximación descrita antes para el detector de conductividad térmica.

En lugar de emplear una llama de hidrógeno para producir ionización puede utilizarse una fuente de radiaciones beta o gamma de baja energía. El mecanismo del proceso de ionización dependerá del gas portador empleado. La ionización directa de los productos eluidos ocurrirá si el gas portador es el helio. Para cada electrón primario (partícula beta) de una energía aproximada de un meV, pueden producirse unas 100 o 200 ionizaciones por cm, resultando un nivel total de ionización de 10^{-6} %. Las energías relativamente altas involucradas en este proceso no parecen perjudicar la discriminación, y la respuesta es normalmente lineal con respecto al número de moléculas de la substancia presente. Tales detectores se denominan como de ionización y emplean Ra, ^{90}Sr, ^{90}Y, o ^{3}H como fuentes de partículas ionizantes.

La sustitución del helio como gas portador por argón, se traduce en un cambio en el mecanismo de ionización. La partícula primaria excita a un átomo de argón a un estado metaestable con un potencial de 11,6 eV; los átomos de argón excitados transfieren esta energía en las colisiones con otras moléculas del gas eluido produciendo la ionización. La respuesta de estos detectores dependerá de los potenciales de ionización de los productos cromatografiados. Las moléculas con potenciales de ionización superior a 11,6 eV serán "transparentes". La mayoría de los compuestos orgánicos poseen potenciales de ionización comprendidos entre 4 y 10 eV y puede esperarse que tengan una respuesta casi lineal. El nivel de ionización es aproximadamente del 1 % produciendo un aumento en la sensibilidad de la detección según un factor de 10^6 comparando en los casos en que se usa el helio como gas portador.

El uso de nitrógeno como gas portador en un detector de ionización conduce a la expulsión de un electrón de la molécula de nitrógeno. El electrón secundario producido se une a una molécula del producto eluido. Los iones negativos de la muestra son entonces contados, la respuesta dependerá de las afinidades electrónicas de los compuestos cromatografiados. Puesto que las afinidades electrónicas pueden variar más ampliamente que las conductividades térmicas será necesario emplear respuestas relativas en cualquier determinación cuantitativa.

Hay otros muchos tipos de detectores descritos en la literatura, pero no parecen tener una aplicabilidad general, por lo menos según lo que se conoce hasta ahora. Por lo general con el uso de los detectores de ionización tenemos un método mucho más sensible para la detección que el que se obtiene con las medidas de conductividad térmica.

1.5.5c Fases estacionarias sólidas y liquidas para columnas de cromatografia gas-liquido

Las posibilidades para escoger las fases sólidas para la cromatografía de gas-sólido son bastantes limitadas. En los adsorbentes que se han venido usando se incluye la alúmina dividida, el gel de sílice, el carbón activo y los tamices moleculares. La utilidad de tales fases sólidas radica en el amplio campo de temperaturas en las cuales se pueden usar, aproximadamente — 70 a + 500°C. Los tipos de muestras que pueden someterse a una cromatografía de gases utilizando estas fases sólidas estacionarias queda bastante limitado. Los compuestos altamente polares por lo general no se pueden cromatografiar satisfactoriamente por este método.

La gran utilidad de la cromotografía gas-líquido radica en el gran número de combinaciones de soportes sólidos y fases líquidas que se pueden preparar. La tabla 1.5 enumera varios soportes sólidos comercialmente disponibles junto con una ligera descripción de sus propiedades. En ciertos casos los soportes sólidos pueden también someterse a tratamientos físicos para mejorar sus propiedades.

Estos tratamientos incluyen lavado con ácido para eliminar las trazas de sales metálicas y los materiales básicos los cuales de otro modo interferirían en la separación. El soporte sólido es normalmente tratado con ácido clorhídrico concentrado durante un cierto tiempo y luego se lava con agua hasta reacción neutra. Los tratamientos con base son necesarios cuando los compuestos a cromatografiar son sensibles al ácido. Tal tratamiento reduce considerablemente los restos de compuestos altamente polares o básicos. El soporte se lava con una disolución diluida de hidróxido potásico en metanol y se enjuaga con agua hasta obtener el pH deseado. A veces el soporte se recubre con una capa de hidróxido potásico por evaporación a presión reducida del metanol usado como disolvente. Para obtener un soporte no reactivo, el soporte sólido que ha sido lavado al ácido y a la base se agita durante un corto período de tiempo con una disolución al 5 % de diclorodimetilsilano en tolueno. El soporte se lava con tolueno y metanol. Este proceso se conoce con el nombre de "silanización".

Tabla 1.5. Soportes sólidos

Nombre	*Descripción*
Firebrick	Sílice de diatomeas calcinada, de propiedades parecidas al Chromosorb P.
Chromosorb P	Sílice de diatomeas de color rosado, muy adsorbente pH 6 a 7.
Chromosorb W	Con poder de adsorción medio, sílice blanca de diatomeas calcinada con carbonato sódico, pH 8.
Chromosorb G	Denso, baja adsorción, mezcla de materiales calcinados, pH 8,5 (máximo de fase líquida soportada 5 %).
Fluoropak 80 Haloport F	Polímero de fluorocarbón utilizable a una temperatura máxima de 250° reduce las pérdidas de los compuestos altamente polares.
Arenilla de vidrio	Se usa sólo con cantidades muy pequeñas de fase líquida (0,5 % y aún menos).

En las tablas 1.6 y 1.7 se muestran una serie de fases líquidas y las clases de compuestos que pueden separarse con ellas. La lista sin embargo no es exhaustiva. Debe tenerse en cuenta que el éxito en el empleo de un determinado sustrato dependerá del cuidado puesto en su preparación, tiempo de uso, y de la estructura de los componentes a separar. En la tabla 1.7 se incluyen las fases líquidas recomendadas para unas determinadas clases de compuestos; el experimentador debe tener en cuenta que ninguna de estas sugerencias puede ser adecuada a su problema y debe saber por sí mismo buscar una columna distinta. La selección de la fase líquida adecuada, de unas condiciones óptimas de columna, de una temperatura y flujo adecuado, muchas veces sólo se consigue con sucesivos tanteos, pero los resultados finales compensan generalmente el esfuerzo y el tiempo empleado.

El relleno de la columna se prepara disolviendo la fase líquida en un disolvente volátil, normalmente cloruro de metileno o metanol, y preparando una papilla con el soporte sólido. El disolvente se evapora a presión reducida con una agitación continua de la papilla. El relleno seco se vierte en el interior de la columna y se comprime homogéneamente, antes de su uso, la columna debe purgarse con una corriente de gas, normalmente nitrógeno, mientras se mantiene la temperatura al máximo en que puede operar, hasta alcanzar condiciones de equilibrio, indicadas por la producción de la línea base estable. Puede darse a la columna un tratamiento adicional rellenando la columna con un gas inerte a poca presión, tapando ambos extremos de la columna, y calentando en un horno a unos 20° por encima de la temperatura máxima a la cual puede operar. Después de cada uso la columna debe purgarse a la temperatura máxima para eliminar cualquier material relativamente volátil que haya podido quedar en su interior. Las columnas capilares se recubren

Tabla 1.6. Sustratos líquidos

Números	*Abreviaturas*	*Nombre comercial o descripción*	*Temperatura máxima °C*
1	Apiezon L	Grasa de hidrocarburos	300
2	Apiezon M	Grasa de hidrocarburos	275
3	Carbowax de (400-6000)	Polietilén glicoles	100-200
4	Carbowax 20M	Polietilén glicol	250
5	DC-200	Metil silicona fluida Dow Corning	225
6	DC-550	Fenil metil silicona fluida de Dow Corning	225
7	DC-710	Fenil metil silicona fluida de Dow Corning	250
8	DEGS o LAC 728	Succinato del dietilén glicol	225
9	LAC 446	Adipato del dietilén glicol	225
10	Flexol plastificante 10-10	Ftalato de didecilo	175
11	Nujol	Aceite de parafina	200
12	QF-1-6500	Goma de silicona fluorada de Dow Corning	260
13	SE-30	Goma de metil silicona G.E.	300
14	SE-52	Goma de fenil silicona G.E.	300
15	SF-96	Fluorosilicona fluida G.E.	300
16	——	Goma de silicona	375
17	——	Nitrato de plata-propilén glicol	75
18	TCP	Fosfato de tricresilo	125
19	TCEP	1,2,3-tri(2-cianoetoxi)propano	180
20	THEED	Tetraquis(2-hidroxietil)etilendiamina	130
21	Ucon polar	Glicoles polialquilénicos y deriv.	225
22	Ucon no polar	Glicoles polialquilénicos y deriv.	225
23	——	4,4-dimetoxiazobenceno	120-135*

* La fase estacionaria existe en forma de cristales líquidos y se denomina como fases nemáticas o esméticas, dependiendo de la orientación del cristal, estando su rango de temperatura limitado a las regiones en las cuales estas fases existen. Se han usado otros alcoxiderivados del azobenceno [véase M. J. S. Dewar y J. P. Schroeder, *J. Am. Chem. Soc.* **86**, 5235 (1964)].

Tabla 1.7. Sugerencias sobre los usos de las columnas

Clases de compuestos	*Columna número (de la tabla 1.6)*
Acetatos	8, 10, 12, 19, 20, 21
Ácidos	6 (en soportes lavados al ácido) y 16
Alcoholes	3, 4, 5, 6, 16, 19, 20, 21, 22
Aldehídos	3, 4, 10, 11
Aminas	3, 4, 6, 20 (en fluoropak o haloport o en un soporte recubierto de hidróxido potásico)
Aromáticos	1, 2, 10, 16, 18, 19, 20, 21
Cetonas	3, 4, 6, 10, 16, 18, 20
Compuestos aromáticos isomeros	23
Ésteres	3, 4, 8, 9, 10, 12, 16, 19, 20
Éteres	6, 9, 16, 18, 19
Fenoles	4, 12
Haluros	5, 10, 11, 18, 19
Hidrocarburos	1, 2, 6, 10, 16, 18, 20
Nitrilos	9, 18, 20
Olefinas	10, 17, 19, 20

con la fase líquida estacionaria, evaporando lentamente una disolución de la fase líquida estacionaria dentro mismo de la columna.

1.5.6 *Cromatografía por el tamaño molecular* (tamices moleculares)

La cromatografía por el tamaño molecular consiste en la separación de las moléculas basándose en su tamaño, y no en su polaridad o solubilidad. Los productos básicos empleados en esta cromatografía, son normalmente de dos tipos, las zeolitas sintéticas (inorgánicos) y los polímeros orgánicos (geles). Estos productos poseen cavidades en las cuales las moléculas pueden pasar y ser retenidas, siendo las moléculas más grandes rápidamente eluidas de la columna. El tamaño máximo de una molécula, en tamaño o peso molecular, retenido en la columna se denomina límite de exclusión. El campo de trabajo se define como el intervalo de pesos moleculares que pueden ser separados.

Las zeolitas sintéticas (tamices moleculares Linde, fabricados por Linde Division of Union Carbide & Carbon Corporation) poseen los límites de exclusión más pequeños (véase la tabla 1.8). Las zeolitas sintéticas contienen normalmente agua de hidratación, la cual se elimina por calentamiento. Las cavidades así formadas en los cristales son muy uniformes en tamaño y capaces de aceptar en su interior otras moléculas. Las moléculas más polares son las preferentemente adsorbidas, pero cualquier molécula capaz de penetrar en la cavidad puede quedar incluida. Las resinas de tamizado molecular Linde son

Tabla 1.8. Propiedades de los tamices moleculares Linde

Designación	*Tamaño de poro*	*Moléculas incluidas*
Tipo 3A	3 Å	H_2O, NH_3 (moléculas con un diámetro efectivo menor de 3Å).
Tipo 4A	4 Å	H_2O, NH_3, C_2H_5OH, H_2S, CO_2. SO_2, C_2H_4, C_2H_6, C_3H_6 (no C_3H_8).
Tipo 5A	5 Å	Moléculas con un diámetro efectivo menor de 5 Å incluyendo cadenas lineales de alcoholes e hidrocarburos hasta C_{22}, pero no cadenas ramificadas y compuestos cíclicos.
Tipo 10X	8 Å	Compuestos cíclicos simples y aromáticos sustituidos, pero no los policíclicos y los aromáticos altamente sustituidos.
Tipo 13X	10 Å	Hidrocarburos altamente ramificados y aromáticos (usadas en principio para purificación de gases y secado).

particularmente eficaces en la eliminación de pequeñas cantidades de agentes contaminantes de pequeño tamaño molecular. La actividad de los tamices moleculares puede regenerarse calentando hasta haber eliminado los materiales incluidos.

Los geles Bio-Gel P (laboratorios Bio-Rad) son una serie de copolímeros de acrilamida y metilén-bis-acrilamida, los cuales poseen unos límites variados de exclusión. Estos límites de exclusión son bastante altos (como aquellos de los geles de Sephadex) (véase tabla 1.9) y tienen un extenso uso en bioquímica y en

Tabla 1.9. Propiedades de los sustratos de Bio-Gel P*

Designación	*Límite de exclusión* †	*Intervalo de aplicación* †
Bio-Gel P-2*	1 600	200– 2 000
P-4	3 600	500– 4 000
P-6	4 600	1 000– 5 000
P-10	10 000	5 000– 17 000
P-20	20 000	10 000– 30 000
P-30	30 000	20 000– 50 000
P-60	60 000	30 000– 70 000
P-100	100 000	40 000– 100 000
P-150	150 000	50 000– 150 000
P-200	200 000	80 000– 300 000
P-300	300 000	100 000–>400 000

* Disponible en dos tamaños de partículas distintos.
† Peso molecular.

la purificación de productos aislados de distintas fuentes naturales. Las moléculas que tienen pesos moleculares superiores a los del límite de exclusión se eliminan rápidamente de la columna sin ninguna separación de los componentes, mientras que las moléculas poseyendo pesos moleculares por debajo del límite de exclusión experimentan distintos grados de inclusión y son retardadas en la secuencia de elución, las moléculas de pesos moleculares más pequeños serán las últimas en ser eluidas.

Otros compuestos orgánicos polímeros que han demostrado ser muy útiles en las separaciones por peso molecular son los de las series de geles Sephadex (Pharmacia Fine Chemicals, Inc.). Las propiedades de los geles de Sephadex se muestran en la tabla 1.10. Los geles de Sephadex son muy parecidos en cuanto a sus propiedades a los sustratos de Bio-Gel P.

Tabla 1.10. Propiedades de los geles de Sephadex *

Designación	*Límite de exclusión* †	*Intervalo de aplicación* †
G-10	700	0– 700
G-25	5.000	100– 5.000
G-50	10.000	500– 10.000
G-75	50.000	1,000– 50.000
G-100	100.000	1,000–100.000
G-200	200.000	1,000–200.000

* Disponibles en varios tamaños de partículas.
† Peso molecular.

1.5.7 Cromatografía de intercambio iónico

Las separaciones basadas en el intercambio iónico son notablemente útiles en las separaciones de partículas cargadas, o capaces de serlo, tales como ácidos, péptidos, etc. Las separaciones por intercambio iónico, se efectúan usando unas resinas como sustrato, a las cuales se pueden enlazar grupos funcionales ácidos o básicos capaces de ser intercambiados. Las resinas más corrientes se preparan por copolimerización de estireno y divinilbenceno, de lo cual resulta un polímero altamente ramificado. El tamaño de poro de la resina (lo cual determina el tamaño del ion a acomodar) depende de la extensión de la ramificación, lo cual, a su vez, depende de la relación de estireno y divinilbenceno usada en la preparación de la resina polímera. Los grupos aromáticos del polímero son susceptibles de reacciones de sustitución, que conducen a la introducción de grupos sulfónicos carboxílicos, aminos, amonio cuaternario, los cuales actúan como grupos dadores-intercambiadores de iones. Las resinas de intercambio iónico se clasifican generalmente en aniónicas o catiónicas, dependiendo de que se intercambie un catión, H^+, Na^+, NH_4^+, etcétera, procedente de grupos ácidos o sus sales, o un anión, por ejemplo Cl^-

u OH^-, procedente de una sal de amonio cuaternario. La cromatografía de cambio iónico es muy útil en la conversión de los carboxilatos a ácidos de las sales de amonio a aminas, etc., en las columnas de intercambio catiónicas, y para el cambio de acetato por cloruro, hidróxido por cloruro, etc., en las columnas de intercambio aniónicas.

La separación de productos por intercambio iónico es un equilibrio de distribución controlado. La posición del equilibrio se controla cambiando las propiedades del solvente eluyente, o bien variando el pH, o alguna concentración iónica del disolvente. Los intercambios iónicos pueden usarse para eliminar productos ácidos o básicos de una mezcla o bien con agentes complejantes iónicos en la separación de productos neutros. Por ejemplo pueden usarse intercambiadores conteniendo bisulfito para eliminar o separar aldehídos, los boratos en las separaciones de compuestos polihidroxílicos, los iones metálicos en la separación de compuestos dicarbonílicos, etc.

Las cantidades de productos que pueden separarse por intercambio iónico están limitadas por la capacidad, o el número de iones intercambiables de la columna. La capacidad de intercambio viene indicada por el número de miliequivalentes (meq) de ion a intercambiar por gramo de resina seca, y normalmente está en el intervalo de 2,0 a 10,0 meq por gramo. Debe calcularse la capacidad intercambiadora de la columna y tener cuidado de no exceder de dicha capacidad cuando se introduzca una mezcla de ella en una columna.

Las técnicas empleadas generalmente en las separaciones por intercambio iónico son muy similares a las empleadas en las separaciones cromatográficas de columna. La resina de intercambio iónico se sitúa en una columna análoga a las empleadas en la cromatografía de columna. El material a separar se coloca en la columna y los componentes son eluidos cambiando las propiedades del sistema eluyente. La columna puede regenerarse después de su uso poniéndola en contacto con una solución que contenga el ion reemplazado en ella. Tales procedimientos de regeneración permiten el uso repetido de la misma resina de intercambio iónico.

La amplitud del tema del intercambio iónico es demasiado grande para poderlo tratar con más extensión; para más detalles pueden consultarse las obras señaladas en la sección 1.7.

1.6 SEPARACIÓN DE MEZCLAS

La separación de una mezcla compleja es un problema difícil para el químico poco experto en esta área de la química. En las secciones preliminares de este capítulo hemos discutido algunas técnicas adecuadas a la purificación de compuestos aislados, y algunas técnicas aplicables a la separación de mezclas complejas (cromatografía).

La adecuada selección de un método de separación dependerá de las propiedades físicas y químicas de la mezcla (número de fases presentes, solubilidad y volatilidad de los distintos componentes, tipos de grupos funcionales presentes, cantidad de productos, etc.). Los autores sugieren el uso de sólo tres técnicas, o su combinación, en la separación de mezclas. Éstas son, la destilación fraccionada, la extracción, y la cromatografía. No pueden ser prescritos unos procedimientos específicos de separación aplicables a todos los casos, ya que cada mezcla presenta una problemática diferente. El químico deberá usar sus conocimientos y experiencia para lograr con éxito la separación deseada.

Antes de empezar la separación de una mezcla compleja, debe realizarse el espectro de infrarrojo y el cromatograma gas-líquido o el cromatograma de capa fina de una muestra representativa.

El estado físico de la muestra indicará el procedimiento adecuado para su separación. Si la muestra es homogénea y líquida puede efectuarse una destilación fraccionada. La destilación fraccionada requiere normalmente dos o tres ml de muestra en una pequeña columna de fraccionamiento. Para muestras más pequeñas se deberán emplear las técnicas cromatográficas (cromatografía de gas-líquido preparativa). Se analiza una pequeña porción de la muestra para determinar su estabilidad térmica a la temperatura máxima que se va a emplear (se recomienda unos 180°C). Si la muestra aparenta ser estable, es decir, si no hay un cambio excesivo de color, transformación a forma gaseosa, formación de materiales polímeros, la muestra entera puede someterse a una destilación fraccionada. Debe tenerse cuidado de no aumentar la temperatura del matraz de destilación por encima de aquella que se ha encontrado como límite de estabilidad de la muestra. (Úsese un baño de aceite con termómetro para el caldeado del matraz.) Si la muestra no destila más que por encima de 150°, debe intentarse una destilación a presión reducida. Debe tenerse cuidado de no reducir el punto de ebullición de ninguna fracción presente por debajo de la temperatura del condensador, en cuyo caso esta fracción desaparecería en la válvula fría que protege a la bomba de vacío (o se vertería en la pila con el agua cuando se usa una trompa de agua). Es siempre una práctica recomendable limpiar las válvulas frías antes de cada destilación; de este modo será posible recuperar después las citadas fracciones volátiles.

Puede obtenerse una distinción entre las fracciones representando el volumen recogido frente a la temperatura. Debe efectuarse el espectro de infrarrojos y el cromatograma de gases de cada fracción y del residuo del matraz si es que queda. Si el grado de separación obtenido con la destilación fraccionada no fuese suficiente, debe redestilarse cada fracción por separado, o bien decidirse por el uso de las técnicas de extracción o cromatografía.

Las muestras heterogéneas que contienen dos fases líquidas o una fase líquida y otra sólida, deben también someterse a destilación (normalmente no es recomendable la filtración puesto que indudablemente una gran cantidad de la parte sólida estará disuelta en la fase líquida y viceversa, obteniéndose sólo un pequeño grado de separación).

Si las técnicas de destilación fraccionada no son satisfactorias se ensayarán las técnicas de extracción. Antes de proceder a la extracción deberá ensayarse la solubilidad de la muestra en las dos fases extrayentes. El agua es normalmente uno de los disolventes empleados, sin embargo, presenta gran dificultad de recuperación de los compuestos altamente polares presentes en la mezcla. Deberá determinarse la solubilidad de una pequeña cantidad de muestra en agua antes de proceder con la extracción. Si la mezcla es soluble, la fase acuosa debe ser extraída varias veces con pequeñas porciones de éter o cloroformo para determinar la cantidad de material recuperable. Si se puede recuperar sólo una pequeña parte del material, las técnicas de extracción no son satisfactorias. (La muestra desconocida puede recuperarse por la evaporación de la disolución acuosa.) Los compuestos que muestran una gran solubilidad en agua y poca en los disolventes orgánicos, son fundamentalmente los compuestos polifuncionales, por ejemplo, glicoles, aminoalcoholes y aminoácidos. La solubilidad de tales compuestos en agua, puede reducirse sustancialmente saturando la fase acuosa con cloruro sódico; sin embargo, esto dificultará la recuperación del material restante en la fase acuosa por simple evaporación del agua. La separación de tales compuestos altamente polares o polifuncionales se consigue de un modo más eficaz por las técnicas de intercambio iónico.

Las muestras que tienen poca solubilidad en agua pueden someterse a una separación por extracción. Se efectúa, en primer lugar un ensayo previo sobre una pequeña porción de la muestra, para evitar la probabilidad de perder por completo la muestra, si la separación no es eficaz. Se disuelve una pequeña porción pesada de la muestra (de 300 a 500 mg) en 25 ml de éter; la capa etérea se extrae primero con porciones de 10 ml de solución de bicarbonato sódico al 5 % (PRECAUCIÓN: La formación de dióxido de carbono puede generar una presión considerable en el embudo de decantación), hasta que la fase acuosa queda ligeramente básica (usualmente se requiere sólo una extracción cuando se trabaja en esta escala). La fase acuosa contendrá las sales de los compuestos fuertemente ácidos (ácidos carboxílicos, sulfónicos, etc.). Los ácidos libres se regeneran por cuidadosa acidificación (desprendimiento de dióxido de carbono) con ácido clorhídrico. Los compuestos pueden recuperarse por filtración si son sólidos, o por extracción con éter. A veces los ácidos pueden recuperarse por precipitación de sus sales de calcio o bario (particularmente con los ácidos sulfónicos). Se extrae luego la capa original de éter con porciones de 10 ml de disolución de hidróxido sódico al 5 % para eliminar los compuestos débilmente ácidos (fenoles, etc.). Los ácidos libres se regeneran por acidificación con ácido clorhídrico concentrado y se recuperan por extracción; la fase acuosa resultante de la extracción de los ácidos débiles se neutraliza cuidadosamente con una adición lenta de hidróxido al 20 %, observando la disolución en las proximidades del punto de neutralización. Una decoloración o un cambio en el color que aparece y desaparece en sucesivas alcalinizaciones, indica la presencia de un compuesto anfótero, por ejemplo un aminofenol. La disolución debe neutralizarse cuidadosamente hasta el punto de máxima decoloración o hasta el punto de un cambio de color y extraerse repetidas veces con éter o con una mezcla de éter-cloroformo.

La fase etérea original se extrae finalmente con porciones de 10 ml de ácido clorhídrico al 5 %, hasta que la fase acuosa permanece ácida después de la extracción. La fase acuosa contendrá todos los compuestos básicos presentes en la mezcla original así como sus ácidos conjugados. La fase ácida se convierte por adición de hidróxido sódico al 20 % en ligeramente básica, y las bases libres se recuperan por extracción con éter.

La fase etérea que resulta al final contiene los componentes neutros de la mezcla los cuales se recuperan por evaporación del éter.

Se determina el peso de cada fracción y el peso total del material recuperado que se compara con el peso de la muestra original. El total recuperado estará dentro de un 85 a 95 % del producto inicial. Las cantidades de cada uno de los componentes de la mezcla no tienen porqué ser las mismas: de hecho, las mezclas procedentes de una reacción están generalmente compuestas de uno o dos componentes mayoritarios y uno o más componentes minoritarios.

Cada fracción obtenida en la secuencia de separación se analiza para determinar su pureza por cromatografía de gases o de capa fina. Si alguna fracción contiene más de un componente deberán efectuarse posteriores separaciones por técnicas cromatográficas. Las técnicas cromatográficas han sido tratadas en las secciones precedentes sobre cromatografía y no vamos a tratar de ello aquí.

Es importante que el químico tenga en cuenta que la ejecución del esquema anterior puede no producir los resultados apetecidos y ser entonces necesarias modificaciones. Además durante las secuencias del proceso de extracción, la mezcla desconocida entra en contacto, tanto con ácidos como con bases, y los componentes presentes en la mezcla pueden reaccionar químicamente bajo estas condiciones, por ejemplo, la hidrólisis catalizada por ácido de los acetales, cetoles, ésteres, o cloruros de ácidos, y las reacciones catalizadas por bases de los derivados de los ácidos y la solvolisis de algunos productos orgánicos reactivos. Si todos los picos del espectro de infrarrojos que aparecen en las fracciones separadas estaban presentes en el espectro de infrarrojos de la muestra original y no aparecen picos suplementarios, puede pensarse que es posible comprometer el grueso de la muestra en el esquema de separación, teniendo cuidado de proceder exactamente igual que se hizo con la pequeña muestra en el ensayo previo.

1.7 REFERENCIAS

GENERAL

1. Berg, E. W., *Physical and Chemical Methods of Separation.* New York: McGraw-Hill Book Company, 1963.
2. Sixma, F. L. J. y Wynberg, H., *A Manual of Physical Methods in Organic Chemistry.* New York: John Wiley & Sons, Inc., 1964.
3. Wiberg, K. B., *Laboratory Technique in Organic Chemistry.* New York: McGraw-Hill Book Company, 1960.
4. Weissberger, A., *Technique of Organic Chemistry, Vol. III.* New York: Interscience Publishers, inc., 1956.

CROMATOGRAFÍA DE ADSORCIÓN

5. Bobbitt, J. M., Schwarting, A. E., y Gritter, R. J., *Introduction to Chromatography,* Reinhold Book Corp., New York, 1968.
6. Cassidy, H. G., "Adsorption and Chromatography", en *Technique of Organic Chemistry, Vol. V,* A. Weissberger, ed. New York: Interscience Publishers, 1951.
7. Cassidy, H. G., "Fundamentals of Chromatography", en *Technique of Organic Chemistry. Vol. X,* A. Weissberger, ed. New York: Interscience Publishers, 1957.
8. Lederer, E. y Lederer, M., *Chromatography,* 2.ª ed. Amsterdam: Elsevier Publishing Co., 1957.
9. Lederer, M., ed., *Chromatographic Reviews.* Amsterdam: Elsevier Publishing Co.
10. *Journal of Chromatography.* Amsterdam: Elsevier Publishing Co.

CROMATOGRAFÍA DE CAPA FINA

11. Bobbitt, T. M., *Thin-layer Chromatography.* New York: Reinhold Publishing Corporation, 1963.
12. Randerath, K., *Thin-layer Chromatography.* New York: Academic Press, Inc., 1963.
13. Stahl, E., *Thin-layer Chromatography.* New York: Academic Press, Inc., 1964.
14. Truter, E. V., *Thin-layer Chromatography.* New York: Interscience Publishers, 1963.
15. Wollish, E. G., Schmall, M. y Hawrylyshyn, M., "Recent Developments in Equipment and Applications," *Anal. Chem.,* **33**, 1138 (1961).

CROMATOGRAFÍA SOBRE PAPEL

16. Block, R. J., Durrum, E. L. y Zweig, G., *Paper Chromatography and Paper Electrophoresis.* New York: Academic Press, Inc., 1958.

17. Hais, I. M. y Macek, K., eds., *Paper Chromatography*. New York: Academic Press, Inc., 1963.

CROMATOGRAFÍA DE GASES

18. Burchfield, H. P. y Storrs, E. E., *Biochemical Applications of Gas Chromatography*. New York. Academic Press, In., 1962.
19. Hardy, C. J. y Pollard, E. H., "Review of Gas-Liquid Chromatography", en *Chromatographic Reviews. Vol. I*, M. Lederer, ed. Amsterdam: Elsevier Publishing Co., 1960.
20. Kaiser, R., *Gas Phase Chromatography*. London: Butterworths Scientific Publications, 1963.
21. Keulemans, A. I. M., *Gas-Chromatography*, 2.ª ed., C. G. Verver, ed. New York: Reinhold Publishing Corporation, 1959.
22. Littlewood, A. B., *Gas Chromatography, Techniques and Applications*. New York: Academic Press, Inc., 1962.
23. Nogare, S. D. y Juvet, Jr., R. S., *Gas-Liquid Chromatography*. New York: Interscience Publishers, 1962.
24. Purnell, H., *Gas Chromatography*. New York: John Wiley & Sons, Inc., 1962.
25. *Gas Chromatography Abstracts*. London: Butterworths Scientific Publications 1959-1962.
26. *Journal of Gas Chromatography*, Preston Technical Abstracts Company, Evanston, Ill.

INTERCAMBIO IÓNICO

27. Calmon, C. y Kressman, T. R. E., eds., *Ion Exchangers in Organic and Biochemistry*. New York: Interscience Publishers, Inc., 1957.
28. Nachod, F. C., ed., *Ion Exchange Theory and Application*. New York: Academic Press, Inc., 1956.
29. Nachod, F. C. y Shubert, J., eds. *Ion Exchange Terminology*. New York: Academic Press, Inc., 1956.

2

Caracterización física

2.1 INTRODUCCIÓN

Las propiedades físicas de las sustancias, p. ej., puntos de ebullición y fusión, densidad, índice de refracción, fórmula empírica (calculada a partir del análisis elemental), peso molecular, solubilidad, rotación óptica, y propiedares espectrales (que se consideran en una sección aparte de este texto), suministran una información muy útil en la elucidación de estructuras. Las propiedades físicas de los productos dependen de la pureza de la muestra; por lo tanto para obtener la máxima utilidad de los datos medidos, las muestras deben tener un alto grado de pureza. El capítulo 1 estaba dedicado a la discusión de las técnicas de separación y purificación que se pueden aplicar para la obtención de muestras puras. Este capítulo se dedica al estudio referente a la medida y a la interpretación de las propiedades físicas de la sustancia.

2.2 PUNTOS DE FUSIÓN

El punto de fusión de un sólido y recíprocamente el punto de congelación de un líquido, se puede definir, como la temperatura a la cual, para una presión dada, las fases sólidas y líquidas están en equilibrio. Queda implícita en esta afirmación la forma cuantitativamente más correcta de definir el punto de congelación o de fusión, como la temperatura a la cual las presiones de vapor de la fase sólida y líquida son iguales.

Aunque la intersección de las curvas de presión de vapor para la fase sólida y líquida definan una temperatura única para el punto de fusión de un sólido, en las determinaciones experimentales raramente se observa este hecho a causa de los métodos experimentales empleados. Por lo general se sitúan cantidades muy pequeñas de muestras de sólidos en un tubo capilar dentro de un baño de aceite, o entre dos placas de vidrio en un compartimiento caliente, cuya temperatura se incrementa continuamente en uno o dos grados por minuto. Puesto que se requiere una cantidad finita de tiempo para que ocurra la fusión completa, durante este proceso avanzaremos un cierto intervalo de temperaturas; por lo tanto será necesario asignar un intervalo de temperaturas para el punto de fusión de cualquier sustancia, por ejemplo, el ácido benzoico de 121,0 a 121,5°. En los libros de constantes generales, y en tablas de puntos de fusión se encuentra una temperatura única, normalmente un promedio de varios datos conocidos, indicativa de cuando una sustancia pura debería fundir. No obstante cuando se da el punto de fusión de una muestra, debe hacerse constar el intervalo del punto de fusión, es decir, la temperatura a la cual se empieza a observar el primer indicio de fusión, y la temperatura a la cual desaparece el último cristal. Tanto la temperatura, como el intervalo de temperaturas de un punto de fusión observado son datos importantes, ambos reflejan la pureza de la muestra.

La adición de un soluto no volátil a un líquido produce un descenso en la presión de vapor de la fase líquida (por aplicación de la ley de Raoult). A partir de la definición de punto de fusión o congelación, resulta evidente que una disminución en la presión de vapor de la fase líquida, se traducirá en un descenso del punto de fusión o congelación (ver la fig. 2.1). La presión de vapor de la fase sólida en equilibrio con este líquido puede, para todos los

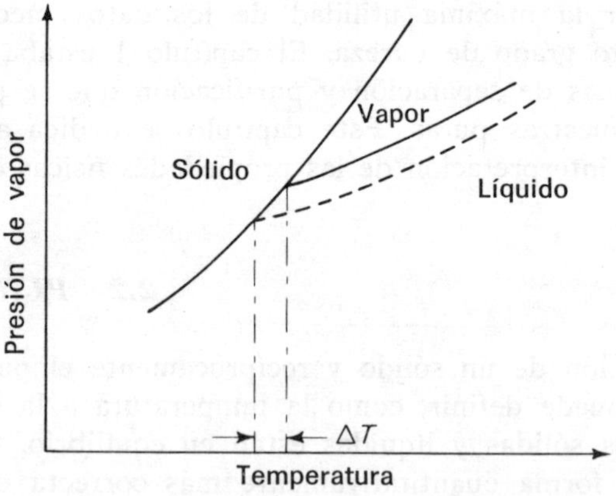

Fig. 2.1. Diagrama representando la presión de vapor frente a la temperatura. Las líneas de trazo continuo corresponden a la sustancia A pura; las de trazo discontinuo a una disolución de un soluto no volátil en A.

efectos, considerarse como no afectada, puesto que el disolvente en la fase sólida tiende a existir como unas pequeñas unidades cristalinas con el soluto cristalino disperso dentro de ellas. Por lo general, el soluto no se incorporará dentro de la estructura cristalina del disolvente, por lo tanto, si el soluto continúa soluble en la fase líquida su concentración cambiará en relación con el cambio de volumen del líquido disolvente durante el proceso de fusión. El resultado neto será que el punto de fusión de la mezcla aumentará a medida que progresa el proceso de fusión, obteniéndose un intervalo del punto de fusión mucho más grande (varios grados) que el observado para una sustancia pura. En la determinación de pesos moleculares por las técnicas de la depresión del punto de congelación (ver la sección 2.8 sobre la determinación del peso molecular), la temperatura registrada como el punto de fusión de la mezcla es la temperatura a la cual desaparece el último cristal dentro de la fase líquida.

Durante el proceso de purificación de un producto sólido, el intervalo del punto de fusión debe disminuir, y el punto de fusión debe aumentar, en tanto que se van eliminando las impurezas en las sucesivas etapas de la purificación. Cuando no se observa ningún cambio en el intervalo del punto de fusión en sucesivas purificaciones, es muy probable que el material sea todo lo puro que se puede obtener empleando aquella técnica de purificación.

Pueden utilizarse varios métodos para determinar puntos de fusión. Uno de los más comúnmente usados es el del tubo capilar. Una pequeña parte de una muestra finamente pulverizada se introduce dentro de un capilar delgado de vidrio, de 1 mm de diámetro por 100 mm de largo, cerrado por un extremo. (Los tubos capilares se encuentran en el comercio, o bien el estudiante puede prepararse una cantidad estirando una pieza *limpia* de vidrio blando de unos 8 a 12 mm de diámetro. Entonces se sitúa la muestra en el capilar y se rellena hasta que se obtiene una columna compacta de uno o dos mm de altura. En ciertas ocasiones resulta difícil el introducir la muestra en el capilar y obtener una masa compacta por el lado cerrado del capilar. Puede forzarse la entrada de pequeñas cantidades de muestra por el lado abierto del capilar y luego provocar su caída hacia su extremo cerrado con la ayuda de vibraciones que se pueden lograr sosteniendo firmemente el tubo capilar y golpeando sobre el soporte o la superficie de la mesa, o bien dejando caer el capilar a través de un tubo de vidrio de modo que golpee sobre la superficie del soporte, y también frotando con una lima a lo largo de las paredes del capilar. Una vez que se ha introducido la muestra en el capilar, éste deberá cerrarse al vacío, tal como se ilustra en la figura 2.2. Esta operación puede ser indispensable si las muestras tienden a dar una descomposición por oxidación a temperaturas elevadas.

El capilar se ata al termómetro con la ayuda de una pequeña arandela de goma obtenida cortando un tubo de goma de un diámetro de 6 mm, el termómetro y la muestra se colocan en el medio calefactor, a la misma altura que el tubo que contiene el mercurio del termómetro. Para temperaturas inferiores a 225 o 250 °C puede usarse como agente transmisor del calor aceite mineral. Para obtener temperaturas superiores debe usarse un bloque de cobre convenientemente agujereado (véase fig. 2.3c).

Puede emplearse una variedad de baños líquidos calefactores. En la figura 2.3a se ilustra el uso correcto del tubo de Thiele, en el que el termómetro y la muestra se sitúan en el interior del tubo de forma que esta última y el extremo sensible del termómetro queden ligeramente por debajo del fondo del tubo lateral. Con la ayuda de un mechero Bunsen se calienta suavemente el tubo acodado del anillo de Thiele, y la circulación en el interior del calefactor se produce por convección. Se pueden emplear también montajes mucho más sofisticados, los cuales contienen resistencias calefactoras dentro del medio calefactor y agitadores mecánicos, utilizándose una lupa para observar la muestra mientras ocurre el proceso de fusión.

La velocidad de calentamiento de la muestra debe ser, para cualquier

Fig. 2.2. Cerrado al vacío de un capilar para puntos de fusión. (Fotografía de Bruce Harlan. Notre Dame, Ind.)

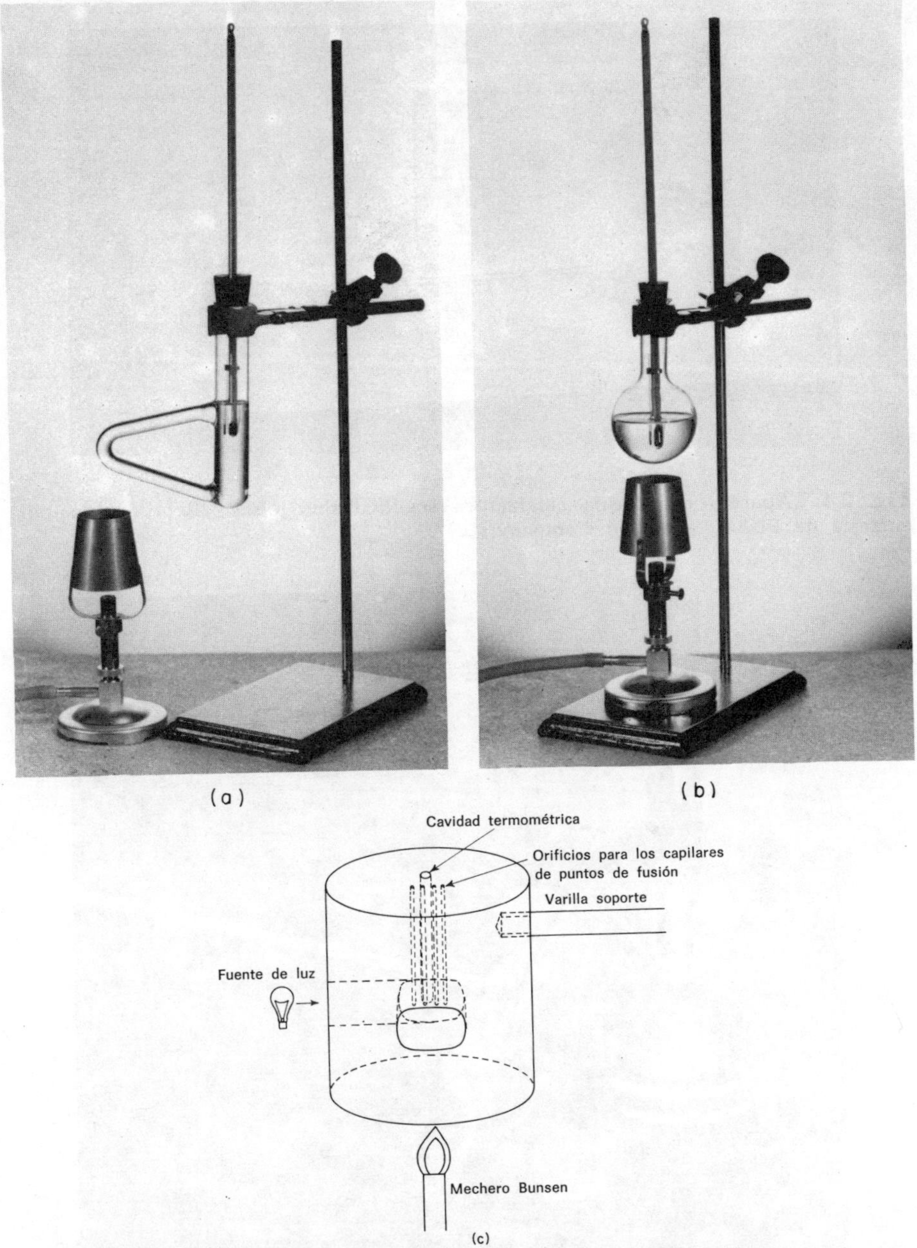

Fig. 2.3. Sistemas para la determinación de puntos de fusión. (a) Empleando un tubo de Thiele. (b) Empleando un pequeño matraz de fondo redondo. (Fotografía de Bruce Harlan, Notre Dame, Ind.) (c) Empleando un bloque de cobre.

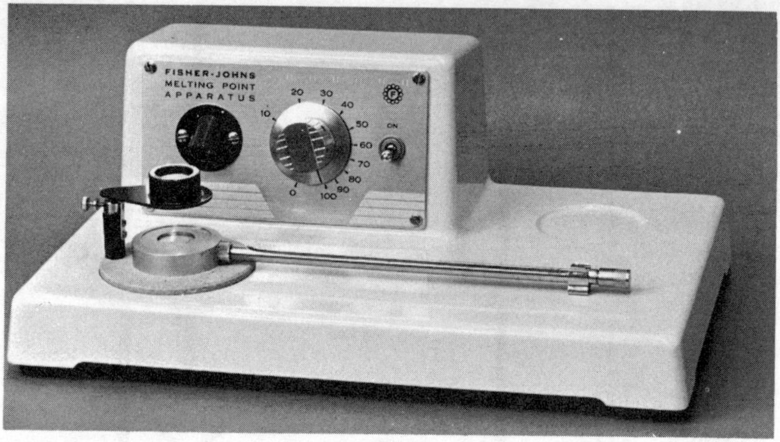

Fig. 2.4. Aparato de platina calefactora según Fisher-Johns. (Reproducido por cortesía de Fisher Scientific Company.)

Fig. 2.5. Aparato de platina calefactora según Nalge-Axelrod. (Reproducido por cortesía de Nalge Co., Inc., Rochester, N.Y.)

método de determinación de puntos de fusión, aproximadamente 1 °C por minuto en las proximidades del punto de fusión. Se pueden emplear velocidades de calentamiento mayores, para elevar la temperatura del baño calefactor hasta 10 o 15° por debajo de la temperatura supuesta para el punto de fusión de la muestra. Algunos compuestos presentan intervalos en el punto de fusión, que dependen de la velocidad del calentamiento de la muestra; ejemplos de compuestos que tienen tales propiedades, son los que experimentan descomposición, e isomerización química (inducida térmicamente), o cambios en la forma cristalina.

En la figura 2.3b, se ilustra el uso de un pequeño matraz de fondo redondo como recipiente para el baño calefactor; sin embargo, resulta difícil mantener una temperatura constante en todo el medio calefactor, a menos que se le aplique algún sistema de agitación, por ejemplo, una corriente de burbujas de aire introducidas a través de un tubo auxiliar.

El aparato para determinar puntos de fusión según Fisher-Johns (fig. 2.4) es uno de los típicos aparatos con platinas calefactoras, donde una pequeña porción de la muestra se coloca entre dos láminas de vidrio del tipo cubreobjetos de unos 18×18 mm, las cuales se sitúan posteriormente en una depresión de un bloque de aluminio calentado eléctricamente. La velocidad de aumento de la temperatura se regula con la ayuda de un reostato y la muestra se observa con la ayuda de una lupa. El aparato de Fisher-Johns es adecuado para la determinación de puntos de fusión comprendidos entre 30 y 300°. Este aparato debe ser calibrado periódicamente utilizando un conjunto de muestras patrones para puntos de fusión.

El aparato de platina calefactora según Nalge-Axelrod (fig. 2.5) se puede

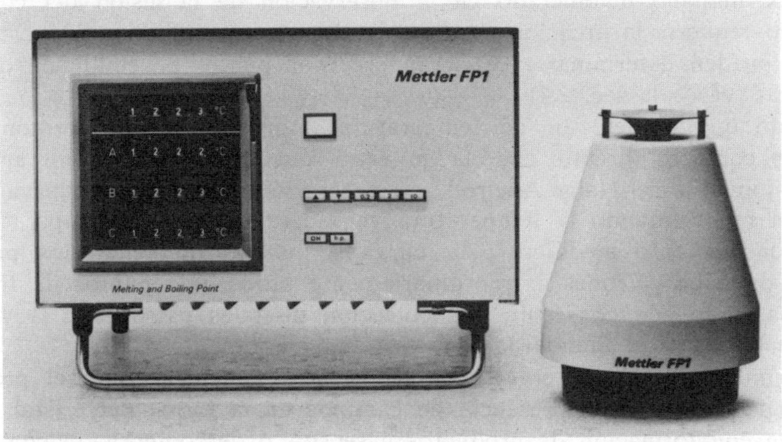

Fig. 2.6. Aparato para la determinación automática de los puntos de fusión y ebullición. (Reproducido por cortesía de la Mettler Instruments Corporation.)

emplear para determinar los puntos de fusión mientras se observa la sustancia con luz polarizada. La muestra se coloca entre dos cubreobjetos que se colocan en la platina calefactora, calentada eléctricamente, encima de un pequeño agujero a través del cual pasa la luz polarizada. El objetivo y el ocular del microscopio se ajustan de tal manera, que pueda verse la polarización producida por los cristales de la muestra, y se aumenta la temperatura de la platina calefactora hasta que funde. Los puntos de fusión de los cristales anisótropos (los que muestran propiedades distintas cuando se analizan según ejes de distinta dirección, por ejemplo, la refracción de la luz) se determinan muy fácilmente puesto que los colores de polarización desaparecen en el momento de la fusión. La transformación de una forma cristalina a otra se detecta con gran precisión. Las temperaturas entre las cuales puede emplearse el aparato para determinar puntos de fusión según Nalge-Axelrod están comprendidas entre 30 y 400°. Para los productos cuyo punto de fusión es superior al límite de trabajo de los aparatos Fisher-Johns y Nalge-Axelrod, debe utilizarse el método del tubo capilar, empleando un bloque calefactor de cobre.

La compañía Mettler ha desarrollado un aparato para la determinación automática de los puntos de fusión y ebullición (véase la fig. 2.6). Para los puntos de fusión tiene un indicador digital, capaz de controlar tres muestras al mismo tiempo, donde se señala la temperatura a la cual la muestra ha fundido aproximadamente un 80 %. Los intervalos del punto de fusión no se pueden determinar con el sistema de lectura digital; no obstante el aparato puede conectarse a un registrador y medir el intervalo del punto de fusión sobre la "curva de fusión". La principal ventaja de este aparato es el eliminar el error humano involucrado en la observación de la fusión del compuesto, y el no requerir la atención continuada del experimentador. Con este instrumento pueden determinarse con gran precisión puntos de ebullición de micromuestras (véase la sec. 2.4).

Dado que el detector de temperaturas, normalmente un termómetro, no está en contacto directo con la muestra cuando se utiliza un aparato de Fisher-Johns o de Nalge-Axelrod, es necesario construir una curva de calibración representando la temperatura verdadera frente a la temperatura leída en el instrumento medidor. Esta curva se prepara midiendo los puntos de fusión de unos patrones extraordinariamente puros, con puntos de fusión conocidos (se puede conseguir una colección de tales patrones a través de la National Bureau of Standards U.S.A.).*

La muestra debe observarse cuidadosamente mientras dura el proceso de fusión para detectar la presencia de cambios en la forma del cristal, descomposición con formación de productos gaseosos, o descomposición con carbonización; tales observaciones pueden ser muy útiles para obtener información sobre su estructura.

* Muchos fabricantes de reactivos químicos ofrecen en sus catálogos colecciones de patrones para puntos de fusión o ebullición.

Los cambios en la forma cristalina pueden ser debidos a un simple paso de una forma alotrópica a otra, de una misma sustancia, o pueden deberse a la transformación térmicamente inducida, en un nuevo compuesto, cuando el punto final corresponde al producto transformado y no al que contenía la muestra original. La formación de un gas se debe por lo general a la descarboxilación térmica de los compuestos β-carboxicarbonílicos, también en ciertos casos puede originarse por la pérdida de pequeñas moléculas tales como agua, haluros de hidrógeno, y ácido cianhídrico. Si se producen los citados fenómenos durante la determinación del punto de fusión, la reacción, térmicamente inducida, deberá efectuarse con una cantidad mayor de muestra y proceder a la identificación del producto obtenido. Generalmente se descomponen con formación de residuos carbonosos los compuestos polifuncionales, como la mayoría de los azúcares y los compuestos con punto de fusión muy alto.

Los puntos de fusión de las sustancias que se descomponen con la temperatura varían ampliamente con la velocidad a la cual se aumenta la temperatura de la muestra; con tal circunstancia no son posibles comparaciones eficaces de sus puntos de fusión; se obtiene un punto de fusión o descomposición más digno de confianza con la determinación de los citados puntos, conseguida haciendo gotear pequeñas cantidades de la sustancia en un recinto previamente calentado y aumentando la temperatura del recinto hasta que la muestra funde o se descompone al pegarse sobre la superficie caliente.

2.2.1 Corrección de los puntos de fusión

En todos los procesos antes citados en la determinación de puntos de fusión, sólo una porción muy pequeña del termómetro está en contacto con el medio calefactor. Debido a la diferencia en el coeficiente de expansión que existe entre el mercurio y el vidrio, debe efectuarse una corrección sistemática para obtener un punto de fusión verdadero o "corregido"; esta corrección se calcula con la ayuda de la ecuación (2.1).

$$\text{Corrección en °C} = N(t_1 - t_2)0{,}000154 \qquad (2.1)$$

Donde N son los grados de mercurio que están por encima del medio calefactor, t_1 es el punto de fusión observado, y t_2 es la temperatura promedio de la columna de mercurio. La mayoría de las revistas de investigación recomiendan que se publiquen los puntos de fusión corregidos. Si los aparatos para la determinación del punto de fusión están calibrados con patrones, no es necesario aplicar las correcciones sistemáticas.

2.2.2 Puntos de fusión de mezclas

El fenómeno de la depresión del punto de fusión tiene varias aplicaciones muy importantes en el análisis estructural. Cualitativamente, las disminuciones del punto de fusión, o concretamente la cuantía de tales disminuciones, pueden usarse en comparaciones directas de una muestra desconocida. Por ejemplo, las propiedades físicas y químicas pueden delimitar las posibilidades para la estructura de un producto desconocido en dos o tres; el punto de fusión de una mezcla del producto desconocido con un producto conocido que tenga la misma estructura que el problema no mostrará ningún descenso en el punto de fusión, mientras que las mezclas de muestras desconocidas con muestras conocidas de diferente estructura mostrarán descensos en el punto de fusión de la mezcla. Las mezclas se preparan tomando cantidades aproximadamente iguales de producto desconocido y producto de referencia y fundiendo la mezcla hasta obtener un líquido homogéneo; el líquido fundido se deja cristalizar, y se determina el punto de fusión de una pequeña cantidad de muestra finamente pulverizada. La utilidad de este proceso queda limitada por el hecho de que se requiere tener disponibles los productos de referencia necesarios. Los resultados obtenidos de estos puntos de fusión de mezclas deben usarse con precaución puesto que algunas mezclas pueden no presentar la depresión, o sólo una depresión muy pequeña, debida a formación de un nuevo producto o de un eutéctico. Algunas mezclas pueden presentar una elevación en el punto de fusión; esto puede ocurrir cuando se forma un nuevo compuesto o cuando se trata de una mezcla racémica (véase el párrafo siguiente).

Los puntos de fusión pueden servir también para distinguir entre mezclas racémicas [un eutéctico con cantidades iguales de cristales de los enantiómeros (—) (+)], compuestos racémicos [cristales conteniendo cantidades iguales de moléculas (—) y (+) organizadas de una forma específicamente ordenadas], y soluciones sólidas racemizadas [cristales que contienen cantidades de moléculas (—) y (+) organizadas de una manera al azar].[1] La adición de un enantiómero puro (1) a una mezcla racémica produce una elevación del punto de fusión, (2) a un compuesto racémico le produce una depresión en el punto de fusión, y (3) a una solución sólida racemizada no le produce ningún cambio aparente en el punto de fusión.

Los aspectos cuantitativos de las disminuciones en el punto de fusión o de congelación se aplican en la determinación de pesos moleculares (véase la sección 2.8 sobre la determinación de pesos moleculares).

2.3 PUNTOS DE CONGELACIÓN

Los puntos de congelación de los líquidos pueden emplearse con fines de identificación, sin embargo, es mucho más difícil su determinación y los datos

[1] Véase E. L. Eliel, *Stereochemistry of Carbon Compounds,* New York: McGraw-Hill Book Company, 1962, pp. 43-46.

que se encuentran en la literatura mucho más limitados que los disponibles para puntos de fusión y ebullición; además la cantidad de muestra requerida para la determinación de un punto de congelación es mucho mayor que la que se requiere para determinar un punto de fusión. Se sitúan en un tubo de ensayo uno o dos mililitros de la muestra y se enfría por inmersión en un baño frío (la temperatura del baño frío no debe estar muy por debajo del punto de congelación de la muestra para evitar que se produzca un subenfriamiento excesivo); la muestra se agita continuamente, anotándose periódicamente la temperatura que alcanza. La curva de enfriamiento normalmente pasa por un mínimo (subenfriamiento), y tiende a una temperatura constante mientras están creciendo los cristales. Esta temperatura es el punto de congelación de la muestra.

La muestra líquida empleada en la determinación del punto de congelación debe ser muy pura, puesto que la presencia de la cantidad más pequeña de impurezas pueden producir una disminución muy importante en el punto de congelación. Este fenómeno se utiliza para determinar pesos moleculares por métodos crioscópicos (véase la sec. 2.8.2).

2.4 PUNTOS DE EBULLICIÓN

El punto de ebullición de una muestra se determina normalmente durante el proceso de purificación por destilación. Surgen dificultades cuando se compara un punto de ebullición determinado a una presión exterior diferente de la que se empleó en la determinación del valor citado en la literatura; la conversión de un punto de ebullición a una presión, en otro a una presión distinta se consigue usando nomogramas para puntos de ebullición, específicos de cada compuesto (véase el Apéndice I).

La determinación de un punto de ebullición por destilación precisa tener disponible la suficiente cantidad de muestra para alcanzar la temperatura de equilibrio en el aparato de destilación; con frecuencia se dispone de cantidades de muestra insuficientes para la determinación de los puntos de ebullición por técnicas de destilación, y deben usarse las técnicas de semimicro. Estas técnicas suelen involucrar el calentar 0,3 a 0,4 ml del líquido, con un pequeño trozo de plato poroso, en un tubo de ensayo, dentro del cual está suspendido el termómetro; la muestra se calienta suavemente hasta que se obtiene un reflujo continuo del termómetro y las paredes del tubo de ensayo; la temperatura de estos vapores es el punto de ebullición de la muestra. Deben tomarse precauciones para no producir un sobrecalentamiento de la muestra puesto que un sobrecalentamiento del líquido y de los vapores conduciría a resultados erróneos.

Un segundo microprocedimiento requiere sólo dos o tres gotas de muestra; la muestra se sitúa en un tubo de ensayo para técnicas micro y dentro de él se coloca, por el lado abierto, un capilar muy fino con un extremo soldado; el tubo de ensayo se suspende dentro de un baño de aceite y se calienta suavemente hasta que aparecen unas corrientes continuas de burbujas procedentes del extremo del capilar. La temperatura del baño de aceite se deja disminuir lentamente hasta que cesan las burbujas; esta temperatura es el punto de ebullición de la muestra; el proceso debe repetirse varias veces hasta que se obtienen valores del punto de ebullición reproducibles. Se puede utilizar también el aparato de Mettler descrito en la sección 2.2. Esta técnica es difícil de realizar, pero suele producir puntos de ebullición con pocos grados de diferencia con respecto a los que se obtendrían durante el proceso de destilación.

2.5 MEDIDAS DE DENSIDAD

La determinación de la densidad de una sustancia suministra una valiosa información para la identificación de compuestos que no son fácilmente convertibles en derivados, la densidad puede también usarse en los cálculos de la refracción molar (véase la sec. 2.6), los cuales pueden ser muy útiles en la elucidación de estructuras.

Las densidades se determinan corrientemente por una comparación directa de los pesos de volúmenes iguales de muestra y agua a una temperatura dada, *t*, y haciendo las correcciones a la densidad del agua a 4°C, como se muestra en la ecuación (2.2)

$$D_t = \frac{\text{peso de muestra}}{\text{peso de agua a } t} \times D_{H_2O} \quad \text{a} \quad t \tag{2.2}$$

Las densidades se determinan con unos recipientes llamados picnómetros que se pueden adquirir en el mercado con capacidades desde 1 a 25 ml; no obstante, puesto que el químico que efectúa análisis estructural suele disponer normalmente de cantidades muy pequeñas de muestra debe, en muchas ocasiones, construirse un picnómetro de tamaño adecuado para su muestra, los citados picnómetros pueden construirse a partir de tubo de vidrio de 2 a 4 mm o de capilares, tal como se ilustra en la figura 2.7. Los picnómetros preparados a partir de tubo de 3 mm requieren una cantidad de muestra del orden 0,2 a 0,6 ml y los procedentes de tubos capilares del orden 0,02 a 0,05 ml. Las medidas de densidad deben efectuarse usando la mayor cantidad de muestra posible para reducir los errores en la pesada; debiéndose calcular las densidades con 4 cifras significativas, requiriéndose que la pesada sea lo suficientemente precisa para obtener este grado de exactitud.

El picnómetro ilustrado en la figura 2.7 se limpia, se llena completamente de agua, y se termostatiza a una temperatura dada; una vez conseguido el equilibrio térmico se ajusta el nivel del líquido dentro del picnómetro a una marca anular existente en su lado derecho, eliminando el líquido sobrante por el otro extremo con la ayuda de un trozo de papel absorbente. El picnómetro se separa del baño a temperatura constante, se seca cuidadosamente y se pesa; a continuación se vacía, se seca y se rellena con la muestra, repitiendo el mismo proceso, ahora con la muestra. La muestra puede recuperarse no contaminada para otros usos futuros.

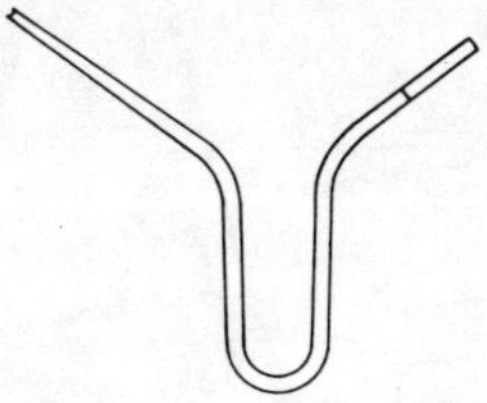

Fig. 2.7. Micropicnómetro

2.6 *ÍNDICE DE REFRACCIÓN*

El índice de refracción, tal como se determina normalmente, es la relación entre la velocidad de la luz en el aire y la velocidad de la luz en la sustancia que se está analizando. El índice de refracción puede determinarse con gran precisión normalmente hasta con 5 cifras significativas, y es una de las constantes más importantes que se emplean para describir un compuesto.

Los índices de refracción se determinan usando refractómetros, de los cuales hay varios tipos disponibles. En la figura 2.8 se muestra el Abbe, que es el que se emplea corrientemente; consiste en una fuente luminosa, un par de prismas móviles por bisagras y termostatizados, entre los cuales se sitúa la muestra, dos prismas móviles de Amici, los cuales compensan las diferencias en el grado de refracción de la luz a las distintas longitudes de onda, un visor para observar el campo en el que se produce la refracción, y una escala para leer el índice de refracción. Si el líquido es lo suficientemente móvil, se utiliza una pipeta de goteo para introducir la muestra en la pequeña depresión que existe entre los prismas; para muestras más viscosas deben abrirse los prismas y colocar cuidadosamente una gota de la muestra en el fondo

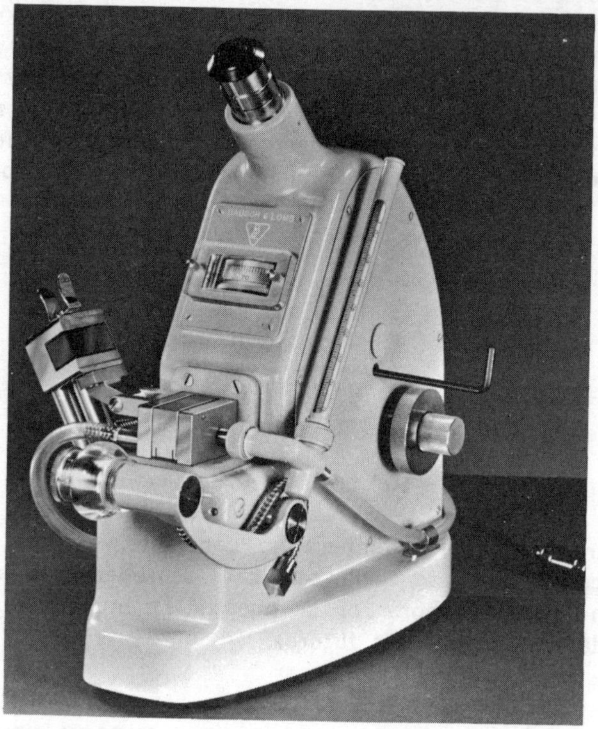

Fig. 2.8. Refractómetro de Abbe. (Cortesía de Bausch and Lomb Incorporated, Rochester, N.Y.)

del prisma, cerrándolos con precaución. Deben tomarse precauciones para evitar tocar la superficie del prisma con la pipeta. La luz se ajusta para obtener el máximo de iluminación, las líneas en forma de cruz del visor se visualizan por medio del ocular; los prismas de Amici se ajustan hasta que se eliminan los colores dentro del campo y la posición de la línea de separación entre la zona blanca y negra se ajusta de modo que coincida con la intersección de las líneas en forma de cruz por medio de los botones de ajuste, grosero y fino. El índice de refracción se lee de la escala de tres decimales, y el cuarto decimal se obtiene por estimación. Se anota la temperatura del prisma y del aparato, puesto que el índice de refracción es función de la temperatura; la variación del índice de refracción con la temperatura depende de los tipos de grupos funcionales presentes, pero puede tomarse como valor aproximado una corrección de 0,00045 por °C; el índice de refracción disminuye cuando aumenta la temperatura, de esta manera los índices de refracción determinados a una temperatura pueden compararse con valores determinados a otras

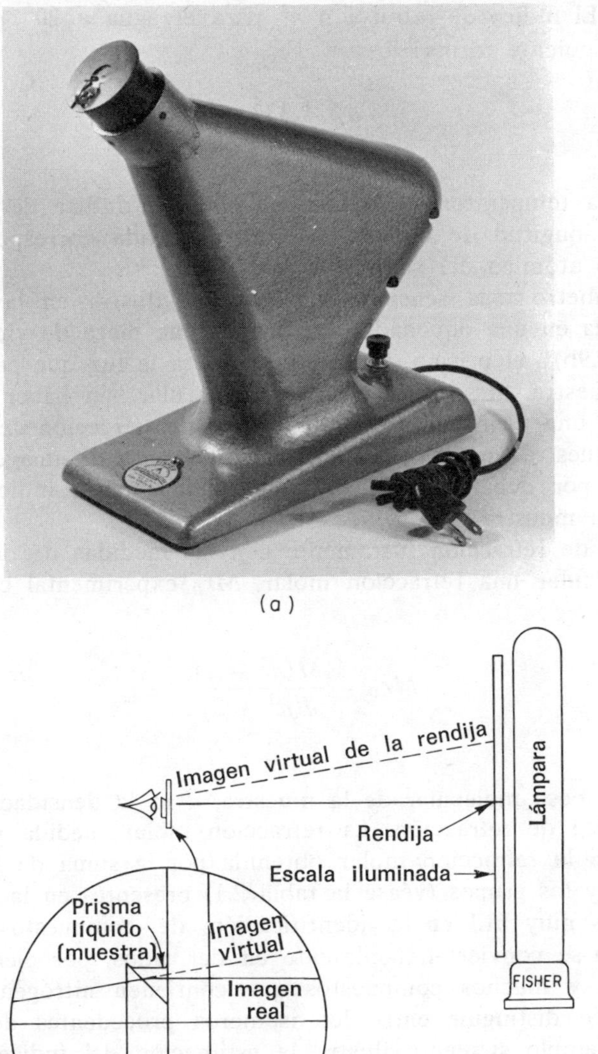

Fig. 2.9. Refractómetro de Fisher. (Reproducido por cortesía de la Fisher Scientific Company.)

temperaturas. El índice de refracción n_D^T para el agua a 20°, por ejemplo, se indica de la siguiente forma:

$$n_D^{20}\ 1{,}3333$$

donde 20 es la temperatura a la cual se midió el índice de refracción y *D* indica que la longitud de onda de la luz empleada corresponde a la línea *D* del espectro atómico del sodio.

El refractómetro más sencillo de Fisher se ilustra en la figura 2.9; la muestra se sitúa en una oquedad formada por una pieza de vidrio y el ocular (véase la fig. 2.9b); el prisma de líquido refracta la luz que penetra en el interior de la muestra. Si se mira a través del ocular, sin haber muestra, se ve una escala con una flecha indicando un índice de refracción de 1,516. Cuando se añade la muestra en el ocular aparece una segunda imagen de la flecha por encima o por debajo de 1,516. La segunda imagen indica el índice de refracción de la muestra.

Los índices de refracción justamente con las medidas de densidad pueden usarse para calcular una refracción molar, Mr_D experimental con la siguiente ecuación:

$$Mr_D = \frac{M(n^2 - 1)}{d(n^2 + 2)} \tag{2.3}$$

donde *M* es el peso molecular de la muestra, *d* es la densidad de la muestra y *n* es el índice de refracción. La refracción molar medida puede entonces compararse con la refracción molar obtenida por la suma de las refracciones de los átomos y los grupos (véase la tabla 2.1) presentes en la molécula; esta comparación es muy útil en la identificación de compuestos relativamente inertes, que no se convierten fácilmente en derivados, por ejemplo, hidrocarburos, haluros, y muchos compuestos que contienen nitrógeno; sin embargo no se puede distinguir entre los isómeros procedentes de sustituciones distintas. El ejemplo siguiente ilustra la estimación del índice de refracción molar del 3-hexino, usando las refracciones atómicas contenidas en la tabla 2.1.

6 átomos de carbono	14,508
1 triple enlace	2,398
10 átomos de hidrógeno	11,000
Mr_D	27,906

Tabla 2.1. Refracciones atómicas *

Átomo	Mr_D	*Átomo*	Mr_D
C, enlace simple aislado	2,592	N, RNHOH	2,48
C, enlace simple	2,418	N, —NH—NH_2	2,47
C, doble enlace †	1,733	N, RC = N	3,05
C, triple enlace †	2,398	N, ArC≡N	3,79
C, conjugado	1,27	N, R_2C = NOH	3,93
H	1,100	N. $RCONH_2$	2,65
O, hidroxílico	1,525	N, RCONHR	2,27
O, de éter	1,643	N, $RCONR_2$	2,71
O, cetónico	2,211	NO, como nitrito	5,91
O, de éster	1,64	NO, como nitrosoamina	5,37
S, como SH	7,69	NO_2, como nitrito de alquilo	7,44
S, como RSR	7,97	NO_2. como nitrato de alquilo	7,59
S, en —CNS	7,91	NO_2, como nitroparafina	6,32
S, como RSSR	8,11	NO_2, como nitroaromático	7,30
N, RNH_2	2,45	NO_2, como nitroamino	7,51
N, $ArNH_2$	3,21	F	0,95‡
N, R_2NH	2,65	Cl	5,967
N, Ar_2NH	3,59	Br	8,865
N, R_3N	3,00	I	13,900
N, Ar_3N	4,36		

* Datos tomados de R. R. Dreisback, "Physical Properties or Organic Compounds". *II, Advances in Chemistry Series,* **22,** American Chemical Society, Washington D.C., 1959.

† Sólo para dobles y triples enlaces.

‡ Para el flúor en los compuestos polifluorados el valor es 1.1.

2.7 PODER ROTATORIO

Si se hace pasar un haz de luz polarizada en un plano a través de un medio ópticamente activo se produce un desplazamiento angular del plano de polarización de la luz (véase la sección 7.2 sobre poder rotatorio para una descripción más detallada del fenómeno involucrado). Los componentes principales de un polarímetro (véase la fig. 2.10), de los empleados en la determinación del poder rotatorio, son una fuente luminosa, un prisma de Nicol para polarizar la luz, un compartimiento para el tubo que contiene la muestra, un prisma de Nicol para analizar, unas lentes de observación, y una escala en la cual se indique la rotación óptica de la muestra.

Aproximadamente unos 200 a 500 mg de la muestra purificada, se pesan cuidadosamente y se disuelven en un volumen adecuado de disolvente, volumen que dependerá de la capacidad del tubo empleado para contener la muestra. Los disolventes normalmente empleados incluyen al agua, metanol, cloroformo o mezclas de agua y un alcohol. Si el poder rotatorio de la muestra es muy bajo se deberán utilizar concentraciones mayores, pudiendo emplearse directamente las muestras líquidas. La solución de la muestra, que debe estar

Fig. 2.10. Polarímetro. (Reproducido por cortesía de O. C. Rudolph and Sons, Caldwell, N.J.)

libre de pequeñas partículas (polvo, suciedad, etc.), y a ser posible ser incolora, se coloca en el tubo de contención, generalmente un tubo de unos 10 centímetros con unos cierres de vidrio sostenidos firmemente en su lugar con unos anillos de goma y una cabeza roscada. Separando la cabeza roscada de un extremo plano del tubo, sosteniendo el tubo en posición casi vertical, y añadiendo la muestra con la ayuda de un capilar, se va colocando la muestra hasta que empieza a sobresalir ligeramente por encima del extremo del tubo de contención; la tapadera de vidrio se coloca con mucho cuidado para evitar que queden encerradas burbujas de aire con la muestra. Si quedan retenidas burbujas de aire, debe sacarse la tapadera de vidrio, y añadir nueva muestra hasta que su nivel supere el extremo del tubo; entonces se coloca de nuevo en su lugar la tapadera de vidrio. Cuando no quedan ya burbujas de aire, se coloca la arandela de goma por encima de la tapadera de vidrio, y se aprieta fuertemente la tuerca de sujeción, teniendo cuidado de no forzarla demasiado, puesto que se producirían resultados anómalos en la medida del poder rotatorio. Para facilitar la operación del llenado existen en el comercio unos tubos de contención de muestras cuyo relleno se efectúa por un tubo lateral (véase la fig. 2.10).

El *blanco* o punto *cero* del polarímetro se determina antes de colocar el tubo de muestra en el haz luminoso, observando el campo luminoso a través del ocular; si la orientación de los dos prismas de Nicol, no es la misma, el campo luminoso aparecerá dividido en dos partes, una oscura y otra medio iluminada, dependiendo del desplazamiento angular relativo del 0°. Se ajusta la lente de observación hasta obtener la máxima diferenciación entre los dos campos, ajustando a continuación el prisma móvil hasta que no sea posible distinguir entre las dos mitades del campo luminoso; por último, se lee la rotación óptica sobre la escala situada encima del prisma móvil. Esta escala está normalmente dividida en divisiones de 0,25°, con un nonius capaz de apreciar aproximadamente 0,01°. Para obtener la medida de la rotación óptica se hacen varias lecturas del ajuste del prisma móvil, tomándose un valor promedio de ellas. El valor del *blanco* o punto *cero* puede o no coincidir con el 0° de la escala, y puede ser necesaria una adecuada corrección para el valor observado en la rotación de la muestra. Se coloca a continuación el tubo con la muestra en el haz luminoso y se determina la rotación de la muestra del modo que se indicó antes cuando se describió la determinación del *cero* del instrumento.

La rotación específica (α) se calcula con la ecuación (2.4).

$$[\alpha]_D^T = \frac{\alpha \times 100}{l \times c} \tag{2.4}$$

donde α es la rotación observada para la muestra en grados, l es la longitud del tubo que contiene la muestra en cm, c es la concentración del soluto en gramos por 100 ml de solución, T es la temperatura a la cual la rotación de la muestra fue medida, y D especifica que la longitud de onda de la luz utilizada corresponde a la línea D del espectro de emisión del sodio. El disolvente empleado debe especificarse al igual que la concentración; la rotación de la muestra se presentará, por ejemplo, en la siguiente forma $[\alpha]_D^{20}$ + 65,2° (*c* 1,0, H_2O), debiendo determinarse empleando por lo menos dos muestras distintas con concentraciones diferentes del soluto, puesto que en ciertas ocasiones las muestras pueden poseer unos coeficientes específicos de rotación muy elevados, no distinguiéndose con una sola medida, por ejemplo, una rotación específica positiva fuerte, y una rotación específica negativa moderada. Las rotaciones específicas sólo pueden compararse si se usa el mismo disolvente.

2.8 DETERMINACIÓN DE PESOS MOLECULARES

El peso molecular de una sustancia puede determinarse por uno cualquiera de entre varios métodos; la mayoría de ellos utilizan la ley de Raoult, es decir, los cambios observados en la presión de vapor después de la adición de un soluto no volátil a un disolvente puro, implicando medidas de disminuciones del punto de fusión (métodos de Rast), aumentos en el punto de ebullición, y la igualación de la presión de vapor (métodos osmométricos e isopiésticos). Los pesos moleculares de los compuestos volátiles pueden determinarse por aplicación de la ley de los gases ideales, evaporando un peso conocido de la sustancia a una temperatura dada y midiendo el volumen y la presión resultante, o por espectroscopia de masas. Los métodos basados en la espectroscopia de masas son los más sencillos y generalmente los más seguros, sin embargo la instrumentación necesaria es realmente costosa.

2.8.1 *Método de Rast*

La adición de un soluto no volátil a un producto sólido produce una disminución de la presión de vapor de la fase líquida en equilibrio con la fase sólida (véase la sec. 2.2 sobre puntos de fusión), y en último lugar una disminución en el punto de fusión del sólido. La magnitud de la disminución del punto de fusión para una concentración dada de la muestra es una constante física característica de la fase sólida pura, y se denomina *constante molar del descenso del punto de fusión.* El peso molecular se calcula a partir de la ecuación (2.5)

$$\text{Peso molecular} = \frac{K \times w \times 1000}{\Delta t \times W} \qquad (2.5)$$

Donde K es la constante molar del descenso del punto de fusión, w es el peso en gramos de soluto, Δt es el descenso del punto de fusión, y W es el peso del disolvente sólido (o disolvente líquido en el caso de las determinaciones por disminución del punto de congelación).

En la tabla 2.2 se enumeran varios disolventes sólidos y sus correspondientes constantes molares de disminución del punto de fusión, los cuales pueden ser utilizados en el método de Rast para la determinación de pesos moleculares. El decidirse por un determinado disolvente sólido dependerá de

Tabla 2.2. Disolventes sólidos para el cálculo de pesos moleculares por el método de Rast

	Punto de fusión en °C	*Constante molar del descenso del punto de fusión*
Benzofenona	48	9,8
Borneol	202	35,8
Bornilamina	164	40,6
Canfeno	49	31,08
Canfoquinona	190	45,7
Alcanfor	178	40,0
Ciclopentadecanona	65,6	21,3
Difenilo	70	8,0
Naftaleno	80,2	6,9
Perileno	276	25,7

varios factores, de entre los cuales destaca que el soluto sea soluble en la fase líquida del disolvente, que no se produzca una reacción física o química (formación de complejos) entre el soluto y el disolvente que pudiera cambiar su naturaleza, y que el soluto sea asimismo químicamente estable a la temperatura del punto de fusión de la mezcla. En último lugar el disolvente sólido debe escogerse de tal manera que empleando concentraciones iguales en varios disolventes, se obtenga un incremento máximo en la disminución de su punto de fusión, con el fin de aumentar la precisión de la determinación.

2.8.1a Procedimiento

Se añade una cantidad cuidadosamente pesada de la muestra de la sustancia desconocida a una cantidad cuidadosamente pesada del disolvente sólido (la concentración del soluto debe de mantenerse por debajo de 10 y preferentemente de 5 moles %). La mezcla se funde y se mezcla hasta que aparenta ser homogénea, determinándose a continuación el punto de fusión de la mezcla y del disolvente sólido puro (entendiéndose por punto de fusión la temperatura a la cual desaparece el último cristal hacia la fase líquida), a ser posible empleando el método del tubo capilar citado en las determinaciones del punto de fusión. Se deja entonces enfriar la muestra y solidificar y se vuelve a determinar el punto de fusión, repitiéndose el proceso hasta que se obtienen resultados coherentes.

Deben tomarse precauciones con los compuestos que se descomponen, produciendo dos o más fragmentos de peso molecular menor, por ejemplo, clorhidrinas y solvatos, puesto que en tales casos se encuentran valores anormalmente bajos del peso molecular.

2.8.2 Métodos crioscópicos

La determinación de los pesos moleculares por las disminuciones del punto de congelación, es en teoría lo mismo que las medidas de las disminuciones en el punto de fusión cuando se trata de sólidos. Sin embargo la técnica experimental es bastante más compleja que el método de Rast, puesto que las constantes molares de disminución del punto de congelación son considerablemente más pequeñas para los líquidos (véase la tabla 2.3) que las análogas para los disolventes sólidos, y se necesitará una gran precisión en la media de los puntos de congelación, siendo indispensable el uso de un termómetro de Beckman. El aparato (véase la fig. 2.11) resultará mucho más complejo ya que es necesario aislar el experimento de las influencias del medio ambiente. Una complicación adicional es el hecho de que la solubilidad de muchos compuestos se ve grandemente reducida en las bajas temperaturas involucradas en estos experimentos.

2.8.2a Procedimiento

Se coloca en el recipiente interior del aparato mostrado en la Fig. 2.11 una porción cuidadosamente pesada del disolvente (normalmente de 25 a 50 gramos).

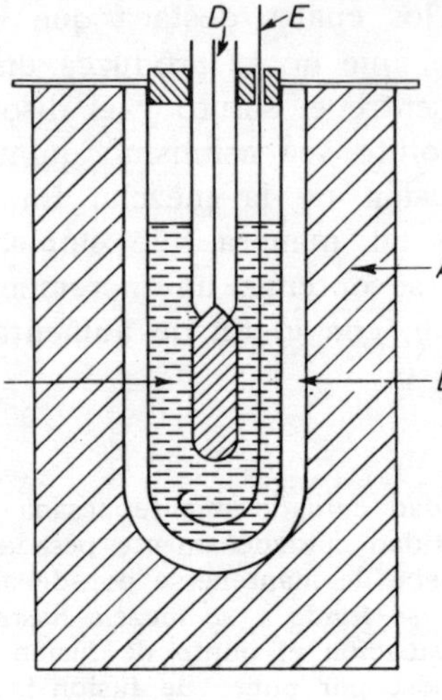

Fig. 2.11. Aparato para la determinación del punto de congelación: (A) refrigerante, (B) espacio aislador, (C) disolución con la muestra, (D) termómetro de Beckman y (E) agitador.

Se calcula y dibuja la curva de enfriamiento para el disolvente puro manteniendo una velocidad de agitación constante, tomándose como punto de congelación la temperatura constante que aparece después del subenfriamiento, cuando empieza la cristalización. El punto de congelación debe determinarse cuando menos dos veces para asegurar la reproductibilidad de la medida.

Tabla 2.3. Solventes para crioscopia

	Punto de congelación	*Constante crioscópica molar °C*
Ácido acético	16,7	3,9
Benceno	5,5	5,12
Ciclohexano	6,5	20,0
Ácido sulfúrico	10,5	6,81
Agua	0,0	1,86

Se añade a continuación una porción cuidadosamente pesada de la muestra desconocida y se calcula y dibuja de nuevo la curva de enfriamiento de la solución.

Después del subenfriamiento, no se encontrará, un tramo de temperaturas constantes, como se encontró para el disolvente puro; el punto de congelación se determina por extrapolación de la curva de enfriamiento, suavemente descendente, a partir del subenfriamiento, hasta la curva de enfriamiento inicial; la temperatura correspondiente a su intersección se toma como punto de congelación.

2.8.3 Medidas de la elevación del punto de ebullición

La adición de un soluto no volátil a un disolvente produce una disminución de su presión de vapor, y en consecuencia un aumento del punto de ebullición de la disolución. La elevación del punto de ebullición puede expresarse cuantitativamente por medio de la ecuación (2.6).

$$\text{Peso molecular} = \frac{K_B \times w \times 1000}{W \times \Delta t} \qquad (2.6)$$

donde K_B es la constante molar de aumento del punto de ebullición, w es el peso del soluto, W es el peso del disolvente, y Δt es la diferencia entre el punto de ebullición del disolvente puro y la disolución.

La figura 2.12 muestra un montaje característico para las determinaciones de puntos de ebullición; el aparato debe protegerse cuidadosamente de las corrientes de aire. Se determina primero el punto de ebullición del disolvente puro (se recomienda de nuevo el uso de un termómetro de Beckman), después se añade la muestra desconocida, y se determina el punto de ebullición de la disolución, teniendo cuidado de no producir sobrecalentamientos al contenido del frasco.

En la tabla 2.4 se enumeran varios disolventes adecuados para ser usados en las determinaciones de aumentos de puntos de ebullición.

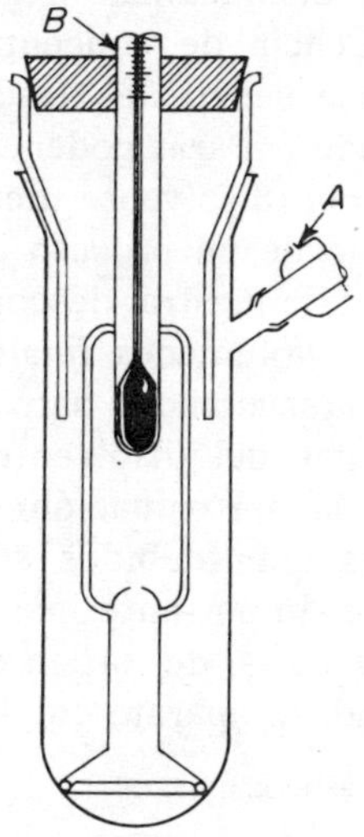

Fig. 2.12. Aparato para la determinación del punto de ebullición: (A) condensador enfriado por agua y (B) termómetro de Beckman.

Tabla 2.4. Disolventes para las determinaciones de pesos moleculares por aumentos en el punto de ebullición

	Punto de ebullición °C	*Constante molar de elevación °C*
Ácido acético	118	3,07
Acetona	56	1,71
Benceno	80	2,53
Tetracloruro de carbono	76	5,03
Clorobenceno	132	4,15
Cloroformo	60	3,63
Ciclohexano	81	2,79
Etanol	78	1,22
Nitrobenceno	210	5,24
n-Octano	126	4,02
Tolueno	110	3,33
Agua	100	0,512

2.8.4 *Método isopiéstico*

En el método isopiéstico para la determinación de pesos moleculares, se equilibra una disolución conteniendo una cantidad definida de una sustancia patrón (S), en un sistema cerrado, a temperatura constante, con una disolución, conteniendo una cantidad medida de una muestra desconocida (X). Las presiones de vapor de las dos disoluciones serán diferentes al empezar el experimento a causa de la diferencia de concentraciones; en el equilibrio, las presiones de vapor, y en consecuencia las fracciones molares, deben ser las mismas para ambas disoluciones. Para poder alcanzar este equilibrio, debe producirse una transferencia del disolvente desde la disolución más diluida a la más concentrada por medio de un proceso de evaporación y condensación. El peso molecular (MW_x) de la muestra desconocida puede calcularse (véase la ecuación 2.7) a partir de los volúmenes finales de las dos disoluciones (W_s y W_x), el peso molecular de la sustancia patrón (MW_s), la densidad del disolvente (ρ), y el peso molecular del disolvente (MW_{sol}). En la obtención de la ecuación (2.7) se ha hecho la aproximación de suponer que los volúmenes finales de las dos disoluciones eran debidos sólo al disolvente. Esta aproximación no producirá un error importante por cuanto que las concentraciones de S y X son relativamente bajas, del orden de un pequeño tanto por ciento en peso, y de la misma magnitud. El aparato empleado se ilustra en la figura 2.13.

$$\frac{W_x/MW_x}{W_x/MW_x + V_x\rho/MW_{\text{sol}}} = \frac{W_s/MW_s}{W_s/MW_s + V_s\rho/MW_{\text{sol}}} \qquad (2.7)$$

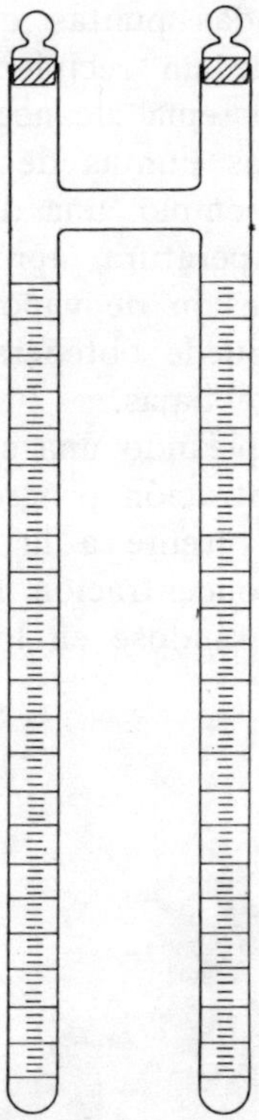

Fig. 2.13. Tubo isopiéstico para las determinaciones de pesos moleculares.

2.8.5 Método osmométrico

Cuando un disolvente puro y una disolución de un soluto relativamente no volátil en este disolvente se sitúan en un sistema cerrado, ocurre una transferencia de disolvente desde el disolvente puro a la disolución por un proceso de evaporación-condensación. El proceso adiabático de transferencia del disolvente produce una diferencia de temperatura entre el disolvente puro y la disolución debida al calor de evaporación involucrado en la evaporación y condensación del disolvente. La diferencia de temperatura es proporcional a la diferencia de la presión de vapor del disolvente puro y de la disolución y, en consecuencia, es proporcional a la concentración del soluto y al tipo de disolvente usado.

En la figura 2.14 se muestra un osmómetro por presión de vapor que se encuentra en el comercio. Una pequeña gota de disolvente puro y otra de disolución se aplican sobre sendas puntas que contienen termistores, y se colocan ambas puntas dentro de un recipiente saturado con vapor del disolvente puro. Se deja que el sistema alcance el equilibrio, y se mide la diferencia de temperatura entre las puntas de los termistores como una diferencia de resistencias, ΔR. Por ejemplo, una disolución 0,01 molar en benceno produce una diferencia de temperatura aproximadamente igual a 0,016°C. Puesto que el osmómetro de presión de vapor mostrado en la figura 2.14 es capaz de apreciar $\pm$ 0,0001°C, puede obtenerse una excelente precisión a estas concentraciones relativamente bajas.

El instrumento se calibra empleando una serie de disoluciones de un compuesto conocido con una concentración progresiva de (0,01 a 0,1 molar); representando gráficamente al ΔR frente a la concentración, a partir de esta gráfica puede determinarse la concentración molar de una muestra desconocida, en el mismo disolvente, basándose en los valores observados de ΔR.

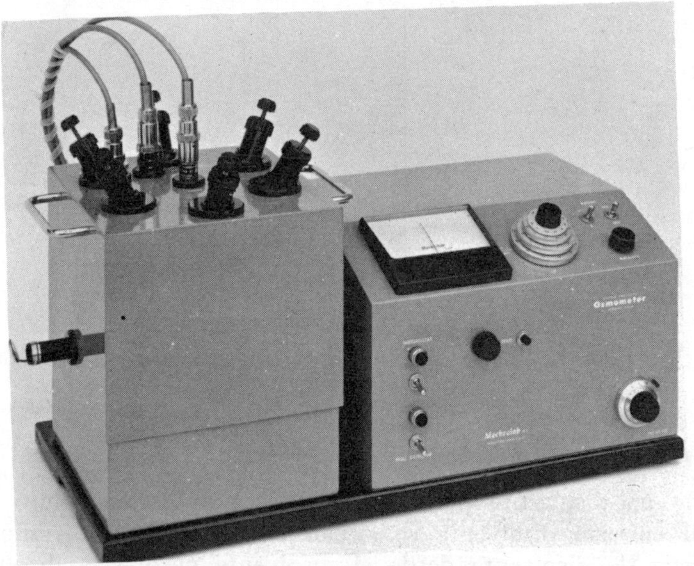

Fig. 2.14. Osmómetro de presión de vapor Mechrolab, modelo 302. (Reproducido por cortesía de F & M Scientific Division of Hewlett-Packard, Avondale, Pa.)

Por lo general se suele determinar el peso molecular de una muestra desconocida empleando por lo menos dos disoluciones distintas en concentración, de la muestra desconocida, en el disolvente especificado. La determinación del peso molecular empleando el osmómetro de presión de vapor requiere aproximadamente media hora.

Cualquier disolvente relativamente volátil puede emplearse con el osmómetro de presión de vapor; por lo general se usarán disolventes polares para los solutos polares, y viceversa, en orden a reducir la asociación molecular. Para obtener una precisión cercana al uno por ciento, la presión de vapor del soluto debe mantenerse por debajo del uno por ciento de la presión de vapor del disolvente puro.

2.9 REFERENCIAS

General

1. Cheronis, N. D., "Micro and Semimicro Methods", en *Technique of Organic Chemistry,* Vol. VI, Parte I, A. Weissberger, ed. New York: Interscience Publishers, 1954.
2. King, J. F., "Applications of Dissociation Constants. Optical Activity, and Other Physical Measurements", en *Technique of Organic Chemistry,* Vol. XI, A. Weissberger, ed. New York: Interscience Publishers, 1963.
3. Overton, K. H., "Isolation, Purification, and Preliminary Observations", en *Technique of Organic Chemistry,* Vol. XI, A. Weissberger, ed. New York: Interscience Publishers, 1963.

Parte II

Espectroscopia de absorción

3

Espectroscopia ultravioleta

3.1 *INTRODUCCIÓN GENERAL*

La determinación de la estructura molecular se ha facilitado enormemente por los recientes avances en espectroscopia, no sólo por la interpretación y correlación de los datos espectrales, sino también por el diseño y utilidad práctica de los diversos espectrómetros. La mayor parte de estas técnicas físicas están basadas sobre el hecho de que las moléculas son capaces de absorber energía radiante y experimentar distintos tipos de excitación, deformaciones de enlace, excitación rotacional, e inversiones del spin nuclear. Estas formas de excitación requieren diferentes cantidades de energía, puesto que las absorciones se producen en regiones diferentes del espectro electromagnético. La tabla 3.1 da un ejemplo de las regiones, longitudes de onda, energías de transición, y los tipos de transiciones que se producen en cada región del espectro. Por debajo de la región del ultravioleta, la energía disponible se aproxima al potencial de ionización de las moléculas, conduciendo a la formación de iones, y a longitudes de onda todavía más bajas a transformaciones nucleares. La excitación que da lugar a una ionización y posterior fragmentación, se utiliza en espectrometría de masas, y proporciona información valiosa con respecto a la estructura de la molécula.

Antes de hablar de las diferentes regiones del espectro, se deben especificar determinadas definiciones de términos y ecuaciones; éstas se presentan en la tabla 3.2. Una cierta variación en el uso de los términos puede notarse algunas veces entre distintos científicos, y es por tanto necesaria una comprensión de la intención y empleo de cada uno de los mismos.

Las energías implicadas en las diferentes transiciones están cuantizadas; esto es, una transición dada para una molécula determinada puede sólo realizarse con energía radiante que corresponde a la barrera de energía entre los dos estados implicados en la transición. Este hecho, conduce normalmente a una banda aguda de absorción a la longitud de onda de la energía involucrada. Sin embargo, en muchos casos, las líneas de absorción están desdobla-

Tabla 3.1. Regiones del espectro electromagnético

Región	*Longitud de onda* *	*Energía de excitación*	*Tipo de excitación*
Ultravioleta de vacío	100–200 mμ	286–143 Kcal	Electrónica
Ultravioleta de cuarzo	200–350 mμ	143– 82 Kcal	Electrónica
Visible	350–800 mμ	82– 36 Kcal	Electrónica
Infrarrojo cercano	0,8–2,0 μ	36– 14,3 Kcal	Sobretonos de deformaciones de enlace
Infrarrojo	2–16 μ	14,3– 1,8 Kcal	Deformaciones de enlace
Infrarrojo lejano	16–300 μ	1,8– ~1 Kcal	Deformaciones de enlace
Microondas	~ 1 cm	$\sim 10^{-4}$ Kcal	Rotacionales
Frecuencias de radio	~ metros	$\sim 10^{-6}$ Kcal	Transiciones de spin electrónico y nuclear

* Las dimensiones de las longitudes de onda en las regiones del ultravioleta visible e infrarojo han sido cambiadas desde la impresión inicial de este texto. Milimicrones (mμ) a nanometros (nm) y micrones (μ) a micrometros (μm). El lector deberá conocer estos cambios para evitar el tener que transcribirlos íntegramente.

das en bandas debido a la interacción por otros tipos de transición que ocurren en la misma molécula. Estos casos se discutirán posteriormente en secciones individuales.

La barrera de energía entre transiciones similares en las distintas moléculas es una función del contorno del cromóforo que experimenta la excitación. Se han hecho correlaciones de los efectos del contorno molecular sobre las energías de transición en distintas regiones espectrales y son muy útiles para el reconocimiento de ciertas unidades funcionales de una molécula. En secciones que siguen se discutirá el origen de las transiciones, los efectos del contorno molecular sobre las energías de transición y las correlaciones que se ha encontrado que son útiles en la determinación estructural.

No todos estos métodos físicos tienen valor por sí mismos para la aplicación a cada problema estructural. La espectroscopia de las microondas, en general, no sirve para las aplicaciones en problemas estructurales, excepto para moléculas muy sencillas, debido a la complejidad de la interpretación de datos espectrales. Además, los datos de una sola región espectral difícilmente nos conducirán a la determinación de estructuras complejas; por el

Tabla 3.2. Definiciones de términos y ecuaciones

Término	*Símbolo*	*Ecuación*	*Dimensiones*
Longitud de onda	λ	—	Å (angstrom) (10^{-8} cm)
		—	μ (micra) (10^{-4} cm)
		—	mμ (milimicra) (10^{-7} cm)
Frecuencia	ν	$\frac{c}{\lambda}$	Hz (ciclos por segundo)
Núm. de ondas	n	$\frac{1}{\lambda}$	cm^{-1}
Energía	E	$h\nu, \frac{hc}{\lambda}$	Depende de las unidades de h

c = velocidad de la luz ($2{,}9979 \times 10^{10}$ cm/s^{-1}); h = constante Planck ($6{,}6237 \times 10^{-27}$ erg-s).

contrario será necesario recopilar datos de distintas regiones espectrales. *Finalmente, no puede recalcarse demasiado que estos métodos físicos pueden no conducir a una asignación correcta y completa de la estructura; es necesario una integración de los datos físicos y químicos.* La experiencia ha demostrado que el químico que sólo confía en información espectral o química malgasta gran cantidad de tiempo, y a menudo aumenta el peligro de error en la asignación final de la estructura. Las sècciones sobre los métodos químicos de determinación estructural, sirven para valorar de una forma sencilla la utilidad de los métodos físicos frente a los químicos para la detección de grupos funcionales individuales.

3.2 INTRODUCCIÓN A LA ESPECTROSCOPIA VISIBLE Y ULTRAVIOLETA

La absorción de energía en las regiones visibles y ultravioleta del espectro da como resultado una excitación electrónica.

La región visible se extiende desde 350 a 800 mμ. La región ultravioleta abarca desde 100 a 350 mμ y se divide en dos regiones diferentes, la región de "vacío" o "lejana" que se extiende desde 100 a 200 mμ, y la llamada región de "cuarzo" que va desde 200 a 350 mμ. Esta subdivisión es necesaria por razones experimentales. Debajo las 200 mμ, el aire (particularmente oxígeno y dióxido de carbono) y el cuarzo absorben muy fuertemente y por esto la muestra debe colocarse en un medio ambiente en que estos materiales estén ausentes. Los mejores espectrómetros de ultravioleta son capaces de registrar por debajo de 180 mμ empleando un sistema de nitrógeno purificado para mantener una atmósfera de nitrógeno a lo largo del instrumento. Espectrómetros de ultravioleta capaces de registrar en la región de 100 a 180 mμ no son instrumentos comunes en los laboratorios y por tanto pocas experiencias se han efectuado en esta región. Afortunadamente, la mayoría de los compuestos capaces de absorber en la zona del ultravioleta y en el visible, presentan su máxima absorción a longitudes de onda superiores a 200 mμ. La región de "cuarzo" se denomina así porque las cubetas que contienen la muestra están hechas de cuarzo (el vidrio Pyrex absorbe muy fuertemente por debajo de 300 mμ). La fuente de luz en esta región es corrientemente una lámpara de descarga de hidrógeno o deuterio. La región visible permite el uso de cubetas de Pyrex, para las muestras y como tuente de luz lámparas de filamento de wolframio.

3.3 PRESENTACIÓN DE LOS DATOS ESPECTRALES DE ABSORCIÓN EN EL ULTRAVIOLETA Y EL VISIBLE

Los datos espectrales de absorción pueden presentarse como gráficas de absorbancia o log del coeficiente de extinción frente a longitud de onda. La absorbancia viene dada por la ec. (3.1) donde I_0 es la intensidad de la luz incidente, I la intensidad de la luz transmitida, ϵ el coeficiente de extinción, l el espesor de la cubeta en centímetros, y c es la concentración en moles por litro.

$$\text{Absorbancia} = \log I_0/I = \epsilon c l \qquad (3.1)$$

Los datos que se obtienen normalmente del espectrómetro ultravioleta, vienen dados por una gráfica de la absorbancia frente a la longitud de onda. Los coeficientes de extinción pueden alcanzar rangos desde 10 a 100 000 y por tanto generalmente se representan en gráficas como log ϵ frente a la longitud de onda.

A menos que se desee la comparación directa de las características espectrales, los datos espectrales pueden ser enumerados como longitudes de onda de los máximos de absorción $\lambda_{max}^{disolvente}$, longitudes de onda de inflexiones u hombros, $\lambda_{inflex}^{disolvente}$, y ocasionalmente longitudes de onda de mínimos de absorción $\lambda_{min}^{disolvente}$, seguido del coeficiente de extinción ϵ, o log ϵ, entre paréntesis. Este método de reseñar los datos espectrales ahorra un espacio considerable.

En todos los casos, debe especificarse el disolvente usado. La consignación de los datos de absorbancia se reserva normalmente para casos en los cuales el peso molecular del material no es conocido.

3.4 MODOS DE EXCITACIÓN ELECTRÓNICA

Para ilustrar los distintos tipos de excitación electrónica posibles, es conveniente referirlos a los diagramas de energía de los orbitales moleculares. Consideremos un enlace sencillo en dos átomos en el cual todos los electrones de la capa de valencia están involucrados en enlaces sencillos, por ejemplo, el enlace C—C del etano, o un enlace C—H en el metano. El diagrama energético del orbital molecular de este enlace simple aislado se muestra en la figura 3.1a, con los electrones de enlace ocupando el nivel del enlace σ. Para conveniencia y sencillez, en nuestra discusión inicial consideremos sólo un

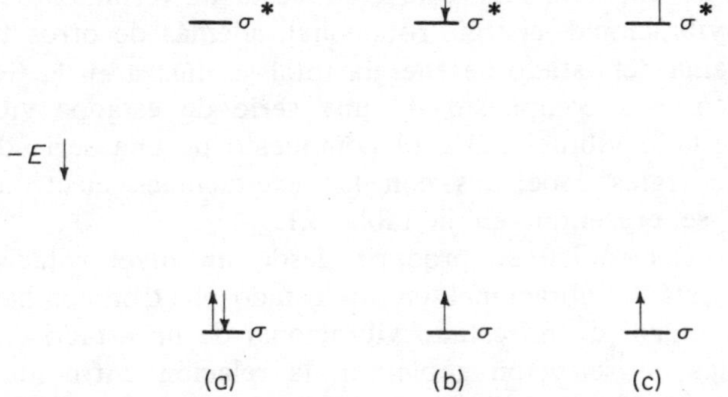

Fig. 3.1. Diagramas de energía del orbital molecular para el estado fundamental (1a), estado excitado singulete (1b), y estado excitado triplete para un sistema con enlace sencillo.

enlace σ sencillo en la molécula; sin embargo, debe considerarse que en un tratamiento completo de cualquier molécula hay varios enlaces σ. Además, el diagrama de energía del orbital molecular puede contener varios orbitales σ y σ^*. Estas complejidades introducidas por la presencia de cierto número de orbitales similares será discutida más adelante. La excitación electrónica puede ocurrir, con uno de los electrones σ enlazantes, que pasa al nivel σ^* (antienlazante) (fig. 3.1b). Una excitación de este tipo puede denominarse como excitación $\sigma \rightarrow \sigma^*$ [1]. La energía requerida para una excitación $\sigma \rightarrow \sigma^*$ es relativamente grande, y las absorciones (que se producen) de tales excitaciones aparecen en la región del vacío del ultravioleta lejano; por ejemplo,

[1] Se han sugerido distintos sistemas de nomenclaturas para la designación de transiciones electrónicas (véanse ref. 6, 7 y 8 al final de este capítulo). Este texto empleará el sistema que relaciona el tipo de orbitales involucrados en la transición, ya que éste es usado más comúnmente.

el metano absorbe a 125 mμ y el etano a 135 mμ. El ciclopropano absorbe a 190 mμ y es más característico de una molécula no saturada; en general, anillos de pocos eslabones absorben longitudes de onda ligeramente mayores que los compuestos no cíclicos. La excitación del electrón σ al nivel σ^* ocurre con la retención neta del spin electrónico (como se ilustra en la fig. 3.1b). Esta excitación se denomina como estado *singulete.* Dicho singulete puede sufrir inversión de spin (fig. 3.1c) dando lugar al estado triplete (ambos electrones tienen spin $\uparrow\uparrow$ o $\downarrow\downarrow$). Este estado no puede obtenerse por excitación directa del estado fundamental. Para una discusión más extensa de la teoría implicada en la excitación electrónica, véanse ref. 3 y 8 en Sec. 3.10.

Sobre la base de la discusión precedente, se puede esperar una única línea espectral en la región ultravioleta; sin embargo, éste no es el caso general. La energía total de una molécula está compuesta de términos de energía electrónica, energía vibracional, energía rotacional, además de otros términos energéticos. El diagrama del estado de energía total se ilustra en la figura 3.2. Cada estado electrónico está compuesto de una serie de estados vibracionales ν_0, ν_1, etc., y cada estado vibracional está compuesto de una serie de estados rotacionales. Las energías asociadas con las excitaciones electrónica, vibracional y rotacional se presentan en la tabla 3.1.

La excitación electrónica se produce desde un nivel rotacional dado de un determinado estado vibracional en un estado electrónico, hasta un determinado nivel rotacional de un estado vibracional de un estado electrónico más elevado (las reglas de selección gobiernan la relación entre los niveles electrónico, vibracional y rotacional iniciales y finales pero no se discutirán aquí). La excitación electrónica ocurre generalmente desde el nivel ν_0 del estado electrónico fundamental debido a que éste es el estado más abundante a temperatura ambiente.

La posibilidad de muchas transiciones electrónicas de energías que varíen ligeramente (algunas de ellas se indican en la fig. 3.2) podría dar lugar a esperar que el espectro mostrara muchas líneas poco separadas. Sin embargo, este no es el caso normal, excepto con moléculas muy pequeñas y con instrumentos de alto poder de resolución.

En moléculas complejas que contienen cuatro o más átomos, el número de transiciones posibles es tan grande que el espectro observado es la superposición de todas las líneas posibles, y aparece como una banda ancha o envolvente. El medio en el cual se registra el espectro de absorción afecta también la apariencia del espectro; por ejemplo, en disoluciones, el espectro está normalmente ensanchado debido a efectos del disolvente.

Moléculas muy rígidas, tales como el benceno (véase fig. 3.7 al final de este capítulo), y otras moléculas aromáticas similares, presentan una serie de bandas de absorción en la región ultravioleta debido a la interacción de los niveles vibracionales; al incrementar las sustituciones en tales moléculas rí-

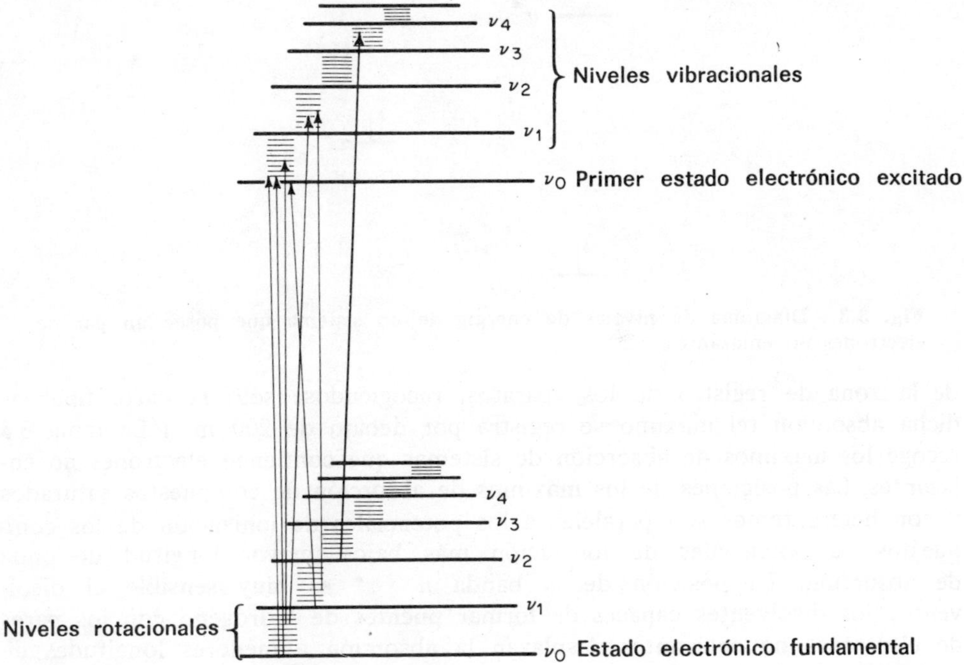

Fig. 3.2. Diagrama de niveles energéticos ilustrando los niveles vibracionales y rotacionales en el estado electrónico fundamental y primeros estados excitados indicando unas cuantas transiciones representativas.

gidas, generalmente desaparece la estructura fina, resultando una banda espectral ancha. Los espectros de moléculas en solución líquida, muestran con menor frecuencia la estructura fina, debido a que las moléculas del disolvente perturban los niveles vibracionales. El espectro del benceno, figura 3.7, fue registrado en solución de etanol pero aún presenta la estructura fina. Los espectros en fase gaseosa proporcionan mejores condiciones para observar la estructura fina vibracional. El espectro ultravioleta del óxido de mesitilo en solución de etanol se muestran en la figura 3.9 al final de este capítulo; dicho óxido de mesitilo, por ser una molécula menos rígida que el benceno, produce sólo un espectro de tipo de banda ancha.

Puede disponerse de un modo adicional de excitación, si uno de los átomos de un sistema posee un par de electrones no enlazantes (véase fig. 3.3). Puede producirse la excitación de los electrones no enlazantes (n) al nivel σ^*, y se indica como excitaciones $n \rightarrow \sigma^*$. La energía requerida para este tipo de excitación es menor que la requerida para la excitación $\sigma \rightarrow \sigma^*$, y la absorción debida a dicha excitación $n \rightarrow \sigma^*$ normalmente se produce antes

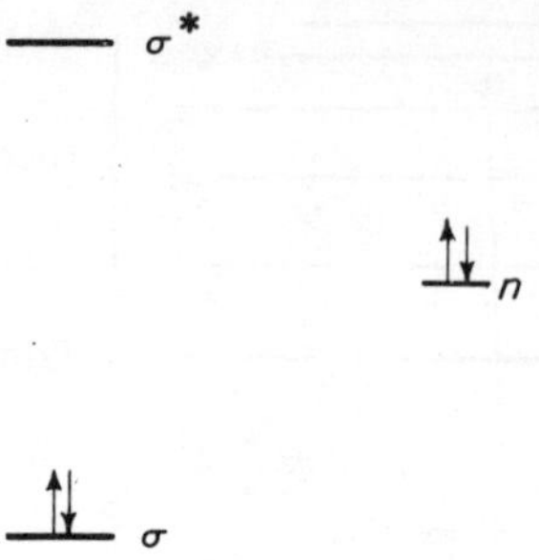

Fig. 3.3. Diagrama de niveles de energía de un sistema que posee un par de electrones no enlazantes.

de la zona de registro de los aparatos, recogiéndose sólo la parte final de dicha absorción (el máximo se registra por debajo de 200 mμ.) La tabla 3.3 recoge los máximos de absorción de sistemas que contienen electrones no enlazantes. Las posiciones de los máximos de absorción de compuestos saturados y con heteroátomos son paralelas a los potenciales de ionización de los compuestos; a potenciales de ionización más bajos, mayor longitud de onda de absorción. La posición de la banda $n \rightarrow \sigma^*$ es muy sensible al disolvente; los disolventes capaces de formar puentes de hidrógeno con los pares de electrones no enlazantes desplazan la absorción a menores longitudes de onda *(efecto hipsocrómico* o *desplazamiento hacia el azul).*

Tabla 3.3. Máximos de absorción de sistemas saturados que contienen heteroátomos

Tipo de compuestos	$\lambda_{max}(m\mu)$	*log ε aproximado*
Aminas	190 — 200* también ocasionalmente a mayores longitudes de onda hombro	3,4
Alcoholes	180 — 185 *	2,5
Éteres	180 — 185 *	3,5
Epóxidos	~ 170 *	3,6
Mercaptanos	190—200 y 225—230 (hombro)	3,2 y 2,2
Sulfuros	210—215 y 235—240 (hombro)	3,1 y 2,0
Sulfuros cíclicos	longitud de onda ligeramente superior que los sulfuros	
Disulfuros	~ 250 *	2,6
Cloruros	170—175 *	2,5
Bromuros	200—210 *	2,6
Ioduros	255—260 *	2,7

* Sólo medida de longitud de onda máxima.

El diagrama de energía del orbital molecular (de nuevo mostrando uno solo de los niveles σ y σ^*) de una olefina sencilla, por ejemplo etileno, se muestra en la figura 3.4. Los modos de excitación disponibles incluyen transiciones $\pi \rightarrow \pi^*$ y $\pi \rightarrow \sigma^*$. La transición $\pi \rightarrow \pi^*$ de las olefinas sencillas se produce en la región de 170 a 200 mμ y, por tanto, generalmente debajo de la región accesible a la mayoría de espectrómetros de los laboratorios y como consecuencia se obtiene la parte de absorción final. La introducción de gru-

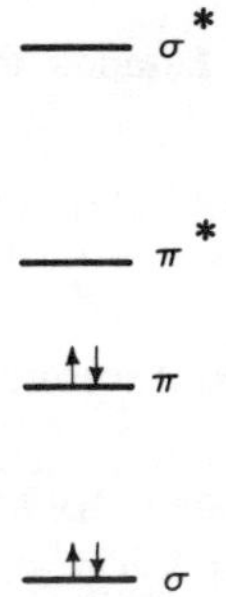

Fig. 3.4. Diagramas de niveles energéticos para olefinas sencillas.

pos alquílicos en el etileno produce un desplazamiento a longitudes de onda mayores (efecto *batocrómico* o *desplazamiento hacia el rojo*). El desplazamiento batocrómico es de 3 a 5 mμ por grupo alquilo, pero depende al mismo tiempo del tipo de grupo alquilo y de la estereoquímica existente alrededor del doble enlace. Se ha intentado correlacionar el grado de sustitución en el doble enlace con el coeficiente de extinción de la absorción final en la región de 200 a 210 mμ. Sin embargo, no parece que estas correlaciones tengan carácter general; es más fácil y mucho más seguro, determinar las posiciones de sustitución mediante la resonancia magnética nuclear (véase Sec. 5.6).

En contraste con las olefinas simples, las diolefinas absorben en la región accesible del ultravioleta. El diagrama de energía del orbital molecular de una diolefina conjugada sencilla, por ejemplo, 1,3-butadieno se ilustra en la figura 3.5a. Una simple inspección de la figura 3.5a permite predecir que son posibles cierto número de excitaciones $\pi \rightarrow \pi^*$ conduciendo a estados excitados sencillos, ilustrados en figura 3.5b-e (en esta y posteriores discusiones ignoraremos las excitaciones que involucran electrones σ). A pesar de que cierto número de excitaciones son potencialmente posibles, no todas estas transiciones están permitidas. La "permisión" de una transición particular viene gobernada por consideraciones de simetría. Está en el límite del propósito de este libro proporcionar una discusión más detallada de las reglas que

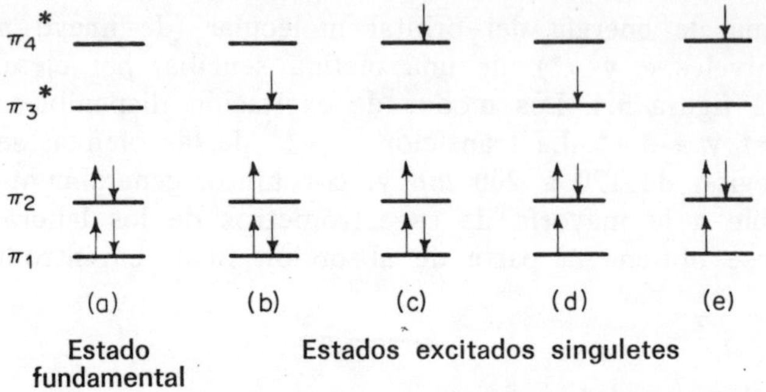

Fig. 3.5. Diagramas de energías orbitales moleculares para el estado fundamental (a) y estados excitados singuletes del 1,3-butadieno (b, c, d y e).

gobiernan las transiciones en las excitaciones electrónicas (véanse ref. 3 y 8 en Sec. 3.10).

Consideremos ahora un cromóforo no saturado que contiene un heteroátomo, por ejemplo, una simple agrupación carbonílica. La figura 3.6 representa el diagrama del nivel de energía orbital molecular para el formaldehído. Los dos pares de electrones no enlazantes sobre el oxígeno son orbitales *s* y *p* no

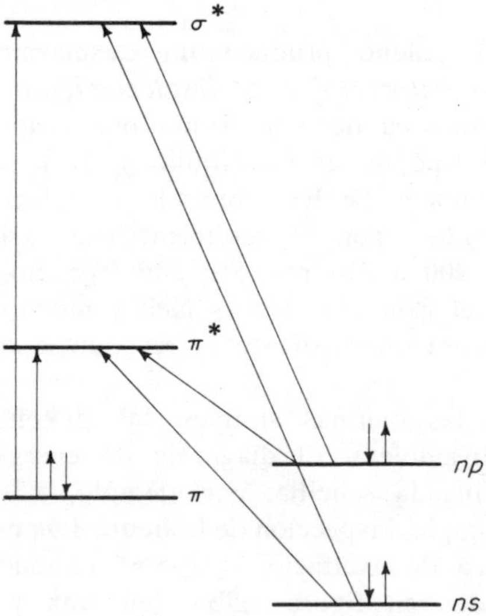

Fig. 3.6. Diagrama de energía del orbital molecular de un sistema $\rangle$C=O

hibridados y se indican en la figura 3.6 como niveles *ns* y *np*. De las seis transiciones posibles sólo la $np \rightarrow \pi^*$ no está permitida, aunque las demás no han sido detectadas todas. Sin embargo, debido a la interacción vibracional la excitación $np \rightarrow \pi^*$ se produce en alguna extensión, dando lugar a una absorción débil en la región de 270 mμ. Esta banda está generalmente referida como una transición $n \rightarrow \pi^*$. La transición $\pi \rightarrow \pi^*$ ocurre en la región de las 180 mμ y generalmente da lugar a una absorción final fuerte. La tabla 3.4 presenta los máximos de absorción de las clases representativas que contienen compuestos carbonílicos.

Las transiciones electrónicas disponibles con sistemas carbonílicos α, β no saturados pueden describirse por una aproximación similar a la usada con el 1,3 butadieno, excepto que deben añadirse al diagrama de energías de orbitales moleculares los niveles *ns* y *np*. Se señalaría que los niveles π^* no están localizados sobre los sistemas C = C o C = O y que los electrones *n*, cuando están excitados, entran en el nivel deslocalizado π^* abrazando la totalidad del sistema carbonilo α, β no saturado. En las cetonas α, β no saturadas, la banda $\pi \rightarrow \pi^*$ se manifiesta en la región de 220 a 250 mμ, y la banda $n \rightarrow \pi^*$ en la

Tabla 3.4. Máximos de absorción de derivados carbonílicos sencillos

Grupo funcional	λ_{max} mμ (log ϵ)
Aldehidos	~190 (1,5-2,0)* y 290-295 (0,9-1,4)†
Cetonas	~180 (3-4)* y 275-285 (1,0-2,0)†
Ácidos carboxílicos	~205(1-2)†
Ésteres	~205(1-2)†
Amidas	205-215(1-2)†
Cloruros de ácido	~235(1-2)†

* Transición $\pi \rightarrow \pi^*$
† Transición $n \rightarrow \pi^*$

región 320 mμ. Se han desarrollado correlaciones espectroestructurales para cetonas α, β no saturadas, aldehídos y ácidos y serán discutidas en la siguiente sección.

La posición de las transiciones $\pi \rightarrow \pi^*$ y $n \rightarrow \pi^*$ en los compuestos carbonílicos varía con la naturaleza del disolvente usado. A medida que aumenta la polaridad del disolvente desde los hidrocarburos al agua, las bandas $\pi \rightarrow \pi^*$ experimentan un desplazamiento batocrómico (rojo), mientras las bandas $n \rightarrow \pi^*$ dan lugar a un desplazamiento gradual hipsocrómico (azul). Estos desplazamientos son debidos a la estabilización, o disminución de la misma por el disolvente de los estados electrónicos fundamentales excitados, resultando por tanto un cambio en la barrera de energía entre los niveles involucrados en la transición. La posición de la banda $n \rightarrow \pi^*$ está fuertemente afectada por la presencia en los disolventes de enlaces de hidrógeno o protones de hidrógeno a protones ácidos. La banda entonces se origina a menores longitudes de onda a causa de que los niveles de energía de electrones *n* queda significativamente disminuida por la formación de enlaces de hidrógeno. Este fenómeno tiene lugar en todas las transiciones en las que participan electrones *n*, por ejemplo, las transiciones $n \rightarrow \pi^*$ de los heterociclos aromáticos nitrogenados (piridina) y las transiciones $n \rightarrow \sigma^*$ discutidas anteriormente.

3.5 CORRELACIONES ESPECTRALES

Se han propuesto correlaciones espectrales relacionando λ_{max} para sistemas electrónicos específicos de compuestos olefínicos y cetonas conjugadas. Sin embargo, estas reglas deben usarse con precaución y aplicarlas a moléculas relativamente sencillas con las cuales se cumplen bastante bien. La distorsión de la planaridad del sistema electrónico π conduce a una reducción del solapamiento del orbital *p*, o a una interacción electrónica con otros grupos funcionales de la misma molécula, dando pie a un incumplimiento de tales reglas y debe por tanto recurrirse al uso de sistemas modelo.

3.5.1 Olefinas

Como se señaló en la sección anterior, la sustitución de un grupo vinilo por hidrógeno en el etileno produce un gran desplazamiento batocrómico de la transición $\pi \rightarrow \pi^*$ en la región accesible del ultravioleta cerca de 220 mμ. Woodward, y Fieser y Fieser, por correlación de datos espectrales de un amplio conjunto de compuestos, han propuesto correlaciones para la predicción de las longitudes de onda de los máximos de absorción para dienos sustituidos. Las constantes derivadas para estas correlaciones se dan en la tabla 3.5.

Un dieno homoanular es un dieno conjugado en el cual ambos enlaces dobles están contenidos en un único anillo, por ejemplo, 1,3-ciclohexadieno. El uso del núcleo monoanular se restringe sólo a anillos de seis miembros. Un dieno heteroanular es aquel cuyos dos enlaces dobles no están contenidos en un anillo único. En esta categoría se incluyen los sistemas en los cuales sólo uno de los enlaces dobles está contenido en un anillo, por ejemplo, 1-vinilciclohexeno y también los dienos acíclicos. Para dienos en los que un doble enlace carbono-carbono está en conjugación con el dieno de base, se añade un incremento de 30 mμ. Sin embargo, el empleo de esta regla está restringido a moléculas que presentan conjugación "a lo largo de la cadena" como en el ejemplo **1**, y no conjugación "cruzada" como en el ejemplo **2.** En los compuestos de la última clase no coinciden el máximo de absorción observado con el predicho por correlación. Un doble enlace *exocíclico* se define

Tabla 3.5. Constantes para el cálculo del máximo de absorción de los dienos sustituidos *

Absorción del núcleo de base †	
heteroanular y acíclico	214 mμ
homoanular	253 mμ
Extensión de conjugación (por enlace C = C)	+30 mμ
Sustituyentes alquilo (por grupo)	+ 5 mμ
—O Acilo	+ 0 mμ
—O Alquilo	+ 6 mμ
—S Alquilo	+30 mμ
—Cl, Br	+ 5 mμ
—N $Alquilo_2$	+60 mμ
Doble enlace exocíclico	+ 5 mμ

* Tomadas de la ref. 1 al final de capítulo.

† Los dienos heteroanulares y acíclicos tienen coeficientes de extinción comprendidos en el intervalo 8000-20000, mientras que los dienos homoanulares los tienen en el de 5000-8000. Los carbonos de un dieno cíclico no se cuentan como sustituyentes del dieno cromóforo; como por ejemplo 1,3-ciclohexadieno.

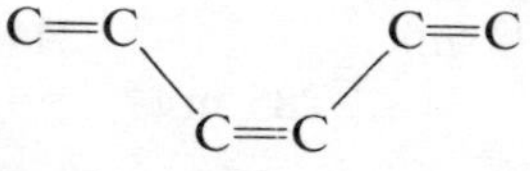

1

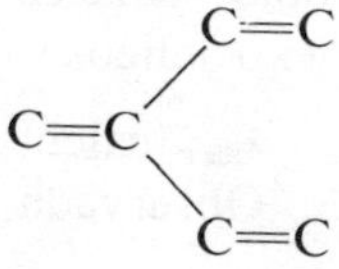

2

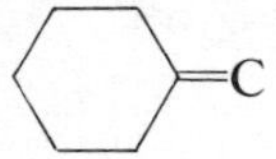

3

como el que tiene uno de los átomos de carbono del doble enlace contenido en un anillo (3). Debido a que la excitación $\pi \rightarrow \pi^*$ no acarrea grandes diferencias de polaridad entre el estado fundamental y el estado excitado, los cambios de λ_{max} por efecto del disolvente son prácticamente despreciables, como se indica por el factor de corrección respecto a un disolvente tomado como referencia. Unos cuantos ejemplos ilustran el uso de estas reglas. Los ejemplos **4** y **5** son perfectamente claros.

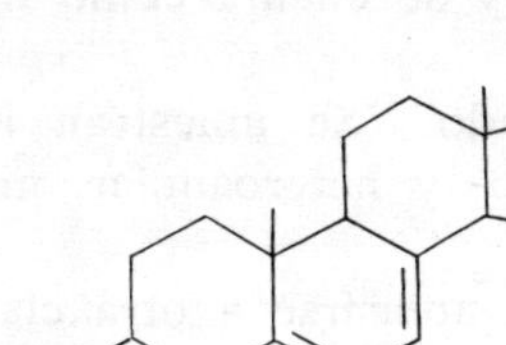

4

Núcleo de base	homoanular	253 mμ
Sustituyentes	4($\times$5)	20
Dobles enlaces exocíclicos	2($\times$5)	10
λ_{max} calculada		283 mμ
Observada		282 mμ

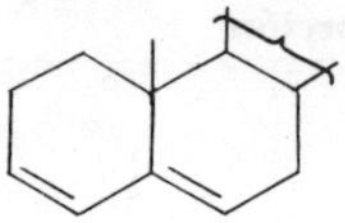

5

Núcleo de base	heteroanular	214 mμ
Sustituyentes	3($\times$5)	15
Dobles enlaces exocíclicos	1($\times$5)	5
λ_{max} calculada		234 mμ
Observada		234 mμ

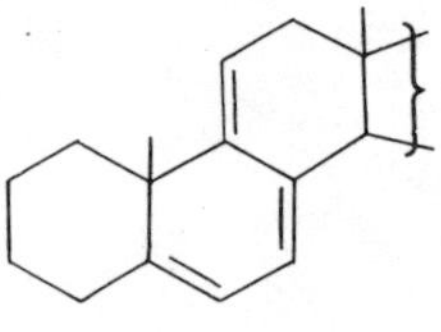

6

Núcleo de base	homoanular	253 mμ
Extensión de la conjugación	1($\times$30)	30
Sustituyentes	5($\times$5)	25
Dobles enlaces exocíclicos	3($\times$5)	15
λ_{max} calculada		322 mμ
Observada		324 mμ

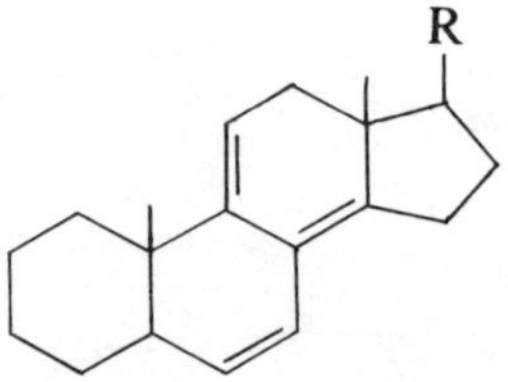

7

Número de base	homoanular	heteroanular
	253 mμ	214 mμ
Sustituyentes	25	20
Dobles enlaces exocíclicos	15	10
λ_{max} calculada	293 mμ	244 mμ
Observada	285 mμ	

El ejemplo **6** es un sistema triénico conjugado "a lo largo de la cadena" y nos presenta la manera de elección de base diénica homoanular o heteroanular. En general, se usará el núcleo que requiere la menor energía de excitación o dicho de otra manera, el núcleo de base diénico que muestra la mayor longitud de onda de absorción. En el caso del ejemplo **6**, la elección del núcleo de base es el dieno homoanular. Al contar el número de sustituyentes en el ejemplo **6**, están incluidos todos los sustituyentes sobre el sistema triénico total; se señalará que el C-10 del núcleo esteroide es un sustituyente en dos carbonos distintos del sistema triénico y se cuenta como dos sustituyentes alquilo.

El ejemplo **7** presenta un trieno conjugado "cruzado". Se muestran los cálculos con ambos núcleos de modelos diénicos, homo- y heteroanular, ninguno de los cuales está en concordancia aceptable.

Las correlaciones anteriores es evidente que pueden aplicarse a otra clase de sistemas cíclicos de distinta magnitud usando la λ_{max} de diolefinas cíclicas como núcleo de modelo diénico homoanular. Se sugieren núcleos de modelos de 228 mμ para el ciclopentadieno y 241 mμ para el cicloheptadieno (la longitud de onda del modelo incluye los carbonos sustituyentes en dos anillos).

Debe señalarse, que en los sistemas en que se distorsiona el sistema electrónico π debido a interacciones estéricas, las anteriores reglas no permiten predecir el máximo de absorción satisfactoriamente. Por ejemplo el 1,2-dimetilén ciclohexeno absorbe a 200 mμ en vez del valor calculado de 234 mμ. Para determinados cromoforos en sistemas con elevada tensión pueden realizarse aproximaciones mediante el empleo de otro factor de corrección al valor calculado para las anteriores reglas. Por ejemplo, dienos que involucran el sistema [3.1.1] biciclo-heptano requieren la adición de 15 mμ, para aproximarse al valor calculado.

El uso de representaciones bidimensionales no da siempre una indicación correcta de la distorsión de la molécula. Se evita, por tanto, la aplicación de las correlaciones anteriores en casos dudosos, y las comparaciones espectrales se harán con otros compuestos que tengan el mismo tipo de cromóforos.

3.5.2 *Cetonas no saturadas y otros derivados carbonílicos*

La tabla 3.6 contiene constantes de sustituyentes procedentes de diferentes autores para la predicción del máximo de absorción $\pi \rightarrow \pi^*$ de derivados carbonílicos no saturados cuya estructura general es la **8**.

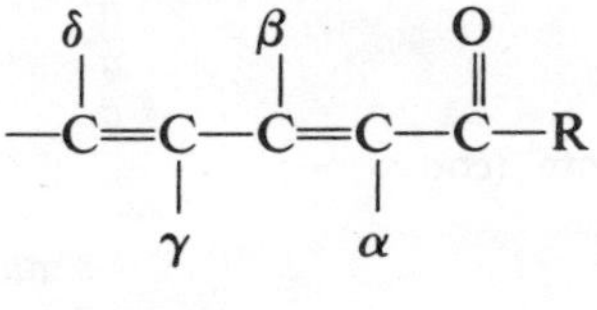

8

Los ejemplos siguientes nos ilustran la utilización de estas constantes:

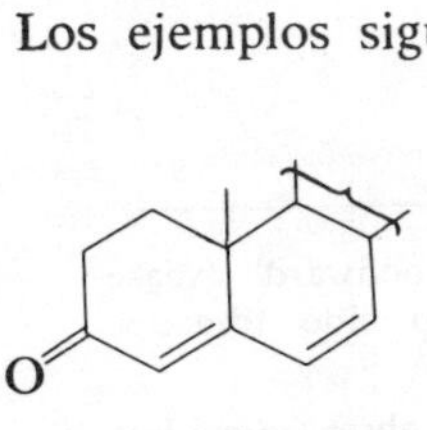

9

Núcleo de base	215 mμ
Extensión de la conjugación	30
Sustituyentes	
beta	12
delta	18
Doble enlace exocíclico	5
λ_{max}^{etanol} calculada	280 mμ
Observada	284 mμ

Tabla 3.6. Constantes para el cálculo de los máximos de absorción de compuesto carbonílicos no saturados *

Núcleo de base ‡ acíclica o cetona cíclica de seis o más miembros		215 mμ
Cetonas con anillos de 5 miembros		−10
Aldehídos		− 5
Ácidos carboxílicos y ésteres		−20
Extensión de la conjugación		+30
Componentes homodiénicos		+39
Doble enlace exocíclico		+ 5
Sustituyente alquílico	α	+10
	β	+12
	γ y superiores	+18
Hidroxilos	α	+35
	β	+30
	γ	+50
Alcoxilos	α	+35
	β	+30
	γ	+17
	δ	+31
Acetoxilos	α,β, o δ	+ 6
Dialquilamino	β	+95
Cloro	α	+15
	β	+12
Tioalquilo	β	+85
Bromo	α	+25
	β	+30
Corrección del disolvente (con relación al etanol) †		
Agua	−8 mμ	
Metanol	0	
Cloroformo	+1	
Dioxano	+5	
Éter	+7	
Hexano	+11	

* La correlación original se denominan como "reglas de Woodward" (véase ref. 9). Los incrementos adicionales de los sustituyentes han sido tomados de la ref. 12 y observaciones del autor no publicadas.

‡ Los valores calculados suelen diferir en ± 3 mμ de los observados. Los coeficientes de extinción de las enonas *cisoides* normalmente son menores que 10000, mientras que los coeficientes de extinción de las enonas *transoides* son mayores que 10000.

† Sugerido por Fieser y Fieser (ref. 1).

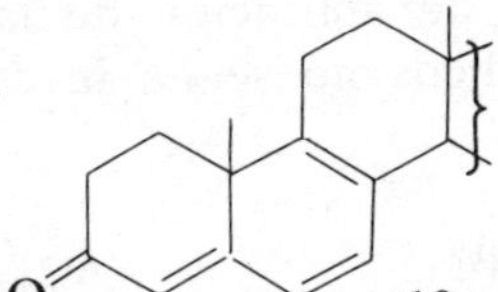

10

Núcleo de base	215 mμ
Extensión de la conjugación (2 × 30)	60
Componente homodiénico (anillo B)	39
Sustituyentes	
beta	12
3γ o superior	54
Doble enlace exocíclico	5
λ_{max}^{etanol} calculada	385 mμ
Observada	388 mμ

En el compuesto **10** se incluye un componente homodiénico debido a que coinciden dos dobles enlaces en un mismo anillo. El compuesto **11** ilustra la aplicación a derivados de la ciclopentanona. El grupo carbonilo y el doble enlace deben estar en el anillo pentagonal; la corrección del anillo pentagonal no se aplica al 1-acetilciclopenteno.

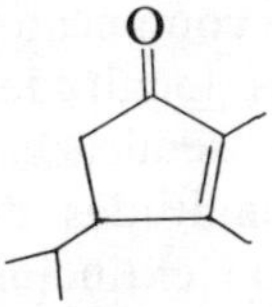

11

Núcleo de base	215 mμ
Sustituyentes	
alfa	10
2 beta	24
Anillo pentagonal	—10
λ_{max}^{etanol} calculada	239 mμ
Observada	237,5 mμ

$(CH_3)_2C{=}CHC({=}O)H$

12

Núcleo de base		215 mμ
Sustituyentes	2 beta	24
Aldehído		—5
λ_{max}^{etanol} calculada		234 mμ
Observada		235 mμ

$(CH_3)_2C{=}CHC({=}O)OH$

13

Núcleo de base		215 mμ
Sustituyentes	2 beta	24
Ácido		—20
λ_{max}^{etanol} calculada		219 mμ
Observada		216 mμ

Los compuestos **12** y **13** ilustran la aplicación de estas reglas a aldehídos y ácidos. La correspondencia entre las posiciones calculada y observada es mucho peor en la aplicación a los ácidos no saturados (± 5 mμ) y deben tomarse ciertas precauciones al utilizarlas. La precisión de aplicación de las correcciones debidas a disolventes en los ácidos carboxílicos no se ha investigado.

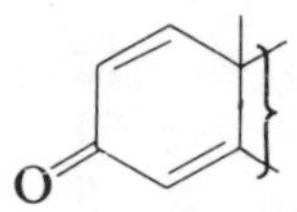

14

Sistemas enona	$\Delta^{1,2}$		$\Delta^{4,5}$
Núcleo de base	215 mμ		215 mμ
Sustituyentes beta	12	2 beta	24
Doble enlace exocíclico	—		5
λ_{max}^{etanol} calculada	227 mμ		244 mμ
Observada			244 mμ

La estructura parcial **14** ilustra un sistema conjugado-cruzado en el que el cromóforo a emplear da un aumento mayor de la longitud de onda del máximo.

En todos los ejemplos citados se utiliza como disolvente etanol para el máximo de absorción calculado. Deben aplicarse las correcciones pertinentes cuando se utilice otro disolvente.

También son útiles los espectros ultravioleta de derivados o compuestos carbonílicos. Las oximas absorben aproximadamente a las mismas longitudes de onda que los compuestos carbonílicos originales, mientras las semicarbazonas presentan máximos que están desplazados hacia mayores longitudes de onda en 30 ó 40 mμ con un incremento medio en el coeficiente de extinción de 10 000 comparado con el compuesto carbonílico original. Las 2-4-dinitrofenilhidrazonas de las cetonas saturadas absorben en la región de 360 a 365 mμ, mientras que los derivados α, β no saturados de las cetonas absorben en la región de 375 a 385 mμ.

3.5.2a Quinonas

Las quinonas comprenden una familia de compuestos con un sistema cetónico, α, β no saturado; sin embargo, a causa de la naturaleza del cromóforo, dan lugar a dos tipos de espectros de absorción distintos.

Hay dos clasificaciones de quinonas: *para*-quinonas y *orto*-quinonas. La distinción entre los dos tipos de quinonas se logra de una forma rápida y elegante con el registro de sus espectros en el ultravioleta. Las *para*-quinonas dan lugar a tres bandas de absorción en la región del ultravioleta visible. Estas bandas se manifiestan entre 240 a 260 mμ (arbitrariamente asignada como banda I), 280 a 340 mμ (banda II), y cerca de 430 mμ (banda III). Por ejemplo, la *p*-benzoquinona absorbe a 244 mμ (log ε 4.3), 279 mμ (log ε 2.8) y 430 mμ (log ε 1.3) cuando el disolvente es el etanol. La introducción de grupos alquilo, produce (1) un desplazamiento batocrómico en la banda I de 4 mμ por grupo alquilo, (2) desplazamientos batocrómicos sustanciales en la banda II (sin embargo no se nota ninguna tendencia consistente) y (3) posición invariable de la banda III. Se han notado efectos de disolvente mucho menores. Por ejemplo, el espectro ultravioleta de las *para*-quinonas registrado en un disolvente hidrocarbonado o cloroformo presenta las mismas bandas que en solución de etanol; sin embargo las bandas I y III generalmente aparecen como tres máximos distintos y/o hombros en disolventes no polares.

Las hidroxi-*para*-quinonas en solución etanólica generalmente sólo presentan dos bandas de absorción. Estas bandas aparecen de 250 a 310 mμ (banda I) y de 350 a 435 mμ (banda II). Por ejemplo, la hidroxi-*para*-quinona absorbe a 260 mμ (log ϵ 4,0) y 369 mμ (log ϵ 3,1). La introducción de grupos hidroxilo adicionales da como resultado un desplazamiento batocrómico aproximado de 15 mμ y 20 mμ en las bandas I y II, respectivamente. La introducción de grupos alquilo en las hidroxi-*para*-quinonas suministra más bien un desplazamiento batocrómico consistente de la banda I en 4 mμ por grupo alquilo y ningún efecto aparente sobre la posición de la banda II. Las alcoxi-*para*-quinonas dan lugar a dos bandas intensas en las regiones de 250 mμ (log ϵ 4) y 360 mμ (log ϵ 3,2); sin embargo, no existe consistencia en una tendencia clara con la sustitución. Un cuerpo considerable de datos en el ultravioleta aparece en la literatura para oximas de quinonas, y sus O-metil derivados (véase ref. 11 Sec. 3.10).

Las *orto*-quinonas representan tres bandas en la región visible y ultravioleta cerca de 260 mμ (log ϵ 3,3), 400 mμ (log ϵ 3,0) y 560 mμ (log ϵ 1,6). Las dos bandas de mayor longitud de onda son particularmente útiles en la caracterización de *orto*-quinonas. Parece ser que no existe una tendencia clara entre la longitud de onda del máximo de absorción y los sustituyentes.

3.5.3 Compuestos aromáticos

Los compuestos aromáticos presentan varias bandas de absorción, cuyo número y tipo dependen de la estructura de la molécula. Todos los compuestos bencénicos presentan bandas que comúnmente se denominan *E* y *B*, representando las mismas transiciones $\pi \rightarrow \pi^*$. Por ejemplo, la banda *E* del benceno se produce en la región de 180 a 210 mμ, y la banda *B* en la de 250 a 255 mμ. La banda en la región de 180 a 210 mμ, ha sido asignada a dos transiciones superpuestas permitidas por simetría, mientras que la banda de 250 a 255 mμ representa una transición "prohibida por simetría" la cual tiene una probabilidad finita pero baja debido a la interacción con una vibración no totalmente simétrica.[2]

[2] Sklar, *J. Chem. Phys.*, **5**, 669 (1937).

Los compuestos aromáticos que contienen un grupo funcional no saturado capaz de conjugar con el anillo aromático presentan una banda nueva que se denomina *K*. El diagrama de energía orbital molecular contiene un orbital adicional π y π^*, que tiene relación con el benceno, dando lugar a posibles modos de excitación adicionales. Finalmente, si el grupo funcional unido al anillo bencénico posee un par de electrones no enlazados, se hacen posibles las transiciones $n \rightarrow \pi^*$, obteniéndose las bandas denominadas *R*. Con frecuencia la banda *R* está eclipsada por la banda *B*, más intensa; las posiciones de las longitudes de onda y coeficientes de extinción vienen dados en la tabla 3.7. Los ejemplos de compuestos que presentan bandas típicas se encuentran en la tabla 3.8. Las posiciones y forma de las bandas pueden cambiar sustancialmente al variar los disolventes; la estructura *vibracional* sólo aparece en la banda *B* y frecuentemente desaparece en los disolventes más polares.

Tabla 3.7. Posiciones e intensidades de las bandas de absorción de compuestos aromáticos

Banda	λ_{max} (mμ)	ϵ
E	180–220	$2\text{-}6 \times 10^3$
K	220–250	$1\text{-}3 \times 10^4$
B	250–290	$10^2\text{-}10^3$
R	275–330	10–100

Tabla 3.8. Máximos típicos de absorción de compuestos aromáticos

	λ_{max} m$\mu(\epsilon)$			
Compuesto Banda	*E*	*K*	*B*	*R*
Benceno	198(8 000)	—	255(230)	—
t-Butilbenceno	208(7 800)	—	257(170)	—
Estireno		244(12 000)	282(450)	—
Acetofenona		240(13 000)	278(1 100)	319(50)

La introducción de sustituyentes en el anillo aromático, produce varios cambios en la apariencia del espectro de absorción. Con aromáticos sustituidos, la banda *E* se desplaza a mayores longitudes de onda, normalmente hacia la región asequible, independientemente de las propiedades electrónicas del sustituyente. El máximo de absorción de la banda *B* se desplaza hacia mayores longitudes de onda en el caso de que el nuevo sustituyente sea electróndonante o capaz de conjugación. Por otro lado, con sustituyentes electrón-aceptores, prácticamente no se observa cambio en la posición del máximo de absorción (véase tabla 3.9). La intensidad de la banda *B* generalmente aumenta con el incremento del carácter electrón-donante del sustituyente; finalmente la estructura fina de la absorción bencenoide desaparece normalmente con la sustitución.

La inspección de los datos de la tabla 3.9 nos pone de manifiesto el hecho de que no es posible determinar una correlación exacta con la estructura, esto es también cierto para los bencenos disustituidos. Los diferentes isómeros disustituidos presentan ligeras diferencias de posición en los máximos de absorción y sus intensidades; sin embargo, los cambios son muy débiles, y el máximo de absorción cae en la misma región que los monosustituidos, de modo que no puede hacerse ninguna correlación útil. En estos casos, se recomienda el uso cuidadoso de los compuestos modelo (véase más adelante la discusión sobre los compuestos modelo), o mejor todavía, pueden apoyarse en datos de infrarrojos o de resonancia magnética nuclear.

Es importante destacar los desplazamientos de las longitudes de onda del fenol al fenóxido y de la anilina al ion anilinio. El desplazamiento batocrómico observado al pasar del fenol al anión fenóxido es característico de los sistemas enol-ion enolato y es útil como herramienta de diagnóstico en la detección de sistemas enólicos, no sólo en los aromáticos, sino también en los no aromáticos. Análogamente, el desplazamiento hipsocrómico observado en la

Tabla 3.9. Máximos de absorción ultravioleta de los derivados bencénicos

Compuesto	*Banda E* $\lambda_{max}^{(m\mu)}$		*Banda B* λ_{max} $m\mu$		*Disolvente*
Benceno	198	8 000	255	230	Ciclohexano
		Sustituyentes electrón-donantes			
t-butilbenceno	207,5	7 800	257	170	Etanol
Fenol	210,5	6 200	270	1 450	Agua
Anión fenóxido	235	9 400	287	2 600	Agua
Anisol	217	6 400	269	1 480	Agua
Tiofenol	236	10 000	269	700	Hexano
Anilina	230	8 600	280	1 430	Agua
		Sustituyentes electrón-aceptores			
Fluorobenceno	204	6 200	254	900	Etanol
Clorobenceno	210	7 500	257	170	Etanol
Bromobenceno	210	7 500	257	170	Etanol
Ion anilinio	203	7 500	254	160	Agua
		Sustituyentes capaces de conjugación			
	Banda K		*Banda B*		
Estireno	244	12 000	282	450	Etanol
Fenilacetileno	236	12 500	278	650	Hexano
Benzaldehído	244	15 000	280	1 500	Etanol
Acetofenona	240	13 000	278	1 100	Etanol
Ácido benzoico	230	10 000	270	800	Agua
Benzonitrilo	224	13 000	271	1 000	Agua
Nitrobenceno	252	10 000	270	800	Hexano

transformación anilina a ion anilinio es típica de los cambios espectrales debidos a la protonación de lugares básicos, como se indicó anteriormente.

La condensación de anillos adicionales al núcleo bencénico, por ejemplo, formando naftaleno, antraceno, etc., da como resultado desplazamientos *sustanciales* batocrómicos. La banda *B* del benceno se registra a 255 mμ, mientras que las bandas similares en el naftaleno y antraceno tienen lugar respectivamente a 314 mμ y 380 mμ.

La introdución de heteroátomos en el anillo aromático, por ejemplo piridina, quinolina, etc., presenta espectros en el ultravioleta muy similares a los que se obtienen en los compuestos bencénicos relacionados; el espectro de los compuestos heteroaromáticos, presenta menos estructura fina que los aromáticos bencénicos; compárese por ejemplo, el espectro de la piridina (figura 3.8 al final de este capítulo) con el del benceno (fig. 3.7). Los datos de absorción para estos y otros sistemas aromáticos heterocíclicos aparecen en la tabla 3.10; la posición de absorción de los compuestos heteroaromáticos es mucho más sensible a los sustituyentes que los aromáticos bencénicos, pero cuestiones de espacio no permiten la discusión de los efectos de sustituyentes en estos sistemas, y el lector deberá recurrir a textos más extensos de espectroscopia ultravioleta o a la literatura original.

Tabla 3.10. Máximos de absorción de aromáticos heterocíclicos y bencenoides

		λ_{max}	ϵ
Benceno	(banda *B*)	255 mμ	230
Piridina	(banda *B*)	252	2 090
Piridazina	(banda *B*)	246	1 150
Pirimidina	(banda *B*)	243	2 950
Pirazina	(banda *B*)	261	6 000
Naftaleno	(banda *B*)	314	250
Quinolina	(banda *B*)	313	2 500
Antraceno	(banda *B*)	380	9 000
Furano		205	6 300
Pirrol		211	10 000
Tiofeno		235	4 500
Imidazol		207	5 000
Pirazol		210	3 100
Isoxazol		211	4 000
Tiazol		204	4 000

3.5.4 Cromóforos diversos

La tabla 3.11 contiene una lista de distintos grupos funcionales capaces de absorber en la región ultravioleta. Los diacetilenos conjugados, enilenos, alenos y cumulenos ($>C{=}C({=}C)_n{=}C<$) presentan una estructura fina considerable, originada por su estructura relativamente rígida. El incremento de la extensión de conjugación con estos cromóforos da lugar a desplazamientos batocrómicos considerables.

3.6 EL USO DE COMPUESTOS MODELO

Con frecuencia, la estructura parcial de una molécula compleja, puede deducirse por comparación de las propiedades espectrales del compuesto, con aquellas moléculas simples que se supone que contienen el mismo cromóforo. Esto es particularmente exacto en los casos en que la geometría de la molécula causa una distorsión del cromóforo, dando como resultado desplazamientos del máximo a diferentes longitudes de onda. La interacción electrónica con un grupo funcional adyacente puede conducir a desplazamientos anormales en las posiciones de las bandas. Las moléculas sencillas usadas para tales comparaciones se llaman compuestos modelo. Dichas sustancias se emplean extensamente en la química de productos naturales y en compuestos con anillos altamente tensionados.

Aunque para fines de correlación generalmente se usan las posiciones del máximo, cambios análogos en la posición del máximo pueden ser muy úti-

Tabla 3.11. Datos de absorción para distintos grupos funcionales *

Grupo funcional	λ_{max} mμ(ϵ)
Acetilenos	170–175 (4 500)
Diacetilenos conjugados	225–235 (200)†
Eninos	220–225 (~10 000)†
Alenos	175–185 (~10 000)
Cumulenos (butatrieno) ‡	241 (20 300)
Nitrilos	~340 (120)
Nitro	~210(~16,000)($\pi \longrightarrow \pi^*$)
	y 270–280(~200)($n \longrightarrow \pi^*$)
Nitratos	$\pi \longrightarrow \pi^*$ absorción final
	y ~260–270(hombro)(150)
Nitrito	~350 (~150)†
Azo	$\pi \longrightarrow \pi^*$ absorción final
	y ~350 (bajo) ($n \longrightarrow \pi^*$)
Diazo	~400 (~3)†
Sulfóxido	210–215 (~1,600)
Sulfona	no hay absorción por encima de 208
Vinil sulfona	~210 (~300)

* Grupos funcionales contenidos sólo en sistemas alifáticos.

† Formado por varias bandas de las cuales se da la central.

‡ Los cumulenos que contienen más enlaces dobles absorben a correspondientes longitudes de onda superiores.

les a lo largo de una serie de compuestos. Los cromóforos pueden no ser exactamente iguales, pero sí lo suficientemente parecidos para permitir que se haga una correlación. La analogía en los desplazamientos observados en el espectro ultravioleta de los siguientes compuestos esteroides, y los productos con anillos de siete eslabones indican una semejanza de los cromóforos.

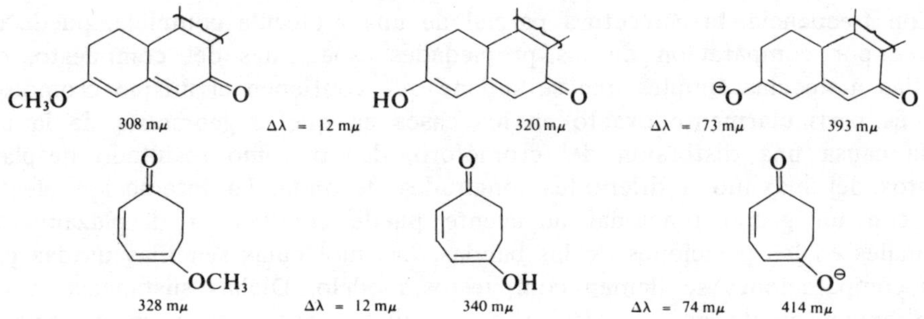

3.7 *ADITIVIDAD DE LOS CROMÓFOROS*

Muchas moléculas pueden contener más de un cromóforo absorbente; en tales casos, el espectro de absorción ultravioleta observado será la suma de las bandas de absorción de los cromóforos individuales, tomando la precaución de que no se produzca interacción electrónica entre los cromóforos. Si los máximos de absorción de dos cromóforos caen uno cerca del otro, dando lugar a una gran superposición de las bandas, podemos sustraer la absorción esperada de uno de los cromóforos conocidos, para de esta forma tener conocimiento del espectro de absorción del otro cromóforo. Experimentalmente, esto puede realizarse satisfactoriamente tomando un compuesto de referencia, que contenga el cromóforo deseado, dentro de la cubeta del espectrómetro, y en otra cubeta la sustancia problema; el espectro resultante será la diferencia entre la muestra y el compuesto de referencia. La concentración del cromóforo de referencia debe ajustarse de tal manera, que la absortividad neta del cromóforo de referencia sea igual a la del mismo cromóforo en el problema. Debe ponerse gran cuidado en la selección del compuesto modelo puesto que los cromóforos deben ser idénticos.

3.8 *PREPARACIÓN DE MUESTRAS*

La primera consideración que debemos tener en cuenta, en la preparación de una muestra para el registro de su espectro ultravioleta, es la referente a su concentración. La concentración debe ajustarse de tal manera que el pico de absorción se mantenga en la escala del registrador del instrumento, y además en la región de más precisión sobre la escala del registrador; la región de mayor precisión de los valores de la absorbancia está comprendida entre 0,2 y 0,7. Si especificamos que la absorbancia máxima podría estar cerca de 0,7, y tenemos una idea general del tipo de cromóforo que está presente, y de esta forma un área comprendida para el valor del coeficiente de extinción, podemos utilizar la ecuación (1.1) para calcular la concentración que se requiere utilizar en una cubeta de 1 cm de espesor. Para cromóforos de dienos conjugados cuyos coeficientes de extinción están en un área comprendida entre 8000 y 20 000, la concentración podría estar cerca de 4×10^{-5} moles por litro, mientras para la transición $n \rightarrow \pi^*$ de un grupo carbonilo (ϵ entre 10 y 100), la concentración debería ser cercana a 10^{-2} moles por litro. La preparación de muestras muy diluidas no puede efectuarse por una técnica de pesada directa; la cantidad de material sería demasiado pequeña, de un rango inferior al miligramo, y se introducirían errores elevados de pesada. En ge-

Tabla 3.12. Disolventes usados en la región ultravioleta y visible *

Disolvente	*Punto de paso*[1] *de luz* (mμ) †
Agua	205
Metanol	210
Etanol	210
Éter dietílico	210
Tetrahidrofurano	220
Acetonitrilo	210
Ciclohexano	210
Metilciclohexano	210
2,2,4-trimetilpentano	210
Diclorometano	235
Cloroformo	245
Tetracloruro de carbono	265
N,N-dimetilformamida	270
Benceno	280
Acetona	330

* Tomados, en parte, de una tabla de "Disolventes para uso espectrométrico" aparecida en un catálogo químico de Distillation Products Industries, división de la Eastman Kodak Company, Rochester, Nueva York.

† Se toma como punto de paso de luz la longitud de onda a la cual una cubeta de 1 cm de espesor con el disolvente da una absorbancia cercana a 1.

1 Se denomina también *límite útil.*

neral, tales concentraciones de muestra, se obtienen por diluciones sucesivas a partir de soluciones más concentradas.

La elección del disolvente descansa sobre varios valores. El criterio más importante es que el disolvente no debe absorber en la región en la que se desee registrar el espectro de absorción. En la tabla 3.12 se muestra la lista de varios disolventes y los puntos de paso de luz por debajo de los cuales, éstos absorben demasiado fuerte para ser utilizados como disolventes. En segundo lugar, el disolvente debe disolver por completo el material; incluso cuando las concentraciones son muy pequeñas, muchos compuestos pueden ser sólo parcialmente solubles o pueden existir como agregados en disolución. Finalmente, el disolvente escogido no debe reaccionar químicamente con la muestra.

Debe tenerse cuidado en la purificación y secado de las muestras. La presencia de importantes trazas de materiales que tienen el máximo de absorción, con grandes coeficientes de extinción, pueden dar lugar a máximos que podrían ser interpretados como pertenecientes al material predominante. El didisolvente usado debe ser de alta pureza, generalmente se denomina como "grado para espectrometría" por los distribuidores. Deben tomarse cuidados para mantener la limpieza de paños y evitar la contaminación por polvo de las soluciones finales.

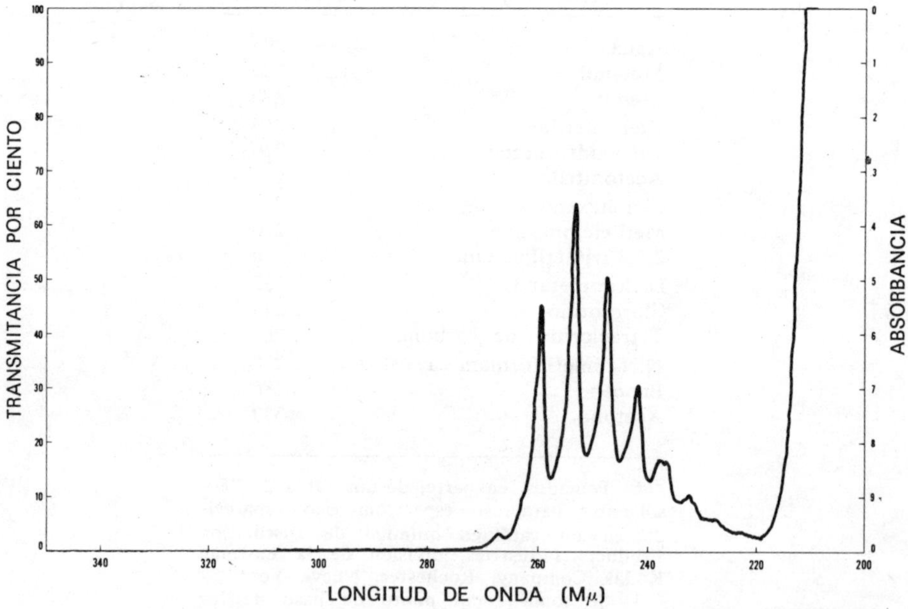

Fig. 3.7. Espectro ultravioleta del benceno en etanol del 95 %: concentración 2,92 × 10^{-3} moles/litro. (Registrado en un espectrómetro Bausch y Lomb 505.)

La solución muestra se coloca en el compartimento de la cubeta para muestras del instrumento; en el compartimento para la cubeta de referencia, se coloca el disolvente puro, o un compuesto de referencia si se trata de determinar diferencias espectrales con modelos. No es necesario dar la descripción de la operación de registro del espectro: el lector puede conocerla en los manuales que acompañan a cada instrumento. Las figuras 3.7, 3.8 y 3.9 muestran el registro de los espectros del benceno, piridina y óxido de mesitilo en disolución de etanol. En cada figura se indican las concentraciones.

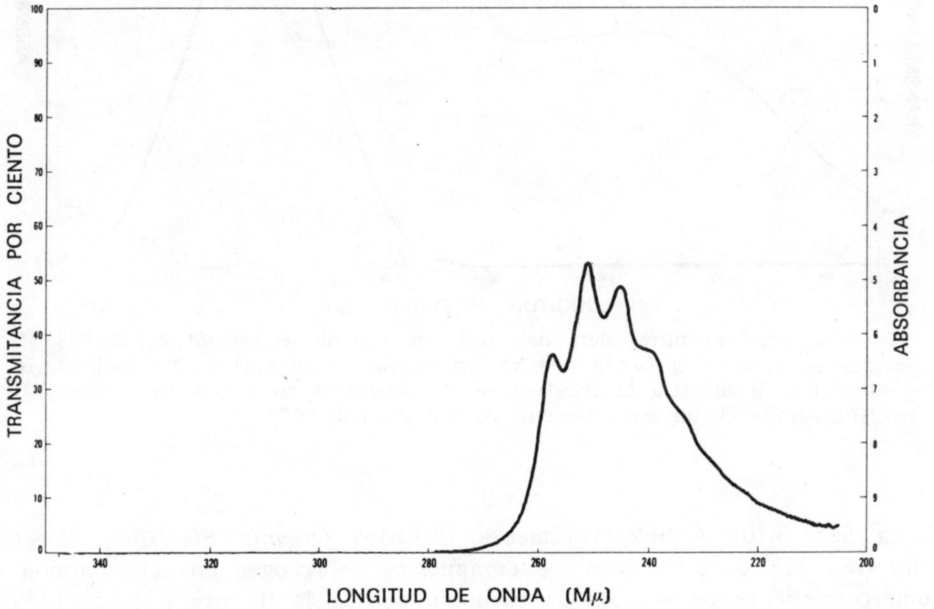

Fig. 3.8. Espectro ultravioleta de piridina en etanol al 95 %: concentración 1,98 × 10^{-4} moles/litro. (Registrado en un espectrómetro Bausch y Lomb 505.)

3.9 LOCALIZACIÓN DE DATOS ESPECTRALES EN LA BIBLIOGRAFÍA

Para poder hacer la comparación del espectro de un compuesto desconocido con el de otro compuesto, es necesario tener una muestra disponible de aquel compuesto, o encontrar en la literatura la información espectral requerida.. Afortunadamente, no siempre es necesario buscar en el *Chemical Abstracts,* u otras publicaciones similares, ya que se disponen de colecciones de datos de espectros ultravioleta (véanse las referencias incluidas al final

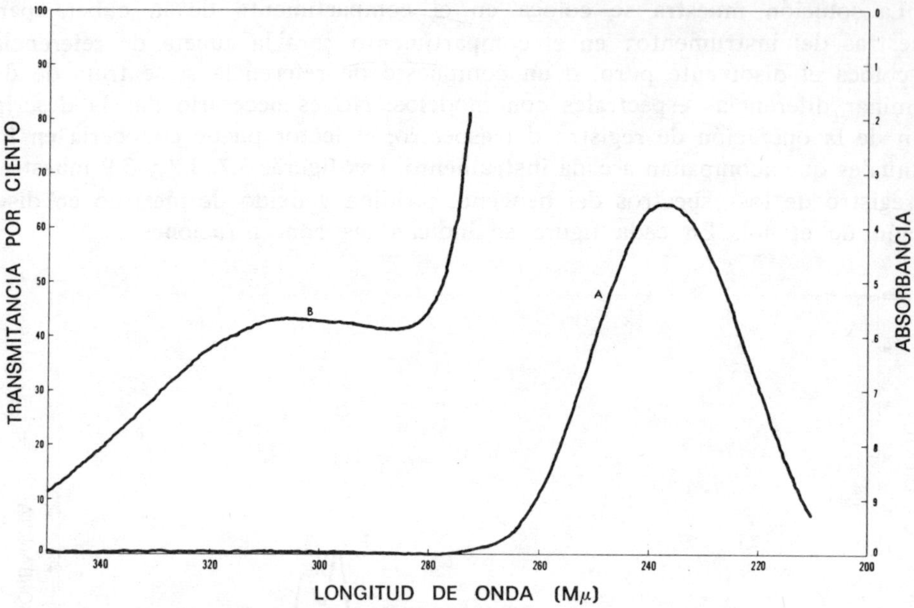

Fig. 3.9. Espectro ultravioleta del óxido de mesitilo en etanol del 95 %: el trazado A muestra la banda $\pi \rightarrow \pi^*$, concentración de $6{,}29 \times 10^{-5}$ moles/litro y el gráfico B muestra la banda $n \rightarrow \pi^*$, concentración $6{,}29 \times 10^{-3}$ moles/litro. (Registrado en un espectrómetro Bausch y Lomb 505.)

de la Sec. 3.10). Cuatro volúmenes titulados *Organic Electronic Spectral Data* (ref. 11), en los cuales los compuestos se recogen en relación con el número creciente de átomos de carbono, cubren la literatura desde 1946 a 1959. H. M. Hershenson recopiló referencias de la bibliografía espectral en dos volúmenes titulados *Ultraviolet and Visible Absorption Spectra* (ref. 10), que cubren los años comprendidos entre 1930 y 1954 y de 1955 a 1959, respectivamente. Se han recopilado reproducciones de espectros ultravioleta por el American Petroleum Institute Research Project 44 (ref. 14), y han sido publicados por Sadtler Research Laboratories (ref. 13) reproducciones de 11 000 espectros ultravioleta. El *Handbook of Ultraviolet Methods* (ref. 15) es una bibliografía de referencias que trata de procedimientos analíticos en el ultravioleta de compuestos específicos. Muchas otras fuentes, demasiado numerosas para ser citadas aquí tienen datos espectrales para compuestos específicos

En las referencias (1-9) se da bibliografía que abarca la teoría general e interpretación de los espectros visible y ultravioleta.

3.10 REFERENCIAS

GENERAL

1. Fieser, L. F. y Fieser, M., *Steroids. New York,* N. Y.: Reinhold Publishing, 1959, pp. 15-21.
2. Gillam, A. E. y Stern, E. S., *An Introduction to Electronic Absorption Spectroscopy in Organic Chemistry.* London, England: Edward Arnold Publishers, 1957.
3. Jaffé, H. H. y Orchin, M., *Theory and Applications of Ultraviolet Spectroscopy.* New York: John Wiley & Sons, Inc., 1962.
4. Mason, S. F., "Molecular Electronic Absorption Spectra", *Quart. Revs.,* **15,** 287 (1961).
5. Matsen, F. A., "Applications of the Theory of Electron Spectra", en *Technique of Organic Chemistry,* A. Weissberger, ed. New York: Interscience Publishers, Inc., 1956.
6. Rao, C. N. R., *Ultra-Violet and Visible Spectroscopy.* London, England: Butterworths and Co., Ltd., 1961.
7. "Report on the Notation for the Spectra of Polyatomic Molecules", *J. Chem. Phys.,* **23,** 1997 (1955).
8. Sandorfy, C., *Electronic Spectra and Quantum Chemistry.* Englewood Cliffs, N. J.: Prentice-Hall, Inc., 1964.
9. Woodward, R. B., *J. Am. Chem. Soc.,* **64,** 72 (1952).

DATOS ESPECTRALES Y REFERENCIAS

10. Hershenson, H. M., *Ultraviolet and Visible Absorption Spectra.* New York: Academic Press, índice para 1930-1954 publicado en 1956, índice para 1955-1959 publicado en 1961.
11. Kamlet, M. J., *Organic Electronic Spectral Data.* New York: Interscience Publishers, Inc., Volúmenes I al IV comprendiendo los años 1946-1959.
12. Scott, A. I., *Interpretation of the Ultraviolet Spectra of Natural Products.* New York: Pergamon Press, 1964.
13. *Standard Ultraviolet Spectra,* compilado por Sadtler Research Laboratories, 1517 Vine St., Philadelphia 2, Pa.
14. *Ultraviolet Spectral Data,* compilado por el American Petroleum Institute Research Project 44, Chemical Thermodynamic Properties Center, Department of Chemistry, Texas A & M University, College Station, Texas.
15. White, R. G., *Handbook of Ultraviolet Methods.* New York: Plenum Press, 1965.

4

Espectroscopia infrarroja

4.1 INTRODUCCIÓN

La región infrarroja del espectro abarca desde el final de la zona superior de la región visible, aproximadamente 0,75 μ, hasta la región de las microondas cerca de los 400 μ. La parte de esta región generalmente usada por los químicos orgánicos para los trabajos de estructura, está comprendida entre 2,5 y 16 μ. Esto se debe principalmente al costo y diseño de los instrumentos y al hecho de que la mayor parte de la información útil puede obtenerse en esta región. La región contenida entre 0,75 y 2,5 μ se conoce como infrarrojo cercano, y contiene bandas fundamentales y bandas de combinación. La región que se extiende desde los 16 a los 400 μ, se denomina infrarrojo lejano. Las regiones normal y del infrarrojo lejano presentan absorciones debidas a bandas, fundamentales, armónicas y de combinación.

La posición de absorción en la región infrarroja general puede expresarse en función de las longitudes de onda, (μ) o del número de ondas (cm^{-1}) de la luz absorbida. Ambas designaciones son de uso común; no obstante, el número de ondas o frecuencias convencionalmente comienza a ser más utilizado.

Los espectrómetros de infrarrojo convencionales están equipados con registradores lineales en frecuencia o lineales en longitud de onda; el empleo de los instrumentos lineales en frecuencia da una expansión considerable en el final de la alta frecuencia de la región infrarroja, por lo que de esta forma, en dicha zona se pueden resolver bandas y definir su posición. El empleo de los instrumentos de registro lineales en longitudes de onda da lugar a una considerable compresión en la región de la alta frecuencia y como resultado una pérdida de sensibilidad.

La absorción de radiación en la región infrarroja es consecuencia de la excitación por deformaciones de enlace, ya sean de tensión o de flexión. La excitación de tensión implica cambios en la frecuencia de vibración de los átomos enlazados a lo largo del eje de enlace, mientras que la deformación por flexión implica movimiento de los átomos fuera del eje de enlace. Estas deformaciones se designan por ν y σ, respectivamente.

$$A \longleftrightarrow B \qquad A \updownarrow B$$

tensión (ν) flexión (σ)

La cantidad de energía requerida para excitar los modos de tensión y flexión depende de las masas de los átomos o grupos *A* y *B*, y de la distribución del enlace *A-B* (hibridación de los átomos que componen el enlace). En general la energía requerida para la excitación crecerá con un aumento de insaturación del enlace (simple → doble → triple), o también con el aumento del carácter *s* de los orbitales componentes del enlace. El efecto de la masa sobre la frecuencia de tensión para un sistema sencillo en el cual la masa de *A* es mucho menor que la masa de *B*, tal que no hay movimiento apreciable del centro de masas en la excitación de tensión, viene dado por la ecuación (4.1). Esta ecuación describe la acción de un oscilador armónico clásico en la cual *k* es la constante de fuerza del enlace, y está relacionada a la hibridación de los átomos implicados en el enlace; *m* es la masa de *A*. Para un sistema en el cual las masas de *A* y *B* son parecidas, la ecuación (4.1) se convierte en la (4.2) (ley de Hooke) en la que *u* es la masa reducida del sistema.

$$\nu_{\text{osc}} = \frac{1}{2\pi}\sqrt{\frac{k}{m}} \tag{4.1}$$

$$\nu_{\text{osc}} = \frac{1}{2\pi}\sqrt{\frac{k}{u}} \tag{4.2}$$

Para una molécula compleja que contenga muchos átomos podemos esperar que se encuentre un espectro de absorción muy complejo del cual se puede obtener muy poca información; afortunadamente, sin embargo, éste no es siempre el caso. Muchos grupos funcionales dan lugar a bandas de absorción características, que sólo varían ligeramente en el número de ondas, debiéndose a una insensibilidad de la masa mayor del resto del sistema sobre el sitema localizado. (Véase ecuación 4.1.)

Una molécula que contenga *n* átomos dará lugar a $3n - 6$ bandas de tensión y de flexión (modos normales). Las moléculas lineales dan lugar a $3n - 5$ modos normales. Sin embargo, no todas estas deformaciones darán lugar a absorciones de energía en la región infrarroja. Como ejemplo, consideremos la molécula lineal de dióxido de carbono (CO_2) que dará lugar a $3 \times 3 - 5 = 4$ modos normales, dos deformaciones de tensión indicadas por ν_1 y ν_2, y dos de flexión indicada por σ_1 y σ_2, como se muestra en la figura 4.1 (σ_1 entraña una deformación de flexión en el plano *xy*, σ_2 implica una deformación de flexión en el plano *xz*). Como ocurre en la excitación electrónica, la actividad infrarroja y Raman (véase sec. 4.6) de cada modo normal se determina por consideraciones de simetría que no serán discutidas aquí.[1]

	ν_1	ν_2	σ_1	σ_2
Infrarrojo	Inactiva	Activa	Activa	Activa
Raman	Activa	Inactiva	Inactiva	Inactiva

Fig. 4.1. Modos normales del dióxido de carbono. Las flechas indican la dirección del movimiento de los átomos en el plano de la página; los signos + y — indican movimientos hacia la parte de arriba y de abajo respectivamente, del plano del papel.

En términos sencillos las reglas que rigen la actividad Raman e infrarroja pueden establecerse como sigue:

1. Para actividad infrarroja, se requiere en la excitación un cambio en el momento dipolar del enlace con respecto al estado fundamental.
2. Para actividad Raman, se requiere en la excitación, un cambio en la polarizabilidad con respecto al estado fundamental.

Los modos normales de vibración que se obtienen con el dióxido de carbono se ilustran en la figura 4.1; sólo ν_1 no es activa en el infrarrojo, y activa al efecto Raman. En general, las substancias cuyos modos normales son activos en el infrarrojo también serán activos en el infrarrojo y Raman, ocurriendo esto sólo con moléculas de alta simetría.

Las excitaciones de deformación de enlace, se producen a un nivel dado rotacional de un estado vibracional a otro determinado nivel rotacional en un estado vibracional superior. Como con las excitaciones electrónicas, se dispone de un número de transiciones de energía estrechamente semejantes, que se plasman en un espectro como una banda tipo. La resolución de máximos de rotación puede observarse en algunas moléculas sencillas.

[1] Véase F. A. Cotton, *Chemical Applications of Group Theory,* Interscience Publishers, New York, 1963, capítulo 9; y H. Jaffé y M. Orchin, *Symmetry in Chemistry,* John Wiley & Sons, Inc., New York, 1965.

La región infrarroja, contiene además muchas bandas de absorción significativas, que no son debidas a los modos fundamentales de tensión o de flexión, y se referirán a sobretonos, bandas de combinación, acoplamientos y bandas de resonancia de Fermi.

Los sobretonos son armónicos de la frecuencia fundamental y se registran en zonas próximas a múltiplos enteros de la frecuencia fundamental de absorción; se asignan como sobretonos primeros, segundos, o superiores de uno fundamental, y disminuyen en intensidad cuando el orden del sobretono aumenta. Los primeros sobretonos de los máximos más prominentes son muy fáciles de encontrar en un espectro determinado; con frecuencia estos sobretonos caen en regiones en las cuales ocurren las absorciones fundamentales de otros grupos funcionales, conduciendo a una asignación falsa. Por ejemplo, el primer sobretono de la frecuencia de tensión del C=O, cae en la región de tensión del O—H; y el primer sobretono de tensión del C—O de los éteres, por ej., el éter di-*n*-butílico se produce en la región de tensión del carbonilo.

Las bandas de combinación son bandas relativamente débiles que aparecen a frecuencias iguales a la suma o diferencia de dos o más frecuencias fundamentales. Las bandas de acoplamiento se producen cuando dos bandas de absorción de la misma parte de la molécula se interaccionan, dando lugar a que las bandas de absorción experimenten un corrimiento fuera de la región prevista independientemente para cada cromóforo.

La resonancia de Fermi se produce cuando un sobretono o una banda de combinación cae cerca de una banda fundamental de absorción; como resultado de este hecho, se experimenta una elevación de la intensidad del sobretono o banda de combinación, o un desdoblamiento de las bandas. El acoplamiento entre un sobretono o una banda de combinación con la banda fundamental se denomina interacción resonante de Fermi.

Las intensidades de las bandas de absorción infrarrojas varían de muy fuertes a muy débiles (que eventualmente desaparecen si en la excitación no hay cambio del momento dipolar o éste es muy pequeño). La intensidad de una banda de absorción infrarroja no puede expresarse como una constante única, como ocurría en la espectroscopia visible o ultravioleta; esto se debe al hecho de que la anchura de rendija (las rendijas muy estrechas que controlan la cantidad de radiación infrarroja que pasa a través del instrumento) usadas en la mayoría de los instrumentos, es del mismo orden que las anchuras típicas de las bandas infrarrojas, lo que da lugar a que la densidad óptica medida, sea función de la anchura de rendija. A pesar de este problema la espectroscopia infrarroja puede ser utilizada como herramienta de análisis químico cuantitativo con ciertas precauciones. En vez de determinar el coeficiente de extinción verdadero, se puede determinar un coeficiente de extinción molar aparente, ϵ_a, el cual será función de la anchura de rendija y de la concentración de la muestra. El coeficiente de extinción aparente viene dado por la ecuación (4.3).

$$\epsilon_a = \frac{\text{absorbancia}}{\text{concentración (moles/litro)} \times \text{longitud de la cubeta (cm)}} \tag{4.3}$$

Pueden determinarse una serie de coeficientes de extinción aparentes, y representar dichos datos frente a concentraciones para el empleo con fines analíticos. Los coeficientes aparentes de extinción sólo pueden usarse con el mismo instrumento con que han sido medidos. Cuando se usan estos métodos los límites analíticos de error son aproximadamente $\pm$ 5%.

Las intensidades de las bandas de absorción infrarroja se clasifican en: muy fuertes (vs), fuertes (s), medias (m), débiles (w), y muy débiles (vw).

El valor diagnóstico desde el punto de vista estructural de bandas determinadas viene indicado como de gran utilidad (gu), utilidad limitada (lu), y sin uso práctico (nu).*

4.2 BANDAS DE ABSORCIÓN CARACTERÍSTICAS

No todas las bandas de absorción que aparecen en el espectro del infrarrojo, pueden utilizarse para deducir información acerca de la estructura. Ciertas porciones de la región infrarroja, por ejemplo, la que va desde 1300 cm^{-1} (7,5 μ) a 1000 cm^{-1} (10 μ) es extremadamente difícil de interpretar, debido a la variedad y número de absorciones fundamentales que se producen en esta región. Determinadas regiones estrechas del espectro infrarrojo proporcionan la mayor parte de la información importante; en la deducción de información del espectro infrarrojo las bandas más prominentes en dichas regiones se asignan y notan primeramente.

Las bandas características de varios grupos funcionales individuales serán discutidas en las siguientes secciones. Estas discusiones incluirán el efecto de la estructura molecular y efectos electrónicos sobre las bandas de absorción más importantes.

4.2.1 *Bandas de absorción carbono-hidrógeno*

4.2.1a Alcanos

Las absorciones carbono-hidrógeno se producen en dos regiones, la región de tensión de los C—H desde 3300 a 2500 cm^{-1} (3 a 4 μ) y la región de flexiones desde 1550 a 650 cm^{-1} (6,5 a 15,4 μ). El grupo metilo da lugar a dos

* *N. del T.:* Se respetan las abreviaturas anglosajonas, pues en todos los textos o libros de consulta figuran dichas iniciales.

bandas de tensión (ν) que se producen a 2960 cm^{-1} (3,38 μ) y 2770 cm^{-1} (3,48 μ). La banda de 2960 cm^{-1} (3,38 μ) se atribuye a una deformación de tensión asimétrica que involucra a todo el grupo metilo, como se ilustra en la figura 4.2b; y la de 2770 cm^{-1} (3,48 μ) se debe a una deformación de tensión simétrica, como se ilustra en la figura 4.2a. El grupo metilo da lugar también a dos bandas en la región de deformación de flexión, a 1460 cm^{-1} (6,85 μ) y aproximadamente a 1380 cm^{-1} (7,25 μ); la banda de frecuencia mayor se debe al movimiento asimétrico de flexión, tal como se ilustra en la figura 4.2c, y la banda de frecuencia más baja se debe a la flexión simétrica ilustrada en la figura 4.2d. La región de los 1380 cm^{-1} (7,25 μ) es extremadamente valiosa para detectar la presencia de los grupos metilo; dicha región está casi exenta de otros tipos de bandas de absorción, mientras que las otras tres bandas debidas al grupo metilo, se sitúan en el espectro muy próximas a las bandas de absorción análogas que presentan los grupos metileno y metino C—H. La banda de flexión simétrica de absorción del grupo metilo es muy aguda y de intensidad media (véanse figs. 4.13, 4.14 y 4.16). La posición de esta banda es totalmente sensible al tipo de sustituyente ligado al grupo metilo, y puede usarse para detectar la posible presencia de grupos metoxilo y acetilo (véase la tabla 4.1).

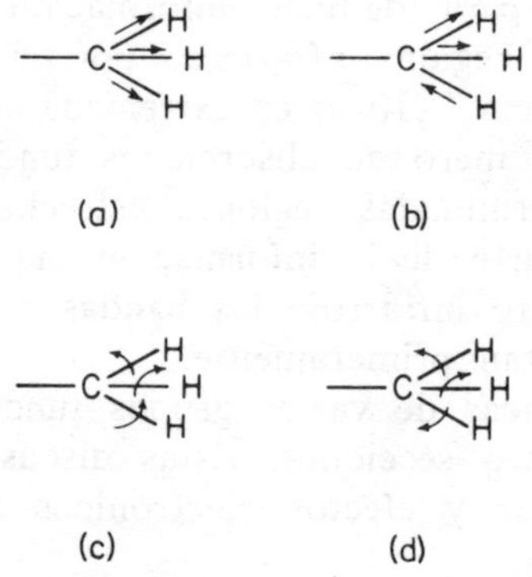

Fig. 4.2. Deformaciones y flexiones simétricas y asimétricas del grupo metilo.

La presencia de dos o más grupos metilo unidos a un átomo de carbono sencillo da como resultado un desdoblamiento de las bandas de absorción de flexión simétricas del C—H. Por ejemplo, el grupo isopropilo da lugar a dos bandas, a 1397 cm^{-1} (7,16 μ) y 1370 cm^{-1} (7,30 μ) y el grupo butilo terciario da lugar a dos bandas a 1385 cm^{-1} (7,22 μ) y 1370 cm^{-1} (7,30 μ). Una confirmación de la presencia de estos dos grupos, puede obtenerse observando las bandas vibracionales del esqueleto C—C (véase Sec. 4.2.5).

Los grupos metilenos dan lugar a un cierto número de bandas de absorción correspondientes a los tipos de deformación ilustrados en la figura 4.3. Los modos de vibración simétrico y asimétrico, figuras 4.3a y b, dan lugar a bandas a 2850 cm^{-1} (3,51 μ) y 2930 cm^{-1} (3,42 μ) respectivamente. La absorción debida a la acción de flexión simétrica en el plano (tijereteo) del grupo metilo, figura 4.3c, se produce a 1470 cm^{-1} (6,80 μ), muy cerca de la banda de flexión asimétrica del grupo metilo. La flexión simétrica en el plano del grupo metileno varía substancialmente con los cambios en el entorno molecular. La deformación de flexión asimétrica en el plano (giro), figura 4.3d, da lugar a absorción en la región de 720 cm^{-1} (13,9 μ). Las deformaciones de flexión por aleteo y torsión (fuera del plano) figura 4.3e y f, producen una absorción en la región que va desde los 1350 cm^{-1} (7,4 μ) a 1180 cm^{-1} (8,5 μ). Las tres últimas deformaciones de flexión no son demasiado útiles en trabajos de estructura para moléculas de alguna complejidad.

El grupo metino, —C—H (con dos enlaces verticales en el C), da lugar sólo a una absorción de tensión y otra de flexión a 2890 cm^{-1} (3,46 μ) y 1340 cm^{-1} (7,45 μ) que son muy débiles y normalmente no son de utilidad práctica en trabajos de estructuras.

Las longitudes de onda de absorción de los modos de deformación por tensión y flexión para el metilo, metileno y metino están situados todos ellos muy juntos, con la excepción del modo simétrico de flexión para el grupo

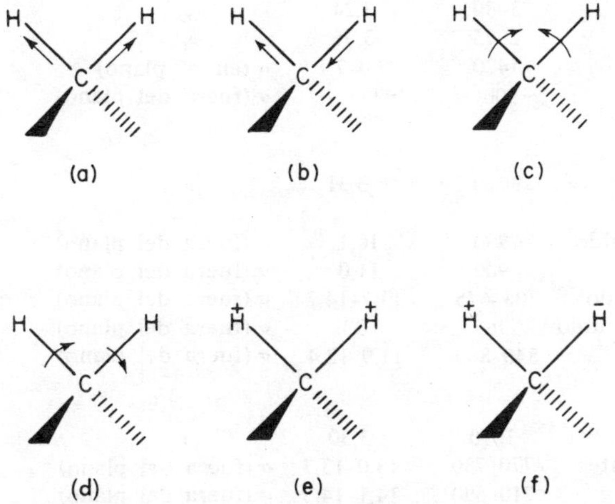

Fig. 4.3. Deformaciones de tensión y flexión del grupo metileno. Las flechas indican movimiento en el plano de la página, y los signos + y —, movimientos en dirección del plano del papel hacia arriba y hacia abajo respectivamente.

Tabla 4.1. Bandas de absorción seleccionadas para carbono-hidrógeno *

Grupo funcional	*Frecuencia* cm^{-1}	*Longitud de onda* μ	*Asignación* †	*Especificaciones*‡
Alquilo				
$—CH_3$	2960	3,38	ν_{as}	s, lu
	2870	3,48	ν_s	m, lu
	1460	6,85	σ_{as}	s, lu
	1380	7,25	σ_s	m, gu
$—CH_2—$	2925	3,42	ν_{as}	s, lu
	2850	3,51	ν_s	m, lu
	1470	6,83	tijereteo, giro	s, lu
	1250	~8,00	y aleteo	s, nu
—C—H (con enlaces arriba y abajo del C)	2890	3,46	ν	w, nu
	1340	7,45	σ	w, nu
$—OCOCH_3$	1380–1365	7,25–7,33	σ_s	s, gu
$—COCH_3$	~1360	~7,35	σ_s	s, gu
$—COOCH_3$	~1440	~6,95	σ_{as}	s, gu
	~1360	~7,35	σ_s	s, gu
Vinilo				
$=CH_2$	3080	3,24	ν_{as}	m, lu
	2975	3,36	ν_s	m, lu
	~1420	~7,0–7,1	σ (en el plano)	m, lu
	~900	~11	σ (fuera del plano)	s, gu
C=C—H	3020	3,31	ν	m, lu
mono-sustituido	990	10,1	σ (fuera del plano)	s, gu
	900	11,0	σ (fuera del plano)	s, gu
cis-disustituido	703–675	13,7–14,7	σ (fuera del plano)	s, gu
trans-disustituido	965	10,4	σ (fuera del plano)	s, gu
trisustituido	840–800	11,9–12,4	σ (fuera del plano)	m–s, gu
Aromáticos				
C—H	3070	3,30	ν	w, lu
5 H-adyacentes	770–730	13,0–13,7	σ (fuera del plano)	s, gu
	710–690	14,1–14,5	σ (fuera del plano)	s, gu
4 H-adyacentes	770–735	13,0–13,6	σ (fuera del plano)	s, gu
3 H-adyacentes	810–750	12,3–13,3	σ (fuera del plano)	s, gu
2 H-adyacentes	860–800	11,6–12,5	σ (fuera del plano)	s, gu
1 H-adyacentes	900–860	11,1–11,6	σ (fuera del plano)	m, gu

Tabla 4.1. (Continuación)

Grupo funcional	*Frecuencia* cm^{-1}	*Longitud de onda* μ	*Asignación* †	*Especificaciones* ‡
1,2-, 1,4- y	1275–1175	7,85–8,5	σ (en el plano)	w, lu
	1175–1125	8,5–8,9	(sólo con 1,2,4-)	
1,2,4- sustituidos	1070–1000	9,35–10,0	(dos bandas)	w, lu
1-, 1,3-, 1,2,3-, y	1175–1125	8,5–8,9	σ (en el plano)	
1,3,5- sustituidos	1100–1070	9,1–9,35	(inexistente para 1,3,5-)	
	1070–1000	9,35–10,0		
1,2-, 1,2,3- y 1,2,4- sustituidos	1000–960	10,0–10,4	σ (en el plano)	w, lu
Acetileno				
≡C—H	3300	3,0	ν	m–s, gu
Aldehído	2820	3,55	ν	m, lu
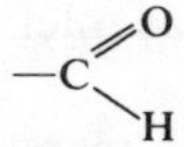	2720	~3,7	Sobretono o banda de combinación	m, gu

* Valores seleccionados en las tablas presentadas por Bellamy (ref. 3) y Nakanishi (ref. 11).

† Las asignaciones se representan de la siguiente forma: ν, tensión; as, asimétrica; s, simétrica; σ, deformación de flexión.

‡ Las intensidades se designan como: s, fuerte; m, media, y w, débil. Las bandas utilizadas para asignaciones estructurales se indican como: gu, de gran utilidad; lu, de utilidad limitada (dependiendo de la complejidad de la estructura); nu, no tiene utilidad práctica.

metilo; éstos sólo cambian ligeramente de posición con el entorno molecular. Las diferencias en posición causadas por cambios de sustitución, no son lo suficientemente grandes para permitir la resolución mediante la mayoría de espectrógrafos de uso corriente; por esta causa, el contenido en información estructural que se puede obtener es algo limitado; el empleo de espectrómetros de alto poder de resolución, o bien el de los armónicos de los modos normales que caen en la región del infrarrojo nos pueden proporcionar información más útil.

4.2.1b Compuestos olefínicos y aromáticos

Los picos más altos de absorción debidos a los modos de tensión de los enlaces carbono-hidrógeno olefínicos y aromáticos, se presentan en la región que va desde los 3180 a los 2980 cm^{-1} (3,15 a 3,36 μ). El grupo metileno terminal 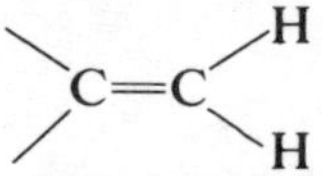, presenta dos bandas de tensión, una se observa cerca de 3090 cm^{-1} (3,24 μ) y la otra cerca de los 2980 cm^{-1} (3,36 μ) correspondientes a los modos de tensión asimétrico y simétrico. Las bandas de tensión de otros tipos de enlace carbono-hidrógeno olefínicos se producen entre 3080 y 3020 cm^{-1} (3,24 y 3,31 μ); mientras que las absorciones aromáticas carbono-hidrógeno, tienen lugar cerca de los 3030 cm^{-1} (3,30 μ). Estas bandas de absorción son normalmente muy débiles y las posiciones varían ligeramente sólo con un cambio en la sustitución. Debido a posibles aglomeraciones en esta región tan estrecha, deben tomarse muchas precauciones al usar la información obtenida en la misma, para distinguir si se trata de compuestos olefínicos o aromáticos. Se debe contar con la región de las bandas de tensión del doble enlace carbono-carbono entre 1700 y 1450 cm^{-1} (5,9 y 6,9 μ) y la región de la huella dactilar de 1000 a 650 cm^{-1} (10 a 15,5 μ).

Las bandas de absorción debidas a las deformaciones de flexión de los compuestos olefínicos y aromáticos, son particularmente útiles ya que por ellas se pueden determinar la cantidad de sustituciones y la posición de los grupos sustituidos, y también la estereoquímica (*cis* o *trans*) de las olefinas disustituidas.

Hay dos posibles deformaciones de flexión: una contenida en el plano de la deformación de flexión, en la cual el hidrógeno permanece en el plano nodal del sistema olefínico o aromático; y otra deformación fuera del plano en el cual el hidrógeno flexiona fuera del plano nodal de la molécula; esta última es más valiosa para la obtención de información estructural. Estos picos se producen en la llamada región "de la huella dactilar" del espectro, 1000 a 650 cm^{-1} (10 a 15 μ) en la que hay pocas absorciones de otro tipo, mientras que las deformaciones en el plano se presentan en la región de 1400 a 1000 cm^{-1} (7 a 10 μ). La región de flexión en el plano se utiliza sólo en moléculas relativamente sencillas debido al gran número de bandas que aparecen en esta región.

Los grupos vinilo ($—CH=CH_2$) dan lugar a dos bandas de deformación de flexión fuera del plano; una banda aparece cerca de los 900 cm^{-1} (11 μ); y la segunda aparece cerca de los 990 cm^{-1} (10,1 μ) (véase fig. 4.14). El metileno terminal de las olefinas 1.1 disustituidas también aparece cerca de los 900 cm^{-1} (11 μ); esta banda es muy intensa y normalmente aparece como una de las bandas más prominentes del espectro. Las olefinas disustituidas *cis* y *trans* absorben cerca de 685 cm^{-1} (14.2 μ) y 695 cm^{-1} (10,4 μ) respectivamente (véase fig. 4.11). La deformación de flexión fuera del plano de una olefina trisustituida aparece cerca de los 820 cm^{-1} (12,1 μ). La posición de esta banda es totalmente diferente si la comparamos con la banda del grupo vinilo terminal que aparece a 990 cm^{-1} (10,1 μ).

Un benceno monosustituido exhibe dos bandas de deformación de torsión fuera del plano cerca de 750 a 710 cm^{-1} (13,4 y 14,3 μ). Los bencenos *orto* disustituidos presentan una banda característica de los sistemas con cuatro carbonos adyacentes. Además de la banda de los 750 cm^{-1} (13,4 μ) que aparece en los bencenos *mono-* y *orto*-disustituidos, éstos también pueden distinguirse por la presencia o ausencia de la banda de los 710 cm^{-1} (14,3 μ). Los bencenos *para*-disustituidos exhiben una sola banda cerca de los 830 cm^{-1} (12,1 μ) característica de los sistemas con dos hidrógenos adyacentes. Los bencenos *meta*-disustituidos presentan dos bandas: una está próxima a 780 cm^{-1} (12,8 μ) característica de tres hidrógenos adyacentes, y la otra banda está cerca de los 880 cm^{-1} (11,4 μ) característica de los sistemas con un hidrógeno adyacente. Varios de estos tipos de sistemas están ilustrados o se presentan en las figuras 4.9, 4.10, 4.11, 4.12 y 4.13 del final de este capítulo.

Estas absorciones representativas, características para sistemas con varios carbonos adyacentes, también pueden observarse con piridinas sustituidas y bencenoides policíclicos aromáticos, por ejemplo, naftalenos sustituidos, antracenos y fenantrenos.

Las posiciones de las bandas de deformación en el plano y fuera del plano están recopiladas en la tabla 4.1. Estas bandas son muy intensas y están sujetas a grandes cambios en la frecuencia al variar la sustitución. La presencia de sustituyentes electrón-donantes sobre un núcleo olefínico o aromático da como resultado un desplazamiento hacia frecuencias más bajas (mayores longitudes de onda), y viceversa, para sustituyentes electrón-aceptores. Ocasionalmente, una banda puede desplazarse a otra región normalmente asignada para otro tipo o grado de sustitución. En tales casos se requieren datos de origen físico o químico para determinar el tipo de sustituyente que está presente antes de que se haga una asignación precisa de estas bandas.

La región del espectro de un compuesto aromático que va de 2000 a 1670 cm^{-1} (5 a 6 μ) presenta varias bandas débiles que son sobretonos y bandas de combinación de las deformaciones de flexión en el plano y fuera del plano, y debe usarse una disolución moderadamente concentrada de la muestra para registrar estas bandas (véase fig. 4.9). Estas bandas también son útiles para obtener información sobre la estructura; sin embargo, dicha posición es sensible al tipo de sustituyente presente en el sistema, como se ha hecho notar, en la discusión en párrafos precedentes. La figura 4.4 muestra los modelos de absorciones típicas de aromáticos sustituidos en la región de 2000 a 1670 cm^{-1} (5 a 6 μ).

4.2.1c Compuestos acetilénicos

El carbono-hidrógeno acetilénico absorbe muy cerca de los 3330 cm^{-1} (3,0 μ). La banda es muy aguda e intensa.

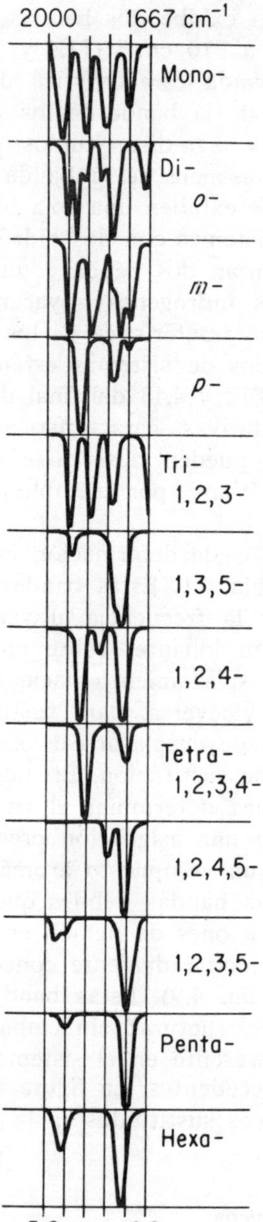

Fig. 4.4. Representaciones típicas de absorción de compuestos aromáticos sustituidos en la región de 2000 a 1670 cm⁻¹.

4.2.1d Absorción carbono-hidrógeno en los aldehídos

Aparecen dos bandas por debajo de 2860 cm^{-1} (3,5 μ) y están aproximadamente a 2820 cm^{-1} (3,55 μ) y a 2700 cm^{-1} (3,7 μ). La banda de baja frecuencia es muy útil en la detección de la presencia de algún grupo aldehído.

4.2.2 *Bandas de absorción oxígeno-hidrógeno*

La deformación de tensión ocurre en la región que va de 3700 a 2500 cm^{-1} (2,7 a 4,0 μ). La posición y forma de las bandas de absorción varía enormemente con la estructura y puede ser muy útil para obtener información concerniente a dicha molécula. La posición y forma de estas bandas de absorción también es muy sensible al tipo y extensión del enlace por puente de hidrógeno, ya sea con un grupo hidroxilo o con otro grupo aceptor.

El hidroxilo no unido por puente de hidrógeno da lugar a una absorción aguda, cuya posición varía ligeramente de los hidroxilos primarios, a secundarios y terciarios. Dicha diferencia es tan sólo de unos 10 cm^{-1} (0,01 μ) entre primarios y secundarios, e igualmente entre secundarios y terciarios. Esta diferencia de posición se acerca a los límites de apreciación de los espectrógrafos de uso común disponibles en los laboratorios, y, por tanto, no podríamos confiar en ellos para decidir sobre el contorno de sustituyentes que rodea al grupo hidroxilo. Las absorciones de hidroxilos no asociados sólo pueden observarse en disoluciones diluidas de disolventes no polares. A concentraciones normales, aproximadamente un 5 al 10 % en peso, se producen gran cantidad de enlaces de puente de hidrógeno intermoleculares dando lugar a una banda ancha de absorción adicional a baja frecuencia (véase fig. 4.9). La posición y forma de esta banda depende de la amplitud del enlace de hidrógeno, siendo más ancha y desplazándose a frecuencias más bajas cuanto más aumentada sea la fuerza del enlace de hidrógeno (véase tabla 4.2).

Ocasionalmente, puede estar presente otro grupo funcional en la misma molécula como el grupo hidroxilo, y actuar como un grupo funcional aceptor de enlaces de hidrógeno intramoleculares; la forma e intensidad de absorción no es función de la concentración de la muestra y puede diferenciarse del hidrógeno intermolecular por estudios de dilución.

La absorción de tensión de oxígeno-hidrógeno para los ácidos carboxílicos, se presenta como una banda ancha con el máximo de absorción a 2940 cm^{-1} aproximadamente (3,4 μ); ésta se extiende hasta las proximidades de los 2500 cm^{-1} (4,0 μ) a causa del enlace de hidrógeno intermolecular muy fuerte entre los grupos carboxílicos; ya que los ácidos existen como dímeros, la posición y forma de esta banda, resulta poco afectada por la concentración.

La absorción de tensión de los fenoles, se produce a una frecuencia ligeramente más baja que la absorción hidrógeno-oxígeno de los alcoholes; pero normalmente no es lo suficientemente diferente para permitir la distinción en-

Tabla 4.2. Bandas de absorción seleccionadas X-H

Grupo funcional	*Frecuencia* cm^{-1}	*Longitud de onda* μ	*Especificaciones*
Alcoholes			
(no asociados) primarios	3640	2,72	m, gu, normalmente determinada en disoluciones de disolventes no polares.
secundarios	3630	2,73	
terciarios	3620	2,74	
fenoles	3610	2,75	
enlaces intermoleculares de H	3600-3500	2,78-2,86	m, dímero un poco agudo
	3400-3200	2,94-3,1	s, polímero, normalmente muy ancho.
enlaces intramoleculares de H	3600-3500	2,78-2,86	m-s, más agudo que el enlace de hidrógeno intermolecular unido al OH; no depende de la concentración.
Aminas			
RNH_2	~3500	~2,86	m, gu, ν_{as}
	~3400	~2,94	m, gu, ν_s
	1640-1560	6,1-6,4	m-s, gu, corresponde a la deformación de flexión simétrica en el plano.
R_2NH	3500-3450	2,86-2,90	w-m, gu, ν
ArNHR	3450	2,90	w-m, gu,
Pirroles, indoles	3490	2,86	w-m, gu,
Sales de amonio			
NH_4^+	3300-3030	3,0-3,3	s, gu
	1430-1390	7,0-7,2	s, gu
$—N^+H_3$	3000	~3,0	s, gu, normalmente muy ancho
	1600-1575	6,25-6,35	s, gu, σ_{as}
	1490	~6,7	s, gu, σ_s
$>N^+H_2$	2700-2250	3,7-4,4	s, gu, ν_{as} y ν_s, normalmente ancho o un grupo de bandas.
	1600-1575	6,25-6,35	m, gu, σ
$\geq N^+H$	2700-2250	3,7-4,4	s, gu, ν, σ_{NH^+} es una banda débil y que no tiene utilidad práctica.
Mercaptanos			
—SH	2600-2550	3,85-3,92	s, gu, es una banda frecuentemente muy débil y puede ser mal interpretada si no se pone cuidado.

tre alcoholes y fenoles con la mayoría de espectrómetros.

La absorción de flexión oxígeno-hidrógeno tiene lugar en la región comprendida entre 1500 y 1300 cm^{-1} (6,7 a 7,7 μ) y no es de valor práctico para el análisis.

4.2.3 Bandas de absorción nitrógeno-hidrógeno

Las absorciones de tensión nitrógeno-hidrógeno tienen lugar a frecuencias ligeramente más bajas que las absorciones de tensión del O—H. Las aminas primarias muestran dos bandas de tensión correspondientes a las deformaciones asimétricas y simétricas, mientras que las aminas secundarias presentan un solo máximo (véase tabla 4.2). Las **iminas** $\rangle$C=NH presentan un solo máximo en esta región. En general, es fácil distinguir las aminas primarias de las secundarias, pero la distinción entre varios tipos de $\rangle$N—H puede ser difícil.

Las aminas muestran dos bandas de deformación de flexión del N—H similares a las del —CH_2— y —C—H (con C trisustituido), pero se producen a frecuencias ligeramente más altas. La protonación de aminas para dar las correspondientes sales, da como resultado la aparición de bandas similares a las del —CH_3, —CH_2— y —C—H (con C trisustituido), también a frecuencias más altas.

Las amidas primarias presentan dos bandas de tensión N—H a frecuencias ligeramente más altas que las aminas. Las deformaciones de flexión del N—H de las amidas tienen lugar en la región de 1610 a 1490 cm^{-1} (6,2 a 6,7 μ) y se denominan generalmente como bandas de "amida II"; estas bandas son muy intensas.

Los enlaces de hidrógeno que implican el grupo N—H dan lugar a efectos similares a los registrados en las bandas de absorción de hidroxilos.

4.2.4 Bandas de absorción azufre-hidrógeno

La absorción de tensión azufre-hidrógeno se produce cerca de 2630 a 2560 cm^{-1} (3,8 a 3,9 μ), es normalmente muy débil, y no está sujeta a grandes desplazamientos debido a enlaces de hidrógeno.

4.2.5 Bandas de absorción carbono-carbono

Las bandas de tensión del enlace sencillo carbono-carbono son extremadamente variables en posición y débiles en intensidad; estas bandas de absorción son de muy poco uso práctico en la determinación de estructuras.

Se han caracterizado las bandas específicas de deformación vibracional de grupos alquílicos. Además de las frecuencias vibracionales características del C—H (véase Sec. 4.2.1a), el grupo butilo terciario da lugar a dos bandas que se encuentran a 1250 cm^{-1} (8,00 μ) y cerca de 1208 cm^{-1} (8,28 μ) y el grupo isopropilo da lugar a una banda a 1170 cm^{-1} (8,55 μ) con una banda más débil a 1145 cm^{-1} (8,73 μ). Un grupo metilo geminal da lugar a dos bandas a 1125 cm^{-1} (8,23 μ) y a 1195 cm^{-1} (8,37 μ). Grupos de dos, tres y cuatro grupos metilenos absorben de 790 a 770 cm^{-1} (12,7 a 13,0 μ), 743 a 734 cm^{-1} (13,5 a 13,7 μ) y de 725 a 720 cm^{-1} (13,8 a 13,9 μ) respectivamente. Han sido definidos muy pocos grupos característicos aparte de los citados anteriormente.

La absorción de tensión del doble enlace carbono-carbono se produce en la región que va de 2000 cm^{-1} a 1430 cm^{-1} (5 a 7 μ). La posición e intensidad de estas bandas son muy sensibles a la sustitución y, en el caso de olefinas cíclicas la situación depende del tamaño del anillo. La sustitución de alquilos da como resultado un desplazamiento de la banda de absorción hacia frecuencias más altas. El desplazamiento hacia frecuencias más altas aumenta con el número de substituciones en las olefinas acíclicas, y enormemente en las olefinas cícicla con la disminución del tamaño del anillo (véase tabla 4.3). La intensidad de la banda es función de la simetría de la olefina alquílica sustituida; las olefinas mono y trisustituidas dan lugar a bandas más intensas, que las olefinas disustituidas *cis* y *trans,* y mucho más todavía que las olefinas tetrasustituidas, ya que éstas dan lugar a bandas de intensidad muy baja.

El decrecimiento del tamaño del anillo en las olefinas cíclicas de seis a cuatro miembros da como resultado un desplazamiento hacia frecuencias más bajas; sin embargo, una disminución del tamaño del ciclo hasta dar ciclopropano produce un desplazamiento muy acusado hacia frecuencias más altas.[2] Dichos desplazamientos son probablemente debidos a cambios en la hibridación de los átomos de carbono que componen el doble enlace carbono-carbono.

La sustitución del hidrógeno por un grupo funcional nitrogenado u oxigenado incrementa enormemente la intensidad de la banda de absorción C=C. El efecto de conjugación con un núcleo-aromático da lugar a un ligero desplazamiento hacia frecuencias más bajas y con otro C=C o C=O, desplazamientos hacia frecuencias menores de unos 40 a 60 cm^{-1} (0,15 a 0,20 μ), con un incremento substancial en intensidad.

Las vibraciones del esqueleto C=C de los compuestos aromáticos dan lugar a una serie de cuatro bandas en la región de 1660 a 1430 cm^{-1} (6 a 7 μ); estas bandas se producen muy cerca de 1600 cm^{-1} (6,24 μ), 1575 cm^{-1} (6,34 μ), 1500 cm^{1-} (6,67 μ) y 1450 cm^{-1} (6,9 μ). La primera y tercera de estas bandas va-

[2] K. Wiberg y B. Nist, *J. Am. Chem. Soc.*, **83**, 1226 (1961).

Tabla 4.3. Bandas de absorción seleccionadas C—C y C—N

Grupo funcional	*Frecuencia* cm^{-1}	*Longitud de onda* μ	*Especificaciones*	
Alicíclico C=C($\nu_{C=C}$)				
monosustituido	1645	6,08	m,	Estas bandas son de poca utilidad en la asignación de sustitución y estereoquímica: bandas de flexión fuera del plano de los C—H se recomiendan para este propósito en la región de la huella dactilar.
1,1-disustituido	1655	6,04	m,	
cis-1,2,-disustituido	1660	6,02	m,	
trans-1,2-disustit.	1675	5,97	w,	
trisustituido	1670	5,99	w,	
tetrasustituido	1670	5,99	w,	
Conjugado C=C($\nu_{C=C}$)				
dieno	1650 y 1600	6,06 y 6,25	s, gu,	
con aromáticos	1625	6,16	s, gu,	
con C=O	1600	6,25	s, gu,	
Cíclicos C=C($\nu_{C=C}$)				
anillos de 6 eslabones o mayores	1660–1650	6,03–6,06	m,	de utilidad limitada debido al apretamiento en la región alicíclica.
monosubstituido	1680–1665	5,95–6,00	m,	
5-eslabones sin sust.	1615	6,19	m,	puede ser de gran utilidad también el tamaño del anillo, que debe determinarse primero para aquellos compuestos en los que la absorción cae en regiones compatibles con otros tipos de bandas de absorción (los espectros de resonancia magnética nuclear pueden ser muy usados en este sentido).
monosustituidos	1660	6,02	m,	
disustituidos	1690	5,92	w,	
4-eslabones sin sust.	1660	6,02	m,	
3-eslabones sin sust.	1640	6,10	m,	
monosustituido	1770	5,65	m,	
disustituido	1880	5,32	m,	
Aromático C=C	1600	6,24	w-s,	vibraciones de esqueleto en el plano, las intensidades de las bandas entre 1600 y 1500 cm^{-1} pueden ser algo débiles.
	1580	6,34	s,	
	1500	6,67	w-s,	
	1450	6,9	s,	
C—N				
aminas alifáticas	1220–1020	8,2–9,8	m-w, lu, ν_{C-N}	
aminas aromáticas	1370–1250	7,3–8,0	s, gu-lu, ν_{C-N}	
C=N	1700–1615	5,9–6,2	s, gu, $\nu_{C=N}$	

rían bastante en intensidad siendo más intensa en presencia de grupos electrón-donantes. En la tabla 4.3 se encuentra la lista de las posiciones de absorción de varios sistemas C=C.

Las absorciones de deformación de flexión de los enlaces C—C y C=C, ocurren por debajo de los límites de los espectrómetros de infrarrojo, a longitudes de onda superiores a 15 μ, y de momento son de muy poca utilidad en los trabajos de estructura.

4.2.6 *Bandas de absorción carbono-nitrógeno*

Las aminas alifáticas presentan bandas de tensión C—N en la región que va de 1220 a 1020 cm^{-1} (8,2 a 9,8 μ); las intensidades de estas bandas van desde intensidades medias a intensidades débiles. Debido a la posición e intensidad de estas bandas, son de muy poco valor práctico para los trabajos de estructura, excepto en moléculas relativamente sencillas. Las aminas aromáticas absorben en la región de 1370 a 1250 cm^{-1} (7,3 a 8,0 μ), y dan lugar a bandas muy intensas. La absorción del doble enlace carbono-nitrógeno, se produce en la región que va de 1700 a 1615 cm^{-1} (5,9 a 6,2 μ) y está sujeta a los efectos del contorno de forma análoga a las bandas de absorción del C=O. (Véase la sección siguiente.)

4.2.7 *Bandas de absorción carbono-oxígeno*

La absorción del enlace sencillo carbono-oxígeno tiene lugar en la región de 1250 a 1000 cm^{-1} (8 a 10 μ). Aunque en esta región también se producen las bandas de absorción de éteres y alcoholes, la distinción entre éstos puede hacerse a partir de la información obtenida en la región del hidroxilo.

La posición de la absorción de tensión carbono-oxígeno depende del grado y tipo de sustitución sobre el átomo de carbono del carbinol. Nakanishi (ref. 11) ha desarrollado la correlación siguiente para predecir las frecuencias de absorción de la deformación de tensión del carbono-oxígeno, basada en frecuencias normales de absorción para alcoholes primarios, secundarios y terciarios (estructura **1**) de 1050, 1100 y 1150 cm^{-1} respectivamente

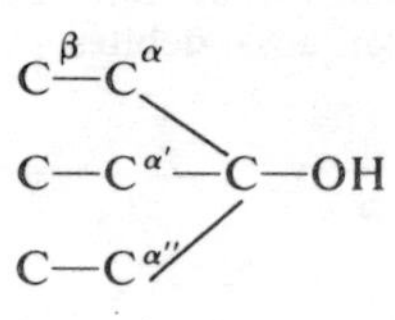

1

α-ramificación	-15 cm^{-1} (por ramificación en α' y α'')
α-insaturación	-30 cm^{-1}
α, α'-formación de anillo	-50 cm^{-1}
α-insaturación + α'-ramificación	-90 cm^{-1}
α y α'-insaturación	-90 cm^{-1}
α, α' y α''-insaturación	-140 cm^{-1}

El efecto del tamaño del anillo sobre la posición de absorción en los éteres se indica en la tabla 4.4. Estas bandas de absorción en los éteres cíclicos son debidas a modos de vibración asimétricos del C—O—C.

El doble enlace carbono-oxígeno absorbe en la región de 2000 a 1540 cm^{-1} (5 a 6,5 μ), excepto para las cetonas que absorben aproximadamente 2200 cm^{-1} (4,65 μ). Probablemente ésta es la región más utilizada del infrarrojo a causa de que la posición del grupo carbonilo es la más sensible a los efectos sustituyentes y la geometría de la molécula. La posición de la banda es también sensible a los solventes debido a la elevada polaridad del enlace C=O.

Se ha desarrollado una correlación empírica que se puede utilizar adecuadamente para predecir la mayor parte de las bandas carbonílicas. En la tabla 4.4, se enumeran las posiciones de las bandas para un número de diferentes tipos de compuestos que contienen el grupo C=O. Para cetonas, aldehídos, ácidos, anhídridos, haluros de ácidos y ésteres, las frecuencias (longitudes de onda) citadas corresponden a las de los núcleos básicos normales (acíclicos o contenidos en un anillo de sus eslabones) sin tensión, en soluciones de tetracloruro de carbono. La introducción de un doble enlace o de un grupo arilo en conjugación con el C=O da como resultado un desplazamiento de 30 cm^{-1} (0,1 μ) hacia frecuencias menores; la introducción de un segundo doble enlace da como resultado un desplazamiento adicional de 15 cm^{-1} (0,05 μ) en la misma dirección que en el caso anterior.

La posición de la banda del C=O es muy sensible al cambio en los ángulos de enlace C(CO)C; una disminución en el tamaño del anillo, da como resultado una disminución en el ángulo de enlace del C(CO)C, de cetonas y ésteres y en consecuencia un desplazamiento de 30 cm^{-1} (0,1 μ) hacia frecuencias más altas para cada disminución en tamaño de dicho anillo a partir del anillo de seis eslabones. En las estructuras cíclicas que contienen más de seis átomos, se observan desplazamientos ligeros hacia frecuencias menores; por ejemplo, se ha observado un desplazamiento de —10 cm^{-1} (+ 0,03 μ), para anillos de siete eslabones y uno aproximado — 5 cm^{-1} (0,01 a 0,02 μ) para anillos de ocho y nueve eslabones. Aumentos mayores en el tamaño de los anillos dan lugar a un incremento moderado de la frecuencia del esqueleto con respecto al compuesto de partida. Los compuestos carbonílicos altamente tensionados por uniones puente, por ejemplo, 7-cetobiciclo [2,2,1] heptanos y 6-cetobiciclo-[2,1,1]-hexanos absorben a frecuencias relativamente altas en la región general de 1800 cm^{-1} (5,5 μ).

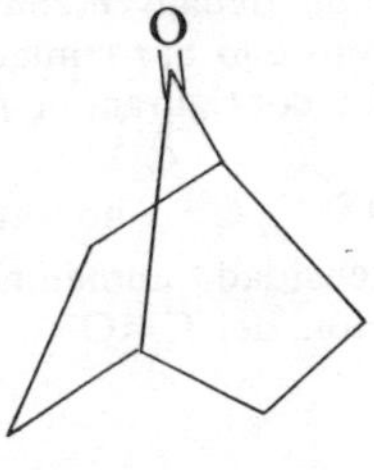

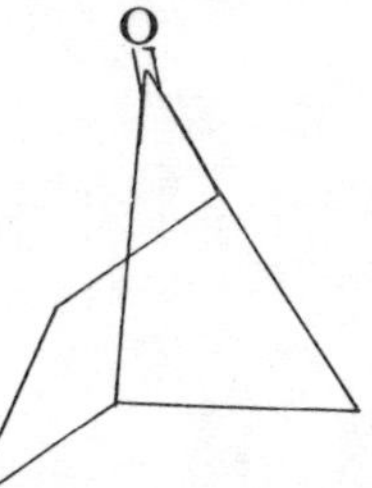

Tabla 4.4. Bandas de absorción seleccionadas para carbono-oxígeno

Grupo funcional	*Frecuencia* *cm*$^{-1}$	*Longitud de onda* μ	*Especificaciones*
Enlace simple C—O			
C—O—H Primario	1050	9,52	s, gu, ν_{C-O} (ver discusión para efectos sustituyentes).
C—O—H Secundario	1100	9,08	s, gu, ν_{C-O}
C—O—H Terciario	1150	8,68	s, gu, ν_{C-O}
C—O—H Aromático	1200	8,33	s, gu, ν_{C-O}
Éteres acíclicos	1150-1070	8,7-9,35	s, gu, ν_{C-O-C} asimétrico
C=C—O—C	1270-1200 y	7,9-8,3 y	s, gu, ν_{C-O-C} asimétrico
	1070-1020	9,3-9,8	s, gu, ν_{C-O-C} simétrico
Éteres cíclicos			
6 eslabones y mayores	1140-1070	8,77-9,35	s, gu,
5 eslabones	1100-1075	9,1-9,3	s, gu,
4 eslabones	980-970	10,2-10,3	s, gu,
Epóxidos	1250	8,0	s, gu,
cis-disustituidos	890	11,25	s, gu,
trans-disustituidos	830	12,05	s, gu,
Doble enlace C—O			
Cetonas	1715	5,83	s, gu, $\nu_{C=O}$, sin tensión del grupo C=O en compuestos acíclicos y similares y anillos de 6 eslabones en solución de tetracloruro de carbono (véase discusión sobre efectos de conjugación y tamaño del anillo).
α, β-no saturadas	1685	5,93	s, gu, $\nu_{C=O}$ para la configuración s-*cis* 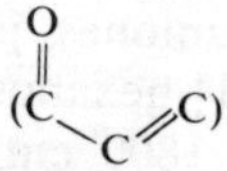 la $\nu_{C=C}$ puede aparecer por encima 1600 cm^{-1} (por debajo 6,26μ) con una intensidad aproximada a la de $\nu_{C=O}$. La configuración *trans* 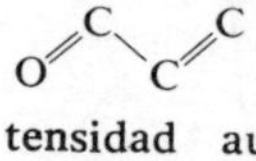 no muestra esta intensidad aumentada de absorción del C=C.

Tabla 4.4. (Continuación)

Grupo funcional	*Frecuencia* cm^{-1}	*Longitud de onda* μ	*Especificaciones*
α- y β-dicetonas	1720	5,81	s, gu, $\nu_{C=O}$, dos bandas a elevada frecuencia cuando están en configuración s-*cis* 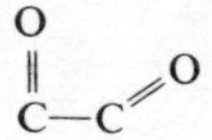
	1650	6,06	s, gu, si $\nu_{C=C}$, es enólica 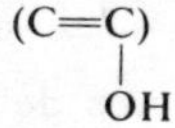
Quinonas	1675	5,97	s, gu, $\nu_{C=O}$
Tropolonas	1650	6,06	s, gu, $\nu_{C=O}$
	1600	6,26	s, gu, $\nu_{C=O}$, si está unida por enlaces de hidrógeno intramolecularmente como en las α-tropolonas.
Aldehídos 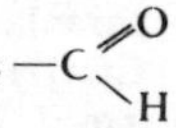	1725	5,80	s, gu, $\nu_{C=O}$ (véase discusión para los efectos de conjugación).
Acidos carboxílicos y derivados			
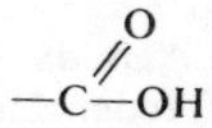	1710	5,84	s, gu, $\nu_{C=O}$, usualmente como dímero en disolventes no polares, el monómero absorbe a 1730 cm^{-1} (5.78 μ) y puede aparecer como un hombro en el espectro de los ácidos carboxílicos; para los efectos de conjugación, véase la discusión.
Ésteres	1735	5,76	s, gu, $\nu_{C=O}$, acíclicos y lactonas de 6 eslabones; para los efectos de conjugación y tamaño del anillo véase discusión.
	1300–1050	7,7–9,5	s, lu, simétrico y asimétrico ν_{C-O-C} dan tipo de dos bandas indicativas del éster, por ejemplo, formiatos: 1178 cm^{-1} (8,5 μ); acetatos: 1242 cm^{-1} (8,05 μ); ésteres metílicos 1164 cm^{-1} (8,6 μ); otros: 1192 cm^{-1} (8,4 μ); pero la diferencia generalmente no es lo suficientemente elevada para servir con fines de diagnosis.

Tabla 4.4. (Continuación)

Grupo funcional	*Frecuencia* *cm*$^{-1}$	*Longitud de onda* μ	*Especificaciones*
Anhídridos	1820 y 1760	5,48 y 5,68	s, gu, $\nu_{C=O}$, la intensidad y separación de las bandas puede ser muy variable (véase discusión general para efectos de conjugación y tamaño del anillo).
Haluros de ácidos	1800	5,56	s, gu, $\nu_{C=O}$, los cloruros y fluoruros de ácido absorben a frecuencias ligeramente superiores mientras bromuros y ioduros absorben a frecuencias ligeramente más bajas (véase discusión sobre efectos de conjugación).
Amidas	1650	6,06	s, gu, $\nu_{C=O}$, banda de amida I, esta frecuencia es para la amida asociada (véase COOH), la amida libre a 1686 cm^{-1} (5,93 μ) en solución diluida, las amidas cíclicas experimentan un desplazamiento hacia frecuencias más altas cuando el tamaño del anillo disminuye.
	1300	7,7	s, gu, ν_{C-N}, banda de "amida III", la amida libre a frecuencias ligeramente más altas.
α, β-no saturadas	1665	6,01	s, gu, $\nu_{C=O}$.
Carboxilatos $\left(-C\begin{smallmatrix}\nearrow O \\ \searrow O^-\end{smallmatrix}\right)$	1610–1550 y 1400	6,2–6,45 y 7,15	s, gu, tensiones asimétrica y simétrica del $-C\begin{smallmatrix}\nearrow O \\ \searrow O^-\end{smallmatrix}$

Los efectos de conjugación y tamaño del anillo son acumulativos y pueden usarse para predecir adecuadamente la posición de absorción en moléculas más complejas.

Por ejemplo, las posiciones calculadas de absorción de los compuestos **2** y **3** en disolución de tetracloruro de carbono se ilustran más adelante y se comparan con las absorciones observadas.

La banda de absorción de tensión del C=O de las amidas presenta un comportamiento diferente, cuando está conjugada con un sistema no saturado, que otros tipos de grupos funcionales que contienen el C=O. En lugar del

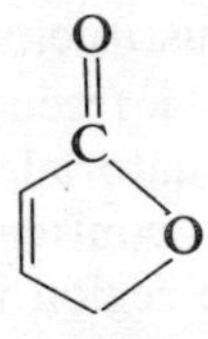

2

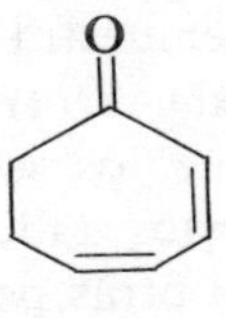

3

	Éster normal (de la tabla 4.4)	1735 cm^{-1}	5,76 μ
	Corrección para el tamaño del anillo	+30	−0,10
2	Insaturación	−30	+0,10
	Calculado $\nu_{C=O}$	1735 cm^{-1}	5,76 μ
	Observado $\nu_{C=O}$	1740 cm^{-1}	5,74 μ
	Cetona normal	1715 cm^{-1}	5,83 μ
	Corrección para el tamaño del anillo	−10	+0,03
3	Insaturación (primera C=C)	−30	+0,10
	(segunda C=C)	−15	+0,05
	Calculado $\nu_{C=O}$	1660 cm^{-1}	6,01 μ
	Observado $\nu_{C=O}$	1666 cm^{-1}	6,00 μ

desplazamiento hacia frecuencias más bajas cuando hay α,β-no saturados, la banda realmente se desplaza a frecuencias más altas, a causa del efecto inductivo negativo del enlace olefínico. El grupo amida se considera altamente estabilizado por resonancia y no interacciona fuertemente con el C=C adicional.

Aunque los anhídridos fueron considerados anteriormente, este grupo funcional es muy diferente de otros derivados de ácidos pues aparecen dos bandas en la región de 1850 a 1725 cm^{-1} (5,4 a 5,8 μ) a causa de la vibración acoplada de los grupos carbonilo; las intensidades relativas de estas bandas varían ampliamente, pero ambas se distinguen con relativa facilidad.

La introducción de grupos electrón-aceptores sobre el átomo de carbono α, conduce a un desplazamiento de la banda de absorción a frecuencias más altas (longitudes de onda menores), la magnitud de este desplazamiento viene dada en función de la electronegatividad, o del poder electrón-aceptor del grupo, y del ángulo de torsión de la agrupación X—C—C=O. Un ejemplo

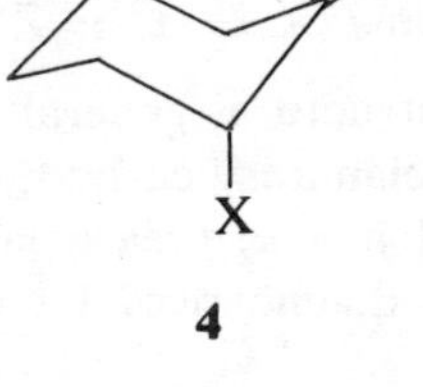

4

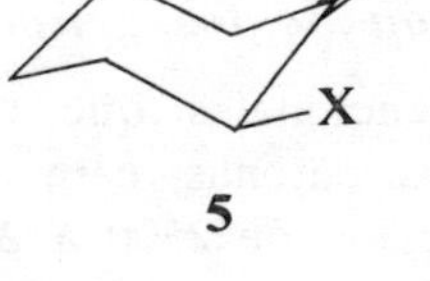

5

de este último efecto se demuestra en la α-sustitución de las ciclohexanonas en las que los isómeros axiales (**4**) absorben a frecuencias más bajas (longitudes de onda mayores) que los isómeros ecuatoriales (**5**) semejantes.

Algunos de los compuestos tabulados que contienen carbonilos dan bandas de absorción elevadas en otras porciones de región infrarrojas que son igualmente importantes en asignación de estructuras parciales, por ejemplo, las bandas de tensión de los O—H y N—H de ácidos carboxílicos y amidas que se han discutido en secciones anteriores. La identificación de estas bandas, unida con los resultados de los ensayos de clasificación funcional, deberá permitir una asignación fácil del tipo de grupo carbonilo que está presente en cualquier molécula dada.

4.2.8 Absorción del triple enlace carbono-carbono

La absorción del triple enlace carbono-carbono en los acetilenos terminales tiene lugar en la región de 2140 a 2080 cm^{-1} (4,6 a 4,8 μ). La banda de absorción es relativamente débil pero muy aguda. Una banda en esta región junto con la banda de absorción de tensión C—H cerca de 3300 cm^{-1} (3,0 μ) son indicativas de la presencia de un acetileno terminal.

Los acetilenos disustituidos asimétricamente absorben en la región de 2260 a 2190 cm^{-1} (4,42 a 4,57 μ). La intensidad de esta banda es función de la simetría de la molécula; a la sustitución más simétrica corresponde la banda de absorción menos intensa.

La conjugación con un enlace olefínico da lugar a un incremento en la intensidad de la banda y un ligero desplazamiento hacia frecuencias más bajas; los desplazamientos son normalmente menores que los observados con las olefinas. La conjugación con grupos carbonilo no altera apreciablemente la posición de absorción.

4.2.9 Absorción del triple enlace carbono-nitrógeno

El triple enlace carbono-nitrógeno de los nitrilos absorbe en la región de 2260 a 2210 cm^{-1} (4,42 a 4,52 μ); los nitrilos saturados absorben en la parte de la región de las frecuencias superiores, mientras que los nitrilos no saturados absorben hacia el final de las bajas frecuencias. La banda de absorción C≡N es mucho mayor que las bandas de absorción C≡C.

4.2.10 Absorción de los grupos funcionales X = Y = Z

Los grupos funcionales que tienen la estructura general X=Y=Z, por ejemplo los alenos, cetonas, cetenoiminas, isocianatos, carbodiimidas y azidas, absorben en la región de 2500 a 2000 cm^{-1} (4 a 5 μ) (véase la tabla 4.5). Las bandas son muy intensas y de un gran valor diagnóstico. La distinción entre los posibles grupos funcionales que caen en esta región, puede requerir ensayos de clasificación funcional o transformación en derivados adecuados.

Tabla 4.5. Bandas de absorción de grupos del tipo $Y \equiv Z$ y $X = Y = Z$

Grupo funcional	*Frecuencia* cm^{-1}	*Longitud de onda* μ	*Consideraciones*
Acetilenos			
terminales	2140-2100	4,67-4,76	w, gu, $\nu_{C\equiv C}$, para utilizar en conjunción con la banda ν_{C-H}.
disustituidos	2260-2190	4,42-4,57	v, w, lu, $\nu_{C\equiv C}$, puede estar completamente ausente en acetilenos simétricos
Nitrilos			
alquil	2260-2240	4,42-4,47	m-s, gu, $\nu_{C\equiv N}$
aril	2240-2220	4,46-4,51	s, gu, $\nu_{C\equiv N}$
α, β-no saturados	2235-2215	4,47-4,52	s, gu, $\nu_{C\equiv N}$
Alenos	1950	5,11	m, gu, $\nu_{C=C=C}$, los alenos terminales presentan dos bandas, y a 850 cm^{-1} (11,76 μ) para ν_{C-H}.
Cetenas	2150	4,65	s, gu
Cetenoiminas	2000	5,0	s, gu
Cianatos	2275-2250	4,39-4,45	v.s, gu, muy intensa
Carbodiimidas	2145-2130	4,66-4,69	v.s, gu, muy intensa
Azidas	2160-2120	4,63-4,72	v.s, gu

4.2.11 Bandas de absorción nitrógeno-oxígeno

Los grupos nitro exhiben dos bandas intensas de absorción cerca de 1520 cm^{-1} (6,6 μ) y 1350 cm^{-1} (7,4 μ). La conjugación con un anillo aromático causa un desplazamiento hacia frecuencias más bajas. Los nitratos, $RONO_2$, absorben en varias regiones, que incluyen la cercana a 1640 cm^{-1} (6,1 μ) y 1280 cm^{-1} (7,8 μ) (véase tabla 4.6).

Los grupos nitroso dan lugar a un solo máximo de absorción en la región de 1600 a 1500 cm^{-1} (6,2 a 6,7 μ). Los nitritos, RONO, dan lugar a dos bandas, adscritas a las formas *cis* y *trans,* en la región de 1680 a 1610 cm^{-1} (5,9 a 6,2 μ).

La absorción del enlace sencillo nitrógeno-oxígeno tiene lugar en la región de 1320 a 910 cm^{-1} (7,6 a 11μ) y puede requerir datos adicionales de tipo químico y espectral para propósitos de identificación (véase tabla 4.6).

Tabla 4.6. Bandas de absorción seleccionadas para N—O

Grupo funcional	*Frecuencia* cm^{-1}	*Longitud de onda* μ	*Consideraciones*
Nitro (R—NO_2)	1570-1500	6,37-6,67	s, gu, ν_{NO_2} asimétrica.
	1370-1300	7,30-7,69	s, gu, ν_{NO_2} simétrico, el grupo nitro conjugado absorbe en la zona de frecuencia más baja de las citadas regiones.
Nitratos (R—O—NO_2)	1650-1600	6,06-6,25	s, gu, ν_{NO_2} asimétrica.
	1300-1250	7,69-8,00	s, gu, ν_{NO_2} simétrica, bandas adicionales a 870-855 cm^{-1} (11,5-11,7 μ) (ν_{O-N}), 763 cm^{-1} (13,1 μ) (flexión fuera del plano) y 703 cm^{-1} (14,2 μ) (flexión del NO_2).
Nitroaminas (N—NO_2)	1630-1550	6,13-6,45	s, gu, ν_{NO_2} asimétrica.
	1300-1250	7,69-8,00	s, gu, ν_{NO_2} simétrica.
Nitroso (R—N=O)	1600-1500	6,25-6,66	s, gu, ν_{N+O}, la conjugación produce desplazamientos a frecuencias menores en la citada región.
Nitrito (R—ONO)	1680-1610	5,95-6,21	s, gu, $\nu_{N=O}$, presentan usualmente dos bandas debido a las formas *cis* y *trans*.
Aminóxidos ($\geq\overset{+}{N}-\overset{-}{O}$)			
alifáticos	970-950	10,3-10,5	v.s, gu, ν_{N-O}
aromáticos	1300-1200	7,7-8,3	v.s, gu, ν_{N-O}
Azoxi ($>N=\overset{+}{N}(O^{-})<$)	1310-1250	7,63-8,00	v.s, gu, ν_{N-O}

4.2.12 Bandas de absorción azufre-oxígeno

Los grupos funcionales que contienen un enlace sencillo azufre-oxígeno presentan bandas de absorción en la región que va de 910 a 710 cm^{-1} (11 a 14 μ). Los enlaces azufre-oxígeno del tipo de los que aparecen en los sulfóxidos y sulfonas absorben a frecuencias considerablemente más altas. Los sulfóxidos tienen una sola banda de absorción cercana a 1050 cm^{-1} (9,5 μ) mientras que las sulfonas dan lugar a dos bandas cerca de 1330 cm^{-1} (7,5 μ) y de 1140 cm^{-1} (8,7 μ). Estas bandas de absorción están algo afectadas por la conjugación y por la fuerza de tensión del anillo (véase tabla 4.7). Las absorciones de grupos funcionales que no estén incluidos en la tabla 4.7 pueden predecirse por combinación de los valores expuestos en la tabla 4.7.

Una tabla general de correlaciones espectro-estructura de frecuencias de grupo en la región infrarroja, se presenta en las figuras 4.5, 4.6, 4.7 y 4.8. Estas tablas totalizan en términos más generales las frecuencias de los grupos funcionales estudiadas con gran detalle en las primeras secciones de este capítulo.

4.3 EFECTO DE LOS ISÓTOPOS

La sustitución de un átomo por un isótopo más pesado, por ejemplo, deuterio en lugar de hidrógeno, da como resultado un desplazamiento de la banda de absorción hacia frecuencias más bajas.

Tabla 4.7. Bandas de absorción seleccionadas para S—O

Grupo funcional	*Frecuencia* cm^{-1}	*Longitud de onda* μ	*Consideraciones*
—S—O	900-700	11,1-14,2	s, gu, ν_{S-O}
Sulfóxidos 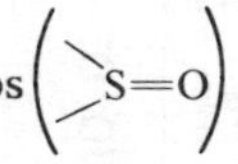	1090-1020	9,43-9,62	s, gu, $\nu_{S=O}$
Sulfonas 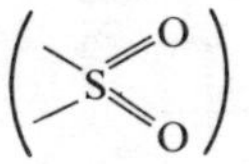	1350-1310	7,42-7,63	s, gu, ν_{SO_2} asimétrica
	1160-1120	8,62-8,93	s, gu, ν_{SO_2} simétrica
Ácidos sulfónicos (—SO_2OH)	1260-1150	7,93-8,70	s, gu, ν_{SO_2} asimétrica
	1080-1010	9,26-9,90	s, gu, ν_{SO_2} simétrica
	700-600	14,2-16,6	s, gu, ν_{S-O}, puede aparecer fuera de la región general infrarroja, además aparecen las bandas de absorción del O—H.
Sulfonatos (—SO_2OR)	1420-1330	7,04-7,52	s, gu, ν_{SO_2} asimétrico
	1200-1145	8,33-8,73	s, gu, ν_{SO_2} simétrico
Sulfonamida (—SO_2NR_2)	1370-1330	7,30-7,52	s, gu, ν_{SO_2} asimétrica
	1180-1160	8,47-8,62	s, gu, ν_{SO_2} simétrica

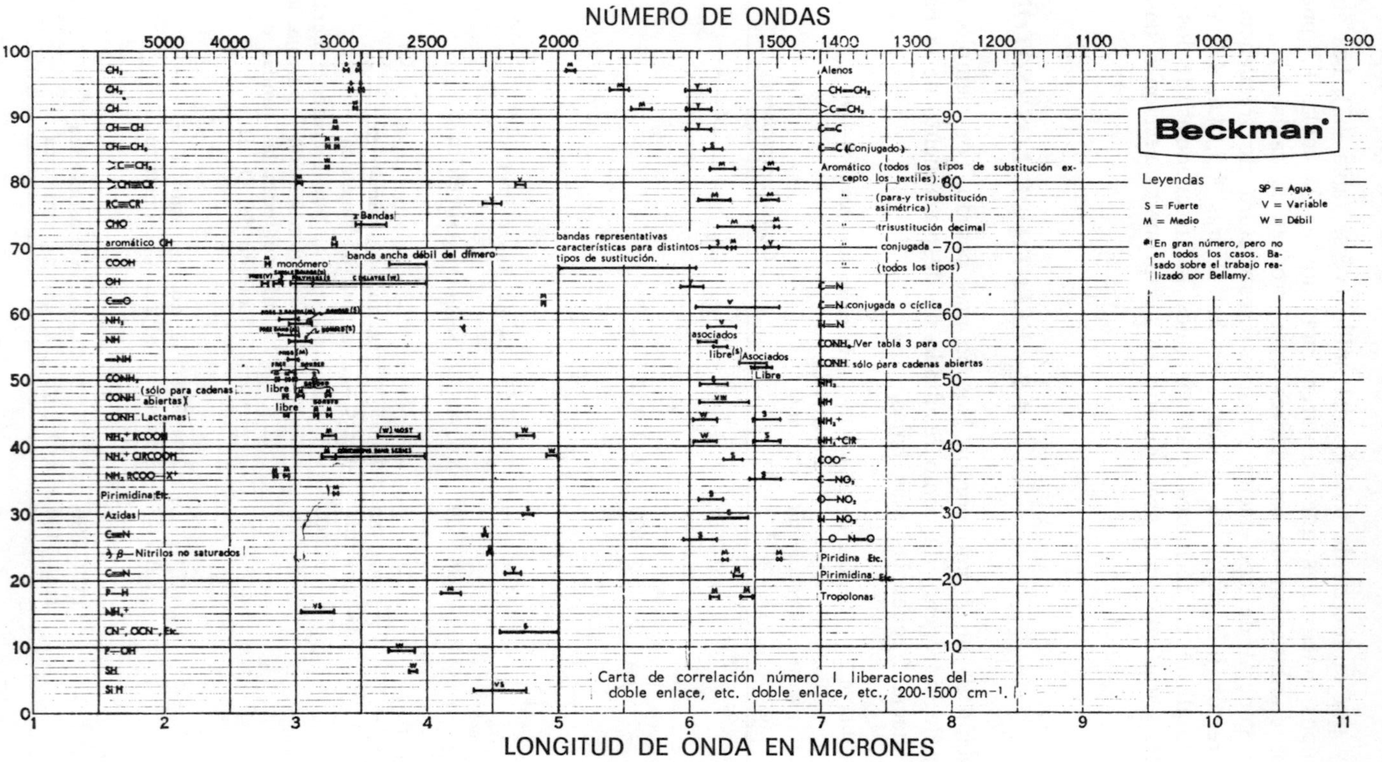

Fig. 4.5. Carta de correlación 1. Frecuencias de formación de tensión del hidrógeno, doble y triple enlace (3750 a 1500 cm^{-1}). (Reproducido con permiso de Beckman Instruments, Inc., Fullerton Calif.)

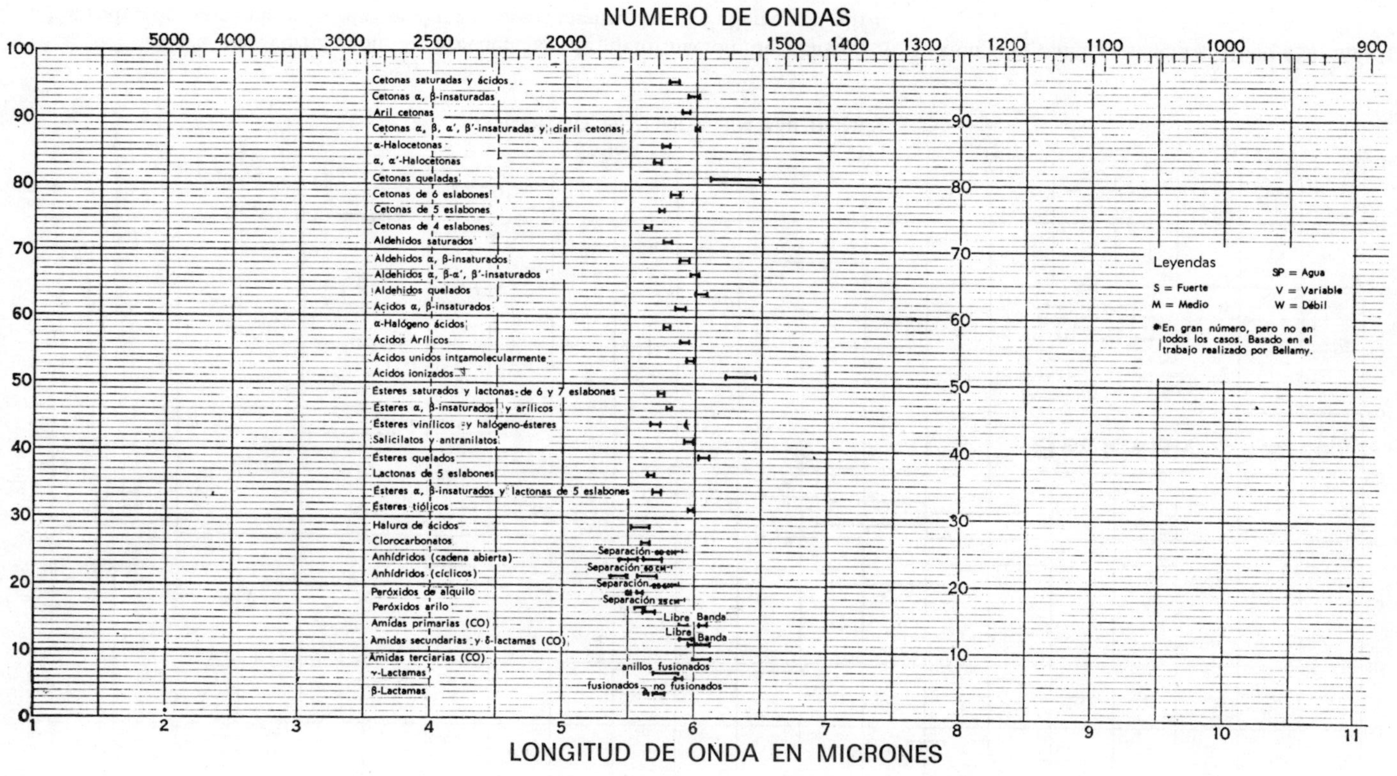

Fig. 4.6. Carta de correlación 2. Frecuencias de deformación de tensión del grupo carbonilo (1900-1500 cm^{-1}). (Reproducido con permiso de Beckman Instruments, Inc., Fullerton, Calif.)

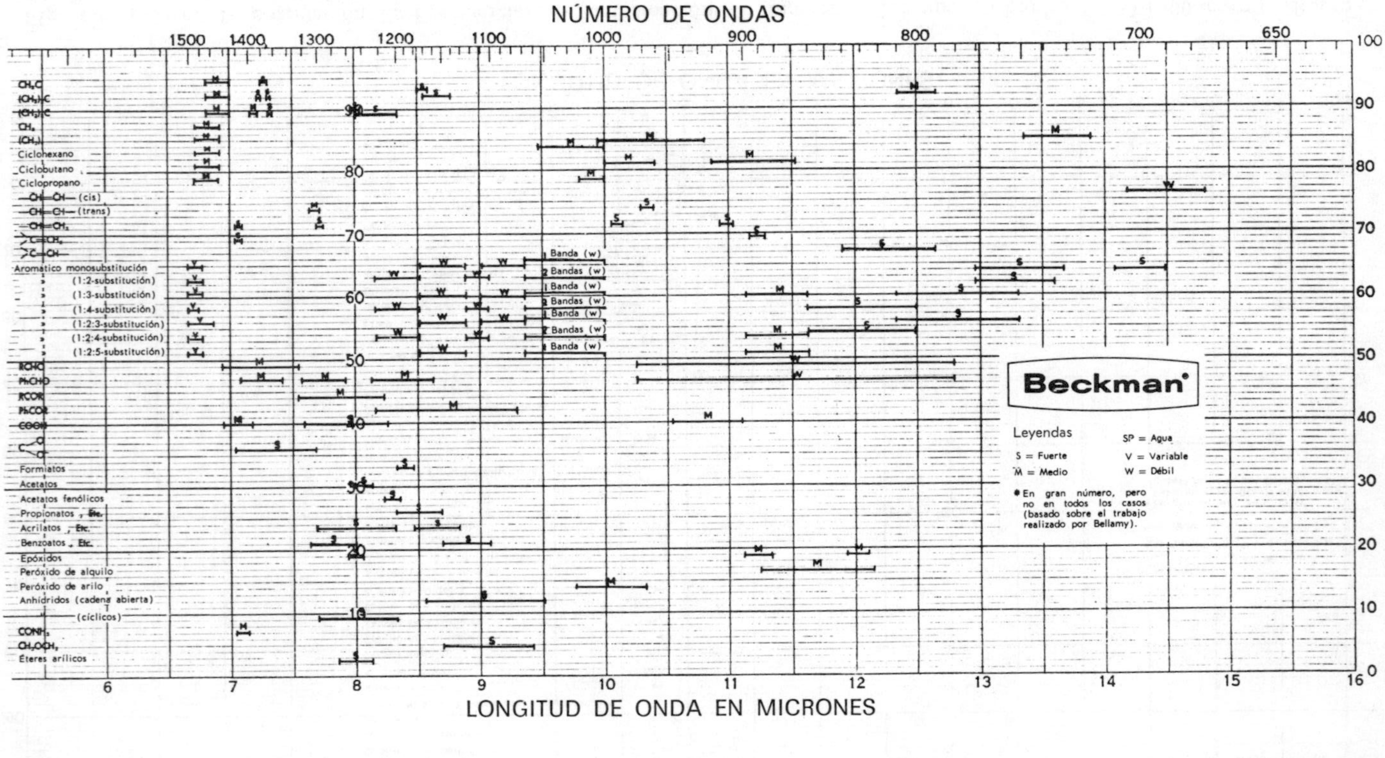

Fig. 4.7. Carta de correlación 3. Frecuencias de deformación de tensión y flexión del enlace sencillo (1500-650 cm^{-1}). (Reproducido con permiso de Beckman Instruments, Inc., Fullerton, Calif.)

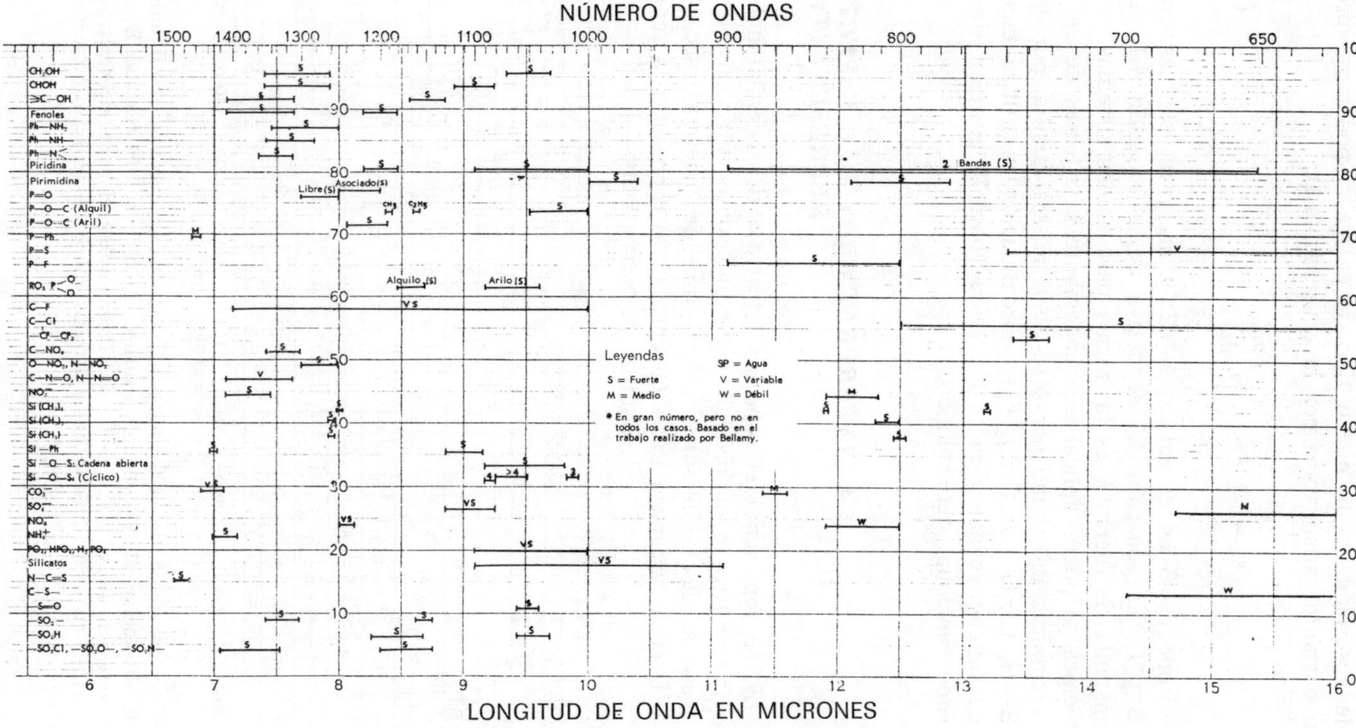

Fig. 4.8. Carta de correlación 4. Frecuencias de deformación de tensión y flexión de enlaces sencillos (1500-650 cm^{-1}). (Reproducido con permiso de Beckman Instruments, Inc., Fullerton, Calif.)

La posición de absorción de un nuevo tipo de enlace la podemos aproximar de un modo bastante satisfactorio por la ecuación (4.4)

$$\nu_{A-C} \approx \nu_{A-B} \sqrt{\frac{m_B}{m_C}} \tag{4.4}$$

donde C es el isótopo de B en el enlace A—C, y m_B y m_C son las masas de los isótopos B y C. La ecuación 4.4 se deriva de la ecuación 4.1, suponiendo que la constante de fuerza k es la misma para ambos sistemas.

Esta misma técnica se puede aplicar adecuadamente a sistemas de enlaces en los cuales se reemplaza un átomo por otro de la misma familia, por ejemplo, O—H por S—H, C=O por C=S. Esta aproximación se utiliza cuando no se disponen de suficientes datos en la literatura sobre la posición de absorción de un grupo funcional determinado.

4.4 INTERPRETACIÓN DEL ESPECTRO REPRESENTATIVO

En la figura 4.9, se representa el espectro infrarrojo del 1-feniletanol. El trazado completo fue registrado en película de líquido puro entre cristales de cloruro sódico (véase la discusión sobre preparación de muestras, sec. 4.5). La banda ancha e intensa cercana a los 3360 cm^{-1} (3 μ) representa la tensión

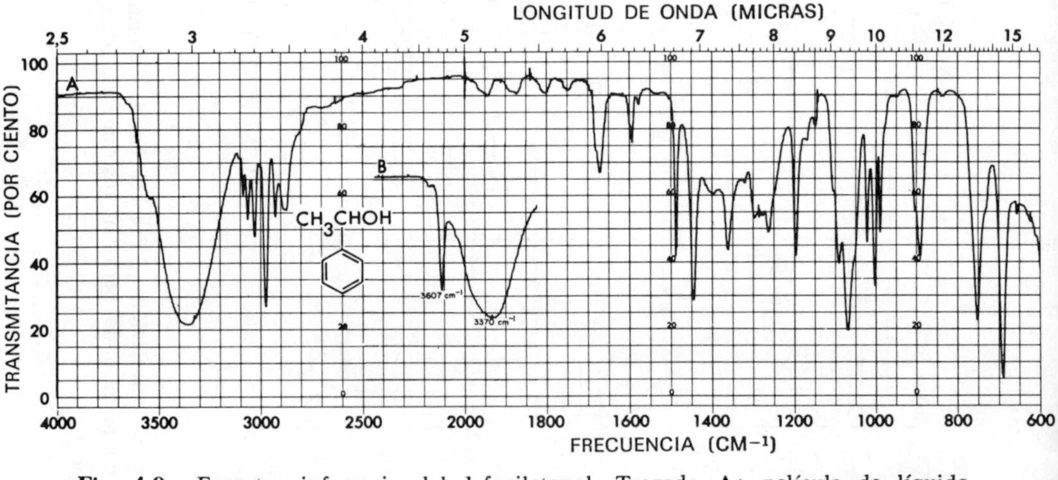

Fig. 4.9. Espectro infrarrojo del 1-feniletanol. Trazado A; película de líquido puro; trazado B, disolución al 5 % en tetracloruro de carbono. El trazado B se ha realizado en la región de los 3 μ y se ha desplazado sobre el papel de registro. (El espectro infrarrojo en este libro se ha registrado sobre un espectrofotómetro Perkin-Elmer 621.)

del enlace del hidrógeno unido al O—H. El pico de absorción del O—H no asociado es ligeramente perceptible, como un hombro cerca de los 3550 cm^{-1} (2,81 μ). El trazo B es de la región del hidroxilo en una solución de tetracloruro de carbono del 1-feniletanol que ha sido desplazado en el papel de registro para mayor claridad, mostrando la banda aguda de los OH, no asociados, y la banda ancha de asociación de los mismos. La región de tensión de los C—H muestra las tensiones de los C—H aromáticos como tres bandas justo por encima de los 3000 cm^{-1} (3,33 μ). La banda de los 2970 cm^{-1} (3,36 μ) representa la tensión asimétrica del metilo.

Las bandas de deformación por flexión del grupo metilo aparecen a los 1450 cm^{-1} (6,9 μ) y 1365 cm^{-1} (7,3 μ), solapando la banda precedente de las vibraciones del esqueleto aromático. Las bandas de deformación de flexión de los C—H fuera del plano ocurren a 755 cm^{-1} (13,1 μ) y 685 cm^{-1} (14,8 μ); características de los aromáticos monosustituidos. Las bandas de deformación de flexión de los C—H en el plano aparecen en la región que va de los 1100 a los 1000 cm^{-1} (9 a 10 μ), junto con la de tensión del C—O, y otras bandas posibles de deformación de esqueleto, haciendo así que las asignaciones definidas sean un poco imprecisas. Los sobretonos y bandas de combinación de las deformaciones de los C—H "en el plano" y "fuera del plano" aparecen en la región que va de los 2000 a los 1670 cm^{-1} (5 a 6 μ). Estas bandas están registradas en el trazado A. Nótese la similitud de la forma de estas bandas y sus posiciones con las predichas en la figura 4.4.

Sólo dos de las bandas de tensión del esqueleto aromático son bien visibles en la región de 1650 a 1430 cm^{-1} (6 a 7 μ), las que aparecen a 1590 cm^{-1} (6,3 μ) y 1485 cm^{-1} (6,7 μ).

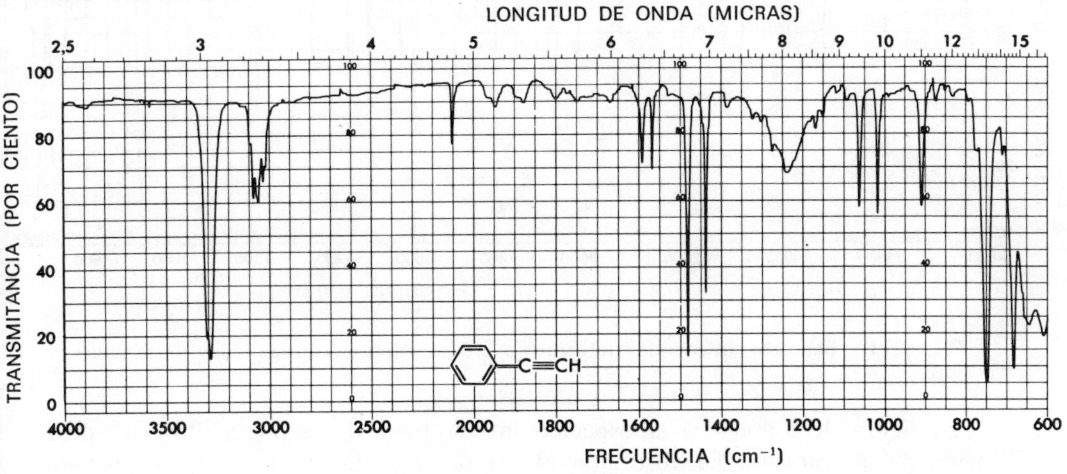

Fig. 4.10. Espectro del fenilacetileno en forma de película con líquido puro.

La información inmediata que un lector puede obtener de este espectro, si se le da como desconocido, es la presencia de O—H, un anillo bencénico monosustituido, un grupo metilo, y probablemente unos pocos C—H alifáticos.

La figura 4.10 muestra el espectro del fenilacetileno. La banda del C—H aparece a 3290 cm^{-1} (3,03 μ) como una banda muy aguda e intensa. Por otra parte, la banda de tensión C≡C aparece como una banda relativamente débil a 2100 cm^{-1} (4,76 μ). Las bandas típicas de flexión de los C—H fuera del plano aparecen a 745 cm^{-1} (13,4 μ) y 680 cm^{-1} (14,6 μ), mientras que las bandas de flexión de los C—H en el plano aparecen en la región de 1100 a 900 cm^{-1} (9 a 11 μ). El modelo típico de un anillo becénico monosustituido se ve claramente en la región de 2000 a 1650 cm^{-1} (5 a 6μ). Las bandas a 1590 cm^{-1} (6,28 μ) y 1570 cm^{-1} (6,37 μ) debidas al sistema aromático se distinguen más claramente que en la figura 4.9 junto con las bandas a 1480 cm^{-1} (6,74 μ) y 1440 cm^{-1} (6,94 μ).

La figura 4.11 muestra el espectro infrarrojo del *trans*-β-bromoestireno. El C—H olefínico de deformación fuera del plano aparece a 930 cm^{-1} (10,7 μ); que corresponden a una olefina *trans*-disustituida. La tensión del doble enlace C=C se superpone a la banda aromática a 1600 cm^{-1} (6,2 μ); la interpretación del resto del espectro se deja a juicio del lector.

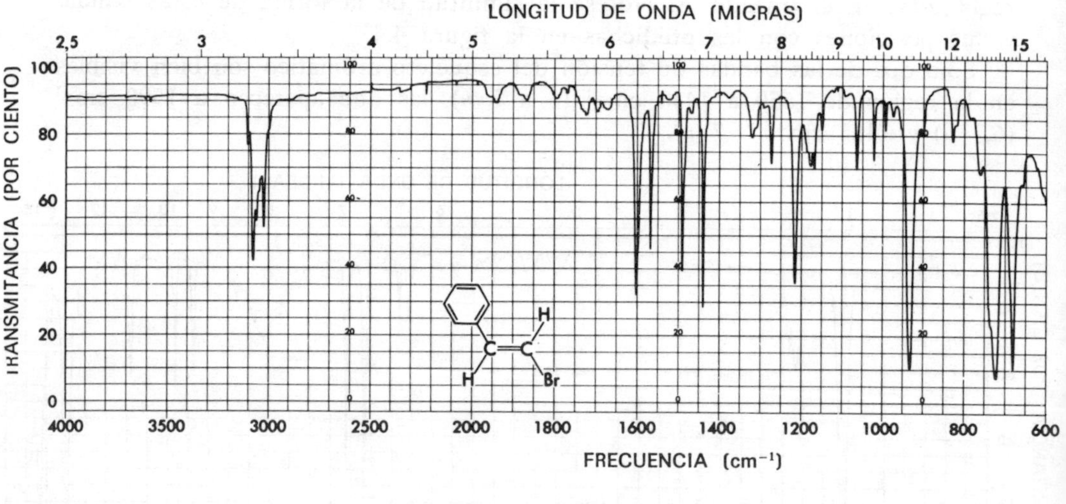

Fig. 4.11. Espectro infrarrojo del *trans*-β-bromoestireno con película de líquido puro.

La figura 4.12 muestra el espectro infrarrojo de la *m*-nitroanilina en disolución de cloroformo. La absorción N—H de la amina primaria aparece como 2 bandas de 3500 cm^{-1} (2,86 μ) y 3400 cm^{-1} (2,93 μ). Las tensiones de los C—H

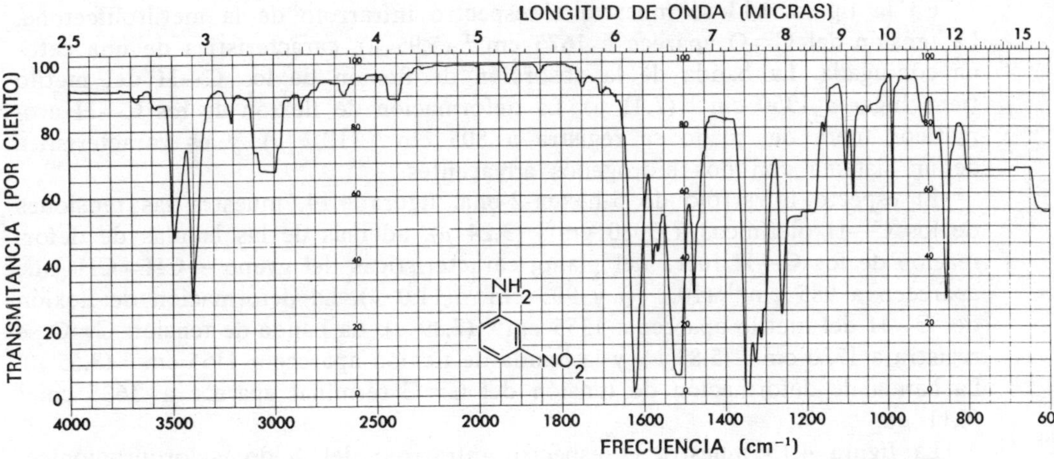

Fig. 4.12. Espectro infrarrojo de la *m*-nitroanilina en solución clorofórmica.

aromáticos están pobremente resueltas cerca de los 3030 cm^{-1} (3,3 μ). La deformación de flexión de los C—H fuera del plano ocurre a 860 cm^{-1} (11,7 μ) característica de un único C—H aislado, y a 820 cm^{-1} (12,2 μ); esta última banda, aparece sólo como un ligero hombro donde el disolvente (cloroformo) absorbe muy fuertemente. Las bandas características intensas del grupo nitro tienen lugar a 1515 cm^{-1} (6,6 μ) y 1340 cm^{-1} (7,4 μ). Nótese que la banda intensa a 1625 cm^{-1} (6,16 μ) es debida a la flexión en el plano del —NH_2.

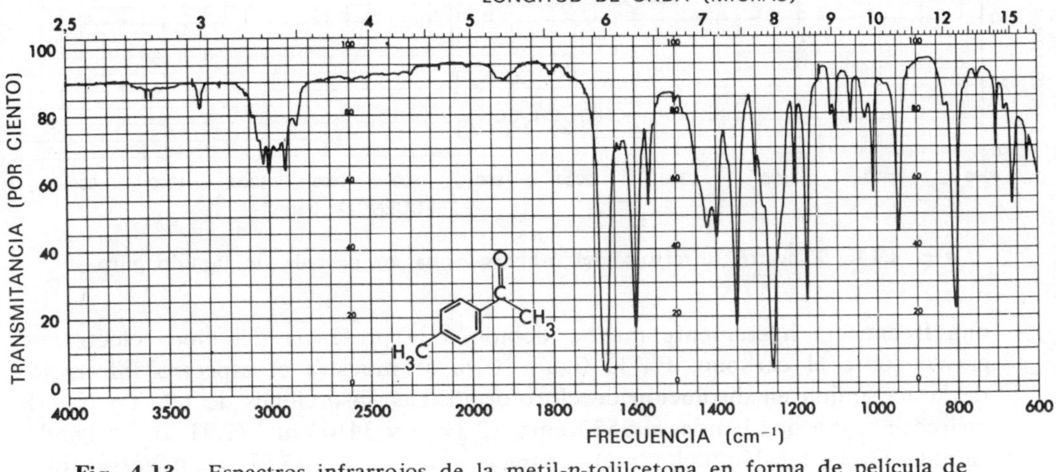

Fig. 4.13. Espectros infrarrojos de la metil-*p*-tolilcetona en forma de película de líquido puro.

En la figura 4.13 se muestra el espectro infrarrojo de la metiltolilcetona. La tensión del C=O aparece a 1675 cm^{-1} (5,95 μ), característica de una cetona conjugada. La banda de la absorción de flexión de los C—H del metilo tiene lugar a 1350 cm^{-1} (7,41 μ). La deformación de flexión de los C—H aromáticos fuera del plano se registra a 805 cm^{-1} (12,2 μ), y es característica de un sistema con dos hidrógenos adyacentes.

El especto infrarrojo de 5-hexen-2-ona, figura 4.14, muestra las tensiones de los C—H olefínicos a 3080 cm^{-1} (3,24 μ), además de las bandas de deformación de los C—H fuera del plano, características del grupo —CH=CH_2 que aparecen a 985 cm^{-1} (10,1 μ) y 905 cm^{-1} (11,0 μ). La deformación de flexión del C—H del metilo aparece a 1355 cm^{-1} (7,39 μ). La banda de tensión C=O se registra a 1720 cm^{-1} (5,83 μ), y la banda de flexión aparece a 1155 cm^{-1} (8,65 μ). La banda de deformación de tensión del C=C terminal aparece a 1635 cm^{-1} (6,11 μ).

La figura 4.15 muestra el espectro infrarrojo del ácido α-cloropropiónico. Nótese el gran ensanchamiento de las bandas del O—H y C=O debido a los fuertes enlaces de hidrógeno intermolecular de ambos. El C=O absorbe a

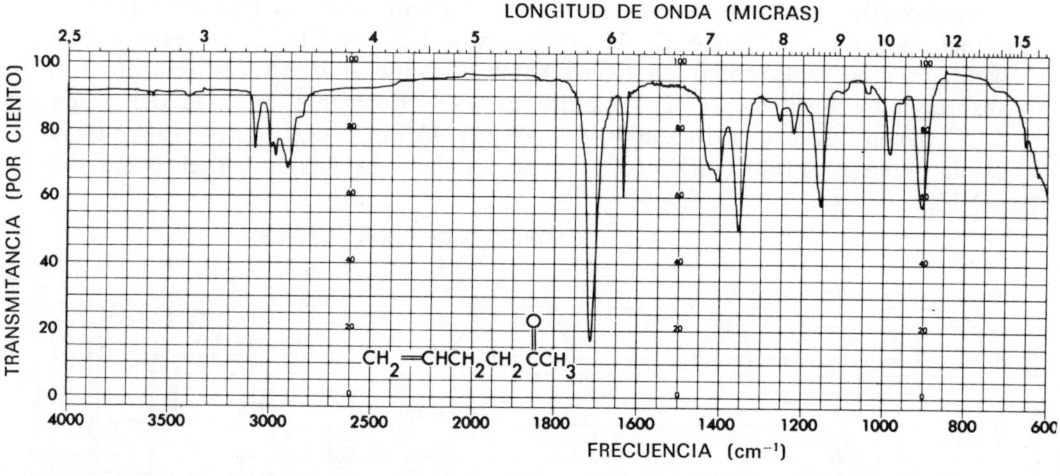

Fig. 4.14. Espectro infrarrojo del 5-hexen-2-ona en película de líquido puro.

una frecuencia ligeramente mayor, debido a la presencia del cloro electronegativo sobre el carbono. En la figura 4.16, se muestra el espectro infrarrojo de la acetamida en disolución de cloroformo. Las absorciones de tensión N—H aparecen como dos bandas a 3530 cm^{-1} (2,83 μ) y 3410 cm^{-1} (2,93 μ). La banda "amida I", la tensión del C=O, aparece a 1670 cm^{-1} (5,97 μ), mientras que las bandas de "amida II", las deformaciones de flexión del N—H, tienen lu-

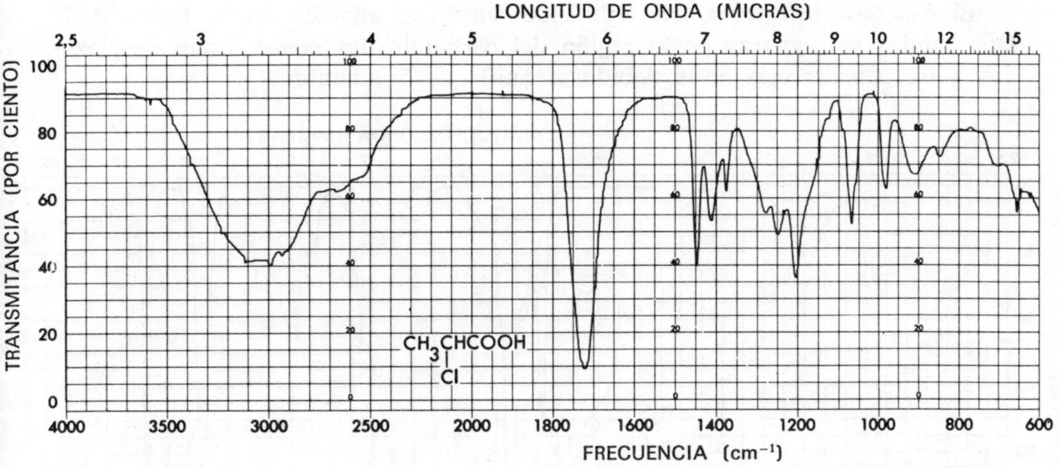

Fig. 4.15. Espectro infrarrojo del ácido α-cloropropiónico en forma de película de líquido puro.

gar a 1585 cm^{-1} (6,29 μ) y cerca de 1400 cm^{-1} (7,2 μ); la banda de "amida III" aparece a 1330 cm^{-1} (7,52 μ). La banda a 1370 cm^{-1} (7,29 μ) representa las deformaciones de flexión del C—H del grupo metilo. La banda de flexión del C=O se registra cerca de 1240 cm^{-1} (8,1 μ) pero está ensanchada y parcial-

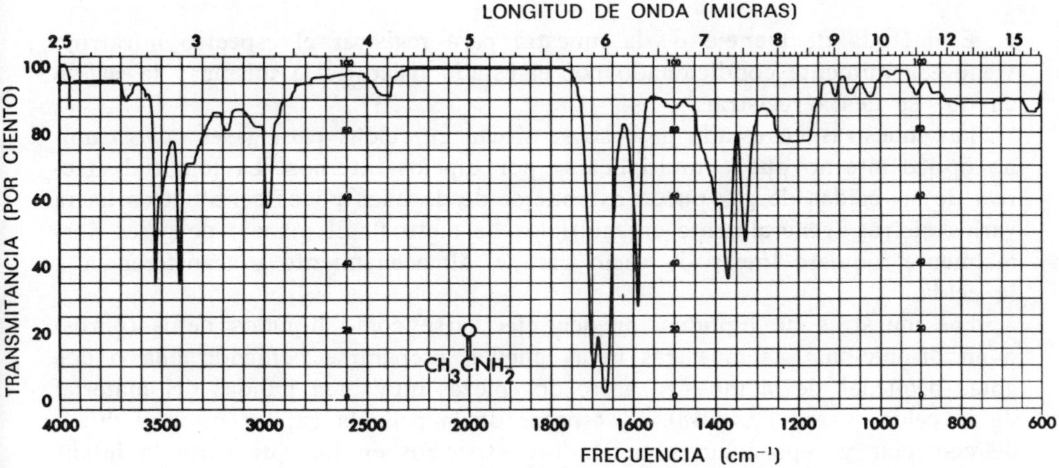

Fig. 4.16. Espectro infrarrojo de la acetamida en disolución clorofórmica.

mente solapada, por una banda de absorción del cloroformo usado como disolvente.

El espectro infrarrojo del anhídrido succínico aparece en la figura 4.17. Dos bandas se registran en la región del carbonilo, las cuales están desplazadas a frecuencias más altas debido al anillo de 5 miembros.

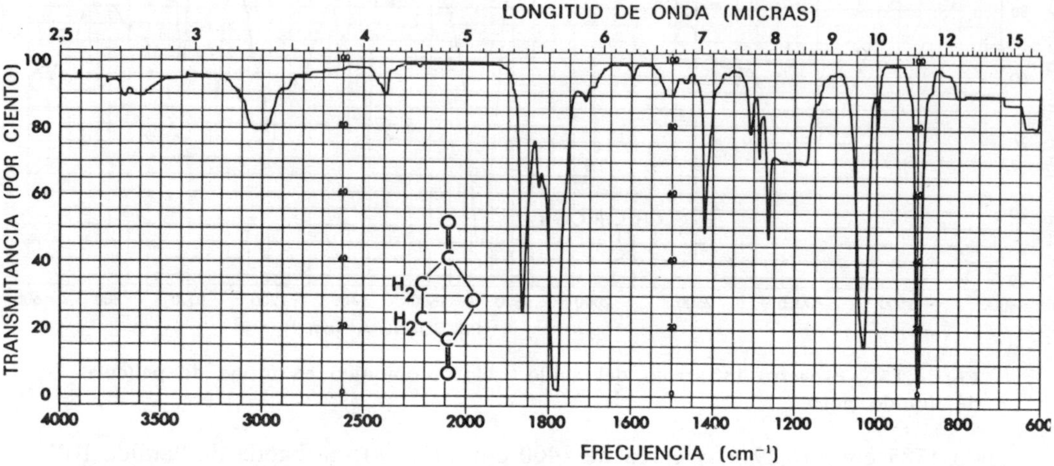

Fig. 4.17. Espectro infrarrojo de anhídrido succínico en disolución clorofórmica.

4.5 PREPARACIÓN DE LAS MUESTRAS

El método de manejo de la muestra para registrar el espectro infrarrojo viene generalmente condicionado por el estado físico de la misma y la región en que se desea registrar.

Las muestras en estado gaseoso se sitúan en celdas para gases cuyo camino óptico interno puede multiplicarse por espejos internos. La longitud efectiva de las celdas de gas puede extenderse desde unos pocos centímetros hasta varios metros (generalmente en múltiplos de metros). El manejo de gases normalmente requiere líneas de vacío para el almacenamiento y transferencia a la celda.

Las muestras de líquidos, pueden efectuarse como líquidos netos (puros) o en disolución. Las muestras netas pueden prepararse poniendo una o dos gotas pequeñas de la muestra entre dos piezas muy bien pulidas del material de la celda (véase fig. 4.18). El espesor de la película capilar es muy difícil de controlar y reproducir, obteniéndose espectros en los que varía la intensidad de absorción. Espaciadores de hojas de metal delgadas cuidadosamente calibradas en su espesor, por debajo de 0,001 mm, pueden usarse para controlar el espesor de la muestra. Unas cuantas gotas se sitúan en el área interior del espaciador sobre un cristal y el segundo cristal se junta hermética-

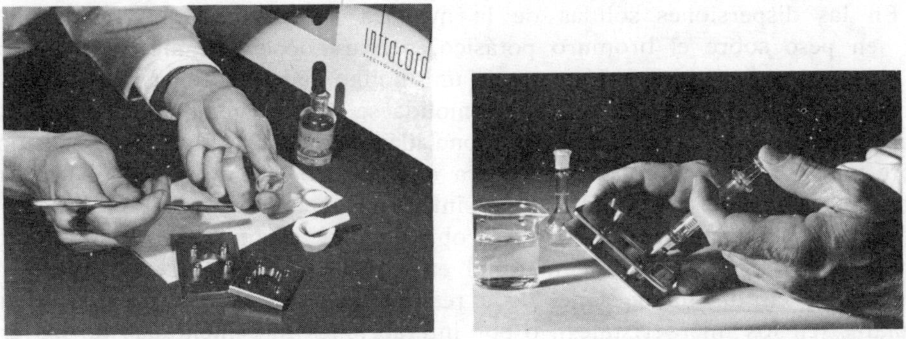

(a) (b)

Fig. 4.18. (*a*) Preparación de una muestra en película con sustancia pura para registrar el espectro infrarrojo de un líquido. Una gota del líquido o pasta, se coloca entre dos cristales de cloruro sódico y se disponen éstos entre dos soportes metálicos de la celda. (b) Llenado de una celda con una solución. (Cortesía de Perkin-Elmer Corporation Norwalk, Conn.)

mente con el espaciador en el orificio de la celda (fig. 4.18). El espectro en solución se obtiene disolviendo la muestra en un disolvente adecuado (véanse los siguientes párrafos) y se colocan en una celda. El rango de concentración normalmente empleado va de un 2 a un 10 % en peso. Se dispone de distintas celdas para colocar la disolución de la muestra. Además de la celda con la muestra, se llena otra celda del mismo espesor que la anterior sólo con disolvente puro y se sitúa en la posición del rayo de referencia del instrumento. Las bandas de absorción débiles que se producen en el rayo de referencia, se compensan con las bandas débiles similares del disolvente que tienen lugar con el rayo de luz que pasa por la muestra; de esta forma las bandas extrañas de absorción que interfieran se eliminan del espectro del compuesto. Las bandas más intensas de absorción del disolvente absorben tan fuerte que no pasa energía efectiva a través de la celda, y no puede detectarse ninguna absorción diferencial debida a la muestra.

Las muestras sólidas pueden prepararse como soluciones, pastas, o dispersiones sólidas en bromuro potásico. Las disoluciones se preparan como se describió anteriormente. Las emulsiones (suspensiones) se preparan suspendiendo partículas finamente granuladas de la muestra en nujol (parafina o aceite mineral) y registrando entonces el espectro de la emulsión como el de una muestra pura. También puede usarse fluorolube (perfluoroqueroseno) para preparar las soluciones; no todos los sólidos pueden emulsionarse adecuadamente; además, el nujol presenta absorciones intensas de los C—H, con lo que inutiliza estas regiones para propósitos de identificación. En general sólo se utilizarán las pastas si no se dispone de otro método.

En las dispersiones sólidas de la muestra se emplea, aproximadamente, 1 % en peso sobre el bromuro potásico, preparándose una mezcla cuidadosa de muestra y bromuro potásico con un molino hasta obtener partículas de grano muy fino. La mezcla finamente molida se prensa hasta obtener un disco transparente por la acción de varias toneladas de presión. Este disco se monta sobre un soporte y entonces se registra el espectro. Debido a que el bromuro potásico es transparente en la región infrarroja, en el espectro sólo aparecen absorciones de la muestra. El espectro obtenido así, y también los de las pastas con nujol, están formados de material en la fase sólida, y pueden diferir del espectro de las disoluciones debido a restricciones de las configuraciones moleculares (en los microcristales), o por interacciones incrementadas de los grupos funcionales. Normalmente se presentan absorciones anchas del hidroxilo cerca de los 3300 cm^{-1} (3 μ) debido a la humedad absorbida por el bromuro potásico, excepto cuando se es muy cuidadoso en la preparación del disco.

El recipiente que contiene la muestra se sitúa en el haz de la muestra (véase fig. 4.19) del instrumento y juntamente con el blanco en el haz de referencia (disolvente puro) y se registra el espectro. Las instrucciones para operar con el instrumento están contenidas en el manual de instrucciones del fabricante y deberán ser comprendidas completamente antes de cualquier utilización del mismo.

(a) (b)

Fig. 4.19. (a) Compartimiento de la celda de un espectrofotómetro típico de infrarrojos. La celda de la izquierda contiene la muestra problema, y la celda de la derecha es de espesor variable y está llena de disolvente puro, y se coloca en el haz de referencia del instrumento. El espesor de la celda es graduable, se ajusta hasta emparejar exactamente el espesor de la celda de la muestra para equilibrar los picos de absorción del disolvente. (b) Un espectrofotómetro típico de infrarrojos. (Cortesía de Perkin-Elmer Corporation, Norwalk, Conn.)

Avances recientes en la espectroscopia infrarroja implican el uso de luz reflejada para registrar el espectro infrarrojo de superficies de materiales (reflectancia total atenuada, RTA). Este hecho ha proporcionado un uso particular para muestras que no pueden prepararse de ninguna de las maneras anteriores (superficies pintadas, etc.).

4.5.1 *Disolventes*

La elección del disolvente depende de la solubilidad de la muestra y de las características de absorción del mismo. Puesto que la mayoría de los disolventes empleados en la espectroscopia son a su vez moléculas orgánicas, darán bandas de absorción características de los tipos de enlace presentes; siempre es deseable usar un disolvente con el menor número de absorciones en la región infrarroja. Por ejemplo, el tetracloruro de carbono sólo absorbe fuertemente en la región de 830 a 670 cm^{-1} (12 a 15 μ), mientras que el cloroformo absorbe fuerte cerca de 3030, 1220 y 830 a 670 cm^{-1} (3,3, 8,2 y 12 a 15 μ).

Así se utiliza más el tetracloruro de carbono que el cloroformo, cuando se logran concentraciones adecuadas de la muestra realizadas en ambos disolventes. Frecuentemente puede ser necesario registrar el espectro de la muestra en dos disolventes distintos para obtener toda la información espectral posible. Por ejemplo, el uso del tetracloruro de carbono como disolvente para olefinas y aromáticos permite observar todas las bandas de absorción excepto las de 900 cm^{-1} (11 μ), pero la región de la huella dactilar se obtendrá desdibujada; registrando el espectro de estos compuestos en disulfuro de carbono, o acetonitrilo, se obtienen las bandas de absorción que aparecen en la región de la huella dactilar. En la figura 4.20 se da una tabla de varios disolventes adecuados para la región infrarroja. Las áreas oscuras indican las regiones en que los disolventes absorben la mayoría o la totalidad de la energía disponible. Se han observado ligeros desplazamientos de los disolventes con algunos grupos funcionales, particularmente aquellos que son capaces de entrar en un enlace de hidrógeno ya como aceptores o donantes.

4.5.2 *Materiales de la celda*

Los materiales de las ventanas de la célula deben ser transparentes en la zona deseada de la región infrarroja, no deben ser solubles en el sistema disolvente, y no deben reaccionar químicamente con el disolvente o la muestra. Los materiales adecuados para el uso como ventanas de celda están tabulados en la tabla 4.8. El cloruro sódico es el material más comúnmente utilizado para la celda debido a su bajo costo relativo y facilidad de manejo; sin embargo, al Irtran-2, a pesar de ser caro, se le ha encontrado un uso más amplio a causa de su estabilidad física y química.

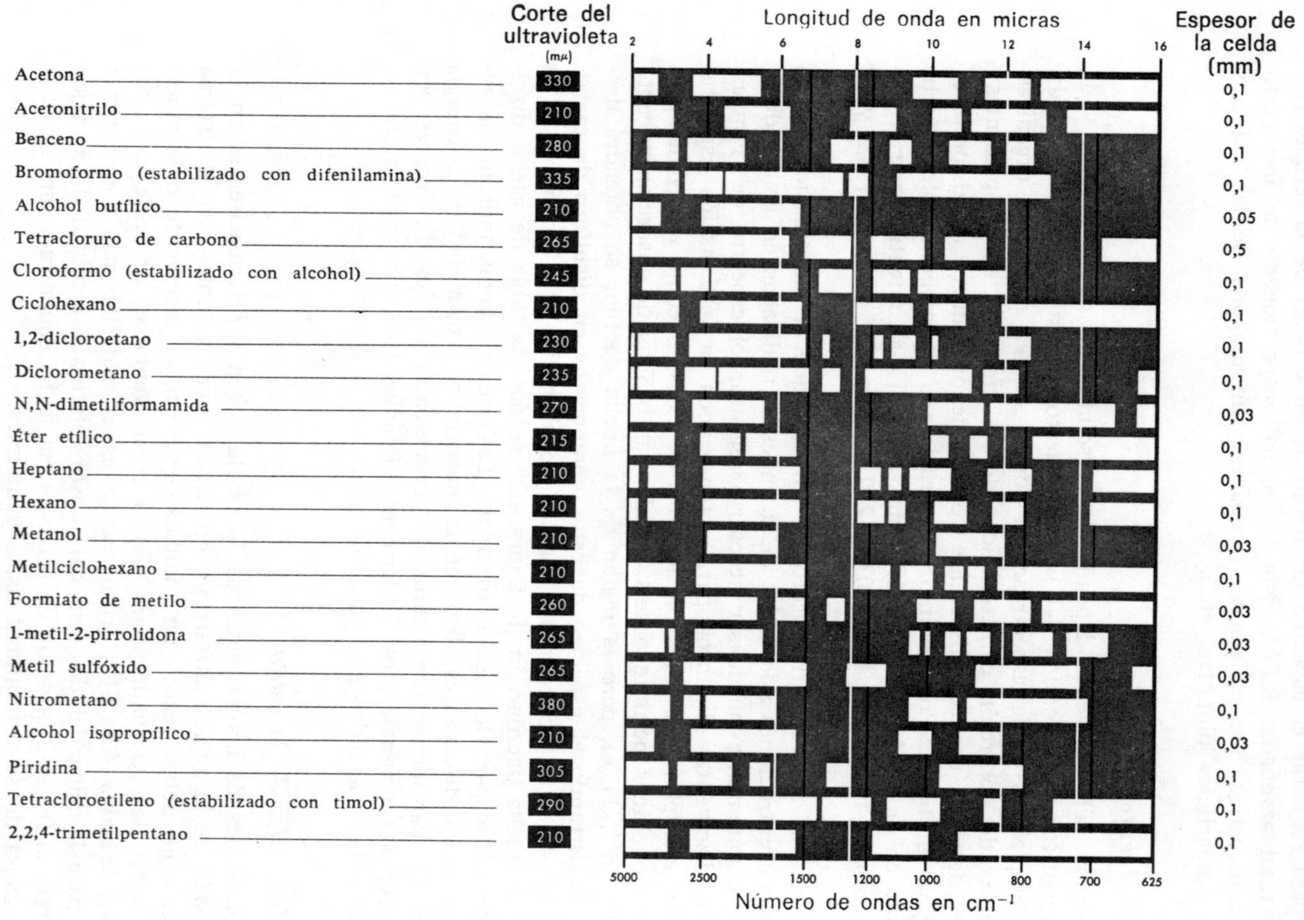

Fig. 4.20. Carta de disolventes para uso espectrofotométrico. El punto de corte del ultravioleta dado, es la longitud de onda a la cual la absorbancia de una cubeta de un espesor de 1 cm del disolvente está cerca de la unidad. Los espacios en blanco en la carta muestran las regiones en el infrarrojo para las cuales estos disolventes se han encontrado útiles en las celdas del espesor indicado. (Cortesía de Distillation Products Industries, Eastman Kodak Company, Rochester, N.Y.)

Debe tenerse cierto cuidado en el uso de los materiales de la celda; el lector debe familiarizarse con las propiedades generales de los materiales que se usen para las ventanas de la celda, y deben tomarse precauciones adecua-

Tabla 4.8. Materiales de las celdas

Material	*Rango de empleo* (μ)	*Propiedades generales*
NaCl	0,25-16	Soluble en agua, ligeramente soluble en alcoholes de bajo peso molecular, glicoles, aminas, ácidos carboxílicos; bajo coste, fácil de pulir.
KBr	0,25-30	Soluble en agua, alcoholes de bajo peso molecular, glicoles ácidos, ligeramente soluble en aminas, éteres; bajo coste; fácil de pulir, ligeramente higroscópico.
CsBr	1-40	Soluble en agua, alcoholes de bajo peso molecular, glicoles, ácidos; bastante caro; blando, muy higroscópico, empleado principalmente para transmisión en longitudes de onda largas.
CaF_2	0,2-10	Insoluble en agua, soluble en amoniaco y soluciones de sales, relativamente caro, material duro, empleado para celdas de trabajo a presión elevada.
BaF_2	0,2-12	Insoluble en agua, soluble en ácidos, material duro, sensible a los choques térmicos y mecánicos.
AgCl	1-22	Insoluble en agua, soluble en amoniaco y en bases fuertes, no debe ser expuesto por mucho tiempo a luz de longitud de onda menor de 0,6 μ; posee una alta reflectividad dando un aumento de las franjas de interferencia (pueden aparecer como picos anómalos).
KRS-5	1-40	Sal doble formada por 48 % de TlBr y 52 % TlI; propiedades de transmisión excelentes, inactivo químicamente, muy poco soluble en agua, soluble en bases, insoluble en ácidos, alta reflectividad; caro.
KRS-6	1-22	Sal doble que contiene TlBr (40 %) y TlCl (60 %). (El TlCl se arrastra con agua y bases); propiedades físicas y químicas semejantes a KRS-5; alta reflectividad; caro.
Irtran-2	2-13	Sulfuro de cinc; de mucha duración, insoluble prácticamente en todos los disolventes orgánicos e inorgánicos (excepto en los oxidantes fuertes) utilizado en rangos de temperatura — 200 a + 800 °C, alta reflectividad; caro.
Vidrio	0,35-2	Usado en la región del infrarrojo cercano.
Cuarzo	0,2-4	Usado en la región del infrarrojo cercano.

das para proteger tales ventanas. Un cuidado particular debe tomarse en la preparación de las muestras y disolventes a utilizar.

Las celdas y ventanas deberán siempre limpiarse cuidadosamente después de cada uso por lavado con cloroformo purificado, o el disolvente usado en la preparación de la disolución muestra, y secarse con una corriente de nitrógeno seco.

4.6 ESPECTROSCOPIA DEL INFRARROJO CERCANO

La región del infrarrojo cercano, 0,75 a 3 μ, contiene los sobretonos de las frecuencias fundamentales de tensión, y varias bandas de combinación, que aparecen en la región infrarroja. Las posiciones de las bandas de los sobretonos aparecen aproximadamente a $\nu_0/2$, $\nu_0/3$, $\nu_0/4$, etc., donde ν_0 es la longitud de onda de la fundamental. Las intensidades de los sobretonos decrecen muy rápidamente cuando se incrementa el orden del sobretono (véanse los coeficientes de extinción contenidos en la figura 4.21), y así sólo el primero y el segundo sobretono son correctamente visibles, excepto cuando se usan celdas de espesor muy grande (superior a 10 cm de líquido puro). Este hecho, limita enormemente los tipos de grupos funcionales que darán lugar a picos de sobretonos en la región infrarroja cercana de grupos de tipo X—H, por ejemplo C—H, N—H, O—H, S—H, etc., y sobretonos del carbonilo. (El carbonilo fundamental es extremadamente intenso y esto da lugar a sobretonos más intensos.)

Las bandas de combinación son a menudo las bandas más intensas en la región del infrarrojo cercano, y representan la suma o diferencia de dos fundamentales, o de una fundamental y primer sobretono, generalmente implicando los modos de deformación vibracionales y de flexión del mismo grupo funcional.

El valor de la espectroscopia infrarroja cercana, estriba en el mayor poder de resolución de los espectrofotómetros en el infrarrojo cercano con prismas de cuarzo o con red de difracción, que el que se puede obtener con sales ópticas o instrumentos infrarrojos con red (excepto con los instrumentos más caros y refinados). Los espectrofotómetros de infrarrojo cercano proporcionan una resolución de aproximadamente 5 Å, permitiendo determinar posiciones de bandas a $\pm$ 0,001 μ. Esto contrasta con la resolución de instrumentos infrarrojos que es del orden $\pm$ 0,02, para pequeños instrumentos de laboratorio, y ligeramente menor que $\pm$ 0,01 para los mejores instrumentos de red, con moléculas de cierto grado de complejidad; la congestión en la región de 3 a 4 μ limita el conjunto de información útil que puede obtenerse de esta región, mientras que el mayor poder de resolución de la región infrarroja cercana permite mayor distinción de las bandas para propósitos de diagnóstico.

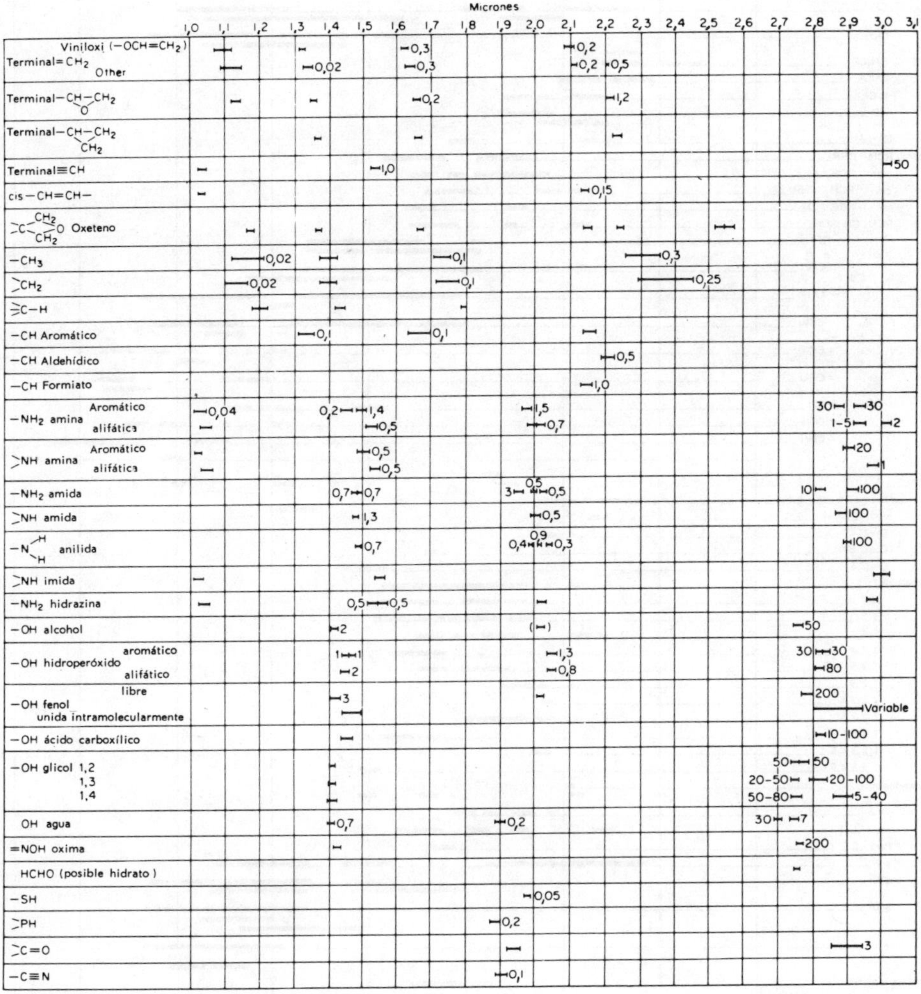

Fig. 4.21. Correlación de espectro-estructura y datos de absorción molar para la región del infrarrojo próximo. Tomado del *Analytical Chemistry*, **32,** 140 (1960). Copyright en 1959 de la American Chemical Society, reproducido con autorización del propietario.

CARTAS DE CORRELACIÓN BECKMAN DE FRECUENCIAS VIBRACIONALES EN EL INFRARROJO LEJANO

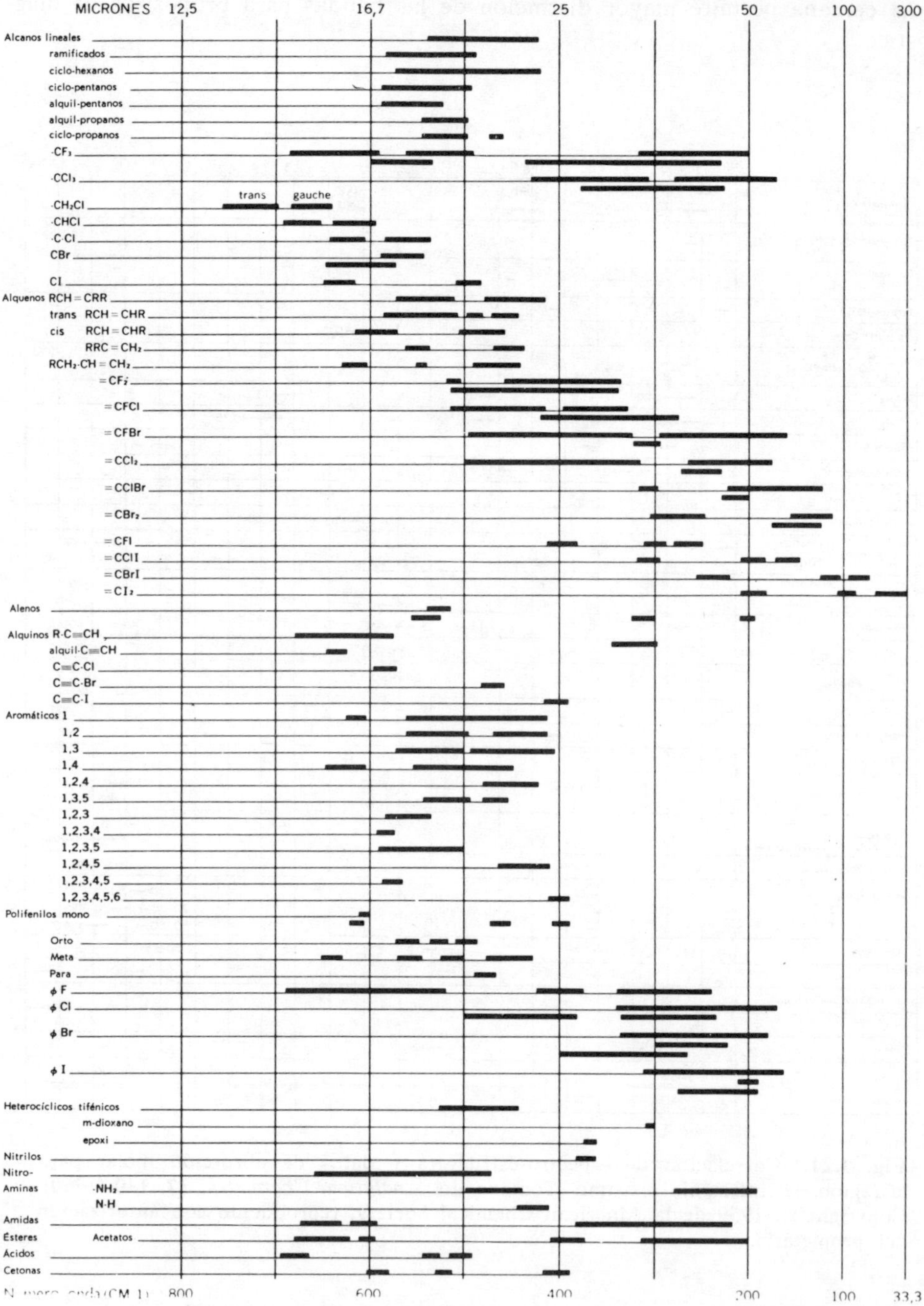

Fig. 4.22. Correlaciones espectro-estructura para la región del infrarrojo lejano.

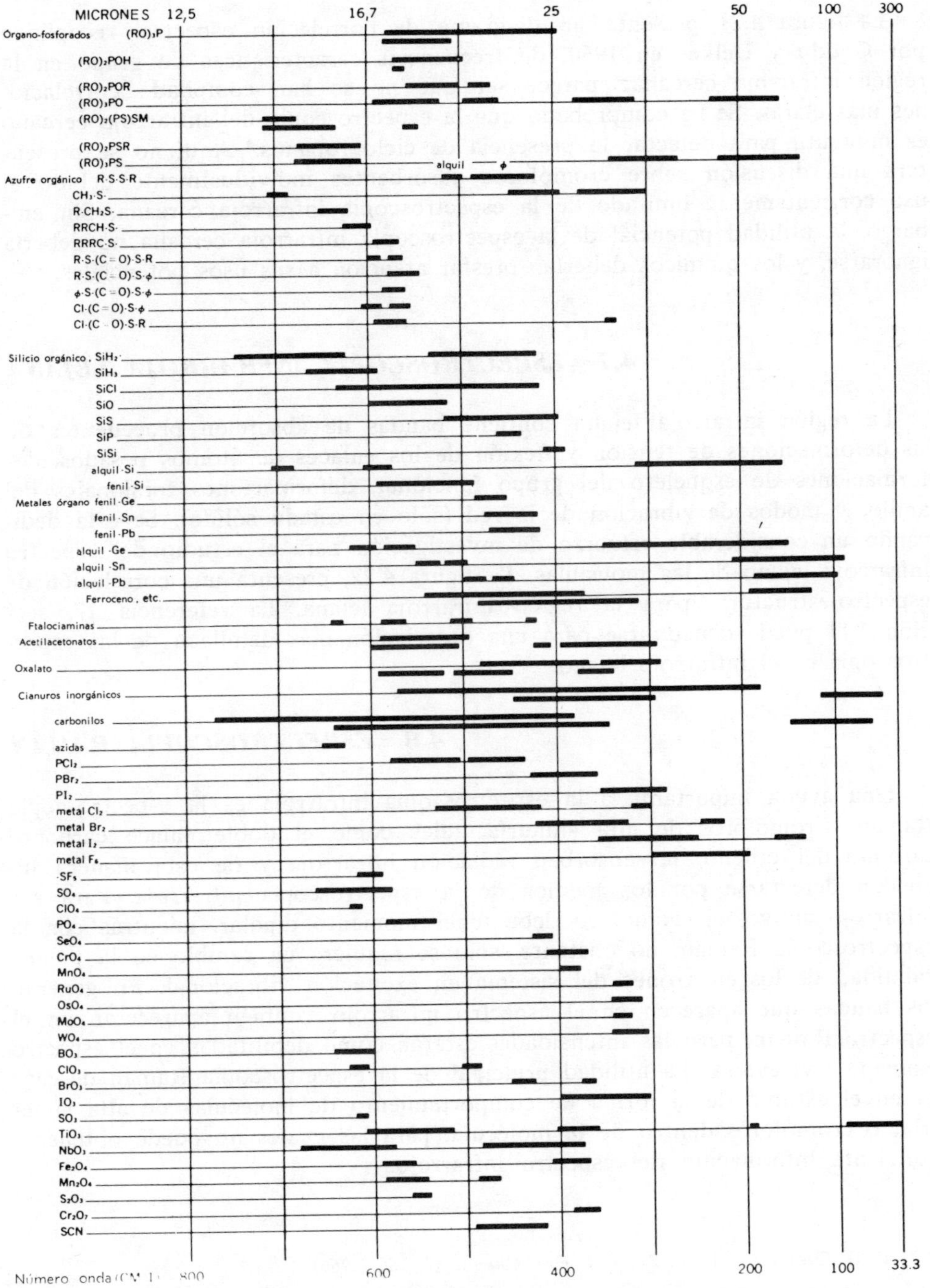

(Reimpreso con permiso de Beckman Instruments, Inc., Fullerton, Calif.)

La figura 4.21 presenta un diagrama de correlación espectral recopilado por Goddu y Delker en 1960, de frecuencias características de grupo en la región infrarroja cercana; parece ser que no se han compilado correlaciones más claras. Se ha comprobado que la espectroscopia del infrarrojo cercano es muy útil para detectar la presencia de ciclopropanos.[3] Aquí no se presentará una discusión sobre cromóforos absorbentes individualmente debido al uso corrientemente limitado de la espectroscopia infrarroja cercana. Sin embargo, la utilidad potencial de la espectroscopia infrarroja cercana no debería ignorarse, y los químicos deberían prestar atención a sus usos potenciales.

4.7 ESPECTROSCOPIA INFRARROJA LEJANA

La región infrarroja lejana contiene bandas de absorción procedentes de las deformaciones de tensión y flexión de los enlaces de átomos pesados, deformaciones de esqueleto del grupo funcional, deformaciones torsionales del anillo, y modos de vibración de la red (sólo en estado sólido). Se está dedicando un considerable esfuerzo de investigación para el estudio del espectro infrarrojo lejano de las moléculas. La figura 4.22, presenta una correlación de espectro-estructura, para la región infrarroja lejana. La referencia 17, sección 4.11 puede consultarse para una descripción más detallada de las espectroscopia en el infrarrojo lejano.

4.8 ESPECTROSCOPIA RAMAN

Una ayuda importante a la espectroscopia infrarroja es la espectroscopia Raman. Cromóforos de alta simetría, tales como el doble enlace carbono-carbono del etileno, no absorben radiación infrarroja y de esta manera no pueden detectarse por los medios de la espectroscopia infrarroja. Para ser infrarrojo activo, el cromóforo debe tener momento dipolar, mientras con la espectroscopia Raman, no obstante, sólo se requiere un cambio en la polarizabilidad de los electrones del sistema en excitación vibracional. En general, las bandas que aparecen en el espectro infrarrojo también aparecerán en el espectro Raman, pero las intensidades estarán como debilitadas en el espectro Raman, y viceversa. La utilidad principal de la espectroscopia Raman descansa en el estudio de la forma de comportamiento de moléculas de alta simetría, o cromóforos dentro de la molécula, para las cuales no puede obtenerse suficiente información del espectro infrarrojo.

[3] P. G. Gassman y F. V. Zalar, *J. Org. Chem.*, **31**, 166 (1966).

La espectroscopia Raman implica una colisión inelástica de un fotón con una molécula; aproximadamente 1 % de luz incidente, con transferencia de una porción de la energía del fotón a la molécula, resultando una excitación vibracional. El fotón dispersado ha tenido que reducir energía en una cantidad correspondiente a la energía requerida para el proceso de excitación vibracional y aparecerá a una frecuencia más baja que el rayo incidente. En general aparecerá un número de tales líneas que dan lugar a un número de excitaciones vibracionales distintas dentro de la molécula. Estas líneas se denominan *líneas de Stokes.* La separación de frecuencia entre el rayo incidente y las líneas de Stokes, la frecuencia Raman $\Delta\nu$, es la frecuencia del fundamental de la vibración implicada. Un segundo conjunto de líneas más débiles aparecen a frecuencias más altas que el rayo incidente, y se denominan *líneas anti-Stokes.* Estas líneas representan la transferencia de energía de la molécula vibracionalmente excitada a un fotón de la radiación incidente, volviendo la molécula al estado vibracional fundamental. A causa de que las líneas anti-Stokes son normalmente muy débiles, y la información obtenida duplica la de las líneas Stokes, normalmente se desprecian las anti-Stokes.

La espectroscopia Raman no ha llegado en su desarrollo a ser una de las mayores herramientas del químico estructural, como la espectroscopia infrarroja, la ultravioleta y la resonancia magnética nuclear; esto se debe a: la mayor parte de la información ya se obtiene del infrarrojo, se necesitan varios gramos de sustancia muy purificada de muestra (las partículas de material capaz de dispersar la luz deben desecharse), la imposibilidad de aplicar la espectroscopia Raman a sustancias fluorescentes, y también a causa del proceso experimental que implica el registrar el espectro. Avances recientes en la técnica (ref. 15) han reducido el proceso de registro del espectro.

Ya que las bandas que aparecen en el espectro Raman corresponden a bandas que aparecen en la región infrarroja, las correlaciones estructurales del espectro señalados en secciones previas de espectroscopia infrarroja también pueden aplicarse a la interpretación del espectro Raman

4.9 PROBLEMAS ESPECTRALES INFRARROJOS

Identificar cada uno de los siguientes compuestos por su espectro en el infrarrojo.

1. $C_5H_8O_2$; espectro infrarrojo de una sustancia desconocida registrada como película de líquido puro.

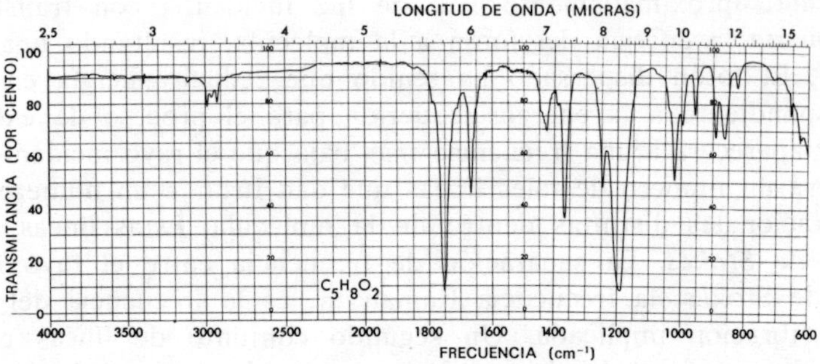

2. C_5H_8O; espectro infrarrojo de una sustancia problema registrada en película de líquido puro.

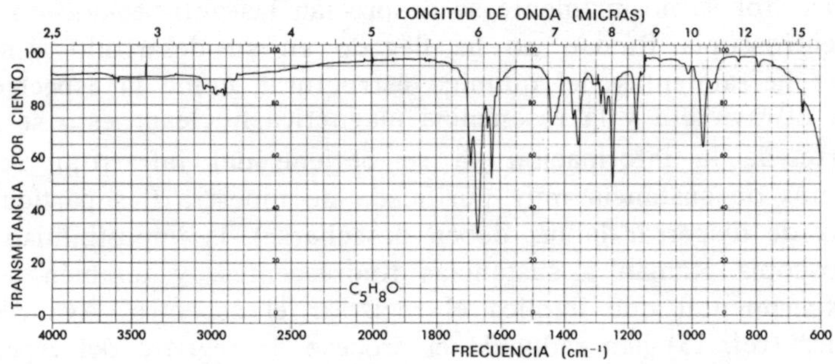

3. $C_8H_{10}O$; espectro infrarrojo de una sustancia desconocida registrada en solución de tetracloruro de carbono (4000 a 900 cm^{-1}) y sulfuro de carbono (1000 a 600 cm^{-1}).

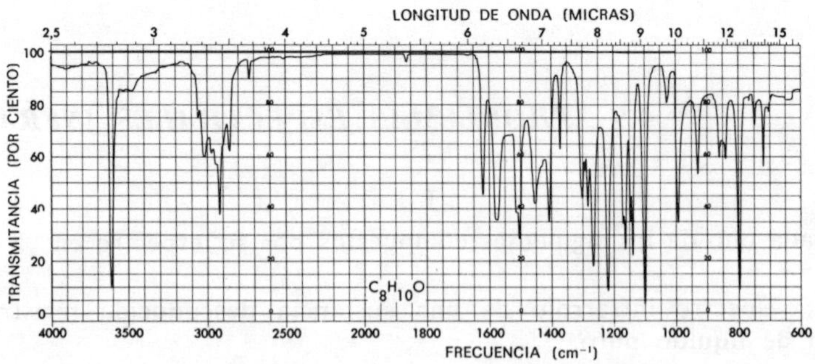

4. $C_9H_{10}O$; espectro infrarrojo de una sustancia desconocida registrada en soluciones de tetracloruro de carbono (4000 a 900 cm^{-1}) y sulfuro de carbono (1000 a 600 cm^{-1}).

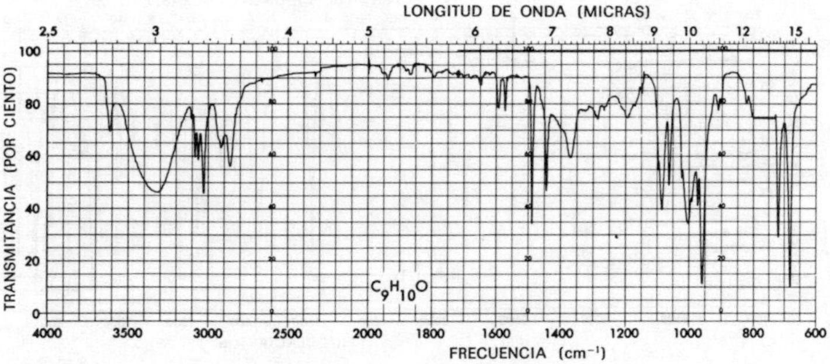

5. $C_4H_6O_2$; espectro infrarrojo de una sustancia desconocida registrada como película de líquido puro.

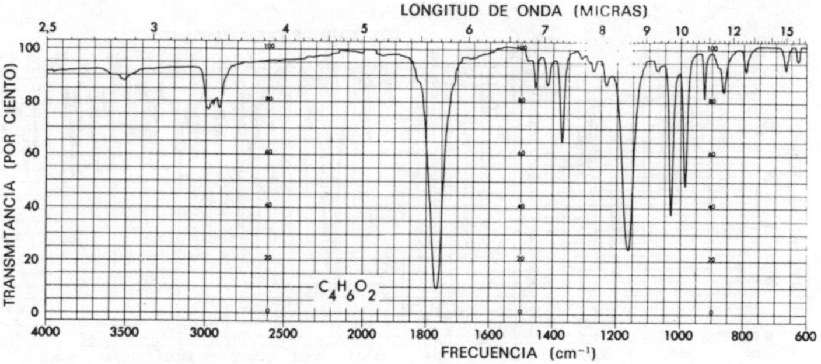

6. $C_7H_7NO_3$; espectro infrarrojo de una sustancia desconocida registrada como una película de líquido puro.

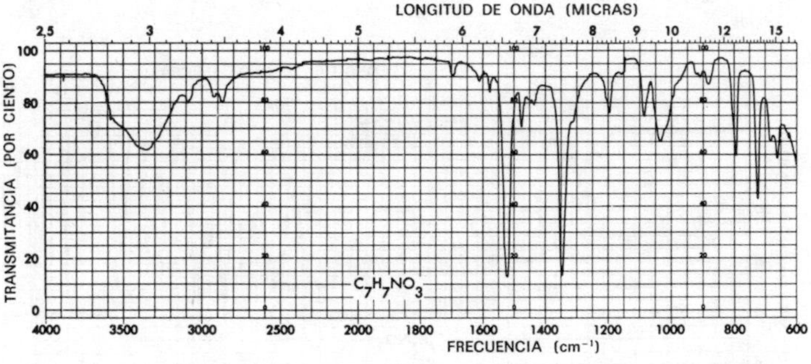

7. C_4H_7Br; espectro infrarrojo de una sustancia desconocida registrada en película de líquido puro.

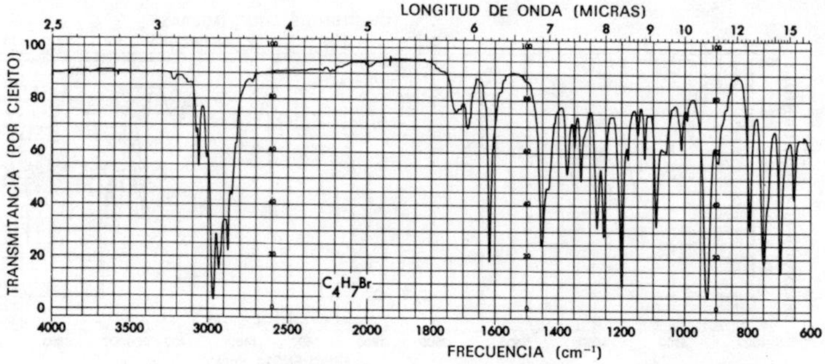

8. C_6H_8O; espectro infrarrojo de una sustancia desconocida registrada en forma de película líquida.

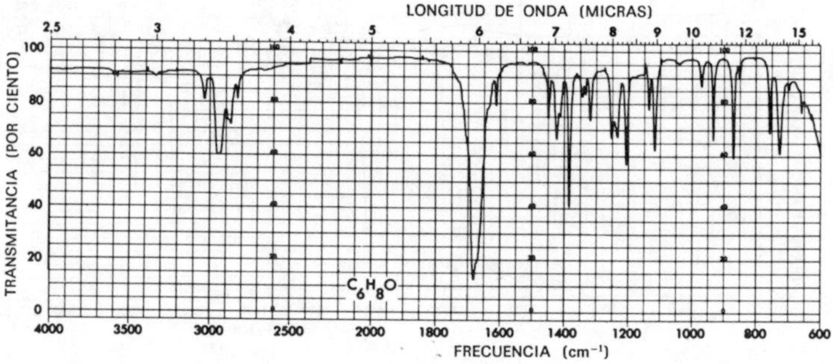

9. $C_7H_7NO_3$; espectro infrarrojo de una sustancia desconocida registrada como película de líquido puro.

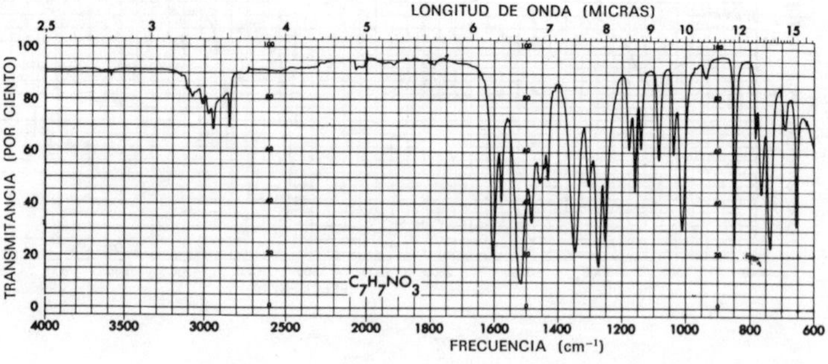

10. C_6H_5BrS; espectro infrarrojo de una sustancia desconocida registrada en disoluciones de tetracloruro de carbono (4000 a 900 cm^{-1}) y disulfuro de carbono (1000 a 600 cm^{-1}).

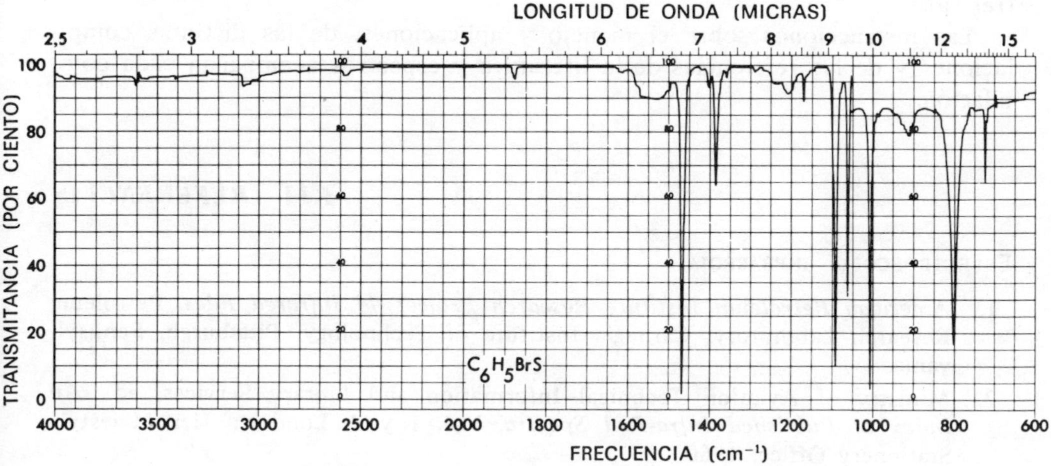

4.10 FUENTES DE INFORMACIÓN DE LOS DATOS ESPECTRALES EN EL INFRARROJO

La literatura que abarca la espectroscopia infrarroja se puede agrupar convenientemente dentro de tres categorías: libros de consulta generales, revisiones que cubren áreas limitadas de la literatura específica y referencias a compuestos concretos y compilaciones espectrales.

Los libros de consulta generales son textos como los escritos por Conley (ref. 5), Bellamy (ref. 3), Lawson (ref. 9) Nakanishi (ref. 11) y Szymanski (referencia 15), que se refieren, en general, a la utilización e interpretación de la espectroscopia infrarroja. *Infrared-A Bibliography,* por Brown y col. (ref. 4), es una compilación de menciones originales de la literatura sobre instrumentación, técnicas y clasificación general de los compuestos que cubren los años 1935 a 1951. Las revisiones específicas de la literatura que cubren áreas limitadas son demasiado numerosas para citarlas en este texto. El lector puede buscar en los resúmenes y en los servicios de documentación corrientes para localizar las revisiones específicas, por ejemplo, ref. 8.

Las menciones de la literatura para compuestos específicos se pueden encontrar en las refs. 2, 7 y 8 en la sección 4.11. Los espectros publicados de compuestos individuales se pueden encontrar en las colecciones de Sadtler

Standard Spectra (ref. 13), American Petroleum Institute (Colección de espectros infrarrojos (ref. 1), Manufacturing Chemists' Association Research Project (ref. 10) y en los atlas de espectros de absorción infrarroja de esteroides (ref. 6).

Las instrucciones sobre el manejo y aplicaciones, de las distintas compilaciones y de las referencias de la literatura y espectros acompañan cada compilación.

4.11 REFERENCIAS

Espectroscopia infrarroja

1. *American Petroleum Institute Research Project 44 Infrared Files.* Petroleum Research Laboratory, Carnegie Institute of Technology, Pittsburgh, Pennsylvania.
2. Ministry of Aviation Technical Information and Library Services, ed., *An Index of Published Infra-Red Spectra,* Vol. 1 y 2. London: Her Majesty's Stationery Office, 1960.
3. Bellamy, L. J., *The Infra-red Spectra of Complex Molecules.* New York: John Wiley & Sons, Inc., 1958.
4. Brown, C. R., Ayton, M. W., Goodwin, T. C. y Derby, T. J., *Infrared—A Bibliography.* Washington, D. C.: Library of Congress, Technical Information Division, 1954.
5. Conley, R. T., *Infrared Spectroscopy.* Boston: Allyn and Bacon, Inc., 1966.
6. Dobriner, K., Katzenellenbogen, E. R y Jones, R. N., *Infrared Absorption Spectra of Steroids—An Atlas,* Vol. 1. New York: Interscience Publishers, Inc., 1953.
7. Hershenson, H. M., *Infrared Absorption Spectra Index.* New York: Academic Press, 1959.
8. *IR, Raman, Microwave Current Literature Service,* Butterworth and Co., Ltd., London, England; y Verlag Chemie, Gmbh., Weinheim, Germany.
9. Lawson, K. E., *Infrared Absorption of Inorganic Substances.* New York: Reinhold Publishing Corporation, 1961.
10. *Manufacturing Chemists' Association Research Project Infrared Files,* Chemical Thermodynamic Properties Center, Department of Chemistry, Texas A & M University, College Station, Texas.
11. Nakanishi, K., *Infrared Absorption Spectroscopy.* San Francisco: Holden-Day, Inc., 1962.
12. Roberts, G., Gallagher, B. S. y Jones, R. N., *Infrared Absorption Spectra of Steroids—An Atlas,* Vol. 2. New York: Interscience Publishers, Inc., 1958.
13. *Sadtler Standard Spectra,* Sadtler Research Laboratories, Philadelphia, Pennsylvania.

14. Szymanski, H. A., *Infrared Band Handbook*. New York: Plenum Publishing Company, 1962, y los suplementos 1 y 2 (1964).

15. Szymanski, H. A., *Interpreted Infrared Spectra*, Vol. 1. New York: Plenum Publishing Company, 1964.

ESPECTROSCOPIA RAMAN

16. Jones, R. N., DiGiorgio, J. B., Elliot, J. J. y Nonnenmacher, G. A. A., *J. Org. Chem.*, **30**, 1822 (1965).

ESPECTROSCOPIA DE INFRARROJO LEJANO

17. Stewart, J. E., "Far Infrared Spectroscopy", en *Interpretive Spectroscopy*, Freeman, S. K., ed., New York: Reinhold Publishing Corporation, 1965, p. 131.

5

Resonancia magnética nuclear

5.1 INTRODUCCIÓN

La espectroscopia de resonancia magnética nuclear se basa en la transición de un valor a otro del estado de spin de un núcleo, de lo cual resulta una absorción de energía. La interacción entre un núcleo y un campo magnético aplicado está ilustrada en la fig. 5.1.

Los núcleos poseen un momento mecánico de spin el cual, conjuntamente con la carga del núcleo, produce un campo magnético cuyos ejes tienen la dirección paralela al eje de spin del núcleo. Si se sitúa el núcleo en un campo magnético, H_0, aquél puede adoptar $2I + 1$ orientaciones del spin (estados de spin), donde I es el número cuántico nuclear de spin, con respecto al campo aplicado. Estos estados de spin se designan por $-I$, $-I + 1$, ..., $+ I$; por ejemplo, con un valor de $I = 1/2$ son posibles los estados de spin de $- 1/2$ y $+ 1/2$; con un valor de I igual a 1 son posibles los estados de spin de -1, 0 y $+ 1$. La figura 5.1, ilustra los dos estados posibles de orientación del spin del núcleo de hidrógeno ($- 1/2$ y $+ 1/2$).

El eje de spin y el eje magnético del núcleo, para un estado dado de spin, giran con un movimiento de precesión alrededor de la dirección del campo magnético aplicado H_0. La frecuencia del movimiento de precesión (frecuencia de Larmor) del núcleo es exactamente igual a la frecuencia de la radiación electromagnética necesaria para inducir la transición de un estado de spin a otro, por ejemplo, la transición $- 1/2 \rightarrow + 1/2$ para el núcleo del átomo de hidrógeno.

En ausencia del campo magnético aplicado y a temperatura ambiente las energías de los estados de spin están degeneradas. Cuando se superpone un campo magnético exterior al núcleo, los estados de spin pierden la degeneración y quedan separados por una diferencia de energía (ΔE) la cual es una función de la intensidad del campo magnético aplicado (ver la fig. 5.2).

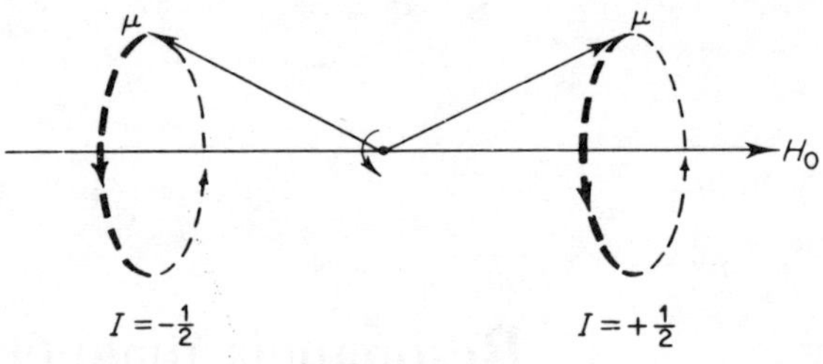

Fig. 5.1. Movimiento de precesión del momento magnético del núcleo alrededor de las líneas de un campo magnético aplicado.

Las relaciones entre ΔE y la intensidad del campo (H_0), para un núcleo aislado vienen dadas por la ecuación (5.1)

$$\Delta E = h\nu = \frac{\mu \beta_N H_0}{I} \tag{5.1}$$

donde h es la constante de Planck, ν es la frecuencia de la radiación que excita, μ es el momento magnético del núcleo expresado en múltiplos del magnetón nuclear [1] (véase la tabla 5.1), y β_N es una constante denominada magnetón nuclear. Para los núcleos con más de dos estados de spin las transiciones inducidas por irradiación se pueden producir únicamente entre dos estados de spin adyacentes, siendo iguales las energías entre cualquiera de los estados de spin adyacentes (véase la discusión posterior).

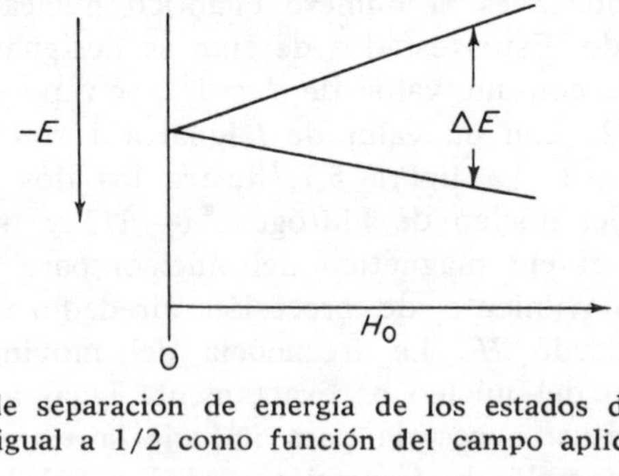

Fig. 5.2. Nivel de separación de energía de los estados de spin de un núcleo con un valor de I igual a 1/2 como función del campo aplicado H_0.

[1] El momento magnético μ puede poseer lo mismo el signo + que el —, debido al hecho de que los vectores I y μ pueden estar en posición paralela o antiparalela ($\mu = CI$).

Puesto que los diversos núcleos difieren en su valor para μ y para I, producirán las transiciones de spin nuclear a frecuencias distintas, teniendo aplicado el mismo campo magnético exterior. En la tabla 5.1 se enumeran algunos de los núcleos más corrientes con su número cuántico nuclear de spin I, μ, la frecuencia de resonancia bajo un campo de 10 000 gauss, y su abundancia en la naturaleza. Puesto que la frecuencia y la intensidad son directamente proporcionales, los datos presentados en la tabla 5.1 pueden trasladarse en más o en menos para hacerlos corresponder a otras intensidades del campo aplicado. Debe también tenerse en cuenta que la sensibilidad, o respuesta, de un número igual de núcleos distintos variará [véase la ecuación (5.2)]

Tabla 5.1. Frecuencias de resonancia a 10 000 gauss y datos relacionados para núcleos seleccionados

Núcleo	*N.º cuántico de spin*	*Momento magnético* * $\frac{eh}{4\pi}$	*Frecuencia de resonancia* MHz	*Abundancia natural,* %
^{1}H	$\frac{1}{2}$	2,79268	42,5759	99,9844
^{2}H	1	0,857386	6,53566	0,0156
^{7}Li	$\frac{3}{2}$	3,2560	16,547	92,57
^{9}Be	$\frac{3}{2}$	−1,1773	5,983	100
^{10}B	3	1,8005	4,575	18,83
^{11}B	$\frac{3}{2}$	2,6880	13,660	81,17
^{13}C	$\frac{1}{2}$	0,70220	10,705	1,108
^{14}N	1	0,40358	3,076	99,635
^{15}N	$\frac{1}{2}$	−0,28304	4,315	0,365
^{17}O	$\frac{5}{2}$	−1,8930	5,772	0,037
^{19}F	$\frac{1}{2}$	2,6273	40,055	100
^{23}Na	$\frac{3}{2}$	2,2161	11,262	100
^{25}Mg	$\frac{5}{2}$	−0,85471	2,606	10,05
^{27}Al	$\frac{5}{2}$	3,6385	11,094	100
^{29}Si	$\frac{1}{2}$	−0,55477	8,458	4,70
^{31}P	$\frac{1}{2}$	1,1305	17,236	100
^{33}S	$\frac{3}{2}$	0,64274	3,266	0,74
^{35}Cl	$\frac{3}{2}$	0,82091	4,172	75,4
^{37}Cl	$\frac{3}{2}$	0,68330	3,472	24,6
^{39}K	$\frac{3}{2}$	0,39094	1,987	93,08
^{79}Br	$\frac{3}{2}$	2,0991	10,667	50,57
^{81}Br	$\frac{3}{2}$	2,2626	11,499	49,43
Electrón libre	$\frac{1}{2}$	−1836	28024,6	—

* En múltiplos del magnetón nuclear.

en función del momento angular m y el número cuántico de spin; la sensibilidad disminuye cuando se disminuye m y se aumenta I. Además, las abundancias naturales de algunos de los núcleos que aparecen en la tabla 5.1 son muy bajas aumentando la dificultad en detectar sus señales de resonancia. Se puede aumentar la concentración de átomos (normalmente es un proceso muy costoso) por síntesis o se puede emplear un promedio calculado con un computador de varias experiencias repetidas. Este método, denominado CAT (de su nombre en inglés: *computer averaging of transients technique*), es un proceso en el cual el espectrofotómetro analiza la zona en el cual se produce la resonancia muchas veces, produciendo la adición de las señales de resonancia para aumentar la relación señal/ruido con el fin de poder discriminar las señales debidas a la resonancia de entre el ruido de fondo.

La distribución de población relativa de dos estados de spin viene dada por la ecuación (5.2), donde m es el momento angular.

$$\frac{\text{Estado 1}}{\text{Estado 2}} = \left(1 - \frac{m\mu H_0}{I\,k\,T}\right)\frac{1}{2I + 1} \qquad (5.2)$$

Para el hidrógeno la relación de la distribución de poblaciones es de 0,99999/1,00001, bajo un campo de 10 000 gauss y a temperatura ambiente. Este cociente es relativamente pequeño, exigiendo el uso de técnicas de detección sensibles.

La absorción de energía produce la excitación del núcleo a un estado de spin de energía más elevada. La probabilidad de que se produzca una emisión espontánea desde el estado de spin superior es despreciable; es decir, la emisión inducida es tan probable como la excitación inducida por radiación. En consecuencia habrá una absorción inicial neta de energía hasta que se alcancen las poblaciones teóricas, en cuyo momento se interrumpirá la absorción de cantidades adicionales de energía (*saturación*). La velocidad con la cual se alcanza la saturación depende de la intensidad (amplitud) de la radiación excitante y de la velocidad con la cual el spin del núcleo excitado retorna al estado normal del spin (*relajación*). En los experimentos de espectroscopia de resonancia nuclear magnética es aconsejable mantener un nivel sostenido de absorción de la irradiación de radio-frecuencia y evitar que se alcance la saturación. Es, pues, importante investigar cómo un núcleo que está en un estado de spin excitado puede retornar al estado normal de spin (*relajación*), haciendo posible una absorción sostenida de la energía contenida en la radiación de radiofrecuencia a que se le somete.

Los procesos de relajación pueden dividirse en dos categorías spin-spin y spin-entorno. Los procesos de relajación de spin-spin se basan en la transferencia de la energía almacenada en el spin del núcleo a los núcleos vecinos, denominándose la velocidad de esta transferencia como tiempo de relajación

T_2 (el tiempo medio requerido para que un estado perturbado retorne al equilibrio). Los procesos de relajación spin-entorno (entendiendo por entorno el agregado de átomos o moléculas bajo estudio) implica la conversión de la energía almacenada en el estado de spin excitado en energía calorífica. El tiempo promedio para que se produzca la relajación spin-entorno (T_1) viene afectado por pequeñas fluctuaciones del campo magnético alrededor de la muestra. Estas fluctuaciones pueden deberse a (1) la formación de agregados individuales de moléculas, (2) la presencia de sustancias paramagnéticas (oxígeno y sustancias magnéticas) o (3) a la presencia de un átomo poseyendo un momento eléctrico cuadripolar (átomos con $I > 1/2$). (Para obtener descripciones más detalladas de estos procesos el lector deberá consultar textos más completos.) El primer efecto queda ampliamente influido, de una manera compleja, por la viscosidad del sistema. Por lo general, un aumento de la viscosidad disminuye T_1. Análogamente, la presencia de productos paramagnéticos o átomos que posean un momento eléctrico cuadripolar producen una disminución de T_1. Tanto T_1 como T_2 influyen en la anchura de la banda de absorción, la anchura aumenta en cuanto que T_1 y T_2 disminuyen.

A la vista de lo antes dicho, deben tomarse ciertas precauciones en la preparación de la muestra y en la obtención del espectro. El disolvente deberá estar libre de impurezas con propiedades magnéticas, la muestra deberá estarlo de especies paramagnéticas y para las medidas muy precisas deberá eliminarse el oxígeno presente en la disolución.

Es necesario que se mantenga un nivel adecuado de relajación spin-entorno para que exista una distribución en la población de los estados de spin que no alcance la saturación y permita una absorción continuada de la energía contenida en la radiación de radiofrecuencia, con el fin de mantener una amplitud de excitación suficiente. Si no se cumple esta condición se alcanzará la saturación, la cual interfiere con la obtención de picos agudos, y, más importante aún, con el valor de las áreas integradas de los picos; deberá evitarse siempre que sea posible. Generalmente es conveniente reducir la potencia de la radiación de radiofrecuencia hasta que se obtenga una respuesta correspondiente a una absorción de energía constante; de este modo se aminora el problema.

5.2 ORIGEN DEL DESPLAZAMIENTO QUÍMICO

Consideremos ahora un núcleo contenido en una molécula el cual está rodeado por otros átomos o grupos de átomos. El campo magnético en el núcleo de nuestro átomo no será igual al campo magnético aplicado H_0, sino mayor o menor que éste, y se representa por H_{neto} (campo magnético neto). H_{neto} es una función de la intensidad del campo aplicado, que viene descrita por la ecuación (5.3), en la cual σ_A es la constante de apantallamiento para el núcleo A que estamos considerando

$$H_{\text{neto}} = H_0(1 - \sigma_A) \tag{5.3}$$

La constante de apantallamiento σ_A se compone de las contribuciones que se ilustran en la ecuación 5.4.

$$\sigma_A = \sigma_{AA}^{\text{dia}} + \sigma_{AA}^{\text{para}} + \sum_{B \neq A} \sigma_{AB} + \sigma_A^{\text{deloc}} \tag{5.4}$$

El término σ_{AA}^{dia} es la contribución a la constante de apantallamiento del término A causada por las corrientes diamagnéticas inducidas en el átomo A bajo la influencia del campo aplicado H_0. La magnitud de σ_{AA}^{dia} es función de la densidad electrónica alrededor del núcleo del átomo A; en consecuencia, será una función indirecta de la electronegatividad del átomo o de los grupos funcionales enlazados con A. El término $\sigma_{AA}^{\text{para}}$ es la contribución a σ_A por las corrientes paramagnéticas inducidas en el átomo A, y es debido a la superposición de los estados electrónicos normales y excitados (solamente en el caso de los orbitales *p* o *d*, puesto que $\sigma_{AA}^{\text{para}}$ vale 0 si los electrones A se encuentran sobre un orbital *s* puro, por ejemplo en el átomo de hidrógeno) bajo la influencia de un campo magnético exterior aplicado.

El término σ_{AB} es la contribución a σ_A debida a las corrientes localmente inducidas, tanto diamagnéticas (contribución positiva) como paramagnéticas (contribución negativa), en el átomo o grupo funcional B y se denomina muchas veces como efecto anisotrópico vecinal. La magnitud σ_{AB} es función del átomo o grupo funcional B de la distancia entre A y B, y de la orientación en el espacio de B con respecto a A. Si el grupo funcional B está en posición axial simétrica, por ejemplo, un átomo aislado o un grupo metilo, la magnitud de σ_{AB} puede calcularse usando la ecuación (5.5), generalmente denominada, ecuación de McConnell,

$$\sigma_{AB} = \frac{1}{3N_0 R_{AB}^3} \Delta\chi_B (1 - 3\cos^2\theta) \tag{5.5}$$

donde N_0 es el número de Avogadro, R_{AB} es la distancia entre los núcleos $\Delta\chi_B = \chi^{\parallel}{}_B - \chi^{\perp}{}_B$ (diferencia entre la susceptibilidad magnética de la dirección longitudinal o paralela y la transversal o perpendicular), y θ es el ángulo entre el eje de simetría de B y del vector internuclear A—B. En ciertas ocasiones la ecuación (5.5) no se correlaciona satisfactoriamente con los datos experimentales y en consecuencia deberán tomarse ciertas precauciones en su utilización.

El último término de la ecuación (5.4), $\sigma_{\mathrm{A}}^{\mathrm{deloc}}$, tiene su origen en las corrientes inducidas debidas a electrones deslocalizados, por ejemplo, los sistemas de electrones π de los sistemas aromáticos. Los efectos de los grupos funcionales remotos que pueden influir en σ_{AB} y $\sigma_{A}^{\mathrm{deloc}}$, se discutirán al tratar de los grupos funcionales aisladamente en este mismo capítulo.

La constante de apantallamiento σ_{A} puede conducir a un aumento *(apantallamiento)* o a una disminución *(desapantallamiento)* del campo resultante creado por el núcleo.

Al sustituir el valor del campo neto (H_{neto}) obtenido en el núcleo del átomo A en la ecuación (5.1) se obtiene la ecuación (5.6).

$$\Delta E_{\mathrm{A}} = h\nu = \frac{\mu\beta_N H_{\mathrm{neto}}}{I} \tag{5.6}$$

Si se consideran otros núcleos de la misma molécula, el resto de la molécula ejercerá un valor de σ distinto con respecto a los distintos núcleos, a menos que estos núcleos sean idénticos con respecto al resto de la molécula. Las diferencias de apantallamiento producidas por los otros núcleos en la molécula dan como resultado la necesidad de frecuencias distintas para inducir las transiciones de spin en estos núcleos. El cambio en la frecuencia de resonancia con respecto a una posición arbitrariamente elegida se denomina *desplazamiento químico.* Con la espectroscopia de resonancia nuclear magnética disponemos de un método extremadamente sensible para investigar el entorno de los distintos núcleos contenidos en una molécula particular.

5.3 DETERMINACIÓN DEL DESPLAZAMIENTO QUÍMICO

En la ecuación (5.1) aparecen dos posibles variables, la frecuencia ν y la intensidad del campo magnético H_0. Experimentalmente, podemos mantener una de estas variables constante, en tanto que variamos la otra. Las frecuencias para obtener resonancia en un campo magnético de 10 000 gauss caen en la región de 10^6 Hz. Con la resonancia magnética aplicada a los protones, las diferencias en desplazamiento químico son del orden de 1 a varios cientos de Hz, requiriendo un control extremadamente fino de la medida de la frecuencia, caso de utilizar la frecuencia como variable de medida. Electrónicamente es más sencillo mantener la constante de radiofrecuencia y variar la intensidad del campo. Esto se consigue adicionándole a un campo magnético de alta intensidad constante, un campo magnético de pequeña intensidad, controlado por una pequeña intensidad de corriente circulando a través de las bobinas del electroimán (véase fig. 5.3). La muestra se coloca en el campo magnético, y se le aplica una radiación de radiofrecuencia de energía constante. A medida que vamos variando la intensidad de la corriente en las bobinas, el campo magnético va variando hasta que alcanza las condiciones necesarias para que produzca resonancia, con la consiguiente absorción de la

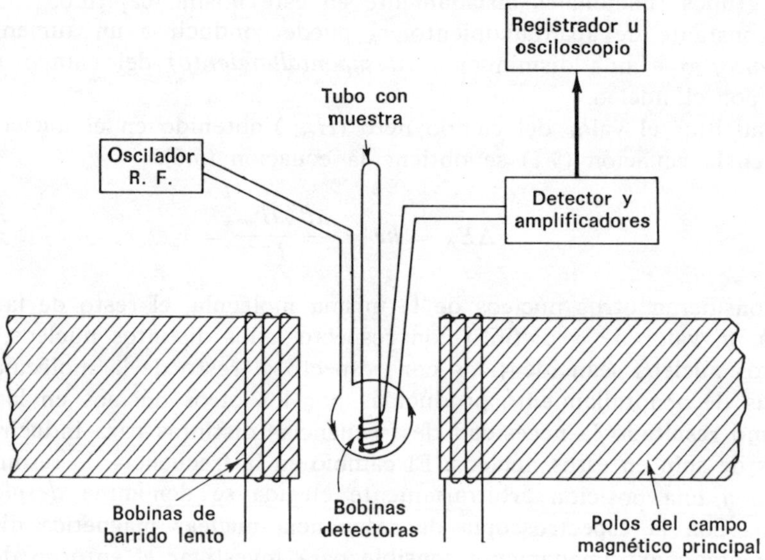

Fig. 5.3. Sistema utilizado para la inducción nuclear en un espectrómetro de resonancia nuclear magnética.

energía de la onda de radiofrecuencia. La reorientación del momento angular del spin del núcleo, subsiguiente a la excitación, induce una señal en las bobinas receptoras (el plano de las bobinas receptoras se mantiene en ángulo recto con respecto al plano de las emisiones de la radiofrecuencia) la cual se amplifica y se envía al registrador dando lugar al espectro de inducción. Este montaje se denomina como un sistema de *doble bobina* y se utiliza únicamente en la espectroscopia de resonancia nuclear magnética de alta resolución. Otro dispositivo experimental contiene una bobina sencilla para el emisor de radiofrecuencia y el receptor; este dispositivo se denomina como sistema de *bobina única.* Los sistemas de bobina única originan los espectros de absorción verdaderos y se utilizan tanto para baja como alta resolución en espectroscopia de resonancia nuclear magnética.

Hasta el momento actual, existen básicamente dos tipos distintos de diseños para instrumentos capaces de registrar un espectro de resonancia magnética nuclear. Uno de ellos se basa en registrar la absorción o la señal inducida frente a una variable —intensidad del campo, tiempo, o velocidad del papel; ambas cantidades son esencialmente independientes la una de la otra. Los espectros obtenidos con tales instrumentos no dan una indicación directa de las posiciones en las que se produce la resonancia. Entre los ejemplos de estos instrumentos están los de la casa Varian Associates HR-40, HR-60, HR-100, en los cuales el número que sigue a las siglas HR indica la frecuencia básica del espectrómetro. Para determinar exactamente las posiciones de los picos se añade a la muestra un patrón interno; la posición en la cual se produce la absorción del patrón se utiliza como referencia para calibrar la intensidad del campo. Las posiciones de los picos se determinan a partir de ella por extrapolación o interpolación, utilizando una banda auxiliar impresa con la ayuda de un oscilador de audiofrecuencia y que esté distanciada en un número conocido de Hz de la banda del patrón. Estas bandas auxiliares utilizadas para determinar la posición de los picos deberán situarse cerca de donde aparecen los picos de absorción con el fin de reducir los errores introducidos en las derivas al efectuar el barrido con el campo magnético. La figura 5.4 ilustra cómo se utiliza la técnica de la banda lateral para calcular la posición de los picos.

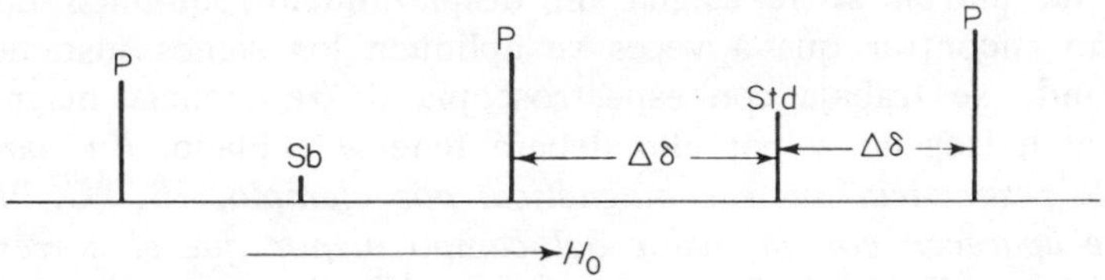

Fig. 5.4. Utilización de la técnica de bandas auxiliares para determinar los desplazamientos químicos. Las líneas señaladas con P representan los picos del espectro, con Std la debida al patrón interno, y Sb la banda auxiliar situada a un número conocido de Hz del pico de referencia.

Un segundo tipo de instrumentación se basa en la correlación de la señal resultante de la resonancia con la velocidad de barrido del campo magnético; los instrumentos de la serie A de la casa Varian Associate son ejemplos de ello (la A representa control para la estabilización del protón). El espectro así obtenido tiene la intensidad de señal registrada directamente frente a la intensidad del campo. El patrón interno se requerirá únicamente para situar la posición de los picos con respecto al campo magnético, pero no se requieren las técnicas de bandas auxiliares para determinar la posición de los picos. La escala de intensidad del campo puede expandirse con ambos tipos de instrumentos; sin embargo los instrumentos de tipo A quedan limitados en su capacidad de expansión de la escala de intensidad del campo, estando indicada como la anchura de barrido en Hz de fondo de escala. Para mantener los picos de la resonancia dentro de la escala, en el proceso de expansión de escala, deberá ajustarse la región del campo magnético que se va a barrer; esto se denomina ajuste del barrido en Hz. Las ilustraciones específicas correspondientes a estos espectros, con su interpretación, se mostrarán posteriormente en este capítulo.

Se han adoptado varias convenciones sobre la nomenclatura a utilizar para indicar la posición en la que se produce la resonancia de un núcleo. A pesar de que vamos a describir todas estas convenciones, se recomienda utilizar solamente una de ellas.[2] Las posiciones de cada pico, necesarias en los casos en los que no sea posible obtener un análisis completo del espectro (véanse las Secciones 5.12 y 5.13), se miden por los hertz (Hz) que diferencian al pico en relación al patrón utilizado. A veces se emplea también la nomenclatura de ciclos por segundo (en forma abreviada como cps, o c/s; téngase en cuenta que un hertz equivale a un ciclo por segundo), aunque no es recomendable utilizar estas dimensiones. *En la espectroscopia de resonancia nuclear magnética aplicada al hidrógeno, a los picos que aparecen en un campo inferior con respecto al del patrón se les atribuye un signo positivo, y a los picos que aparecen con valores del campo superiores se les atribuye el signo negativo* (al patrón se le asigna un desplazamiento químico de 0 Hz). No es extraño encontrar que a veces se apliquen los signos justamente a la inversa cuando se trabaja con espectroscopia de resonancia magnética nuclear aplicada al hidrógeno, y por ello deberá tenerse cuidado. *En todas las demás formas de resonancia nuclear magnética, por ejemplo, ^{11}B, ^{13}C, ^{19}F, etc., a los picos que aparecen con un valor del campo menor que el correspondiente al patrón se les atribuye el signo negativo y a los picos que aparecen con valores superiores, el signo positivo.* Cuando se registra la posición del pico en Hz debe indicarse, además, la frecuencia del espectrómetro y el patrón utilizado. En la espectroscopia de resonancia magnética nuclear para el hidrógeno, se recomienda utilizar como patrón el tetrametilsilano (TMS). Pueden utilizarse otros patrones aplicando las correcciones necesarias para obtener los desplazamientos químicos con referencia al TMS.

Si se dispone de valores muy exactos para la posición de las bandas de resonancia, se recomienda utilizar el sistema *delta* (δ). Los valores de δ pueden calcularse empleando la ecuación (5.7)

$$\delta = \frac{(\text{desplazamiento químico en Hz}) \times 10^6}{\text{frecuencia del espectrómetro}} \tag{5.7}$$

[2] Las convenciones de nomenclatura recomendadas en este texto están en concordancia con las recomendaciones preliminares *ad hoc* del Committee on Nuclear Magnetic Resonance (Dr. B. L. Shapiro, presidente), consultor del National Bureau of Standards Office of Standard Reference Data (a través del Office of Critical Tables of the National Research Council), así como con las recomendaciones de las normas A. S. T. M. Committee E-13.7 (Dr. E. G. Brame, Jr., presidente).

δ es un número adimensional tal como se calcula con la ecuación (5.7). Para un hidrógeno cuya resonancia aparece a 72 Hz más bajo que el TMS el valor de delta es el siguiente: $\delta = 1{,}2$. El signo δ es el mismo que el correspondiente al desplazamiento químico en Hz. A las diferencias de desplazamiento químico ($\Delta\delta$) se les asigna una dimensión de partes por millón (ppm); cuando se utiliza el sistema δ, el patrón utilizado debe ser el TMS, y la frecuencia del espectrómetro no deberá ser necesariamente especificada.

La escala de valores[3] *tau* (τ) para los desplazamientos químicos (ec. 5.8) se utiliza considerablemente. El uso de los valores τ implica que se emplee el TMS como patrón y en consecuencia será aplicada únicamente a la espectroscopia de resonancia nuclear magnética aplicada al hidrógeno ($\tau = 10 - \delta$).

$$\tau = 10 - \frac{(\text{desplazamiento químico relativo al TMS}) \times 10^6}{\text{frecuencia del espectrómetro}} \qquad (5.8)$$

5.4 RESONANCIA MAGNÉTICA NUCLEAR APLICADA AL HIDRÓGENO

Vamos a discutir ahora los aspectos más importantes en el desplazamiento químico de los hidrógenos como una función del medio ambiente. Las correlaciones con los desplazamientos químicos de otros núcleos no se incluyen, debido a una limitación en el espacio y a que tienen menos utilidad en química orgánica. Las referencias oportunas para obtener colecciones de datos sobre los desplazamientos químicos para otros núcleos distintos del hidrógeno vienen dadas al final de este capítulo.

Los distintos factores que contribuyen al desplazamiento químico de un núcleo en una molécula están tratados en la sección 5.2.

El desplazamiento químico depende mucho de la densidad electrónica alrededor del núcleo que se está observando, o asociada con el átomo al cual está enlazado. A medida que disminuye la densidad electrónica, el núcleo experimenta un desplazamiento mayor y absorbe a valores menores del campo a medida que nos movemos de izquierda a derecha a lo largo de la tabla periódica (debido a los efectos inductivos espaciales) y también hacia el fondo de la tabla periódica (debido al aumento de polarizabilidad) a excepción de los haluros de hidrógeno. De hecho los desplazamientos químicos de los hidrógenos metílicos del tipo CH_3X presentan una correspondencia casi lineal con la electronegatividad del átomo X al movernos desde el litio al oxígeno. En la tabla 5.2 se enumeran las posiciones correspondientes

[3] G. V. D. Tiers, *J. Phys. Chem.*, **62**, 1151 (1958).

Tabla 5.2. Valores promedios de los desplazamientos químicos (δ) de los hidrógenos en posición α en un alcano sustituido *

Grupo funcional X	CH_3X	$—CH_2X$	—CH—X
H	0,233	0,9	1,25
CH_3 o CH_2	0,9	1,25	1,5
F	4,26	4,4	—
Cl	3,05	3,4	4,0
Br	2,68	3,3	4,1
I	2,16	3,2	4,2
OH	3,47	3,6	3,6
O—alquilo	3,3	3,4	—
O—arilo	3,7	3,9	—
OCO—alquilo	3,6	4,1	5,0
OCO—arilo	3,8	4,2	5,1
SH	2,44	2,7	—
SR†	2,1	2,5	—
SOR	2,5	—	2,8
SO_2R	2,8	2,9	3,1
NR_2	2,2	2,6	2,9
NR—arilo	2,9	—	—
NCOR	2,8	—	3,2
NO_2	4,28	4,4	4,7
CHO	2,20	2,3	2,4
CO—alquilo	2,1	2,4	2,5
CO—arilo	2,6	3,0	3,4
COOH	2,07	2,3	2,6
CO_2R	2,1	2,3	2,6
$CONH_2$‡	2,02	2,2	—
$CR{=}CR^1R^2$	2,0-1,6	2,3	2,6
Fenilo	2,3	2,7	2,9
arilo §	3,0-2,5	—	—
C≡CR	2,0	—	—
C≡N	2,0	2,3	2,7

* Los datos que aparecen en esta tabla han sido tomados de varias recopilaciones publicadas y de las citas bibliográficas originales. Los valores tabulados son un promedio de los valores observados en los compuestos que no contengan otro grupo funcional entre los dos átomos de carbono más próximos al que contiene el hidrógeno indicado. Para los grupos metileno y metino los valores observados para el hidrógeno caen todos dentro de ±0,15 ppm de los valores tabulados.

† Los derivados del tipo S-arilo absorben valores de campo algo más bajos.

‡ Si se reemplaza el NH_2 por un grupo N-alquilo$_2$ se produce un ligero desplazamiento hacia valores superiores del campo.

§ Se incluyen compuestos aromáticos policíclicos y bastantes de heterocíclicos. Los valores para $—CH_2—X$ y —CH—X probablemente aparecen a valores inferiores del campo.

a la absorción de los hidrógenos en posición α en una cierta variedad de compuestos acíclicos. Los efectos de apantallamiento y desapantallamiento producidos por el átomo X sobre el de hidrógeno disminuyen a medida que nos desplazamos desde la posición α a la β o a la γ, estando relativamente poco afectada la posición γ.

Los hidrógenos unidos con el carbono en estructura cíclica absorben en posiciones ligeramente desplazadas, excepto en el ciclopropano en el cual absorben a valores del campo muy altos ($\delta = 0{,}222$). Los ciclopropanos sustituidos absorben en la región comprendida entre $\delta = 0{,}5$ a $2{,}0$. El ciclopentano absorbe a $\delta = 1{,}51$, el ciclohexano a $\delta = 1{,}44$, mientras que el cicloheptano absorbe a $\delta = 1{,}53$.

La presencia de un sustituyente adicional Y en el carbono, para dar compuestos del tipo X—CH_2—Y, produce un desapantallamiento adicional a los hidrógenos. El efecto del segundo sustituyente no es siempre aditivo, puesto que la atracción electrónica se hace difícil a medida que aumenta el número de sustituyentes electrón atrayentes. Sin embargo, Shoolery ha desarrollado un método empírico para el cálculo de los desplazamientos químicos de los hidrógenos situados en CH_3X y X—CH_2—Y, consistente en un promedio de los desplazamientos producidos por sustituciones sucesivas del hidrógeno en el metano, y luego asignando a estos desplazamientos una constante de des-

Tabla 5.3. Valores efectivos para las constantes de apantallamiento según Shoolery

Grupo funcional	$\sigma_{i_{ef}}$
—Cl	2,53
—Br	2,33
—I	1,82
—OH	2,56
—O— alquilo	2,36
—O— arilo	3,23
—OC(=O)R	3,13
—SR	1,64
—N(alquilo)$_2$	1,57
—CH_3	0,47
—CR^1=CR^2R^3	1,32
—C_6H_5	1,85
—C≡C—R	1,44
—RC=O	1,70
—C(=O)—OR	1,55
—C(=O)—NR_2	1,59
—CF_3	1,14
—C≡N	1,70

plazamiento efectiva, $\sigma_{i_{ef}}$. En la tabla 5.3 se enumeran los valores de $\sigma_{i_{ef}}$ para un cierto número de grupos funcionales. Estas constantes se utilizan con la ecuación (5.9) para calcular los valores predecibles de los desplazamientos químicos de los distintos hidrógenos. (Los cálculos de Shoolery están basados en la escala de valores τ; la ecuación 5.9 ha sido convertida a la escala δ).

$$\delta = 0{,}233 + \Sigma\, \sigma_{i_{ef}} \tag{5.9}$$

Esta aproximación es en muchos casos lo suficientemente correcta para predecir los desplazamientos químicos de los hidrógenos de los grupos CH_3X y CH_2XY, pero no produce los resultados deseables en las predicciones de los desplazamientos químicos de los hidrógenos situados en grupos metino (CHXYZ). En la tabla 5.4 se incluyen varios ejemplos ilustrando el uso de las reglas de Shoolery, con ejemplos en los que se evidencia una buena correlación, y otros con una deficiente correlación, entre los valores experimentales y los calculados.

Tabla 5.4. Comparación entre los valores observados y calculados de los desplazamientos químicos usando las reglas de Shoolery

Compuesto	*Valor δ calculado*	*Valor δ observado*
$BrC\underline{H}_2Cl$	5,09	5,16
$IC\underline{H}_2I$	3,87	4,09
$C_6H_5C\underline{H}_2OR$	4,44	4,41
$C_6H_5C\underline{H}_2CH_3$	2,52	2,55
$C_6H_5C\underline{H}_2C_6H_5$	3,91	3,92
$C{=}C{-}C\underline{H}_2OH$	3,92	3,91
$C{=}C{-}C\underline{H}_2{-}C{=}C$	2,87	2,91
$CH_3C\underline{H}_2C({=}O){-}R$	2,40	2,47
$(C_2H_5O)_3C\underline{H}$	7,31	4,96
$(CH_3)_2C\underline{H}I$	2,99	4,24

Si se intenta extender las predicciones, basándonos en los efectos inductivos, a las olefinas alifáticas o aromáticas y compuestos acetilénicos, se obtienen unas predicciones para los desplazamientos químicos que están en oposición con los hechos experimentalmente observados. Antes de tratar los desplazamientos químicos de los protones unidos a centros de insaturación es conveniente hablar de las propiedades de apantallamiento de varios de estos sistemas y de la importancia de estos efectos sobre los núcleos que les están enlazados, y también sobre los núcleos situados en otras partes de la molécula.

Los sistemas con doble y triple enlace poseen una estructura electrónica más polarizable y deslocalizada que los sistemas que poseen enlace simple, y en consecuencia producen unos campos magnéticos inducidos importantes cuando se les sitúa en un campo magnético. La magnitud y el signo del campo magnético inducido dependen altamente del ángulo formado con la dirección del eje del centro de insaturación.

Los hidrógenos unidos a C=C y C=O absorben a valores del campo mucho menores de los que serían de esperar si el desapantallamiento fuese debido a los efectos locales inductivos del doble enlace al cual están unidos. El desapantallamiento adicional, aproximadamente de 4 a 5 ppm, de estos hidrógenos es debido a un desapantallamiento de largo alcance producido por el C=C y C=O. Tanto los datos experimentales como las especulaciones teóricas indican que el espacio alrededor del enlace C=O está dividido en dos regiones, una de ellas que produce desplazamientos paramagnéticos (indicada por un signo menos) y la otra que produce desplazamientos diamagnéticos (indicada con un signo positivo). La división del espacio alrededor del grupo carbonilo en dos regiones, una paramagnética y otra diamagnética, no está totalmente aclarada.

Los primeros investigadores propusieron que el espacio alrededor del grupo carbonilo y del enlace doble carbono-carbono debe dividirse tal como se ilustra en la figura 5.5a. Recientemente, Karabotsos y sus colaboradores[1]

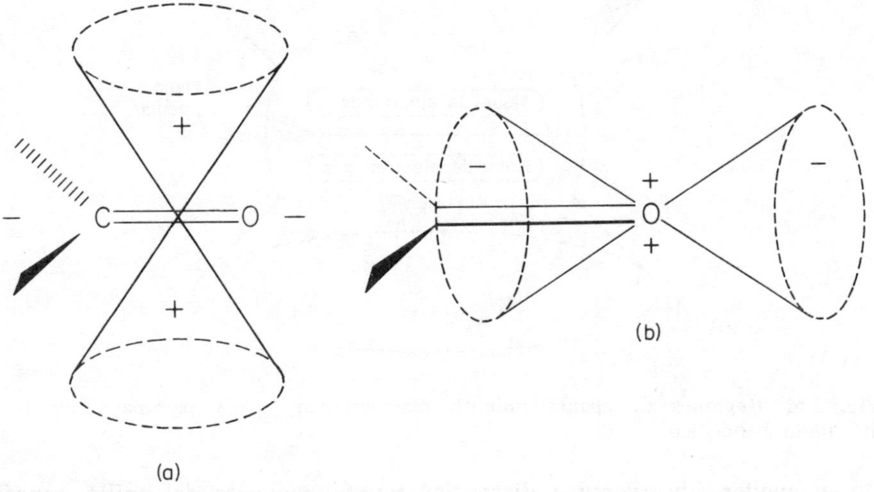

Fig. 5.5. Regiones de apantallamiento diamagnético (+) y paramagnético (—) en un grupo carbonilo.

[1] G. J. Karabotsos. G. C. Sonnichsen, N. Hsi y D. J. Fenoglio, *J. Amer. Chem. Soc.*, **89**, 5067 (1967).

han propuesto una división como la ilustrada en la figura 5.5b puesto que parece explicar mejor los efectos de apantallamiento del grupo carbonilo. Ambos modelos predicen un comportamiento similar, pudiéndose notar las diferencias únicamente en compuestos muy especiales.

Los núcleos situados en otras partes de la molécula pueden experimentar efectos de apantallamiento o desapantallamiento de largo alcance si la geometría de la molécula es tal que estos núcleos queden en las zonas de influencia del grupo carbonilo. En las moléculas no rígidas, una o más conformaciones moleculares distintas pueden hacer que los núcleos queden situados en estas regiones, produciéndose desplazamientos diamagnéticos o paramagnéticos; la magnitud de estos desplazamientos aumenta a medida que la distancia entre el grupo carbonilo y los núcleos responsables de la absorción disminuye, y a medida que el ángulo entre el núcleo y el eje central del enlace C=O se acerca a 0 ó 90°. Los efectos de apantallamiento de largo alcance asociados con el enlace C=C son muy parecidos a los del grupo carbonilo.

Las regiones de apantallamiento paramagnético producidas por un anillo aromático vienen ilustradas en la figura 5.6. Estos efectos, por lo general, son mucho más intensos debido a la presencia de corrientes muy intensas en el

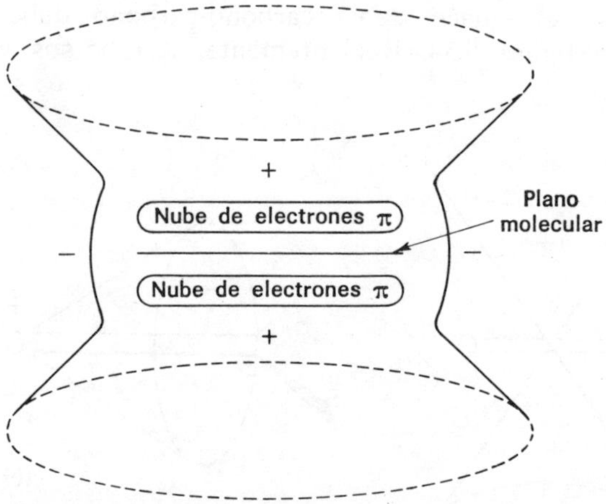

Fig. 5.6. Regiones de apantallamiento diamagnético (+) y paramagnético (—) del anillo bencénico.

anillo, y pueden observarse a distancias mucho mayores del anillo bencénico que en el caso del sistema C=C y C=O. El apantallamiento magnético máximo se observa directamente encima del sistema de electrones y no sobre el centro del anillo aromático. Los desplazamientos químicos hacia campos muy bajos de los hidrógenos aromáticos son debidos al intenso apantallamiento paramagnético en el plano del anillo. Las figuras **1** y **2** ilustran los efectos de apantallamiento diamagnético del anillo aromático.

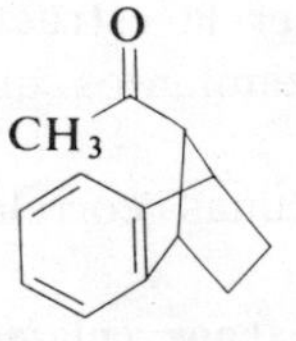

La absorción del CH_3 es a $\delta = 1{,}77$

1

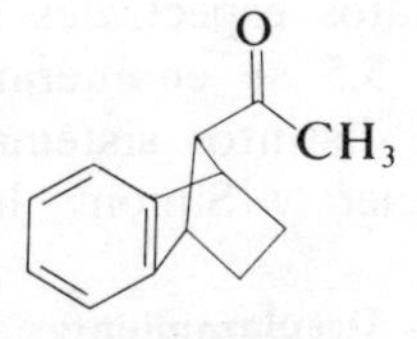

La absorción del CH_3 es a $\delta = 2{,}31$

2

El enlace triple carbono-carbono presenta una situación bastante distinta de la de los sistemas C=C y C=O. Las regiones de apantallamiento diamagnético y paramagnético de este sistema quedan ilustradas en la figura 5.7; pudiéndose observar que las regiones de apantallamiento paramagnético y diamagnético del C≡C están en oposición con las del C=C. Este resultado, aparentemente anómalo, del desplazamiento químico se basa en los apantallamientos locales, análogamente a los enlaces C—H saturados y C—H vinílicos, del hidrógeno acetilénico en la zona del $\delta = 2{,}35$.

Los efectos de apantallamiento de largo alcance pueden también ser debidos a corrientes electrónicas en los enlaces saturados. En los compuestos cíclicos los hidrógenos axiales y pseudoaxiales aparecen a unos valores del campo más altos que sus oponentes ecuatoriales o pseudoecuatoriales. Este hecho

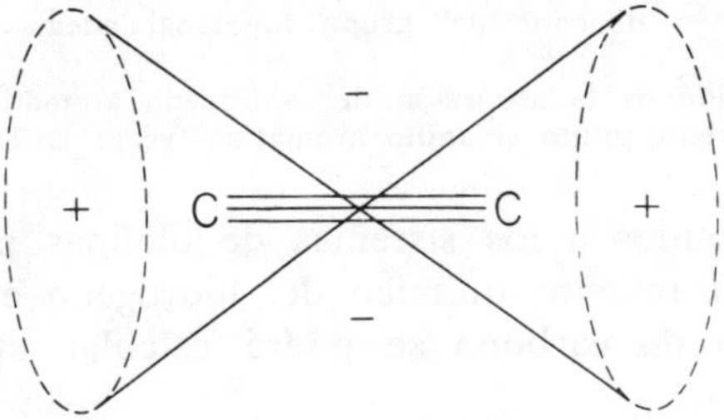

Fig. 5.7. Zonas de apantallamiento diamagnético (+) y paramagnético (—) del triple enlace carbono-carbono.

ha sido atribuido a un apantallamiento anisotrópico del hidrógeno axial causado por los electrones de los enlaces β y γ.

A la vista de los párrafos anteriores es evidente que deberán tenerse ciertas precauciones al intentar asignar resonancias a hidrógenos basándonos en la zona donde se ha producido la absorción. Debe tenerse en cuenta que tanto la geometría de la molécula como la contribución de las distintas conformaciones moleculares, y la presencia de grupos funcionales pueden tener efectos muy profundos en el desplazamiento químico de un hidrógeno dado. En muchos casos deberá considerarse conjuntamente la evidencia química con los datos espectrales si se desea obtener la estructura correcta.

En la tabla 5.5 se enumeran algunos desplazamientos químicos de hidrógenos unidos a distintos sistemas no saturados.

Pascual, Meier y Simon [5] han desarrollado unas correlaciones empíricas

Tabla 5.5. Desplazamientos químicos de hidrógenos enlazados a centros de insaturación

Tipo	*δ, no conjugado*	*δ, conjugado*
$C{=}CH_2$	4,6–5,0	5,4–7,0*
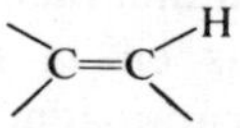	5,0–5,7	5,7–7,3*
Aromático	6,5–8,3†	—
Aromático no bencenoide	6,2–9,0	—
Acetilénico	2,3–2,7	2,7–3,2
Aldehídico	9,5–9,8	9,5–10,1*
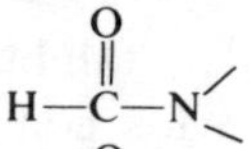	7,9–8,1	—
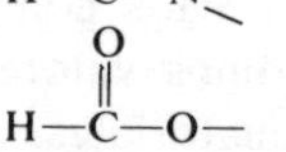	8,0–8,2	—

* La posición depende del grupo funcional además del grupo insaturado.

† La posición de la absorción del hidrógeno aromático depende del tipo de sustituyente unido al anillo aromático (véase la Tabla 5.6).

para los hidrógenos unidos a los sistemas de olefinas parecidos a las reglas de Shoolery. El desplazamiento químico del hidrógeno etilénico en una disolución de tetracloruro de carbono se podrá calcular utilizando la ecuación (5.10).

$$\delta = \delta_{\text{etileno}} + \sum_i Z_i \qquad (5.10)$$

donde δ_{etileno} es el desplazamiento químico de los hidrógenos del etileno y se toma un valor de $\delta = 5{,}28$ y Z_i es el $\Delta\delta$ que resulta de la sustitución de un hidrógeno por un grupo funcional en el etileno. Los valores de Z_i dependen de las relaciones estereoquímicas que existen entre el sustituyente y el hidrógeno estudiado en el etileno sustituido.

[5] C. Pascual, J. Meier y W. Simon, *Helv. chim. acta.*, **49**, 164 (1966).

Tabla 5.6. Valores de las constantes para los sustituyentes en etilenos sustituidos *

Sustituyente	*gem*	*cis*	*trans*	*sustituyente*	*gem*	*cis*	*trans*
—H	0	0	0	—CHO	1,03	0,97	1,21
—Alquilo	0,44	−0,26	−0,29	—C(=O)—N<	1,37	0,93	0,35
—Cicloalquilo	0,71	−0,33	−0,30				
$—CH_2O$, $—CH_2I$	0,67	−0,02	−0,07	—C(=O)—Cl	1,10	1,41	0,99
$—CH_2S$	0,53	−0,15	−0,15	—OR§	1,18	−1,06	−1,28
$—CH_2Cl$, $—CH_2Br$	0,72	0,12	0,07	—OR‖	1,14	−0,65	−1,05
$—CH_2N$	0,66	−0,05	−0,23	—OCOR	2,09	−0,04	−0,67
—C≡C	0,50	0,35	0,10	—Aryl	1,35	0,37	−0,10
—C≡N	0,23	0,78	0,58	—Cl	1,00	0,19	0,03
—C=C†	0,98	−0,04	−0,21	—Br	1,04	0,40	0,55
—C=C‡	1,26	0,08	−0,01				
—C=O†	1,10	1,13	0,81	—N(R§)R	0,69	−1,19	−1,31
—C=O‡	1,06	1,01	0,95				
—COOH†	1,00	1,35	0,74	—N(R‖)R	2,30	−0,73	−0,81
—COOH‡	0,69	0,97	0,39				
—COOR†	0,84	1,15	0,56	—SR	1,00	−0,24	−0,04
—COOR‡	0,68	1,02	0,33	$—SO_2R$	1,58	1,15	0,95

* Para disoluciones en tetracloruro de carbono.
† Para un grupo funcional sencillo, conjugado con el primer C=C.
‡ Para un grupo funcional, el cual está también conjugado con otros sustituyentes (por ejemplo, 1,3,5-hexatrieno).
§ R = Alifático.
‖ R = Grupo no saturado.

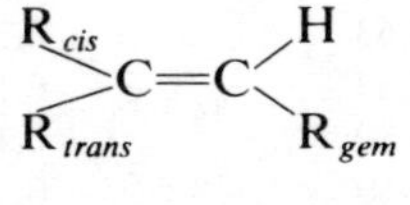

Los valores para Z_i vienen dados en la tabla 5.6; en ella se encuentran los valores de δ con un intervalo de confianza de 0,15 con respecto al 73,3 % de los 1070 compuestos experimentalmente estudiados. Las desviaciones más importantes se observan generalmente en los compuestos más altamente substituidos. Con el *cis* y *trans* estilbeno se muestra un ejemplo de cómo utilizar la ecuación 5.10, empleando los valores de Z_i dados en la tabla 5.6.

$$\delta_{cis} = 5{,}28 + Z_{i_{gem}} + Z_{i_{trans}} = 5{,}28 + 1{,}35 + (-0{,}10) = 6{,}53$$

$$\delta \text{ observada} = 6{,}55$$

$$\delta_{trans} = 5{,}28 + Z_{i_{gem}} + Z_{i_{cis}} = 5{,}28 + 1{,}35 + 0{,}37 = 7{,}00$$

$$\delta \text{ observada} = 6{,}99$$

Los sistemas con electrones π son capaces de transmitir los efectos inductivos y mesoméricos causados por los sustituyentes enlazados a tales sistemas, pudiendo resultar de ello un apantallamiento paramagnético o diamagnético. Por ejemplo, con los compuestos **3** y **4** los hidrógenos vinílicos terminales de **3** aparecen a un valor del campo bajo ($\delta = 6{,}20$ y $6{,}38$), debido al desapantalla-

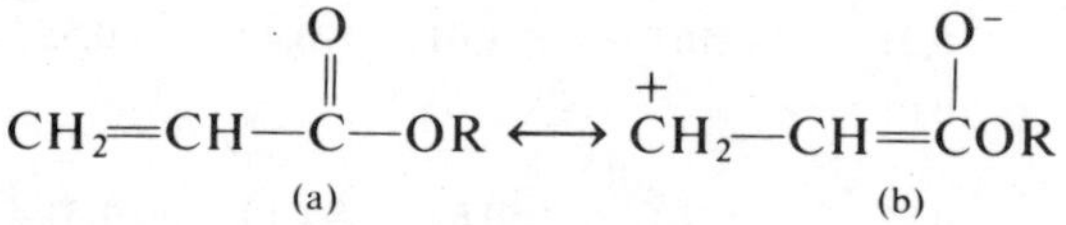

3

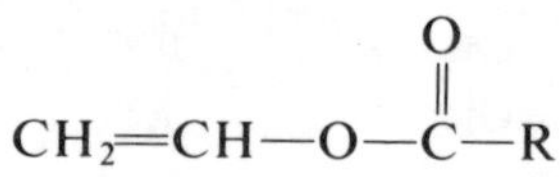

4

miento causado por la contribución de la estructura **3**(b); análogamente ocurre con los hidrógenos de la estructura **4** ($\delta = 4{,}55$ y $4{,}85$).

El desplazamiento químico de los hidrógenos aromáticos es bastante sensible al tipo de sustituyentes enlazado al anillo. Los sustituyentes electrón

Tabla 5.7. Desplazamientos químicos de los hidrógenos en bencenos monosustituidos

Grupo funcional	*Desplazamientos químicos* (δ) *relativos al benceno* (a δ = 7,27) *orto*	*meta*	*para*
NO_2	−0,97	−0,30	−0,42
CO_2R	−0,93	−0,20	−0,27
$COCH_3$	−0,63	−0,27	−0,27
COOH	−0,63	−0,10	−0,17
CCl_3	−0,80	−0,17	−0,23
CH_3	0,10	0,10	0,10
Cl	0,00	0,00	0,00
OCH_3	0,23	0,23	0,23
OH	0,37	0,37	0,37
NH_2	0,77	0,13	0,40
$N(CH_3)_2$	0,50	0,20	0,50

atrayentes producen un desapantallamiento de los hidrógenos especialmente en la posición *orto,* y los electrón repelentes producen un apantallamiento de los hidrógenos. El desplazamiento químico de los hidrógenos podrá utilizarse para determinar el tipo de grupo funcional enlazado al anillo aromático. En muchos casos la forma en que ocurre la sustitución puede determinarse a partir de las relaciones entre los distintos hidrógenos observados a distintas posiciones del campo. En la tabla 5.7, se enumeran los desplazamientos químicos para las posiciones *orto-, meta-* y *para-* producidos por unos pocos sustituyentes en derivados del benceno monosustituido.

5.4.1 Desplazamientos químicos en el hidrógeno enlazado a átomos distintos del carbono

5.4.1a Hidrógenos unidos a oxígeno

Los desplazamientos químicos de los hidrógenos enlazados al oxígeno son extremadamente sensibles a los cambios estructurales y del entorno. Los hidrógenos del grupo hidroxilo de los alcoholes absorben generalmente a valores de $\delta = 0{,}5$ a $5{,}0$ (véase la Tabla 5.8), dependiendo la posición de la concentración. Esto se debe a la facilidad de enlazarse e intercambiarse intermolecularmente los hidrógenos, resultando de ello un desapantallamiento del hidrógeno del grupo hidroxílico. Se puede establecer una distinción entre los enlaces de hidrógeno intermoleculares empleando estudios con técnicas de dilución. En tales ensayos, si se efectúa una gráfica representando el desplazamiento químico frente a la concentración se obtendrá una línea con una pendiente muy significativa para los hidrógenos enlazados intermolecularmente y una pendiente muy pequeña para los enlazados intramolecularmente (teóricamente, se podría predecir una pendiente 0). La resonancia de los hidrógenos de un grupo hidroxilo monómero se observa a un valor cerca de $\delta = 0{,}5$ en disoluciones de tetracloruro de carbono. Los hidrógenos de los hidroxilos fenólicos absorben a valores menores del campo, aproximadamente $\delta = 4{,}5$ para las especies monómeras; su desplazamiento químico es también función de la concentración.

Los hidrógenos ácidos de los enoles y de los ácidos carboxílicos aparecen en campos muy bajos. Los hidrógenos de los hidroxilos enólicos absorben cerca de $\delta = 15{,}5$; este apantallamiento tan acusado es debido a la naturaleza positiva del hidrógeno y al intenso enlace de hidrógeno intramolecular. Los hidrógenos ácidos del grupo carboxílico absorben entre $\delta = 9$ y 12, y no están afectados por las variaciones en la concentración. Esto se debe al hecho de que los ácidos carboxílicos se presentan normalmente en forma dímera en los disolventes.

La señal de resonancia de los hidrógenos hidroxílicos se complica por la posibilidad de intercambio químico de los hidrógenos entre distintas moléculas. La agudeza del pico de resonancia del hidrógeno, tanto en anchura como en definición, debida a las interacciones de spin-spin con el protón carbonílico (véanse los razonamientos que siguen al hablar del acoplamiento spin-spin, en las Secciones 5.7 y 5.11) depende en gran manera del intercambio químico y se discutirá con gran detalle al hablar de los desplazamientos químicos en relación con el tiempo promedio (Sec. 5.6). Puesto que el intercambio protónico está catalizado por los ácidos, se podrá reducir sustancialmente purificando cuidadosamente el compuesto y el disolvente, o efectuando el espectro en una solución de sulfóxido de dimetilo.[6]

Otro método opcional para caracterizar la banda de resonancia del hidrógeno hidroxílico consiste en separar este hidrógeno y sustituirlo con deuterio. Esto se consigue disolviendo una pequeña porción de la muestra en

Tabla 5.8. Desplazamientos químicos de hidrógeno enlazado a oxígeno, nitrógeno y azufre

Grupo funcional		*Desplazamiento químico, δ*	
OH	Alcoholes alifáticos	0,5	(monómero)
		0,5–5	(asociados)
	Fenoles	4,5	(monómero)
		4,5–8	(asociados)
	Enoles	15,5	
	Ácidos carboxílicos	9–12	(dímeros)
	Hidrógeno enlazado a sistemas carbonílicos	13–16	
NH_2	Alquilamino	0,6–1,6	
	Arilamino	2,7–4,0	
	Amida	7,8	
NH	Alquilamino	0,3–0,5	
	Arilamino	2,7–2,8	
$R_3\overset{+}{N}H$	Sales de amonio	7,1–7,7	(en ácido trifluoroacético)
SH	Alifático	1,3–1,7	
	Aromático	2,5–4	

[6] El proceso de intercambio queda considerablemente reducido debido al enlace de hidrógeno que se establece entre el hidrógeno hidroxílico y el grupo sulfóxido. El hidrógeno hidroxílico de un alcohol primario aparece en forma de triplete (véase la Secc. 5.9, que trata del acoplamiento spin-spin), el de un alcohol secundario lo hace en forma de doblete, y en los alcoholes terciarios como un singulete [O. L. Chapman y R. W. King, *J. Amer. Chem. Soc.*, **86**, 1257 (1964)].

éter o cloroformo y agitando la solución varias veces con óxido de deuterio. La fase orgánica se seca bajo la acción de un agente secante, y se recupera el compuesto orgánico por evaporación del éter.

5.4.1b Hidrógeno enlazado a nitrógeno

Los desplazamientos químicos de los hidrógenos enlazados al nitrógeno son también muy sensibles a los cambios estructurales o del entorno. Las bandas de resonancia son generalmente muy anchas debido a la interacción con el momento eléctrico cuadripolar del nitrógeno y no pueden evidenciarse fácilmente. También es posible el intercambio del hidrógeno. En la tabla 5.8 se enumeran los intervalos en los que se produce resonancia para distintos tipos de compuestos que contienen el enlace N—H.

5.4.1c Hidrógeno enlazado a azufre

Los desplazamientos químicos de los hidrógenos enlazados al azufre de tioles en compuestos alifáticos caen dentro de la región de $\delta = 1{,}2$ a 1,6. Los tioles aromáticos absorben a valores del campo algo más bajos, cerca de $\delta = 3{,}0$ a 3,5 (véase la tabla 5.8).

5.5 DESPLAZAMIENTOS QUÍMICOS DE OTROS NÚCLEOS

Con técnica de resonancia nuclear magnética se han estudiado otros varios núcleos, incluyendo ^{11}B, ^{13}C, ^{14}N, ^{19}F, ^{31}P, etc. Un estudio de las relaciones que existen entre la estructura y el desplazamiento químico para estos núcleos escapa del alcance de este texto y en consecuencia se recomiendan al lector otros textos más comprensibles enumerados en la sec. 5.18.

5.6 INTERACCIONES NUCLEARES DE SPIN-SPIN

La correlación que existe entre las frecuencias de la resonancia nuclear y la estructura nos da una información muy útil para determinar la estructura de las moléculas. Sin embargo, el valor de la resonancia nuclear magnética aumenta considerablemente por presentarse un fenómeno adicional, tales son las interacciones spin-spin de los núcleos, que conducen a una subdivisión de las líneas de resonancia. Un núcleo con un número cuántico de spin I mayor que 0 posee $(2I + 1)$ estados de spin igualmente separados cuando se les sitúa en un campo magnético. El efecto de estos distintos estados de spin se transfiere, generalmente a través de los electrones enlazantes, por polarización del momento angular de spin de estos electrones, a los núcleos adyacentes. En consecuencia, estos núcleos experimentan distintos valores del campo magnético efectivo que les envuelve, dependiendo de la orientación del estado de spin del núcleo acoplado en relación con el campo magnético aplicado. Esta interacción se traduce en la aparición de varias líneas de resonancia para un núcleo dado, en lugar de una línea de resonancia única. Este fenómeno se denomina *acoplamiento spin - spin* y se ilustra en el diagrama spin-energía de la figura 5.8 para un sistema de dos spines.

Puesto que sólo son posibles las transiciones en las cuales el cambio total en el momento angular de spin es igual a 1, sólo son posibles las transiciones $1 \rightarrow 2$, y $3 \rightarrow 4$ basadas únicamente en la inversión del spin del núcleo X, y $1 \rightarrow 3$ y $2 \rightarrow 4$ basadas en la inversión del spin del núcleo A. Si no hubiese interacciones spin-spin, las energías correspondientes a las transiciones $1 \rightarrow 2$

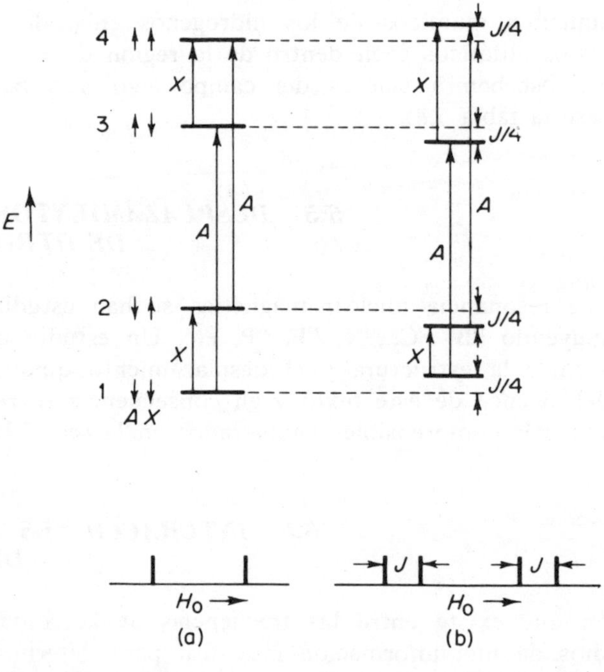

Fig. 5.8. Diagramas de spin-energía para un sistema spin-spin no acoplado (a) y un sistema spin-spin acoplado (b), con el espectro resultante.

y $3 \rightarrow 4$ serían iguales, análogamente las transacciones $1 \rightarrow 3$ y $2 \rightarrow 4$, obteniéndose solamente un espectro de dos líneas. Si ahora consideramos que ocurren las interacciones de spin-spin con un valor $+J$, los niveles 1 y 4 quedan desestabilizados en $J/4$, y los niveles 2 y 3 quedan estabilizados en $J/4$ con relación a los estados no acoplados (véase la fig. 5.8b). Las transiciones hasta ahora únicamente permitidas son las $1 \rightarrow 2$, $3 \rightarrow 4$, $1 \rightarrow 3$ y $2 \rightarrow 4$. La energía de las transiciones $1 \rightarrow 2$ y $1 \rightarrow 3$ ha quedado disminuida en $J/2$ con relación al diagrama de no interacciones de spin-spin, y las transiciones $2 \rightarrow 4$ y $3 \rightarrow 4$ se han incrementado en $J/2$. El espectro resultante presentará ahora cuatro líneas, estando separadas las líneas de los núcleos individuales en la extensión J. Puesto que los momentos magnéticos de los núcleos son independientes de la intensidad del campo magnético aplicado, la magnitud de esta interacción por acoplamiento, denominada *constante de acoplamiento* J, es independiente de la intensidad del campo. Esto presenta una diferencia con respecto al desplazamiento químico, el cual depende del campo.

También es posible una situación alternativa en la cual ocurren interacciones de spin-spin de valor $-J$. Los niveles 1 y 4 quedarán estabilizados en $J/4$ y los niveles 2 y 3 estarán desestabilizados en $J/4$. Cuando esto ocurre habrá aparentemente una inversión de las energías de las transiciones $1 \rightarrow 2$ y $3 \rightarrow 4$, y $1 \rightarrow 3$ y $2 \rightarrow 4$ con relación a la figura 5.8b; no obstante, la apariencia del espectro de resonancia nuclear magnética de los dos sistemas será idéntica. El determinar el signo relativo de la constante de acoplamiento es bastante difícil y requiere la aplicación de técnicas especiales. Se recomienda al lector los textos clásicos sobre resonancia nuclear magnética enumerados en la sección 5.18.

La construcción de diagramas de energía-spin podrá emplearse en los sistemas más complejos que contengan un mayor número de núcleos interaccionando. Sin embargo, en los sistemas de spin más complejos, se pueden producir transiciones adicionales, obteniéndose un espectro muy complejo. En

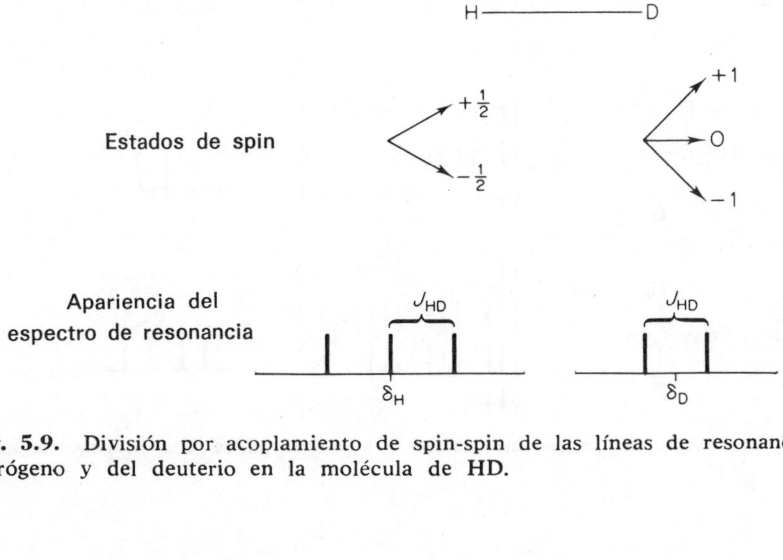

Fig. 5.9. División por acoplamiento de spin-spin de las líneas de resonancia del hidrógeno y del deuterio en la molécula de HD.

lugar de continuar estudiando las soluciones aproximadas de los sistemas más difíciles, desarrollaremos una aproximación de *primer orden* muy simplificada, la cual es mucho más simple de aplicar a los sistemas sencillos.

Las interacciones de spin-spin en un sistema sencillo pueden ilustrarse con la ayuda de la molécula simple HD, en la cual el valor de I es 1/2 para el hidrógeno y 1 para el deuterio. El hidrógeno posee dos estados de spin, — 1/2 y + 1/2, y el deuterio tres estados de spin, — 1, 0, y + 1 (véase la fig. 5.9). Los dos estados de spin para el hidrógeno tienen la misma probabilidad y en consecuencia estarán igualmente poblados, así como los tres estados de spin del deuterio.

La interacción de los estados de spin del deuterio con el núcleo de hidrógeno produce la división de la banda de resonancia del hidrógeno en tres líneas distintas, una de ellas eficazmente desapantallada, otra que permanece inalterada (la que interacciona con la del estado de spin 0 del deuterio), y una línea que queda eficazmente apantallada. La intensidad de las tres líneas será la misma, debido a que los tres estados de spin del deuterio presentan la misma población (la intensidad de la línea se discutirá posteriormente). La separación entre las líneas individuales es la misma y la constante J_{HD} viene dada en Hz. (Véase la nota del pie de la página 186.) La línea de resonancia del deuterio queda desdoblada en dos líneas, una apantallada y otra desapantallada, con relación al deuterio no acoplado, y de nuevo ambas líneas son de la misma intensidad. La separación entre las líneas de resonancia del

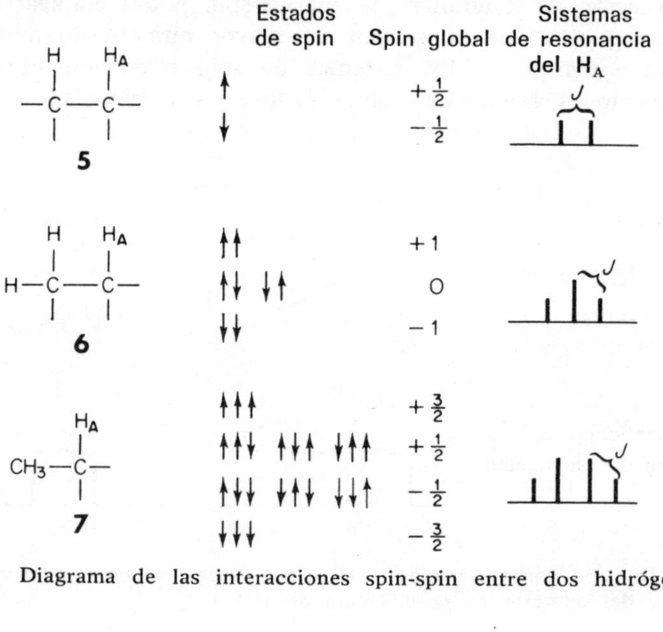

Fig. 5.10. Diagrama de las interacciones spin-spin entre dos hidrógenos adyacentes.

deuterio es la misma que la separación entre las líneas de resonancia del hidrógeno (J_{HD}). Cuando se presenta un acoplamiento spin-spin, el desplazamiento químico de los núcleos responsables se toma como el centro de gravedad de las líneas de la banda de resonancia resultantes de este núcleo (véase la fig. 5.10).

Vamos a considerar ahora el efecto del acoplamiento spin-spin, entre hidrógenos con un desplazamiento químico distinto, situados en una molécula orgánica más compleja. Si consideramos el espectro de la resonancia de H_A en el fragmento **5** de la figura 5.10, el hidrógeno H_A interacciona con dos estados de spin del hidrógeno adyacente dando dos líneas en el espectro, análogamente a lo que ocurría con las líneas de resonancia del deuterio en la molécula HD. El hidrógeno H_A en el fragmento **6** de la figura 5.10 está acoplado con dos hidrógenos metilénicos adyacentes (supuesto que tienen idéntico desplazamiento químico y que éste difiere mucho del de H_A). La interacción resultante del acoplamiento con los dos hidrógenos será tal que los hidrógenos del grupo metileno nos darán un estado global de spin en el cual los dos hidrógenos tendrán un estado de $+1/2$, dos estados globales de spin en los cuales un hidrógeno tendrá un estado de $+1/2$ y el otro de $-1/2$, y un estado global de spin en el cual los espines de ambos hidrógenos serán $-1/2$ (ilustrados por medio de flechas en la fig. 5.10). Los tres estados de spin son de igual probabilidad y en consecuencia producirán tres líneas en el espectro del hidrógeno H_A, las cuales guardarán una relación de intensidades de 1:2:1, y la distancia entre dos líneas contiguas será la constante de acoplamiento J. Por último, si consideramos el fragmento **7** de la figura 5.10, los tres hidrógenos metilénicos químicamente equivalentes producirán los estados totales de spin indicados a la derecha de 7, en los cuales un estado global de spin es $+1\,1/2$, tres estados globales son de $+1/2$ y tres son de $-1/2$, y un estado global de espines de $-1\,1/2$. De nuevo, puesto que los tres estados de spin son de igual probabilidad, el aspecto de las líneas de resonancia de H_A será de cuatro líneas de intensidades relativas 1:3:3:1, espaciadas en un valor J.

Por lo general, la multiplicidad de una banda de absorción se puede representar por la ecuación (5.11) en la cual I es el número cuántico de spin de los núcleos acoplados, y n es el número de ellos químicamente equivalentes.

$$\text{número de picos} = 2In + 1 \tag{5.11}$$

La intensidad relativa de los picos, producidos por un acoplamiento spin-spin entre dos hidrógenos con un desplazamiento químico lo suficientemente distinto, se aproxima a los coeficientes de r en la forma desarrollada de la ecuación (5.12), en la cual n es el número de hidrógenos continuos químicamente equivalentes.

$$(r + 1)^n \qquad (5.12)$$

Por ejemplo, al utilizar las ecuaciones (5.11) y (5.12) se pueden predecir unas bandas de resonancia con intensidades relativas de 1 : 3 : 3 : 1 [que son los coeficientes de r en la forma expandida de $(r + 1)^3 = r^3 + 3r^2 + 3r + r^0$] para la interacción con el grupo metilo. La multiplicidad de las bandas de absorción del hidrógeno se denomina como dobletes, tripletes, cuartetes, etc., si las intensidades relativas de los picos siguen los coeficientes de la forma desarrollada de la ecuación (5.12).

En una molécula de cierta complejidad, por lo general estarán presentes fragmentos del tipo $>$CH—CH_A—CH$<$, en la cual el átomo de hidrógeno H_A estará acoplado con uno o más hidrógenos de distinto desplazamiento químico; las constantes de acoplamiento entre ellos tienen por lo general distinto valor, resultando formas de acoplamiento complejas. Además la suposición de que los hidrógenos tengan una gran diferencia en los desplazamientos químicos (implicando que $\Delta\delta \gg J$), tal como se ha empleado en los párrafos anteriores, es raramente aplicable cuando trabajamos con moléculas orgánicas corrientes. Como la diferencia de desplazamiento químico de los hidrógenos disminuye en relación con sus constantes de acoplamiento, el aspecto de las bandas de absorción descritas en los párrafos anteriores queda altamente distorsionado, apareciendo líneas de absorción adicionales debido a interacciones entre niveles de spin, las cuales estaban prohibidas y ahora se han convertido en "menos" prohibidas. El número teórico de transiciones en un sistema de tres estados de spin es 15; para un sistema de cuatro estados de spin es 56, y para un sistema de cinco estados de spin es 210. El tratamiento de estos sistemas se discutirá posteriormente.

El valor de la constante de acoplamiento es función del número de enlaces que intervienen, de su tipo, de la orientación de un núcleo con respecto al otro, y de la naturaleza de grupos funcionales presentes en el sistema. En la tabla 5,9 se enumeran los intervalos característicos de una cierta variedad de constantes de acoplamiento hidrógeno-hidrógeno. Algunos de estos sistemas se tratarán con más detalle en los párrafos siguientes.

La constante de acoplamiento para hidrógenos geminales, $^2J_{HH}$ (el índice indica el número de enlaces entre los núcleos acoplados) varía ampliamente, desde aproximadamente —17 a +40 Hz. Se han publicado también correlaciones independientes de J como una función del ángulo H—C—H y de la electronegatividad de los sustituyentes unidos al átomo C. No obstante Pople y Bothner-By[7] han surgerido recientemente un sistema de correlacio-

[7] J. A. Pople y A. Bothner-By, *J. Chem. Phys.*. **42,** 1339 (1965).

Tabla 5.9. Constantes de acoplamiento hidrógeno-hidrógeno

Estructura	*Rango en Hz de* J_{HH}
H—H	280
>C(H)H (Hidrógenos geminales de un metileno saturado)	∓12–15*
anillo de seis miembros	11–13
anillo de tres miembros	4–8
epóxidos	3,5–5,5
H—C—C—H (vecinal)	∓0–9†
anillo de seis miembros (diaxil)	10–13
anillo de seis miembros (axil - ecuatorial)	4–7
anillo de tres miembros (*cis*)	7–11
anillo de tres miembros (*trans*)	4–8
epóxidos (*cis*)	2–3,5
epóxidos (*trans*)	3–5
H—C—C—C—H (1,3)	∓0–7‡
H—C—(C)$_n$—C—H ($n > 1$)	⟶ 0
=C(H)H (*geminal*)	1–3,5§
HC=CH (*cis*)	6–14§
HC=CH (*trans*)	11–18§
C=C(H)—C—H	4–10
H—C=C—C—H (1,3)	0,5–3,0
H—C—C=C—C—H (1,4)	0–1,6
H—C=C=C—H (1,3)	5–6
H—C—C=C=C—H (1,4)	2–3

Tabla 5.9. Constantes de acoplamiento hidrógeno-hidrógeno (continuación)

Estructura		*Rango en Hz de J_{HH}*
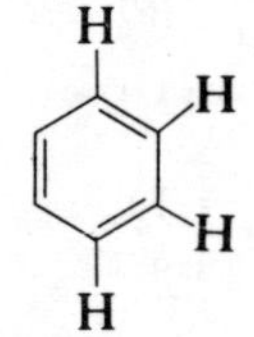	(orto)	7–10
	(meta)	2–3
	(para)	~1
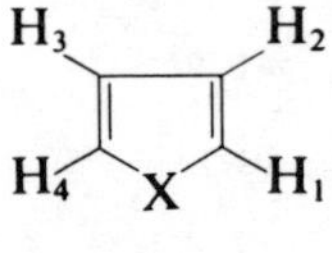	X=O (1,2)	1–2
	X=N (1,2)	2–3
	X=S (1,2)	5,5
	X=O, N, S (2,3)	3,5
	(1,3)	1–2
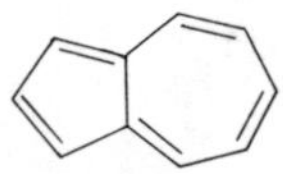	(anillo de cinco miembros)	~3,5
	(anillo de siete miembros)	10–13
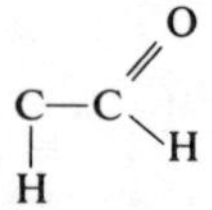		1–3
H–C–C≡C–H	(1,3)	2–4
H–C–C≡C–C–H	(1,4)	2–3
H–C–C≡C–C≡C–H	(1,5)	1–2
H–C–$(C≡C)_2$–C–H	(1,6)	~1
H–C–$(C≡C)_3$–C–H	(1,8)	~0,4

* Esta constante de acoplamiento es función del ángulo H—C—H y de la electronegatividad de los sustituyentes enlazados.

† *J* es función del ángulo diedro y de los sustituyentes.

‡ *J* depende mucho de la orientación espacial de los dos núcleos acoplados.

§ *J* es una función del ángulo de enlace y de la electronegatividad de los sustituyentes.

nes más unificado basado en cálculos sobre orbitales moleculares y la consideración de los efectos inductivos e hiperconjugativos, y la contribución de estos factores como una función de la simetría del resto de la molécula. Estas reglas se pueden resumir en lo siguiente:

1. La constante de acoplamiento geminal se hace más positiva a medida que la hibridación del átomo de carbono se hace más parecida a un orbital *s*.
2. La disminución de la densidad electrónica de los orbitales simétricos entre los átomos de hidrógeno (efecto inductivo en orbitales *sigma*) causada por grupos directamente unidos al átomo C produce un cambio positivo en la constante de acoplamiento, y los grupos similares en el átomo C en posición *beta* producen un cambio negativo en la constante de acoplamiento.
3. La disminución de la densidad electrónica de los orbitales antisimétricos entre los átomos de hidrógeno (efecto hiperconjugativo) conduce a un cambio negativo en la constante de acoplamiento.
4. Si se trata de sustituyentes electrón repelentes se producen unos cambios opuestos a los descritos en las reglas 2 y 3.

Los siguientes ejemplos se utilizarán para ilustrar la aplicación de estas reglas. Los valores para las constantes de acoplamiento geminales para las series de compuestos CH_4, CH_3OH, CH_3Cl y CH_3F son —12,4, — 10,8, — 10,8 y — 9,6 Hz (la determinación de la constante de acoplamiento entre núcleos químicamente idénticos se considerará en la Secc. 5.10); la constante de acoplamiento se transforma en valores más positivos a medida que el sustituyente se hace más electronegativo y capaz de producir un efecto electrón atrayente. En contraste, las constantes de acoplamiento geminales para la cetona y el acetronitrilo son — 14,9 y — 16,9 Hz indicando la amplia atracción electrónica por el efecto hiperconjugativo. La constante de acoplamiento geminal en el etileno (carbono sp^2) cae en la región de + 2,0 a + 2,5 Hz, mientras que en el propeno, cloroetileno y fluoroetileno, las constantes de acoplamiento son + 2,08, — 1,4 y — 3,2 Hz, respectivamente. Las variaciones que se observan en estas constantes son el resultado de los efectos electrón atrayentes. La constante de acoplamiento geminal en el formaldehído está comprendida entre + 40 y + 42,2 Hz. La magnitud de esta constante de acoplamiento se atribuye al efecto inductivo causado por el oxígeno, y a la cesión hiperconjugativa de los electrones no enlazados del oxígeno.

Se han desarrollado varias relaciones teóricas para calcular la constante de acoplamiento vecinal ($^3J_{HH}$) como una función del ángulo diedro ϕ entre los dos enlaces C—H (véase **8**).

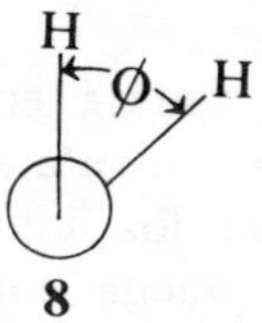

8

Las relaciones originales fueron obtenidas por Karplus y vienen expresadas en las ecuaciones (5.13) y (5.14).

$$J_{\text{vecinal}} = \begin{cases} 8{,}5\cos^2\phi - 0{,}28 & (0° < \phi < 90°) \quad (5.13) \\ 9{,}5\cos^2\phi - 0{,}28 & (90° < \phi < 180°) \quad (5.14) \end{cases}$$

Posteriormente, Karplus perfeccionó las relaciones entre J y ϕ, tal como se indica en la ecuación (5.15)

$$J_{\text{vecinal}} = 4{,}22 - 0{,}5\cos\phi + 4{,}2\cos^2\phi \qquad (5.15)$$

Williamson y Johnson han propuesto las ecuaciones (5.16) y (5.17) para expresar las relaciones entre J y ϕ.

$$J_{\text{vecinal}} = \begin{cases} 10\cos^2\phi & (0 < \phi < 90°) \quad (5.16) \\ 16\cos^2\phi & (90 < \phi < 180°) \quad (5.17) \end{cases}$$

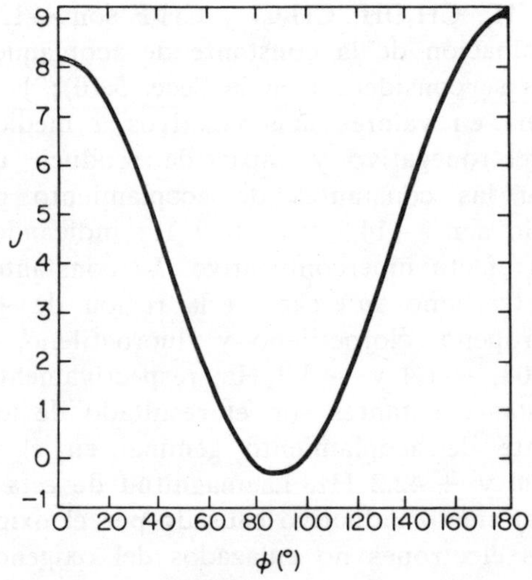

Fig. 5.11. Variación de la constante de acoplamiento vecinal como una función del ángulo diedro ϕ.

La dependencia angular calculada con la ecuación (5.15) queda representada en la figura 5.11. Los valores experimentales, obtenidos en sistemas conformacionalmente rígidos en los cuales los ángulos de enlace son conocidos con una precisión razonable, están en buena concordancia con los valores calculados. Sin embargo, el efecto de los sustituyentes electrón negativos no ha sido completamente evaluado. En los sistemas en los cuales existe una libre rotación entre los átomos de carbono centrales, los valores observados de J serán unos valores promedio temporales de las distintas constantes de acoplamiento de todas las conformaciones posibles.

Los acoplamientos a largo alcance a través de más de tres enlaces saturados se observan cuando el sistema de enlaces se encuentra en la conformación M o W (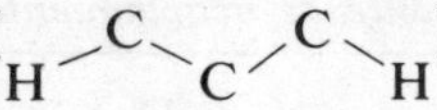). Se han observado acoplamientos a largo alcance entre los hidrógenos indicados en los compuestos **9** y **10**.

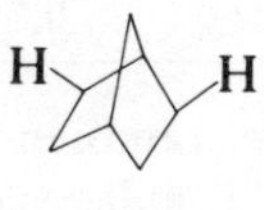

J = 1 Hz

9

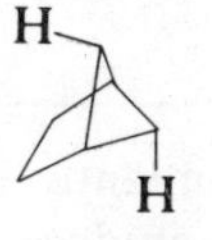

H = 7 Hz

10

La constante de acoplamiento es también función de la electronegatividad de cualquiera de los grupos funcionales contenidos en el sistema. En la tabla 5.10 se enumeran los datos tabulados por Bhacca y Williams[8] para el sistema **11**, en el cual J_{AX} y J_{BX} disminuye a medida que la electronegatividad de **X** aumenta.

Tabla 5.10. Constantes de acoplamiento (en Hz) para los hidrógenos en el compuesto 11, en función del sustituyente

X	J_{AX}	J_{BX}	J_{AB}
CN	4,6	9,3	−12,6
COOH	4,4	8,5	−12,6
C_6H_5	4,2	8,9	−12,7
Cl	3,2	8,0	−13,2
OH	2,4	7,4	−12,6
$OCOCH_3$	2,5	7,6	−13,3

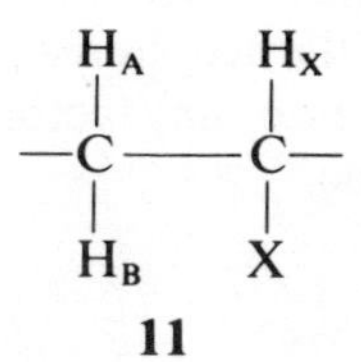

11

El valor de la constante de acoplamiento entre hidrógenos olefínicos depende también de varios factores. Tal como se indica en las ecuaciones 5.13 hasta la 5.17, el valor de la constante de acoplamiento será una función de la estereoquímica alrededor del doble enlace; esto juega un papel importante para el químico que trata de distinguir entre olefinas disustituidas en posición *cis-* o *trans-* (véanse las entradas de la tabla 5.9). La constante de acopla-

[8] Véase la referencia 1, Sec. 5.18.

miento de hidrógenos olefínicos en una olefina depende del tamaño del anillo, la constante disminuye marcadamente a medida que disminuye el tamaño del anillo (véase la tabla 5.11).

Tabla 5.11. Constantes de acoplamiento de los protones olefínicos en olefinas cíclicas

Tamaño del anillo (núm. átomos de carbono)	*Constante de acoplamiento, Hz*
7	10–13
6	8,8–10,5
5	5,1–7,0
4	2,5–4,0
3	0,5–2,0

La constante de acoplamiento depende también de la electronegatividad de los grupos funcionales unidos al doble enlace carbono-carbono. Para el sistema **12** se han utilizado las relaciones dadas desde la ecuación 5.18 hasta la 5.23, en las cuales $\Delta\chi$ es la diferencia de electronegatividad entre H y X de la escala de Pauling, y ΔE es la diferencia de electronegatividad en la escala de Huggins.

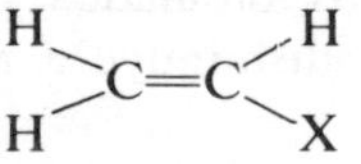

12

A pesar de que estas ecuaciones se han desarrollado para etilenos monosustituidos, estas correlaciones podrán también usarse para calcular las constantes de acoplamiento en olefinas disustituidas en posición *cis-* y *trans-* incorporando un factor adicional para expresar la electronegatividad del segundo grupo.

$$J_{gem} = 2{,}5(1 - 0{,}056(\Delta\chi)) \qquad (5.18)$$

$$J_{trans} = 19{,}1(1 - 0{,}18(\Delta\chi)) \qquad (5.19)$$

$$J_{cis} = 11{,}6(1 - 0{,}34(\Delta\chi)) \qquad (5.20)$$

$$J_{gem} = 2{,}5 - 3{,}2(\Delta E) \qquad (5.21)$$

$$J_{trans} = 19{,}1 - 3{,}3(\Delta E) \qquad (5.22)$$

$$J_{cis} = 11{,}7 - 4{,}0(\Delta E) \qquad (5.23)$$

5.7 ACOPLAMIENTO VIRTUAL

Las moléculas que contienen los grupos —$CHCH_3$ por lo general originan interacciones del tipo AB_3. No obstante, en ciertas ocasiones, la señal del metilo de este sistema no aparecerá como un doblete sencillo sino que lo hará de una manera mucho más compleja, raramente identificable como debida a un grupo metilo. Cabe esperar este hecho cuando se produce un acoplamiento intenso entre el hidrógeno del grupo metilo y otro hidrógeno o grupo de hidrógenos, química y magnéticamente similares, en la molécula. A pesar de que este tercer hidrógeno, o grupos de hidrógenos, no se acoplen directamente con el grupo metilo, $J = 0$, el espectro aparece como si ocurriesen unos intensos acoplamientos de largo alcance. Esta interacción se denomina acoplamiento virtual. Por lo general, el acoplamiento virtual ocurrirá en cualquier sistema del tipo **14** entre H_1 y H_3, cuando H_1 y H_2, y H_2 y H_3 están intensamente acoplados y son de un desplazamiento químico análogo.

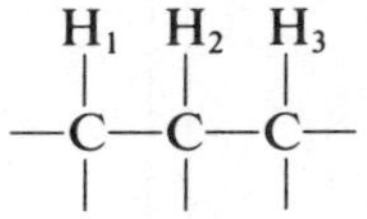

14

5.8 ACOPLAMIENTO SPIN-SPIN ENTRE COMBINACIONES NUCLEARES

Tal como se habló en el párrafo inicial de este capítulo, el acoplamiento spin-spin puede existir entre los núcleos que tengan un valor de I distinto de 0. Es evidente que el químico orgánico está de una suerte extraordinaria por el hecho de que los isótopos predominantes del carbono y del oxígeno, ^{12}C y ^{16}O, posean un valor de $I = 0$ y no sufran acoplamiento spin-spin con otros núcleos. Si esto no fuese así la complejidad de los espectros de resonancia nuclear magnética del hidrógeno sería notoria. Sin embargo, existen otros varios núcleos, que se pueden encontrar en el campo de la química orgánica, que poseen un valor de I distinto de cero.

En la tabla 5.12 se muestran los intervalos característicos de los valores de las constantes de acoplamiento para una cierta variedad de combinaciones posibles de núcleos. Estas constantes de acoplamiento pueden variar también con el ángulo de enlace, el número de los enlaces que intervienen, y la electronegatividad de los átomos o de los grupos funcionales presentes, del mismo modo que se describió al tratar de la constante de acoplamiento para el hidrógeno.

Si es posible el caso particular de que exista más de un isótopo de un átomo dado, del cual uno o ambos puedan acoplarse con otros núcleos, obtendremos la superposición de dos diagramas de acoplamiento en el espectro de la muestra. El espectro de cloroformo, figura 5.12, en el cual el ^{12}C está acoplado con la pequeña cantidad natural de ^{13}C (véase la tabla 5.1) con un spin de 1/2, presenta, un singulete muy intenso para la absorción no acoplada del hidrógeno del $^{12}CHCl_3$, y dos pequeñas bandas (*satélites*) para la absorción del hidrógeno acoplado del $^{13}CHCl_3$. La intensidad relativa de estas bandas de acoplamiento con el ^{13}C, es directamente igual a la relación $^{13}C/^{12}C$. (La sus-

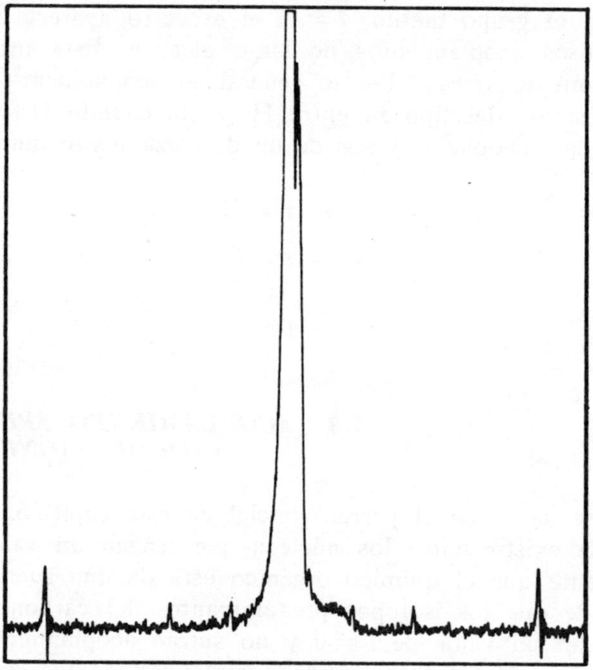

Fig. 5.12. Espectro de resonancia en la zona del hidrógeno del cloroformo, mostrando un pico central intenso y no acoplado, correspondiente al $^{12}CHCl_3$, y los picos correspondientes al $^{13}CHCl_3$ que aparecen como los otros picos más débiles. (Registrado en un espectrómetro HR-60 de la firma Varian Associates.)

titución de un isótopo por otro en una molécula dada, solamente produce unos ligeros cambios en el desplazamiento químico de los núcleos enlazados; el mayor cambio lo produce el deuterio con un valor comprendido entre 1 y 3 Hz hasta 60 MHz.)

La constante de acoplamiento para el ^{13}CH se ha utilizado como una prue-

Tabla 5.12. Constantes de acoplamiento para distintas combinaciones de núcleos

Constante de acoplamiento	*Sistema*	*Intervalo de la constante de acoplamiento (Hz)*
J_{HD}	General	$0{,}154 J_{HH}$
$J_{^{10}BH}$	$^{10}B—H$	~ 30–50
$J_{^{11}BH}$	$^{11}B—H$	75–182
	^{11}B——H—— ^{11}B (puenteado)	30–50
	$^{11}B—C—H$	~ 0
$J_{^{13}CH}$	$^{13}CH_3X$	110–155
	$=^{13}C—H$	160–235
	$\equiv^{13}C—H$	~ 250
	$^{13}C—C—H$	4–6
	$^{13}C—C—C—H$	3–4
$J_{^{14}NH}$	NH_4^+	52,6
$J_{^{15}NH}$	NH_4^+	73,7
$J_{^{19}FH}$	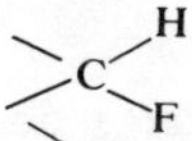	44–81
	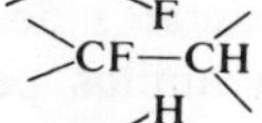	0–30
	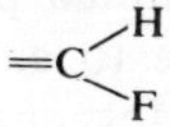	70–80
	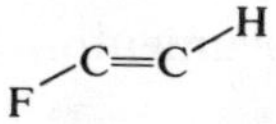 (*trans*)	30–50
	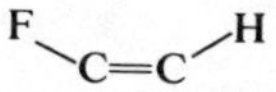 (*cis*)	2–20
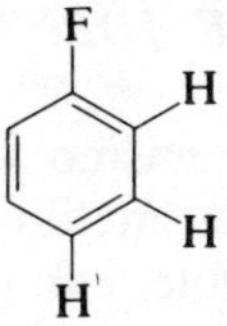	(orto)	8–10
	(meta)	5–8
	(para)	~ 2
$J_{^{13}C^{19}F}$	$^{13}C—^{19}F$	250–300
	$^{13}C—C—^{19}F$	30–40
$J_{^{19}F^{19}F}$	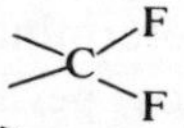	155–225
	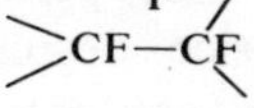 (*trans*)	≈ 16
	(*gauche*)	≈ 18
	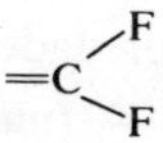	28–87
	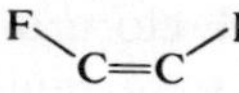 (*cis*)	20–58
	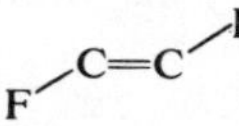 (*trans*)	95–120

Tabla 5.12. Constantes de acoplamiento para distintas combinaciones de núcleos (continuación)

Constante de acoplamiento	*Sistema*	*Intervalo de la constante de acoplamiento (Hz)*
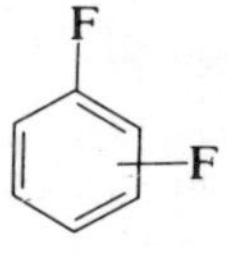	(orto)	~20
	(meta)	2-4
	(para)	11-15
$J_{^{29}SiH}$	$^{29}Si—H$	190-380
$J_{^{31}PH}$	$^{31}P—H$	179-700
	$^{31}P—C—H$	~4
	$^{31}P—C—C—H$	~12-14
$J_{^{199}HgH}$	$^{199}Hg—C—H$	80-235
	$^{199}Hg—C—C—H$	115-200

ba para determinar el tanto por ciento de carácter *s* de un enlace hidrógeno-carbono, especialmente en los compuestos con anillos pequeños y tensos. Los aspectos cuantitativos de este método se han puesto en tela de juicio, debido a la ocurrencia simultánea de otros fenómenos los cuales pueden, a su vez, afectar la magnitud de la constante de acoplamiento.

5.9 ACOPLAMIENTO DE SPIN-SPIN ENTRE NÚCLEOS QUÍMICAMENTE IDÉNTICOS

El acoplamiento de spin-spin entre núcleos que posean el mismo desplazamiento químico, por ejemplo, los hidrógenos del cloruro de metilo y los hidrógenos 1- y 2- de 1,1,2,2-tetracloroetano, es también posible aunque los efectos de este acoplamiento no se puedan observar en el espectro de resonancia del hidrógeno de estos compuestos. Deben utilizarse métodos indirectos para determinar la constante de acoplamiento entre núcleos idénticos. La sustitución isotópica, seguida por la determinación de la constante de acoplamiento entre los átomos isotópicos, nos permite calcular la constante de acoplamiento entre núcleos de idéntico desplazamiento químico, a través de multiplicar la constante de acoplamiento entre los átomos isotópicos por la relación de los valores de sus propiedades giromagnéticas. Por ejemplo, en los compuestos antes citados, el valor J_{HD} se determina directamente a partir del espectro de resonancia del cloruro de metilmonodeuterio y del monodeuterio de 1,1,2,2-tetracloroetano y se multiplicará por 1/0,154 o 6,5 para obtener los valores de J_{HH}.

Otra técnica para determinar la constante de acoplamiento entre hidrógenos de idéntico desplazamiento químico situados en carbonos distintos se basa en el análisis de las líneas satélites correspondientes al ^{13}C. El hidrógeno sobre el ^{13}C del fragmento H—^{12}C—^{13}C—H difiere muy poco en desplazamiento químico del hidrógeno situado sobre el ^{12}C, pero los picos debidos al hidrógeno sobre el ^{13}C, se distinguen muy bien de los picos debidos al hidrógeno sobre el ^{12}C debido al valor lo suficientemente grande de la constante de acoplamiento ^{13}CH. El diagrama de las líneas satélites del ^{13}C se parece al diagrama de AMX (véase la Sec. 5.13), en el cual la resonancia del hidrógeno viene subdividida por el acoplamiento con el ^{13}C y el hidrógeno del ^{12}C adyacente. La constante de acoplamiento H—H obtenida por este sistema se toma como la constante de acoplamiento entre los hidrógenos de idéntico desplazamiento químico del sistema H—^{12}C—^{12}C—H.

5.10 DESACOPLAMIENTO DEL SPIN

En los espectros de moléculas relativamente complejas, puede ser bastante difícil el determinar cuáles son los núcleos que tiene un acoplamiento de spin, a la vista de los diagramas observados. Esto es particularmente cierto si varias de las constantes de acoplamiento son de la misma magnitud, y si uno o más de los núcleos están sumidos en un multiplete de absorción muy complejo, o bien se notan los efectos de un acoplamiento de largo alcance. En tales casos será deseable el destruir las interacciones de acoplamiento spin-spin que existen entre algunos núcleos del sistema. El acoplamiento spin-spin se observa cuando el núcleo responsable de tal acoplamiento permanece en un estado de spin dado durante un período de tiempo que es grande en comparación con el recíproco de las diferencias en desplazamiento químico (en Hz) en los núcleos acoplados. Si podemos conseguir que el tiempo medio de vida de un estado de spin disminuya lo suficiente para que el núcleo que absorbe "muestre" sólo un promedio temporal de los distintos estados de spin posibles, entonces obtendremos una línea única para la resonancia. Experimentalmente, se ha encontrado que esto es posible, y se consigue irradiando al núcleo responsable de la interacción spin-spin con su frecuencia de resonancia. A esto se le denomina *doble resonancia.*

Experimentalmente es difícil obtener la frecuencia de resonancia precisa en la región de los MHz para que se produzca la doble resonancia.

Se ha desarrollado una técnica basada en registrar el espectro de resonancia dentro de la primera banda lateral del espectro, separada de la banda central de aquella región en un número dado de Hz. Se utiliza entonces una técnica de bandas laterales, similares a las tratadas al hablar de la determinación de los desplazamientos químicos, consistente en superponer una ban-

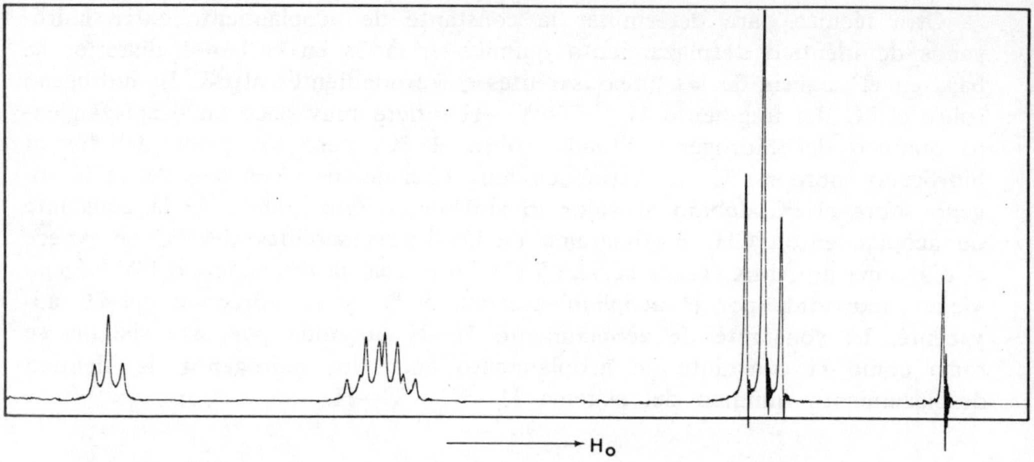

Fig. 5.13. Espectro de resonancia en la zona del hidrógeno del etanol purificado, mostrando el acoplamiento spin-spin entre los hidrógenos metilénicos y el hidroxilo. El pico que aparece a valores altos del campo corresponde al TMS.

da lateral a la banda central, de línea de resonancia del núcleo que queremos desacoplar. La frecuencia utilizada para irradiar el núcleo acoplado es el número de Hz desde la banda central a la banda lateral, sobre el espectro registrado, más o menos la diferencia entre el desplazamiento químico de los núcleos acoplados (en Hz) en la banda central.

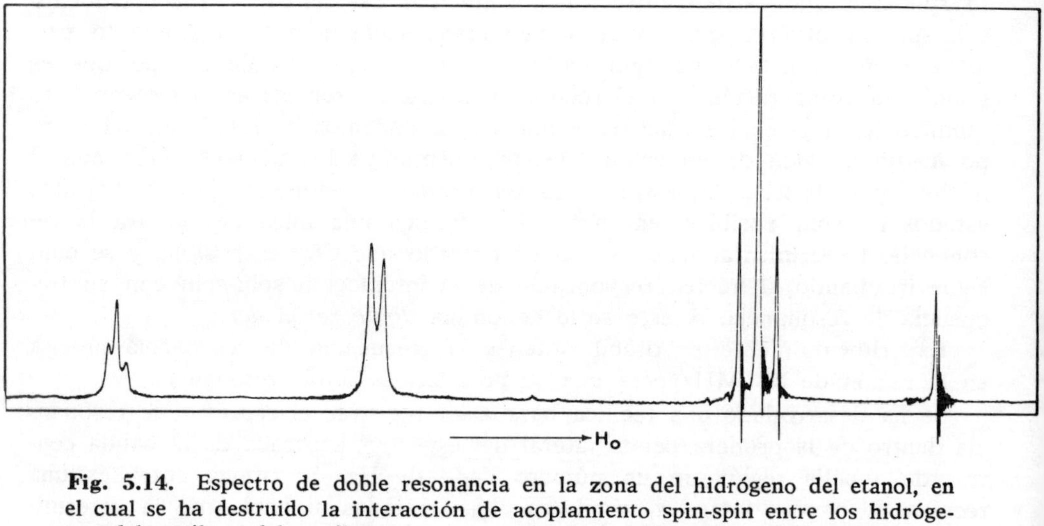

Fig. 5.14. Espectro de doble resonancia en la zona del hidrógeno del etanol, en el cual se ha destruido la interacción de acoplamiento spin-spin entre los hidrógenos del metilo y del metileno por saturación de los hidrógenos del metilo.

En las figuras 5.14 y 5.15 se ilustran unos ejemplos de doble resonancia para el etanol purificado (fig. 5.13). En la figura 5.14 se ha eliminado el acoplamiento del grupo metilo con el metileno, de tal manera que el grupo metilo aparece como un doblete debido al acoplamiento de spin-spin producido únicamente por el hidrógeno del grupo hidroxilo. Nótese que el efecto de la interacción spin-spin del grupo metileno sobre el grupo metilo no ha quedado destruido. En la figura 5.15, el grupo metileno ha sido irradiado a una frecuencia que destruye únicamente el acoplamiento spin-spin con el grupo metilo. El acoplamiento entre el grupo metilo y el hidrógeno hidroxílico no ha sido destruido.

La técnica de la doble resonancia puede extenderse utilizando dos audio osciladores para conseguir la saturación de dos conjuntos distintos de núcleo *(triple resonancia).* En la figura 5.16 se muestra el espectro de resonancia del etanol, en el cual el grupo metilo y los hidrógenos del hidroxilo son irradiados, destruyendo casi todas las interacciones por acoplamiento con el grupo metileno.

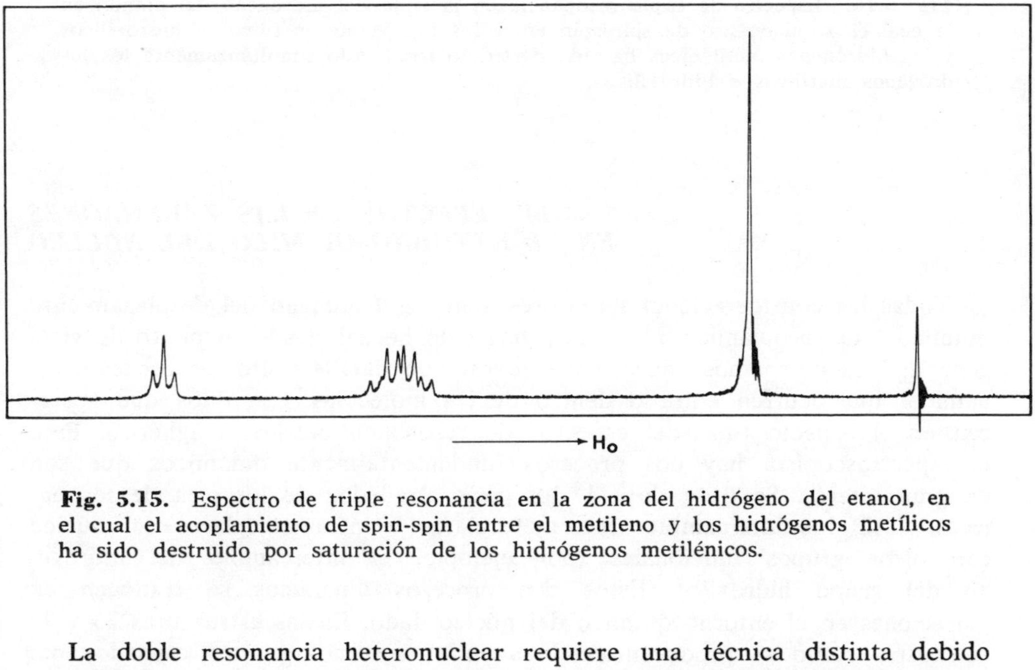

Fig. 5.15. Espectro de triple resonancia en la zona del hidrógeno del etanol, en el cual el acoplamiento de spin-spin entre el metileno y los hidrógenos metílicos ha sido destruido por saturación de los hidrógenos metilénicos.

La doble resonancia heteronuclear requiere una técnica distinta debido a que las usuales de las bandas colaterales no suministran la suficiente energía para irradiar los núcleos acoplados ($\Delta\sigma \approx 10^6$ Hz) independientemente de sus propias frecuencias de resonancia. Se han designado sistemas especiales para conseguirlo.

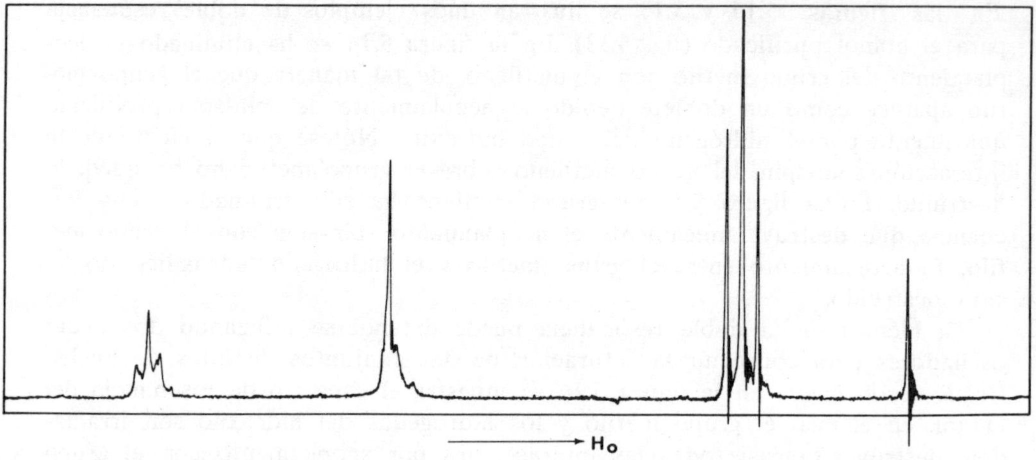

Fig. 5.16. Espectro de triple resonancia en la zona del hidrógeno del etanol, en la cual el acoplamiento de spin-spin entre los hidrógenos metílicos e hidroxílicos y los hidrógenos metilénicos ha sido destruido irradiando simultáneamente los hidrógenos metílicos e hidroxílicos.

5.11 EFECTOS EN LAS VARIACIONES EN EL ENTORNO QUÍMICO DEL NÚCLEO

Todas las consideraciones anteriores sobre el fenómeno del desplazamiento químico y del acoplamiento spin-spin han sido hechas desde un punto de vista general. Nos detenemos ahora a considerar con detalle tanto los procesos dinámicos que ocurren entre o dentro de las moléculas, como los que aparecen en el aspecto final del espectro de resonancia nuclear magnética. Para el espectroscopista hay dos procesos fundamentalmente dinámicos que son de gran interés. Se trata de: (1) los giros alrededor de los ejes de los enlaces, y (2) los intercambios intermoleculares o intramoleculares del núcleo con otros grupos funcionales (por ejemplo, el intercambio del hidrógeno del grupo hidroxilo). Estos dos procesos dinámicos se traducen en variaciones en el entorno químico del núcleo dado. En las estructuras **13** y **14** se ilustra cómo se producen cambios en el entorno químico causados por rotaciones en los enlaces.

En **13,** la rotación alrededor del enlace central carbono-carbono produce tres conformaciones distintas en las cuales el entorno químico para H_A, y también para H_B es distinto para cada una de ellas. Puesto que el ángulo diedro

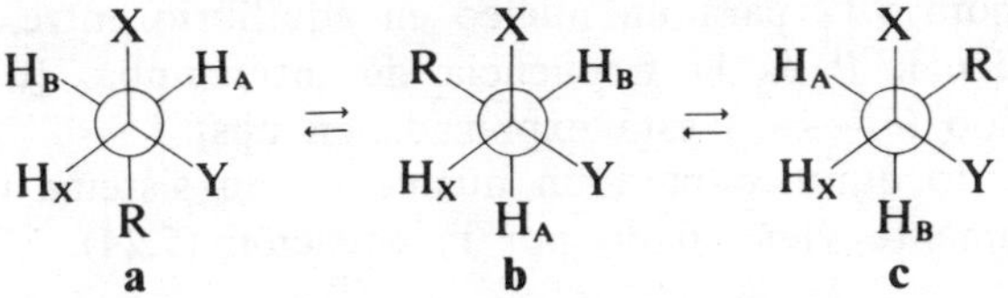

a **b** **c**

13

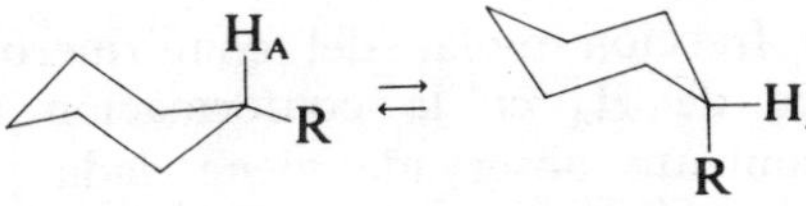

14

H_X—C—C—H_A y H_X—C—C—H_B también cambia en las tres conformaciones, la constante de acoplamiento entre H_A y H_X, y H_B y H_X será también distinta en **13a, b** y **c.**

La apariencia del espectro de resonancia magnética nuclear será para un sistema tal como el **13,** una función de la velocidad de interconversión de las distintas conformaciones de la molécula, de las diferencias en desplazamiento químico para un núcleo dado en las conformaciones posibles (por ejemplo, H_A en **13a, b** y **c**), y de la población de las distintas conformaciones. Si la velocidad o frecuencia de interconversión de las conformaciones es mucho mayor que la diferencia en desplazamiento químico en Hz para H_A en los confórmeros **13a, b** y **c,** aparecerá una banda aguda, resultante de un promedio temporal. Si la frecuencia de interconversión se aproxima a la diferencia en desplazamientos químicos, aparecerá una línea de resonancia ancha; y si la frecuencia de interconversión es mucho menor que la diferencia en desplazamientos químicos, se obtendrán líneas individuales y agudas para la resonancia de cada núcleo en cada conformación posible.[9] Este fenómeno queda

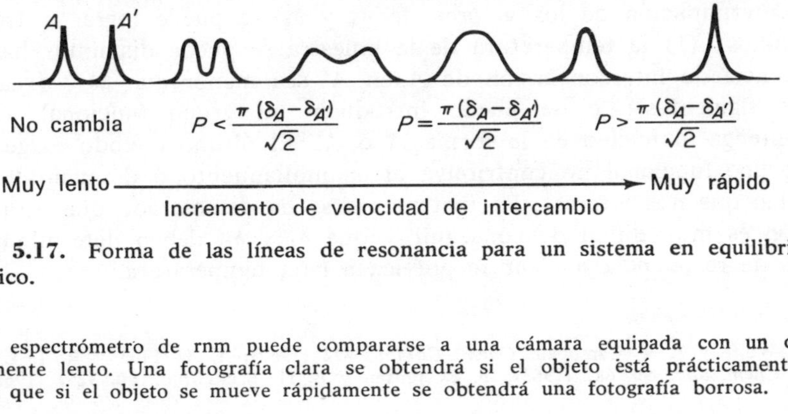

Fig. 5.17. Forma de las líneas de resonancia para un sistema en equilibrio dinámico.

[9] El espectrómetro de rnm puede compararse a una cámara equipada con un obturador relativamente lento. Una fotografía clara se obtendrá si el objeto está prácticamente quieto, mientras que si el objeto se mueve rápidamente se obtendrá una fotografía borrosa.

ilustrado en la figura 5.17 para un núcleo en equilibrio entre dos lugares distintos de la molécula. P es la frecuencia de intercambio [dada en cambios por segundo cuando ($\delta_A - \delta_{A'}$) está expresada en cps].

El desplazamiento químico para un núcleo en un sistema que se interconvierte muy rápidamente viene dado por la ecuación (5.24).

$$\delta_{A_{\text{promedio}}} = \sum_i N_i \delta_{A_i} \tag{5.24}$$

en donde N_i es la fracción molar del confórmero n-ésimo y δ_{iA} es el desplazamiento químico de H_A en la conformación n-ésima. Análogamente, la constante de acoplamiento observada viene dada por la ecuación (5.25).

$$J_{AX_{\text{promedio}}} = \sum_i N_i J_{AX_i} \tag{5.25}$$

en donde J_{AX_i} es la constante de acoplamiento entre H_A y H_X en la conformación n-ésima.

El espectro de resonancia nuclear magnética en sistemas en equilibrio puede aportar una gran cantidad de información sobre la cinética y la termodinámica del sistema. La constante de equilibrio para un sistema dado puede calcularse empleando la ecuación (5.26), supuesto que los desplazamientos químicos de los núcleos A en las dos especies en equilibrio (δ_A y $\delta_{A'}$) se pueden determinar independientemente.

$$K_{\text{eq}} = \frac{\delta_A - \delta_{A_{\text{av}}}}{\delta_{A_{\text{av}}} - \delta_A} \tag{5.26}$$

La constante de equilibrio se convierte fácilmente en el valor de ΔG para la reacción, la cual a su vez si se determina en función de la temperatura nos permitirá calcular los valores de ΔH y de ΔS.

La determinación de los valores de δ_A y $\delta_{A'}$ se puede lograr a través de dos caminos: (1) la temperatura de la muestra se puede disminuir hasta que la frecuencia de interconversión de A en A' sea menor que $\Delta\delta_{AA'}$ (véanse los párrafos siguientes); o se puede introducir un grupo funcional adicional que mantenga al núcleo en la forma A o A'. El último método exige que el nuevo grupo funcional no contribuya al apantallamiento o desapantallamiento del núcleo que nos interesa. Recientemente se ha demostrado que esta última condición es muy difícil de conseguir y que δ_A y $\delta_{A'}$ deben determinarse con medidas de resonancia nuclear magnética a baja temperatura.[10]

[10] S. Wolfe y J. R. Campbell, *Chem. Comm.*, **872** (1967); E. L. Eliel y R. J. L. Martin, *J. Amer. Chem. Soc.*, **90**, 682 (1968); F. R. Jensen y B. H. Beck, *ibid.*, **90**, 3251 (1968).

La información cinética se puede obtener analizando la apariencia de las líneas del espectro cuando $P \approx \frac{\pi(\delta_A - \delta_{A'})}{\sqrt{2}}$; sin embargo, esto requiere el que sea posible registrar el espectro de resonancia bajo esta condición. Conjuntamente con cada transformación de la molécula tenemos una energía de activación necesaria para que la transformación se produzca. Para la mayoría de las transformaciones, la energía térmica a temperatura ambiente, es suficiente para suministrar la energía de activación, y generalmente se observan sólo espectros que son un promedio temporal de las distintas posibilidades. Al descender la temperatura, se reduce la disponibilidad de energía térmica, y, si la energía de activación está comprendida dentro de la zona de las energías térmicas corrientes, la velocidad de intercambio puede reducirse hasta que los picos se ensanchen y eventualmente se separen en distintas líneas de resonancia (como si atravesásemos de derecha a izquierda la figura 5.16 a causa de la disminución de temperatura). La temperatura a la cual una línea de resonancia dada se convierte en una línea ancha se designa como *temperatura de coalescencia.*

La temperatura de la muestra se controla colocando la muestra en un pequeño matraz de Dewar a través del cual se hace circular una corriente de nitrógeno calentado o enfriado. El matraz de Dewar está colocado completamente dentro del sistema de probeta para contener la muestra, el cual está suspendido en el campo magnético. Los intervalos de temperatura normalmente accesibles son aproximadamente de 200 a —100°C, aunque en algunas publicaciones se citen temperaturas tan bajas como —160°C. Deben tomarse ciertas precauciones cuando se van a utilizar temperaturas elevadas, especialmente en lo referente a que el tubo con la muestra esté cuidadosamente soldado y templado, habiéndolo colocado previamente en un horno o baño de arena donde se habrá calentado durante un corto período de tiempo por lo menos a 15° por encima de la temperatura máxima a la cual se va a registrar el espectro. Esto nos evitará que se produzca una ruptura del tubo con la muestra en el espectrógrafo.

Un ejemplo excelente del efecto de disminuir la temperatura en la muestra queda ilustrado con el compuesto **15,** el cual puede existir tanto en la conformación **15a,** como en la **15b.** El espectro de resonancia de **15** registrado a varias temperaturas se ilustra en la figura 15.18. A temperatura am-

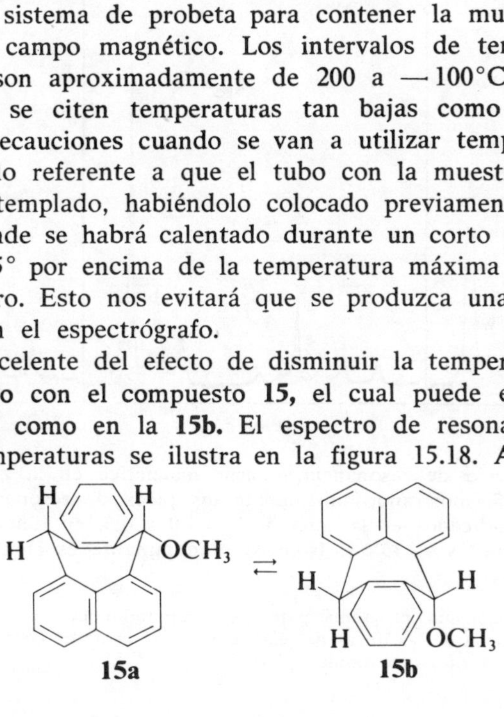

15a **15b**

biente únicamente se observan picos anchos que son un promedio temporal de ambas conformaciones, mientras que aproximadamente a — 16° se empiezan a distinguir picos diferenciados para **15a** y **15b**.

El análisis completo de la forma de las líneas de un espectro de resonancia nuclear magnética requiere utilizar un computador [11] suministrándonos

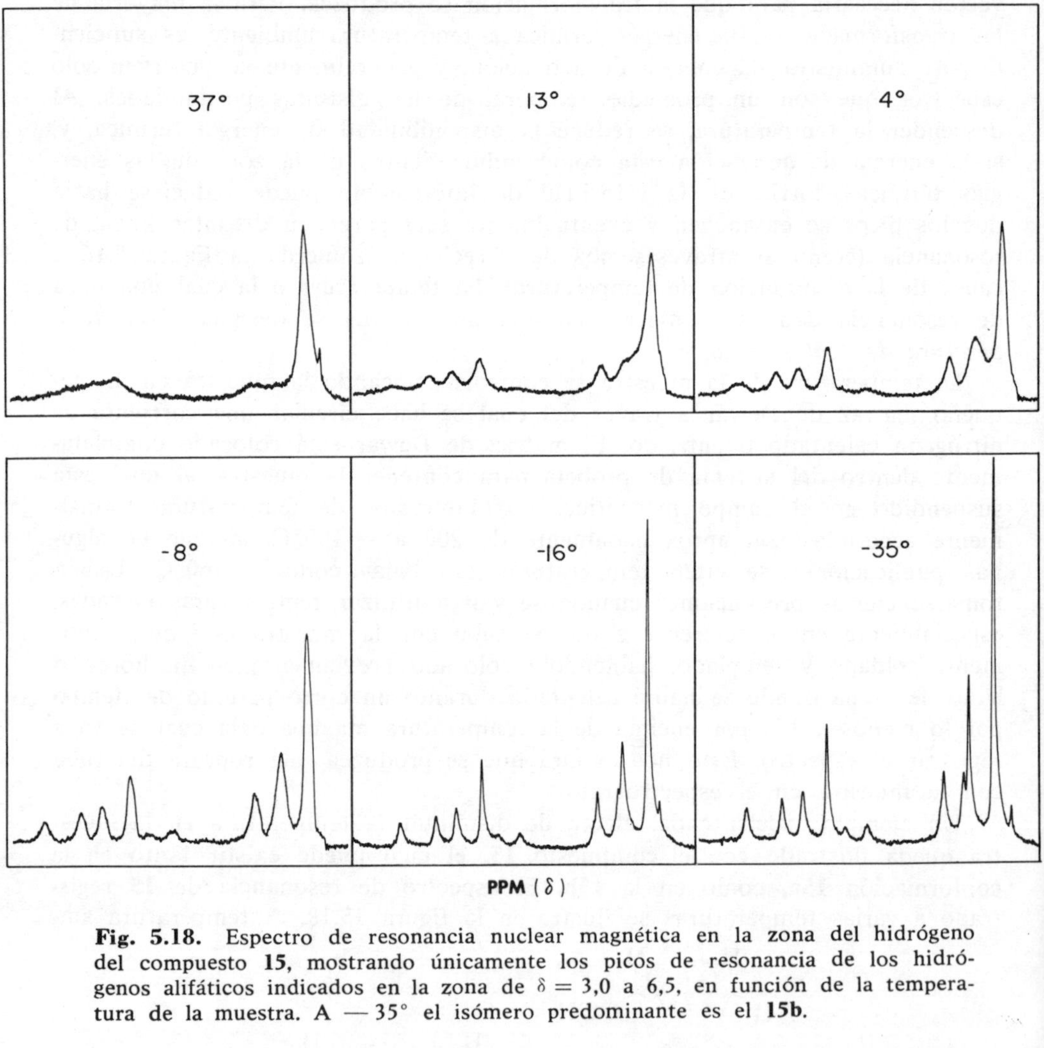

Fig. 5.18. Espectro de resonancia nuclear magnética en la zona del hidrógeno del compuesto **15**, mostrando únicamente los picos de resonancia de los hidrógenos alifáticos indicados en la zona de $\delta = 3{,}0$ a $6{,}5$, en función de la temperatura de la muestra. A — 35° el isómero predominante es el **15b**.

[11] Se ha desarrollado un programa para un computador con el fin de efectuar el análisis completo de la forma de las líneas del espectro por el profesor Gerhard Binsch, Department of Chemistry, University of Notre Dame.

datos acerca de la extensión de las constantes de reacción y de la entalpía y entropía de activación.

Es instructivo considerar con mayor detalle los desplazamientos químicos de H_A y H_B en la estructura **13.** Aplicando la ecuación (5.24) a H_A y H_B se obtiene

$$\delta_A = N_a\delta_{A_a} + N_b\delta_{A_b} + N_c\delta_{A_c}$$

y

$$\delta_B = N_a\delta_{B_a} + N_b\delta_{B_b} + N_c\delta_{B_c} .$$

H_A y H_B son diastereotópicos en los tres confórmeros **13a, b** y **c** (se dice que existe una relación *diastereotópica* entre dos átomos o grupos de átomos cuando ambos están en medio diastereomérico; en el ejemplo **13** el medio diastereomérico lo suministra el carbono asimétrico —$CXYH_X$). H_A y H_B no son químicamente equivalentes a pesar del hecho de que ambos hidrógenos estén unidos al mismo carbono. Los desplazamientos químicos H_A y H_B serán en consecuencia distintos (a pesar de que estas diferencias pueden ser bastante pequeñas) para cada uno de los tres conformómeros; $\delta_A \neq \delta_B$ bajo cualquier condición de velocidad de giro y población de los confórmeros. Análogamente $J_{AX} \neq J_{BX}$. En muchas ocasiones es ventajoso modificar uno de los grupos funcionales para aumentar la diferencia en desplazamiento químico entre los hidrógenos diastereotópicos. Por ejemplo, la diferencia en el desplazamiento químico de los hidrógenos diastereotópicos del sistema 1,2-difeniletilo se puede aumentar grandemente convirtiendo el alcohol en benzoato (véase la fig. 5.19) en el cual los hidrógenos diastereotópicos aparecen a $\delta = 3{,}26$ como una porción *AB* del sistema *ABX* (ver págs. 230 y 231).

Así como un par de hidrógenos o grupos funcionales diastereotópicos en una misma molécula pueden tener distinto desplazamiento químico, los hidrógenos o grupos funcionales correspondientes de dos diastereoisómeros, en principio, tendrán distinto desplazamiento químico. Cuando el desplazamiento químico de los hidrógenos sobre diastereoisómeros difiere lo suficiente, la resonancia nuclear magnética nos aporta un método muy preciso para el análisis de mezclas de diastereoisómeros.

Cuando R = H en la estructura **13,** el carbono posterior se convierte en un metilo. La fracción molar de las tres posibles conformaciones será la misma, y los tres hidrógenos del metilo tendrán exactamente el mismo desplazamiento químico y la misma constante de acoplamiento con respecto a H_X.

El intercambio de un núcleo entre grupos funcionales se ilustra del modo más preciso con el intercambio del hidrógeno del grupo hidroxilo que se presenta con compuestos que contengan el grupo hidroxilo. La velocidad a la cual se produce este intercambio depende de la concentración de la muestra, del tipo de disolvente utilizado, de la temperatura de la muestra, y de la posible presencia de catalizadores ácidos o básicos. A medida que disminuye

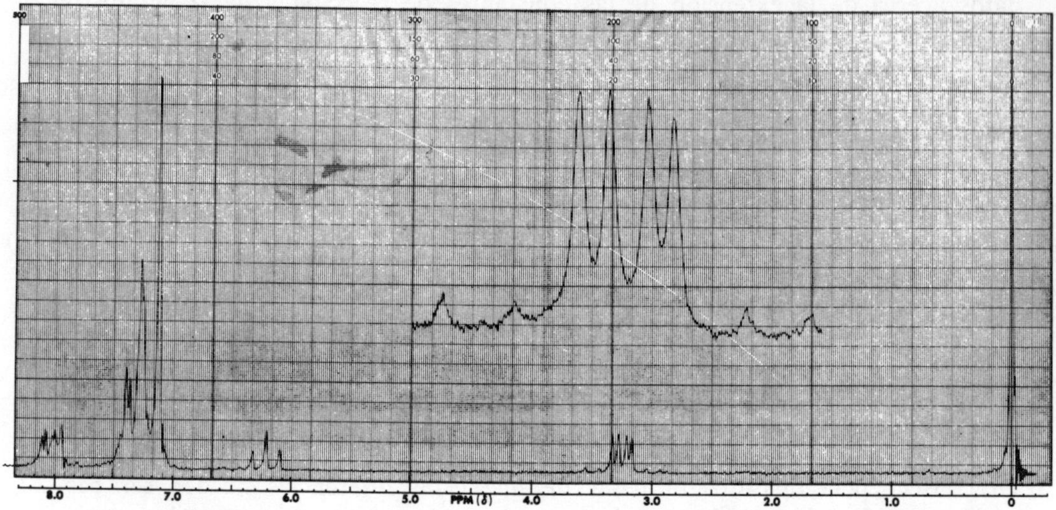

Fig. 5.19. Espectro de resonancia en la zona del hidrógeno del benzoato de 1,2-difeniletilo.

la concentración de la muestra, la velocidad del intercambio intermolecular disminuye, así como el cambio en el desplazamiento químico. Si se utilizan disolventes que sean unos excelentes aceptores de enlaces de hidrógeno, por ejemplo, el sulfóxido de dimetilo, se reduce drásticamente el intercambio de hidrógeno. La disminución de la temperatura de la muestra disminuye la ve-

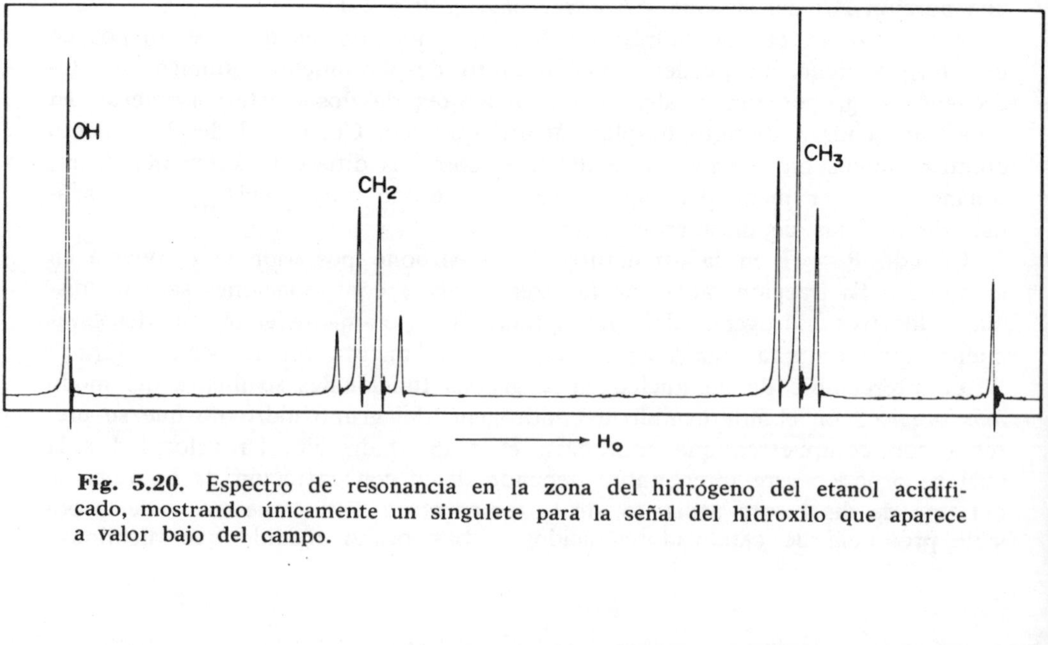

Fig. 5.20. Espectro de resonancia en la zona del hidrógeno del etanol acidificado, mostrando únicamente un singulete para la señal del hidroxilo que aparece a valor bajo del campo.

locidad de intercambio. La presencia de un catalizador ácido o básico facilita la reacción de intercambio.

La velocidad de intercambio no solamente afecta al desplazamiento químico, sino que también un intercambio muy rápido puede destruir el acoplamiento spin-spin del hidrógeno hidroxílico con los hidrógenos carbinólicos. Esto se ilustra en el espectro de resonancia de una muestra acidificada de etanol, tal como se muestra en la figura 5.20, en la cual el acoplamiento con el hidrógeno hidroxílico ha desaparecido (comparar con la fig. 5.13).

5-12 DESIGNACIÓN DE LOS SISTEMAS DE SPIN

En un espectro que contengan los picos de absorción de una variedad de núcleos distintos será muy deseable disponer de un sistema para designar los tipos de sistemas de spin presentes. Por un sistema de spin, entendemos un conjunto de núcleos que están acoplados spin-spin dando lugar a unas formas de absorción reconocibles. Una molécula dada puede contener varios de estos sistemas de spin identificables.

Tabla 5.13. Designación de los sistemas de núcleos y de spin

Símbolo	*Descripción* *
A	H_A con δ_A.
A_n	nH_A de la misma δ_A y magnéticamente idénticos.
AA'	Los hidrógenos H_A y $H_{A'}$ con el mismo desplazamiento químico, pero magnéticamente distintos con respecto a los otros núcleos.
AB	Hidrógenos H_A y H_B con un valor δ_A y δ_B, siendo $J_{AB} \geqq (\delta_A - \delta_B)$.
AX	Hidrógenos H_A y H_X con δ_A y δ_X, siendo $J_{AX} < (\delta_A - \delta_B)$.
AMX	Hidrógenos H_A, H_M, y H_X con δ_A, δ_M y δ_X, siendo $J_{AM} < (\delta_A - \delta_M)$ y $J_{XM} < (\delta_M - \delta_X)$.
ABX	Hidrógenos H_A, H_B, y H_X con δ_A, δ_B y δ_X, siendo $J_{AB} \geqq (\delta_A - \delta_B)$, $J_{AX} < (\delta_A - \delta_X)$ y $J_{BX} < (\delta_B - \delta_X)$.
ABC	Hidrógenos H_A, H_B y H_C con δ_A, δ_B y δ_C, siendo todos los $\Delta\delta < J$.

* A pesar de que en todas las entradas de esta tabla se utilice el átomo de hidrógeno, estos sistemas pueden también utilizarse con cualquier otro sistema nuclear o mezcla de núcleos.

La asignación de varios núcleos a un sistema de spin se basa en los desplazamientos químicos relativos y en la magnitud de la diferencia en desplazamiento químico con relación a la constante de acoplamiento *J*. Los símbolos empleados para designar sistemas de spin y de núcleos están tabulados en la tabla 5.13. Algunos ejemplos sobre el uso de estos símbolos aparecen en los párrafos que siguen.

La mayoría de las entradas de la tabla 5.13 se explican de por sí y serán ilustradas con el uso de algunos espectros de resonancia. Por lo general los espectros se presentan en la literatura aumentando el valor del campo desde izquierda a derecha. Los símbolos empleados para designar los sistemas de spin se compondrán con las primeras letras del alfabeto (*A, B, C, ...,* etc.), si queremos representar los núcleos que aparecen a valores bajos del campo, mientras que las últimas letras (*M, X, Y,* etc.) se utilizarán para representar a los núcleos que aparecen a campos progresivamente altos. Por ejemplo, en un sistema *ABX*, el núcleo *A* deberá aparecer en el valor más bajo del campo, mientras que el núcleo *X* deberá aparecer en el valor más alto de intensidad del campo.

El uso de los símbolos apostrofados, por ejemplo, en *AA'*, requiere una posterior explicación. Hasta ahora hemos considerado solamente los núcleos químicamente idénticos o no diferenciables de la zona de resonancia. El término *identidad magnética* implica que los núcleos que están absorbiendo tengan la misma interacción spin-spin, es decir, una constante de acoplamiento igual con cada núcleo del conjunto dado de núcleos acoplados. Esta condición no se consigue siempre. En muchos casos dos núcleos químicamente idénticos interaccionan con constantes de acoplamiento distintas con los otros núcleos, y en consecuencia, no son magnéticamente idénticos con respecto a aquellos núcleos. El apóstrofo se utiliza para indicar esta desigualdad magnética. Los siguientes ejemplos ilustran este fenómeno.

En el derivado del ciclopropano **16**, tenemos tres tipos de hidrógenos distintos, H_A, H_B y H_X. En función del sustituyente *X*, los hidrógenos metilénicos pueden designarse del modo anterior o a la inversa. Si queremos posteriormente diferenciar los dos H_A y H_B como H_A y H_B pertenecientes a un mismo átomo, y $H_{A'}$ y $H_{B'}$ del otro, podremos fácilmente ver que los dos átomos H_A no son magnéticamente iguales con los hidrógenos *B*, o viceversa; aunque ellos sean químicamente idénticos. El hidrógeno H_A está acoplado spin-spin con el hidrógeno H_B con una constante de acoplamiento geminal, y a la vez está acoplado con el hidrógeno $H_{B'}$ con una constante de acoplamiento vecinal. Puesto que las constantes de acoplamiento geminales y vecinales no tienen por qué tener el mismo valor, tendremos dos conjuntos de núcleos que son químicamente idénticos, *AA'* y *BB'*, pero magnéticamente distintos con relación a un tercer núcleo.

Una situación muy parecida se presenta en el 1,3-butadieno (**17**). En este compuesto es evidente que los hidrógenos H_A y $H_{A'}$ son idénticos, así como también lo son H_B y $H_{B'}$, y H_C y $H_{C'}$. Sin embargo las interacciones de spin-spin entre *C'* y *A'*, y entre *C'* y *B'* son distintas que las que aparecen entre *C'* y *A*, y *C'* y *B*. De nuevo se presenta una desigualdad magnética. La desigualdad magnética puede estar evidente en algunos espectros, mientras que en otros, la complejidad de las líneas de absorción puede ser tal que no permita un análisis directo.

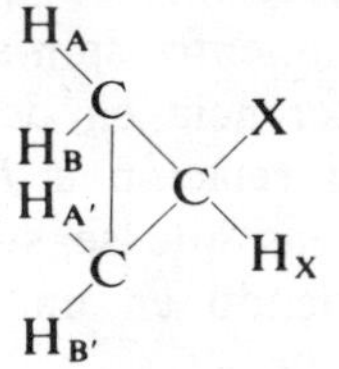

16

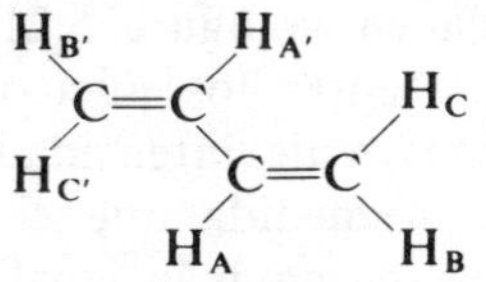

17

Cuando se aplican las reglas de nomenclatura citadas en los párrafos anteriores para los sistemas de spin pueden producirse ciertas ambigüedades. Por ejemplo, si vamos a designar un sistema como *AA' BB' CC'* (butadieno) no queda claramente indicada la secuencia de núcleos con relación al esqueleto carbonado de la molécula. Para evitar estas confusiones los símbolos empleados para designar los tipos de núcleos unidos a un átomo de carbono se separan con un guión de los símbolos que se emplean para designar los núcleos en el átomo de carbono contiguo. En consecuencia la nomenclatura preferida para el butadieno será *BC—A—A'—B'C'*.

5.13 INTERPRETACIÓN DE SISTEMAS DE SPIN SENCILLOS

5.13.1 Sistemas con dos estados de spin

Vamos a empezar nuestro estudio sobre sistemas de spin sencillos considerando el caso de un sistema con dos estados de spin, puesto que el sistema de estado de spin único es trivial y da lugar a una única línea de absorción. El sistema de dos estados de spin más sencillo es el A_2 el cual da lugar a una línea de absorción única. Si consideramos ahora que los desplazamientos químicos de ambos núcleos son suficientemente distintos, e introducimos un acoplamiento entre los dos núcleos tal que $J_{AB} > \Delta\delta_{AB}$, aparecerán un cierto número de líneas en el espectro de resonancia. Si queremos sudividir las líneas de resonancia de los núcleos *A* y *B* de manera simétrica alrededor de sus respectivos desplazamientos químicos, la línea de menor campo del doblete del núcleo *B* puede aparecer a un valor del campo menor que la línea de mayor campo del núcleo *A* (cruzado de los estados de energía). Sin embargo, los estados de energía de un núcleo producidos por interacciones de spin-spin con un núcleo próximo no pueden superponerse (atravesar) a los estados energéticos de aquel núcleo. Para evitar el entrecruzado de los estados del sistema *AB*, las líneas de los dobletes *A* y *B* se diferencian en intensidad y posición de modo que las que se superpondrían se convierten en más intensas que las otras, pero de modo que los centros de gravedad de los dobletes *A* y *B* queden sobre el correspondiente valor de desplazamiento químico y las líneas no se superpongan. La interacción de acoplamiento spin-spin está esquematizada en la figura 5.21. A medida que la diferencia en desplazamiento químico ($\Delta\delta$) entre los núcleos *A* y *B* aumenta con relación a J_{AB}, las otras líneas aumentan de intensidad a expensas de las líneas que se superpondrían. Finalmente, a medida que el sistema se va convirtiendo en un sistema *AX*, las líneas se hacen más iguales en intensidad.

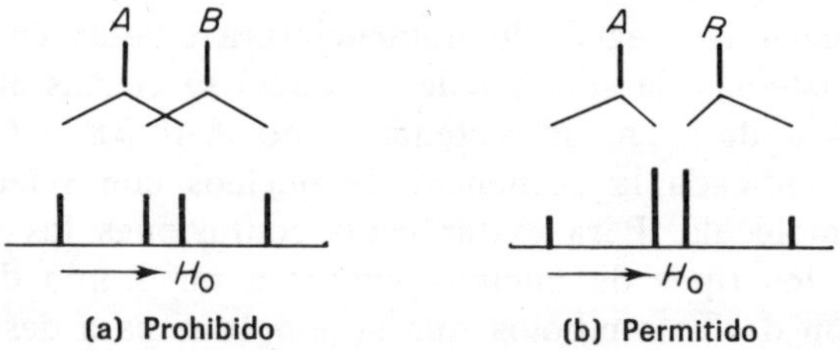

Fig. 5.21. Representación esquemática de las interacciones de spin-spin en un sistema *AB*.

Las intensidades relativas entre las líneas centrales y las extremas en un sistema *AB* o *AX*, y la diferencia en desplazamiento químico ($\Delta\delta$) se pueden calcular utilizando las ecuaciones (5.27) y (5.28), respectivamente.

$$\text{Intensidad relativa}\left(\frac{\text{línea 1}}{\text{línea 2}}\right) = \frac{Q - J}{Q + J} \tag{5.27}$$

$$\Delta\delta = (Q^2 - J^2)^{1/2} \tag{5.28}$$

La constante de acoplamiento *J* es la distancia entre las líneas 1 y 2 ó 3 y 4, y la cantidad *Q* es la distancia entre las líneas 1 y 3 ó 2 y 4.

En las figuras 5.22 y 5.23 se presentan ejemplos de espectros que contienen los sistemas *AB* y *AX*. El espectro de resonancia en la zona del hidrógeno del *cis*-β-fenilmercaptoestireno, de la figura 5.22, presenta un sistema *AB* centrado a $\delta = 6{,}48$ para los dos hidrógenos etilénicos. La constante de acoplamiento observada es 10,7 Hz y $\Delta\delta_{AB}$ es 0,095 ppm. Las intensidades relati-

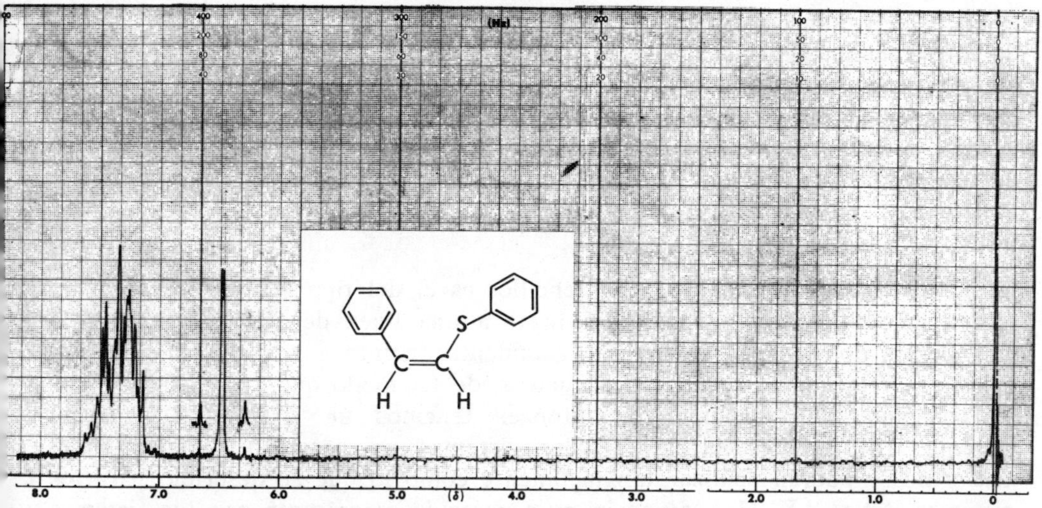

Fig. 5.22. Espectro de resonancia en la zona del hidrógeno del *cis*-β-fenilmercaptoestireno.

vas presentan un coeficiente de 0,056, en comparación con el valor 0,061 calculado por la ecuación 5.27. El diagrama complejo de absorción a valores bajos del campo es debido a los hidrógenos aromáticos.

En la figura 5.23 tenemos el espectro de resonancia en la zona del hidró-

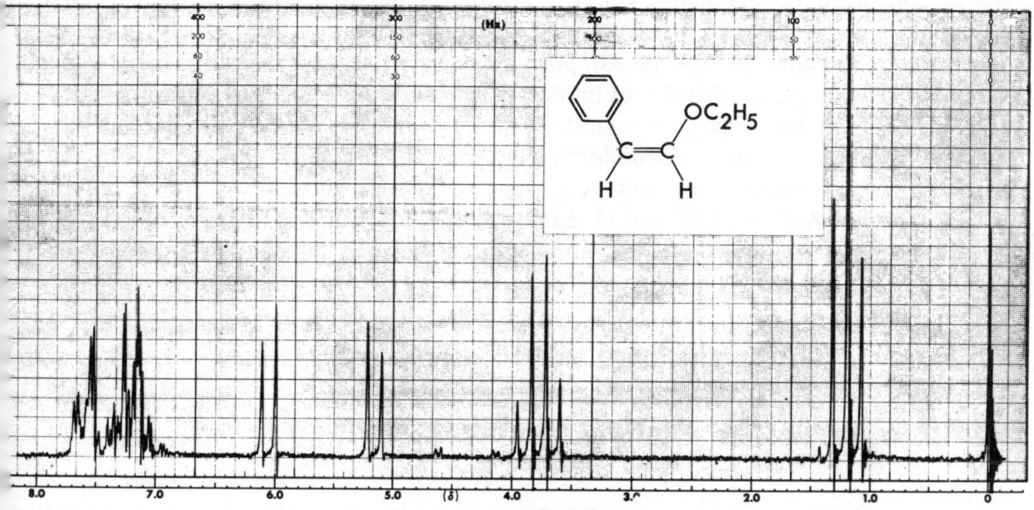

Fig. 5.23. Espectro de resonancia en la zona del hidrógeno *cis*-etoxifeniletileno.

geno del *cis*-β-etoxiestireno, en el cual los hidrógenos etilénicos aparecen en la forma de un sistema *AX*, con $\delta_A = 6{,}06$ y $\delta_X = 5{,}18$ y con una constante de acoplamiento de 7,2 Hz. La razón entre las intensidades observadas es de 0,77 siendo el valor calculado también 0,77. El triplete a $\delta = 1{,}21$ y el cuadruplete a $\delta = 3{,}77$ representa el sistema A_2X_3 del grupo CH_3CH_2 mientras que los hidrógenos aromáticos dan lugar al multiplete complejo centrado a $\delta = 7{,}3$.

5.13.2 Sistemas de tres spines

El sistema de tres spines más sencillos es el del tipo A_3, por ejemplo, un grupo metilo aislado, el cual dará lugar a una línea de absorción única. Si uno de los dos núcleos se vuelve ligeramente distinto en desplazamiento químico con relación a los otros dos núcleos, de tal modo que $\Delta\delta$ sea menor que la constante de acoplamiento, entonces tenemos un sistema A_2B, o un sistema AB_2. Los espectros de tales sistemas no poseerán ninguna simetría y no se podrán analizar tan fácilmente como lo que se describió para los sistemas *AB* y *AX*. Una situación muy parecida se presenta con los sistemas *ABC*, en los cuales los tres núcleos difieren ligeramente en desplazamiento químico. En los espectros que aparenten poseer un sistema triple de spin del tipo A_2B o *ABC*, se recomienda al estudiante que consulte la obra de Wiberg y Nist titulada *The Interpretation of NMR Spectra*, con el fin de calcular los desplazamientos químicos y las constantes de acoplamiento. Wiberg y Nist han calculado unos modelos de absorción para varios sistemas de spin, manteniendo una diferencia de desplazamiento químico constante (6 Hz), y variando la constante de acoplamiento. El estudiante puede seleccionar el espectro calculado que se parezca más estrechamente a la porción del espectro de su muestra en anchura de los picos, posiciones relativas, e intensidades. Las diferencias en desplazamientos químicos y constante de acoplamiento pueden trasladarse para hacerlas corresponder con el diagrama observado. Existen numerosos programas para ordenadores electrónicos para efectuar el cálculo del espectro y la comparación con los espectros observados.

El sistema A_2X o AX_2, en el cual uno de los núcleos difiere mucho en desplazamiento químico, puede representarse de una manera esquematizada

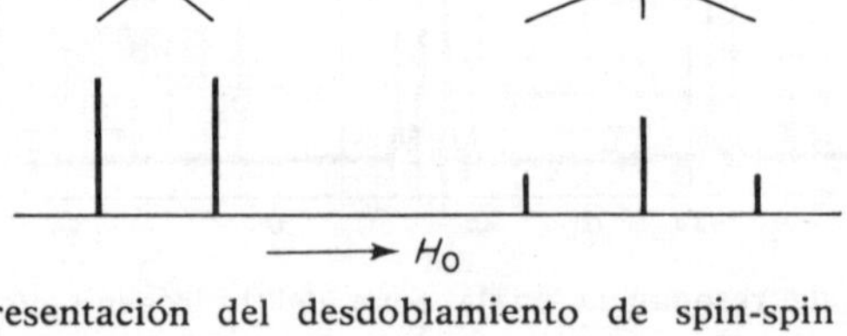

Fig. 5.24. Representación del desdoblamiento de spin-spin en un sistema A_2X.

tal como se indica en la figura 5.24. Las intensidades teóricas de las líneas en las porciones *A* y *X* del espectro, tal como se calculan con la ecuación (5.12), se podrán aplicar únicamente cuando $\Delta\delta_{AX}/J_{AX} \rightarrow \infty$. A medida que la relación entre $\Delta\delta_{AX}$ y J_{AX} disminuye, los diagramas de absorción quedan distorsionados, aumentando de intensidad las líneas que tenderían a superponerse, a expensas de las otras líneas, al igual que ocurría en la transformación *AX*→*AB*.

Otro sistema triple de spin es el *ABX*, donde $\Delta\delta_{AB} < J_{AB}$ y $\Delta\delta_{AX}$ y $\Delta\delta_{BX} > J_{AX}$ y J_{BX}. En la figura 5.25 se esquematiza el diagrama para el acoplamiento spin-spin de este sistema. En primer lugar acoplamos los núcleos *A* y *B* independientemente del núcleo *X*, obteniendo un diagrama típico del sistema *AB*. La interacción del spin-spin entre los núcleos *A* y *X* dobla las líneas de resonan-

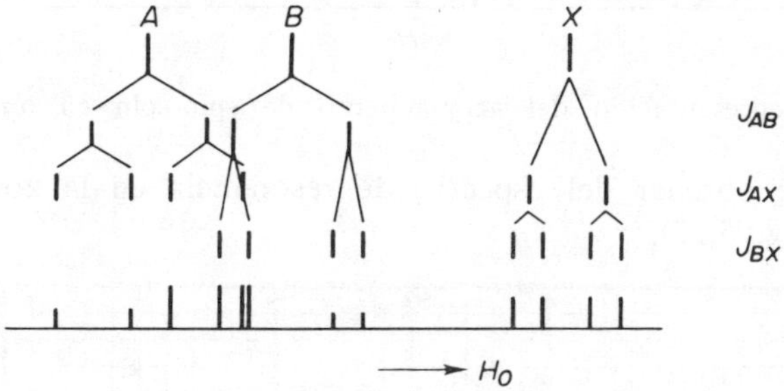

Fig. 5.25. Representación del desdoblamiento de spin-spin en un sistema *ABX*.

cia de *A* y de *X* y la interacción entre los núcleos *A* y *X* dobla las líneas de *B* y otra vez las de *X*. Debe señalarse que el acoplamiento de los núcleos *A* y *B* con el núcleo *X* conduce a una superposición de las líneas de resonancia de *A* y *B*; esto es permisible excepto en los casos en los que es el acoplamiento directo entre los dos núcleos el que conduce a un entrecruzamiento de los estados.

Puede también ocurrir que la porción *X* del espectro *ABX* aparezca como un triplete si $J_{AX} \approx J_{BX}$ de donde resulta una superposición de las dos líneas centrales de la porción *X*. En tales casos no debe utilizarse el término triplete, puesto que es más correcto describir el diagrama como "la porción *X* de un sistema *ABX*". En la figura 5.19 se presenta un ejemplo característico de un espectro que contiene un sistema *ABX* correspondiente al benzoato de 1,2-difeniletilo. La porción *AB* surge de la desigualdad entre los hidrógenos diastereotópicos del metileno, tal como se describió en la sección 5.6.

El último sistema de tres spines es el *AMX*. El diagrama de absorción se predice directamente tal como se ilustra en la figura 5.26. La magnitud relativa de las constantes de acoplamiento puede variar dependiendo de si se trata de un sistema *AM*—*X* o de un sistema *A*—*M*—*X*. Un ejemplo de un diagrama

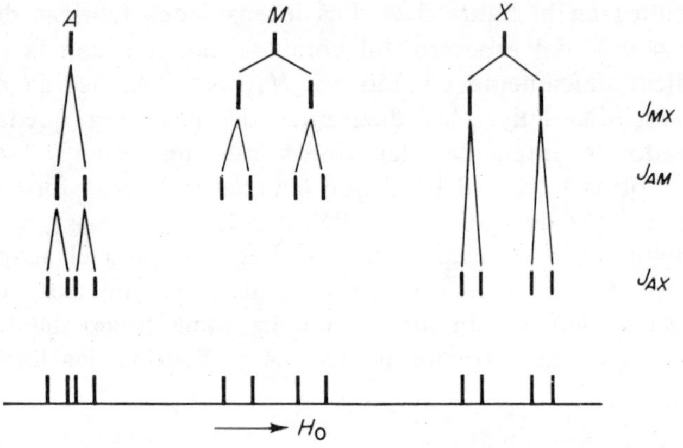

Fig. 5.26. Representación del acoplamiento de spin-spin en un sistema *AMX*.

AMX se puede obtener del espectro de resonancia en la zona del hidrógeno del estireno (fig. 5.27).

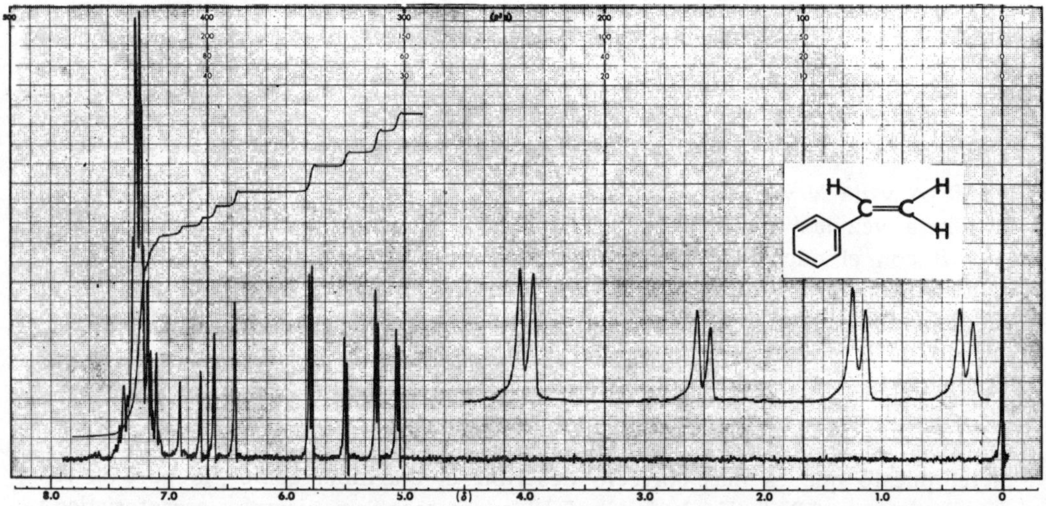

Fig. 5.27. Espectro de resonancia en la zona del hidrógeno del estireno. La línea del fondo es el espectro completo, con una anchura total (amplitud total del papel registro) de 500 Hz, y en ella se observan los hidrógenos aromáticos y la región vinílica *AMX*, con el pico del TMS que aparece a $\delta = 0$. El diagrama de los hidrógenos *M* y *X* se presenta en la línea superior de la derecha, con una anchura total de barrido de 100 Hz y un origen del barrido (desplazamiento del campo con respecto a la posición de O Hz del papel registrador) a 296 Hz. La línea superior de la izquierda es la integral que nos indica la intensidad relativa de los distintos picos.

5.13.3 Sistemas de spin superiores

Los sistemas de spin superiores, del tipo general A_nX_m dan lugar a diagramas tal como se describió en la sección 5.7. Para el análisis de los espectros que contengan los sistemas AB_3, A_2B_2, AB_4 y A_2B_3, se recomienda al lector que consulte la obra de Wiberg y Nist *The Interpretation of NMR Spectra.*

5.14 APLICACIONES CUANTITATIVAS DE LA RMN

La integral de la absorción total del mismo número de núcleos (sensibilidad) de diferente desplazamiento químico, pero de la misma especie isotópica, es la misma. Las especies nucleares distintas, no obstante, poseen distinta sensibilidad y no conducirían a un valor igual de la absorción integrada correspondiente al mismo número de núcleos. Esto tiene poca importancia puesto que las absorciones de núcleos distintos no ocurren nunca en la misma región espectral, y en consecuencia, no aparecerán nunca en el mismo espectro.

El hecho de que tengan igual sensibilidad, independientemente del entorno químico, suministra al químico un método cuantitativo muy poderoso. La medida de las áreas de los distintos diagramas de absorción nos permite obtener la razón relativa de los núcleos situados en distintos lugares de la molécula. Si es posible asignar estructuralmente uno de los diagramas de absorción, y si es conocido el número de grupos funcionales de la molécula que lo originan puede transformarse la razón relativa del número de hidrógenos en una razón absoluta.

Es también posible el análisis de mezclas, siempre que se pueda distinguir la absorción de un núcleo o conjunto de núcleos de cada una de las moléculas presentes en la mezcla, y que a su vez tales absorciones puedan también distinguirse de los diagramas de absorción de los otros núcleos de las moléculas. Esta técnica nos suministra uno de los métodos más sencillos para el análisis de mezclas diastereoméricas

Se han intentado métodos cuantitativos para la determinación del tanto por ciento de hidrógeno contenido en una molécula orgánica, adicionando una cantidad pesada de un patrón con un contenido de hidrógeno conocido, a una porción pesada de la muestra problema, y por último integrando el espectro de resonancia. El tanto por ciento de hidrógeno de la muestra desconocida se podrá calcular directamente.

La integración del espectro de resonancia se podrá conseguir por métodos manuales o electrónicos. Los procedimientos manuales se suelen basar en la medida de las áreas por medio de un planímetro, o bien recortando los picos (normalmente un procedimiento muy complejo) y pesando los pedazos resultantes. La integración electrónica se consigue generalmente acumulando el voltaje a la entrada del registrador y representando este voltaje acumulado como una función del tiempo o de la distancia sobre el papel del registrador. En la figura 5.27 se ilustra el uso de este método. La línea que aparece por encima de los picos de resonancia es la línea de integración, representando la altura de los tramos verticales, el número de núcleos que aparecen bajo aquel pico de resonancia, multiplicado por una constante de proporcionalidad. También existen dispositivos de presentación digital para escribir los voltajes acumulados a intervalos de tiempo preestablecidos.

5.15 PREPARACIÓN DE LA MUESTRA

Uno de los factores más importantes en la obtención de un buen espectro es el cuidado que se haya puesto en la preparación de la muestra. La muestra debe estar en un alto grado de pureza y exenta de trazas de polvo o cualquier otro material extraño, especialmente de las impurezas que tengan propiedades magnéticas. La presencia de tales productos produce un sensible ensanchamiento de las líneas.

Los líquidos no viscosos deben ensayarse limpios (sin disolvente) con aproximadamente un 3 % en peso de tetrametilsilano añadido como patrón interno para la espectroscopia de resonancia nuclear magnética en la zona del hidrógeno. Para otras especies nucleares se dispone de otros patrones internos. Los líquidos viscosos y los sólidos deben disolverse en un disolvente apropiado, generalmente con una concentración del 10 al 25 % en peso, para dar lugar a una disolución de baja viscosidad. El disolvente se escogerá de acuerdo con las características de solubilidad de la muestra. El disolvente no debe absorber en regiones que puedan oscurecer los diagramas de absorción producidos por la muestra. Las interferencias producidas por la absorción del disolvente pueden eliminarse empleando moléculas completamente deuteradas o halogenadas, por ejemplo, $CDCl_3$ y CCl_4. En el comercio se puede encontrar un gran número de disolventes deuterados adecuados para los estudios de resonancia nuclear magnética. El disolvente debe estar en un elevado grado de pureza y protegido de la contaminación.

La muestra líquida limpia o la disolución se sitúa en el tubo de contención, el cual ha sido cuidadosamente limpiado. Para su utilización en los espectrómetros de resonancia nuclear magnética se dispone de tubos especiales. El espesor de la pared debe ser relativamente pequeño y mantenerse dentro de unos estrictos límites de tolerancia; con esto se consigue que el volumen de muestra situado dentro del campo magnético sea lo mayor posible, y que las distorsiones del campo producidas por las variaciones del espesor de la pared, sean mínimas. El tubo que contiene la muestra debe cerrarse. En los trabajos muy cuidadosos el tubo debe cerrarse a presión reducida, empleando técnicas de eliminación de gases para expulsar el oxígeno disuelto, el cual produce un ensanchamiento de las líneas. Con todo esto la muestra está dispuesta para obtener de ella su espectro de resonancia magnética nuclear.

5.16 PROBLEMAS ESPECTRALES EN RESONANCIA MAGNÉTICA NUCLEAR

Identifíquese cada uno de los siguientes compuestos desconocidos basándose en su espectro de resonancia magnética nuclear y la otra información que se acompaña.

1. $C_5H_{12}O_2$; con el espectro de rnm de la Fig. 5.28; presenta una absorción ancha en la región de 3300 cm^{-1} (3,0μ) del espectro de infrarrojos.

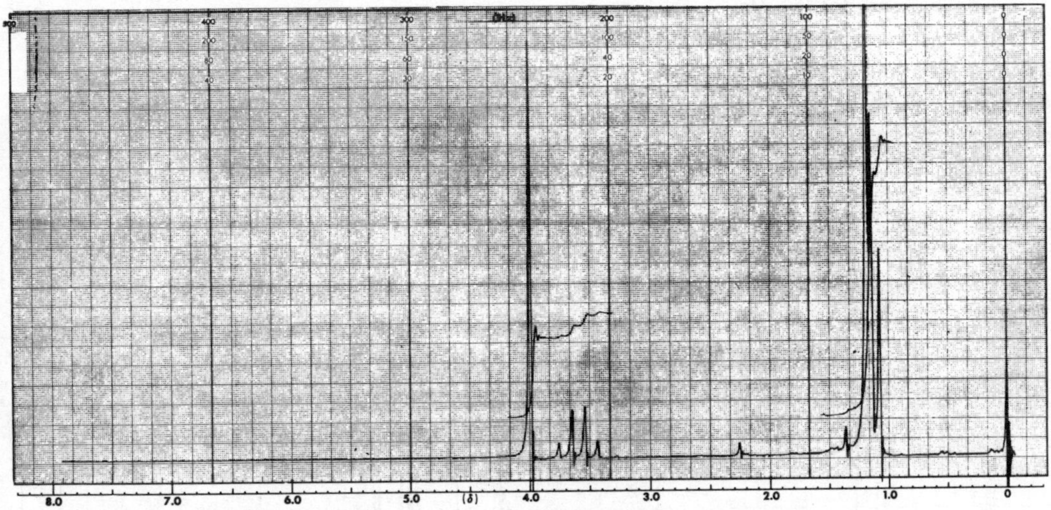

Fig. 5.28. Espectro de rmn para el producto desconocido del problema 1 registrado en una disolución al 30 % en deuterocloroformo con una amplitud de barrido de 500 Hz.

2. $C_8H_8O_2$; con el espectro de rnm de la Fig. 5.29; absorbe a 1692 cm^{-1} (5,91μ) y es transparente en la región de 3300 cm^{-1} (3,0μ).

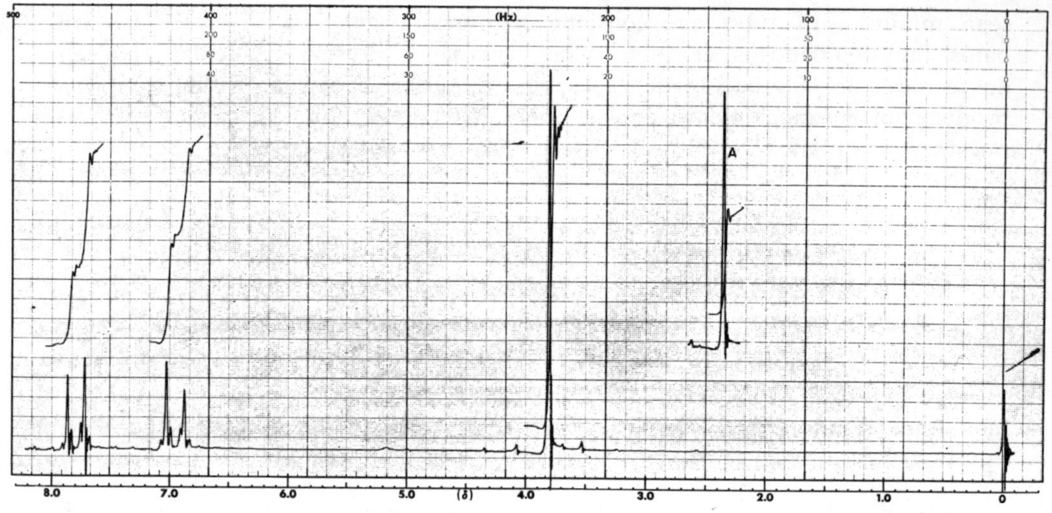

Fig. 5.29. Espectro de rmn para el producto desconocido del problema 2 registrado en disolución al 30 % de deuterocloroformo con una amplitud de barrido de 500 Hz; la línea A con una amplitud de barrido de 500 Hz, y un origen de barrido de 450 Hz.

3. C_8H_8O; con el espectro de rmn de la Fig. 5.30; es transparente en la región de 3300 cm^{-1} (3,0μ) y también en las regiones de 2000 a 1650 cm^{-1} (5 a 6μ).

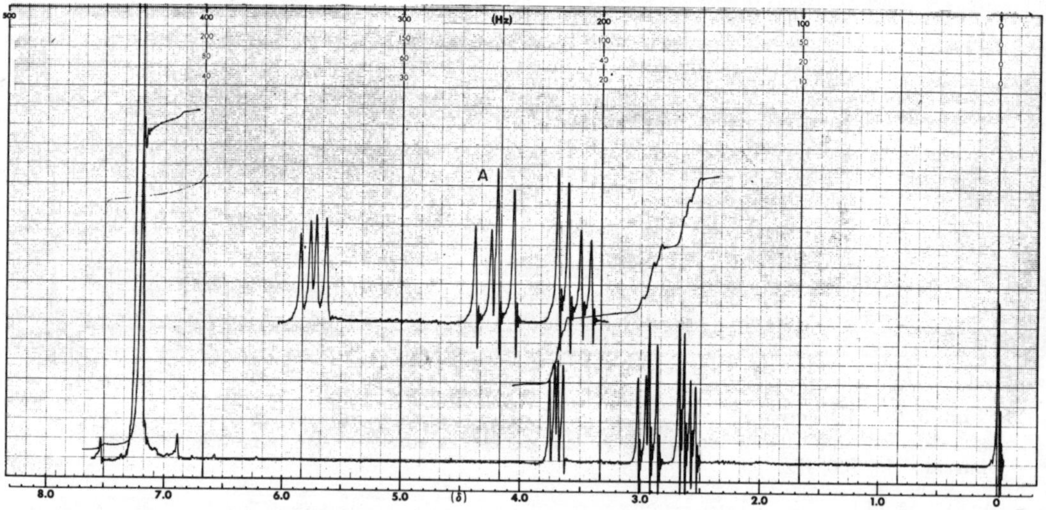

Fig. 5.30. Espectro de rmn para el producto desconocido del problema 3 registrado en disolución al 30 % en deuterocloroformo, con una amplitud de barrido de 500 Hz; la línea A con una amplitud de barrido de 250 Hz y un origen del barrido a 50 Hz.

4. C_5H_8O; con el espectro de rnm de la Fig. 5.31; absorbe a 1684 cm^{-1} (5.93μ).

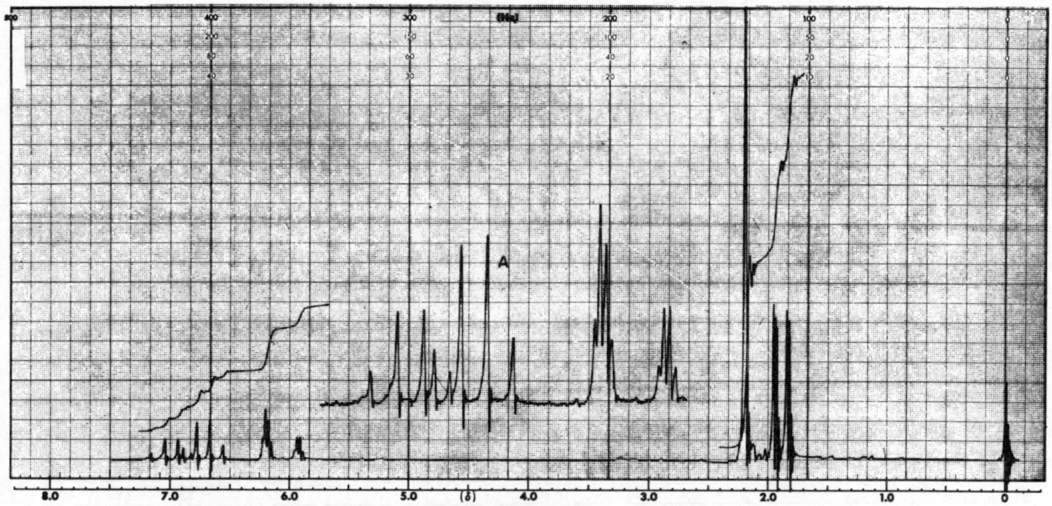

Fig. 5.31. Espectro de rmn para el producto desconocido del problema 4 registrado en disolución al 30 % en deuterocloroformo con una amplitud de barrido de 500 Hz; la línea de A con una amplitud de barrido de 250 Hz y un origen del barrido a 270 Hz.

5. $C_6H_{12}O$; con el espectro de rnm de la Fig. 5.32; es transparente en las regiones de 3300 cm^{-1} (3.0μ) y 2000 a 1650 cm^{-1} (5 a 6μ).

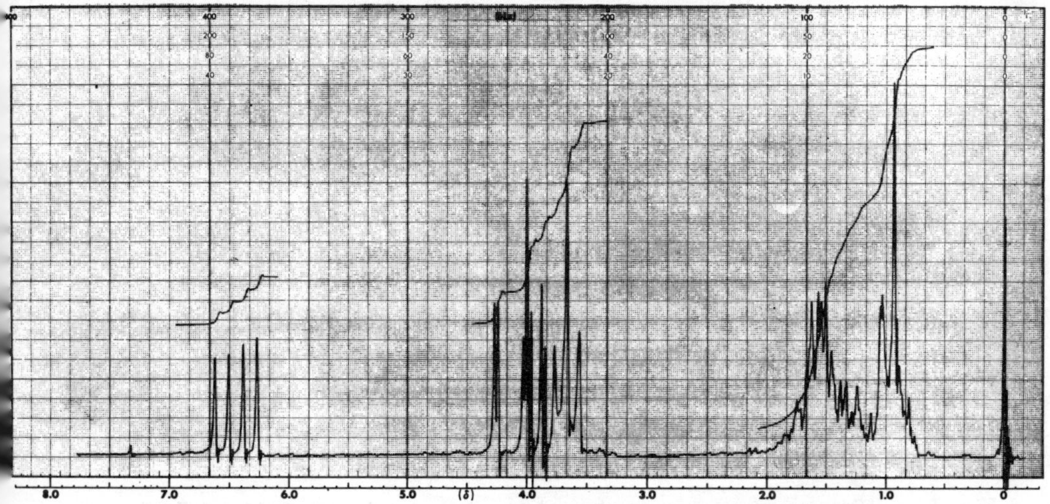

Fig. 5.32. Espectro de rmn para el producto desconocido del problema 5 registrado en disolución al 30 % en deuterocloroformo con una amplitud de barrido de 500 Hz.

6. $C_6H_{14}O_2$; con el espectro de rmn de la Fig. 5.33; presenta una ancha absorción en la región de 3300 cm^{-1} (3,0μ).

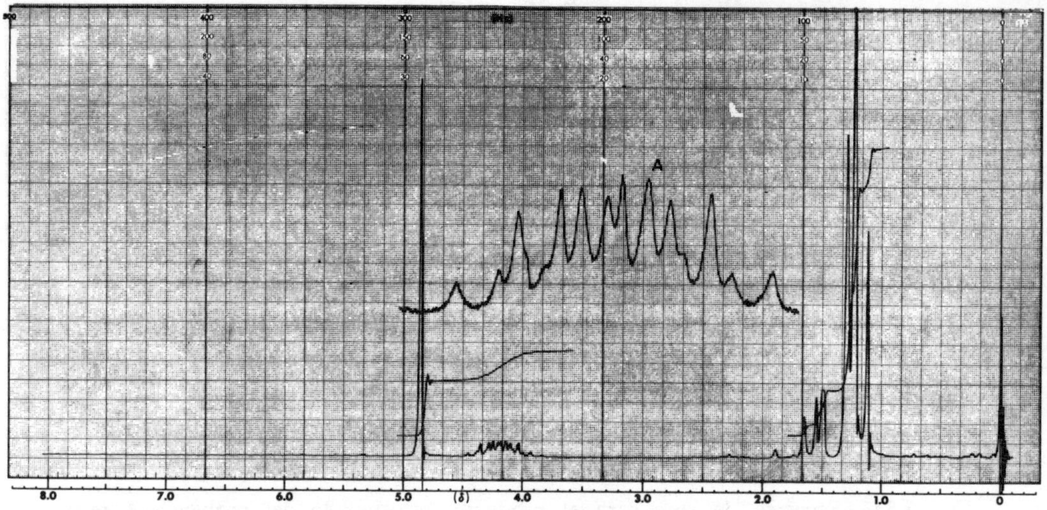

Fig. 5.33. Espectro de rmn para el producto desconocido del problema 6 registrado en disolución al 30 % en deuterocloroformo con una amplitud de barrido de 500 Hz; la línea A con una amplitud de barrido de 100 Hz y un origen del barrido a 210 Hz.

7. $C_{11}H_{16}O$; con el espectro de rnm de la Fig. 5.34; presenta una ancha absorción en la región de 3300 cm^{-1} (3,0μ).

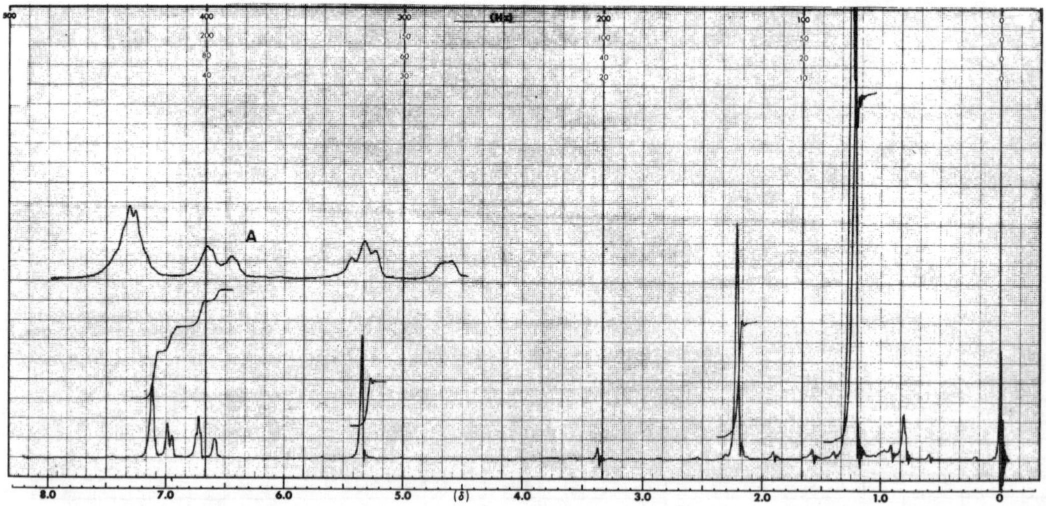

Fig. 5.34. Espectro de rnm para el producto desconocido del problema 7 registrado en disolución al 30 % en deuterocloroformo con una amplitud de barrido de 500 Hz; la línea A con una amplitud de barrido de 100 Hz; y un origen del barrido a 340 Hz.

8. $C_5H_{12}O_2$; con el espectro de rmn de la Fig. 5.35; presenta una ancha absorción en la región de 3300 cm^{-1} (3,0μ).

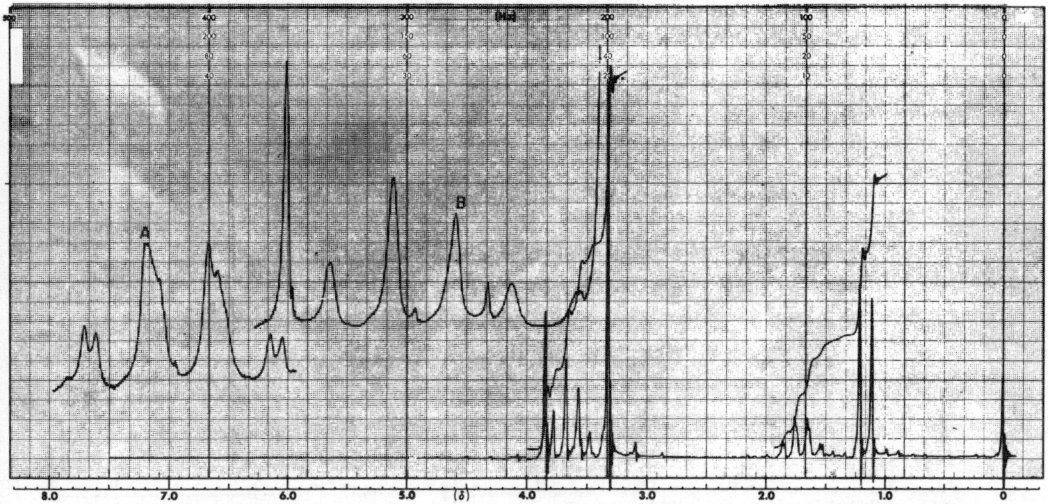

Fig. 5.35. Espectro de rmn para el producto desconocido del problema 8 registrado en disolución al 30 % en deuterocloroformo con una amplitud de barrido de 500 Hz; la línea A con una amplitud de barrido de 100 Hz; y un origen del barrido a 20 Hz; la línea B con una amplitud de barrido de 100 Hz y un origen del barrido a 160 Hz.

9. $C_9H_{14}O$; con el espectro de rmn de la Fig. 5.36; presenta una absorción a 1682 cm^{-1} (5,94μ) y 1626 cm^{-1} (6,15μ).

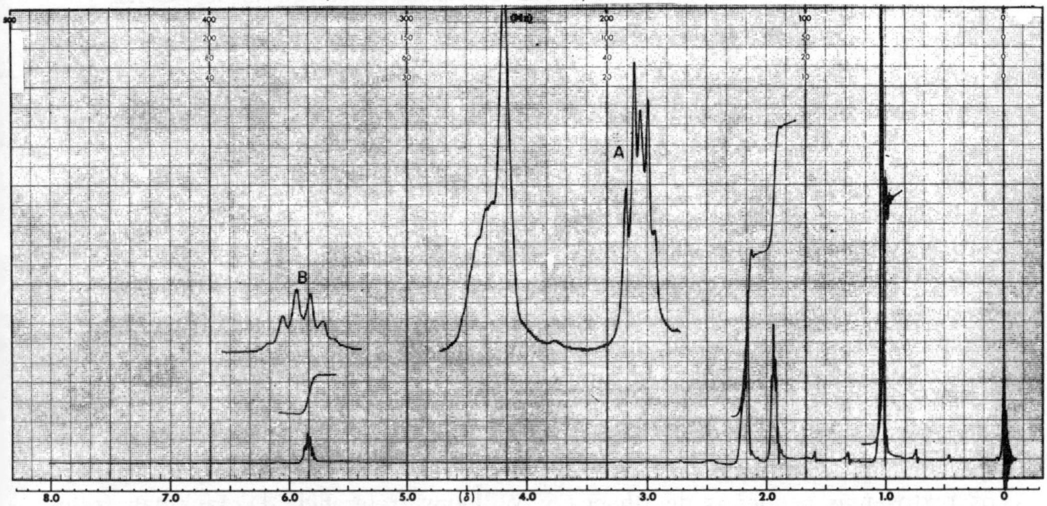

Fig. 5.36. Espectro de rmn para el producto desconocido del problema 9 registrado en disolución al 30 % en deuterocloroformo con una amplitud de barrido de 500 Hz; la línea A con una amplitud de barrido de 100 Hz; y un origen del barrido a 80 Hz; la línea B con una amplitud de barrido de 100 Hz y un origen del barrido a 280 Hz.

10. $C_6H_{11}ClO$; con el espectro de rmn de la Fig. 5.37; es transparente en las regiones de 3300 cm^{-1} (3,0μ) y en la de 2000 a 1650 cm^{-1} (de 5 a 6μ).

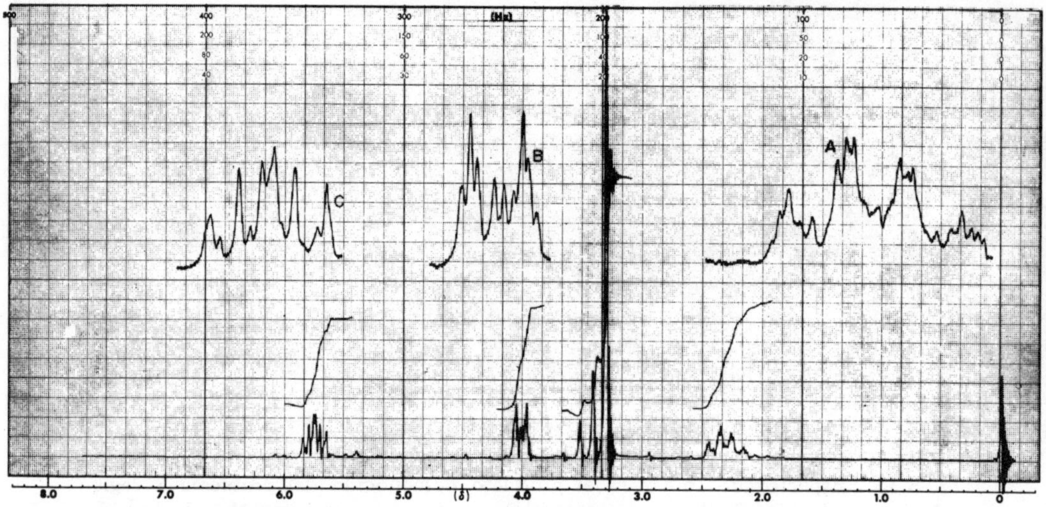

Fig. 5.37. Espectro de rmn para el producto desconocido del problema 10 registrado en disolución al 30 % en deuterocloroformo con una amplitud de barrido de 500 Hz; la línea A con una amplitud de barrido de 100 Hz; y un origen del barrido a 190 Hz; la línea B con una amplitud de barrido de 100 Hz, y un origen del barrido a 190 Hz; la línea C con una amplitud de barrido de 100 Hz, y un origen del barrido a 270 Hz.

5.17 LITERATURA SOBRE RNM

El texto más reciente y comprensible sobre resonancia nuclear magnética es el de Emsley, Feeney y Sutcliffe (referencia 2). En el volumen 1 se tratan los aspectos teóricos de la resonancia nuclear magnética y el análisis de los espectros de alta resolución. El volumen 2 contiene consideraciones sobre las correlaciones que existen entre los parámetros espectrales y la estructura molecular para varios tipos de núcleos. Ambos volúmenes contienen una gran variedad de referencias sobre la literatura original. Otro texto muy completo es el de Pople, Schneider y Bernstein (referencia 4), a pesar de que este texto haya sido sobrepasado por los recientes avances en la espectroscopia de rnm especialmente en lo que hace relación a las correlaciones estructura-espectro. Los textos más pequeños de Bhacca y Williams (referencia 1), Jackman (referencia 3), y Roberts (referencias 5 y 6) se recomiendan para aquellos que vayan a utilizar esporádicamente la rnm.

El análisis de los espectros de resonancia (la determinación de los desplazamientos químicos y de la constante de acoplamiento) en los sistemas complejos de spin se facilita mucho con la obra de Wiberg y Nist *The Interpretation of NMR Spectra* (referencia 7), en el cual las posiciones de las líneas y las intensidades se calculan en función de las constantes de acoplamiento y de las diferencias en desplazamientos químicos.

Los espectros de los compuestos individuales se han recopilado en las referencias 11, 12, 14 y 15. Las publicaciones periódicas de Butterworth (referencia 13), *NMR, EPR, and NQR Current Literature Service,* aportan una visión continua y una recopilación de las citas bibliográficas en las distintas áreas de la resonancia nuclear magnética.

5.18 REFERENCIAS

GENERALES

1. Bhacca, N. S. y Williams, D. H., *Applications of NMR Spectroscopy in Organic Chemistry.* San Francisco: Holden-Day, Inc., 1964.
2. Emsley, J. W., Feeney, J. y Sutcliffe, L. H., *High Resolution Nuclear Magnetic Resonance Spectroscopy,* Vol. 1 y 2. New York: Pergamon Press, 1965.
3. Jackman, L. M., *Applications of Nuclear Magnetic Resonance Spectroscopy in Organic Chemistry.* New York: Pergamon Press, 1959.
4. Pople, J. A. Schneider, W. G. y Bernstein, H. J., *High Resolution Nuclear Magnetic Resonance.* New York: McGraw-Hill Book Company, 1959.
5. Roberts, J. D., *Nuclear Magnetic Resonance. Application to Organic Chemistry.* New York: McGraw-Hill Book Company, 1959.
6. Roberts, J. D., *An Introduction to the Analysis of Spin-Spin Splitting in High-Resolution Nuclear Magnetic Resonance Spectra.* New York: W. A. Benjamin, Inc., 1962.
7. Wiberg, K. B. y Nist, B. J., *The Interpretation of NMR Spectra.* New York: W. A. Benjamin, Inc., 1962.
8. Mathieson, D. W., ed., *Nuclear Magnetic Resonance for Organic Chemists.* New York: Academic Press, Inc., 1967.
9. Mislow, K. y Raban, M., "Stereochemical Relationships of Groups in Molecules", en *Topics in Stereochemistry,* E. L. Eliel y N. L. Allinger, eds., Vol. I, Cap. 1. New York: Interscience Publishers, Inc.
10. Emsley, J. W., Feeney, J. y Sutcliffe, L. H. *Progress in Nuclear Magnetic Resonance Spectroscopy,* Vol. 1-3. New York: Pergamon Press, 1966-1967.

COMPILACIONES Y REFERENCIAS BIBLIOGRÁFICAS SOBRE ESPECTROGRAFÍA DE RNM

11. *A Catalogue of the Nuclear Magnetic Resonance Spectra of Hydrogen in*

Hydrocarbons and Their Derivatives, Humble Oil and Refining Co., Baytown, Tex.

12. *High Resolution NMR Spectra Catalogue,* Vol. 1 (1962) y Vol. 2 (1963). Varian Associates, Palo Alto, Calif.
13. *NMR, EPR and NQR Current Literature Service,* Butterworth Inc., Washington, D.C.
14. *Sadtler NMR Spectra,* Sadtler Research Laboratories, Philadelphia, Pa.
15. *Nuclear Magnetic Resonance Spectral Data.* American Petroleum Institute, Project No. 44, Chemical Thermodynamic Properties Center, Agricultural and Mechanical College of Texas, College Station, Tex.
16. Bovey, F. A., *NMR Data Tables for Organic Compounds,* Vol. 1. New York: Interscience Publishers, Inc., 1967.
17. Brügel, W., *Nuclear Magnetic Resonance Spectra and Chemical Structures.* New York: Academic Press, 1967.

6

Resonancia de spin electrónico

6.1 INTRODUCCIÓN

La resonancia de spin electrónico (rse)[1] es parecida en muchos aspectos a la resonancia magnética nuclear. Un electrón libre posee un número cuántico de spin de 1/2 y en consecuencia, puede existir en uno de los dos estados, + 1/2 o — 1/2 de igual energía (degenerados). Al igual que en la resonancia magnética nuclear, la degeneración de la energía correspondiente a estos estados se elimina al aplicar un campo magnético exterior y pueden inducirse transiciones de un estado a otro irradiando al electrón con la cantidad adecuada de energía. La energía necesaria viene dada por la ecuación (6.1).

$$E = h\nu = g\mu_0 H_0 \tag{6.1}$$

donde g, el factor de Landé, es la constante de proporcionalidad (momento magnético)/(momento angular) que tiene un valor de 2,002319 para un electrón no enlazado, H_0 es el campo aplicado, y μ_0 viene definida por la ecuación (6.2).

$$\mu_0 = \frac{eh}{4\pi m_e c} \tag{6.2}$$

En la ecuación (6.2), e es la carga electrónica, m_e es la masa del electrón y c es la velocidad de la luz. Las energías corrientemente involucradas en las transiciones del spin electrónico caen en la región de 1 caloría (cal); y al

[1] Denominada también resonancia de paramagnetismo electrónico.

igual que en el caso de la resonancia nuclear magnética, la energía necesaria para inducir la transición del spin electrónico es proporcional a la intensidad del campo H_0. La intensidad del campo utilizada normalmente es de 3400 gaus, con lo cual se requiere una frecuencia para la excitación del orden de 9,5 GHz (gigaHertz o 10^9 Hz).

La intensidad de las líneas de la resonancia del spin electrónico depende de varios factores, algunos de los cuales se indican en la ecuación (6.3), la cual muestra la relación entre la población de los estados de spin $\frac{-1/2}{+1/2}$.

$$\frac{n(-\frac{1}{2})}{n(+\frac{1}{2})} = \exp\left(\frac{g\mu_0 H_0}{kT}\right) \tag{6.3}$$

La intensidad de la línea de resonancia aumenta con H_0 (o frecuencia) y con el factor g (que se discutirá posteriormente), y es inversamente proporcional a la temperatura absoluta. Además de los factores indicados en la ecuación 6.3, la intensidad de la línea de resonancia es también función de la concentración de las especies paramagnéticamente activas. La concentración de trabajo necesario de las especies paramagnéticas generalmente es del orden de 10^{-10} o 10^{-12} mol/litro, pero también los espectrómetros muy sensibles pueden detectar la presencia de especies paramagnéticas a concentraciones tan bajas como 10^{-14} mol/litro. Los distintos factores experimentales que aparecen al determinar la intensidad de la línea de resonancia sitúan la precisión del método normalmente en una incertidumbre del $\pm$ 50 % en la determinación de la concentración absoluta de las especies paramagnéticas.

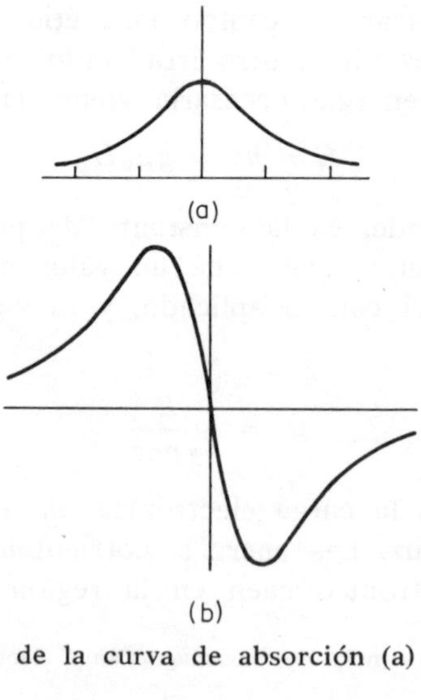

Fig. 6.1. Aspecto normal de la curva de absorción (a) y de su derivada (b).

Para razones experimentales las líneas de la resonancia de spin electrónico se registran como las derivadas del espectro directo (la primera derivada de la ecuación que describe la forma de la línea de absorción). La energía total absorbida comparada con la energía total aplicada es excesivamente pequeña y en consecuencia difícil de determinar con precisión; para amplificar la señal debida a la absorción se modula el campo magnético añadiendo un pequeño campo magnético oscilante al campo principal H_0, el cual alternativamente se suma y se substrae al campo magnético principal aplicado H_0. La figura 6.1a, ilustra la forma normal de una curva de absorción y la figura 6.1b ilustra la correspondiente a la curva derivada.

6.2 LOS VALORES *g*

Al igual que en la resonancia nuclear magnética la resonancia de spin electrónico nos suministra dos conjuntos básicos de datos: la posición de la absorción y las constantes de acoplamiento de los electrones desapareados o no enlazados, con otros núcleos que posean un valor de $I \neq 0$. La posición de la resonancia viene indicada con un valor *g* el cual es función de la relación entre la frecuencia y el valor de H_0, en las condiciones de resonancia. Para un electrón libre este valor de *g* es el factor *g* de Landé, o 2,002319. Las desviaciones del valor de *g* de 2,002319 son debidas a las interacciones magnéticas las cuales engloban el momento angular orbital del electrón desapareado; y en consecuencia son una función del medio químico ambiente. Para los líquidos, en los cuales las colisiones moleculares conducen a una compensación de las interacciones con otros núcleos, las especies específicamente paramagnéticas poseerán un valor de *g* único *(isotrópicas)*. No obstante, en los sólidos las especies paramagnéticas pueden presentar diferentes valores de *g* a lo largo de los ejes *x, y, z,* dependiendo de la simetría de la molécula *(anisotrópicas)*. (Debe tenerse en cuenta que se pueden obtener espectros de rse de los sólidos; sin embargo esto no es cierto en la rmn de alta resolución.) Los radicales orgánicos en solución poseen todos unos valores de *g* que están muy próximos al valor de *g* del electrón no enlazado. Por lo general los radicales libres en hidrocarburos poseen valores de *g* menores que los correspondientes a los radicales libres sobre hidrocarburos que contengan oxígeno o nitrógeno, los cuales a su vez son menores que los de los radicales que contienen halógenos o el grupo peróxido (—00·). La tabla 6.1 contiene unos cuantos valores de *g* representativos.

6.3 INTERACCIONES HIPERFINAS

A pesar de que los electrones desapareados pueden existir en sólo dos estados de spin, $-1/2$ y $+1/2$ y esto hace esperar que produzcan una única

Tabla 6.1. Valores de *g* para radicales orgánicos

Radical	*Valor de g*
Vinilo	2,00220
Catión antraceno	2,00249
Alilo	2,00254
Metilo	2,00255
Etilo	2,00260
Anión naftaleno	2,00263
Anión antraceno	2,00266
Anión benceno	2,00276
Anión *trans*-estilbeno	2,00285
Anión benzofenona	2,00359
1,4-benzosemiquinona	2,00468
2-cloro-benzosemiquinona	2,00486
2,3-diclorobenzosemiquinona	2,00512
2-bromobenzosemiquinona	2,00507
Catión trifenilfosfonio	2,00554
Radical peróxido de cumilo	2,0155

línea de resonancia, estos dos estados de spin pueden interaccionar con los momentos magnéticos del núcleo con el cual el electrón desapareado está unido o parcialmente asociado. Esta interacción causa una subdivisión de la línea de resonancia en varias líneas (al igual que ocurre con el acoplamiento spin-spin en la resonancia nuclear magnética). La transición entre estos subniveles de los estados de spin $-1/2$ y $+1/2$ del electrón desapareado producen varias líneas de resonancia. Estas interacciones se denominan interacciones hiperfinas y son las distancias entre los picos asociados de un conjunto, medidos en gauss y que vienen denominados como a_x, donde x es el átomo causante de la interacción hiperfina. El número de líneas y las intensidades relativas entre ellas vienen dadas por las ecuaciones (6.4) y (6.5), en las cuales n es el número de núcleos químicamente idénticos que están interaccionando con el electrón desapareado, e I es el número cuántico de spin del átomo n-ésimo (estas ecuaciones son idénticas a las que se emplean para predecir el número de líneas y su intensidad relativa en la resonancia nuclear magnética).

$$\text{Número de picos} = (2In + 1) \quad (6.4)$$

$$\text{Intensidades relativas} = (r + 1)^n \text{ (coeficiente de la forma expandida)} \quad (6.5)$$

Son dos los tipos de interacciones que conducen al desdoblamiento por interacciones hiperfinas; el primero está relacionado con las interacciones dipolo-dipolo, y el segundo con las interacciones de contacto de Fermi. Las interacciones hiperfinas dipolo-dipolo se producen sólo en los sólidos y están causadas por la presencia de un núcleo ($I \neq 0$) cerca del electrón desapareado, pero no ligado al electrón (interacciones intermoleculares), y son altamente anisotrópicos. En los líquidos y gases las interacciones hiperfinas de dipolo-dipolo son nulas debido al acercamiento simultáneo de los campos originados por los otros núcleos de la muestra.

La interacción por contacto de Fermi tiene su origen en una estrecha interacción directa (interacción intramolecular) del electrón desapareado con el núcleo, y resulta ser independiente de la orientación *(isotrópica).* El valor de la constante de interacción hiperfina debida a la interacción por contacto de Fermi es proporcional a la densidad de spin electrónico libre asociada con el que interacciona. En algunos casos aparece una contribución suplementaria debida a la densidad de spin electrónico de los átomos vecinos.

Un electrón desapareado en un sistema de electrones π tendrá una densidad de spin definida asociada con cada átomo del sistema π conjugado; y en consecuencia, presentará una interacción hiperfina con estos átomos y los sustituyentes enlazados a estos átomos. Los valores de a_H para tales sistemas π vienen definidos aproximadamente por la ecuación (6.6).

$$a_{\mathrm{H}} = Q\rho \tag{6.6}$$

donde Q es una constante con un valor comprendido entre 22,5 y 30 gauss, normalmente se toma el valor de 24 gauss, y ρ es la densidad de spin debida al electrón desapareado sobre el carbono enlazado con el átomo de hidrógeno acoplado. Los valores de ρ pueden calcularse teóricamente (véase ref. 3) y compararse con los valores experimentalmente observados, para adquirir un conocimiento profundo del orbital ocupado por el electrón desapareado y como una ayuda para establecer la estructura de la especie paramagnética. Los hidrógenos en *alfa* de grupos alquílicos unidos a sistemas π producen una interacción hiperfina aunque no estén unidos directamente al sistema π. Esta interacción se atribuye a una interacción hiperconjugativa del grupo alquilo con el sistema π, y los valores para a_H vienen dados también de un modo aproximado por la ecuación (6.6), usando el mismo valor para Q que se usa para los sistemas de electrones π.

Las constantes de interacción hiperfina para el hidrógeno en *alfa* (—HC·) en los radicales alquilo abarcan un intervalo de 21-23 gauss (véase ref. 4). Los valores de a_H del átomo con posición *beta* son generalmente mayores (véase tabla 6.2) y disminuyen al aumentar la sustitución de este carbono en β-a_H, habiéndose encontrado que son rotacionalmente dependientes (referencias 4 y 7), y por ello parecidos a los resultados observados con las constantes de acoplamiento de spin-spin vecinales de la resonancia nuclear magnética. Al avanzar desde el carbono *beta* al carbono *gamma* a_H disminuye muy

Tabla 6.2. Valores seleccionados para las constantes de interacción en la estructura hiperfina*

Radical	*Constante de interacción hiperfina (gauss)*			
$CH_3\cdot$	23,04			
$CH_3CH_2\cdot$	22,38(α)	26,87(β)		
$CH_3CH_2CH_2\cdot$	22,08(α)	33,2(β)	0,38(γ)	
$(CH_3)_2CH\cdot$	22,11(α)	24,68(β)		
$(CH_3)_3C\cdot$	—	22,72(β)		
Benceno$^{+\cdot}$	2,89			
Benceno$^{-\cdot}$	3,75			
Pirazina$^{+\cdot}$	7,6(a_N)	3,26(a_H)		
Pirazina$^{-\cdot}$	7,1(a_N)	2,6(a_H)		
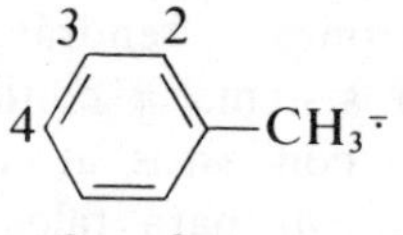	5,12(2)	4,45(3)	0,59(4)	0,79(CH_3)
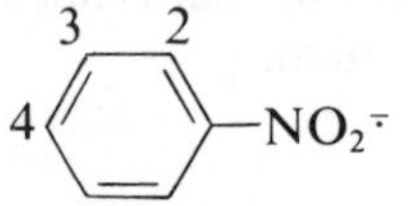	9,70(a_N)	3,36(2)	1,07(3)	4,03(4)
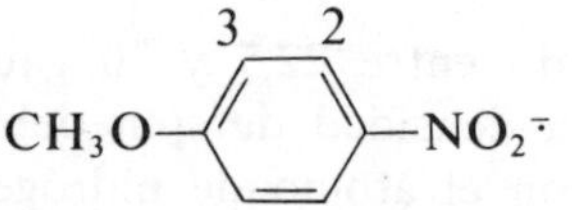	14,35(a_N)	3,40(2)	1,05(3)	
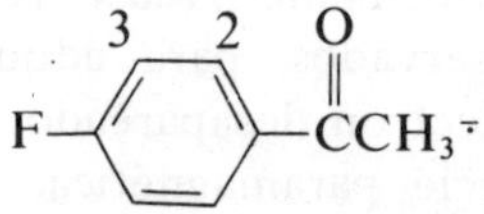	3,78(a_F)	1,62(2)	0,54(3)	3,43(CH_3)
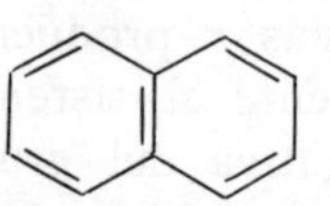 +	4,90(1)	1,83(2)		
−	4,95(1)	1,87(2)		

* Los valores han sido seleccionados a partir de la referencia 2 y 4. El · indica un radical libre neutro, $\dot{+}$ representa un radical catiónico formado por la eliminación de un electrón, y $\dot{-}$ representa un radical aniónico formado por la adición de un electrón. Los valores de esta tabla se han obtenido en una variedad de disolventes distintos. Algunas especies paramagnéticas presenta constantes de interacción hiperfina muy diferentes en disolventes distintos.

rápidamente, siendo los valores de a_H para el carbono en *gamma* del orden de 0,4 a 1,1 gauss.

La sustitución isotópica de hidrógeno por deuterio conduce a una reducción de las constantes de interacción hiperfina de acuerdo con la ecuación

(6.7) en la cual g_I son los factores g para el hidrógeno (5,5855) y el deuterio (0,8574).

$$a_D = \frac{g_{I_D} \times a_H}{g_{I_H}} \qquad (6.7)$$

Como en la espectroscopia de resonancia magnética nuclear la sustitución con deuterio se emplea a menudo para reducir la complejidad del espectro y facilitar la interpretación.

Los valores de $a_{^{13}C}$ no siguen las relaciones sencillas $Q\rho$. Las contribuciones a $a_{^{13}C}$ proceden de la densidad del spin electrónico no apareado del átomo de carbono adyacente. Las líneas de resonancia debidas al ^{13}C en las interacciones hiperfinas aparecen como unas líneas muy débiles en el espectro de rse, muy parecidas a las líneas satélite del ^{13}C del espectro de rnm. Sin embargo, las $a_{^{14}C}$ parece que siguen las relaciones $Q\rho$, siendo la contribución de la densidad del spin de los átomos adyacentes despreciable.

Para obtener un tratamiento más detallado de los distintos factores que intervienen en la resonancia de spin electrónico, tales como el fenómeno de relajación, véanse las refs. en la sec. 6.6.

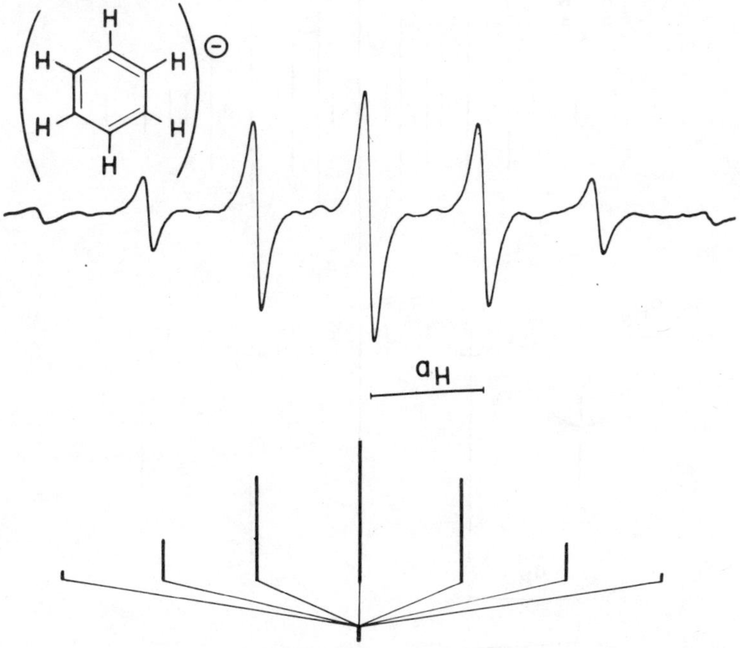

Fig. 6.2. Espectro de rse del radical aniónico del benceno. (De F. Gerson, *Hochauflösende ESR-Spektroskopie*, Verlag-Chemie, Weinheim, 1967.)

6.4 EJEMPLOS DE ESPECTROS DE RSE

La figura 6.2 muestra el espectro de rse del radical benceno aniónico. Las ecuaciones (6.4) y (6.5) predicen las siete líneas del espectro con sus intensidades relativas de 1:6:15:20:15:6:1, tal como se ilustra en el espectro inferior. La constante de interacción hiperfina es de 3,75 gauss.

La figura 6.3 muestra el espectro de rse del radical aniónico del naftaleno

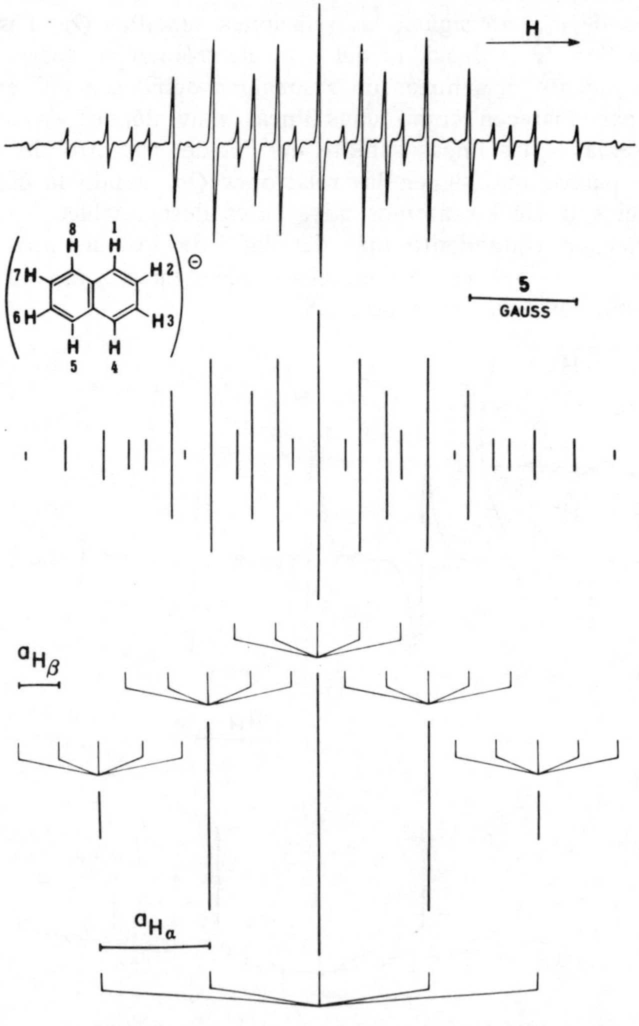

Fig. 6.3. Espectro de rse del radical aniónico del naftaleno. (De F. Gerson, *Hochauflösende ESR-Spektroskopie,* Verlag-Chemie, Weinheim; 1967.)

cuya interacción hiperfina aparece debida a cuatro hidrógenos equivalentes situados en *alfa* ($a_H = 4{,}95$ gauss) y cuatro hidrógenos equivalentes situados en *beta* ($a_H = 1{,}87$ gauss). La obtención del diagrama de interacciones viene ilustrado en la parte inferior del espectro.

La figura 6.4 muestra el espectro de rse del 1,4,5,8-tetraazonaftaleno en el cual la interacción hiperfina es debida a 4 átomos de nitrógeno equivalentes (^{14}N) ($I = 1$) y 4 hidrógenos equivalentes ($I = 1/2$). La obtención del diagrama de interacciones viene ilustrado en la parte inferior del espectro.

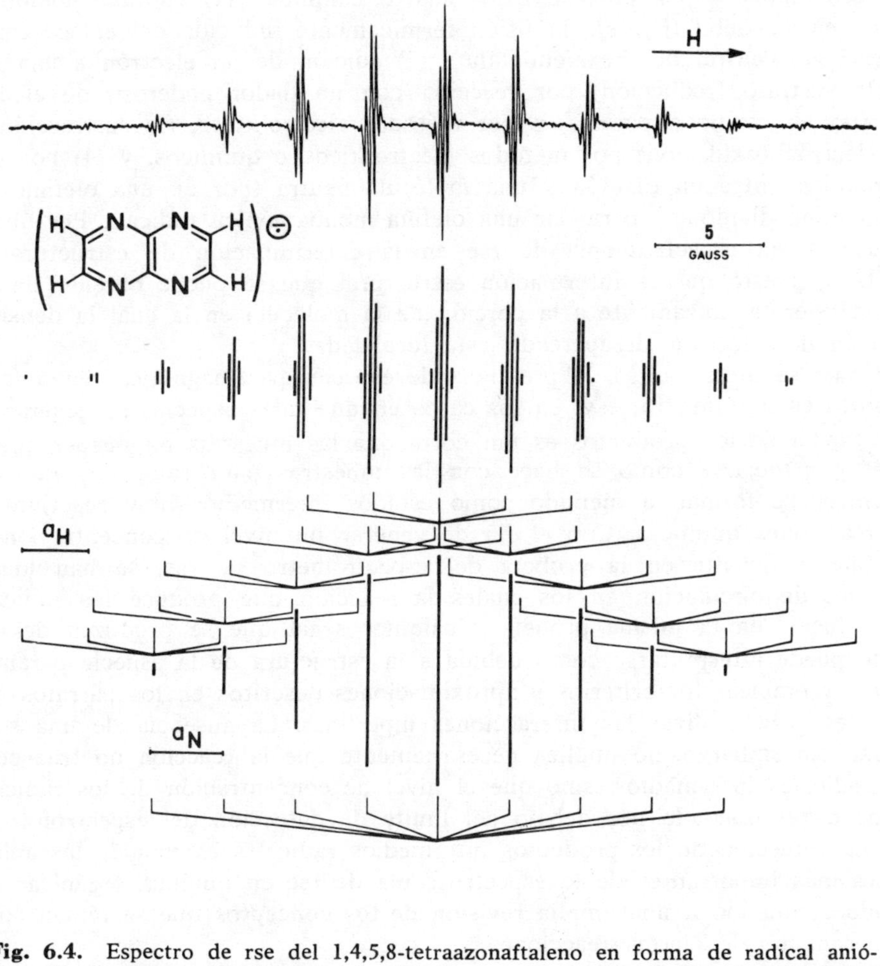

Fig. 6.4. Espectro de rse del 1,4,5,8-tetraazonaftaleno en forma de radical aniónico. (De F. Gerson, *Hochauflösende ESR-Spektroskopie*, Verlag-Chemie, Weinheim, 1967.)

6.5 APLICACIONES DE LA ESPECTROSCOPIA DE RSE EN QUÍMICA ORGÁNICA

Las aplicaciones de la espectroscopia de rse en química orgánica vienen limitadas por varios factores. La principal limitación es la necesidad de disponer de especies paramagnéticas (que tengan un electrón desapareado), siendo tales especies relativamente poco frecuentes. Un segundo problema se cifra en la generación de los radicales y en mantener un nivel de concentración lo suficientemente alto como para ser detectado. Los radicales se preparan generalmente por uno de estos cuatro caminos: (1) ruptura homolítica de un enlace débil (por ej., la fisión térmicamente inducida del enlace carbono-carbono central del hexafeniletano), (2) adición de un electrón a una molécula sustrato (reducción) por reacción con un dador poderoso de electrones (por ej., sodio o potasio) o por métodos electrolíticos, (3) sustracción de un electrón (oxidación) por métodos electrolíticos o químicos, y (4) por desproporción entre un dianión y una molécula neutra (por ej. una olefina más una olefina dianiónica para dar una olefina monoaniónica radical). Por último el uso de la espectroscopia de rse en la determinación de estructuras es limitada, puesto que la información estructural que se puede obtener de ella queda referida únicamente a la porción de la molécula en la cual la densidad de spin del electrón desapareado está localizada.

Como se indicó antes, la presencia de especies paramagnéticas en química orgánica es bastante rara, y, en los casos en que tales especies se generan, la vida media de los productos es tan corta, que las muestras no pueden prepararse y manejarse como se hace con las muestras para rnm. Los radicales orgánicos, se forman a menudo como estados intermedios muy reactivos en las reacciones químicas. Con el fin de generar un nivel de concentración de radicales suficiente en la probeta del espectrómetro de rse, se han ideado sistemas de circulación en los cuales, la reacción que produce los radicales tiene lugar en la misma probeta. Cualquier señal que se produzca de este modo, puede interpretarse como debida a la estructura de la especie paramagnética, y emplear los criterios y aproximaciones descritos en los párrafos precedentes para analizar las interacciones hiperfinas. La ausencia de una señal de rse, sin embargo, no implica necesariamente que la reacción no transcurra por radicales intermedios, sino que el nivel de concentración de los radicales puede haber quedado por debajo del límite de detección del espectrofotómetro. La detección de los productos intermedios radicales es una de las aplicaciones más importantes de la espectroscopia de rse en química orgánica; habiendo conducido a una amplia revisión de los conceptos que se tenían sobre el mecanismo de ciertas reacciones.

Russell y sus colaboradores (véase la ref. 8) han aplicado recientemente la espectroscopia de rse a los problemas de conformación y de estructura que aparecen en química orgánica. Si se tratan los compuestos que contengan los grupos funcionales —$COCH_2$— y —COCHOH— con *t*-butóxido de potasio en dimetilsulfóxido en presencia de oxígeno, o bien el grupo —COCO— con el anión enolato de la propiofenona, y también el —COCHBr— con butóxido de potasio en dimetilsulfóxido, se forman las *semidionas* (estructura **1**). Los hidrógenos unidos a los dos átomos de carbono del grupo cromofórico semidiona conducen a una interacción hiperfina. El análisis de tal interacción con-

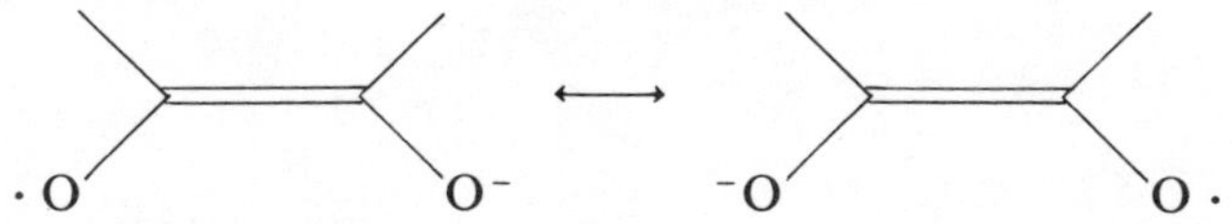

1

duce a la determinación del número de hidrógenos presentes, y a la orientación de estos hidrógenos con respecto al plano nodal del grupo cromofórico semidiona (si el lector desea más detalles puede referirse al artículo original citado en la ref. 9). En los sistemas conformacionalmente móviles el espectro de rse será la superposición del espectro de las dos conformaciones; en consecuencia, ambas estructuras parciales y sus conformaciones se podrán determinar fácilmente. (La base de tiempos de la espectroscopia de rse es del orden de 10^{-8} a 10^{-9} segundos, $1/(\nu) = 2{,}8\ a_H$ en MHz, comparada con la de espectroscopia de rnm que es de 1 a 10^{-2} segundos, y resulta ser generalmente mucho mayor que la frecuencia de interconversión de los confórmeros).

A no dudar se desarrollarán en un futuro próximo otras aplicaciones de la espectroscopia de rse en la determinación de estructuras orgánicas.

6.6 REFERENCIAS

1. Bersohn, M. y Baird, J. C., *An Introduction to Electron Paramagnetic Resonance.* New York: W. A. Benjamin, Inc., 1966.
2. Bowers, K. W., "Electron Spin Resonance of Radical Ions", en *Advances in Magnetic Resonance,* **1**, 317 (1965).
3. Carrington, A., "Electron-Spin Resonance Spectra of Aromatic Radicals and Radical Ions", *Quarterly Reviews,* **17**, 67 (1963).
4. Fessenden, R. W. y Shuler, R. H., *J. Chem. Phys.,* **39**, 2147 (1963).
5. Gerson, F., "Hochauflösende ESR Spektroskopie", Weinheim, Germany: Verlag-Chemie, 1967.
6. Ingram, D. J. E., *Free Radicals as Studied by Electron Spin Resonance.* New York: Academic Press, Inc., 1958.

7. Pake, G. E. *Paramagnetic Resonance, An Introductory Monograph.* New York: W. A. Benjamin, Inc., 1962.
8. Russell, G. A., Revisión, en *Science,* **161**, 423 (1968).
9. Talaty, E. R. y Russell, G. A., *J. Am. Chem.* **87**, 4867 (1965).

7

Determinación de la estereoquímica absoluta

7.1 *INTRODUCCIÓN*

En anteriores capítulos se han indicado métodos que suministran información útil para la determinación de la estructura de una manera tosca. Ninguna de estas técnicas nos proporciona información relacionada con la estereoquímica absoluta de los centros de asimetría de una molécula. El procedimiento clásico para determinación de la estereoquímica absoluta de las moléculas, implica la conversión de éstas en otras cuya estereoquímica absoluta sea conocida; este procedimiento emplea una sucesión de pasos químicos en los que se mantiene imperturbado el centro asimétrico, o bien se conoce perfectamente la estereoquímica de cada paso. Tales correlaciones involucran a menudo bastantes pasos intermedios y son muy tediosas.

No es válido, como se verá en los párrafos siguientes, la utilización de sólo el signo de rotación del plano de luz polarizada en la línea *D* del sodio, como indicación de la estereoquímica absoluta.

La comparación de los cambios en la rotación óptica cuando dos cromóforos constituidos semejantemente se someten a idénticas transformaciones químicas (conocida como la "regla del desplazamiento") es la que permite la designación de la estereoquímica absoluta. Sin embargo, este proceso requiere una serie de compuestos modelo, cuya estereoquímica absoluta sea conocida a efectos de comparación.

Se hace posible la asignación exacta de la estereoquímica absoluta mediante el empleo de técnicas de rayos X o difracción electrónica; sin embargo, el equipo que se requiere para estas técnicas no es fácilmente asequible a los químicos orgánicos, y el análisis de las muestras de difracción es extremadamente laborioso, aunque los recientes avances en computadores de alta velocidad facilitan grandemente tales procesos. Por estas razones, estas técnicas no serán discutidas aquí.

Se han ideado métodos para calcular el signo y/o la magnitud de la rotación del plano de luz polarizada; sin embargo, la mayoría de ellos no son de aplicación general.

Recientemente se han hecho dos aproximaciones para predecir con exactitud la estereoquímica absoluta de un centro asimétrico o de una molécula. Ambas aproximaciones son de aplicación limitada, sin embargo se complementan en una extensión considerable.

7.2 DISPERSIÓN ÓPTICA ROTATORIA

Un rayo de luz polarizada puede considerarse compuesto de componentes polarizados dextrógiros y levógiros. Los vectores que representan estos componentes se ilustran en la figura 7.1a (círculo interior). Asimismo en la figura 7.1a también se ilustra el vector suma (círculo exterior). Al rotar los componentes vectoriales individuales, el vector suma traza una línea recta, figu-

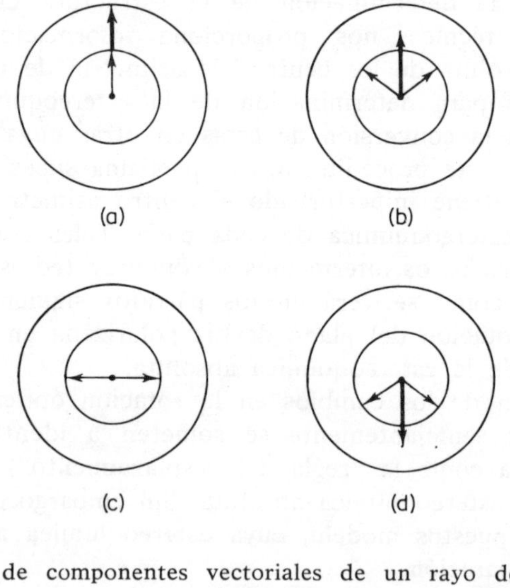

Fig. 7.1. Diagrama de componentes vectoriales de un rayo de luz polarizada en un plano.

ra 7.1a, b, c y d, característica del rayo de luz plana polarizada. Si el rayo de luz plana polarizada incide sobre un centro ópticamente activo, tal como el

1 en el cual la polarizabilidad de los átomos o grupos decrece en el orden A > B > C > D, las velocidades con que los componentes vectoriales atraviesan el medio puede ser diferente.

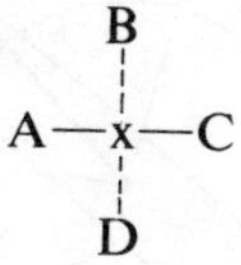

1

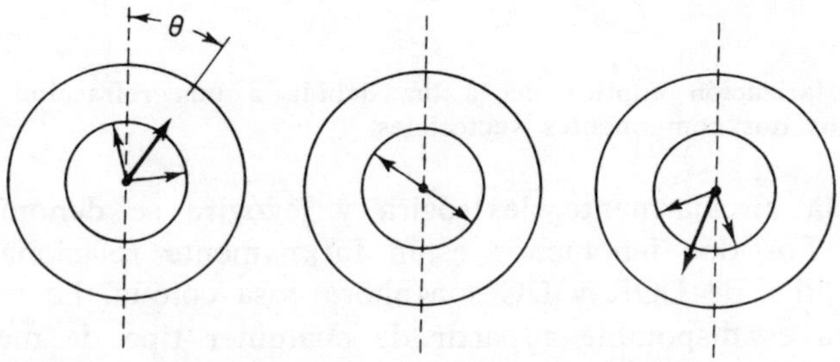

Fig. 7.2. Diagramas de componentes vectoriales de un rayo de luz polarizada en un plano después de pasar por un medio ópticamente activo (la línea de puntos representa el plano de polarización original).

La propiedad de tal medio se denomina *birrefringencia circular.* (Una analogía física para este fenómeno es la tentativa de pasar un perno roscado a derechas y otro a izquierdas en una tuerca que tiene el paso de rosca hacia la derecha; el primero pasa fácilmente en tanto que el último lo hace con dificultad.) El resultado será un desplazamiento en fase con un ángulo θ del plano de polarización original (véase fig. 7.2). El ángulo de rotación viene dado por la ecuación (7.1), en donde n_r y n_l son los índices de refracción del medio con respecto a los componentes vectoriales dextrógiro y levógiro, respectivamente, y λ_{vac} es la longitud de onda en el vacío de la luz empleada.

$$\alpha = \frac{\pi}{\lambda_{vac}}(n_r - n_l) \tag{7.1}$$

Si el medio ópticamente activo es capaz de absorber luz, se producirá una absorción desigual de los dos componentes vectoriales *(dicroísmo circular).* El vector suma resultante describirá una elipse alargada (véase fig. 7.3), y se dice que la luz emergente está elípticamente polarizada (la diferencia en los coeficientes de extinción k_r y k_l es del orden de 10^{-2} a 10^{-3}).

La medida de la rotación óptica como función de la longitud de onda se denomina *dispersión óptica rotatoria* (DOR), y la medida de la absorción des-

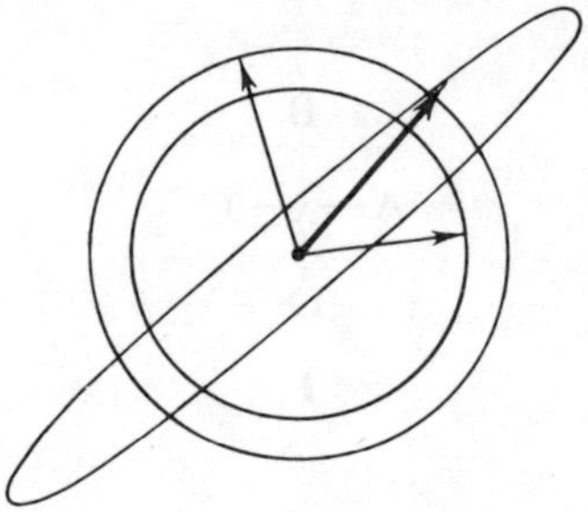

Fig. 7.3. Polarización elíptica de la luz debida a una refracción y absorción distinta de los dos componentes vectoriales.

igual polarizada circularmente dextrógira y levógira se denomina *dicroísmo circular* (DC). Los dos fenómenos están íntimamente relacionados; sin embargo, las medidas de DOR y DC son ahora cosa común. La misma información cualitativa es disponible a partir de cualquier tipo de medida. Aunque en este texto sólo se discutirán las curvas DOR, la aplicación de datos DC es paralela a la aplicación de datos DOR.

En la figura 7.4 se ilustran dos de los numerosos tipos posibles de curvas de dispersión óptica rotatoria. Pueden presentar máximos, mínimos o inflexiones. La curva *A* (—) de la figura 7.4 se denomina curva de dispersión normal negativa, y se le da signo negativo porque la rotación molecular crece

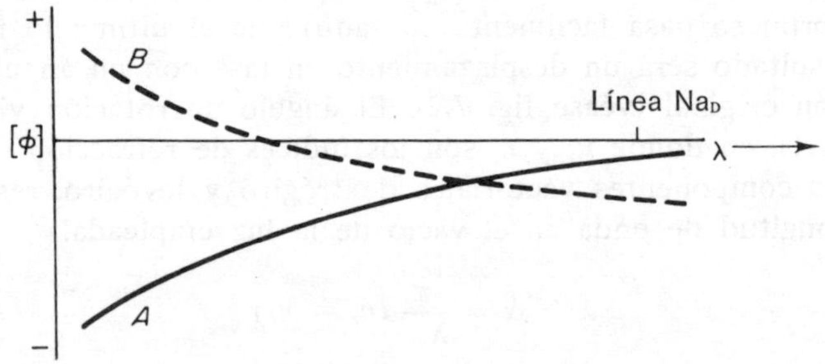

Fig. 7.4. Ejemplos de curvas típicas de dispersión óptica rotatoria: Curva A, curva normal negativa, curva B, curva positiva sencilla.

en dirección negativa al ir hacia menores longitudes de onda. La curva *B* (- - -) se denomina curva de dispersión sencilla positiva, aunque empieza con rotaciones negativas a las mayores longitudes de onda. (De hecho, ambas curvas son curvas sencillas de dispersión; no obstante, el término *normal* implica que no hay máximo ni mínimo ni intersecciones con la línea de rotación cero.)

La figura 7.5 ilustra dos curvas anormales de dispersión. La curva *A* (—) es positiva, con un solo efecto Cotton. El punto *P* se denomina pico (en lugar de máximos, para evitar confusiones con los máximos en el ultravioleta que se producen a distintas longitudes de onda) y el punto *T* se denomina valle. La distancia vertical (a) entre el pico y el valle es la amplitud, y la distancia horizontal (b) es la anchura. Una curva de efecto Cotton positivo es la que el pico tiene lugar a mayor longitud de onda que un valle. Si una curva de dispersión óptica rotatoria presenta varios picos, valles o inflexiones, se denomina curva de efecto Cotton múltiple [véase curva *B* (- - -) en la figura 7.5].

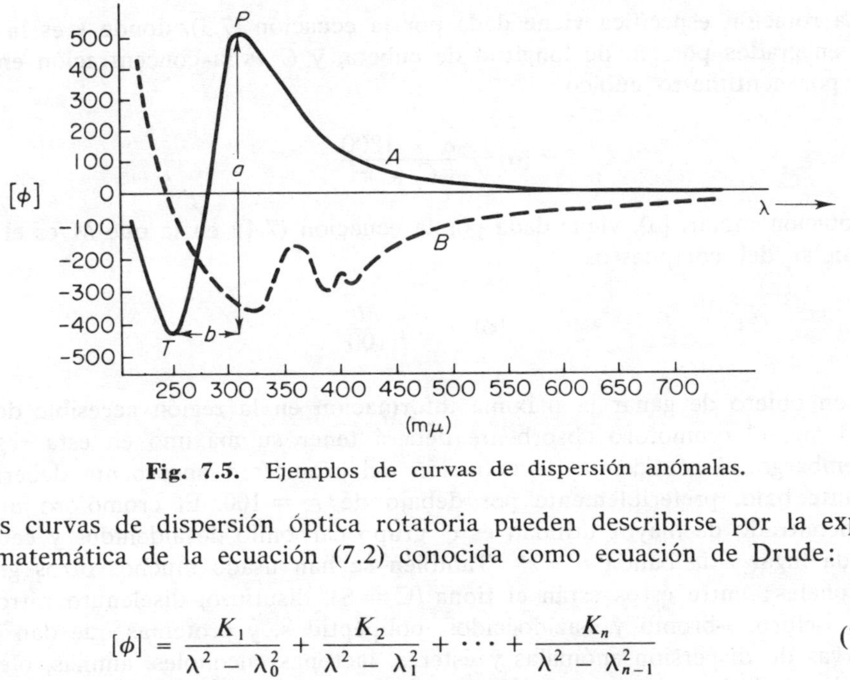

Fig. 7.5. Ejemplos de curvas de dispersión anómalas.

Las curvas de dispersión óptica rotatoria pueden describirse por la expresión matemática de la ecuación (7.2) conocida como ecuación de Drude:

$$[\phi] = \frac{K_1}{\lambda^2 - \lambda_0^2} + \frac{K_2}{\lambda^2 - \lambda_1^2} + \cdots + \frac{K_n}{\lambda^2 - \lambda_{n-1}^2} \tag{7.2}$$

donde K_1, K_2, ..., K_n son constantes para el cromóforo absorbente, λ es la longitud de onda de la medida, y λ_0, λ_1, ..., λ_{n-1} son las posiciones de los máximos de absorción del compuesto en la región ultravioleta. Las curvas de dispersión sencillas se representan por una ecuación de Drude con un sólo término, en la cual λ_0 está en el extremo inferior de la región ultravioleta. Las curvas de efecto Cotton múltiple se representan por ecuaciones de Drude con términos múltiples. En la curva *A* de la figura 7.5, la longitud de onda del punto cero de rotación corresponde a la λ_{max} del cromóforo en el ultravioleta.

La descripción de una curva de dispersión óptica rotatoria en la literatura requiere la presentación de información suficiente, de forma que pueda ser reconstruida con precisión parecida a la curva original; deben incluirse además el disolvente, la concentración y la temperatura a la que se efectuarán las medidas. Deben de registrarse las rotaciones molares o específicas a las longitudes de onda mayores (normalmente ~ 700 mμ), para 589 mμ (línea Na_D) y para picos, valles e inflexiones. El siguiente es un ejemplo típico:

Compuesto *A* (de figura 7.5); DOR en metanol (*C*; 0,10), 25°, $[\alpha]_{700} - 10°$, $[\alpha]_{640} 0°$, $[\alpha]_{400} + 145°$, $[\alpha]_{320} + 510°$, $[\alpha]_{270}$ 0°, $[\alpha]_{245} - 420°$, $[\alpha]_{220} - 180°$.

La rotación específica viene dada por la ecuación (7.3), donde α es la rotación en grados por cm de longitud de cubeta, y *C* es la concentración en gramos por centímetro cúbico.

$$[\alpha] = \frac{\alpha \times 1800}{C \times \pi} \qquad (7.3)$$

La rotación molar, $[\phi]$, viene dada por la ecuación (7.4), en la que *M* es el peso molecular del compuesto.

$$[\phi] = [\alpha]\,\frac{M}{100} \qquad (7.4)$$

Con objeto de ganar la máxima información en la región accesible de 700 a 215 mμ, el cromóforo absorbente deberá tener su máximo en esta región; sin embargo, el coeficiente de extinción del cromóforo absorbente deberá ser bastante bajo, preferiblemente por debajo de $\epsilon = 100$. El cromóforo que se ha encontrado de mayor utilidad es el grupo carbonilo de aldehídos y cetonas, que da lugar a la banda $n \rightarrow \pi^*$. También se han usado muchos otros grupos funcionales; entre éstos están el tiona (C = S), disulfuro, diselenuro, nitro, nitrito, α-cloro, α-bromo y α-azidoácidos, polipéptidos, y proteínas que dan lugar a curvas de dispersión anómalas y ésteres, lactonas, alcoholes, aminas, olefinas sencillas, e hidrocarburos que dan lugar a curvas de dispersión sencillas.

Los datos de dispersión óptica rotatoria pueden emplearse de manera cuantitativa o cualitativa. Las correlaciones cualitativas relacionan el signo de la curva de dispersión con la estereoquímica absoluta de las moléculas que tienen en conjunto estructura similar. Por otra parte se hace notar que se requieren compuestos modelo, pero Djerassi y colaboradores han medido las curvas de dispersión óptica rotatoria para un gran número de cetonas cíclicas, que pueden usarse como sistemas de modelos. Cuantitativamente, las posiciones de los grupos carbonilos, y unos pocos grupos funcionales más, en una molécula compleja, tales como esteroides o series de terpenoides policíclicos, se han correlacionado como una función del signo, la amplitud y la anchura, o los valores absolutos de [ϕ] a varios puntos característicos en las curvas de dispersión. Un conjunto de reglas empíricas, las *reglas del octante,* se han desarrollado para predecir la estereoquímica absoluta de una molécula basándose en el signo de su curva de dispersión.

7.3 REGLA DEL OCTANTE

La *regla del octante* es un conjunto de reglas empíricas que permiten la asig-

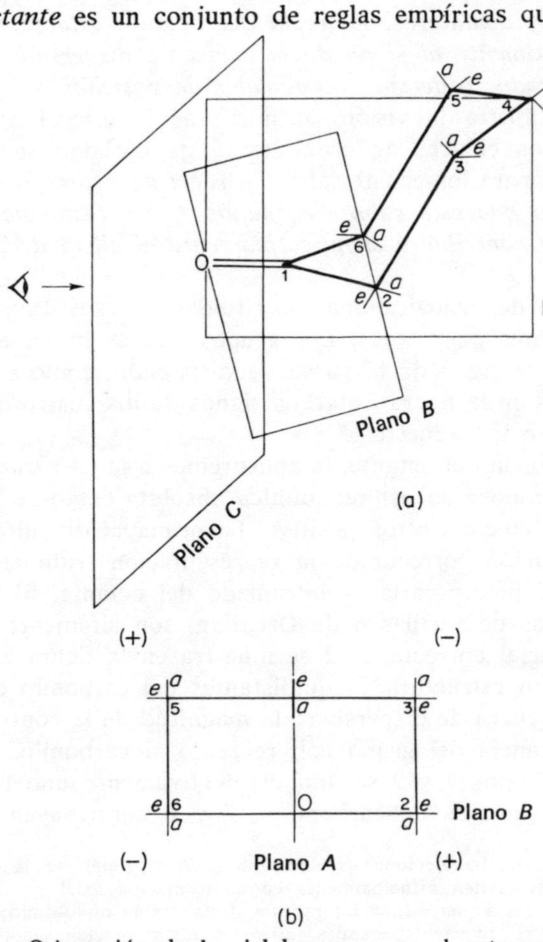

Fig. 7.6. Orientación de la ciclohexanona en el entramado del octante.

nación de la estereoquímica absoluta de cetonas cíclicas de cinco o seis eslabones a partir del signo de la curva de efecto Cotton. El espacio alrededor del grupo carbonilo se divide en octantes sobre los ejes *X, Y, Z,* tal como se ilustra en la figura 7.6. El plano *A* intersecciona el átomo de oxígeno carbonílico y los carbonos 1 y 4. El plano *B* es perpendicular al plano *A* e intersecciona el oxígeno y los carbonos 1, 2 y 6. El plano *C* es perpendicular a ambos planos *A* y *B* e intersacciona al doble enlace carbono-oxígeno en su punto medio. Los 3 planos dividen así el espacio que está alrededor del grupo carbonilo en octantes.

Los cuatro octantes que están a la derecha del plano *C* en la figura 7.6 se consideran los octantes posteriores; los de la izquierda del plano *C* se consideran los octantes delanteros. *La regla del octante establece que la contribución de un sustituyente al signo de la curva de dispersión óptica rotatoria será el signo del producto de sus coordenadas de posición.*

La figura 7.6b ilustra la visión, al mirar en la dirección del eje *Y,* del grupo carbonilo. Los enlaces de cada átomo de carbono se designan por *a* para los axiales y *e* para los ecuatoriales. *La regla de octante también establece que cualquier grupo que está sobre los planos A y B (esto incluye los enlaces 2e, 4a, 4e y 6e) no contribuirá significativamente al signo de la curva de dispersión.*

Para la mayoría de cicloalcanonas sustituidas, los sustituyentes aparecerán sólo en los 4 octantes posteriores. Los grupos que estén en estos cuatro octantes contribuirán al signo de la curva de dispersión, como se indica por los signos más y menos en la figura 7.6b. Los signos de los cuatro octantes anteriores serán justamente los opuestos.

Para ilustrar la regla del octante, la aplicaremos a la (+) *trans*-10-metil-2-decalona (**2**), que se conoce su estereoquímica absoluta como se muestra, y presenta una curva de efecto Cotton positiva. La principal dificultad para el estudiante es la orientación correcta de la representación tridimensional de cualquier molécula para incorporarla al entramado del octante. El uso de modelos moleculares (modelos de varillas o de Dreiding) son altamente recomendables. La orientación espacial correcta de **2** se muestra en la figura 7.7b. Los grupos que son parecidos en estructura y equidistantes del carbonilo contribuyen por igual al signo de la curva de dispersión; la magnitud de la contribución decrece al aumentar la distancia del grupo con respecto al carbonilo.[1] Además, en la figura 7.7b, los carbonos 4 y 9 se anulan efectivamente uno con el otro, dejando que sólo los átomos de carbono 6, 7 y 8 contribuyan al signo de la

[1] La regla de la α-axial-halocetona es una aplicación especial de la regla del octante. Las α-halociclohexanonas existen principalmente en conformación axial en contraste con otras α-ciclohexanonas sustituidas a una menor interacción desfavorable diplo-diplo; de aquí que ellas den lugar a rotaciones relativamente grandes, mientras otras α-ciclohexanonas sustituidas dan lugar a rotaciones no perceptibles, ya que los sustituyentes se sitúan en el plano *B*.

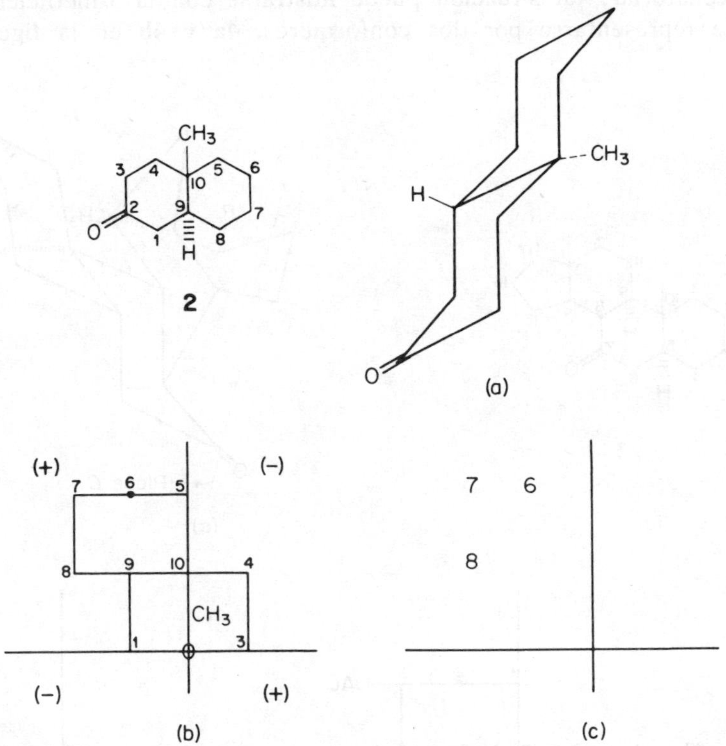

Fig. 7.7. Representación de la (+) *trans*-10-metil-2-decalona en el entramado del octante.

curva de dispersión, todos los cuales dan contribuciones positivas en concordancia con el signo observado. La representación de la figura 7.7b puede abreviarse como se muestra en la figura 7.7c, en la cual sólo se muestran los números de los grupos contribuyentes. Los grupos que aparecen en los octantes posteriores se representan en negrita, mientras que los grupos en los octantes anteriores se representan en cifras itálicas.

Un ejemplo de una molécula que posee grupos que se extienden en los octantes delanteros se ilustra con **3** en la figura 7.8. El dibujo tridimensional, figura 7.8a, da lugar a una representación de octantes como se muestra en las figuras 7.8b y c.

Los sistemas variables conformacionalmente (p. ej., una ciclohexanona monosustituida en la cual el sustituyente es relativamente pequeño), da lugar a complicaciones adicionales en las que el sustituyente puede situarse libremente en forma axial o ecuatorial. Normalmente, el grupo preferirá estar en posición ecuatorial; tal situación puede ilustrarse con la 3-metilciclohexanona que puede representarse por dos confórmeros, **4a** y **4b** en la figura 7.9. El

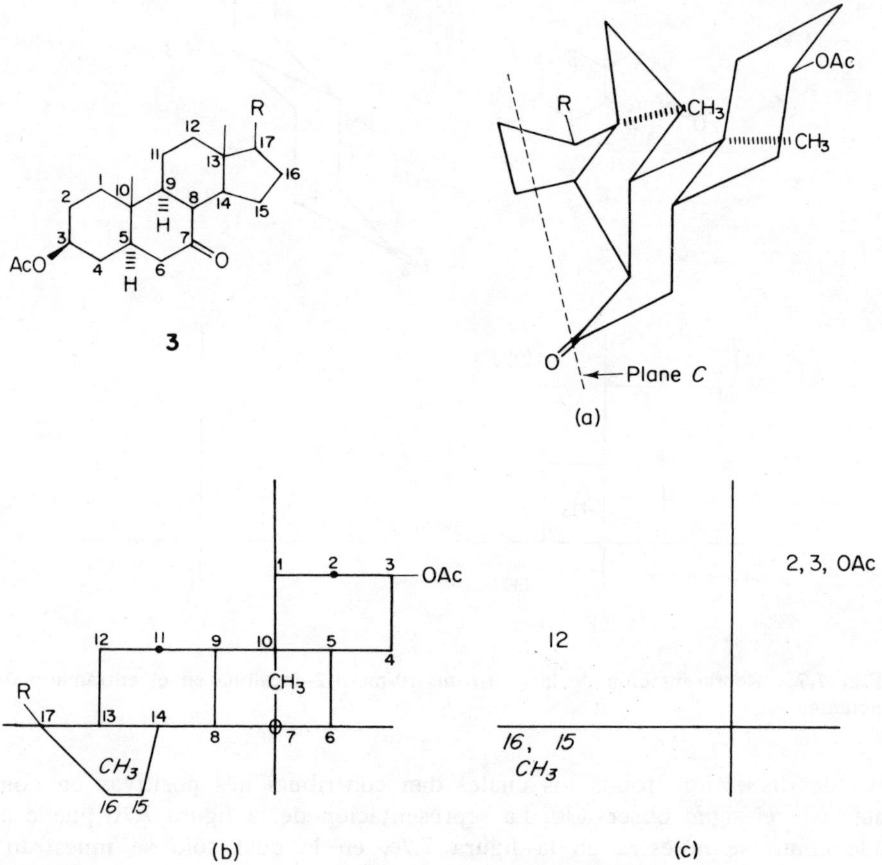

Fig. 7.8. Ejemplo de una molécula con grupos sustituyentes en los octantes delanteros.

confórmero con el grupo metilo (ecuatorial), contribuirá más al signo de la curva de dispersión que el confórmero axial. Antes de hacer aplicaciones sucesivas de la regla del octante a sistemas polisustituidos, debe tomarse una decisión sobre la conformación preferida.[2]

[2] Véase: Eliel, E. L.; Allinger, N. L.; Angyal, S. J., y Morrison, G. A., *Conformational Analysis,* New York: Interscience Publishers, 1966.

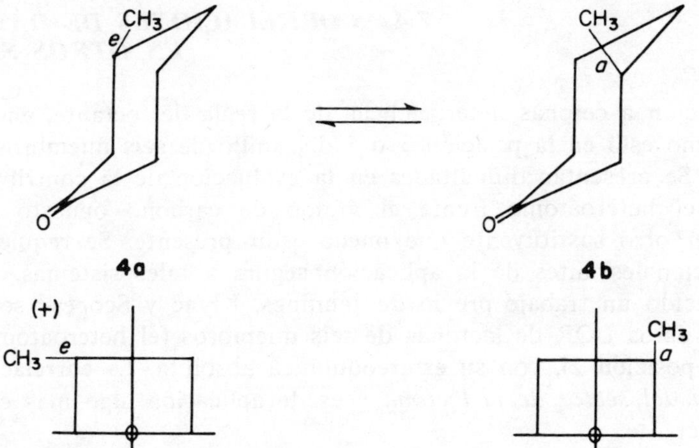

Fig. 7.9. Ilustración de aplicación de la regla del octante a un sistema variable conformacionalmente.

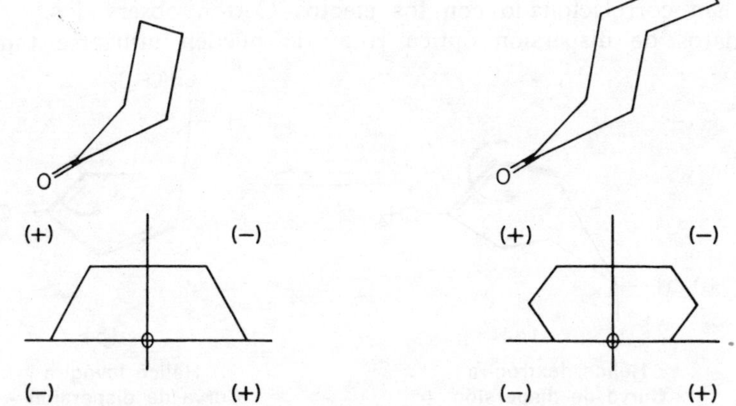

Fig. 7.10. Representación de cetonas cíclicas de cinco y seis miembros en el armazón del octante.

La regla del octante puede también aplicarse a cetonas cíclicas de cinco a seis miembros, aunque los sistemas de cinco miembros presentan problemas conformacionales. Estos dos sistemas cíclicos se orientan especialmente tal como se indica en la figura 7.10.

7.4 CORRELACIONES DE DATOS DOR EN OTROS SISTEMAS

La aplicación a cetonas heterocíclicas de la regla del octante, en las cuales el heteroátomo está en la posición 3 o 5 del anillo de seis miembros no se ha completado. Se presentan dificultades en la evaluación de la contribución producida por el heteroátomo frente al átomo de carbono opuesto del anillo y a cualquier otro sustituyente que pueda estar presente. Se requieren correlaciones adicionales antes de la aplicación segura a tales sistemas.

Ha aparecido un trabajo previo de Jennings, Klyne y Scopes[3] sobre la correlación de datos DOR de lactonas de seis miembros (el heteroátomo aparece ahora en la posición 2), con su estereoquímica absoluta. La correlación se denomina *regla del sector de la lactona* y es de aplicación algo más complicada que la del octante.

Se ha propuesto una modificación de la regla del octante para cetonas cíclicas α,β no saturadas y sus derivadas.[4] La estereoquímica absoluta de los α-aminoácidos ha sido correlacionada con el signo de la curva de dispersión,[5] con **L**-α-aminoácidos producen una curva negativa escalonadamente descendente y con **D**-α-aminoácidos dan una curva positiva escalonadamente ascendente. La estereoquímica absoluta de sulfóxidos y ésteres sulfínicos también se han correlacionado con los efectos Cotton observados.[6]

Los datos de dispersión óptica rotatoria pueden utilizarse también para

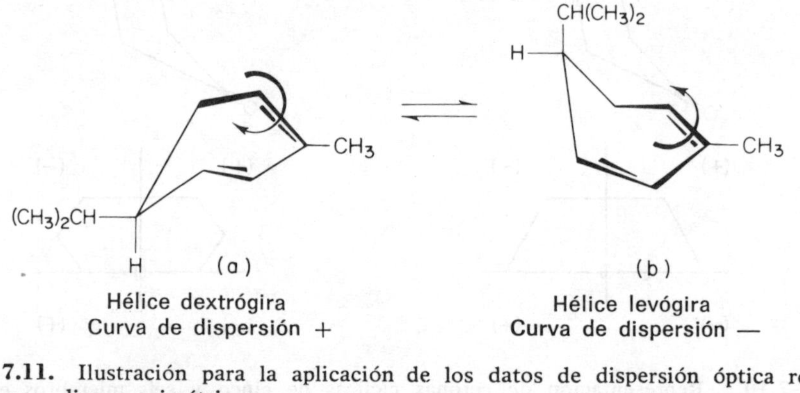

Fig. 7.11. Ilustración para la aplicación de los datos de dispersión óptica rotatoria con dienos asimétricos.

[3] Jennings, J. P.; Klyne, W., y Scopes, P. M., *Proc. Chem. Soc.* (Londres), **412** (1964).
[4] Snatzke, G., *Tetrahedron,* **21**, 413, 421, 439 (1965).
[5] Craig, J. C., y Roy, S. K., *Tetrahedron,* **21**, 391 (1965).
[6] Mislow, K.; Green, M. M.; Lour, P.; Melillo, J. T.; Simmons, T., y Ternay, A. L., Jr., *J. Am. Chem. Soc.,* **87**, 1958 (1965).

predecir la asimetría absoluta, o quiralidad * de un dieno cíclico cisoide.[7,8] Si el dieno asimétrico describe una hélice dextrógira, se obtendrá una curva de dispersión positiva, si describe una hélice levógira se obtendrá una curva de dispersión negativa. En las figuras 7.11a y 7.11b se representan respectivamente hélices con giros a la derecha y a la izquierda; la dextrógira avanza "arriba hacia abajo" alrededor del dieno con un movimiento en dirección de las agujas del reloj, y en sentido contrario las levógiras. Debido a que el isopropilo adopta una conformación pseudoecuatorial, figura 7.11a, se obtiene una curva de dispersión positiva.

7.5 *REGLAS DE BREWSTER*

La regla del octante no puede aplicarse a compuestos acíclicos, debido a que las cadenas acíclicas dan lugar por su flexibilidad a un gran número de conformaciones moleculares. Brewster[9] ha desarrollado una correlación empírica

Tabla 7.1. Grado rotacional de sustituyentes comunes **

Sustituyente (*A*)	R_D *del átomo ligado* (*A*)	*Poderes rotatorios conformacionales*† $k(C—H)(A—H)$
I	13,954	268
Br	8,741	192
SH	7,729	174
Cl	5,844	139
CN	3,580 (5,459)‡	87 (131)‡
C_6H_5	3,379 (6,757)‡	82 (158)‡
CO_2H	3,379 (4,680)‡	82 (114)‡
CH_3	2,591	60
NH_2	2,382	53
OH	1,518	23
H	1,028	0
D	1,004	—
F	0,81	−10

** Tomado de la referencia de la nota 9 de pie de página.
† Valores calculados de Brewster.
‡ Valor para la unidad insaturada biatómica global (C ≡ N, C = C, C = O).

que no sólo predice el signo de rotación para la línea *D* del sodio, sino que también predice la magnitud de la rotación con bastante aproximación. Un átomo asimétrico en la configuración absoluta **5** es dextrorrotatorio cuando las polarizabilidades de los átomos sustituyentes ligados decrecen en el orden

* *N. del T.* — Quiralidad es un término de raíz griega que no tiene actualmente equivalencia en castellano y le damos el significado de asimetría, tal como la presentan las manos (izquierda y derecha).

7 Burgstahler, A. W.; Ziffer, H., y Weiss, U., *ibid.*, **83**, 4660 (1961).

8 Moscowitz, A.; Charney, E.; Weiss, U., y Ziffer, H., *ibid.*, **89**, 4661 (1961).

9 Brewster, J. H., *J. Am. Chem. Soc.*, **81**, 5475, 5483, 5493 (1959).

A > *B* > *C* > *D*. La tabla 7.1 reúne las refractividades (R_D) de un número de átomos ligados.

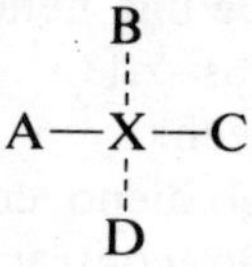

5

Si procedemos con un metano sustituido en su forma sencilla, la predicción del signo de rotación es relativamente fácil. Sin embargo, si los sustituyentes *A, B, C* o *D* son cadenas laterales complejas, la aproximación se hace más complicada.

En una molécula compleja, se hacen posibles muchas conformaciones moleculares que contribuyen al poder rotatorio de la molécula. Si se toma un segmento de cuatro átomos, por ejemplo un etano disustituido, son posibles tres conformaciones, de las cuales sólo una se ilustra abajo en **6**. La contribución al signo de rotación entre los sustituyentes se indica en **6** por los signos + y —.

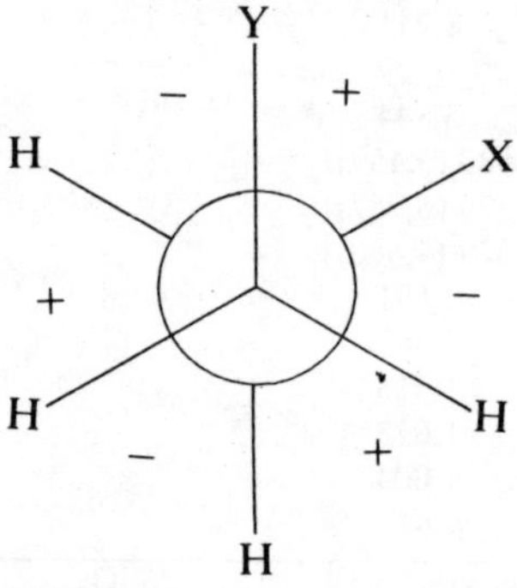

6

El poder rotatorio de cada confórmero es la suma de las interacciones individuales, que por ejemplo, en **6**, se expresa de la siguiente forma:

$$[M]_6 = k(XY - XH + HH - HH + HH - HY)$$
$$= k(XY - XH - HY + HH)$$
$$[M]_6 = k(X - H)(Y - H)$$

La expresión reducida $k(X — H)\ (Y — H)$ es una constante que se toma de la tabla 7.1. El poder rotatorio total de una molécula es la suma promediada de todas las conformaciones permitidas.

En moléculas que contienen un segmento de más de cuatro átomos, como se ilustra arriba, debemos considerar todas las conformaciones moleculares posibles formadas por combinación de las distintas conformaciones de enlace. Existen ciertas reglas que deben seguirse al considerar las distintas conformaciones moleculares.

1. Se consideran sólo las conformaciones de mínima energía (conformaciones alternadas).

2. La sucesión de cinco átomos 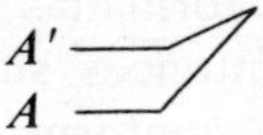

es prohibitiva cuando *A* y *A′* son mayores que el hidrógeno.

3. Conformaciones tales como 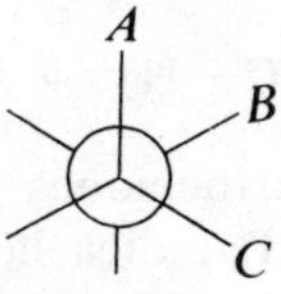

están prohibidas cuando *A, B* y *C* son todos mayores que el hidrógeno.

4. Todas las conformaciones moleculares permitidas se consideran igualmente probables.

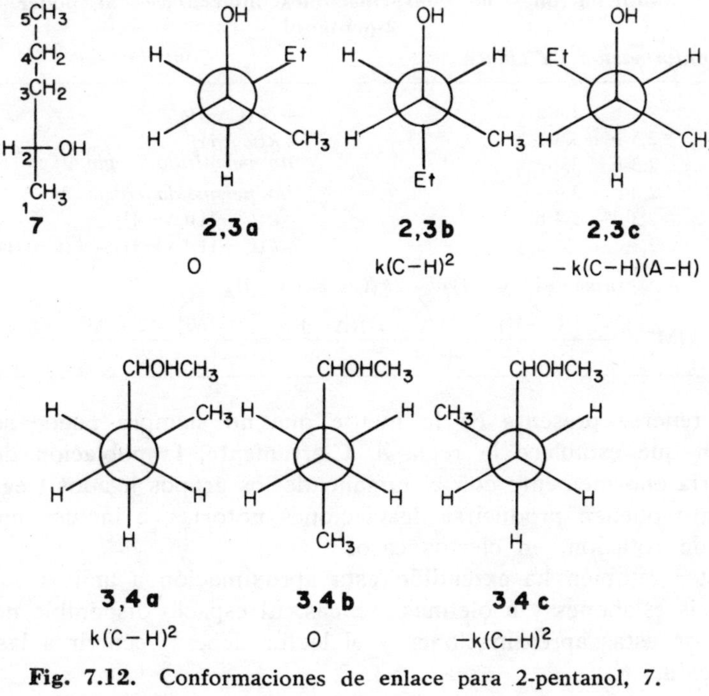

Fig. 7.12. Conformaciones de enlace para 2-pentanol, 7.

Ilustraremos la aplicación de las reglas de Brewster calculando el signo y la magnitud de la rotación del 2-pentanol cuya estereoquímica absoluta se representa en **7**. Tenemos dos secuencias de cuatro átomos para las cuales deben considerarse las conformaciones de enlace.

Las conformaciones de enlace se designarán arbitrariamente por los números de átomos de enlace centrales y una letra tal como se ilustra en la figura 7.12.

La conformación **2,3a** viola la regla 3 y no está permitida. Así sólo tenemos cinco conformaciones de enlace permitidas para considerar. Si escogemos las conformaciones moleculares formadas por las combinaciones de conformación de enlace **2,3b** y **3,4a** y entonces sumamos sus contribuciones rotatorias (dando debajo cada número de conformación), obtenemos

$$\mathbf{M}_{2,3\text{-b}} + \mathbf{M}_{3,4\text{-a}} = k(\mathrm{C—H})^2 + k(\mathrm{C—H})^2 = 2k(\mathrm{C—H})^2$$

En la Tabla 7.2 se dan las contribuciones para cada conformación molecular obtenida de esta manera [(A — H) indica la interacción oxígeno-hidrógeno]. Se aconseja al lector el empleo de modelos moleculares para comprobar las violaciones de la regla 2.

Tabla 7.2. Contribuciones de conformaciones moleculares al poder rotatorio del 2-pentanol

Conformación de enlace	*Contribución*
2,3-b + 3,4-a	$+2k(\mathrm{C—H})^2$
2,3-b + 3,4-b	$+k(\mathrm{C—H})^2$
2,3-b + 3,4-c	*no permitida (regla 2)*
2,3-c + 3,4-a	*no permitida (regla 2)*
2,3-c + 3,4-b	$-k(\mathrm{C—H})(\mathrm{A—H})$
2,3-c + 3,4-c	$-k(\mathrm{C—H})(\mathrm{A—H}) - k(\mathrm{C—H})^2$

suma $+2k(\mathrm{C—H})^2 - 2k(\mathrm{C—H})(\mathrm{A—H})$

$$[\mathrm{M}] = \frac{+2k(\mathrm{C—H})^2 - 2k(\mathrm{C—H})(\mathrm{A—H})}{4} = \frac{2 \times 60^\circ - 2 \times 23^\circ}{4} = +18{,}5^\circ$$

Debe tenerse presente en la mente que no siempre puede ser válida la suposición que establece la regla 4. Ciertamente, la población de conformaciones varía enormemente con el tamaño de los grupos ligados (reglas 1, 2 y 3) y por tanto pueden producirse desviaciones notorias, e incluso un cambio en el signo de rotación, en ciertos casos.

Brewster también ha extendido esta aproximación a anillos sustituidos de cinco y seis eslabones y a olefinas cíclicas. El espacio disponible no permite la discusión de estas aproximaciones y el lector deberá recurrir a las referencias de la sección 7.6.

Las reglas de Brewster no pueden aplicarse en casos que los grupos funcionales formen complejos intramoleculares, por ejemplo, enlace de hidrógeno intramolecular.

7.6 REFERENCIAS

Generales.

1. Grabbé, P., *Optical Rotatory Dispersion and Circular Dichroism in Organic Chemistry.* San Francisco: Holden-Day, Inc., 1965.
2. Djerassi, C., *Optical Rotatory Dispersion.* New York: McGraw-Hill Book Company, 1960.
3. Eliel, E. L., *Stereochemistry of Carbon Compounds.* New York: McGraw-Hill Book Company, 1962.
4. Velluz, L., Legrand, M., Grosjean, M., *Optical Circular Dichroism.* New York: Academic Press Inc., 1965.

8

Espectrometría de masas

8.1 INTRODUCCIÓN

La mayoría de los métodos físicos y espectroscópicos empleados por los químicos en la determinación de estructuras están relacionados con la física de las moléculas; la espectroscopia de masas se extiende a la física y a la química de las moléculas, particularmente con iones gaseosos. En la espectroscopia de masas convencional los iones interesantes son los cargados positivamente. El espectrómetro de masas tiene tres funciones.

1. Producir iones a partir de las moléculas a investigar.
2. Separar estos iones de acuerdo con la relación masa-carga.
3. Medir las abundancias relativas de cada ion.

La espectrometría de masas es el único método a enlazar con los métodos espectroscópicos que el químico orgánico tiene a su disposición. Es de notar que la demostración de los principios básicos de espectrometría de masas ha precedido a la mayoría de los restantes métodos físicos utilizados para la determinación de estructuras. Ya en 1898, Wein demostró que los rayos positivos pueden ser desviados por campos eléctricos y magnéticos; en 1912, J. J. Thompson registró los primeros espectros de masas de moléculas sencillas de bajo peso molecuar. Los primeros prototipos de los espectrógrafos de hoy día fueron el de Dempster (1918) y el espectrógrafo de masas de Aston (1918). Hacia el año 1940, ya podían encontrarse en el mercado espectrógrafos para substancias orgánicas de peso molecular medio. Los primeros estudios de alguna amplitud con sistemas orgánicos, fueron realizados por la industria del petróleo con los hidrocarburos. Aunque la espectrometría de masas se usaba para análisis cuantitativos de mezclas de hidrocarburos, parecía haber poca, o ninguna conexión, entre el espectro y la estructura; este hecho, llevó a un período letárgico en la utilización de los espectrógrafos de masas para estudios de moléculas orgánicas. A finales de los años 50, Beynon, Biemann y McLafferty demostraron claramente el papel de los grupos funcionales sobre la fragmentación directa, y se empezó a desarrollar la capacidad de los espectrógrafos de masas para determinar estructuras orgánicas. Por aquel entonces la tecnología empleada era la misma que en los años 40. Hoy día, la condición de los espectrógrafos se ha perfeccionado tanto que es uno de los primeros métodos espectroscópicos a que el químico recurre en problemas estructurales; la mayor ventaja es que puede obtenerse información estructural con cantidades de material inferior a un miligramo o incluso a un microgramo.

8.2 INSTRUMENTACIÓN

Actualmente son asequibles un gran número de espectrógrafos comerciales, existiendo una considerable variación en los mecanismos por los cuales los espectrógrafos de masas llevan a cabo su tarea de preparación y medida de iones; está enteramente fuera del propósito de este libro dar una detallada discusión de tales mecanismos; sin embargo, para que el lector tenga al menos unas ideas generales de los principios de operación de la mayoría de espectrógrafos de masas, se discutirán brevemente algunos ejemplos representativos.

A lo largo de este texto el término *baja resolución* se referirá a instrumentos capaces de distinguir entre iones de masa nominal diferente, p. ej., iones cuya relación masa-carga difiere en una unidad de masa. *Alta resolución,* se referirá a espectrómetros capaces de distinguir iones entre cuyas masas hay una diferencia en el tercer decimal o menos, por ejemplo, $C_2H_6^+$; CH_2O^+ y CH_4N^+ cuyas masas (basados sobre 12,00000 para el carbono) son 30,0469, 30,0105 y 30,0344, respectivamente.

8.2.1 Instrumentos de focalización magnética

En la figura 8.1 se muestra un diagrama esquemático de un espectrómetro de masas de simple focalización y baja resolución. En la cámara de ionización se introduce muestra suficiente para producir una presión de 10^{-5} mm de Hg. El vapor de la cámara de ionización se bombardea con un haz electrónico de energía variable (normalmente de 50 a 70 electronvoltios, siendo este último valor el más comúnmente empleado). Se ioniza un pequeño porcentaje de moléculas, por impacto electrónico, y se convierten en iones cargados positivamente, los cuales forman inmediatamente iones fragmentados. Se forman también en pequeña extensión iones negativos. El pequeño potencial repulsivo entre la pared posterior de la cámara de ionización y la primera placa aceleradora atrae los iones negativos hacia la pared posterior y los descarga. Al mismo tiempo, este potencial empuja los iones positivos hacia la región de aceleración; allí son acelerados por un potencial de 2000 voltios entre dos placas, en medio de las cuales hay una rendija.

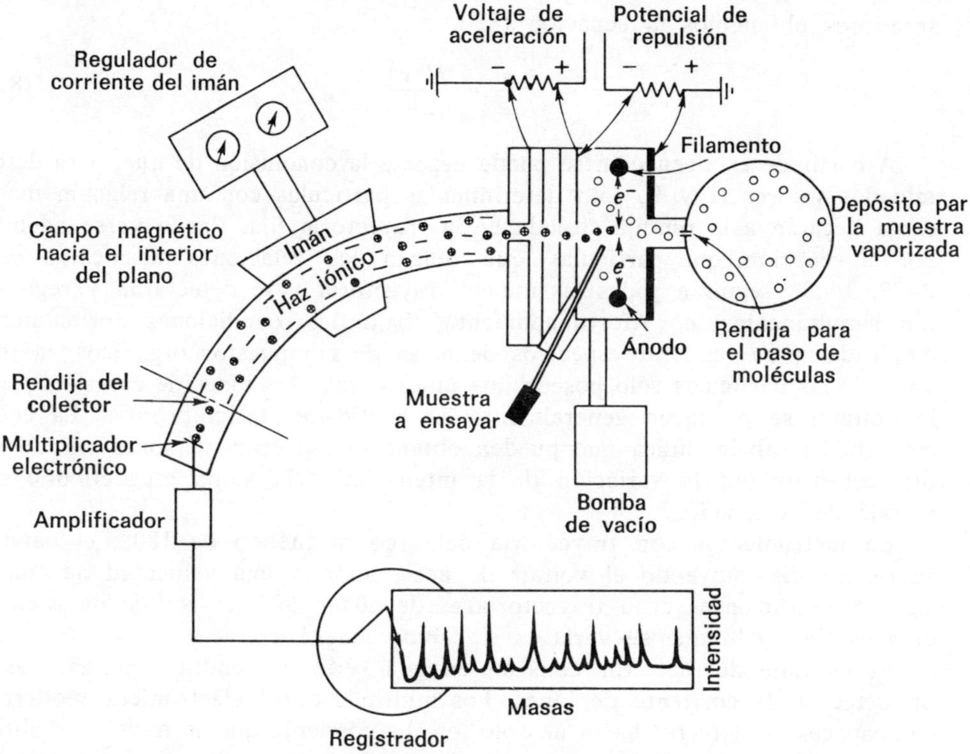

Fig. 8.1. Diagrama esquemático de un espectrómetro de masas de simple focalización magnética, con un sector magnético de 60°.

Los iones se focalizan en una rendija de salida mediante un sistema de placas de aceleración y rendijas auxiliares. Los iones positivos son acelerados por el potencial de acuerdo con la ecuación (8.1)

$$\frac{1}{2}mv^2 = eV \tag{8.1}$$

donde m es la masa del ion, e la carga del electrón, V el potencial de la placa de aceleración de iones, y v la velocidad de la partícula. Entonces los iones acelerados pasan hacia el interior del campo magnético H generado entre los polos de un electroimán. En el campo magnético los iones se desvían según una trayectoria circular de acuerdo con la ecuación (8.2).

$$r = \frac{mv}{eH} \tag{8.2}$$

donde r es el radio de la trayectoria. Eliminando v entre las dos ecuaciones anteriores obtenemos la ecuación (8.3).

$$\frac{m}{e} = \frac{H^2 r^2}{2V} \tag{8.3}$$

A partir de esta ecuación se puede llegar a la conclusión de que, para determinados valores H y V, sólo determinadas partículas con una relación masa-carga llegarán a la rendija situada en la trayectoria fija. Puede verse además, por la ecuación, que partículas que tengan las relaciones masa-carga $m/1$, $2m/2$, $3m/3$, seguirán todas las misma trayectoria y se detectarán y registrarán simultáneamente. Afortunadamente, bajo las condiciones normalmente empleadas para registrar espectros de masa de compuestos orgánicos, la mayoría de las partículas sólo poseen una única carga; los iones de carga mayor a la unitaria se producen generalmente en cantidades insignificantes. La ecuación (8.3) también indica que pueden obtenerse espectros de iones en la rendija colectora por la variación de la intensidad del campo magnético o del voltaje de aceleración.

En instrumentos con trayectoria del arco magnético de 180°, el barrido se realiza disminuyendo el voltaje de aceleración a una velocidad adecuada. En los instrumentos cuya trayectoria es de 60° o 90°, el voltaje de aceleración es fijo, y lo que se varía es el campo magnético.

El montaje del colector consiste en una serie de rendijas colimadoras y un detector de corriente de iones. Los multiplicadores electrónicos modernos son capaces de detectar hasta un solo ion. La corriente que se mide y amplifica se relaciona directamente con la abundancia de iones de la masa que se analiza.

Dos características necesarias para un adecuado sistema de registro para espectrometría de masas, son: (1) un tiempo de respuesta rápido, y (2) una aptitud para registrar exactamente sobre el mismo espectro, picos de muy distinta intensidad. Aunque, ocasionalmente se emplean registradores de plumilla de respuesta rápida, la solución más práctica es el uso de un registrador osciloscópico multitrazo. Los haces de luz ultravioleta procedentes de un osciloscopio se hacen incidir sobre un papel fotosensible, produciendo simultáneamente cinco trazos de relaciones de intensidad 1: 1/3, 1/10, 1/30 y 1/100 y permitiendo variaciones de intensidad de hasta 50 000 veces. El sistema de registro es muy rápido; usualmente, puede hacerse un registro completo en cuestión de segundos. El uso de luz ultravioleta y papel fotosensible hacen

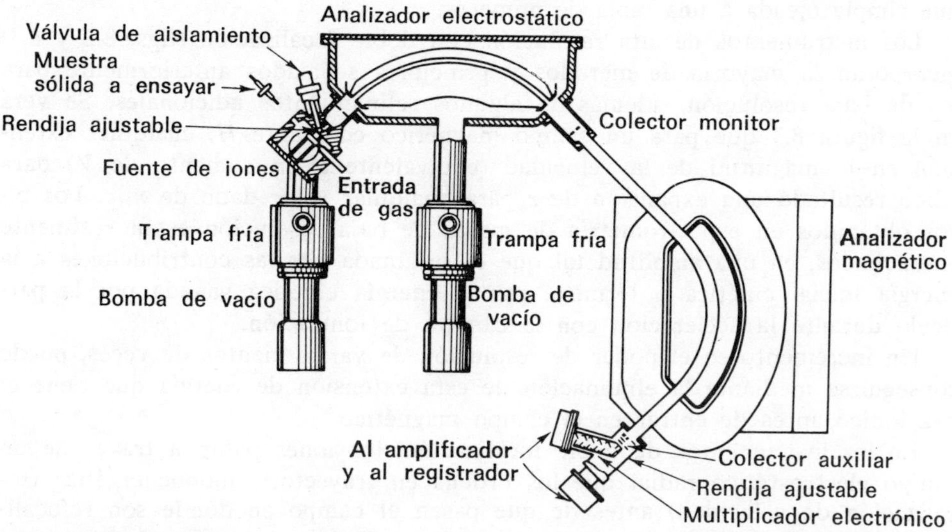

Fig. 8.2. Diagrama esquemático de un espectrómetro de masas de Nier-Johnson de alta resolución con doble focalización, mostrando al analizador eléctrico radial y el analizador magnético. (Por cortesía de Associated Electrical Industries, Ltd.)

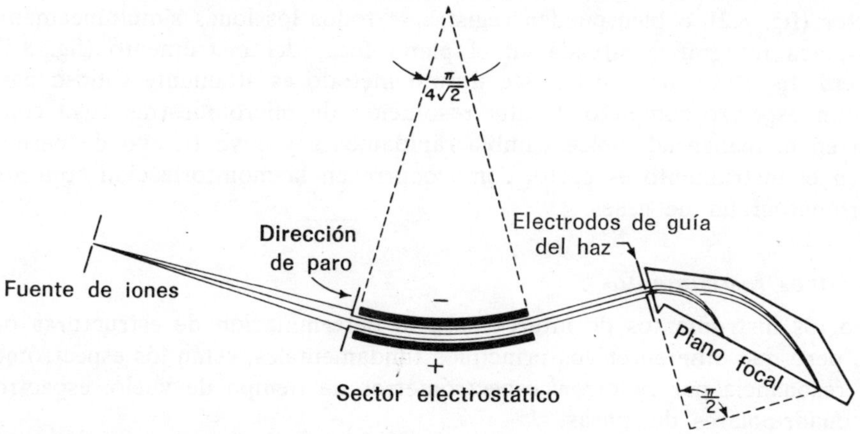

Fig. 8.3. Diagrama esquemático de un espectrómetro de masas de doble focalización, mostrando la geometría de Mattauch-Herzog. (Por cortesía de Consolidated Electrodynamics Corporation.)

innecesario cualquier proceso de revelado. En ocasiones se usa un tercer sistema llamado "digitalizador", que imprime el espectro en forma de número de masa e intensidades relativas. Este sistema tiene la desventaja de que es difícil para el químico saber las principales características del espectro por una simple ojeada a una tabla de números.

Los instrumentos de alta resolución con doble focalización (figs. 8.2 y 8.3) incorporan la mayoría de métodos y principios señalados anteriormente para los de baja resolución, además de algunos refinamientos adicionales. Se verá en la figura 8.3 que para un campo magnético constante H, cualquier extensión en la magnitud de la velocidad (equivalente a un aumento de V) dará como resultado una expansión de r para cualquier valor dado de m/e. Los picos obtenidos en espectrometría de masas de baja resolución están realmente ensanchados, en una amplitud tal que es originada por las contribuciones a la energía inicial cinética o térmica, por la energía cinética ganada por la partícula durante la aceleración con la cámara de ionización.

Un incremento en el poder de resolución de varios cientos de veces, puede conseguirse mediante la eliminación de esta extensión de energía que tiene el haz iónico antes de entrar en el campo magnético.

En los instrumentos de doble focalización, los iones pasan a través de un campo electrostático radial que los ordena en trayectoria monoenergética (focalización de velocidad) antes de que pasen al campo en donde son refocalizados de acuerdo con su relación masa-carga. De acuerdo con el diseño del instrumento, el espectro puede estar limitado por el barrido convencional del campo magnético o el potencial de aceleración, siendo registrados los iones, como en los instrumentos de baja resolución, cuando entran en el foco sobre el colector (fig. 8.2), o bien pueden registrarse todos los iones simultáneamente en una placa fotográfica situada en el plano focal del instrumento (fig. 8.3). Como será discutido más tarde, este último método es altamente valioso para obtener un espectro completo de alta resolución de micromuestras cuya composición en el manantial iónico cambia rápidamente y cuyo tiempo de permanencia en el instrumento es corto, como ocurre en la monitorización continua de la cromatografía de gases.

8.2.2 Otros instrumentos

Entre los instrumentos de interés para la determinación de estructuras orgánicas, pero que difieren en los principios fundamentales, están los espectrómetros de resonancia por ciclotrón, espectrómetros de tiempo de vuelo, espectrómetros cuadripolares de masas.

Brevemente, el espectrómetro de resonancia ion ciclotrón opera del modo siguiente: cuando se sitúa un ion, cuya relación de masa-carga sea m/e, en un campo magnético H, tiene una frecuencia natural ciclotrónica ω dada por

$\omega = He/m$. En el espectrómetro, los iones de diferente m/e se detectan por la absorción de energía de un campo eléctrico oscilante. El espectro se obtiene barriendo el campo magnético de manera que la frecuencia ω de los iones de masa diferente, se lleve hasta la frecuencia de operación (normalmente de 77 a 770 kHz) del instrumento y la energía se absorba. Una característica interesante de este tipo de instrumentos, es que pueden estudiarse con ellos iones negativos por una simple inversión de los campos eléctricos y magnéticos.

Para detalles de operación de éste y otros tipos de espectrómetros el lector puede recurrir a libros más extensos sobre espectrometría de masas (Sec. 8.9).

8.3 MANEJO DE LAS MUESTRAS

La mezcla debe introducirse en la cámara de ionización en estado de vapor, en cantidad tal que la presión ejercida por ella sea del rango de 10^{-5} a 10^{-9} mm de Hg. La mayoría de los espectrómetros tienen disponibles varios sistemas de introducción de muestras; el método a elegir viene condicionado por la volatilidad de la muestra.

Para la mayoría de compuestos orgánicos, el sistema más ventajoso es el de la introducción directa de la muestra en la cámara de ionización en que previamente se ha hecho un alto vacío. Un sistema corrientemente empleado, es el de colocar la muestra en un pequeño crisol al final de una varilla, que se hace llegar a la cámara de ionización a través de un sistema de vacío; si es necesario, para producir suficiente presión de vapor, la mezcla puede calentarse, ya sea calentando toda la cámara de ionización o bien calentando los elementos asociados a la varilla. Con el calentamiento de la varilla, pueden conseguirse temperaturas de hasta 1000°C; este método sólo es limitado por la estabilidad térmica del compuesto.

Un método extremadamente útil y versátil para la introducción directa de muestras en la cámara de ionización implica la asociación de un espectrómetro de masas y un cromatógrafo de gases. Afortunadamente las sensibilidades de un espectrómetro de masas y un detector cromatográfico de gases son comparables; las cantidades de material usadas en una columna cromatográfica gas-líquido (cgl) son mucho menores que las empleadas en espectroscopia infrarroja u otras técnicas de identificación. La sustancia eluida en una columna cgl puede ser monitorizada por introducción directa mediante un divisor en la cámara de ionización. La dilución de la muestra en el gas portador, puede reducirse mediante separadores especiales que eliminan preferentemente del sistema dicho gas. Debido a que la concentración de cualquier sustancia eluida cambia rápida y continuamente, esta monitorización sólo puede llevarse a cabo por sistemas que tengan un rápido sistema de registro. Se han realizado sistemas de registro con placas fotográficas de espectros de alta resolución en un intervalo de 28 a 800 *m/e* con muestras de 1 μg teniendo un tiempo de permanencia en la fuente iónica de tan sólo 1 segundo.

Para gases y líquidos o sólidos de alta volatilidad, a menudo se usa el *sistema de depósito* para introducir la muestra en el manantial iónico. El sistema de depósito consiste en una serie de llaves de vacío, un dispositivo de medida de presión, y un paso molecular en el manantial iónico (véase fig. 8.4). La capacidad del depósito en los instrumentos comerciales varía de 1 a 5 litros. Estos volúmenes relativamente grandes requieren cantidades de muestra proporcionales en comparación con los de entrada directa.

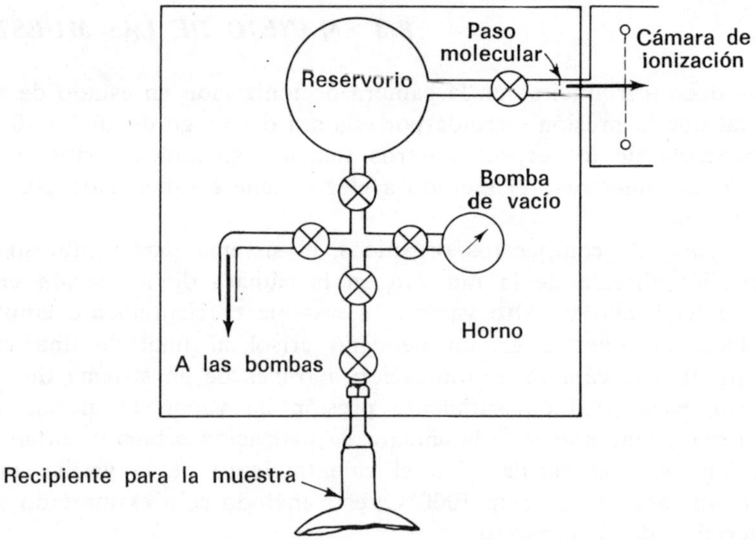

Fig. 8.4. Diagrama esquemático de un sistema de introducción de muestra.

En el reservorio se introduce muestra suficiente para producir una presión de 10^{-2} mm de Hg. La totalidad del sistema está en un horno, que puede calentarse si es necesario, para producir una presión suficiente. La muestra que está en el reservorio, a una presión mayor que la requerida en el manantial iónico, se deja que pase a través de un pequeño orificio, produciendo una corriente constante de la muestra hacia la cámara de ionización. El gran volumen del depósito minimiza la disminución de la concentración de la muestra durante el recorrido. Esta condición es necesaria si se tienen que obtener espectros reproducibles a bajas velocidades de barrido.

Aun con la gran variedad de técnicas existentes para el manejo de muestras, la espectrometría de masas no puede aplicarse rutinariamente a todos los compuestos; el factor limitante es, con frecuencia, la estabilidad térmica de la molécula a la temperatura necesaria para producir una presión mínima; algunas veces es posible transformar compuestos térmicamente inestables en otros más estables o derivados más volátiles, por ejemplo, ácidos a ésteres y alcoholes a acetatos o trimetil silil éteres.

8.4 PRODUCCIÓN Y REACCIONES DE LOS IONES GASEOSOS

Ionización

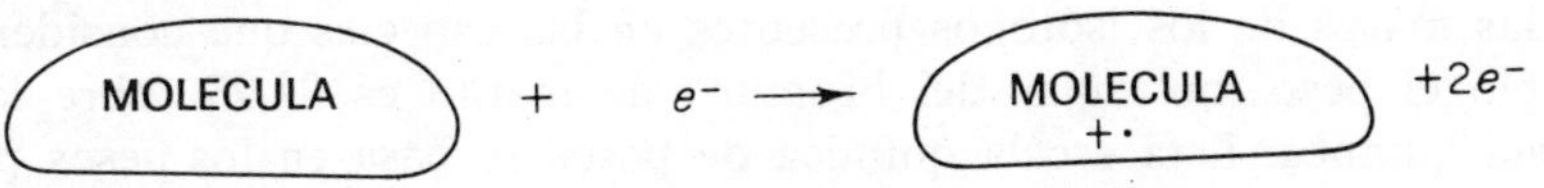

Fragmentación

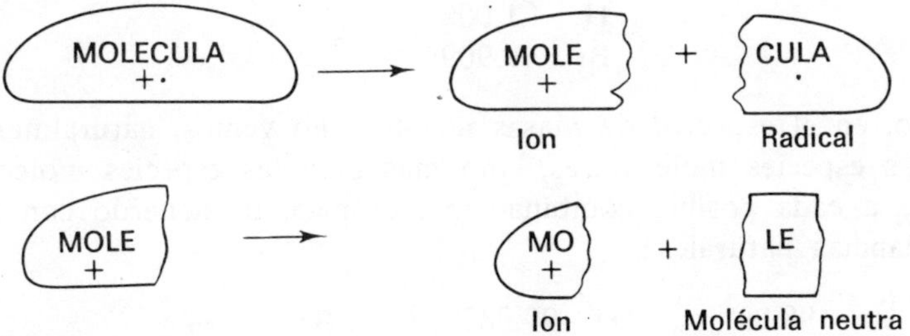

Reagrupamiento

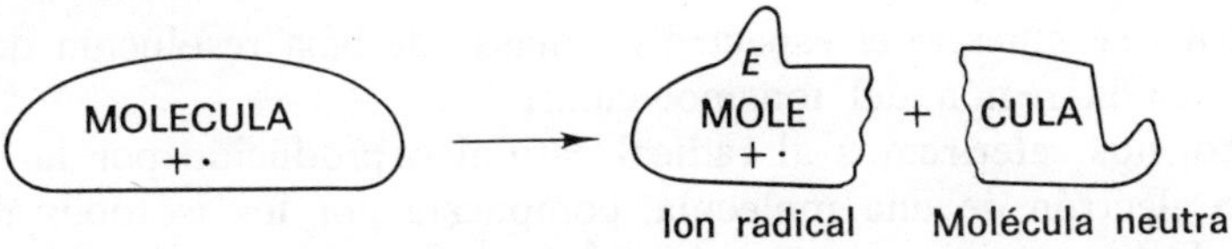

Como se indicó en la introducción, la espectrometría de masas está estrechamente ligada con las reacciones químicas. La reacción química inicial se verifica entre un electrón y una molécula, y se produce la eliminación de un electrón y una molécula, a causa del impacto con el electrón de choque para dar lugar a un radical catiónico. Para moléculas orgánicas, la energía del haz electrónico que se requiere para verificar esta reacción es de unos 9 a 15 electrón-voltios (eV). La energía exacta del haz electrónico necesario para causar la ionización de una determinada molécula, se llama *potencial de ionización;* la energía del haz electrónico necesaria para que se obtenga un determinado fragmento es el *potencial de aparición.* Los espectros de masas normalmente se obtienen con un haz electrónico de unos 70 electrón-voltios de energía. Bajo estas condiciones el exceso de energía se imparte al ion formado inicialmente y la mayor parte de este exceso de energía, se disipa por medio de fragmentaciones y reagrupamientos.

8.4.1 Determinación de fórmulas y pesos moleculares

El espectro de masas de un compuesto orgánico indica que aquel compuesto está integrado por varias especies moleculares distintas de diferentes combinaciones de isótopos naturales. Las masas que se calculan mediante la espectrometría de masas no están basadas en la escala química, sino que serán la suma de las masas de los isótopos presentes en las especies que consideramos. Por ejemplo el peso molecular del bromuro de metilo es 94,95 sobre la base de la escala química. Esta escala química de pesos se basa en los pesos promedios de los isótopos naturales.

C	12,011
H	1,008
Br	79,909

Sin embargo, en el espectro de masas nosotros no vemos, naturalmente, el promedio de las especies moleculares, sino más bien las especies moleculares correspondiente a cada posible combinación isotópica, de acuerdo con las siguientes abundancias naturales:

^{12}C	98,89%	^{1}H	99,985%	^{79}Br	50,54%
^{13}C	1,11%	^{2}H	0,015%	^{81}Br	49,46%

En la figura 8.5 se muestra el espectro de masas de baja resolución del bromuro de metilo en la región del ion molecular.

En este texto, nos referiremos al radical catiónico producido por la extracción de un solo electrón de una molécula, compuesta por los isótopos naturales más ligeros de los elementos presentes en los compuestos, como *ion molecular* y lo simbolizaremos por M. Los términos M + 1, M + 2, etc., significan picos de masas moleculares mayores que M en 1, 2, etc., unidades de masa.

Si un ion molecular tiene estabilidad suficiente durante un período de vida aproximado de unos 10^{-5} segundos, será totalmente acelerado y registrado su correspondiente valor *m/e.* Así, para la gran mayoría de compuestos, la espectrometría de masas nos proporciona un método exacto y claro para la determinación del peso molecular de una sustancia. El ion molecular y las especies isotópicamente relacionadas corresponden a los picos de mayores masas del espectro en ausencia de procesos de colisión (véase abajo). Sin embargo, en

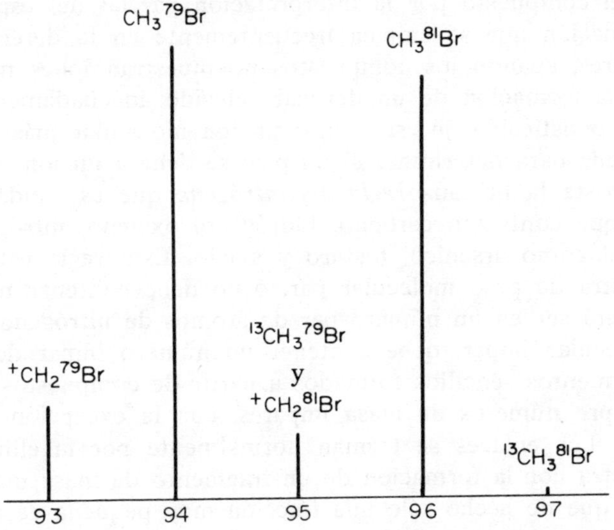

Fig. 8.5. Espectro de masas del bromuro de metilo en la región del ion molecular. No se indican las contribuciones de ^{2}H por su pequeña abundancia. Las contribuciones por especies que contienen a la vez ^{13}C y ^{2}H son despreciables.

determinados casos, hay compuestos que dan iones moleculares de intensidad muy pequeña o despreciable y deben tomarse precauciones para no confundir los iones moleculares con los picos debidos a las impurezas o fragmentos. Una reducción en el voltaje de ionización lleva a intensidades mayores de los iones moleculares.

La estabilización de la carga positiva en el ion molecular y la tendencia hacia la fragmentación influyen en la intensidad del pico correspondiente al ion molecular. Biemann ha sugerido el siguiente orden aproximado de estabilidades decrecientes para iones moleculares.

Compuestos aromáticos—olefinas conjugadas—compuestos alicíclicos—sulfuros—hidrocarburos de cadena lineal—mercaptanos—cetonas—aminas—ésteres—éteres—ácidos carboxílicos—hidrocarburos ramificados—alcoholes.

Los compuestos cíclicos, naturalmente, tienen tendencia a dar picos más intensos de los iones moleculares que los correspondientes acíclicos, debido a que, en la estructura cíclica, la escisión de un enlace no conduce a una separación de un fragmento de menor masa. Se recalca que uno siempre debe comprobar, que el modelo exhibido de fragmentación en el resto del espectro pueda ajustarse al ion molecular sugerido, y que la intensidad de aquel pico sea de la magnitud esperada para la estructura propuesta. En algunos casos, aunque incluso un compuesto no presente un ion molecular, es posible llegar al peso molecular del compuesto por la interpretación parcial del espectro de masas. Otra aproximación que se emplea frecuentemente en la determinación de pesos moleculares, cuando los compuestos no muestran iones moleculares reconocibles, es la formación de un derivado elegido adecuadamente para obtener una forma pronosticable de escisión, o un ion molecular más estable.

Como ayuda para determinar si un pico se debe a un ion molecular o a un fragmento, existe la llamada *regla del nitrógeno* que es válida para todos los compuestos que contienen carbono, hidrógeno, oxígeno, nitrógeno, azufre, y/o halógenos, así como arsénico, fósforo y silicio. Esta regla establece, que una molécula neutra de peso molecular par, o no debe contener nitrógeno o si lo contiene deberá ser en un número par de átomos de nitrógeno; un compuesto de peso molecular impar, debe contener un número impar de átomos de nitrógeno. Fragmentos sencillos formados a partir de compuestos de número par, tendrán siempre números de masa impares, con la excepción de los picos de reagrupación. Los enlaces se forman normalmente por la eliminación de una molécula neutra con la formación de un fragmento de masa molecular par.

Debido a que de hecho sólo una fracción muy pequeña de las moléculas de la cámara de ionización se ionizan, aquellos iones que se forman están en medio de una población de moléculas no ionizadas. Pueden producirse colisiones ion-molécula, que dan como consecuencia la sustracción de un átomo o grupo de átomos de la molécula neutra por el ion positivo, formándose una partícula de mayor masa que el ion molecular esperado. A presiones normalmente empleadas en espectrometría de masas, la única reacción de este tipo significativa es la sustracción de un átomo de hidrógeno por el ion molecular, resultando un pico a $M + 1$. Este pico llega a ser particularmente importante en aquellos casos (éteres, ésteres, aminas, aminoésteres, nitrilos) en los cuales el ion molecular es relativamente inestable, mientras que la especie protonada correspondiente es bastante estable. Debido a que este pico $M + 1$ está formado en un proceso bimolecular, puede identificarse como tal, por la proporcionalidad existente entre su intensidad y el cuadrado de la presión de la muestra. Al incrementar la presión de la muestra, la intensidad de los picos $M + 1$ incrementará con relación a los demás picos del espectro. Un pico $M + 1$ puede reconocerse también por su sensibilidad al potencial repelente; un incremento del potencial de repulsión disminuirá el tiempo de residencia de los iones en la cámara de ionización y como consecuencia también disminuirá la probabilidad de los procesos de colisión.

Como se indicó anteriormente en este capítulo, con la espectrometría de masas de alta resolución, es posible medir masas hasta su cuarta decimal. La tabla 8.1 da las masas exactas de los núclidos que se encuentran más frecuentemente en los compuestos orgánicos; las masas de cada átomo difieren de su número de masa (número entero más cercano) en su fracción de empaquetamiento nuclear.

Puede verse que cada formulación de elementos tendrá una masa única asociada con él. Mediciones de masa con suficiente exactitud permiten determinar la fórmula molecular; se encuentra un ejemplo de esta aproximación en el trabajo de Djerassi sobre el alcaloide vobtusina. Para este alcaloide, trabajos anteriores basados en microanálisis y otros datos clásicos han sugerido las po-

Tabla 8.1. Núclidos de importancia en la espectrometría de masas de alta resolución de los compuestos orgánicos

Núclido	*Masa*
H^1	1,0078252
C^{12}	12,0000000
C^{13}	13,003354
N^{14}	14,003074
O^{16}	15,99491415
F^{19}	18,998405
Si^{28}	27,976927
P^{31}	30,973763
S^{32}	31,972074
Cl^{35}	34,968855
Br^{79}	78,918348
I^{127}	126,904352

sibles fórmulas moleculares $C_{45}H_{54}N_4O_8$ (778), $C_{42}H_{48}N_4O_6$ (704), o $C_{42}H_{50}N_4O_7$ (722). La espectrometría de masas de baja resolución dio un peso molecular de 718, que está de acuerdo con los anteriores, pero indica concordancia con las fórmulas $C_{43}H_{50}N_4O_6$ (718,3730) o $C_{42}H_{46}N_4O_7$ (718,3366). Un espectro de masas de alta resolución indicó un peso molecular de 718,3743, mostrando que la fórmula $C_{43}H_{50}N_4O_6$ era la correcta.

Una extensa tabla de composiciones elementales frente a masas para usar en espectrometría de masas de alta resolución ha sido construida por McLafferty (ref. 8). Una muestra de esta tabla puede verse en la tabla 8.2. De los espectros de alta resolución, se obtiene la composición elemental, no sólo del ion molecular, sino de cada ion que se examine. El espectro se interpreta entonces directamente, de acuerdo con la fórmula elemental de la molécula y sus fragmentos.

Tabla 8.2. Masa frente a composiciones elementales

Masa	*Composición elemental*
43,0058	CHNO
43,0184	C_2H_3O
43,0269	CH_3N_2
43,0421	C_2H_5N
43,0547	C_3H_7

De los espectros de baja resolución, a veces es posible determinar una fórmula molecular única, o al menos de una limitación estrecha del número de posibilidades por consideraciones de las intensidades relativas de los distintos picos isotópicos. En esta discusión restringiremos nuestras consideraciones a compuestos que contengan carbono, hidrógeno, oxígeno, nitrógeno, azufre, flúor, cloro, bromo y iodo. El principal isótopo pesado estable de cada uno de éstos y las abundancias relativas en porcentajes sobre el isótopo de menor masa, se dan en la Tabla 8.3.

Tabla 8.3. Principales isótopos pesados estables

Isótopo	*Porcentaje sobre el isótopo de menor masa*
^{13}C	1,11
^{2}H	0,015
^{18}O	0,20
^{15}N	0,37
^{33}S	0,78
^{34}S	4,4
^{37}Cl	32,5
^{81}Br	98,0
F	una sola especie isotópica
I	una sola especie isotópica

Para determinar la fórmula molecular, se puede medir la intensidad del ion molecular M y expresar la intensidad del pico M + 1 y del pico M + 2 como porcentajes del pico del ion molecular. Para cualquier fórmula posible, los valores observados de los picos M + 1 y M + 2 pueden compararse con las intensidades calculadas teóricamente o pueden hacerse referencias con la tabla construida por Beynon (Ref. 6) disponibles en parte, en el libro de Silverstein y Bassler (Ref. 23). Sigue un ejemplo del uso de este método:

De un espectro de masas obtenemos los siguientes datos:

m/e	*Porcentaje*
100(M)	(100)
101(M + 1)	5,64
102(M + 2)	0,60

Podemos prontamente eliminar, por consideraciones ulteriores, fórmulas que contengan azufre, cloro, o bromo por la contribución relativamente pequeña del pico M + 2 (estos elementos son normalmente fáciles de detectar a causa de su alta contribución al pico M + 2). El iodo no necesita considerarse porque su masa sólo es 127. La contribución relativamente alta del pico M + 1 sugiere que el flúor tampoco está presente. Si consultamos las tablas de Beynon de compuestos de fórmula C, H, N, O encontramos los siguientes datos:

100	*M + 1*	*M + 2*
$C_2H_2N_3O_2$	3,42	0,45
$C_2H_4N_4O$	3,79	0,26
$C_3H_2NO_3$	3,77	0,65
$C_3H_4N_2O_2$	4,15	0,47
$C_3H_6N_3O$	4,52	0,28
$C_3H_8N_4$	4,90	0,10
$C_4H_4O_3$	4,50	0,68
$C_4H_6NO_2$	4,88	0,50
$C_4H_8N_2O$	5,25	0,31
$C_4H_{10}N_3$	5,63	0,13
$C_5H_8O_2$	5,61	0,53
$C_5H_{10}NO$	5,98	0,35
$C_5H_{12}N_2$	6,36	0,17
$C_6H_{12}O$	6,72	0,39
$C_6H_{14}N$	7,09	0,22
C_7H_2N	7,98	0,28
C_7H_{16}	7,82	0,26
C_8H_4	8,71	0,33

Basándonos en la regla del nitrógeno, no necesitamos considerar ulteriormente compuestos de un número impar de nitrógenos. De los valores de M + 1 y M + 2, se encuentra que la fórmula $C_5H_8O_2$ es la más idónea. Los picos de los isótopos medidos son ligeramente mayores que los calculados a causa de las pequeñas contribuciones de las colisiones bimoleculares, impurezas, picos M — 1, ruido de fondo, etc. Además, debe recalcarse que este método está limitado a compuestos que dan lugar a iones moleculares relativamente intensos, y de masas moleculares bajas o medias. Para que los picos del ion molecular sean medibles, es necesario que sean relativamente intensos. En los compuestos con muchos átomos las funciones de distribución isotópica son demasiado complejas para que puedan ser avolizadas y entonces la imprecisión de los cálculos no permite distinguir bien entre las fórmulas posibles.

8.4.2 Fragmentación

El espectro de masas de un compuesto proporciona al químico dos tipos de información: el peso molecular del compuesto y la masa de los distintos fragmentos producidos a partir del ion molecular. Para obtener información estructural, el químico intenta sobre el papel recoger estos fragmentos de una manera parecida al montaje de un rompecabezas. Se construyen moléculas hipotéticas que contengan estos fragmentos, y los diagramas de fragmentación, que se han preconizado para estos modelos se ensayan frente al espectro obtenido.

La fragmentación es un proceso químico que resulta en una ruptura de enlace; las consideraciones energéticas aplicables a reacciones químicas clásicas son asimismo aplicables a estos procesos de fragmentación, pero la situación se complica por la función de distribución de la energía residente en el estado excitado del ion molecular.

Los modelos de fragmentación se interpretan mejor basándose en la química conocida de los iones carbonio en disolución. La velocidad de producción, y por tanto la intensidad, observadas para cualquier fragmento iónico, parece correlacionarse con la estabilidad de aquel ion y con la naturaleza del grupo saliente (una molécula neutra o un radical). Así la velocidad a la que ocurre el proceso $[A-B]^{+\cdot} \rightarrow A^{+} + B^{\cdot}$ o $[A-B]^{+\cdot} \rightarrow A^{+\cdot} + B$, no dependerá sólo de la estabilidad del fragmento ion positivo A^{+} o $A^{+\cdot}$, sino también de la estabilidad del radical $B^{\cdot}$ o de la molécula B.

Hay dos grandes diferencias entre la química convencional de los iones, y la química en el espectrómetro de masas. Primero, estamos tratando con partículas en estados excitados, y las energías involucradas son considerablemente mayores que en las reacciones químicas típicas. Segundo, a las presiones de operación muy bajas ($\simeq$ baja concentración) del espectrómetro de masas, nosotros tratamos reacciones unimoleculares, y la energía no se disipa en una cantidad considerable por colisiones con otras moléculas del compuesto o del disolvente como ocurre en la química de las disoluciones.

La mayor parte de los tipos de fragmentación importantes se resumen en forma general a continuación.

1. Rupturas de enlaces sencillos carbono-carbono.

(a)

(b)

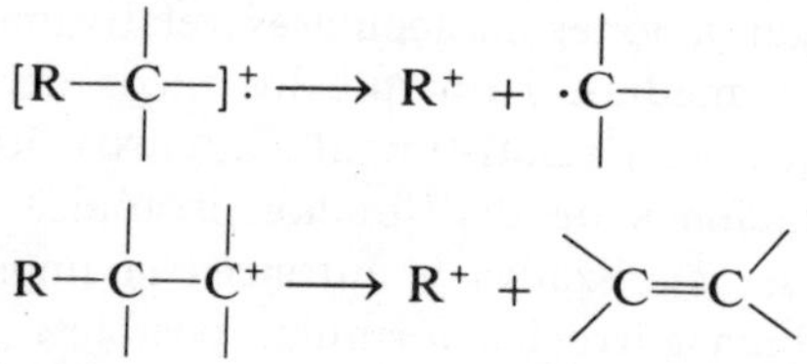

La importancia relativa de R^{+} aumenta en el siguiente orden:

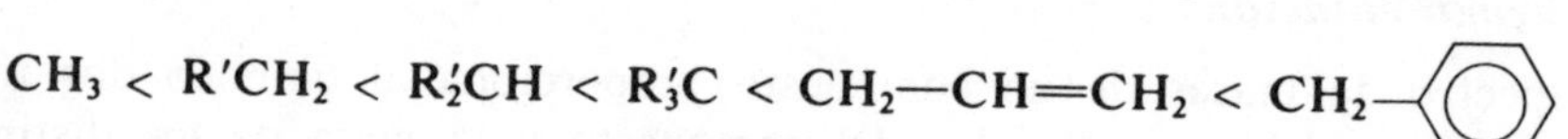

(c)

(d)

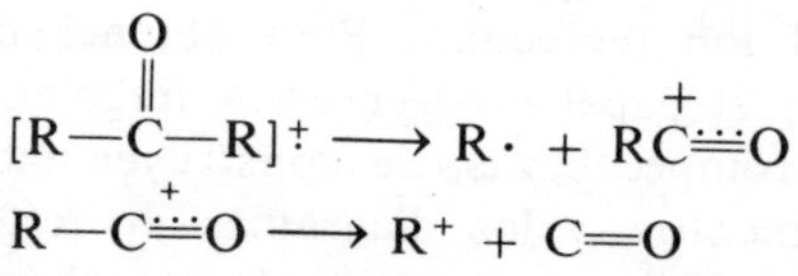

2. Rupturas que involucran heteroátomos.

X = halógeno, OR′, SR′, NR'_2 (R′ = H, alquilo, arilo)

(e)

(f)

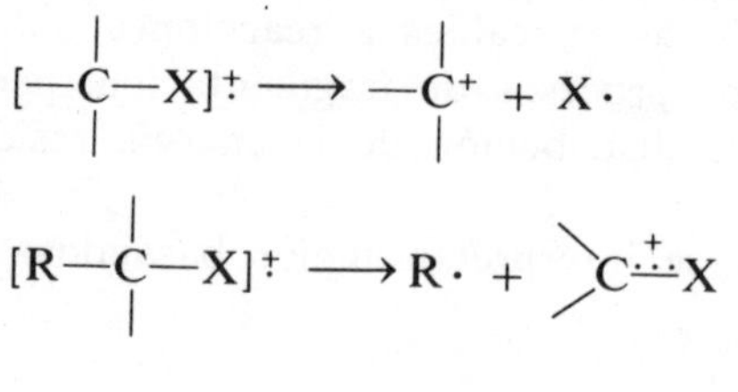

Los sustituyentes más pesados tienden a disiparse en mayor grado, p. ej., $CH_3CH_2\cdot > CH_3\cdot$, etc.

3. Rupturas simultáneas

(g) (h)

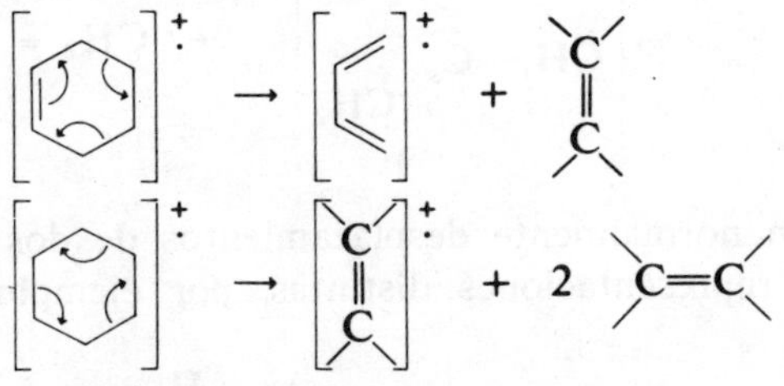

En la mayoría de los ejemplos se notará que el modelo de fragmentación indicado, no sólo se facilita por la producción de un ion carbonio estable, sino también como resultado de la formación de una molécula estable neutra. Debe recalcarse que, en la rotura de cualquier enlace o enlaces a un ion o a un radical iónico, la carga positiva puede situarse en cualquiera de los dos fragmentos.

$$n[AB]^+ \longrightarrow m(A^+ + B) + (n - m)(A + B^+)$$

Las proporciones relativas están regidas por las estabilidades relativas de los iones, radicales y moléculas formados. Así, en el espectro de la propiofenona, aparecen los siguientes iones con las intensidades relativas según se indican a continuación.

$$[C_6H_5{-}\overset{\overset{\displaystyle O}{\|}}{C}{-}CH_2CH_3]^{+\cdot} \longrightarrow \begin{array}{ll} C_6H_5C\overset{+}{\equiv}O & (100) \\ C_6H_5^+ & 43{,}4 \\ CH_3CH_2C\overset{+}{\equiv}O & 0{,}64 \\ CH_3CH_2^+ & 1{,}85 \end{array}$$

En la formación de un ion molecular por bombardeo electrónico, la eliminación de un electrón de un par de electrones no enlazantes de un heteroátomo, se produce más fácilmente que la extracción de un electrón pi, que, a su vez, es más fácil de hacer salir que un electrón sigma. Por esto es posible y a menudo deseable describir procesos de fragmentación con la carga positiva y la valencia libre localizada sobre un átomo específico, como $CH_3CH_2|\overset{+\cdot}{O}|CH_2CH_3$ por ejemplo; en los diagramas de este texto, se toma con preferencia en ocasiones para mostrar cargas y radicales localizados, pero con más frecuencia se pondrán las fórmulas estructurales entre paréntesis, así: $[CH_3CH_2{-}O{-}CH_2CH_3]^+$.

Como ayuda para la visualización de los procesos de fragmentación y reagrupamiento, utilizaremos flechas para indicar las roturas de enlaces y formación de enlaces [Ec (8.4)]; debido a que en las notaciones químicas conven-

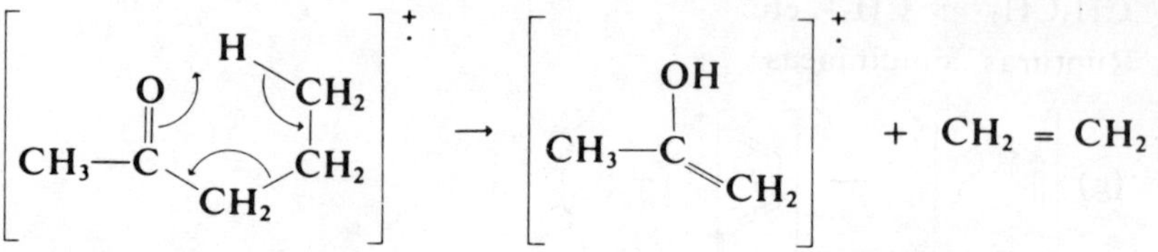

(8.4)

cionales, tales flechas indican normalmente desplazamientos de dos electrones, otros autores han sugerido representaciones distintas, por ejemplo:

(⌒ = desplazamiento de un electrón)

En ausencia de una convención bien establecida, este texto continuará empleando la notación de la Ec. (8.4). El estudiante, por tanto, debe entender que las flechas en tal representación no tienen un significado físico; no indican ni la dirección del flujo electrónico ni el número de electrones móviles. Es simplemente un método de "representación formal de los electrones".

A menudo en la descripción de espectros de masas, es conveniente referirse a un fragmento iónico particular en términos del ion molecular de menor masa o de la composición elemental del o de los fragmentos neutros disipados. Así el ion $C_6H_5CO^+$ de masa 105 en el espectro de la propiofenona, puede caracterizarse como el ion M−29 o el ion $M-C_2H_5$.

8.4.3 Reagrupamientos

En los espectros de masas de la mayoría de los compuestos, hay fragmentos cuya presencia no puede ser explicada por la simple escisión de los enlaces en el compuesto originario. Estos fragmentos, son el resultado de procesos de reagrupamiento; tales reagrupamientos puede esperarse que jueguen un papel de gran importancia en la fragmentación, cuando los procesos se favorecen energética y estéricamente; por ejemplo, cuando los procesos dan entidades más estables y el estado de transición requerido por la reacción es estéricamente accesible.

El más importante de estos procesos de reagrupamiento es el que implica la migración de una parte a otra de la molécula de un átomo de hidrógeno. Tales reagrupamientos típicos involucran la migración de un hidrógeno específico, que es estéricamente accesible a un ion carbonio o radical situados en la molécula ionizada. Se insiste, que en las reacciones de ionización, los electrones son más fácilmente eliminados de sistemas electrónicos π o de electrones no enlazados de heteroátomos. Quizá el reagrupamiento más común sea el de McLafferty, que involucra un sistema de electrones π y un estado de transición con seis miembros. Este tipo de reagrupamiento se ilustra a continuación de forma general:

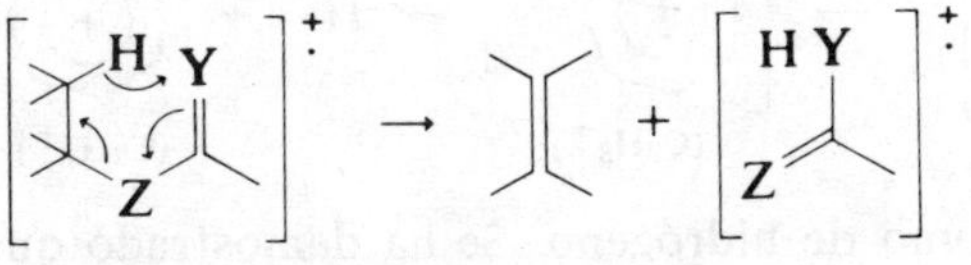

Olefinas, cetonas, ésteres, aminas, ácidos, etc.

Otros reagrupamientos comunes que involucran migración de hidrógeno son:

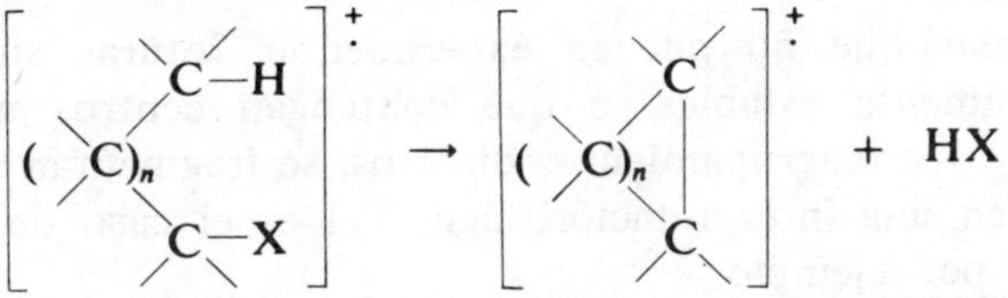

n = 0, 1, 2, 3, 4 X = cualquier sustituyente nucleofílico

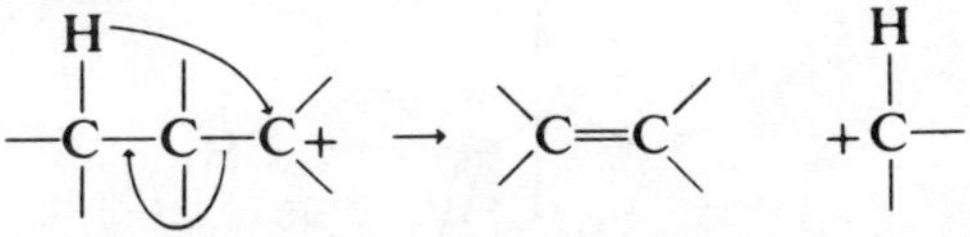

El segundo tipo más común de reagrupamientos, es el que implica desplazamiento 1,2. Como en las reacciones químicas ordinarias, el motivo fundamental que conduce a este tipo de reagrupamientos es la formación de especies más estables.

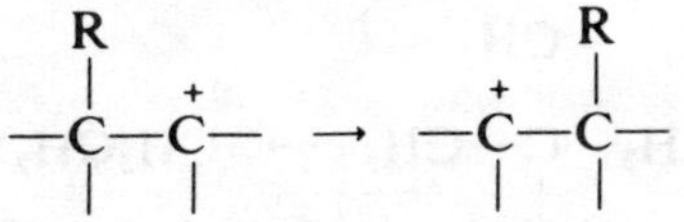

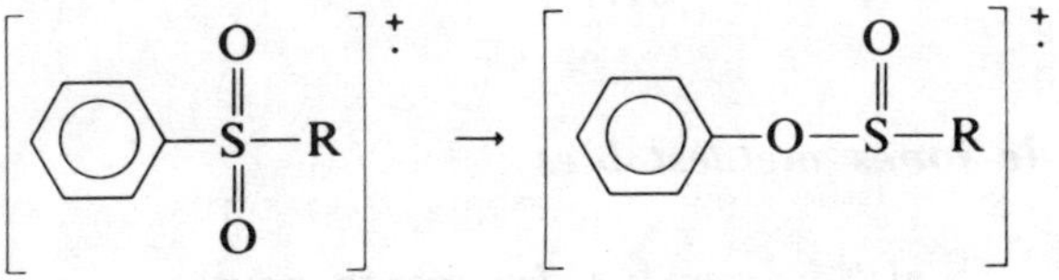

A simple vista parece que los desplazamientos 1,2, pueden conducir a fragmentos que tienen muy poca relación con la estructura inicial de la molécula;

por ejemplo, las aril sulfonas pierden monóxidos de carbono durante la fragmentación. Quizá el reagrupamiento de este tipo que ha sido más extensamente estudiado, sea el de la formación del ion tropilio a partir del tolueno; en este caso parece que la expansión del anillo ocurre en el ion originario antes

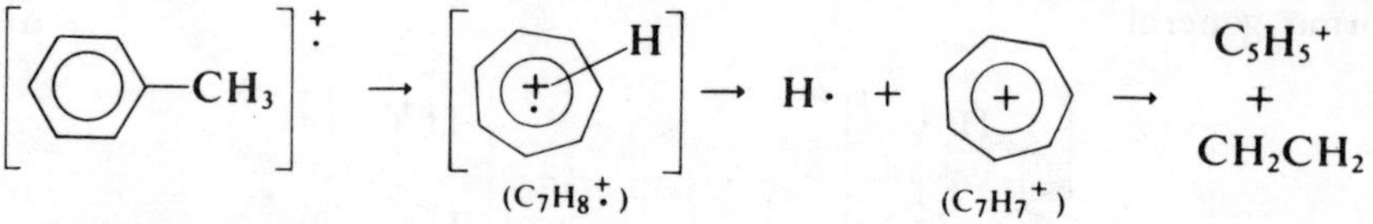

de la pérdida del átomo de hidrógeno. Se ha demostrado que en el $C_7H_8^{+\cdot}$ intermedio todos los hidrógenos son equivalentes. Se han estudiado los espectros de trece isómeros no aromáticos del tolueno y en cada ejemplo, el ion más abundante es el de masa 91 ($C_7H_7^+$), formado aparentemente a partir de un $C_7H_8^{+\cdot}$ intermedio.

Las moléculas que no pueden experimentar roturas simples para formar partículas claramente estables, o que contengan centros no nucleofílicos situados como en los reagrupamientos directos, se fragmentan a menudo de forma tal, que impiden una interpretación fácil. Tal es el caso de la mayoría de los hidrocarburos, por ejemplo.

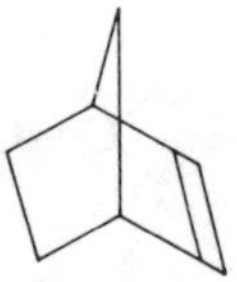 $\longrightarrow CH_3^+$

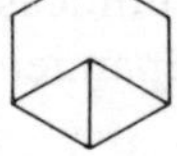 $\longrightarrow CH_3^+$

$$(CH_3)_4C \longrightarrow CH_3CH_2^+$$

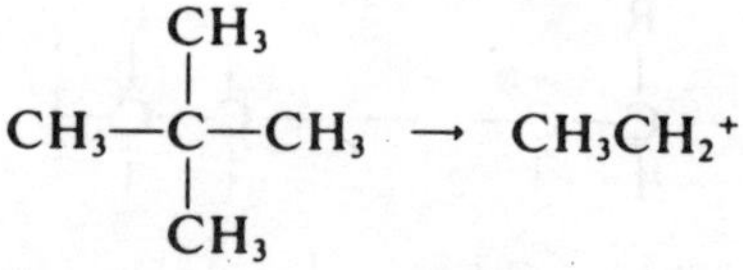

8.4.4. Picos de iones metaestables

$$m_1^+ \longrightarrow m_2^+ + \text{fragmento neutro}$$

Si la velocidad de descomposición en la cámara de ionización de un ion m_1 es muy rápida, casi la totalidad de tales iones se descompondrán antes de llegar a la cámara de aceleración y sólo los fragmentos m_2 serán acelerados, desviados y detectados en extensión algo significativa. Si el ion original (m_1) es muy estable, éste será observado como un pico intenso relativo a los iones derivados (m_2). Los iones que se descompongan a velocidad intermedia mostrarán una intensidad considerable para ambos iones primarios (m_1) y derivados (m_2). Con estas velocidades de descomposición intermedias, algunos iones primarios se partirán en fragmentos mientras están viajando en la región de aceleración del instrumento; tales iones serán primero acelerados como masa m_1, descompuestos a fragmentos neutros con pérdida de energía cinética, y entonces volverán a ser acelerados y desviados como masa m_2. Algún ion será registrado como un pico ancho de baja intensidad (generalmente 1 %, o menos) cuya posición m^* viene dada como sigue:

$$m^* = \left[\frac{(m_2)^2}{m_1}\right] \tag{8.5}$$

Los picos metaestables (m^*) se encuentran normalmente de 0,1 a 0,4 unidades de masa mayores que los calculados por esta ecuación. Un ejemplo de un registro característico de pico metaestable se muestra en la fig. 8.6.

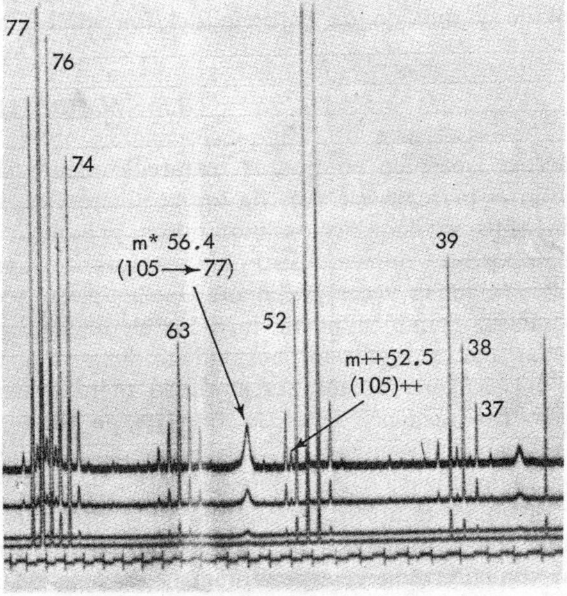

Fig. 8.6. Una parte de un espectro de masas trazado por un galvanómetro de cuatro elementos, ilustrando picos normales, picos metaestables y picos debido a iones doblemente cargados.

Los picos metaestables son muy importantes para la deducción de los mecanismos de fragmentación, puesto que indican que el fragmento de masa m_2 se forma en un proceso de un solo paso a partir de m_1. Por ejemplo, en el espectro del anhídrido ftálico, se indica el diagrama de fragmentación principal.

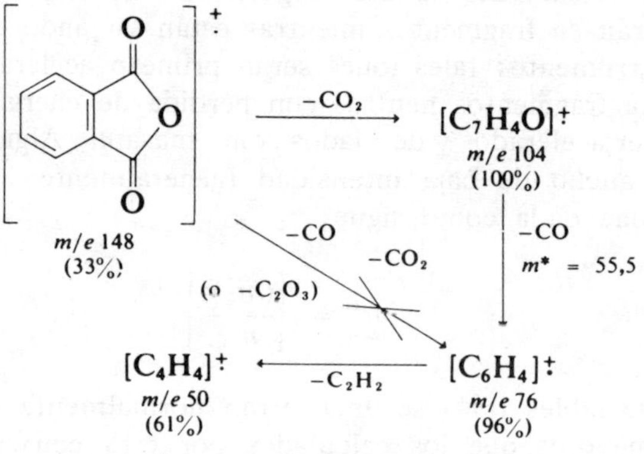

El pico metaestable a 55,5 (calculado a 55,5) nos dice que el ion de m/e 76 (m_2) (bencino?) se forma a partir del ion m/e 104 (m_1) y no por la pérdida sucesiva de monóxido y dióxido de carbono del ion molecular.

8.5 MARCAJE ISOTÓPICO

El uso del marcaje isotópico en puntos estratégicamente situados en una molécula, y siguiendo el marcaje a través de los productos, es un buen método para estudiar el mecanismo de reacciones químicas y biológicas. Para la detección de radioisótopos, se emplean distintas técnicas de contaje; para detección de deuterio y algunas veces carbono-13 se emplean técnicas de resonancia magnética nuclear (también puede medirse el deuterio por combustión de la mezcla para dar agua y medir la densidad de la misma). Sin embargo, la espectrometría de masas generalmente es el único método para la detección de isótopos estables. Las técnicas de espectrometría de masas tienen la ventaja de examinar la molécula intacta y con frecuencia se puede determinar con gran precisión la localización del marcaje.

El marcaje isotópico es también un método muy útil para establecer los caminos de reacción que se producen en el espectrómetro de masa. Este método tiene especial conexión con la espectrometría de baja resolución, que no puede distinguir entre iones de la misma masa nominal, como ilustramos con un ejemplo: el espectro de la ciclopentanona presenta un pico prominente para la masa 28, que puede atribuirse a monóxido de carbono o bien al etileno; ya que este último fragmento retiene dos átomos de deuterio (produciendo un pico a *m/e* 30) en el espectro del derivado tetradeuterado, este pico se debe al etileno.

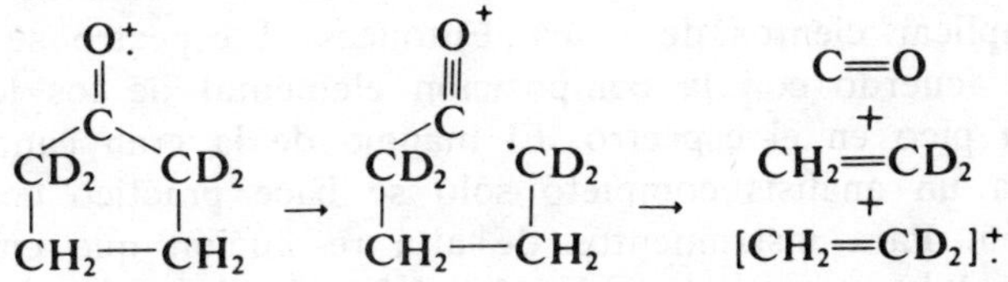

8.6 MANEJO Y EXPOSICIÓN DE DATOS

A causa de limitaciones de espacio en libros y revistas, y justamente como ocurre con otras formas de espectroscopia, es poco práctico presentar reproducciones de los espectros de masas originales. Asimismo, al igual que en otras formas características de espectroscopia, los métodos de divulgación de datos son considerablemente variados.

Los datos se presentan preferentemente en forma tabular, en donde están ordenados los números de masa y las intensidades de los picos; se emplean dos métodos para expresar intensidades. El método más simple y más frecuentemente usado, aunque quizá no el mejor, expresa las intensidades en relación al pico más intenso del espectro. A este pico, conocido como pico base se le asigna arbitrariamente el valor de 100; el segundo método, relaciona la intensidad total del espectro, por ejemplo, la suma de las intensidades de todos los picos o la *ionización total* (Σ); la intensidad de un pico se expresa entonces como el tanto por ciento de Σ, e indica la extensión en que los iones moleculares se descomponen en fragmentos. Frecuentemente, es poco práctico medir los picos desde $m/e = 1$ hasta el peso molecular; en vez de esto, se miden en un intervalo más restringuido. En este caso se usa la designación Σm, donde m indica el valor mínimo de la masa en el intervalo; por ejemplo, Σ_{30} significa que las intensidades han sido sumadas desde la masa 30 hasta las mayores masas del espectro.

Los químicos, especialmente los orgánicos, inmediatamente asocian el término espectro con un grabado con líneas sobre él. Los datos de masas espectrales se presentan con frecuencia en forma de gráficos con líneas perpendiculares cuyas ordenadas nos indican las abundancias relativas (intensidades) o bien los porcentajes del pico base o tanto por ciento Σ, o ambos, y las abscisas indican las relaciones masa-carga. Este método tiene la ventaja de abarcar de una sola vez todas las características del espectro.

El uso más amplio de una gran cantidad de datos utilizables en espectros completos de masas de alta resolución implican la técnica del mapa de elementos iniciada por Biemann y sus colaboradores. Con este método se hacen medidas exactas de masas de todos, o casi todos, los iones producidos, y se calculan posibles fórmulas elementales para cada ion. Con moléculas grandes esto puede implicar cientos de iones. Entonces el espectro se interpreta directamente de acuerdo con la composición elemental de los iones responsables para cada pico en el espectro. El manejo de la gran cantidad de datos necesarios para un análisis completo sólo se hace práctico con las técnicas de computación. Para instrumentos de alta resolución que emplean la geometría de Nier-Johnson con barrido (fig. 8.2), los datos pueden digitalizarse directamente sobre cintas magnéticas o tarjetas perforadas, que pueden procesarse mediante un computador. Los instrumentos Mattauch-Herzog (figura 8.3) registran simultáneamente todo el espectro sobre una placa fotográfica. La intensidad de las líneas y la posición de los datos en la placa son digitalizados por medio de un comparador automático o semiautomático. Las posiciones calculadas de las líneas se convierten en masas exactas por comparación con líneas de referencia o espectros de comparación (normalmente perfluoroqueroseno) registrados simultáneamente. Aunque los métodos anteriores tienen la ventaja de no requerir la intervención de un comparador, que suele ser caro, tienen el inconveniente de necesitar un período de tiempo relativamente largo para registrar todo el espectro. Esto no es adecuado para usarlos en conexión con un cromatógrafo gas-líquido.

De los datos digitales, el computador calcula las posibles composiciones elementales para cada ion, y las imprime en columnas, de acuerdo con su contenido de heteroátomos, y los imprime en forma de una gráfica de elementos. La figura 8.7 es un mapa de elementos obtenidos de la 3-octanona. En la primera columna, se dan las masas nominales de varios iones; la segunda columna indica los iones que sólo contienen carbono e hidrógeno; se tabula el número de cada elemento presente, seguido de la diferencia entre la masa calculada y la masa encontrada, expresando esta diferencia en unidades de milimasa, seguido de 1 a 10 asteriscos que indican sobre una escala logarítmica la intensidad aproximada de cada ion particular. La tercera columna proporciona la misma información pero para moléculas que contengan carbono, hidrógeno y oxígeno. En el mapa de elementos, la composición del heteroátomo aumenta de izquierda a derecha y la masa crece de arriba abajo. El ion molecular se encuentra abajo a la izquierda; en este caso, masa 128 y composición $C_8H_{16}O$. Como ejemplo de interpretación de la información, examinaremos la información para una masa 56; notamos que en esta línea hay dos entradas, que indican dos masas nominales iguales al ion $C_4H_8^+$, que aparece en el espectro a una unidad de milimasa separada de la calculada y con una intensidad de 3 en la escala logarítmica y el ion $C_3H_4O^+$ que aparece a una unidad de milimasa menor que la calculada con una intensidad relativa 4.

El mapa de elementos indica que el fragmento alquilo saturado más largo (C_nH_{2n+1}) en la molécula es un grupo pentilo. Los fragmentos que contienen oxígeno indican iones acilo ($C_nH_{2n-1}O$) correspondientes predominantemente a $n = 2$, 3 y 6. Los iones acilo de $n = 3$ y 6 son indicativos de una cetona

	CH	CHO	CHO_2	CHO_3
40	3/4 0**			
41	3/5 0*****			
42	3/6 0****			
43	3/7 0******	2/3 0*****		
44		2/4 0**		
45		2/5 0**		
50	4/2 0**			
51	4/3 0***			
52	4/4 0*			
53	4/5 0***			
54	4/6 0**			
55	4/7 1*****	3/3 1****		
56	4/8 1***	3/4 —1****		
57	4/9 1****	3/5 1******		
58		3/6 0***		
59		3/7 0**		
62	5/2 1*			
63	5/3 0*			
65	5/5 0*			
67	5/7 0**			
68	5/8 0**			
69	5/9 0****	4/5 0****		
70	5/10 0***	4/6 0***		
71	5/11 0******	4/7 0****		
72		4/8 0******		
73		4/9 —2*****		
75	6/3 1*			
79	6/7 0*			
80	6/8 0*			
81	6/9 0***			
83		5/7 0**		
84		5/8 0*		
85		5/9 1****		
86		5/10 0***		
97		6/9 0**		
98		6/10 0*		
99		6/11 0*****		
114		7/14 0*		
128		8/16 0*****		

CH CHO CHO_2 CHO_3

Fig. 8.7. Mapa de elementos de la 3-octanona.

de 8 carbonos con el oxígeno carbonílico en C — 3. Además, el ion de reagrupamiento correspondiente a C_4H_8O implica que esta cadena no está ramificada en la posición 4. En este punto, podemos escribir la siguiente estructura:

$$C_4H_9—CH_2—CO—CH_2CH_3$$

Un pico inesperado aparece a masa 81 con la composición C_6H_9 que probablemente aparece por pérdida de agua del ion acilo $C_6H_{11}O$. Este ejemplo, ilustra la utilidad del mapa de elementos para la interpretación de la información estructural, y además, para descubrir procesos no esperados de fragmentación.

8.7 ESPECTROS DE MASAS DE ALGUNOS COMPUESTOS REPRESENTATIVOS

En esta sección se describen los diagramas de fragmentación más importantes de un número de compuestos representativos de los de uso más común en química. Para un tratamiento más extenso deberán consultarse las referencias citadas al final de este capítulo. Para los químicos interesados en la determinación de estructuras orgánicas, existe un tratado completo y adecuado titulado *Mass Epectrometry of Organic Compounds,* por Budzikiewicz, Djerassi y Williams. En muchos casos, las fórmulas estructurales que se muestran en esta sección para fragmentos de espectros de masas, sólo se consideran como representaciones probables de las composiciones elementales observadas de los fragmentos.

8.7.1 Hidrocarburos

8.7.1a Hidrocarburos saturados

La utilidad de los espectros de masas de los hidrocarburos está acentuada debido al gran número de espectros de referencia. Los hidrocarburos normales presentan conjuntos de picos, separados en 14 unidades de masa (CH_2), de intensidad decreciente con el crecimiento de los pesos de los fragmentos (fig. 8.8). Casi siempre está presente el pico del ion molecular aunque éste tenga intensidad baja. La ramificación da lugar de forma preferente a una rotura en el punto de ramificación, resultando la formación de un ion carbonio secundario (fig. 8.9). Los iones de baja intensidad dan corrientemente reagrupamientos al azar.

Los hidrocarburos saturados alicíclicos dan lugar a espectros complejos. El pico del ion molecular es bastante intenso. Se forman picos característicos por pérdidas de etileno y cadenas laterales.

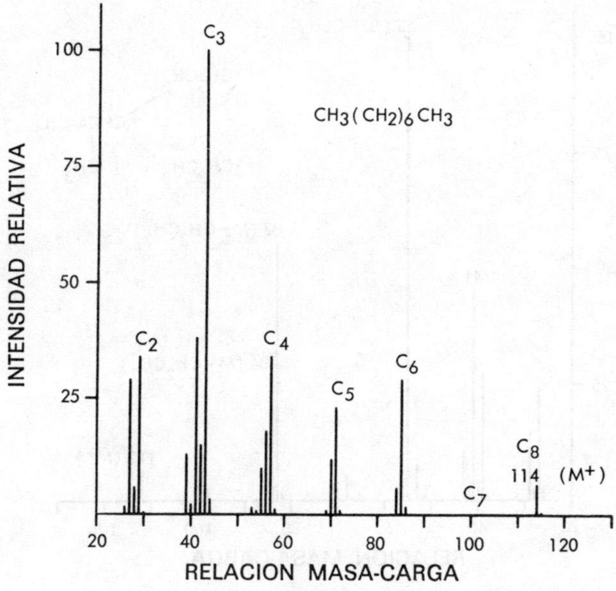

100
75
50
25
INTENSIDAD RELATIVA
C3
CH3(CH2)6CH3
C2
C4
C5
C6
C8
114 (M+)
C7
20
40
60
80
100
120
RELACION MASA-CARGA

Fig. 8.8

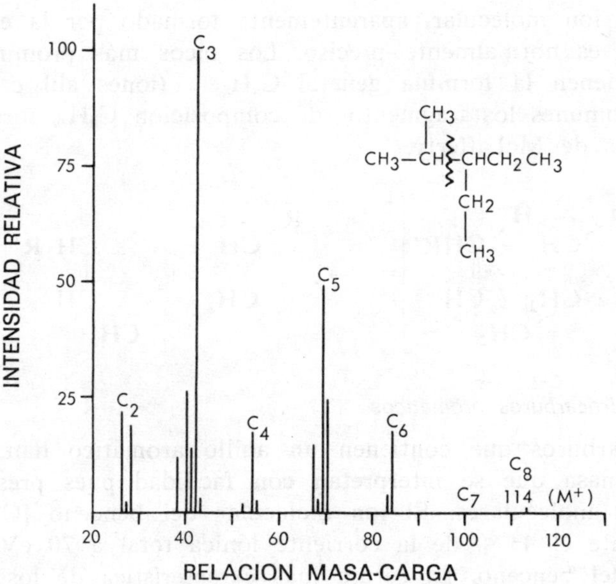

100
75
50
25
INTENSIDAD RELATIVA
C3
CH3
CH3—CH—CHCH2CH3
CH2
CH3
C5
C2
C4
C6
C8
C7
114 (M+)
20
40
60
80
100
120
RELACION MASA-CARGA

Fig. 8.9

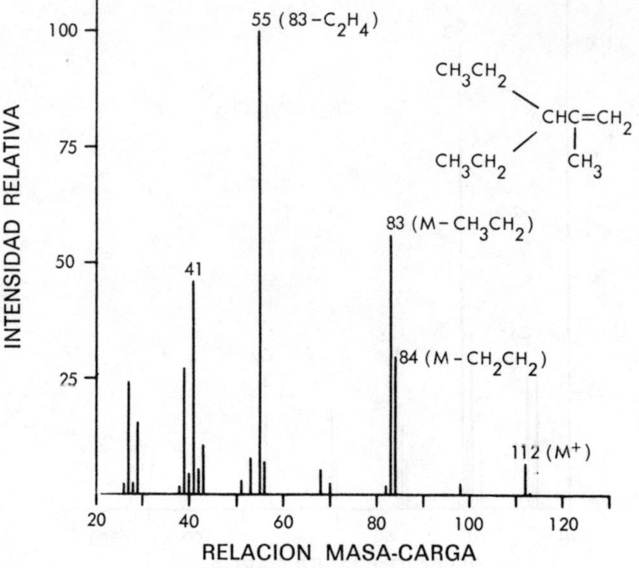

Fig. 8.10

8.7.1b Hidrocarburos no saturados

El pico del ion molecular, aparentemente formado por la eliminación de un electrón π, es normalmente preciso. Los picos más prominentes de las monoolefinas tienen la fórmula general C_nH_{2n-1} (iones alil carbonio), pero también son comunes los fragmentos de composición C_nH_{2n} formados en los reagrupamientos de McLafferty.

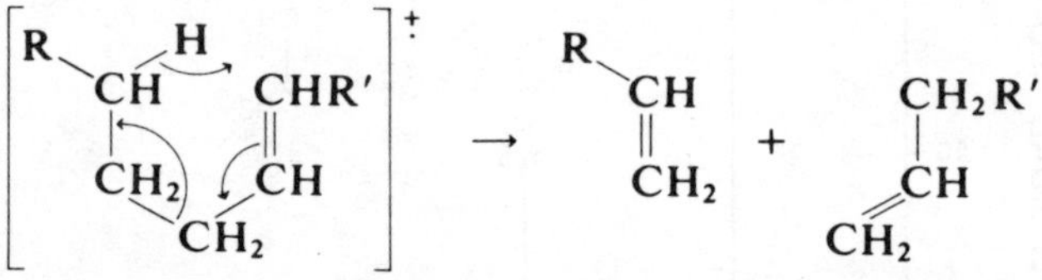

8.7.1c Hidrocarburos aromáticos

Los hidrocarburos que contienen un anillo aromático dan normalmente espectros de masa que se interpretan con facilidad pues presentan fuertes picos de iones moleculares. El ion molecular del benceno $[C_6H_6]^+$ produce aproximadamente el 43 % de la corriente iónica total a 70 eV en el espectro de masa del benceno. La rotura más característica de los alquil bencenos ocurre en los enlaces beta con respecto al anillo aromático. En el caso

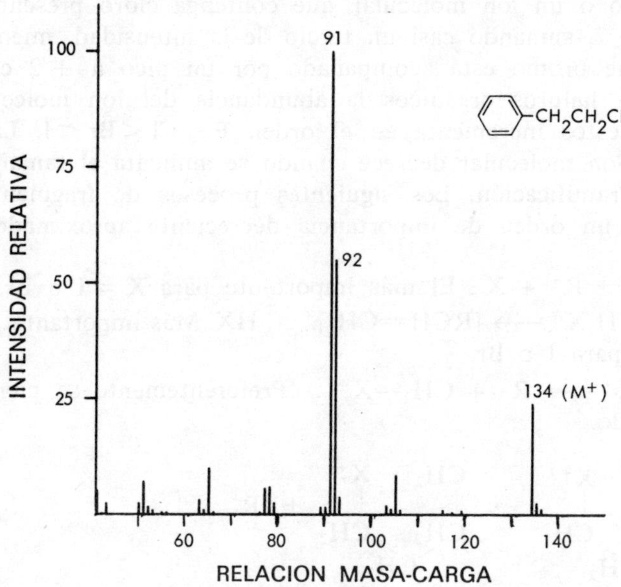

Fig. 8.11

normal, se pierden los anillos susituyentes más pesados, dando como resultado la formación del tropilio o iones tropílicos sustituidos.

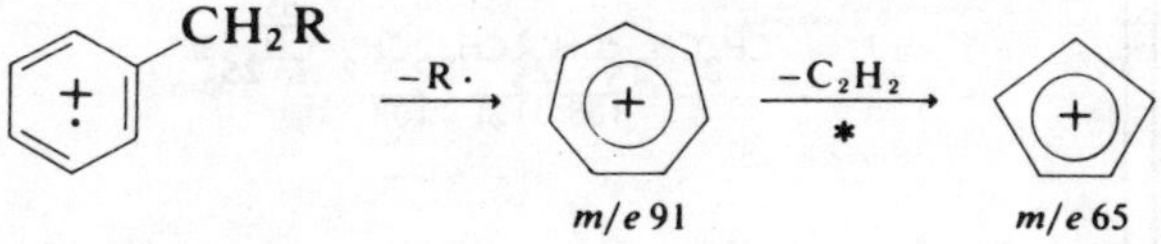

Si se presentan cadenas laterales propílicas o más largas, se pueden producir reagrupamientos de McLafferty.

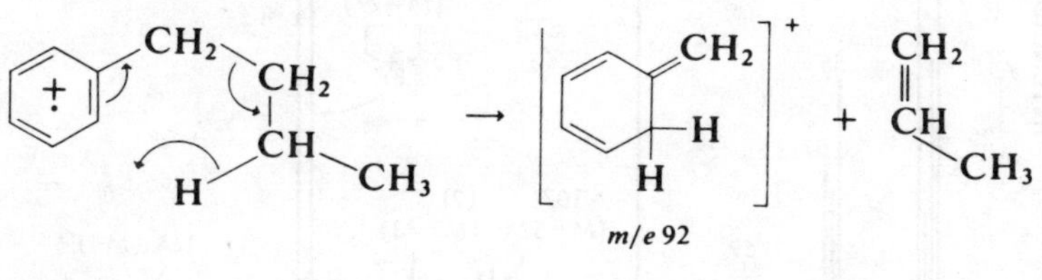

8.7.2 *Halógenos*

El flúor y el iodo son monoisotópicos, mientras que el cloro y el bromo suelen presentarse como mezclas de dos isótopos principales. De aquí que un fragmento iónico o un ion molecular que contenga cloro presentará un pico del isótopo a + 2, sumando casi un tercio de la intensidad, mientras que un ion que contiene bromo está acompañado por un pico a + 2 casi de igual intensidad. Para haluros orgánicos la abundancia del ion molecular de una serie de compuestos incrementa en el orden F < Cl < Br < I. La intensidad de un pico del ion molecular decrece cuando se aumenta el tamaño del grupo alquilo y la α ramificación. Los siguientes procesos de fragmentación están enumerados en un orden de importancia decreciente aproximado:

1. $R—X^{+\cdot} \longrightarrow R^+ + X^\cdot$. El más importante para X = I o Br.
2. $R—CH_2CH_2X^{+\cdot} \longrightarrow [RCH{=}CH_2]^{+\cdot} + HX$. Más importante para X = Cl y F que para I o Br.
3. $R—CH_2X^{+\cdot} \longrightarrow R\cdot + CH_2{=}X^+$. Preferentemente se pierde el grupo más pesado.
4.

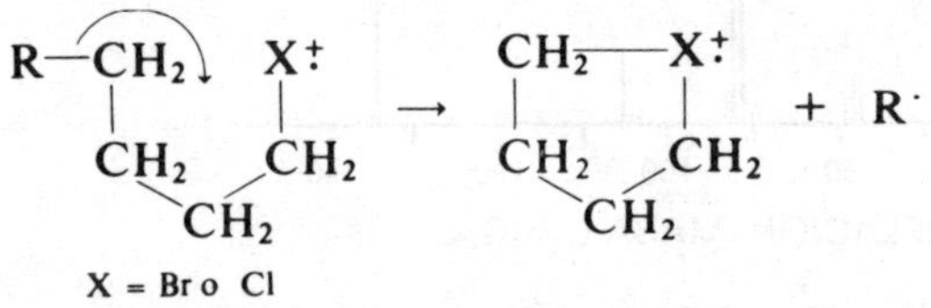

El pico del ion molecular de los haluros aromáticos suele ser abundante. Normalmente se observa el pico M — X (Fig. 8.15).

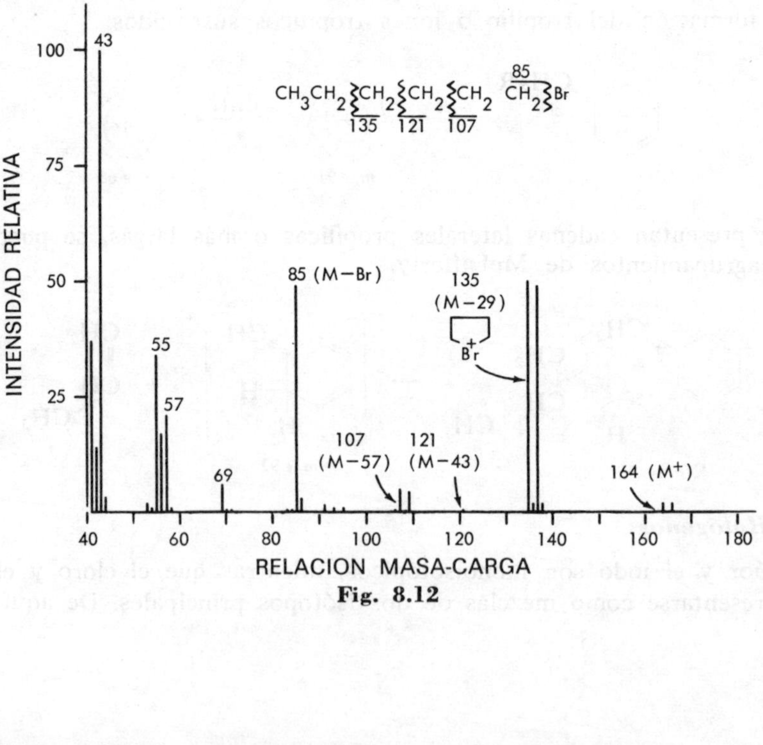

Fig. 8.12

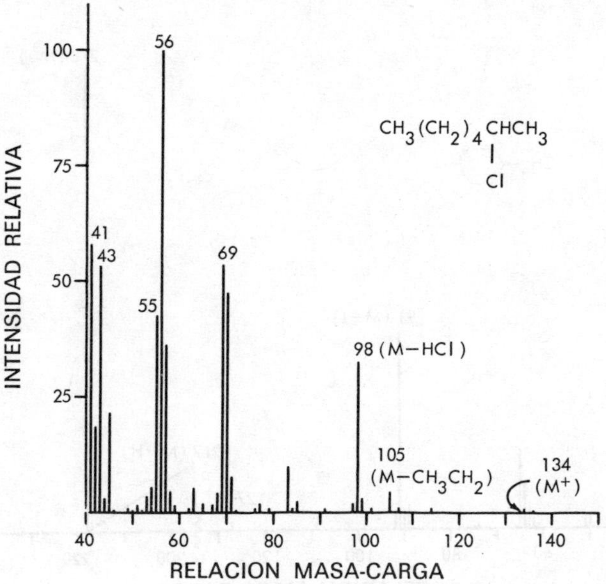

Fig. 8.13

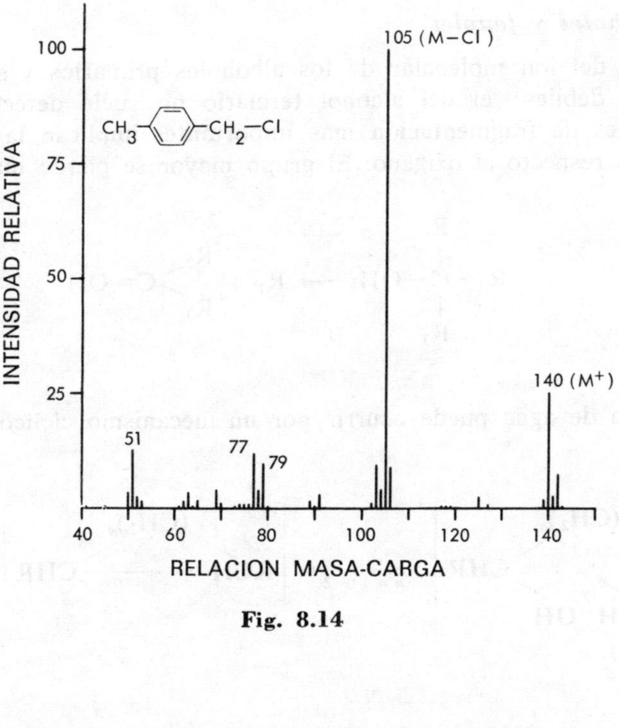

Fig. 8.14

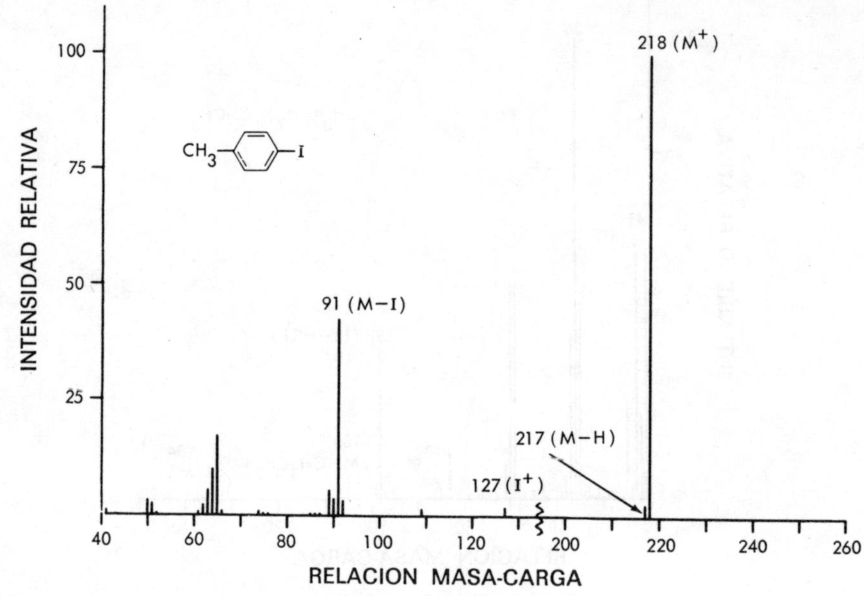

Fig. 8.15

8.7.3 Alcoholes y fenoles

Los picos del ion molecular de los alcoholes primarios y secundarios son normalmente débiles; el del alcohol terciario no suele detectarse. Los procesos generales de fragmentación más importantes implican la rotura del enlace beta con respecto al oxígeno. El grupo mayor se pierde más rápidamente.

$$R_2-\underset{R_3}{\overset{R_1}{C}}-\overset{+\cdot}{O}H \longrightarrow R_1^{\cdot} + \begin{matrix} R_2 \\ R_3 \end{matrix}\!\!>C=\overset{+}{O}H$$

La pérdida de agua puede ocurrir por un mecanismo cíclico, pero también

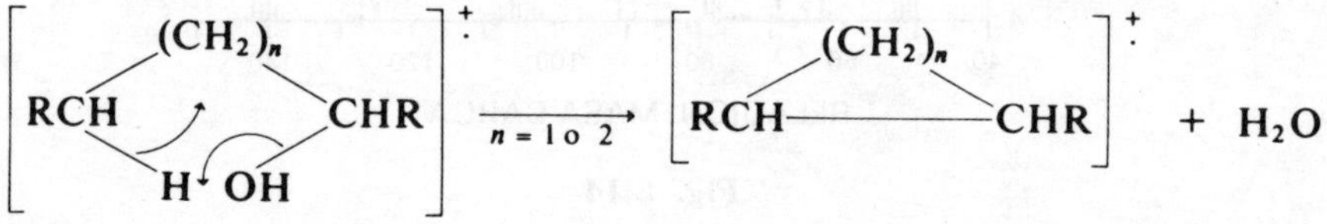

puede ocurrir por un proceso térmico en las superficies calientes de entrada.

$$R{-}CH_2{-}\underset{\displaystyle OH}{\underset{|}{CH_2CHR}} \xrightarrow[\Delta]{} RCH_2{-}CH{=}CHR$$

En los alcoholes cuyas cadenas tienen cuatro o más carbonos se observa normalmente una eliminación simultánea de agua y una olefina.

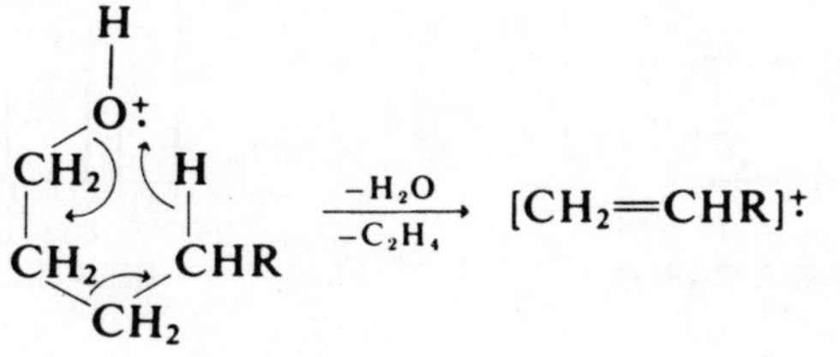

A continuación se ilustra la fragmentación de un alcohol cíclico típico.

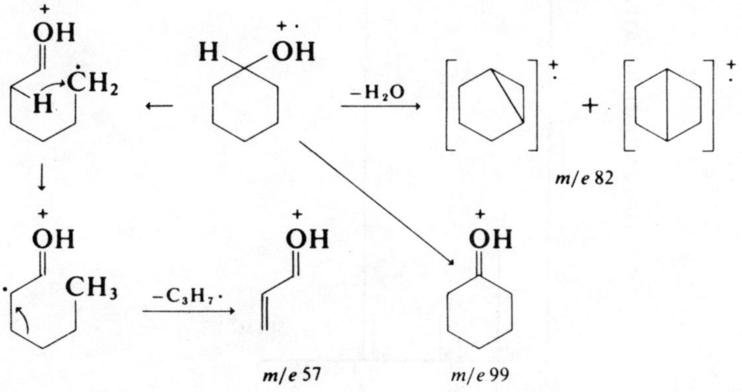

Los alcoholes bencílicos presentan picos intensos de iones moleculares.

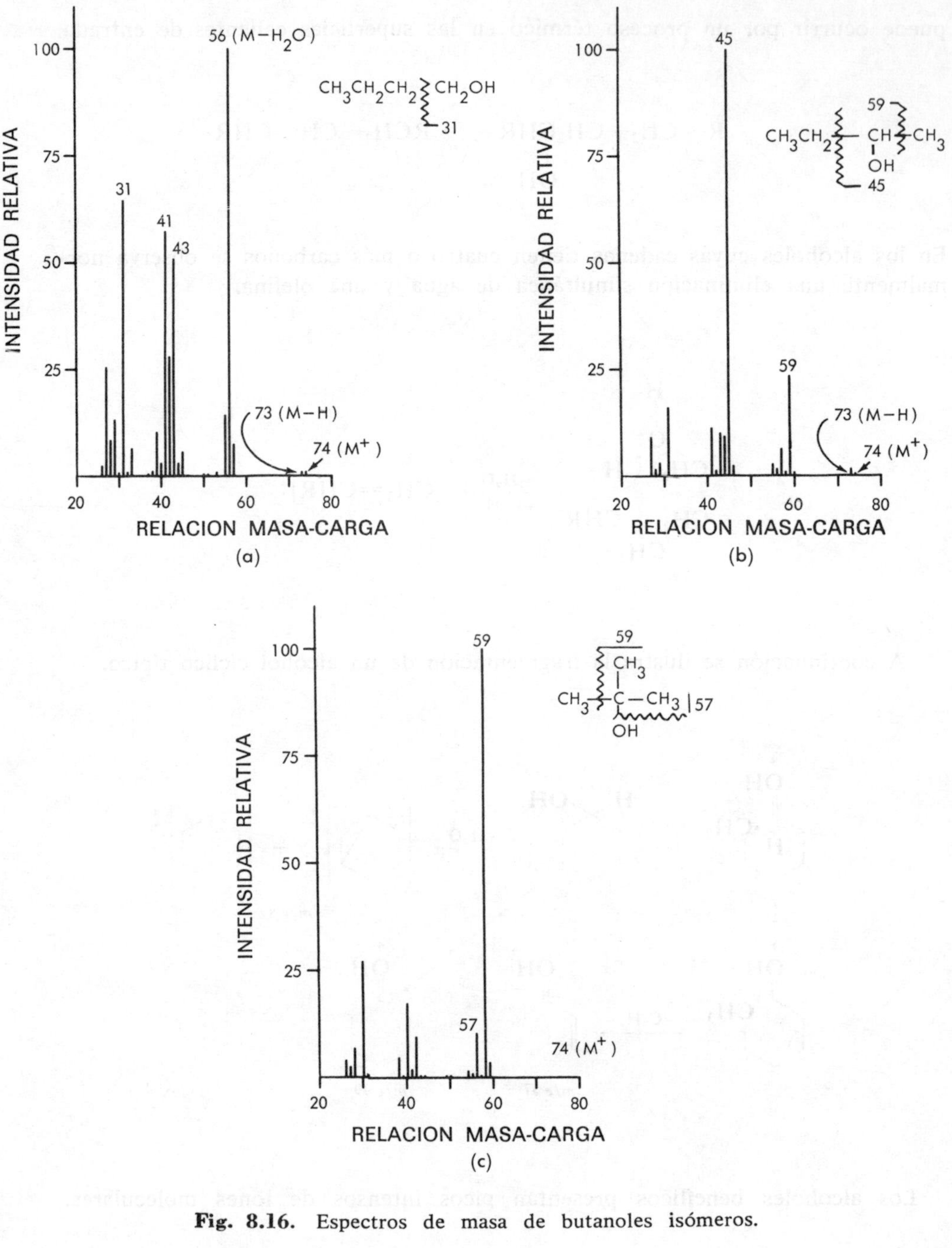

Fig. 8.16. Espectros de masa de butanoles isómeros.

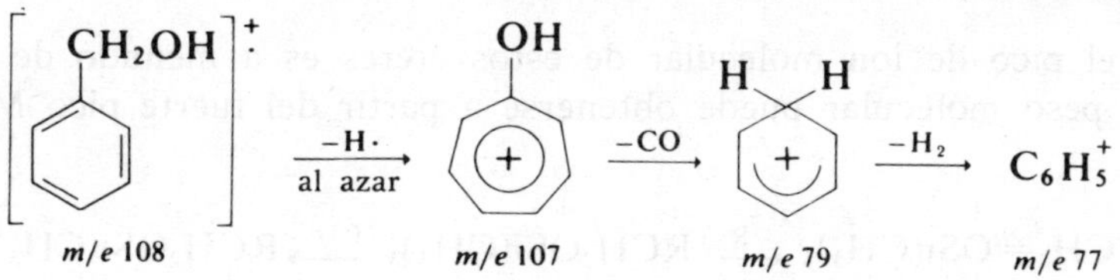

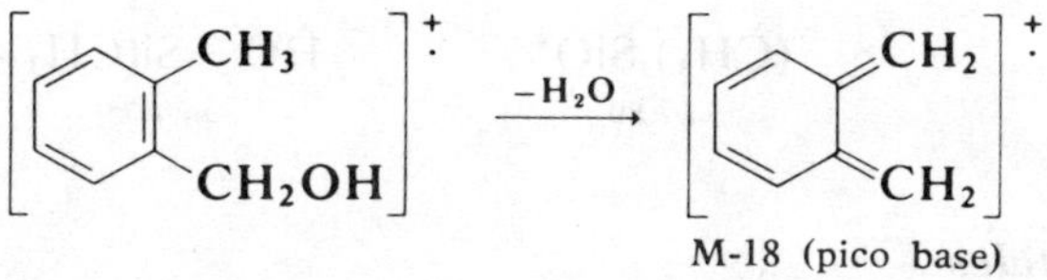

Los fenoles también exhiben picos intensos de iones moleculares; es característico el pico M-CO.

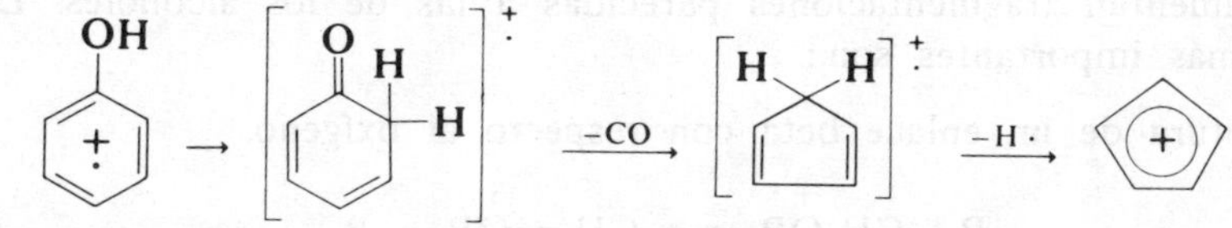

En espectrometría de masas y cromatografía de gases se emplean mucho los éteres trimetilsilícicos de alcoholes a causa de su gran volatilidad con relación a los alcoholes originarios.

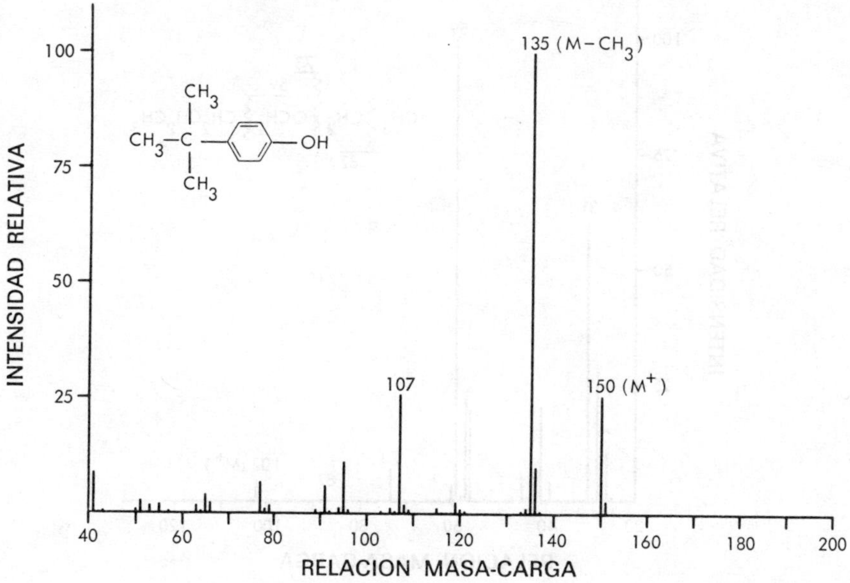

Fig. 8.17

Aunque el pico de ion molecular de estos éteres es a menudo de baja intensidad, el peso molecular puede obtenerse a partir del fuerte pico M—CH_3

$$\overset{+}{CH_2{=}O}Si(CH_3)_3 \xleftarrow{-R\cdot} RCH_2\overset{+\cdot}{O}Si(CH_3)_3 \xrightarrow{-CH_3\cdot} RCH_2\overset{+}{O}Si(CH_3)_2$$

$$m/e\ 93 \qquad\qquad\qquad\qquad M-15$$

$$\downarrow \qquad\qquad \downarrow \qquad\qquad \downarrow$$

$$(CH_3)_3Si^+ \qquad (CH_3)_3SiO^+ \qquad HO{-}\overset{+}{Si}(CH_3)_2$$

$$m/e\ 73 \qquad m/e\ 89 \qquad m/e\ 75$$

8.7.4 *Éteres y acetales*

El pico del ion molecular de los éteres puede observarse aunque es muy débil. Los picos M + 1 ocurren frecuentemente a mayores presiones. Los éteres experimentan fragmentaciones parecidas a las de los alcoholes. Los dos caminos más importantes son:

1. Rotura de un enlace beta con respecto al oxígeno.

$$R{-}CH_2\overset{+\cdot}{O}R \longrightarrow CH_2{=}\overset{+}{O}R + R\cdot$$

En el caso de ramificación del carbono α, se pierde preferentemente el radical mayor R.

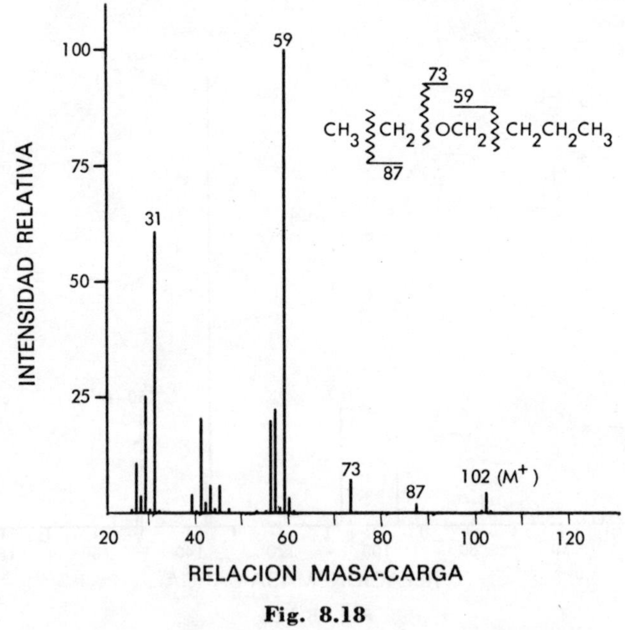

Fig. 8.18

2. Rotura de un enlace C—O

$$R\text{—}\overset{+\cdot}{O}\text{—}R \longrightarrow RO\cdot + R^+$$

Los acetales y cetales se comportan de manera parecida.

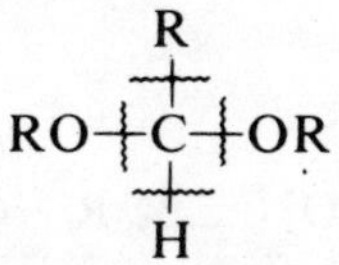

A continuación se ilustran importantes fragmentaciones de éteres aromáticos.

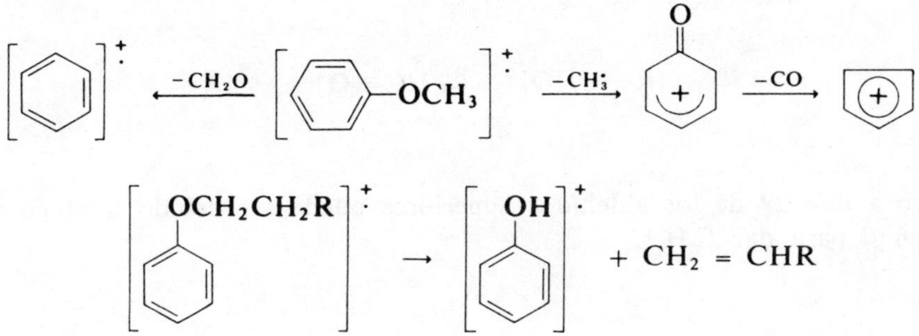

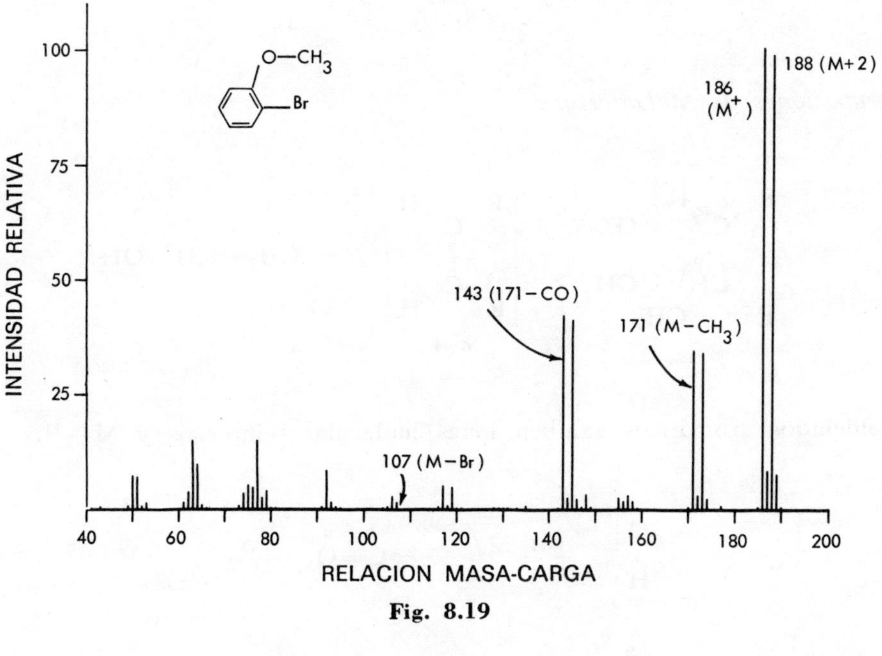

Fig. 8.19

8.7.5 Aldehídos

Los aldehídos alifáticos presentan picos débiles de iones moleculares.

Rotura en α

$$[\mathrm{R{-}CHO}]^{+\cdot} \xrightarrow{-\mathrm{H}\cdot} \mathrm{R{-}C{\equiv}O^{+}}$$

El pico M — 1 es diagnóstico de aldehídos.

$$[\mathrm{R{-}CHO}]^{+\cdot} \xrightarrow{-\mathrm{R}\cdot} \underset{m/e\ 29}{\mathrm{HC{\equiv}O^{+}}}$$

El pico a *m/e* 29 de los aldehídos superiores puede ser debido también a *rotura en β* para dar $C_2H_5^+$.

$$[\mathrm{R{-}CH_2{-}CHO}]^{+\cdot} \longrightarrow \underset{\mathrm{M-43}}{\mathrm{R^{+}}} + \underset{43}{\mathrm{CH_2{=}CH{-}O^{\cdot}}}$$

Reagrupaciones de McLafferty.

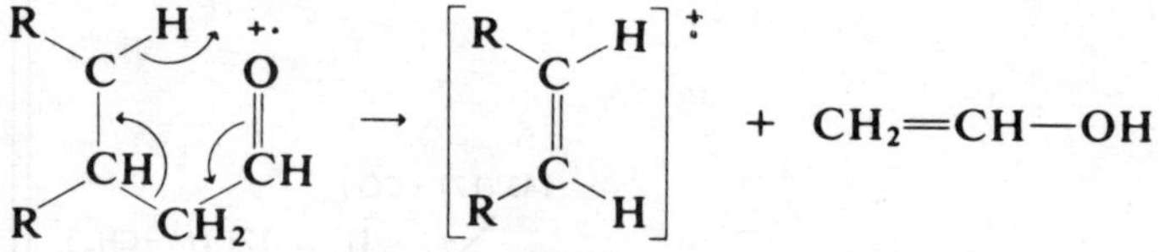

M-44

Los aldehídos aromáticos exhiben iones moleculares intensos y M — 1.

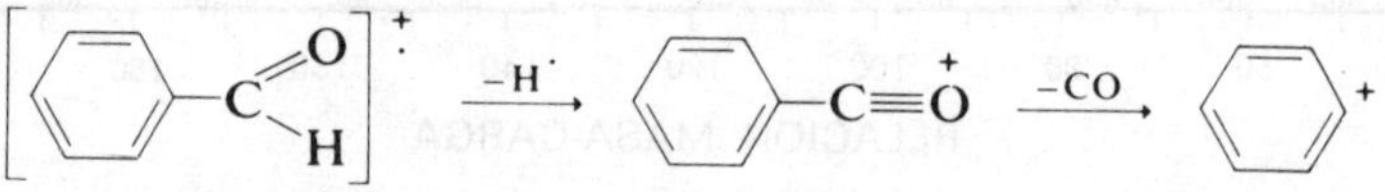

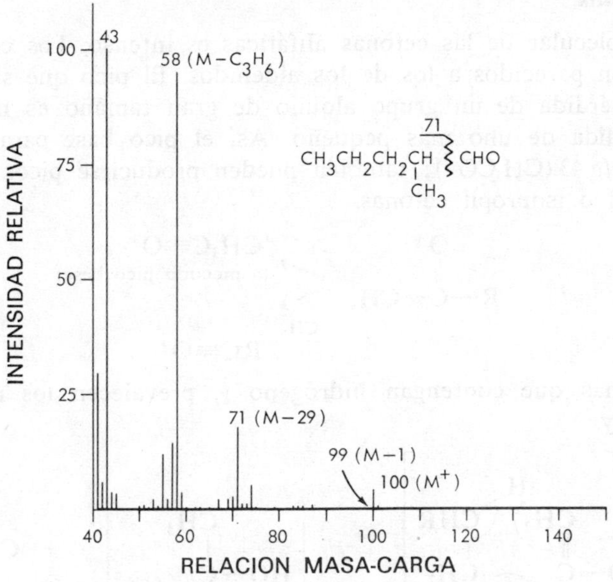

Fig. 8.20

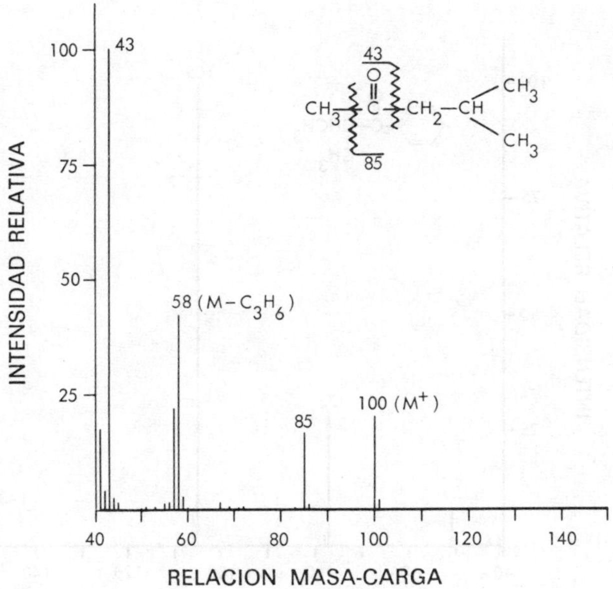

Fig. 8.21

8.7.6 *Cetonas*

El ion molecular de las cetonas alifáticas es intenso. Los caminos de fragmentación son parecidos a los de los aldehídos. El pico que surge de una rotura α con pérdida de un grupo alquilo de gran tamaño es más intenso que el de la pérdida de uno más pequeño. Así el pico base para la mayoría de cetonas es *m/e* 43 (CH_3CO^+); también pueden producirse picos intensos a *m/e* 43 con propil o isopropil cetonas.

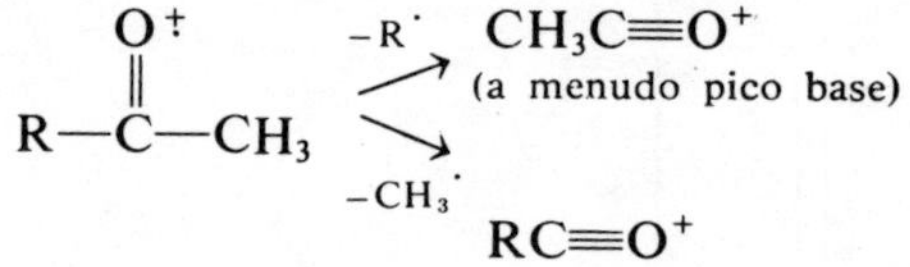

Con cetonas que contengan hidrógeno γ, prevalecen los reagrupamientos de McLafferty.

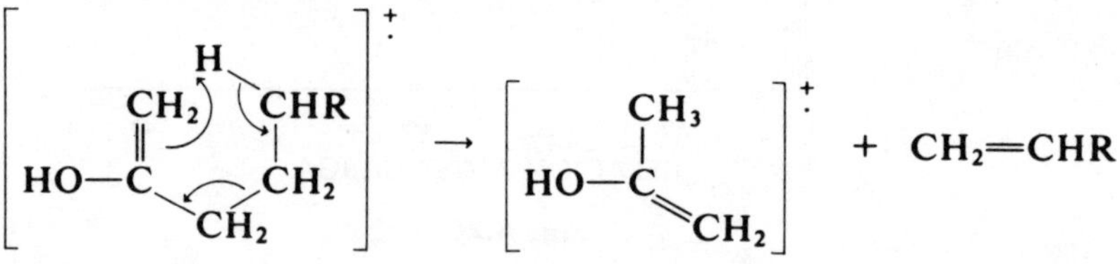

m/e 58

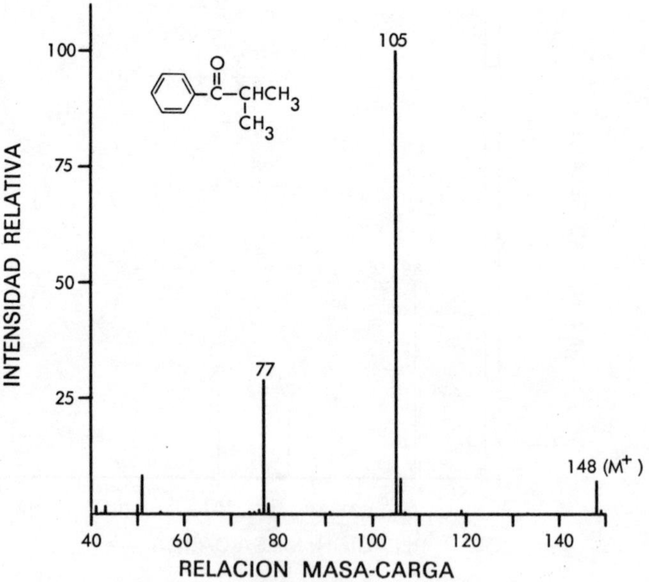

Fig. 8.22

A continuación se ilustran importantes fragmentaciones de cetonas aromáticas y cíclicas.

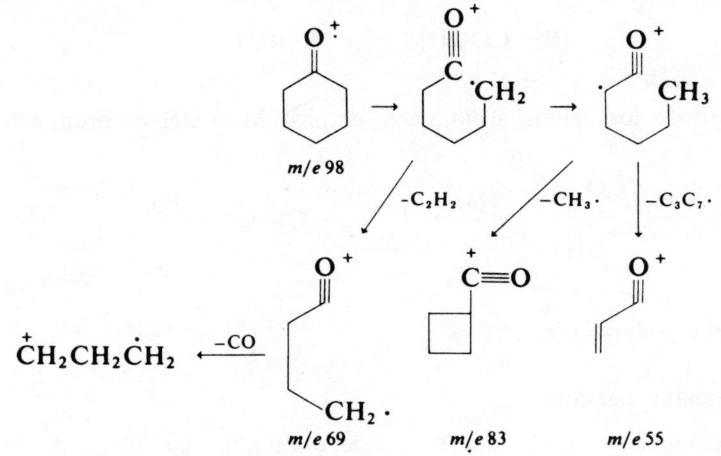

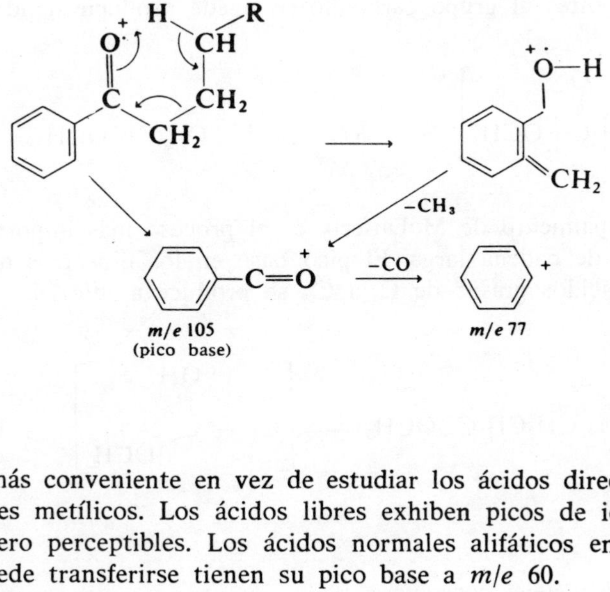

8.7.7 *Ácidos*

A menudo es más conveniente en vez de estudiar los ácidos directamente, examinar sus ésteres metílicos. Los ácidos libres exhiben picos de iones moleculares débiles pero perceptibles. Los ácidos normales alifáticos en los que un hidrógeno γ puede transferirse tienen su pico base a *m*/*e* 60.

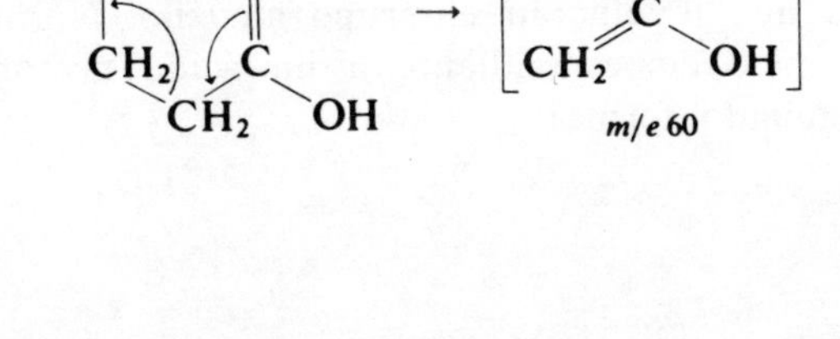

Los ácidos tanto alifáticos como aromáticos, presentan un pico a *m/e* 45 debido al [COOH].

$$[R{-}COOH]^{+\cdot} \xrightarrow{-R\cdot} {}^{+}COOH$$
$$m/e\ 45$$

En el espectro de los ácidos aromáticos, el pico M — OH es prominente.

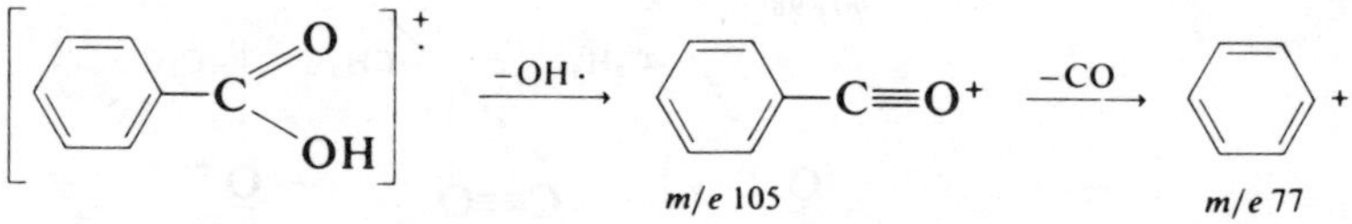

8.7.8 *Ésteres y lactonas*

8.7.8a Ésteres metílicos

Normalmente el ion molecular se puede distinguir. La fisión de los enlaces adyacentes al grupo carbonilo se puede producir dando cuatro iones.

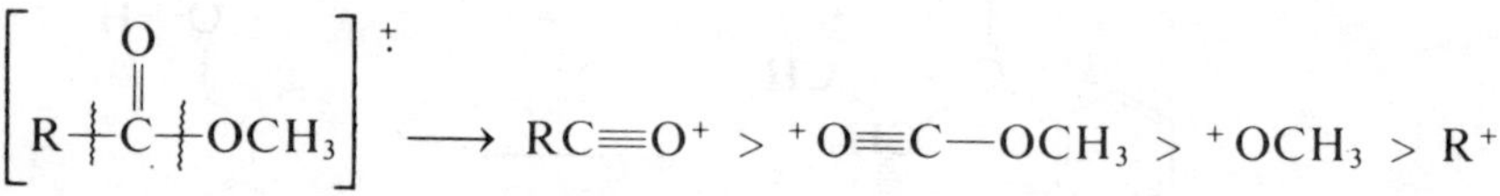

El reagrupamiento de McLafferty es el proceso más importante en los ésteres metílicos de cadena larga. El pico base en los espectros de los ésteres metílicos de ácidos grasos de C_6 a C_{26} se produce a *m/e* 74.

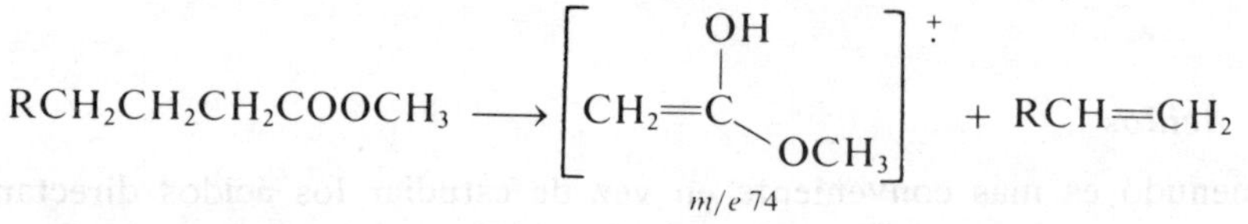

8.7.8b Ésteres superiores

Los ésteres superiores experimentan fragmentaciones similares a las de los ésteres metílicos, pero el espectro completo se complica por fragmentaciones adicionales que involucran el grupo alcoxilo. Normalmente tales ésteres presentan un pico correspondiente a un ácido protonado que se puede explicar de la siguiente forma:

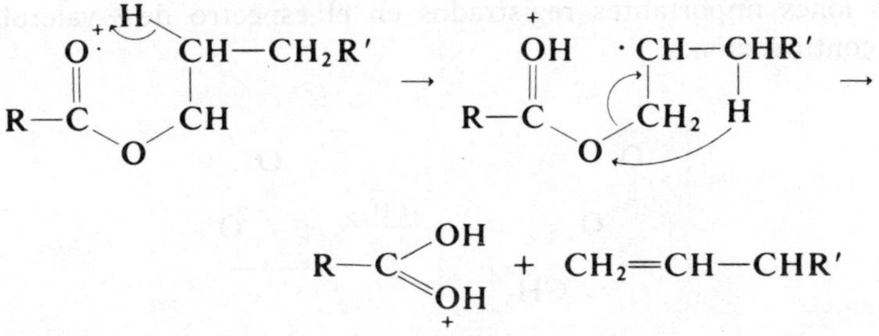

Los reagrupamientos de iones ocurren a valores de *m/e* 60 y 61, correspondientes al ácido acético y al ácido acético protonado en el espectro de su éster etílico o superiores, o del ácido butírico o superiores.

Los ésteres bencílicos se fragmentan con pérdida de cetena.

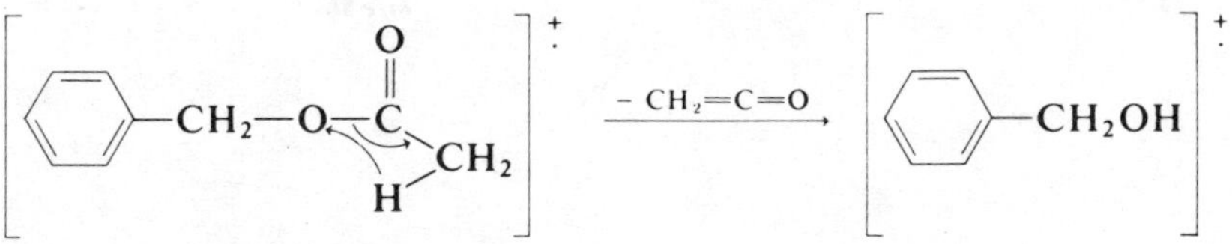

La pérdida del grupo alcoxilo es un proceso muy importante de fragmentación para los benzoatos de alquilo.

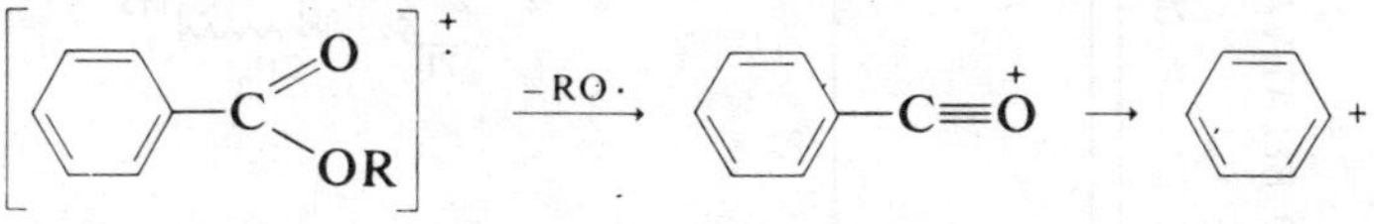

Es típico que los grupos orto ejerzan una marcada influencia sobre los procesos de fragmentación.

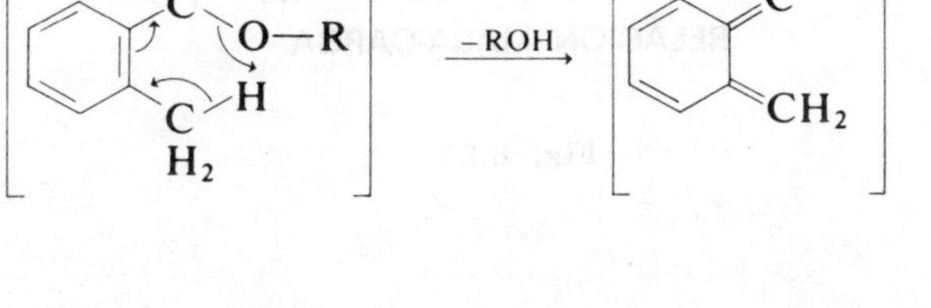

Algunos iones importantes registrados en el espectro de γ-valerolactona se ilustran a continuación.

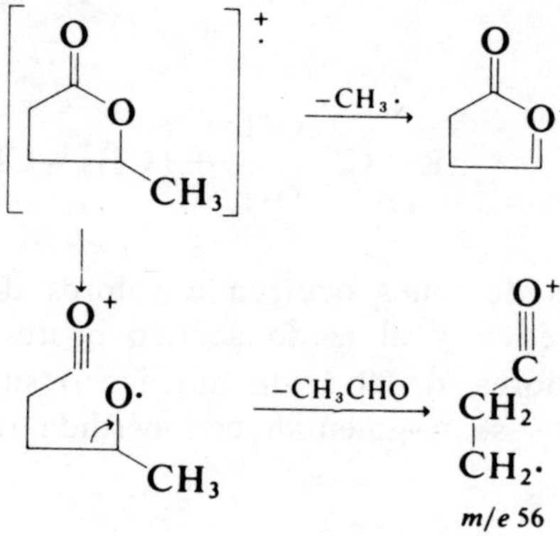

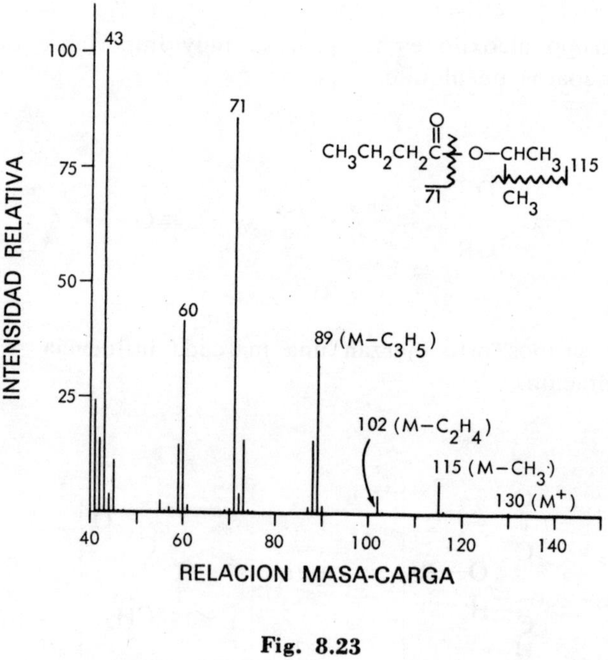

Fig. 8.23

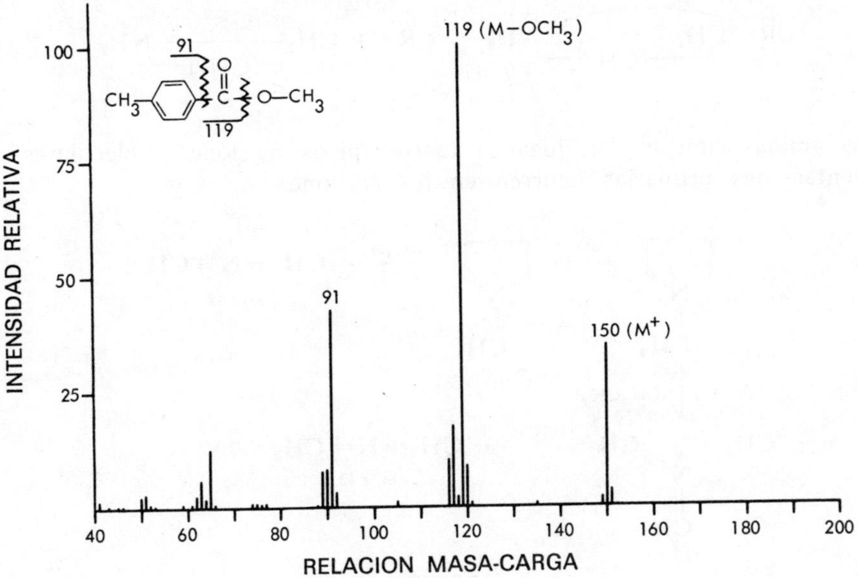

Fig. 8.24

8.7.9 Aminas

Las aminas y otros compuestos nitrogenados que contienen un número impar de átomos de nitrógeno, tienen un peso molecular impar.

8.7.9a Aminas alifáticas

El pico del ion molecular es muy débil o inapreciable. Los picos más intensos resultan de una rotura en β.

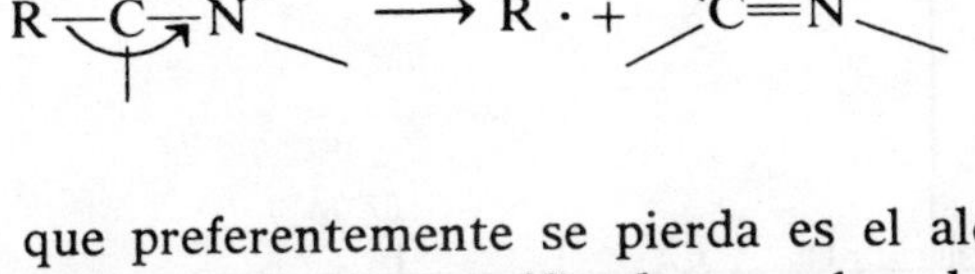

Otra vez el grupo que preferentemente se pierda es el alquilo mayor. El pico base para las aminas primarias no ramificadas en el carbono α aparece a *m/e* 30 $[CH_2 = \overset{+}{N}H_2]$. Para las aminas primarias la presencia de este pico es una buena evidencia aunque no concluyente, debido a que este fragmento puede surgir de fragmentaciones siguientes de aminas secundarias y terciarias. Los fragmentos cíclicos ocurren aparentemente durante la fragmentación de aminas de cadena larga.

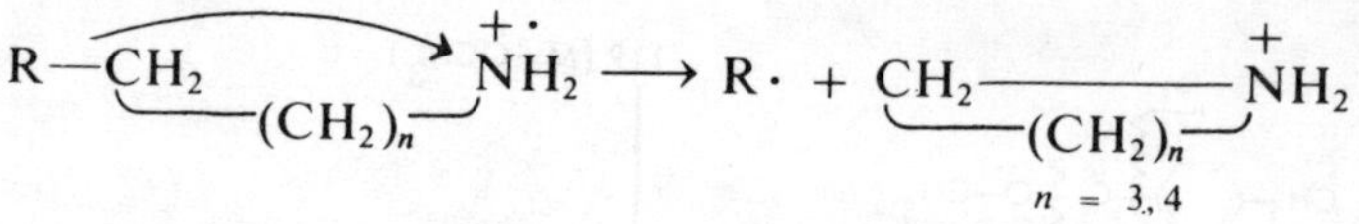

Las aminas cíclicas dan lugar a fuertes picos de iones moleculares; las fragmentaciones primarias ocurren en los carbonos α.

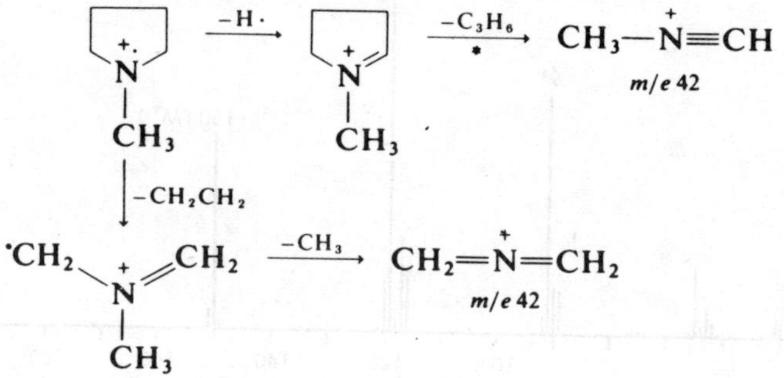

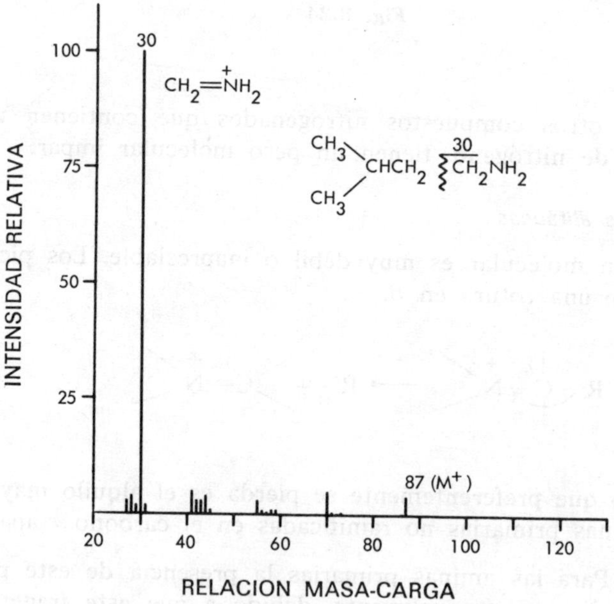

Fig. 8.25

Las aminas aromáticas dan lugar a un pico del ion molecular muy intenso acompañado de un moderado pico M — 1.

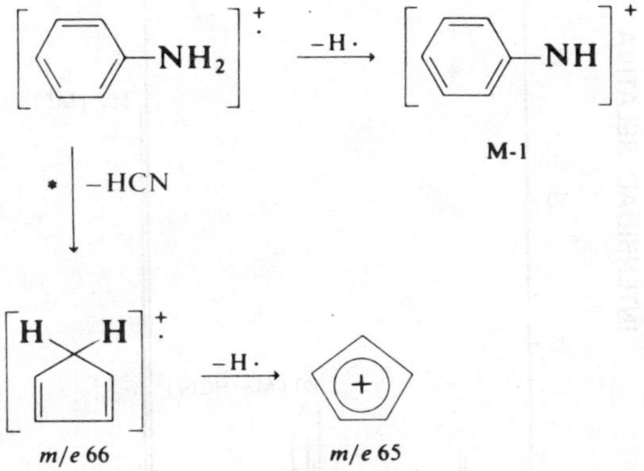

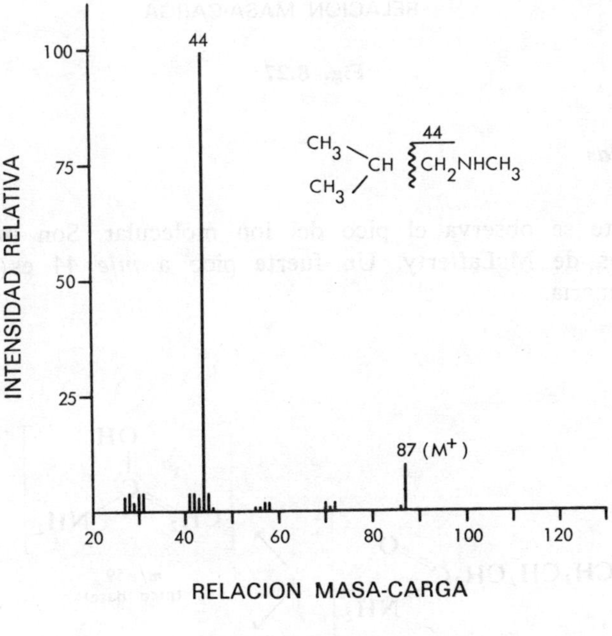

Fig. 8.26

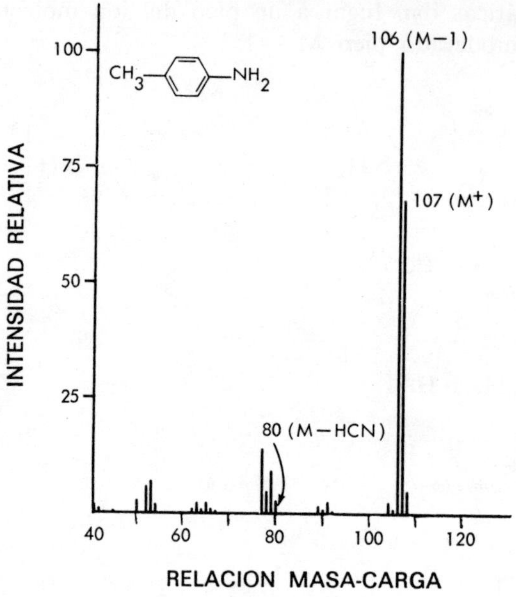

Fig. 8.27

8.7.10 Amidas

Normalmente se observa el pico del ion molecular. Son importantes los reagrupamientos de McLafferty. Un fuerte pico a *m/e* 44 es indicativo de una amida primaria.

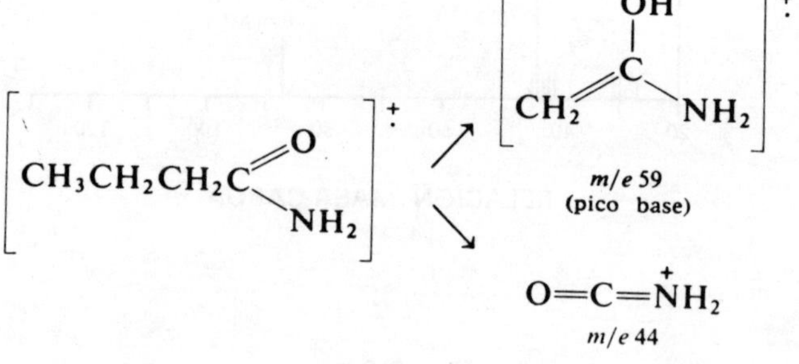

8.7.11 Nitrilos

El ion molecular de los nitrilos alifáticos por lo general no suele observarse. A altas presiones puede aparecer un ion M + 1. Se encuentra a menudo un débil pero útil ion M — 1 debido a R—CH=C=N⁺. El pico base es generalmente debido a un reagrupamiento de McLafferty y se encuentra a *m/e* 41 en los espectros de nitrilos de cadena lineal C_4 a C_9.

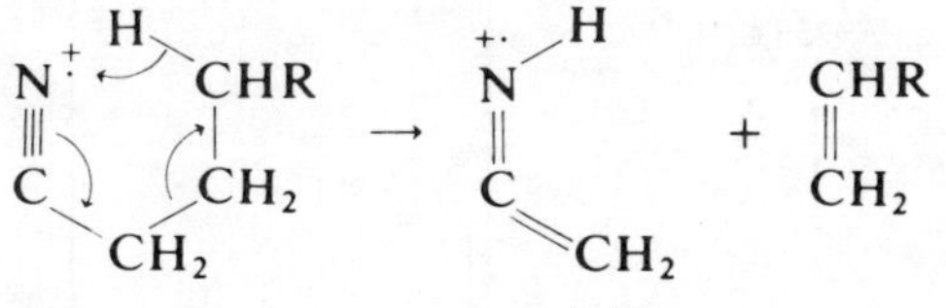

m/e 41

8.7.12 Compuestos nitrados

El pico del ion molecular de los nitrocompuestos se observa raramente. El espectro de tales compuestos está formado principalmente de iones de hidrocarburos; los picos observables que contienen nitrógeno se obtienen a *m/e* 30 (NO) y 46 (NO_2). Por otro lado, el nitrobenceno presenta un ion molecular intenso. También ocurre una reacción de reagrupamiento para dar $C_6H_5O^+$.

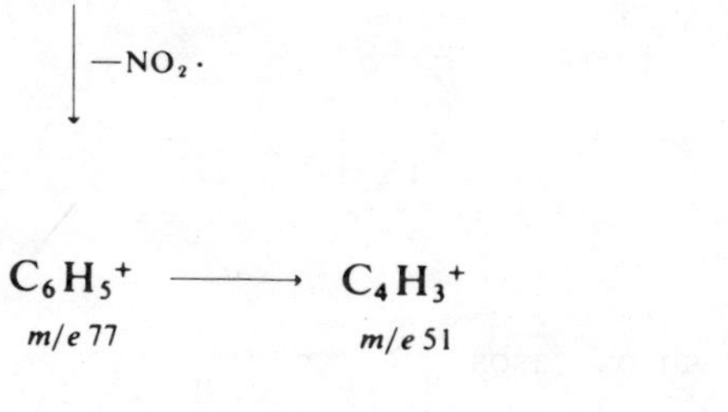

m/e 93 *m/e* 65

$C_6H_5^+$ ⟶ $C_4H_3^+$

m/e 77 *m/e* 51

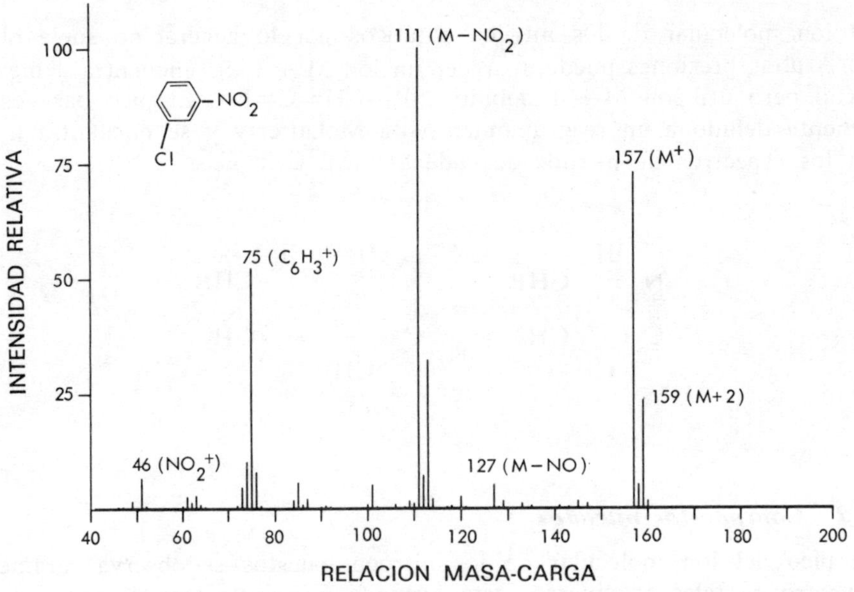

Fig. 8.28

8.7.13 Compuestos de azufre

Las fragmentaciones de tioles y sulfuros son paralelas a las de alcoholes y ésteres, pero el pico ion molecular de los compuestos de azufre es más intenso. Los iones cíclicos del tipo

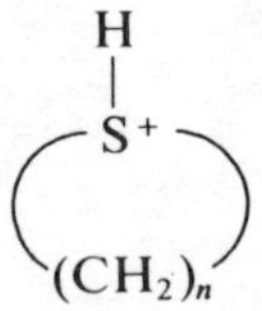

se han observado en varios casos.

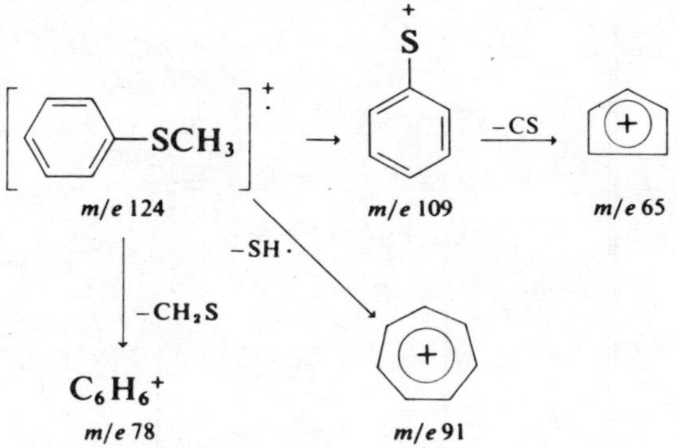

Los principales fragmentos de los disulfuros se producen por eliminación de olefinas.

$$[CH_3CH_2{-}S{-}S{-}CH_2CH_3]^{+\cdot} \xrightarrow{-CH_2CH_2} [CH_3CH_2SSH]^{+\cdot}$$

m/e 122 → m/e 94

$$[CH_3CH_2SSH]^{+\cdot} \xrightarrow{-CH_2CH_2} [HSSH]^{+}$$

m/e 94 → m/e 66

A continuación se muestra la fragmentación principal de un sulfóxido alifático típico.

$$[CH_3CH_2CH_2\overset{O}{\overset{\|}{S}}CH_2CH_2CH_3]^{+\cdot} \xrightarrow{-C_3H_6} [CH_3CH_2CH_2SOH]^{+}$$

$$[CH_3CH_2CH_2\overset{O}{\overset{\|}{S}}CH_2CH_2CH_3]^{+\cdot} \xrightarrow{-OH\cdot} CH_3CH_2CH_2{-}\overset{+}{S}{=}CHCH_2CH_3 \quad (m/e\ 117)$$

$$[CH_3CH_2CH_2SOH]^{+} \xrightarrow{-CH_3CH_2\cdot} CH_2{=}\overset{+}{S}{-}OH \quad (m/e\ 63)$$

Los sulfóxidos aromáticos son interesantes porque aparentemente ocurre una migración arílica del azufre al oxígeno inducida por impacto electrónico.

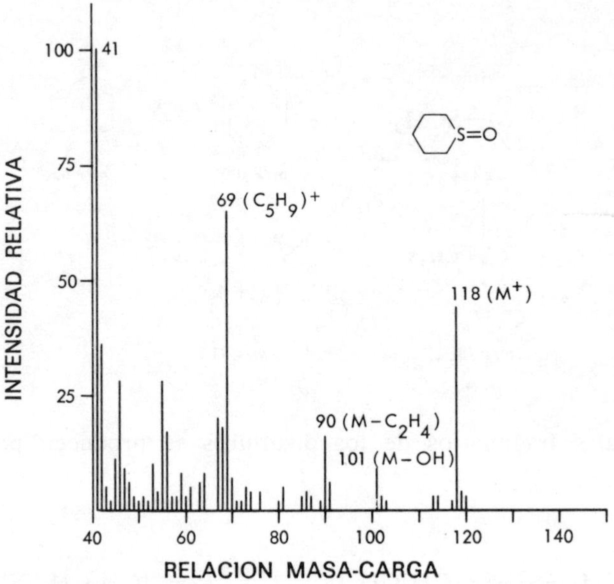

Fig. 8.29

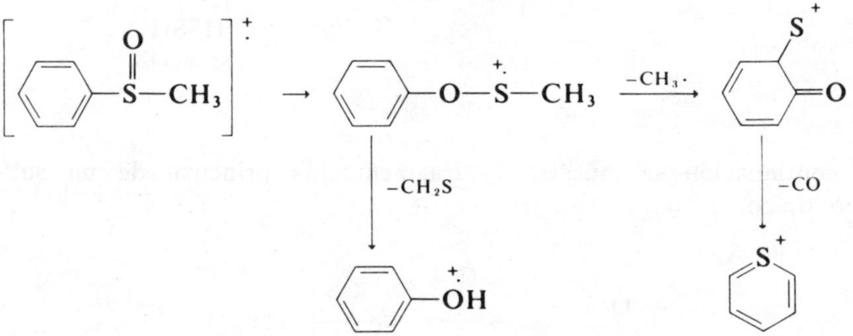

Migraciones parecidas ocurren con las sulfonas aromáticas.

8.8 *PROBLEMAS DE ESPECTROMETRÍA DE MASAS*

Identificar cada uno de los siguientes compuestos sobre la base de los espectros de masas y otros datos estructurales. Sugerir explicaciones lógicas para las representaciones espectrales observadas.

1. Un compuesto **A** presenta en el infrarrojo una banda intensa a 1715 cm^{-1}. A continuación se enumeran los iones importantes que aparecen en el espectro de masas de **A**.

m/e	% *pico base*	*m/e*	% *pico base*
41	44	85	66
42	8	100	12
43	10	113	6
55	10	142	12
57	100		
58	58	pico metaestable a 38,3	
71	6		

El compuesto **A** reacciona con la semicarbazida para formar un derivado sencillo, p.f. 89 a 90°.

2. El espectro infrarrojo de un compuesto **B** muestra bandas intensas a 1690 y 826 cm^{-1}. El espectro rmn consiste en un par de dobletes cerca de δ 7,60 (4) y un singulete a δ 2,45 (3). Los picos para las mayores *m/e* en el espectro de masa de **B** se encuentran a 198 (26), 199 (4), 200 (25), 201 (3), y el pico base se encuentra a 183 (100).

3. Un compuesto **C** fue aislado después de un tratamiento de un extracto de cloruro de metileno de un cultivo bacteriano con etanol y cloruro de hidrógeno seco. La oxidación de **C** con iodo e hidróxido sódico produce ácido hexadecanoico. A continuación se dan datos espectrales de masas de alta resolución [1] del compuesto **C**.

Compuesto C

		Composición			
m/e	*Intensidad*	CH	CHO	CHO_2	CHO_3
327	2				20/39
326	5				20/38
239	15		16/31		
196	2	14/28			
143	23				7/11
131	25				6/11
130	100				6/10
115	6				5/7
102	5				4/6
97	11	7/13	6/9	5/5	
88	20			4/9	
71	17	5/11	4/7		

[1] Los datos espectrales de masas de alta resolución para este problema fueron gentilmente cedidos por el Dr. Walter J. McMurray, Universidad de Yale.

4. El compuesto **D** de p.f. 115 a 116° da el espectro de masa reproducido en la Fig. 8.30.

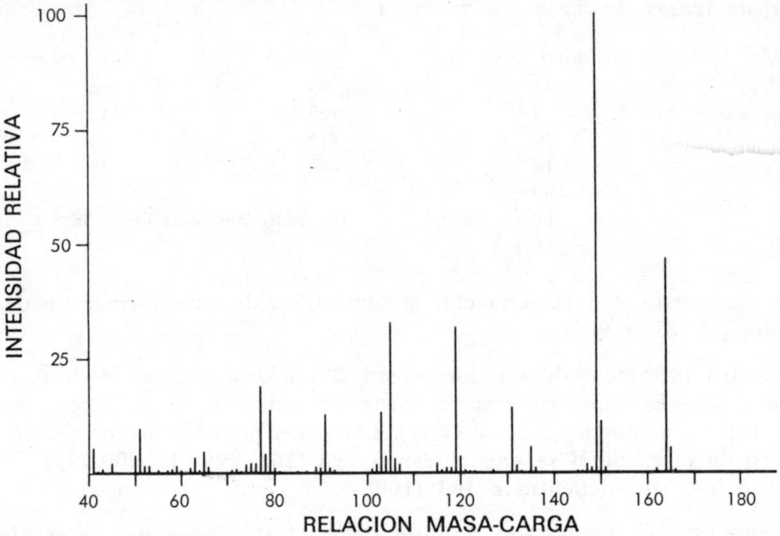

Fig. 8.30. Espectro de masas del compuesto **D** del problema **4.**

5. En la Fig. 8.31 se muestra el espectro de masas del compuesto **E.** A presiones bajas de operación se obtienen los siguientes datos:

m/e	*Intensidad relativa*
114	12,0
115	0,81
116	0,07

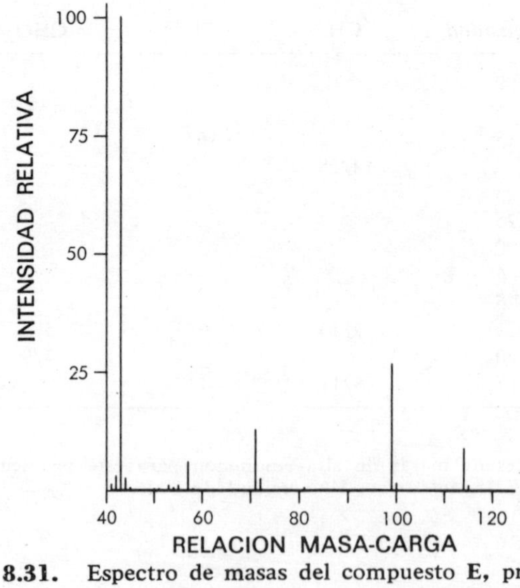

Fig. 8.31. Espectro de masas del compuesto **E,** problema **5.**

6. El espectro infrarrojo del compuesto **F** no presenta absorción en la región de 6 μ; espectro de masas (70*e*) *m*/*e* (intensidad relativa), 27 (26), 29 (39), 31 (18), 45 (100), 47 (16), 61 (6), 73 (44), 75 (8), 89 (3), 103 (15), 117 (2).

Análisis encontrado: C, 61,10; H, 11,9; N, 0,00.

El compuesto **F** de p.eb. 102°, después del tratamiento con el reactivo 2,4-dinitrofenilhidracina forma un precipitado amarillo, p.f. 166 a 168°.

7. El espectro infrarrojo del compuesto **G** contiene una banda carbonílica a 1830 cm^{-1}. El espectro rmn consiste en un singulete a δ 7,34. Abajo se indican en el espectro de masas los principales iones.

m/*e*	% *pico base*
63	48
64	100
92	56,5
136	75,5
137	6,1
138	0,8

Los picos metaestables se encuentran a 44,5 y 62,6.

8. La extracción de las hojas (residuos) de la *Nepeta cataria Linné*, también conocida como calamento, con cloruro de metileno seguido de cromatografía del extracto crudo sobre alúmina empleando tetracloruro de carbono-acetona como eluente, da como resultado el aislamiento de un aceite H, que presenta una absorción λ_{max}^{Etanol} 240 mμ.

Datos espectrales de masa

m/*e*	% *pico base*	*m*/*e*	% *pico base*
27	43	53	12
28	7	55	100
29	46	70,3	--
36,8 (*m**)	--	83	96
39	40	84	5
41	12	98	51
43	92	99	3,5
51,1 (*m**)	--	100	0,2

9. El compuesto **J**, n_D^{20}, 1,4800, p.eb. 77° a 10 mm, da un espectro de masas que se muestra en la Fig. 8.32.

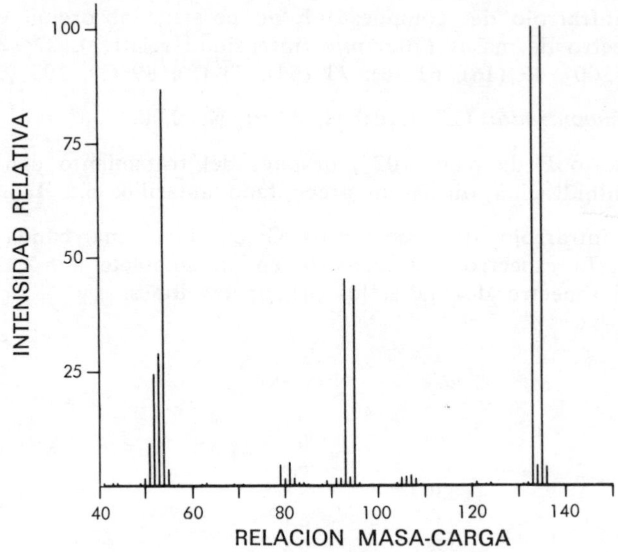

Fig. 8.32. Espectro de masas del compuesto **J**, problema **9**.

10. El compuesto **K**, que tiene un olor muy desagradable, produce los siguientes datos espectrales de masas:

m/e	% *pico base*	*m/e*	% *pico base*	*m/e*	% *pico base*
27	24	57	38	83	46
29	32	58	2,9	84	51
39	19	59	3,0	89	11
41	76	61	18	98	4
42	47	68	18	112	23
43	74	69	59	146	37
47	29	70	70	147	3,9
55	74	71	15	148	1,8
56	100	82	11		

8.9 REFERENCIAS GENERALES SOBRE ESPECTROMETRÍA DE MASAS

1. Budzikiewicz, H., C. Djerassi y D. H. Williams *Mass Spectrometry of Organic Compounds,* Holden-Day, Inc. San Francisco, 1967. Es el libro más completo que se ha escrito para químicos orgánicos que emplean la espectrometría de masas en la determinación de estructuras.

2. Budzikiewicz, H., C. Djerassi y D. H. Williams, *Interpetation of Mass Spectra of Organic Compounds,* Holden-Day, Inc., San Francisco, 1964.

3. Budzikiewicz, H., C. Djerassi y D. H. Williams, *Structure Elucidation of Natural Products by Mass Spectrometry,* Vols. I y II, Holden-Day, Inc., San Francisco, 1964.
4. Biemann, K., *Mass Spectrometry, Applications to Organic Chemistry,* McGraw-Hill Book Company, New York, 1962.
5. Beynon, J. H., *Mass Spectrometry and Its Application to Organic Chemistry,* Elsevier Publishing Company, Amsterdam, 1960.
6. Beynon, J. H. y A. E. Williams, *Mass and Abundance Tables for Use in Mass Spectrometry,* Elsevier Publishing Company, Amsterdam, 1963.
7. Reed, R. I., *Ion Production by Electron Impact,* Academic Press, New York, 1962.
8. McLafferty, F. W., *Mass Spectral Correlations,* Advances in Chemistry Series No. 40. American Chemical Society, Washington, D. C., 1963.
9. McLafferty, F. W., *Interpretación de los espectros de masas.* EDITORIAL REVERTÉ, S. A., Barcelona, Buenos Aires, México.
10. McLafferty, F. W. y J. Penzelik, *Index and Bibliography of Mass Spectrometry,* 1963-1965, Interscience Publishers, Inc., New York, 1967.
11. McLafferty, F. W., Mass Spectrometry, Cap. 2, Vol. II, en *Determination of Organic Structure by Physical Methods,* F. C. Nachod y W. D. Phillips, eds., Academic Press, Inc., New York, 1962.
12. Reed, R. I., *Application of Mass Spectrometry to Organic Chemistry,* Academic Press, Inc., New York, 1966.
13. Reed, R. I., *Ion Production by Electron Impact,* Academic Press, Inc., New York, 1962.
14. Kiser, R. W., *Introduction to Mass Spectroscopy and Its Applications,* Prentice-Hall, Inc., Englewood Cliffs, N. J., 1965, Capítulo 5.
15. McDowell, C. A., ed., *Mass Spectrometry,* McGraw-Hill Book Company, New York, 1963.
16. "Catalog of Mass Spectra Data", American Petroleum Institute Res. Project No. 44, Carnegie Institute of Technology, Pittsburgh, Pa., y la Manufacturing Chemists Association Research Project, Agricultural and Mechanical College of Texas, College Station, Texas.
17. *Index of Mass Spectral Data,* A.S.T.M. Special Technical Publication No. 356, American Society for Testing and Materials, Philadelphia, 1963.
18. Cornu, A. y R. Massot, *Compilation of Mass Spectral Data,* Heydon and Sons Ltd., London, 1966.
19. Lederberg, J., *Tables and an Algorithm for Calculating Functional Groups of Organic Molecules in High Resolution Mass Spectrometry,* NASA Sci. Techn. Aerosp. Rep., N64-21426 (1964).
20. Waldron, J. D., ed., *Advances in Mass Spectrometry,* Pergamon Press, New York, 1959.
21. Elliott, R. M., ed., *Advances in Mass Spectrometry,* Pergamon, New York, 1963.

22. Mead, W. L., ed., *Advances in Mass Spectrometry,* Elsevier Publishing Company, Amsterdam, 1966.

23. Silverstein, R. M. y G. C. Bassler, *Spectrometric Identification of Organic Compounds,* 2.ª ed., John Wiley & Sons, Inc., New York, 1967.

Parte III

Identificación de los compuestos orgánicos

9

Identificación de un compuesto desconocido

En la parte III trataremos sobre la clasificación de un compuesto con respecto a los grupos funcionales que contiene, y estableceremos con seguridad su identidad, con una labor que se ejecuta eficazmente a través de una integración sistemática de los métodos físicos y químicos. Así como la combinación de las varias formas de espectroscopia nos suministran una información interrelacionada, la combinación de los datos físicos con las observaciones químicas guarda también una estrecha relación entre sí; con una cuidada y sistemática elección de los métodos físicos y químicos apropiados, el trabajo para llegar a conseguir nuestra meta —la identificación final de una estructura orgánica— puede reducirse mucho, así como la cantidad de tiempo y material necesario.

De entre las distintas formas de espectroscopia, los conocimientos actuales, el coste y disponibilidad del instrumento, y la facilidad y rapidez de la operación, sitúan a la espectroscopia de infrarrojos como el método espectroscópico primario, con el cual el químico debe enfrentarse cuando se encuentre con un problema estructural, siendo una práctica corriente en los laboratorios, inmediatamente que se tiene una razonable seguridad en la pureza de la muestra, proceder a obtener un espectro de infrarrojos. Los químicos a menudo consideran conveniente obtener el espectro de infrarrojos de una muestra, no tan sólo como una ayuda para decidirse por los métodos de purificación, sino también como un método para detectar la no aparición de un nuevo compuesto durante el proceso de purificación y para tener la seguridad de que todos los compuestos de la mezcla han sido debidamente aislados durante el proceso de separación (Sec. 1.6).

Incluso con un análisis rápido del espectro de infrarrojos de una muestra se la podrá clasificar con respecto a los grupos funcionales presentes; con análoga importancia, y a veces más, se podrá establecer con seguridad la ausencia de muchos grupos funcionales, eliminando inmediatamente muchos ensayos por vía húmeda que serían laboriosos y costosos en productos. Por ejemplo, la observación de la ausencia de bandas en el espectro de infrarrojos en la región de 3600 a 3100 cm^{-1} (de 2,8 a 3,2 μ) y de bandas intensas en la región de 1850 a 1650 cm^{-1} (de 5,4 a 6,1 μ) elimina con seguridad todas las especulaciones posteriores sobre todos los compuestos N—H (aminas primarias y secundarias, amidas, etc.), todos los compuestos con O—H (alcoholes, fenoles, ácidos carboxílicos, oximas, etc.) y todos los compuestos C=O (ácidos, ésteres, cetonas, aldehídos, etc.). La misma información que se ha obtenido de esta observación rápida (información que puede ser accesible en no más de 20 minutos a partir del instante en que se obtiene la muestra) puede también obtenerse en varios días de uso indiscriminado de más del 50 % de los análisis de vía húmeda corrientemente usados en la clasificación funcional.

Los compuestos pueden clasificarse de acuerdo con los grupos funcionales; los métodos espectroscópicos y químicos más útiles para la identificación de los grupos funcionales presentes en un compuesto serán someramente tratados y por último se tratarán los métodos físicos y químicos que son cruciales en la determinación de estructuras y se hará un bosquejo con cierto detalle del procedimiento experimental. En el capítulo final de esta sección se dan las instrucciones necesarias para hacer una búsqueda de un compuesto, sus reacciones y propiedades en la literatura.

9.1 ANOTACIONES E INFORMES

Los autores recomiendan el uso de una libreta con las páginas numeradas. En el mantenimiento de un libro de anotaciones de laboratorio, tanto para fines didácticos como para los de investigación, hay una regla cardinal: cuando se hace una observación, deberá escribirse inmediatamente. La limpieza y el orden, aunque importantes, son secundarios; los químicos no deben caer nunca en el hábito de anotar las observaciones experimentales en trozos de papel sueltos para transcribirlos a la libreta del laboratorio; las páginas sueltas tienden a perderse, y las impresiones inmediatas de uno mismo se atemperan frecuentemente con el tiempo. Un simple olvido puede ser muy costoso en tiempo, productos, y reputación. El libro de anotaciones deberá mantenerlo a su lado durante todo el tiempo que esté en el laboratorio. Las observaciones deberán anotarse a medida que se producen y deberemos dejar gran cantidad de espacio para comentarios, información adicional, y cálculos, debiendo incluirse las adecuadas referencias sobre los procedimientos empleados y los datos citados. Para cada muestra desconocida que se identifica, deberá prepararse una página a modo de sumario, donde se reflejen los argumentos y las citas bibliográficas empleadas en la determinación de su estructura.

El químico debe adquirir el hábito de codificar todas las muestras, espectros, análisis, etc., con sus iniciales y el número de las páginas de la libreta del laboratorio donde se habla de ello. Por ejemplo, la codificación RAF-2-147-D que aparece en un espectro de infrarrojos semanas, meses, o años después de que el espectro fuese originalmente determinado indica que el espectro corresponde a un compuesto D descrito en la página 147, del libro de laboratorio número 2, del químico RAF. Este sistema permitirá al estudiante o a cualquier otro encontrar inmediatamente la historia y las fuentes del compuesto.

9.2 ETAPAS PARA LA IDENTIFICACIÓN DE UNA MUESTRA DESCONOCIDA

Etapa 1. Examen superficial.

A. Estado físico de una muestra desconocida. El estado físico de la muestra debe indicarse. Una descripción adicional, tal como "polvo amorfo", "agujas cortas", y "líquido viscoso" a menudo puede ser muy útil.

B. Color. Algunos compuestos orgánicos poseen un color definido a causa de la presencia de grupos cromofóricos. Algunos de los más corrientes de entre los grupos cromofóricos sencillos son nitro, nitroso, diazo, azo, quinona; también los compuestos con una conjugación extensa son normalmente coloreados. El color de algunas muestras se debe a las impurezas, frecuentemente producidas por la oxidación por el aire; así, por ejemplo, las aminas aromáticas y los fenoles recién purificados son normalmente incoloros pero después de un cierto tiempo de almacenamiento, unas pequeñas fracciones de ellos son oxidadas por el aire dando quinonas fuertemente coloreadas. Los líquidos incoloros y los cristales blancos que mantienen así su color no suelen contener por lo general grupos cromofóricos o grupos funcionales que se oxiden fácilmente.

C. Olor. Con una buena nariz, educada con la experiencia, un químico puede con frecuencia hacer un intento de identificación de un compuesto químico corriente o por lo menos puede llegar a una aproximación razonable sobre los grupos funcionales que contiene. Los alcoholes, fenoles, aminas, aldehídos, cetonas y ésteres, todos ellos presentan un olor más o menos característico del grupo funcional que contienen. Los mercaptanos, las aminas de peso molecular bajo, y los isonitrilos (muy tóxicos) tienen un olor característico que sólo se puede apreciar cuando se tiene una cierta experiencia. El estudiante deberá aprender a reconocer los disolventes más usuales por su olor, teniendo en cuenta que algunos compuestos orgánicos son excesivamente tóxicos y pueden producir por lo menos un malestar temporal después de la inhalación. Se advierte al lector de que debe tomar precauciones sobre las inhalaciones indiscriminadas de compuestos o mezclas de ellos, sobre los que se conocen pocos datos. Para apreciar el olor de una sustancia desconocida sosténgase el tubo con una mano dirigiendo su boca en sentido opuesto a la cara del operador y batir con la otra mano los vapores hacia la nariz.

Etapa 2. Determinación de la pureza y de las constantes físicas.

Se debe estar seguro de que las constantes que se utilicen en la identificación de la estructura se obtienen trabajando con productos puros. La necesidad de purificar o de fraccionar vendrá indicada por los intervalos del punto de fusión o de ebullición, su comportamiento en la cromatografía de capa fina o de gases, o cualquier heterogeneidad o variación en el color. Para todas las muestras líquidas deberá determinarse el índice de refracción.

Etapa 3. Clasificación según los grupos funcionales.

A. Determinación de la acidez o basicidad y su solubilidad. La acidez o basicidad de un compuesto, determinado con indicadores o con un potenciómetro o por la solubilidad en ácidos o álcalis, así como su solubilidad en distintos disolventes (secciones 10,1-10,2), son datos útiles, no tan sólo en la determinación de los distintos grupos funcionales que puede contener, sino que también nos sirven de guía para la elección de los disolventes y los procedimientos a utilizar en los análisis espectroscópicos.

B. Clasificación de los grupos funcionales por métodos espectroscópicos y químicos. Como se indicó antes, en este texto utilizaremos la espectroscopia haciendo especial énfasis en la de infrarrojos, como métodos primarios para detectar los principales grupos funcionales presentes. Los ensayos por vía química se utilizarán para confirmar o aclarar los resultados obtenidos por los métodos espectroscópicos.

C. Análisis elemental. El análisis elemental cualitativo (véase Sec. 11.1) con la fusión con sodio es un método que el químico no deberá aplicar necesariamente a cada compuesto desconocido con el que se enfrente; la presencia, o más exactamente la ausencia, de la mayor parte de los heteroátomos puede deducirse del origen y/o la historia de la muestra, así como de los datos espectroscópicos. La espectroscopia de masas con alta resolución suministra la composición elemental exacta, pudiéndose obtener una evidencia sobre la presencia o ausencia de azufre, halógenos, y nitrógeno, normalmente a partir de la espectroscopia de masas de baja resolución. La espectroscopia de infrarrojos, con su virtud de detectar los distintos grupos funcionales presentes puede establecer la presencia o la ausencia de los elementos; la presencia de un amino, nitrilo o nitro en el espectro de infrarrojos nos proporciona una imperativa evidencia de que se trata de un compuesto con nitrógeno; la presencia de sulfuro puede asimismo deducirse de las bandas correspondientes a los mercaptanos, sulfonas, sulfóxidos, etc., del espectro de infrarrojos. La basicidad de un compuesto puede ser criterio suficiente para afirmar que contiene nitrógeno. Una sencilla prueba de Beilstein puede ser corrientemente un criterio eficaz para establecer la presencia o la ausencia total de halógenos en el compuesto orgánico. Por último puede, en la mayoría de los casos, disponerse de los datos del microanálisis cuantitativo de C, H y N; tales datos, conjuntamente con el conocimiento de la presencia o ausencia de oxígeno deducido por métodos químicos o espectroscópicos, puede ser suficiente para eliminar o establecer la presencia de otros elementos en la molécula.

Etapa 4. Identificación final.

En este punto, basándose en las propiedades químicas anteriores y los datos físicos debe ser posible la clasificación del compuesto dentro de unos determinados grupos funcionales; seguidamente debe efectuarse una comparación de los datos sobre las propiedades físicas que se poseen para la muestra desconocida con la información sobre compuestos conocidos citados en la literatura, y debe prepararse una lista inicial con los compuestos que tienen probabilidad de ser la muestra desconocida, los cuales fundirán o hervirán en un intervalo de 5° alrededor del valor observado para la muestra desconocida. Esta tabla se prepara corrientemente consultando las tablas de compuestos ordenados según su punto de fusión o de ebullición y teniendo en cuenta los grupos funcionales que contiene. Las tablas más completas incluyendo datos sobre derivados son las *Tables for Identification of Organic Compounds,* publicadas por la Chemical Rubber Publishing Co, como un suplemento al *Handbook of Chemistry and Physics*; pero es evidente que no existe ningún compendio que contenga todos los datos que existen en la literatura sobre las constantes físicas útiles en los trabajos de identificación (consúltese la descripción más extensa sobre la búsqueda de datos en la literatura que se cita en la Sección 13).

La lista inicial de probabilidades debe reducirse rápidamente de modo que incluya sólo a aquellos compuestos que están conformes con los datos referentes a la composición elemental, solubilidad, comportamiento químico, y otras propiedades físicas y espectrales. En la mayoría de los casos la lista de compuestos probables no contendrá más de tres a cinco compuestos; se procede a continuación a una búsqueda más intensa, en la literatura, de propiedades para los compuestos citados en la lista para encontrar valores complementarios. La prueba final de la identidad de una muestra desconocida se obtiene a través de la preparación de derivados seleccionados y/o la colección, comparación y evaluación de otros datos químicos, tales como el equivalente de neutralización, la espectroscopia de resonancia nuclear magnética, la de ultravioleta, el espectro de masas, el poder rotatorio o la dispersión óptica rotatoria, y el momento dipolar.

Los criterios empleados clásicamente en la identificación definitiva de un compuesto son: (1) que el compuesto tenga las propiedades químicas y espectrales que son de esperar por su estructura, y las constantes físicas parecidas a las citadas en la literatura; (2) que los puntos de fusión de los derivados preparados a partir de la muestra desconocida no difieran en más de uno o dos grados de los citados en la literatura para aquellos compuestos. El criterio que se necesitará para establecer la identidad de una muestra, sin que quede ninguna duda razonable, para un problema dado, dependerá de muchos factores, entre los cuales destacan la calidad y el contenido de la información disponible y la complejidad del compuesto estudiado. En algunos casos, un solo derivado puede ser suficiente, y en algunos otros, puede no ser incluso necesario preparar ningún derivado. En realidad, las pruebas más rigurosas y detalladas de la estructura se pueden obtener frecuentemente por una combinación de los datos espectroscópicos cuidadosamente obtenidos e interpretados y los otros datos físicos (por ejemplo, pesos moleculares por osmometría o por otros métodos), reactividad química (por ejemplo, cinética pK_a, etc.) y datos de microanálisis (por ejemplo, que los porcentajes encontrados para C, H, y otros elementos concuerden con los valores teóricos en un 0,3 %).

La tarea de establecer rigurosamente la identidad de dos compuestos resulta considerablemente simplificada si se dispone de una muestra conocida en cuyo caso la identidad puede establecerse a través de uno o más de los siguientes métodos.

A. Punto de fusión de mezclas. Dos muestras que tengan el mismo punto de fusión son idénticas si el punto de fusión de una mezcla de ambas muestras no presenta ninguna disminución con relación a la de las dos muestras puras (véase la Sec. 2.2.2.). Este procedimiento, se aplica siempre que sea posible, no tan sólo al compuesto original sino también a sus derivados.

B. Comparación de los espectros. En los casos de moléculas de complejidad moderada el hecho de que los espectros de la muestra desconocida y de la muestra conocida sean superponibles es una prueba de la identidad de las dos muestras. Sin embargo, algunas moléculas distintas de estructura sencilla, como el undecano y el dodecano, tienen espectros muy parecidos, y en las moléculas muy complejas, como los esteroides glucosídicos, péptidos y la mayoría de los antibióticos la resolución que se puede obtener por comparación de los espectros de infrarrojos no es normalmente suficiente para establecer la identificación con seguridad. El método se aplica por igual utilizando espectros publicados en la literatura; en tal caso debe tenerse el cuidado de asegurarse de que el espectro se registró en condiciones idénticas.

La comparación de los espectros obtenidos por otras técnicas espectroscópicas suministra también un criterio muy importante para establecer la identidad. Puesto que el espectro de rnm puede ser excesivamente sencillo o extraordinariamente complejo, la comparación directa de tales espectros puede suministrar lo mismo una información muy poco útil que una información definitiva. Los datos obtenidos por la espectroscopia de masas sólo puede esperarse que coincidan muy estrictamente si el espectro se ha obtenido en condiciones exactamente idénticas (normalmente deberemos realizar uno después del otro en el mismo instrumento). Debe tenerse en cuenta que la fragmentación que muestra el espectro de masas es frecuentemente insensible a las diferencias en las orientaciones especiales de átomos o grupos; los espectros de masas de los compuestos que son isómeros geométricos son frecuentemente indistinguibles. El hecho de que se puedan superponer los espectros de ultravioleta indica únicamente que los compuestos tienen el mismo grupo cromofórico.

C. Comparación cromatográfica. Un buen criterio pero no necesariamente riguroso, para establecer la identidad de dos compuestos, es la comparación de los cromatogramas de gas-líquido, de capa fina, y/o de papel (Sec. 1.5). El procedimiento normalizado para efectuarla consiste en cromatografiar los dos compuestos por separado y una mezcla de ellos. Se pueden obtener conclusiones seguras si las comparaciones se efectúan en condiciones análogas por más de un método.

Deberá tener en cuenta el lector que es imposible presentar un conjunto definido de condiciones para utilizar cada vez que se desea identificar rigurosamente a un compuesto. Hay muchos caminos para establecer tal identidad; unos más rigurosos que otros, algunos son más apropiados en un caso que en otro caso distinto; en cualquiera de ellos no hay ningún sustituto para el sentido común, el cuidado y la planificación detallada de la ejecución de los experimentos vitales, y una perfecta evaluación de los datos.

9.3 SELECCIÓN DE LOS DERIVADOS

Idealmente, los derivados deben ser sencillos y rápidos de preparar, partiendo de reactivos fácilmente asequibles y que se puedan purificar sin dificultad. Los derivados óptimos deben reunir las siguientes condiciones:

1. Un punto de fusión comprendido entre 50 y 250°, puesto que los sólidos con punto de fusión por debajo de los 50° presentan frecuentemente dificultades en la cristalización y la recristalización, y que la determinación precisa de los puntos de fusión por encima de los 250° es más compleja.
2. El derivado debe tener un punto de fusión y otras propiedades físicas que sean considerablemente distintas de las del compuesto original.
3. Todavía más importante, el derivado escogido debe ser tal que su punto de fusión destaque a uno de los compuestos de la lista de probabilidades. Los puntos de fusión de los derivados que se pretenden comparar deben diferir el uno del otro por lo menos en 5°.

En este texto, para cada grupo funcional, se describen los procedimientos detallados de obtención, únicamente para la preparación de los derivados más generales, para los cuales haya una información extensa y fácilmente asequible. En la mayoría de los casos, las recopilaciones de los puntos de fusión de los derivados escogidos pueden encontrarse en *Tables for Identification of Organic Compounds.*

9.4 MEDIDAS DE SEGURIDAD EN EL LABORATORIO

Lo primero que debe hacer un químico cuando empieza a trabajar en un nuevo laboratorio es ver dónde se encuentran los dispositivos para caso de accidente y cómo se utilizan:

Salidas	Mantas apagafuegos
Lugares para lavarse los ojos	Máscaras antigás
Extintores para el fuego	Botiquín para primeras ayudas.
Duchas de emergencia	

Igualmente importante es que conozca lo que se debe hacer de primera intención para auxiliar, caso de ser necesario. Deben tenerse en lugar visible los números de teléfono de los servicios de urgencia. ¿Hay una ficha a mano para un teléfono público?

9.4.1 *Protección de los ojos*

1. Llevar puestas unas gafas de seguridad siempre que se permanezca en el laboratorio. Si se llevan normalmente gafas graduadas, éstas bastarán para la protección durante los trabajos de laboratorio en pequeña escala que se des-

criben en este texto. Son muchos los que encuentran que las gafas de seguridad usuales (especialmente las de plástico) cansan rápidamente los ojos debido a su incomodidad y a su escasa transparencia. Se advierte al químico que dedica muchas horas al laboratorio que es conveniente adquirir de su óptico habitual unas gafas hechas a medida, montadas con vidrios de seguridad, y a todos aquellos que llevan lentes, que deben pensar en montar vidrios duros de seguridad en sus propias gafas.

Las microlentillas de contacto *no* son una protección eficaz del ojo; es más, en caso de accidente pueden aumentar el daño causado al ojo. Se recomienda que no se utilicen las microlentillas de contacto en el laboratorio o que en caso de utilizarlas se emplee una protección suplementaria.

2. No debe mirarse nunca directamente hacia el cuello de un matraz que contenga una mezcla en reacción.

3. Evítese el efectuar medidas de ácidos, álcalis o cualquier otro material peligroso a la altura del ojo. Se debe situar la probeta en el banco y añadir los líquidos lentamente.

9.4.2 *Fuego*

1. Utilizar la llama únicamente cuando sea imprescindible, apagándola inmediatamente cuando ya no se usa.

2. Ver dónde están colocados los extintores y cómo se utilizan. Para combatir el fuego producido por la madera, papel o productos textiles, cualquier clase de extintor resultará adecuado; mientras que para los fuegos producidos por grasas o aceites deberá evitarse el uso de extintores basados en agua —únicamente esparcirán el material ardiente. En los fuegos producidos por instrumentos electrónicos debe utilizarse el dióxido de carbono o los extintores químicos secos; en los fuegos producidos por metales activos o hidruros metálicos, se utilizarán extintores químicos secos, o arena.

Para combatir un fuego, en primer lugar debe enfriarse el área que rodea al fuego, rodeando éste con los extintores para prevenir que las llamas puedan propagarse; entonces se procederá a apagar la base de la llama. Recuérdese que se debe dirigir el extintor hacia la base del fuego y no hacia dentro de las llamas.

3. Cuando se inflaman los vestidos, no debe desplazarse la víctima; esto avivaría todavía más las llamas; será conveniente sofocar el fuego envolviendo a la víctima en una manta, o bien se puede utilizar una chaqueta, o revolcar a la víctima por el suelo si no se tiene una manta para envolverlo, o también extinguir las llamas debajo de la ducha de emergencia.

9.4.3 *Manejo de los productos químicos*

1. Tener mucho cuidado siempre que se manejen productos químicos, especialmente con aquellos que son desconocidos.

2. Manejar todos los reactivos químicos que puedan producir vapores corrosivos, tóxicos u ofensivos en una vitrina.
3. Evitar el contacto directo con los productos orgánicos, utilizando guantes de goma o plástico cuando se manejen productos peligrosos.
4. Una bata o delantal puede protegerle tan bien como su vestido.
5. Manejar con cuidado los cilindros de gases comprimidos moviéndolos siempre con una carretilla y asegurándolos en su posición cuando están en su lugar.
6. No verter nunca cantidades grandes de disolventes volátiles en la alcantarilla.
7. Tener cuidados especiales con los frascos conteniendo productos peligrosos. No someter nunca un recipiente de vidrio cerrado a un cambio térmico muy brusco; por ejemplo, no colocar un frasco comercial de metilamina, etc., dentro de un baño de hielo seco.
8. No utilizar nunca la boca para pipetear líquidos peligrosos; es siempre mejor utilizar una pera de goma para este trabajo.
9. Cuando se trabaja con una reacción potencialmente peligrosa se utilizarán los dispositivos de seguridad adecuados, pantallas protectoras, guantes, lentes, etc.

9.5 PRIMERAS AYUDAS

Dado que en los laboratorios de química suelen producirse heridas graves, resulta conveniente para todos los químicos que conozcan las importantes técnicas de los primeros auxilios, como el cierre de heridas profundas, la respiración artificial y el modo de prevenir un shock. ¿Por qué no consultar hoy mismo un manual de primeras ayudas?

9.5.1 Tratamiento de las lesiones en los ojos, producidas por productos químicos

El tratamiento más importante de las citadas lesiones del ojo, es el que se puede aplicar la víctima misma en los segundos que siguen al accidente, consistente en dirigirse el lavabo o a cualquier otro lugar donde haya agua, y lavar vigorosamente con agua el ojo herido durante 15 minutos. Un lavado penetrante prolongado es particularmente necesario si la lesión ha sido producida por productos alcalinos. Si la herida sufrida es visible debe consultarse inmediatamente a un médico.

9.5.2 Quemaduras producidas por fuego y por productos químicos

Las quemaduras producidas por agentes químicos de cualquier tipo deben lavarse inmediatamente con agua; el alcohol puede ser más efectivo para remover ciertas sustancias orgánicas adheridas a la piel.

Para las quemaduras producidas por objetos calientes, el agua fría con hielo es la primera ayuda más efectiva: si se aplica agua fría o bien un trozo de hielo mientras subsiste el dolor, la curación es generalmente más rápida.

Cuando se producen quemaduras muy extensas, debe colocarse la prenda más limpia que se tenga a mano por encima de las zonas quemadas para evitar el contacto con el aire, manteniendo a la víctima tendida, y llamar a un médico y/o a una ambulancia inmediatamente. Para prevenir el shock, siempre que sea posible se mantendrá la cabeza más baja que el resto del cuerpo. No deben aplicarse ungüentos a las quemaduras graves.

9.5.3 Cortes y heridas

Los accidentes menos graves que se producen con mayor frecuencia en los laboratorios suelen consistir en cortes en la mano. Tales cortes pueden tratarse corrientemente con un antiséptico y un vendaje. Si el corte es muy profundo y probablemente contiene algún pedazo de vidrio, debe consultarse a un médico.

Para las heridas graves no perder tiempo. Aplicar presión directamente encima de la herida para cortar la hemorragia, utilizando una pieza limpia de vestir extendida por encima de la herida y presionando con la mano o con las dos manos. Si no se dispone de una compresa o de un vendaje, se cerrará la herida con la mano o con los dedos. Si se ha producido la rotura de una vena se procurará mantener la parte herida por encima del resto del cuerpo. No utilizar nunca un torniquete excepto para casos de severa mutilación de un brazo o una pierna. Mantener a la víctima tendida para prevenir el shock, procurando que acuda lo más rápidamente el médico.

10

Clasificación por la solubilidad y las propiedades ácido-base

10.1 DETERMINACIÓN DE LA SOLUBILIDAD

La solubilidad de un compuesto puede ser muy útil para obtener información acerca de su estructura. En varios textos pueden encontrarse esquemas de marchas analíticas para analizar la solubilidad de una muestra en distintos disolventes. Los autores de este libro sostienen que hoy en día ya no son necesarios estos esquemas tan elaborados, dado que los métodos espectrales para detectar la presencia de grupos funcionales resultan muy asequibles; además los ensayos de solubilidad efectuados con moléculas relativamente complejas no pueden conducir por sí mismos a una interpretación segura. Atendiendo a lo antes dicho, en este texto se recomiendan solamente unas pocas series de ensayos de solubilidad. Los disolventes que se recomiendan para ser utilizados en estos ensayos son: agua, ácido clorhídrico al 5 %, hidróxido sódico al 5 % y bicarbonato sódico al 5 %.

El efecto de la estructura sobre la acidez o basicidad de las moléculas orgánicas no se tratará en este texto a causa de una necesaria limitación en el espacio. Para consultar acerca de los efectos inductivos, de resonancia, y estéricos sobre la acidez y basicidad de los compuestos orgánicos, se aconseja al estudiante que consulte los modernos textos de química orgánica.

Tanto las cantidades de compuesto como de disolvente utilizadas en los ensayos de solubilidad son parámetros críticos si se quieren obtener datos dignos de confianza. Se considerará a un producto "soluble" si la solubilidad de este compuesto es superior a tres partes de compuesto por 100 partes de disolvente a temperatura ambiente (25°). El experimentador usará las cantidades tan pequeñas de compuesto como le sean posible, generalmente unos 10 mg en 0,33 ml de disolvente. Si se emplean unas cantidades tan pequeñas de productos se requiere una determinación precisa de los pesos utilizados; sin embargo, no es necesario pesar con gran precisión la cantidad de muestra para cada ensayo; pueden pesarse la primera vez unos 10 mg de la muestra; las cantidades posteriores de muestra que se necesiten para otros ensayos no será necesario pesarlas, podrán evaluarse visualmente por comparación con la muestra inicial.

Un compendio de la solubilidad de los más importantes tipos de compuestos viene descrito en la tabla 10.1.

Tabla 10.1. Criterios generales de solubilidad

Solubles en agua y éter

Alcoholes monofuncionales, aldehídos, cetonas, ácidos, ésteres, aminas, amidas y nitrilos conteniendo 5 carbonos o menos.

Solubles en agua; insolubles en éter

Sales de aminas; sales de ácidos, compuestos polifuncionales, tales como polihidroxialcoholes, carbohidratos, ácidos polibásicos, aminoácidos, etc.

Insolubles en agua; solubles en NaOH y $NaHCO_3$

Ácidos de elevado peso molecular y fenoles con sustituyentes que exaltan su acidez.

Insolubles en agua y $NaHCO_3$; solubles en NaOH

Fenoles, sulfonamidas primarias y secundarias, nitrocompuestos alifáticos primarios y secundarios, imidas y tiofenoles.

Insolubles en agua; solubles en HCl diluido

Aminas a excepción de las diaril y triaril aminas, hidracinas y algunas amidas terciarias.

Insolubles en agua, NaOH y HCl diluido, pero que contienen azufre o nitrógeno

Compuestos nitrados terciarios, sulfonamidas terciarias, amidas, azocompuestos, nitrilos, nitratos, sulfatos, sulfonas, sulfuros.

Insolubles en agua, NaOH y HCl; solubles en H_2SO_4

Alcoholes, aldehídos, cetonas, ésteres, éteres (excepto los diaril éteres), alquenos, alquinos y polialquilbencenos.

Insolubles en agua NaOH, HCl y H_2SO_4

Hidrocarburos aromáticos y alifáticos así como sus derivados halogenados, diaril éteres, perfluoro-alcoholes, -ésteres, -cetonas, etc.

10.1.1 Solubilidad en agua

El agua es un disolvente altamente polar que posee una elevada constante dieléctrica y es capaz de actuar tanto como de dador de hidrógeno como de aceptor. En consecuencia las moléculas que poseen grupos muy polares capaces de formar enlaces por puentes de hidrógeno con el agua (grupos hidrofílicos) tendrán una solubilidad en el agua superior a las moléculas que no poseen tales grupos funcionales. Independientemente de los grupos funcionales altamente polares en la molécula, las cantidades de átomos de carbono asociados al grupo funcional actúan como agentes limitantes de su solubilidad en agua (parte *lipofílica* de la molécula); por ejemplo tanto el metanol como el etanol, *n*-propanol y el *n*-butanol poseen suficiente solubilidad en agua a temperatura ambiente como para ser clasificados de solubles en agua; sin embargo el *n*-pentanol se clasificaría de "insoluble". La solubilidad dentro de una serie de compuestos depende de la extensión y de la posición de las ramificaciones; por ejemplo, todos los isómeros de los pentanoles excepto el 3-metil-1-butanol y el *n*-pentanol son solubles en agua.

Se observan comportamientos muy parecidos en los aldehídos, amidas, aminas, ácidos carboxílicos y cetonas, aunque se presenten variaciones menos bruscas. El límite superior en el cual son solubles en agua la mayoría de los compuestos conteniendo un único grupo hidrofílico, está en las cercanías de los 5 átomos de carbono. La mayor parte de los compuestos bifuncionales y polifuncionales son solubles en agua así como la mayoría de las sales de los ácidos y bases orgánicos.

Puede establecerse una distinción entre los compuestos monofuncionales y entre los polifuncionales y sales, normalmente analizando su solubilidad en éter dietílico, un disolvente relativamente no polar. Los glicoles, triaminas, diácidos u otros compuestos similares di y polifuncionales, así como sus sales, no son solubles en éter dietílico.

Los ensayos de solubilidad efectuados con los compuestos solubles en agua, en disolventes tales como ácido clorhídrico al 5 %, hidróxido sódico al 5 %, o bicarbonato sódico al 5 %, resultarán muy poco significativos, puesto que la solubilidad en estos disolventes dependerá principalmente de la solubilidad del agua y no del pH del disolvente; sin embargo es posible detectar la presencia de grupos funcionales ácidos o básicos en un compuesto soluble en agua, determinando el pH de la disolución acuosa del compuesto procedente de los ensayos de solubilidad, colocando una gota de la disolución sobre un trozo de papel de tornasol. Si el compuesto contiene un grupo funcional ácido, la solución será ácida (con los fenoles y los enoles la solución será muy poco ácida, debiéndose efectuar un ensayo de comparación con una disolución acuosa de fenol); y para los compuestos que contienen grupos funcionales básicos, la solución será básica. En la práctica corriente es posible distinguir entre un ácido fuerte y un ácido débil por la adición de una gota de una disolución diluida de bicarbonato sódico; si está presente un ácido fuerte aparecerán burbujas de dióxido de carbono (pK_a menor que 7). Si se desea, el pK del grupo ácido o básico puede determinarse con precisión (Sección 10.2).

10.1.2 Solubilidad en ácido clorhídrico al 5 %

Los compuestos que contienen grupos funcionales básicos, por ejemplo, aminas (excepto las triaril-aminas), hidracinas, hidroxiaminas, hererociclos aromáticos conteniendo nitrógeno, pero no amidas (sin embargo, algunas N,N-dialquil amidas son solubles), son generalmente solubles en ácido clorhídrico al 5 %. En ciertas ocasiones una base orgánica puede formar un cloruro insoluble simultáneamente al proceso de disolución de la base, dando la impresión de que se trata de un producto insoluble en ácido clorhídrico al 5 %; por ello debe observarse cuidadosamente la muestra mientras se ejecuta el ensayo de solubilidad.

10.1.3 Solubilidad en hidróxido sódico al 5 %

Los compuestos que contienen grupos funcionales ácidos con pK_a menor que 12, aproximadamente, se disolverán en hidróxido sódico al 5 %. Se incluyen en este grupo los ácidos sulfónicos (y otros ácidos oxisulfurados), los ácidos carboxílicos, los compuestos β-dicarbonílicos, los compuestos β-cianocarbonílicos, los compuestos β-diciano, los nitro-alcanos, las sulfonaminas, los enoles, los fenoles y los tioles aromáticos; deben tomarse ciertas precauciones dado que algunos compuestos pueden sufrir reacciones con el hidróxido sódico, por ejemplo, los ésteres reactivos y los cloruros de ácidos, produciendo productos de reacción que pueden ser solubles o insolubles en la disolución al 5 % de hidróxido sódico. Algunos compuestos con grupos metilenos activos (los compuestos β-dicarbonílicos, etc.), pueden sufrir fácilmente reacciones de condensación, originando productos insolubles. Si se detecta alguna reacción durante los ensayos de solubilidad, debe anotarse. Los ácidos carboxílicos con cadena larga (C_{12} o más) no forman sales sódicas fácilmente solubles pero tienden a formar un precipitado jabonoso.

10.1.4 Solubilidad en bicarbonato sódico al 5 %

La primera constante de ionización del ácido carbónico (H_2CO_3) es aproximamente 10^{-7}, la cual es menor que las constantes de ionización de los ácidos fuertes (ácidos carboxílicos) pero es mayor que la constante de los ácidos débiles (fenoles). En consecuencia, sólo los ácidos con un pK_a menor que 6 serán solubles en disoluciones de bicarbonato sódico al 5 %; se incluyen en esta categoría los ácidos sulfónicos (y otros ácidos oxisulfurados) y los ácidos carboxílicos y los fenoles altamente sustituidos por grupos electronegativos (por ejemplo, 2,4-dinitrofenol y 2,4,6-trinitrofenol).

10.1.5 *Otras pruebas adicionales de clasificación por la solubilidad*

Pueden utilizarse dos pruebas adicionales de solubilidad para la clasificación de los compuestos; sin embargo, estas pruebas no son generalmente necesarias puesto que se puede obtener una información más valiosa y definitiva con las distintas clases de espectroscopia aplicada al compuesto.

Los compuestos que contienen azufre y/o nitrógeno pero que no son solubles en agua con ácido clorhídrico al 5 % o hidróxido sódico al 5 % son generalmente bases lo suficientemente fuertes para ser protonadas y disueltas en ácido sulfúrico concentrado. Para estos compuestos en los ensayos de solubilidad en ácido sulfúrico no se obtiene ninguna información adicional. Dentro de esta categoría se puede incluir a la mayoría de las amidas, di- y triarilaminas, grupo nitro terciario, nitroso, azo, azoxi y compuestos relacionados, sulfuros, sulfonas, disulfuros, etc.

Los compuestos que no son solubles en agua, en ácido clorhídrico al 5 %, ni en hidróxido sódico al 5 %, y que no tienen nitrógeno o azufre pueden clasificarse basándonos en su solubilidad en ácido sulfúrico concentrado y en ácido fosfórico al 85 %. Los compuestos insolubles en ácido sulfúrico concentrado son generalmente los hidrocarburos, las olefinas y los compuestos aromáticos no reactivos, los derivados halogenados, los éteres diarílicos, y la mayoría de los compuestos perfluorados.

Los compuestos solubles en ácido sulfúrico incluyen aquellos que contienen grupos funcionales muy poco básicos, siendo los principales los alcoholes, aldehídos, cetonas, ésteres, éteres alifáticos, olefinas reactivas y aromáticas y acetilenos. La disolución en ácido sulfúrico concentrado va muchas veces acompañada de una reacción, evidenciada por cambios en el color o por la descomposición, debiendo tomarse nota del hecho. Este grupo de compuestos caracterizados por su solubilidad en ácido sulfúrico concentrado puede subdividirse posteriormente en otros grupos basándonos en su solubilidad en ácido fosfórico al 85 %. Los compuestos precedentes que son solubles en ácido sulfúrico y que tienen de *5 a 9 átomos de carbono* son también por lo general solubles en ácido fosfórico al 85 %.

10.2 DETERMINACIÓN DE LAS CONSTANTES DE IONIZACIÓN

La constante de ionización de un grupo funcional ácido o básico aporta una importante información relativa al tipo de grupo funcional presente y a los sustituyentes que están cerca del citado grupo funcional. Los datos relativos a las constantes de ionización son particularmente útiles en la determinación de las estructuras de productos naturales complejos, por ejemplo, alcaloides y proteínas. El uso de los valores de las constantes de ionización en los trabajos de asignación de estructuras requiere el conocimiento previo de los valores de las constantes de ionización para modelos sencillos que contengan todas las características estructurales en las proximidades del grupo ácido o básico que sean necesarias para asemejarlas al producto problema. En la literatura original abundan los datos de constantes de ionización para una gran variedad de sistemas, no presentándose en este texto ninguna recopilación de tales datos.

Hay dos métodos relativamente sencillos para determinar las constantes de ionización; uno es la titulación, requiriendo el uso de un potenciómetro, y el otro es el método espectrofotométrico, que precisa utilizar un espectrofotómetro de ultravioleta visible.

En el caso de las aminas, especialmente las aminas líquidas, es normalmente más conveniente y más preciso efectuar estas determinaciones con una sal no higroscópica y cristalina de la amina, titulándola con una base, con preferencia a intentar una titulación directa de la base orgánica con un ácido.

10.2.1 Método titrimétrico

El método titrimétrico para determinar las constantes de ionización consiste en la titulación de una cantidad conocida del ácido o de la base con una base o ácido, respectivamente, de concentración conocida. El pH, dependiente de la concentración del ion hidrógeno, se determina a distintos grados de neutralización, calculándose la constante de ionización por medio de las ecuaciones (10.1) y (10.2) para cada punto (método A), donde [anión-H] y [catión OH] representan las concentraciones de los grupos ácidos y básicos no disociados, respectivamente.

$$K_A = \frac{[\mathrm{H^+}][\text{anión}]}{[\text{H-anión}]} \tag{10.1}$$

$$K_B = \frac{[\text{catión}][\mathrm{OH^-}]}{[\text{catión-OH}]} \tag{10.2}$$

La constante de ionización debe permanecer constante a lo largo de toda la curva de neutralización (sin embargo, las constantes de ionización calculadas a partir de las ecuaciones (10.1) y (10.2) variarán a lo largo de la curva de titulación debido a variaciones en la concentración iónica total (fuerza iónica) y en los casos de ácidos y bases relativamente débiles, por la hidrólisis de los iones resultantes. Si se desean constantes de ionización muy precisas deben emplearse cálculos más rigurosos incorporando las aproximaciones de Debye-Hückel y las constantes de hidrólisis).

Otro procedimiento de titulación sencillo consiste en la determinación de la curva de titulación completa, del pH frente al volumen de reactivo vertido (método B); el pH del punto de media neutralización se toma como el valor del pK. Este método se empleará únicamente con ácidos que tengan un pK_a menor de 4, y bases que tengan un pK_b menor de 4, con el fin de evitar los errores debidos a la hidrólisis de los iones en solución. Este método precisa la determinación de la curva de neutralización completa con vistas al cálculo preciso del punto de semineutralización.

10.2.1a Procedimiento: Determinación del pK

Una cantidad comprendida entre 50 y 100 mg cuidadosamente pesada del ácido o de la base se disuelve en 50 ml de agua destilada. Se sumergen en esta disolución los electrodos del peachímetro, los cuales, han sido previamente normalizados con un tampón que tenga un pH cercano al valor que se espera para el pK del ácido o de la base analizada; se añaden a continuación, con una bureta, cantidades de ácido o base 0,05 *N* cuidadosamente normalizados. Después de cada adición de reactivos la solución se mezcla íntimamente (se recomienda utilizar un agitador magnético) hasta que se alcance el equilibrio y se anota el pH de la disolución.

Si se emplea el método A para calcular la constante de ionización, debe calcularse la concentración de las especies en disolución (el estudiante deberá tener en cuenta que el volumen total de la disolución varía durante el proceso de titulación, debiéndose efectuar los cálculos y correcciones adecuados). Si se utiliza el método B, no se requiere calcular exactamente las concentraciones de las distintas especies de la disolución.

Si se dispone de poca muestra, puede utilizarse una cantidad menor, de hasta unos 5 mg, efectuando las correspondientes reducciones en la cantidad del disolvente y en la concentración del reactivo titulador. En muchas ocasiones la solubilidad del compuesto no permitirá la determinación de la constante de disociación en agua; en tal caso pueden utilizarse mezclas de disolventes no acuosos, por ejemplo agua-etanol, agua-dioxano, o etanol o dioxano puros; sin embargo, los valores del pK determinados en estos disolventes difieren sustancialmente de los valores determinados en agua pura. Se podrán establecer comparaciones de la constante de ionización sólo si se ha empleado el mismo disolvente en ambos casos.

10.2.2 *Métodos espectrofotométricos*

La absorción en el espectro electrónico de los ácidos y sus bases conjugadas y análogamente de las bases y sus ácidos conjugados difieren generalmente en la longitud de onda de la absorción máxima y/o en su coeficiente de extinción. La magnitud de la diferencia dependerá del tipo de sistemas presentes en la molécula; cuanto mayor sea la diferencia, con mayor precisión se podrá determinar la constante de ionización. El método espectroscópico se aplicará normalmente sólo a los compuestos con conjugaciones que muestren una absorción en las regiones ultravioleta y visible, siendo la principal ventaja del método espectroscópico la pequeña cantidad de muestra necesaria, pudiendo tener la disolución final una concentración comprendida entre 10^{-3} y 10^{-5} molar.

Para determinar la constante de ionización por métodos espectroscópicos debe disponerse del espectro de absorción tanto de la forma protonada como de la no protonada. Esto se consigue registrando el espectro de ultravioleta o visible del compuesto en una disolución lo suficientemente ácida como para asegurar que el compuesto está completamente protonado y en una disolución fuertemente básica en la que únicamente la forma no protonada pueda existir. Estos espectros suministran los coeficientes de extinción y las longitudes de onda necesarias en los cálculos. A continuación se registra el espectro del compuesto en soluciones tamponadas en las que el compuesto esté presente en ambas formas; la protonada se calcula a partir del espectro (véase la Sec. 3.3 para los detalles del cálculo de los coeficientes de extinción) y con estas concentraciones se evalúa la constante de ionización utilizando las ecuaciones (10.1) y (10.2), en las cuales la concentración del ion hidrógeno o del ion hidróxido se deducen del pH del tampón utilizado como disolvente. Las constantes de ionización deben determinarse utilizando por lo menos dos tampones distintos. Una representación gráfica de la concentración de la forma protonada o no protonada, frente al pH del tampón se parecerá a una curva de neutralización corriente.

10.3 DETERMINACIÓN DE LOS EQUIVALENTES DE NEUTRALIZACIÓN Y SAPONIFICACIÓN

El equivalente de neutralización se define como el peso equivalente de un ácido o base, determinado por titulación con base o ácido. El equivalente de neutralización puede utilizarse para determinar la fórmula empírica de una molécula, o el número de grupos funcionales ácidos o básicos contenidos en la molécula, en el caso de conocer el peso molecular.

El equivalente de neutralización se calcula a partir de la ecuación (10.3). Para los detalles sobre el procedimiento, véase la sección 12.10.

$$\text{N.E.} = \frac{\text{peso de la muestra}}{\text{volumen de reactivo} \times \text{normalidad}} \tag{10.3}$$

El equivalente de saponificación es el peso equivalente de un éster o amida basándonos en el grupo funcional éster y amida. El equivalente de saponificación se utiliza del mismo modo que el de neutralización para determinar la fórmula empírica del éster o amida. Para los detalles sobre el procedimiento, véase la sección 12.13.

11

Análisis elemental cualitativo y cuantitativo

11.1 ANÁLISIS ELEMENTAL CUALITATIVO

Antes de iniciar el análisis químico y espectral de grupos funcionales, es útil determinar qué elementos están presentes en una molécula y en qué proporción lo están. Los primeros datos se obtienen por ensayos de tipo cualitativo, los cuales pueden ser llevados a cabo por el lector, mientras que los últimos normalmente se obtienen por experimentados analistas en laboratorios específicamente organizados para tales análisis cuantitativos. Además del análisis cuantitativo de los elementos presentes, dichos laboratorios son capaces de analizar el contenido de grupos funcionales tales como metilo, metoxilo, acetoxilo y deuterio. Los siguientes apartados de este capítulo, enseñan el manejo e interpretación de tales datos analíticos.

Se supone de antemano la presencia de carbono en compuestos orgánicos o sales de compuestos orgánicos, así como la presencia de hidrógeno excepto en los compuestos perhalogenados; no se darán pruebas específicas para detectar la presencia de carbono e hidrógeno. (La presencia de hidrógeno se muestra fácilmente por espectroscopia infrarroja y de resonancia magnética nuclear que se han discutido con detalle en los capítulos 4 y 5.) Los heteroátomos más corrientes encontrados en los compuestos orgánicos son los halógenos, oxígeno, azufre y nitrógeno. La detección de oxígeno es relativamente difícil por medio de análisis cualitativos y nos apoyaremos en la espectroscopia infrarroja o en datos de solubilidad para conocer su presencia.

La presencia de elementos metálicos tales como sodio, litio y potasio (normalmente como sales de sustancias ácidas), puede lograrse por pruebas de combustión. Se colocan unos pocos miligramos de substancia en una espátula de acero inoxidable limpia y se queman cuidadosamente en un mechero de llama incolora. La presencia de un residuo no combustible después de la combustión completa, indica la presencia de un elemento metálico. El color de la llama durante la combustión puede dar algún indicio sobre el tipo de metal presente. El residuo de combustión se disuelve en dos gotas de ácido clorhídrico, se sumerge un alambre de platino dentro de la disolución y se coloca en el mechero de llama incolora. Se producen en la combustión los siguientes colores: azul para el plomo, verde para el cobre y boro, carmín para el litio, escarlata con el estroncio, rojizo-amarillo para el calcio, violeta con el potasio, cesio y rubidio, y amarillo para el sodio. Deben tomarse precauciones para evitar la contaminación de la mezcla por el sodio, ya que la intensa llama amarilla enmascara todos los otros elementos. Si sólo hay trazas de sodio, la llama amarilla inicial desaparecerá pronto, quedando la llama coloreada por el elemento presente en mayor cantidad.

Las pruebas cualitativas de la mayoría de los elementos, se basan en reacciones que involucran un anión del elemento, por ejemplo, los haluros, sulfuros y cianuros; de aquí que se requiera una descomposición del compuesto. Esto se hace generalmente por la prueba de fusión con sodio metálico.

$$\mathrm{C, H, O, N, S, X,} \xrightarrow[\Delta]{\mathrm{Na}} \mathrm{NaX, NaCN, Na_2S, NaCNS}$$

Hay unos cuantos elementos que realmente se detectan más fácilmente como oxianiones, formados por descomposición oxidativa del compuesto con peróxido de sodio. Tales ejemplos incluyen fósforo, azufre, silicio y boro. Los procedimientos de reducción y oxidación se discutirán separadamente.

11.1.1 Fusión con sodio

Para efectuar la descomposición de los compuestos orgánicos con sodio el compuesto se funde con sodio metálico. Debido a que, en general, el tamaño de las muestras empleadas es muy pequeño y las pruebas de detección son muy sensibles, el estudiante debe tomar ciertas precauciones para evitar la contaminación de la muestra durante y después de la fusión. La totalidad del material de vidrio debe enjuagarse y limpiarse con agua destilada, o preferentemente agua desionizada y todos los disolventes y reactivos deben ser de calidad para análisis. *¡Deben llevarse colocadas gafas de seguridad durante estos ensayos!*

11.1.1a Procedimiento: fusión con sodio

(a) Si la muestra orgánica a analizar es muy volátil se colocan de 1 a 10 mg de la muestra en un tubo de ensayo de 10 cm y se añaden cuidadosamente al tubo de 30 a 50 mg de sodio, un trozo de aproximadamente el tamaño de la mitad de un guisante. (La boca del tubo debe apuntar lejos del experimentador y otras personas del laboratorio, para evitar que sean salpicados por material del tubo debido a una reacción violenta producida al añadir el sodio.) El tubo de ensayo se calienta ligeramente hasta la descomposición y carbonización de la muestra. Cuando parece que todo el material volátil se ha descompuesto, el tubo de ensayo se calienta fuertemente hasta que el residuo empiece a enrojecerse; el tubo de ensayo se enfría a temperatura ambiente, y se añaden unas gotas de metanol para descomponer el exceso de sodio. Si no se produce un desprendimiento de gas al adicionar el metanol, se puede pensar en que no había exceso de sodio y existe una posibilidad de transformación incompleta de los elementos en sus aniones. Se deberá repetir la fusión con una cantidad mayor de sodio. (En algunos procesos se necesita el uso de tubos de ensayo de vidrio blando, que al sumergirlo en agua destilada en el momento en que se encuentran al rojo, dan lugar a rotura del vidrio permitiendo que las sales se disuelvan en el agua. ¡Este procedimiento puede ser peligroso si hay un exceso de sodio en el tubo caliente!)

El contenido del tubo se hierve con 1,5 o 2,0 ml de agua destilada, diluidos hasta 10 ml con agua destilada, y la mezcla se filtra o centrifuga. La descomposición del material orgánico conduce normalmente a una extensa formación de carbono que es muy difícil de eliminar. Ocasionalmente puede filtrarse a través de filtros especiales (v.g., Celite), que previamente se han lavado con agua destilada, con lo que se pueden eliminar las finas partículas de carbón. La solución resultante es clara y casi incolora. Si la solución es altamente coloreada, debe repetirse todo el proceso de fusión ya que el color puede interferir en la detección de este ensayo. Esta solución final puede servir como solución de trabajo en los siguientes análisis elementales.

(b) Un procedimiento alternativo para realizar la fusión con sodio, implica la lenta adición del material orgánico a una porción de sodio fundido contenido en el tubo de ensayo. Este proceso sólo deberá utilizarse con compuestos relativamente no volátiles para evitar pérdida de muestra por evaporación. Después de la adición de la muestra, el tubo y su contenido se calientan hasta el rojo y luego se enfrían; se añaden para descomponer el exceso de sodio una gotas de metanol. Se procede a continuación como en (a).

Aunque el proceso de fusión del sodio para descomposición de compuestos orgánicos es el más simple y útil, también se han empleado otros procesos de descomposición reductora. Estos procesos implican el uso de magnesio, magnesio y un carbonato alcalino, cinc y un carbonato alcalino, o sosa. En la descomposición utilizando magnesio y sosa, el nitrógeno orgánico se convierte en amoniaco. En la de cinc y carbonato alcalino en cianuro. Las mezclas de descomposición se disuelven en agua, decoloran y usan en las siguientes determinaciones del análisis elemental.

11.1.2 Determinación de haluros

La presencia de cloruro, bromuros y ioduros puede detectarse por la precipitación de los correspondientes haluros de plata al ser tratados por el ion plata. No pueden determinarse los fluoruros por este ensayo, debido a la mayor solubilidad del fluoruro de plata.

11.1.2a Procedimiento: Determinación de halógenos

La presencia de nitrógeno y azufre interfiere en este ensayo; los sulfuros y cianuros deben eliminarse antes del tratamiento con ion plata. Se realiza por acidificación de la disolución de trabajo, seguida de un calentamiento lento hasta ebullición, para eliminar el cianuro y sulfuro de hidrógeno formado al añadir el ácido. *Esta operación debe realizarse bajo vitrina.* Deberá evitarse un gran exceso de ácido sulfúrico, ya que podría precipitar sulfato de plata de soluciones conteniendo una concentración elevada de iones sulfato. Se toman 0,5 ml de la disolución de trabajo y se adiciona gota a gota sulfúrico al 10 %. (El pH de la disolución puede comprobarse fácilmente sumergiendo una varilla de agitación en la solución acidificada, y aplicando un trozo de papel indicador al líquido adherido a la varilla agitadora.) La disolución se hierve suavemente, sobre un micromechero, durante unos 3 ó 5 minutos. Se añaden una o dos gotas de disolución acuosa de nitrato de plata; la formación de una cantidad substancial de precipitado indica la presencia de cloruros, bromuros y ioduros. Un precipitado blanco soluble en hidróxido amónico, indica la presencia de cloruros; un precipitado amarillo pálido ligeramente soluble en hidróxido amónico indica la presencia de bromuro; y un precipitado amarillo en hidróxido amónico indica ioduros. El flúor no forma precipitado con el ion plata. La formación de un ligerísimo enturbiamiento no es indicativo de positividad de la reacción. Se recomienda que se haga un análisis de haluro de un compuesto conocido con fines de comparación.

Deben realizarse ensayos de todos los halógenos si la prueba inicial del nitrato de plata es positiva. Esto evita la omisión de algún halógeno si había más de uno presente en la substancia. La diferenciación química entre cloruro, bromuro y ioduro se basa en la facilidad de oxidación del iodo sobre el bromo, y del bromo sobre el cloro, y la aptitud del bromo, pero no del iodo, para adicionarse a un estado activo de insaturación.

11.1.2b Procedimiento: Diferenciación entre cloruro, bromuro y ioduro

Una porción de 0,5 ml de la solución de trabajo se coloca en una pequeño tubo de ensayo y se acidula con ácido sulfúrico al 10 %. Entonces se hierve suavemente bajo vitrina para eliminar la totalidad del cianuro de hidrógeno o sulfuro de hidrógeno, como se descubrió anteriormente. A esta disolución se añaden 4 o 5 gotas de permanganato potásico 0,1 *N*. El contenido del tubo de ensayo se sacude aproximadamente durante 1 minuto y se añaden de 10 a 20 mg de ácido oxálico para eliminar el color del exceso de permanganato y se añaden a continuación, en el tubo de ensayo, 0,5 ml de sulfuro de carbono (el sulfuro de carbono es tóxico y muy inflamable por lo que deben tomarse precauciones). Se vuelve a agitar el contenido del tubo y se dejan separar las dos fases. La presencia de color en la capa del sulfuro de carbono indica la presencia de bromo o iodo; si el color es púrpura es que hay iodo presente, y si es marrón-rojo hay bromo o bien bromo y iodo a la vez. Si no se forma color en la capa de sulfuro de carbono indica la presencia de cloro, aunque se requiere alguna otra confirmación más consistente.

La distinción entre bromo y iodo se hace prontamente por la adición de 1 o 2 gotas de alcohol alílico. Si sólo hay iodo presente, el color de la capa de sulfuro de carbono se mantiene, mientras que con bromo solo, el color desaparecerá inmediatamente. Si están presentes a la vez bromo y iodo el color de la capa de sulfuro de carbono pasará de rojo-marrón a púrpura.

Para comprobar la presencia del ion cloruro, se saca del tubo de ensayo la capa acuosa mediante una pipeta capilar y se coloca en otro tubo de ensayo limpio. Se añaden varias gotas de ácido nítrico (6 *N*), y el contenido del tubo se hierve suavemente 2-3 minutos (el ácido nítrico oxida al bromo o al iodo, pero no al cloro, pasándolo al correspondiente halógeno libre, el cual se elimina durante el proceso de ebullición). Se enfría la solución y se añaden 2 gotas de una solución de nitrato de plata 0,1 *M*. La obtención de un precipitado blanco (pero no una ligera turbidez) indica la presencia del ion cloruro.

Determinación del flúor: Debido a la solubilidad del fluoruro de plata en soluciones acuosas, la presencia de flúor no se puede detectar mediante el uso de nitrato de plata. El procedimiento más simple de detección de fluoruro implica la reacción del ion fluoruro con el complejo rojo de alizarinato de zirconio para producir alizarina libre (de color amarillo), y hexafluoruro de zirconio incoloro:

11.1.2c Procedimiento: Determinación de fluoruro

Una porción de 0,5 ml de la solución de trabajo se acidula con 3 o 4 gotas de ácido clorhídrico concentrado; a esta solución se añaden 2 o 3 gotas de alizarinato de zirconio preparada mezclando volúmenes iguales de una solución de alizarina en etanol al 1 % y una solución al 2 % de cloruro o nitrato de zirconio, en ácido clorhídrico al 5 %. El cambio de coloración de rojo a amarillo indica la presencia del ion fluoruro.

Ensayo de Beilstein para halógenos: La presencia de cloruro, bromuro o ioduro en compuestos orgánicos puede detectarse por la prueba de Beilstein. El ensayo depende de la producción de haluro de cobre volátil cuando un haluro orgánico se calienta fuertemente con óxido de cobre; es extremadamente sensible, y su positividad deberá también confirmarse por otros métodos.

11.1.2d Procedimiento: Ensayo de Beilstein

Un pequeño anillo al final de un alambre de cobre se calienta al rojo (se forma una película de óxido) en un mechero Bunsen, hasta que la llama no se colorea más. Después se deja enfriar el anillo y se sumerge en el compuesto a analizar y se calienta de nuevo en la llama no luminosa de un mechero Bunsen. Una llama azul-verde producida por los haluros de cobre volátiles constituye una prueba positiva para cloruro, bromuro y ioduro (el fluoruro de cobre no es volátil).

Los compuestos muy volátiles pueden evaporarse antes de que ocurra una descomposición adecuada, dando lugar al fallo del ensayo. Ciertos compuestos tales como derivados de la quinoleína, urea, y piridina, dan resultados positivos con llama azul-verde debida a la formación de cianuro de cobre volátil.

Detección de halógenos por espectrometría de masas. Todos los halógenos excepto el flúor, existen como mezclas isotópicas. El espectro de masas de compuestos que contengan halógenos mostrarán varios picos en la región de origen de masa, que estarán separados por la diferencia en masa de los isótopos de los halógenos, y cuya relación en intensidades será igual a la relación natural de abundancia (véase Sec. 8.4.1). La espectrometría de masas es también valiosa para indicar el número de halógenos que hay en una molécula.

11.1.3 Determinación del nitrógeno

La determinación del nitrógeno se basa en la conversión del nitrógeno presente en una molécula dada, en el ion cianuro, que se determina normalmente como un cianuro complejo formado a partir del sulfato ferroso amónico (azul de Prusia).

11.1.3a Procedimiento: Determinación del nitrógeno

(a) Una porción de 0,5 ml de la solución de trabajo se ajusta a pH 13 (como se ha determinado por ensayo con papel de pHydrión) por la adición de hidróxido sódico 6 *N*. Se añaden dos gotas de sulfato ferroso amónico saturado y dos gotas de una solución de fluoruro potásico al 30 %, y la solución resultante se hierve suavemente durante 30 segundos. La solución se acidifica inmediatamente por la adición de ácido sulfúrico al 30 % hasta que se disuelve todo el hidróxido férrico coloidal. Debe evitarse que haya un exceso de ácido porque puede interferir con el ensayo. La aparición de un color azul es indicativa de la presencia de nitrógeno en el compuesto original.

La formación de un color azul difuso, o verde pálido, es indicativo de una fusión deficiente, dando como resultado una conversión incompleta del nitrógeno de la molécula original a ion cianuro. Esto es particularmente cierto para compuestos en los cuales el nitrógeno está en alto estado de oxidación, por ejemplo, nitrocompuestos. Deberá repetirse la fusión con el uso de un mayor exceso de sodio y calor más enérgico. Se recomienda que en tales casos se realice un control de fusión en un compuesto nitroderivado conocido. Se hace notar aquí, que los grupos funcionales que contienen nitrógeno en alto estado de oxidación se detectan mejor por espectroscopia infrarroja (Capítulo 4) y no es necesario así preocuparse de resultados de fusiones deficientes.

La presencia de sulfuro interfiere el anterior ensayo para nitrógeno. Si hay azufre presente en la molécula original el sulfuro férrico que se forma al añadir sulfato amónico ferroso debe eliminarse por centrifugación y decantación del líquido sobrenadante. Entonces puede continuarse el ensayo para nitrógeno.

(b) Un procedimiento alternativo para la determinación de cianuro implica la acidificación de 1 ml de la solución de trabajo con ácido acético, seguido por la adición de 2 gotas de una solución preparada con anterioridad y reciente de una solución de bencidina al 1 % en ácido acético al 50 % y una gota de solución 1 % de sulfato de cobre. La formación de un color azul o un precipitado indica la presencia de nitrógeno. La presencia de ion ioduro se pone de manifiesto con la formación de un precipitado verde; los otros haluros no interfieren en este ensayo.

11.1.4 Determinación del azufre

11.1.4a Procedimiento: Determinación del azufre

A una porción de 1 ml de solución de trabajo se le añade ácido acético y 2 o 3 gotas de disolución diluida de acetato de plomo. La formación de un precipitado negro indica la presencia de azufre.

11.1.5 Determinación de otros elementos metálicos y no metálicos

Si el ensayo por combustión revela la presencia de elementos metálicos, se realiza la descomposición del material en presencia de nitrato amónico y la determinación de los elementos se lleva a cabo mediante el sistema general analítico cualitativo inorgánico.

11.1.5a Procedimiento: Fusión con nitrato amónico

Aproximadamente 200 a 250 mg del compuesto se mezclan con 500 mg de nitrato amónico en un crisol limpio, y la mezcla se calienta fuertemente durante 15 o 20 minutos. Se deja enfriar el residuo y se disuelve después en ácido clorhídrico o agua regia. Se evapora el exceso de ácido (*¡en una campana de gases!*), y el residuo se calienta durante un corto período de tiempo. Si permanece todavía el residuo carbonáceo, se añaden unas gotas de ácido nítrico y se repite el calentamiento. El residuo resultante se analiza por el esquema usual de análisis cualitativo inorgánico. El mercurio no se detecta por este procedimiento ya que destila como mercurio libre. Éste puede detectarse hirviendo de 10 a 20 mg del compuesto con 10 ml de una solución de clorato potásico concentrado hasta que la mezcla reaccionante sea incolora. El ensayo para el mercurio, consiste en introducir un trozo de hilo de cobre limpio en la solución durante 10 minutos. La formación de amalgama de mercurio se evidencia por el color del hilo indicando la presencia de mercurio.

11.1.6 Descomposición oxidante

La descomposición oxidante de compuestos orgánicos suele efectuarse por la fusión del compuesto con peróxido de sodio. Este proceso requiere el uso de una pequeña bomba. Las pruebas cualitativas empleadas son las apuntadas anteriormente y pueden encontrarse en textos de análisis inorgánico cualitativo.

Swift y Nieman han desarrollado procedimientos para el análisis completo de compuestos orgánicos basados en la fusión con peróxido de sodio.[1]

[1] *A System for the Ultimate Analysis of Chemical Warfare Agents,* publicado por Chemical Warfare Service, U. S. A., y brevemente descrito en *Analytical Chemistry,* **26,** 538 (1954).

11.2 ANÁLISIS ELEMENTAL CUANTITATIVO

Los datos sobre la composición elemental cuantitativa de un compuesto desconocido son útiles para establecer su estructura. Tradicionalmente, los datos microanalíticos han sido aceptados como criterios importantes para pruebas de estructura y pureza. En la mayoría de revistas químicas primitivas, los datos microanalíticos para los nuevos compuestos se daban en los trabajos, normalmente presentados de esta forma:

Anál.: Calculado para $C_{10}H_{14}N_2O_4$: C, 53,09; H, 6,24; N, 12,38.
Encontrado: C, 53,20; H, 6,35; N, 12,44.

(En la escritura de una fórmula, después de C y H, los demás elementos se ponen por orden alfabético.) Tales análisis elementales cuantitativos, no son ejecutados generalmente por químicos aislados; normalmente se realizan por laborantes entrenados en laboratorios especialmente proyectados para estos propósitos (con frecuencia en laboratorios exteriores independientes).

Los datos analíticos más comunes, y por tanto menos caros, son los de carbono-hidrógeno y nitrógeno. En estos análisis, la muestra se quema cuantitativamente para producir dióxido de carbono, agua y nitrógeno. En la técnica clásica, el agua se recoge por adsorción sobre cloruro cálcico, el dióxido de carbono se recoge sobre ascarita (hidróxido sódico sobre asbesto), y el nitrógeno se determina por volumetría gaseosa. En estos métodos, se requiere una muestra de unos 5 mg para la determinación carbono-hidrógeno, y unos 5 mg adicionales para el nitrógeno, o para cualquier otra determinación.

La microdeterminación simultánea de carbono, hidrógeno y nitrógeno puede realizarse por métodos automáticos de cromatografía de gases. Con tales instrumentos, una muestra de 1 mg se convierte en agua, dióxido de carbono y nitrógeno, los cuales se registran como un cromatograma de tres picos. La composición puede determinarse por la altura de un pico con una aproximación de 0,3 %.

Para derivar la fórmula empírica de un compuesto que contenga elementos distintos, deben determinarse análisis de los $n - 1$ elementos presentes. El porcentaje del elemento restante puede determinarse como la diferencia entre la suma de los porcentajes de los $n - 1$ elementos y el 100 %. (El porcentaje de oxígeno se determina normalmente por diferencia.) Mediante este método se introducen ciertos errores. El error experimental aceptable implicado en el porcentaje de cada elemento es de $\pm$ 0,3 %. Si el análisis de la mayoría de elementos es alto o bajo, entonces el análisis del elemento obtenido por diferencia puede ser irregularmente bajo o alto. Con moléculas de alto grado de complejidad, tales errores, pueden dar como resultado una incapacidad de distinción entre dos o más fórmulas empíricas, a menos que estén determinadas exactamente. Por esto se recomienda que, cuando se crea que una estructura compleja está involucrada en la molécula, debe determinarse el análisis cuantitativo de cada elemento de la molécula. En tales casos se recomiendan análisis múltiples, usando para cada elemento un valor promedio en el cálculo de la fórmula empírica.

Para la conversión de datos microanalíticos en una fórmula empírica, el primer paso es dividir el porcentaje de cada elemento por su peso atómico, y dividir los números resultantes por el menor de ellos para determinar las proporciones atómicas.

Elementos	*Porcentajes*	*Peso atómico*		*Proporción atómica*
C	67,38 ÷ 12,01 = 5,61			10
H	7,92 ÷ 1,01 = 7,84		$\times \frac{1}{0,56} =$	14
N	15,72 ÷ 14,01 = 1,12			2
O	8,98 ÷ 16,00 = 0,56			1

La fórmula empírica del compuesto anterior es $C_{10}H_{14}N_2O$. La conversión de una fórmula empírica en fórmula molecular requiere saber el peso molecular (véase discusión sobre la determinación de pesos moleculares, Sec. 2.8). Algunas veces puede conocerse por otros datos que el compuesto desconocido contiene sólo 1 cloro, 2 nitrógenos, etc.; en tales casos, la fórmula molecular puede determinarse a partir de datos analíticos.

Se ha publicado en forma de libro, una recopilación de datos analíticos calculados para un gran número de compuestos que contienen C, H, N, O y S en diferentes combinaciones y que resultan útiles para el manejo de dichos datos.[2]

Parece obvio por los párrafos anteriores, indicar el gran cuidado que debe ponerse en la preparación de una muestra para análisis. La mezcla debe ser de alta pureza. Los sólidos recristalizados deben calentarse a bajas temperaturas, por debajo de los puntos de fusión y descomposición, y en vacío para eliminar las moléculas de disolvente. Los compuestos higroscópicos deben protegerse de la humedad. La presencia de una cantidad tan pequeña como 1 mol de agua por cien, que normalmente es un porcentaje en peso muy bajo, puede ser suficiente para dar lugar a un mal análisis; el analista debe estar enterado siempre de la naturaleza higroscópica del compuesto. Asimismo, conocerá los compuestos de naturaleza explosiva o muy tóxica.

[2] George H. Stout, *Composition Tables for Compounds Containing, C, H, N, O, S*. W. A. Benjamin, Inc., New York (1963).

11.2.1 Interpretación de los datos de la fórmula empírica

Una vez el analista ha determinado la fórmula molecular de un compuesto, puede obtenerse una información valiosa con respecto a las características globales de la molécula a partir de su fórmula empírica. En particular, los datos de la fórmula empírica pueden usarse para calcular el número de anillos y enlaces dobles y triples (lugares de insaturación) de la molécula desconocida.

El número de lugares de insaturación en una molécula se calcula por medio de la ecuación (11.1)

$$N = \frac{\sum_i n_i(v_i - 2) + 2}{2} \tag{11.1}$$

donde N es el número de lugares de insaturación, n_i es el número de átomos del elemento l, y v_i es el valor absoluto de la valencia del elemento i. Los siguientes ejemplos ilustran el uso de la ecuación (11.1).

EJEMPLO 1. Un análisis elemental indica una fórmula empírica de C_6H_6, tomando v_i de 4 para el carbono y 1 para el hidrógeno, tenemos

$$N = \frac{6(4-2) + 6(1-2) + 2}{2} = \frac{8}{2} = 4$$

lugares de insaturación.

EJEMPLO 2. Un análisis elemental da una fórmula empírica de C_7H_6ClNO. Tomando v_i de 4 para el carbono, 1 para el hidrógeno, 1 para el cloro, 3 para el nitrógeno y 2 para el oxígeno, tenemos:

$$N = \frac{7(4-2) + 6(1-2) + 1(1-2) + 1(3-2) + 1(2-2) + 2}{2} = 5$$

lugares de insaturación.

EJEMPLO 3. Un análisis elemental da una fórmula empírica de $C_{19}H_{18}BrP$. Las propiedades físicas y químicas indican que el bromo es iónico y nos encontramos fósforo pentavalente. Así tomando v_i de 4 para el carbono, 1 para el hidrógeno y 5 para el fósforo, tenemos:

$$N = \frac{19(4-2) + 18(1-2) + 1(1-2) + 1(5-2) + 2}{2} = 12$$

lugares de insaturación.

En estos cálculos, no se puede hacer distinción entre los distintos tipos de lugares de insaturación. El experimentador debe apoyarse en pruebas químicas y espectrales para indicar qué tipos de grupos funcionales, y de aquí el valor en lugares de insaturación, están presentes en una molécula. Un anillo simple, C=C, C=O, C=N, N=O, o cualquier otro sistema con doble enlace se considera como un simple lugar de insaturación; los enlaces C ≡ C y C ≡ N se consideran como dos lugares de insaturación; los enlaces covalentes coordinados fósforo-oxígeno y azufre-oxígeno ($\equiv\overset{+}{P}—O^-$ y $>\overset{+}{S}—O^-$) se valoran como enlaces sencillos y no se consideran como lugares de insaturación. Un anillo aromático, que contiene una combinación de un anillo y enlaces dobles, representa cuatro lugares de insaturación.

11.2.2 Análisis del deuterio

Es de creciente importancia el análisis cuantitativo del contenido en deuterio en presencia de hidrógeno. Corrientemente se disponen de tres procedimientos: análisis por combustión, resonancia magnética nuclear y espectrometría de masas.

El análisis de combustión para el deuterio implica la conversión de todo el hidrógeno y deuterio en una mezcla de agua ligera y pesada. El agua de la combustión de un compuesto se recoge, y la densidad de la muestra se determina por comparación con mezclas de agua pesada y ligera de composición conocida en un sistema de gradientes de densidad por disolventes. El resultado se registra como el tanto por ciento molar de deuterio sobre el contenido total de hidrógeno.

11.2.3 Análisis cuantitativo de grupos funcionales

En la mayoría de los laboratorios analíticos se pueden realizar análisis cuantitativos de grupos funcionales. (Véase la tabla 5 para ejemplos de análisis típicos disponibles de grupos funcionales, además de los análisis elementales.) Debido a que la mayoría de estos análisis involucran una degradación química, los rendimientos de los fragmentos sujetos a análisis no corresponderán al 100 % del grupo funcional inicialmente contenido en la molécula. El resultado neto es menor que el grupo analítico funcional total y debe aplicarse un factor de corrección. Éste está generalmente comprendido entre 1/0,75 y 1/0,85 (multiplíquese por los resultados obtenidos).

11.2.4 Determinación de hidrógeno activo

El hidrógeno activo puede clasificarse en dos categorías: la primera consiste en los hidrógenos relativamente ácidos enlazados a oxígeno o azufre (v.g., alcoholes y ácidos), y el segundo tipo en hidrógenos ligeramente ácidos de carbono alfa unidos a grupos fuertemente electrón atrayentes (v.g., grupos ciano o carbonilo). La primera categoría de hidrógeno activo se determina

Tabla 5. Análisis que se pueden realizar para grupos funcionales y elementos *

Elementos	*Grupos funcionales*
Carbono-hidrógeno	Acetilo
Nitrógeno	Alcoxilo
Fósforo	Benzoilo
Oxígeno	C-metilo (Kuhn-Roth)
Azufre	N-metilo
Flúor	Amino, primario (van Slyke)
Cloro	Hidroxilo
Bromo	Oxígeno de peróxidos
Iodo	Índice de bromo o iodo
Elementos metálicos de los grupos Ia, IIa, IIIa, IVa, y unos cuantos metales de transición seleccionados	Microhidrogenación
	Hidrógenos activos (Zeisel)
	Cenizas
	Valoración de lactonas
	Peso molecular (Rast y osmométrico)
	Equivalente de neutralización
	pK de ácido y bases
	Equivalente de saponificación
	Ácidos volátiles

* Seleccionados de una lista de precios de distintas compañías dedicadas al análisis.

fácilmente por tratamiento del compuesto con ioduro de metil magnesio (determinación de Zerevitinov), el metilo del reactivo de Grignard reacciona para dar un mol de metano por mol de hidrógeno activo. Una porción de la mezcla pesada cuidadosamente se disuelve en un éter anhidro de alto punto de ebullición (v.g., dimetoxietano), y se coloca en un matraz unido a un aparato de medida de gases (una bureta llena invertida, cuya boca se mantiene bajo la superficie del agua, u otro líquido neutro, en un vaso y conectada al matraz), equipado con un embudo adicional para equilibrar la presión.

La cantidad de producto a emplear depende del número de hidrógenos ácidos que se supone que posee la muestra y de la capacidad de la bureta de medida de gases. El volumen del disolvente deberá mantenerse en un mínimo. El reactivo de Grignard se prepara con ioduro de metilo y exceso de magnesio en el disolvente usado y se coloca en el embudo de adición, se tapa, y se añade el metil reactivo de Grignard lentamente sobre el compuesto. Se mide el volumen del gas desplazado, corrigiendo a presión y temperaturas normales y la presión de vapor del líquido, y a continuación se pasa a moles de metano producidos. La relación entre el número de moles de metano producidos y el número de moles de sustancias desconocidas empleados es el número de hidrógenos ácidos. En ensayos de la misma naturaleza se mide el volumen de hidrógeno producido en la reacción de hidrógenos activos con hidruro de litio y aluminio.

La segunda categoría de hidrógenos activos unidos a carbono se determina por experimentos de intercambio de deuterio. Una pequeña cantidad de compuesto (100 mg) se disuelve en óxido de deuterio o en una mezcla de etanol-OD y óxido de deuterio, en presencia de una pequeña cantidad de catalizador básico, normalmente carbonato sódico y ocasionalmente deuteróxido sódico muy diluido. La solución se deja estar varias horas y el compuesto se recupera por extracción o evaporación. Se repite el proceso para asegurar la máxima concentración de isótopo en la muestra. La muestra se purifica para análisis de deuterio por combustión, resonancia magnética nuclear, o espectrometría de masas. (La mezcla debe resguardarse de fuentes de protones reemplazables.)

Deben emplearse muestras en mucha menor cantidad cuando se realiza espectrometría de masas. La mayoría de los hidrógenos alfa de un grupo activamente capaz de estabilizar aniones, pueden experimentar variaciones bajo las condiciones anteriores.

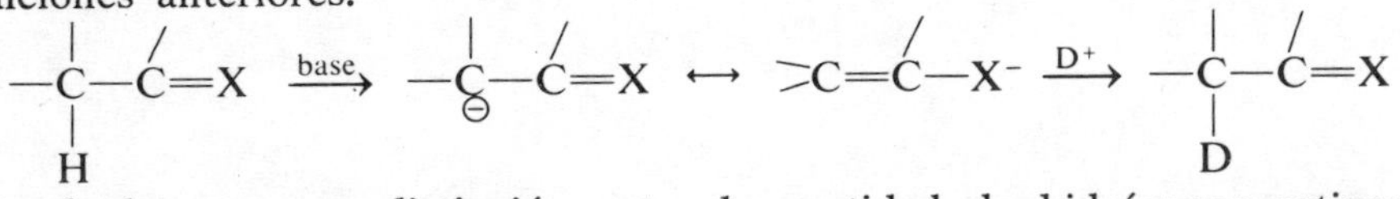

Puede hacerse una distinción entre la cantidad de hidrógenos activos situados sobre metenos, metilenos y metilos. Los grupos metilo y metileno activados experimentan reacciones de condensación con el benzaldehído para dar derivados benzilidénicos, como se ilustra en la siguiente ecuación:

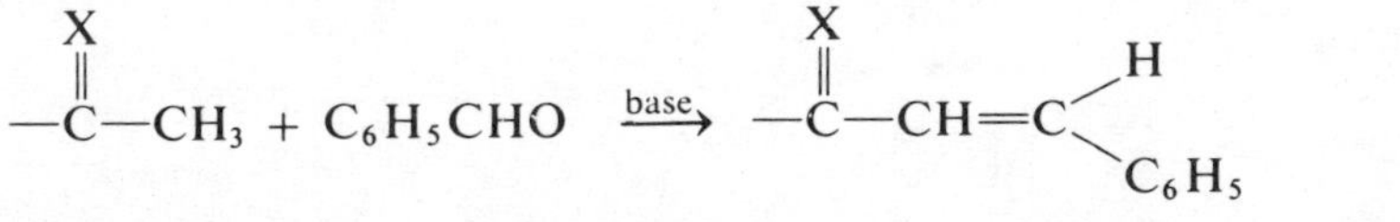

La muestra se disuelve en etanol absoluto en presencia de benzaldehído y etóxido de sodio (preparado por adición cautelosa de sodio metálico a etanol absoluto) o hidróxido sódico. Los derivados bencilidénicos pueden precipitar y recogerse por filtración, o pueden recuperarse por extracción con éter después de diluir la mezcla de reacción con agua. Se purifica, y se determina su fórmula molecular por análisis de combustión o determinación de peso molecular. La introducción de cada resto bencilidénico dará como resultado un incremento en la fórmula de C_7H_4. Las posiciones activadas del meteno no sufren reacciones de condensación para producir derivados del tipo del bencilidénico.

12

Clasificación y caracterización de grupos funcionales

En este texto se describen los ensayos en los que se utilizan cantidades semimicro de material, normalmente del orden de 50 a 500 mg, cuyo manejo no deberá ser ningún obstáculo para cualquier químico experimentado y cuidadoso, pudiendo recuperarse los productos valiosos si los ensayos de solubilidad y clasificación se efectúan en tubos capilares. En la mayoría de casos, en este capítulo se reproducen los espectros infrarrojos característicos de la mayoría de grupos funcionales que se consideran. Todas las temperaturas se dan en grados centígrados.

12.1 *HIDROCARBUROS*

12.1.1 *Alcanos y cicloalcanos*

12.1.1a Clasificación

Las siguientes observaciones son características de los hidrocarburos saturados:

1. *Un espectro infrarrojo excepcionalmente sencillo.* En el espectro infrarrojo de los hidrocarburos, las bandas más intensas aparecen cerca de 2900, 1460 y 1370 cm^{-1} (3,45, 6,85 y 7,30 μ) (fig. 12.1); en los hidrocarburos

cíclicos sencillos que contienen grupos que no sean el metilo, el último pico está ausente. Otros compuestos que típicamente dan también lugar a espectros infrarrojos muy sencillos son los sulfuros y disulfuros alifáticos, los haluros alifáticos, las olefinas simétricamente sustituidas y los compuestos acetilénicos.

2. *Resultado negativo en el ensayo de transferencia de carga con el iodo.* Al disolver iodo en compuestos que contengan electrones π o electrones no enlazados se obtiene una disolución marrón. Esto se debe a la formación de un complejo entre el iodo y los electrones π o los no enlazados, que se denomina complejo de transferencia de carga o complejos π. Las disoluciones de iodo en disolventes que no pueden dar el complejo toman un color violeta.

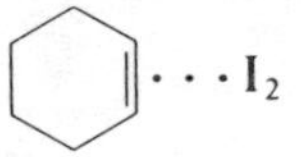

$R_2O \cdots I_2$

12.1.1b Procedimiento: Ensayo de transferencia de carga con el iodo

Sobre una placa de ensayo colocar un cristal muy pequeño de iodo; añadir una o varias gotas del líquido desconocido. Los hidrocarburos saturados y sus derivados clorados y fluorados así como los arenos y sus derivados halogenados dan soluciones violeta; todos los demás compuestos dan soluciones marrón. Este ensayo sólo debería utilizarse con productos desconocidos que fuesen líquidos. Es algo sumamente recomendable efectuar de manera simultánea ensayos de compuestos conocidos y de otros desconocidos para establecer las oportunas comparaciones de color.

3. *Insolubilidad en ácido sulfúrico concentrado frío.* Los compuestos que son insaturados o poseen grupos funcionales en los cuales hay nitrógeno u oxígeno son solubles en ácido sulfúrico concentrado frío, mientras que los hidrocarburos saturados, sus derivados halogenados, hidrocarburos aromáticos sencillos y sus derivados halogenados son insolubles.

4. *Resultado negativo en el ensayo para halógenos.* Basándose en el comportamiento químico, físico y espectral, los compuestos que más fácilmente se prestan a ser confundidos con los hidrocarburos saturados son los haluros de alquilo. Si de un compuesto desconocido se sospecha que es un hidrocarburo, se deberá comprobar la ausencia de haluros mediante el ensayo de Beilstein o el de fusión con sodio, o en otro orden por medidas cuantitativas o cualitativas de la densidad del compuesto desconocido.

5. *En el espectro rmn no aparece resonancia por debajo de $\delta 2$.* La mayoría de compuestos con grupos funcionales presentan la resonancia de uno o más hidrógenos por debajo de $\delta 2$; en las excepciones se incluyen los compuestos en los cuales el grupo funcional se encuentra localizado en un carbono terciario y ciertos derivados de alquilo metálicos.

6. *En el espectro ultravioleta no hay absorción por encima de 185* m_μ.

12.1.1c Caracterización

No existen métodos químicos generales que sean adecuados para la conversión de los hidrocarburos saturados en derivados útiles; son típicamente inertes o sufren reacciones no resolutivas las cuales producen mezclas inseparables. Los hidrocarburos saturados, por tanto, se pueden identificar mucho mejor a través de constantes físicas y por métodos espectroscópicos.

Las constantes físicas más útiles son el punto de ebullición y el índice de refracción; aunque algunas veces también se emplean las medidas del peso

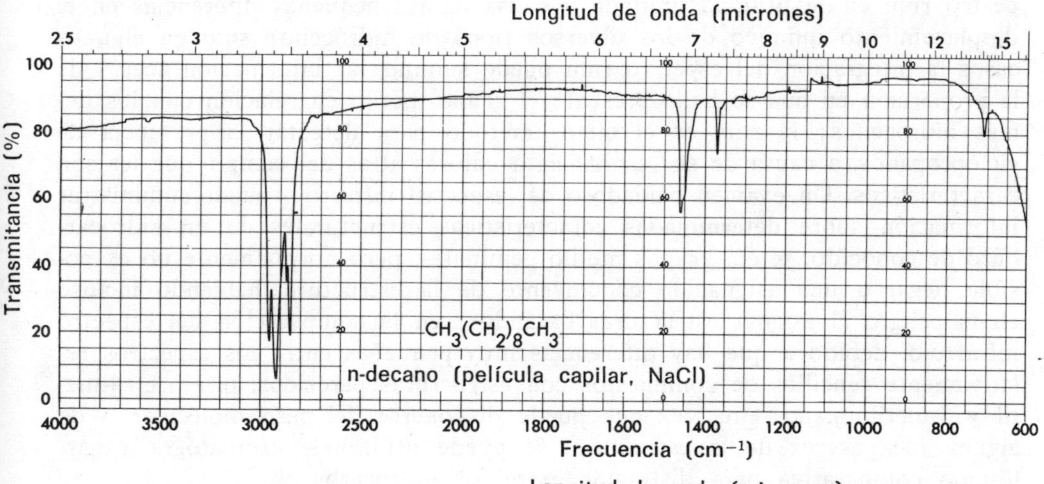

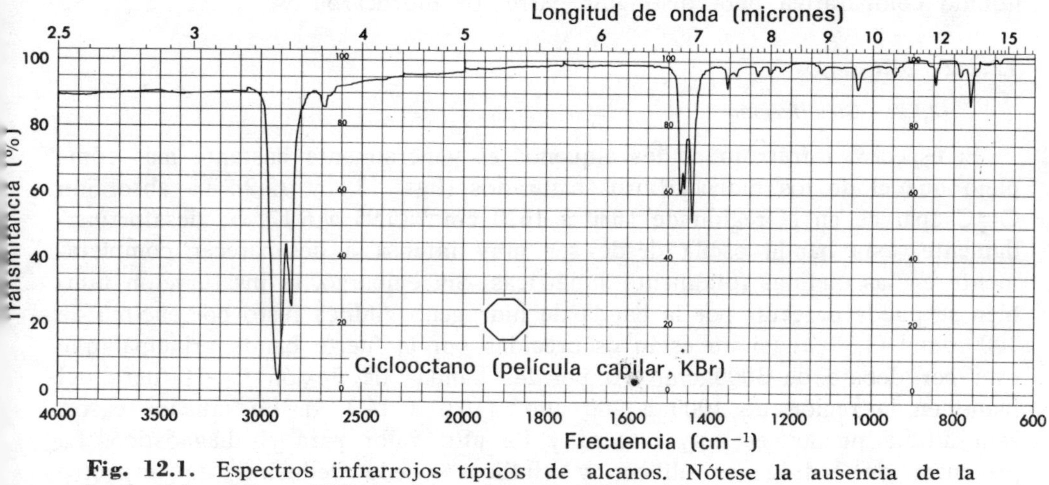

Fig. 12.1. Espectros infrarrojos típicos de alcanos. Nótese la ausencia de la banda del metilo a 1370 cm^{-1} en el espectro del ciclooctano.

específico. Los picnómetros o densímetros normalizados requieren un cuidadoso control de la temperatura y grandes cantidades de material: no obstante pueden hacerse determinaciones exactas del peso específico con cantidades pequeñas de material mediante técnicas de capilaridad (Sec. 2.5). Los tiempos de retención en cromatografía gas-líquido son a menudo muy útiles para la tentativa de identificación de un hidrocaburo.

De entre los métodos espectroscópicos, la espectroscopia de masas es quizá la más útil para la identificación final de hidrocarburos, utilidad que se intensifica grandemente a causa del gran número de espectros de referencia que hay disponibles. Para los hidrocarburos saturados de cadena larga el espectro rnm es de utilidad limitada a causa de las pequeñas diferencias en el desplazamiento químico de los diversos tipos de hidrógeno; sólo en algunos casos la integración del espectro rnm puede suministrar información acerca de la proporción en que se halla presente el grupo metilo en relación con los demás hidrógenos; la rnm es el mejor método para detectar la presencia de ciclopropanos, a causa de su resonancia a valores altos del campo que les son característicos. Un examen cuidadoso del espectro infrarrojo puede suministrar información sobre determinadas características estructurales de un hidrocarburo desconocido, p. ej., grupos metilo geminales, pero normalmente no es posible llegar a una asignación concluyente de la estructura, habiendo incluso algún peligro al asignar estructuras basándose en la comparación del espectro infrarrojo, debido a que hay diferencias muy pequeñas entre los espectros relativamente sencillos de compuestos con estructuras parecidas, p. ej., el 4-metil y 5-metilnonano. Una vez que puede disponerse del peso molecular o de alguna idea acerca de la estructura, se puede utilizar la cromatografía gas-líquido comparativa para distinguir entre los hidrocarburos.

12.1.2 Alquenos

12.1.2a Clasificación

El espectro infrarrojo de los alquenos es generalmente bastante más complejo que el de los hidrocarburos saturados (figs. 12.1 y 12.2). La absorción C=C aparece en la región de 1680 a 1620 cm^{-1} (5,95 a 6,17 μ); desafortunadamente, esta banda oscila desde ser muy intensa a desaparecer completamente en las olefinas totalmente simétricas. Sin embargo, la insaturación también se puede detectar por la banda de hidrógeno vinílica justo por encima de 3000 cm^{-1} (3,33 μ) (si no están oscurecidas por la fuerte banda principal que está por debajo de 3000 cm^{-1}) o por las bandas de flexión C—H fuera del plano en la región de 1000 a 700 cm^{-1} (10,0 a 14,3 μ). En muchos casos, esta última puede ser muy intensa y de alto valor para el diagnóstico. La presencia de hidrógenos alílicos y vinílicos puede deducirse del espectro rnm, por las bandas características entre de $\delta 5$ y $\delta 7$ y cerca de $\delta 2$ respectivamente. Las olefinas no conjugadas sólo presentan un fin de absorción característico en el espectro ultravioleta que se registra a 200 mμ. Los máximos y los coeficientes de extinción característicos a mayores longitudes de onda para sistemas conjugados hacen de la espectroscopia ultravioleta uno de los métodos más adecuados para el trato con tales sistemas.

Tal como se reseña en la sección 12.1.1 los alquenos pueden diferenciarse de los hidrocarburos saturados mediante el ensayo positivo de transferencia de carga con el iodo y por su solubilidad en ácido sulfúrico concentrado.

Los compuestos que se sospeche que son alquenos o alquinos pueden someterse al ensayo con bromo en tetracloruro de carbono. La mayoría de alquenos y alquinos adicionan bromo muy rápidamente; los etilénicos y aceti-

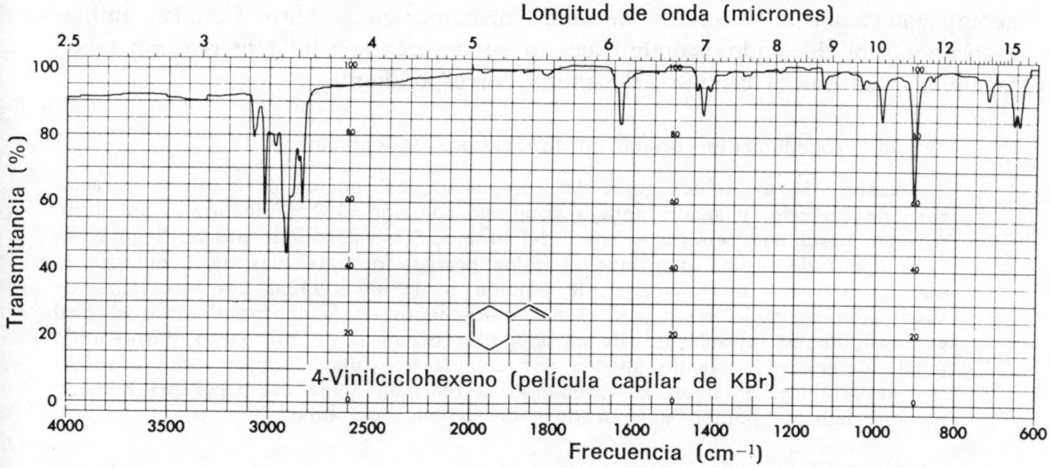

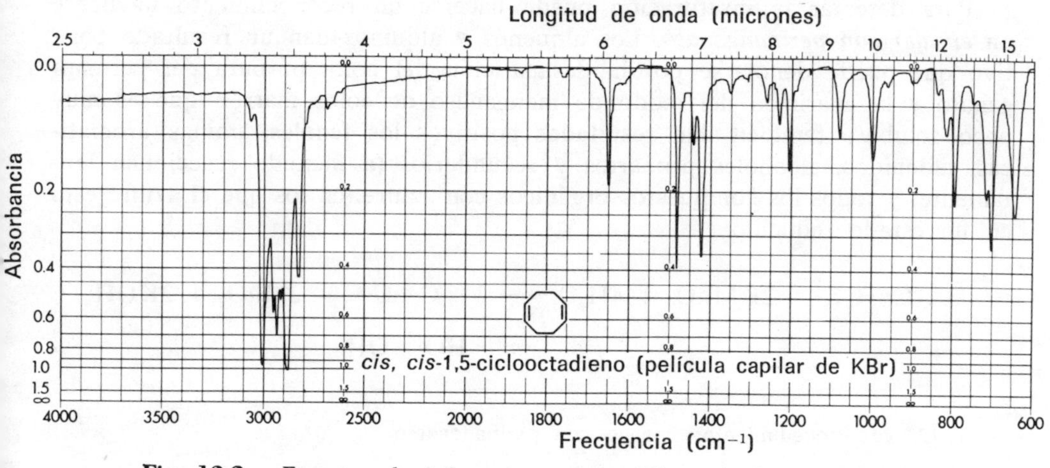

Fig. 12.2. Espectro de infrarrojos característicos de los alquenos.

lénicos sustituidos con grupos electronegativos o bien no adicionan bromo o lo hacen muy lentamente.

$$\text{Adición:}\quad >C{=}C< + Br_2 \longrightarrow -\underset{Br}{\overset{|}{\underset{|}{C}}}-\overset{Br}{\overset{|}{\underset{|}{C}}}-$$

$$\text{Sustitución:}\quad -COCH_3 + Br_2 \longrightarrow -COCH_2Br + HBr$$

Con los fenoles, aminas, enoles, aldehídos, cetonas y otros compuestos que contienen grupos metileno activos, ocurren reacciones de sustitución acompañadas por la liberación de ácido bromhídrico gaseoso. Con las aminas el primer mol de ácido bromhídrico no se desprende sino que reacciona con la amina para dar el bromuro de amina correspondiente.

12.1.2b Procedimiento: Bromo en tetracloruro de carbono

Disolver 50 mg o dos gotas del compuesto desconocido en 1 ml de tetracloruro de carbono, y añadir gota a gota una solución al 2 % de bromo en el disolvente hasta que persista el color del bromo. Si se necesitan más de 2 gotas de la solución de bromo para que el color persista durante más de 1 minuto, es que ha ocurrido una reacción de adición o de sustitución. Las reacciones de sustitución se caracterizan por el desprendimiento de ácido bromhídrico el cual es insoluble en tetracloruro de carbono; el bromuro de hidrógeno desprendido puede detectarse soplando aliento por encima del tubo y observando la niebla que se produce, o mejor, comprobando la reacción ácida del papel pH húmedo que previamente habremos colocado sobre la boca del tubo.

Para detectar la insaturación puede hacerse un reconocimiento mediante un *ensayo con permanganato*. Los alquenos y alquinos dan un resultado positivo que puede denotarse por la desaparición del color púrpura del permanganato y la aparición del óxido de manganeso de color marrón que es muy poco soluble; también dan resultados positivos los fenoles, aminas aromáticas, aldehídos, alcoholes primarios y secundarios (a menudo reaccionan lentamente) y todos los compuestos orgánicos con azufre, en los que el azufre está en un estado reducido.

$$3\,>C{=}C< + 2KMnO_4 + 4H_2O \longrightarrow 3\,-\underset{HO}{\underset{|}{\overset{|}{C}}}-\underset{OH}{\underset{|}{\overset{|}{C}}}- + 2MnO_2 + 2KOH$$

12.1.2c Procedimiento: Ensayo con permanganato

Disolver 25 mg o una gota del compuesto desconocido en 2 ml de agua o acetona de calidad analítica en un tubo de ensayo pequeño; añadir gota a gota, sacudiendo fuertemente, una solución acuosa de permanganato potásico al 1 %; si se reduce más de una gota de permanganato, el resultado es positivo.

El tetranitrometano forma complejos π o de transferencia de carga coloreados, con las olefinas y otros compuestos saturados; muchas veces, cuando otros métodos fallan, la insaturación puede detectarse con este reactivo. El reactivo es tóxico, explosivo y caro, por lo tanto deberá emplearse en cantidades tan pequeñas como se pueda. La forma en la que la olefina está sustituida puede determinarse por medidas del máximo de absorción de los complejos en la región visible.[1]

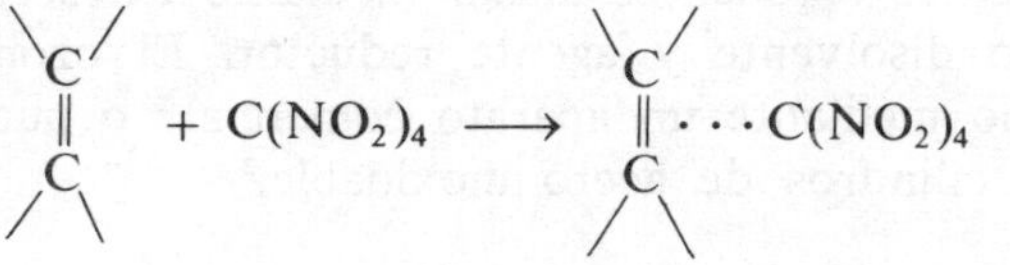

Complejo de color entre el amarillo y el rojo

12.1.2d Procedimiento: Ensayo con tetranitrometano

Añadir una pequeña cantidad del compuesto a ensayar a una solución al 25 % de *tetranitrometano* en cloroformo. (Puede prepararse el reactivo con anterioridad al proceso y conservarse en un refrigerador.) El color pasa de amarillo a rojo oscuro a medida que aumenta la insaturación. Las olefinas simples y el benceno dan una coloración amarilla; el naftaleno da un color naranja. Con el ciclopropano el resultado es positivo; débil con compuestos carbonílicos insaturados en α, β y otras olefinas electrofílicas, y negativo con los alcoholes alílicos y los alquinos.

12.1.2e Caracterización

Aunque los alquenos sufren numerosas reacciones, las cuales generalmente implican la adición o la rotura del doble enlace carbono-carbono, relativamente pocas tienen una aplicación general en la preparación de derivados útiles. Al igual que los hidrocarburos saturados, la mayoría de alquenos sencillos pueden identificarse con la exclusiva referencia a sus propiedades físicas o espectrales.

Los alquenos al experimentar reacciones de oxidación dan aldehídos, cetonas o ácidos; el producto obtenido dependerá del reactivo y de las condiciones, así como del grado de sustitución alrededor del doble enlace. El método clásico para determinar la posición de los enlaces dobles en los alquenos es la *ozo-*

[1] E. Heilbronner, *Helv. Chim. Acta,* **36**, 1121 (1953).

nización; [2] los ozónidos que se forman en estas reacciones no pueden ser aislados normalmente debido a que a menudo son inestables y pueden descomponerse explosivamente. La hidrólisis con agua de los ozónidos y su posterior reducción con cinc produce aldehído o cetonas. Cuando los ozónidos se preparan en presencia de peróxidos de hidrógeno en medio ácido, los componentes aldehídos se oxidan pasando a ácidos carboxílicos. Las reacciones de ozonización tienen la ventaja de ser fáciles de ejecutar y de dar buenos resultados. Una técnica muy elegante para la ozonólisis de los dobles enlaces consiste en añadir el ozono a una solución de la olefina en cloruro de metileno: piridina (2:1) a —70°, dejando calentarse lentamente a la mezcla reaccionante hasta temperatura ambiente; a continuación se vierte dentro de agua, y los aldehídos o las cetonas se aíslan mediante extracción con éter. La piridina actúa como disolvente y agente reductor. El ozono puede generarse a partir del oxígeno mediante un aparato comercial [2] o puede adquirirse diluido con freón-13 en cilindros de acero inoxidable.[3]

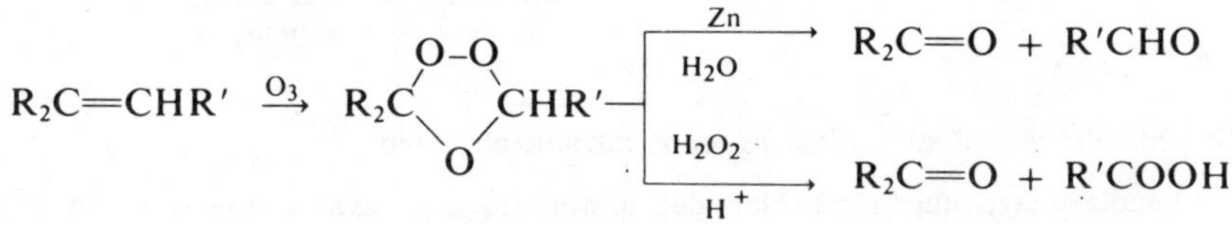

Una solución acuosa de un exceso de *ion periodato con una cantidad catalítica de ion permanganato* [4] es capaz de romper oxidativamente los dobles enlaces carbono-carbono. Las mejores condiciones para llevar a cabo esta escisión con el reactivo son el uso de un gran exceso del periodato con un 5 a un 10 por ciento en moles de permanganato en una solución acuosa entre pH 7 y 10. Si la olefina es insoluble en agua pueden usarse como codisolventes, con concentraciones hasta el 25 %, el *t*-butanol, dioxano, o piridina. Las reacciones se ilustran mediante las siguientes ecuaciones:

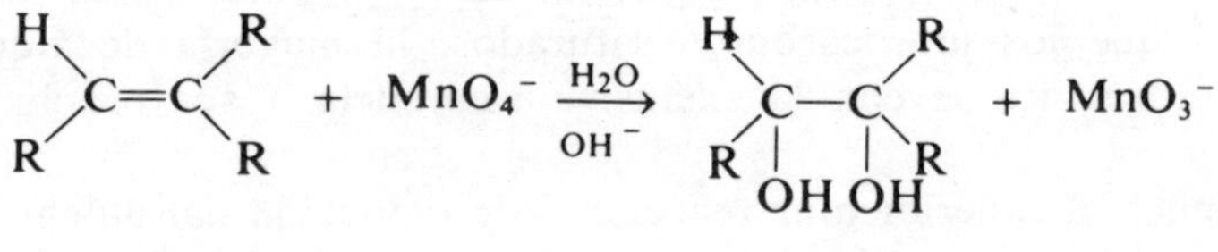

[2] "Organic Ozone Reactions and Techniques" y "Basic Manual of Applications and Laboratory Ozonization Techniques", The Welsbach Corp., Ozone Process División, Westmoreland and Stokley Sts., Philadelphia, Pa. 19129.

[3] The Matheson Company, P. O. Box 85, East Rutherford, N. J.

[4] R. U. Lemieux y E. von Rudloff, *Can. J. Chem.*, **33**, 1701, 1710 (1955).

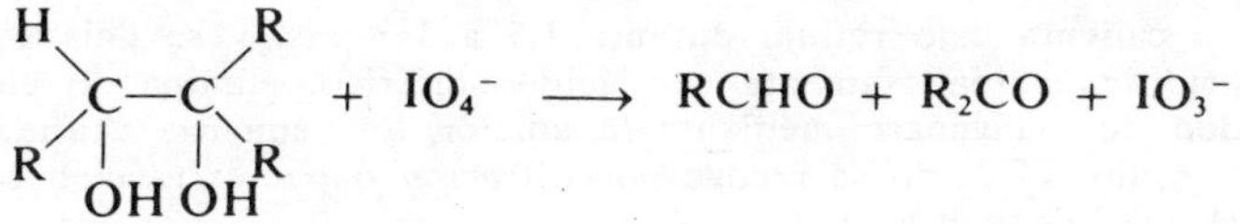

$$RCHO + MnO_4^- \xrightarrow[OH^-]{H_2O} RCOO^- + MnO_3^-$$

$$MnO_3^- + IO_4^- \longrightarrow MnO_4^- + IO_3^-$$

12.1.2f Procedimiento: Oxidación con periodato-permanganato

Disolver 4 g de metaperiodato sódico en 75 ml de agua, y añadir 0,2 g de permanganato potásico, agitar y calentar hasta que se disuelvan las sales. Añadir 25 ml de *t*-butanol y suficiente carbonato sódico para producir un pH del orden de 8 a 9, añadir a continuación 1 milimol de la olefina y sacudir la mezcla durante toda la noche. Añadir ácido sulfúrico diluido hasta hacer ácida a la solución, y el metasulfito sódico necesario para convertir todo el iodo, iodato y periodato en ioduro; luego se agrega el hidróxido sódico diluido necesario para que la disolución incolora se convierta en básica. Eliminar el *t*-butanol a presión reducida. Acidificar la solución y obtener los ácidos con una extracción con éter. (Si se producen cetonas volátiles será necesario variar las condiciones de trabajo.)

Una modificación muy interesante de esta reacción consiste en sustituir el permanganato por tetróxido de osmio,[5] en cuyo caso la reacción se para al formarse el aldehído. El tetróxido de osmio, caro y explosivo, se utiliza en cantidades catalíticas, con lo cual quedan minimizados sus inconvenientes; como disolventes se usa el dioxano acuoso, o bien la reacción se efectúa en un sistema de dos fases de agua y éter.

Las olefinas pueden ser oxidadas directamente a ácidos carboxílicos agitando o refluyendo con *permanganato en medio alcalino;* en estas condiciones, a menudo aparecen otros ácidos carboxílicos debidos a una sobreoxidación, originándose dificultades en la purificación y en la interpretación de los resultados.

$$RCH{=}CHR \xrightarrow[(2)\ H_3O^+]{(1)\ KMnO_4,\ OH^-} 2RCOOH$$

12.1.2g Procedimiento: Oxidación alcalina con permanganato

El compuesto (500 mg) se añade a 50 ml de agua que contengan 2 g de permanganato potásico; se añade 1 ml de una solución de hidróxido sódico al 5 % y se sacude la mezcla a intervalos durante 10 a 15 min, o hasta que desaparezca el color púrpura del permanganato. Para los compuestos menos reactivos, la

[5] R. Pappo, D. S. Allen, Jr., R. U. Lemieux y W. S. Johnson, *J. Org. Chem.*, **21**, 478 (1956).

mezcla se calienta bajo reflujo durante 1,5 a 3 horas, y se deja enfriar. La mezcla se acidifica cuidadosamente con ácido sulfúrico, eliminando cualquier exceso de dióxido de manganeso mediante la adición de pequeñas cantidades de sulfito ácido de sodio. El ácido se recoge por filtración o por extracción con cloroformo, éter o cloruro de metileno.

Los hidrocarburos no saturados también pueden ser caracterizados por la adición de reactivos al doble enlace. La adición de bromo es una reacción particularmente fácil siendo, en algunos casos, el dibromuro formado un derivado sólido que puede ser identificado y caracterizado por medio de constantes físicas y datos espectrales. Si el bromuro es líquido, puede convertirse a 2-4-dinitrofeniltioéter por reacción con 1-4-dinitrotiofenol. El dibromuro es un derivado particularmente útil para la identificación de olefinas gaseosas o de bajo punto de ebullición que pueden destilar de las mezclas reaccionantes. En este caso, el derivado puede prepararse pasando el gas, impulsado por una corriente de nitrógeno, directamente a una solución de tetracloruro de carbono que contenga bromo. El exceso de bromo puede eliminarse del tetracloruro de carbono sacudiendo con sulfito ácido de sodio acuoso.

El *reactivo de Kharasch (cloruro de 2-4-dinitrobencensulfenilo)* se adiciona rápidamente a muchas olefinas para dar clorosulfuros cristalinos. Con alquenos simétricos, o derivados del estireno, se forma un aducto sencillo; otras olefinas dan a menudo mezclas de sulfuros isómeros. El reactivo también se adiciona a los acetilenos y alenos. El reactivo se adiciona de una manera *trans* estereoespecífica; así, los butenos-2 *cis* y *trans* dan distintos productos. Las olefinas tetrasustituidas no reaccionan.

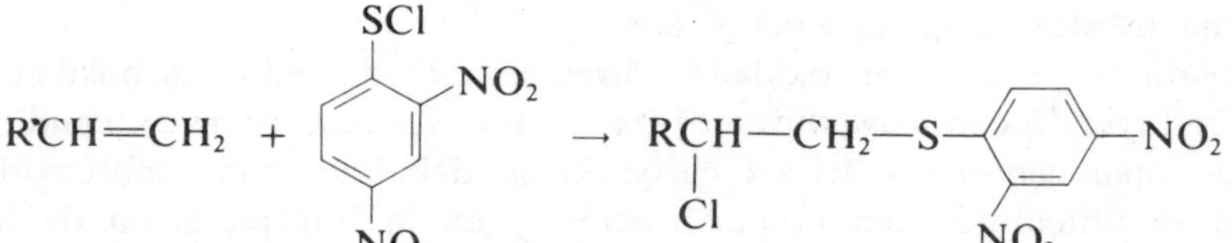

12.1.2h Procedimiento: Adición del cloruro de 2,4-dinitrobencensulfenilo

PRECAUCIÓN: El reactivo, cloruro de 2,4-dinitrobencensulfenilo, es explosivo: no debe calentarse por encima de 100°C.

Mezclar 200 mg de cloruro de 2,4-dinitrobencensulfenilo con igual cantidad de olefina en 5 ml de ácido acético glacial. Calentar en un baño de vapor durante 15 minutos o hasta que se haya completado la reacción. La presencia de un resto de reactivo sin reaccionar puede detectarse por la liberación de iodo sobre papel ioduro almidonado.

Se enfría la mezcla y el precipitado se recoge por filtración al vacío; si no se forman cristales, la mezcla de la reacción se vierte sobre una pequeña cantidad de hielo picado. El derivado crudo puede ser recristalizado en etanol.

12.1.2i Conversión química a otras clases funcionales

Cuando el hidrocarburo saturado está bien caracterizado, la identificación de una olefina puede efectuarse mediante la conversión a hidrocarburo saturado. La adición de hidrógeno a un doble enlace puede efectuarse por hidrogenación catalítica, reducciones por metales en solución y reducciones con diimidas, o la reacción de hidroboración-protólisis. La hidrogenación catalítica de cantidades muy pequeñas de material a menudo ha sido usada como medio de determinación de la extensión de la insaturación en una molécula; se utilizan buretas de gases muy precisas o bombas de presión para medir cuantitativamente la cantidad de hidrógeno absorbido; en la mayoría de las hidrogenaciones catalíticas, el hidrógeno se suministra al recipiente de la reacción a partir de un depósito donde está almacenado. El hidrogenador Brown-II[6] emplea hidrógeno generado *in situ* por la acción de ácido sobre borohidruro sódico. El aparato consiste en un frasco de reacción, un frasco generador y una bureta, la cual se usa para añadir una solución de borohidruro sódico normal hacia el generador a través de una válvula automática. El catalizador usado puede prepararse por la reducción de sales metálicas de platino o níquel con borohidruro inmediatamente antes de su utilización. Las reducciones con diimidas pueden perfeccionarse por la generación *in situ* de la diimida a través de la oxidación de la hidracina con peróxido de hidrógeno bajo la influencia del cobre como catalizador.[7]

$$NH_2NH_2 + H_2O_2 \longrightarrow H{-}N{=}N{-}H + 2H_2O$$

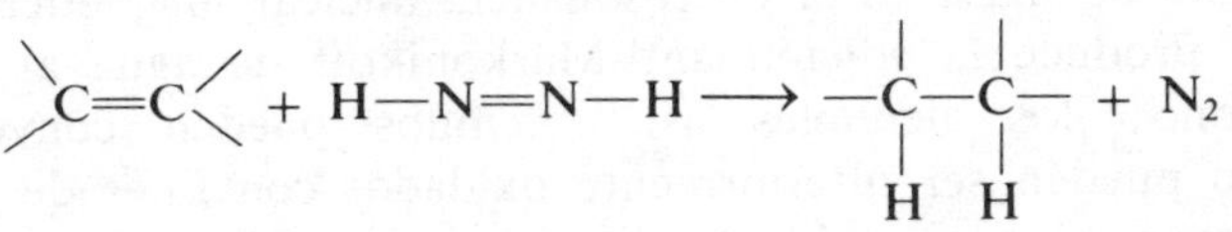

En una reacción conocida como hidrocarboración,[8] el diborano (B_2H_6) se adiciona como BH_3 a los alquenos para dar organoboranos. Los diboranos y alquilboranos son muy reactivos y tóxicos (los alquilboranos de menor peso molecular son también muy inflamables), pero para la mayoría de propósitos de síntesis, los diboranos y alquilboranos se generan y reaccionan *in situ.* El diborano se prepara convenientemente por reacción del eterato de trifluoruro de boro con borohidruro de litio en éter dietílico. La utilidad de la reacción de hidroboración se ilustra por las siguientes ecuaciones.

6 H. C. Brown y C. A. Brown, *J. Am. Chem. Soc.*, **85**, 1005 (1963) y publicaciones previas.
7 E. J. Corey, W. L. Mock y D. J. Pasto, *Tetrahedron Letters*, 347 (1961).
8 H. C. Brown, *Hydroboration*, W. A. Benjamin, Inc., New York, 1962; G. Zweifel y H. C. Brown, *Org. Reactions*, **13**, 1 (1963).

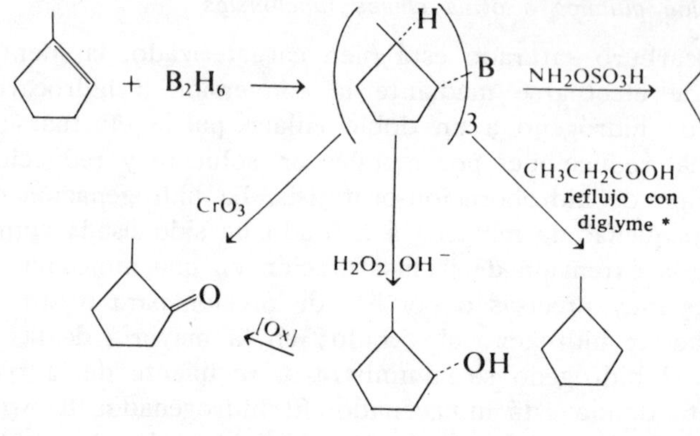

* *N. del T.* — Diglyme es el nombre vulgar del éter dietílico del etilenglicol.

La protonólisis del aducto produce una simple reducción del alqueno al hidrocarburo saturado. La reacción se adapta fácilmente a los usos en pequeña escala y los átomos de hidrógeno se introducen escalonadamente y estereospecíficamente en *cis*. Normalmente la protonólisis se ejecuta mediante el uso de ácido propiónico acuoso. (El proceso puede adaptarse fácilmente para introducir uno o dos átomos de deuterio, mediante el empleo de borodeuteruro o por reacción en óxido de deuterio o ambos. La introducción selectiva de uno o más átomos de deuterio es una ayuda para el análisis conjuntamente con la espectroscopia de masas o la de resonancia nuclear magnética. La reacción con peróxido produce la adición anti-Markonikoff de agua al doble enlace carbono-carbono; los alcoholes así obtenidos pueden convertirse en derivados sólidos o pueden ser ulteriormente oxidados con fines de identificación. Los alquilboranos pueden oxidarse directamente a cetonas; en determinados casos las condiciones necesarias para efectuar esta oxidación directa pueden inducir a reagrupamientos, siendo a menudo ventajoso preparar primero el alcohol y después oxidarlo a cetonas. El convertir una olefina a cetona presenta la ventaja de que puede, en los casos de alquenos cíclicos, determinarse el tamaño del anillo en el cual está localizado el doble enlace carbono-carbono por la frecuencia del carbonilo del producto final. Los alquilboranos también reaccionan con el ácido hidroxilamino-O-sulfónico para producir aminas.

Ocasionalmente puede encontrarse que la reacción de Diels-Alder es el método más adecuado para preparar el derivado de una olefina o un dieno,[9] utilizando preferentemente el anhídrido maleico y la N-fenilmaleimida como dienófilos. Estos derivados son bastante reactivos siendo normalmente sólidos,

[9] M. C. Kwitzel, *Org. Reactions*, **4**, 1 (1948); H. L. Holmes, *Ibid*, **4**, 60 (1948).

y si es necesario pueden ser caracterizados por ulteriores conversiones químicas. Se recomiendan el difenilisobenzofurano[10] como un dieno altamente reactivo que puede utilizarse para atrapar olefinas inestables y acetilénicas.[11]

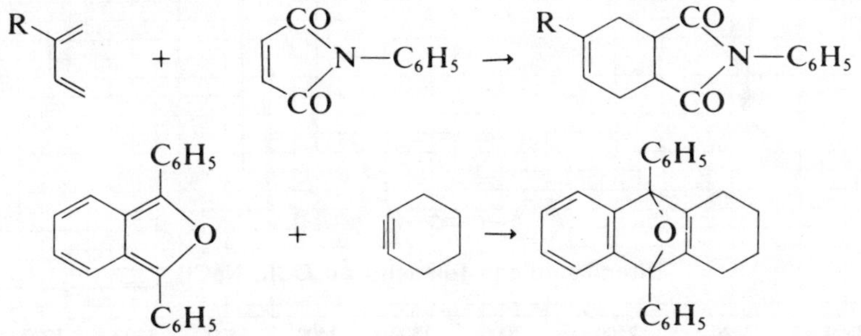

La adición de cloruro de nitrosilo, trióxido de nitrógeno, y tetróxido de nitrógeno ha encontrado aplicaciones muy concretas en la caracterización de terpenos.[12]

12.1.3 Alquinos y alenos

Los alquinos y alenos, al igual que los alquenos, son solubles en ácido sulfúrico concentrado, adicionan bromo en tetracloruro de carbono, y son oxidados por permanganato acuoso y frío.

12.1.3a Clasificación de los alquinos

Hay dos tipos generales de alquinos: terminales y no terminales. Los alquinos terminales son detectados muy fácilmente por su espectro infrarrojo muy característico, y por su facilidad de formación de derivados metálicos, p. ej., alquinuros de mercurio (véase más abajo). Los alquinos terminales exhiben una aguda banda característica del $\equiv$C—H de 3310 a 3200 cm^{-1} (3,02 a 3,12 μ) y una de tensión del triple enlace de intensidad media de 2140 a 2100 cm^{-1} (4,67 a 4,76 μ). En rnm la resonancia del $\equiv$C—H se presenta como un singulete cerca de δ2,8 a 3,0. Los alquinos no terminales exhiben absorciones del triple enlace de 2250 hasta 2150 cm^{-1} (4,44 hasta 4,65 μ) la cual puede estar ausente en casos de alquinos simétricamente sustituidos (figura 12.3).

10 M. S. Newman, *J. Org. Chem.*, **26**, 2630 (1961).
11 G. Wittig y R. Pohlke, *Chem. Ber*, **94**, 3276 (1961).
12 J. L. Simonsen y L. N. Owen, *The Terpenes*, Vols. I y II, Cambridge University Press, Cambridge, 1947-1957.

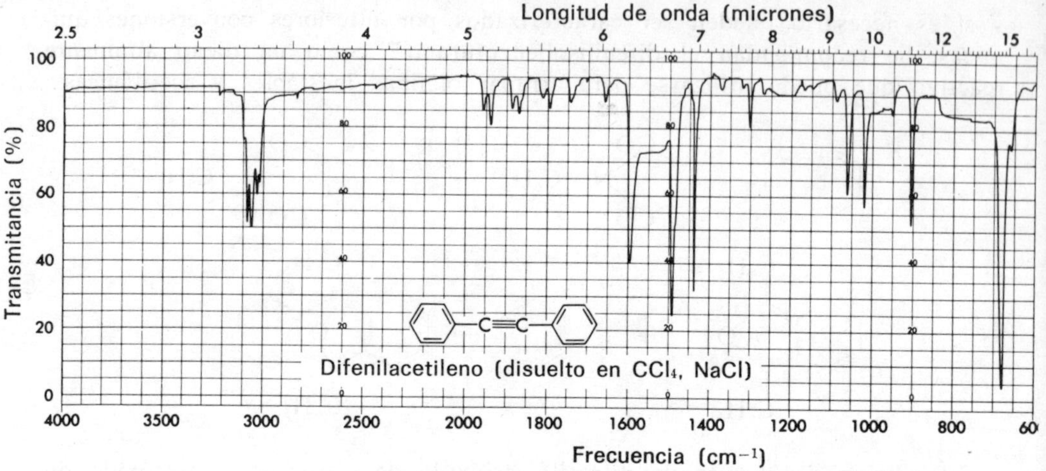

Fig. 12.3. Espectro infrarrojo de un acetileno simétricamente sustituido. Comparar con el espectro del fenilacetileno. (Fig. 4.10.)

12.1.3b Caracterización de alquinos

Al igual que los otros hidrocarburos, depende en gran manera de las propiedades físicas, existiendo solamente unos pocos métodos para la preparación de derivados sólidos.

Los alquinos pueden ser *hidratados a cetonas* por la acción de ácido sulfúrico y sulfato mercúrico en una solución alcohólica diluida. Los acetilenos terminales dan metilcetonas; los no terminales, asimétricamente substituidos dan a menudo mezclas de cetonas.

$$RC{\equiv}CR + H_2O \xrightarrow[H_2SO_4]{HgSO_4} RCOCH_2R$$

12.1.3c Procedimiento: Hidratación de alquinos

Calentar hasta 60° una solución de 0,2 g de sulfato mercúrico y de 3 a 4 gotas de ácido sulfúrico concentrado en 5 ml de metanol acuoso al 70 %. Añadir gota a gota el alquino (unos 0,5 g), manteniendo la solución resultante a 60° con agitación durante 1 o 2 horas; a continuación destilar el metanol, saturar el residuo con sal y extraer con éter, determinando las apropiadas características físicas y espectrales y preparando un derivado sólido.

La adición de cloruro de 2,4-dinitrobencensulfenilo da fácilmente productos cristalinos coloreados.

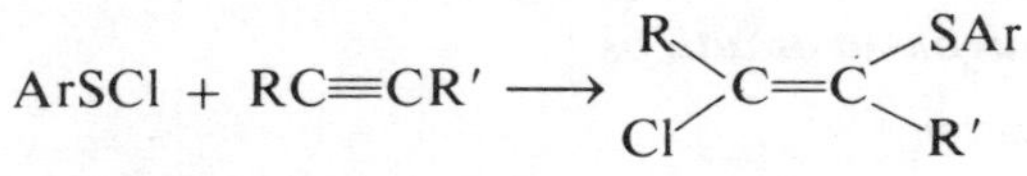

Ar = 2,4-Dinitrofenilo
R' = R o H

12.1.3d Procedimiento: Adición de cloruro de 2,4-dinitrobencensulfenilo

Disolver el reactivo en cloruro de etileno; enfriar hasta 0° y añadir gota a gota un exceso del alquino, guardar la mezcla en reacción a la temperatura de 0° durante dos horas o más; eliminar el disolvente y el exceso de alquino mediante evaporación al vacío; manteniendo el residuo frío hasta que empiece a cristalizar. Recristalizar en etanol usando carbón activo, si es necesario, para eliminar las impurezas fuertemente coloreadas.

Cuando se añade un alquino terminal al reactivo de *ioduro mercúrico alcalino* se forma inmediatamente un precipitado blanco o gris; esta reacción puede ser utilizada tanto como un ensayo de identificación para acetilenos terminales, como un método para la preparación de sus derivados. Algunos acetiluros de metales pesados son altamente explosivos cuando están secos y por tanto deben manejarse en pequeñas cantidades.

$$2\,RC{\equiv}CH \xrightarrow[NaOH]{K_2HgI_4} (RC{\equiv}C)_2Hg$$

12.1.3e Procedimiento: Derivados mercúricos

Reactivo: Disolver 6,6 g de cloruro mercúrico en una solución de 16,3 g de ioduro potásico en 16,3 ml de agua y añadir 125 ml de hidróxido sódico al 10 %.

Enfriar un exceso del anterior reactivo y añadir gota a gota con agitación, una solución de alquino en 20 volúmenes de etanol al 95 %. Agitar durante 2 o 3 min, filtrar, lavar con etanol al 50 % y recristalizar en etanol.

12.1.3f Alenos

Los alenos se identifican generalmente por sus propiedades físicas y espectrales. El mejor método para su detección es la presencia de una fuerte vibración de tensión, observada a menudo como un doblete, en la región de 2200 a 1950 cm^{-1} (4,55 a 5,13 μ). En el ultravioleta los alenos absorben sólo por debajo de 200 mμ. En el rnm los hidrógenos terminales aparecen cerca de δ4,4 y los hidrógenos alénicos cerca de δ 4,8 con valores de ^{4}J superiores a 7 Hz. Los alenos pueden presentar isomería óptica.

Pueden prepararse derivados mediante la adición de cloruro de 2,4-dinitrobencensulfenilo (véase Sec. 12.1.3d); no obstante, pueden producirse mezclas.

12.1.4 Hidrocarburos aromáticos

12.1.4a Clasificación

El benceno y un gran número de sus derivados alquilados son líquidos, pero la mayoría de compuestos que contienen más de un anillo aromático, bien sean unidos o separados, son sólidos. Los hidrocarburos aromáticos queman con una llama fuliginosa característica y dan resultados negativos en los ensayos con bromo en tetracloruro de carbono y de permanganato alcalino (Sección 12.1.2a). Los hidrocarburos aromáticos sencillos son insolubles en ácido sulfúrico pero solubles en ácido sulfúrico fumante; en los casos de dos o más sustituyentes alquilo, el núcleo es lo suficientemente reactivo como para sulfonarse y tales compuestos se disuelven en ácido sulfúrico concentrado.

El espectro infrarrojo de los hidrocarburos aromáticos exhibe las bandas aromáticas (y en el caso de núcleos alquilados, alifáticas) de tensión y flexión del enlace C—H, más las bandas de absorción características del anillo (Sección 4.2.1b). El espectro presenta sólo bandas de intensidad moderada por encima de 1000 cm^{-1} (10 μ) y bandas entre 1000 y 800 cm^{-1} (10,0 y 12,5 μ) que generalmente son moderadas o débiles.

En el espectro rnm, la presencia, posición y especialmente la intensidad (integración) de los hidrógenos arílicos, más el desplazamiento químico y la constante de acoplamiento de cualesquiera protones alifáticos, suministran importante, y a veces definitiva, información estructural.

En todos los alquilbencenos, el ion tropilio sustituido es un importante fragmento de gran valor para el diagnóstico en el espectro de masas.

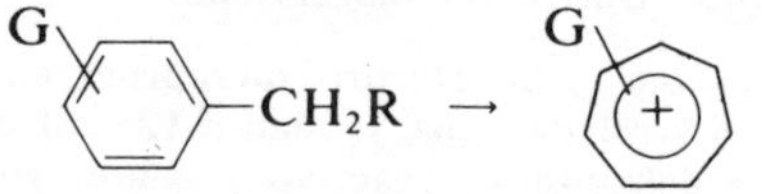

12.1.4b Caracterización

Los *derivados nitrados y polinitrados* son generalmente útiles en la identidificación de hidrocarburos aromáticos. En determinados casos, es ventajoso reducir los compuestos mononitrados a aminas primarias a partir de las cuales pueden hacerse derivados sólidos.

La nitración de compuestos aromáticos deberá hacerse siempre con gran precaución y en pequeña escala, especialmente cuando se trabaje con compuestos desconocidos. Para efectuar la nitración se pueden utilizar un gran número de técnicas distintas. Las condiciones a emplear dependerán de la reactividad del substrato y del grado de nitración deseado; puede ayudar mucho el conocer algo sobre la estructura y también sobre la reactividad de la sustancia antes del ensayo de la nitración. Los distintos métodos que se

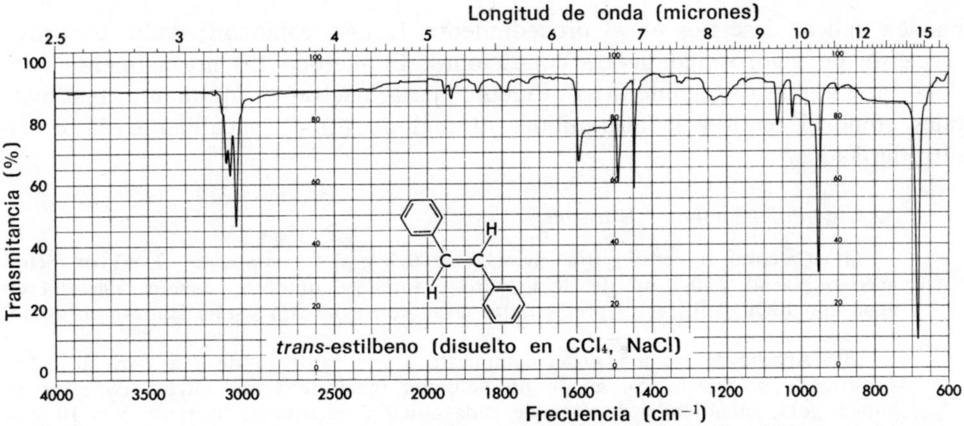

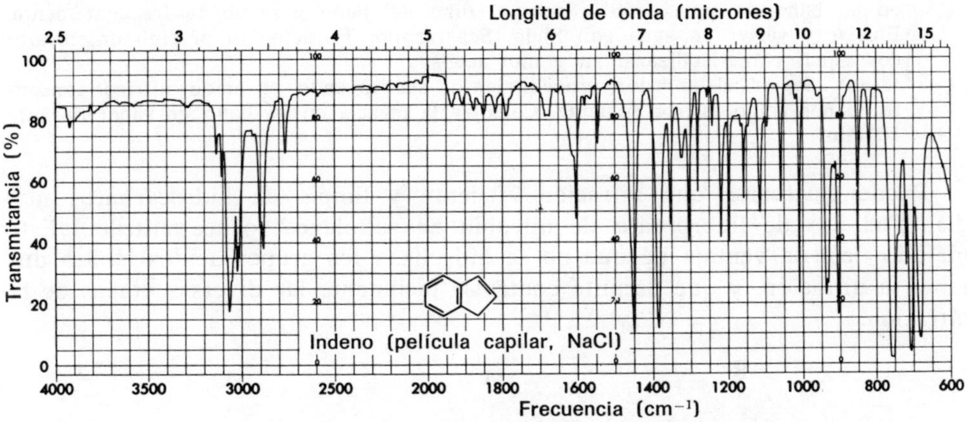

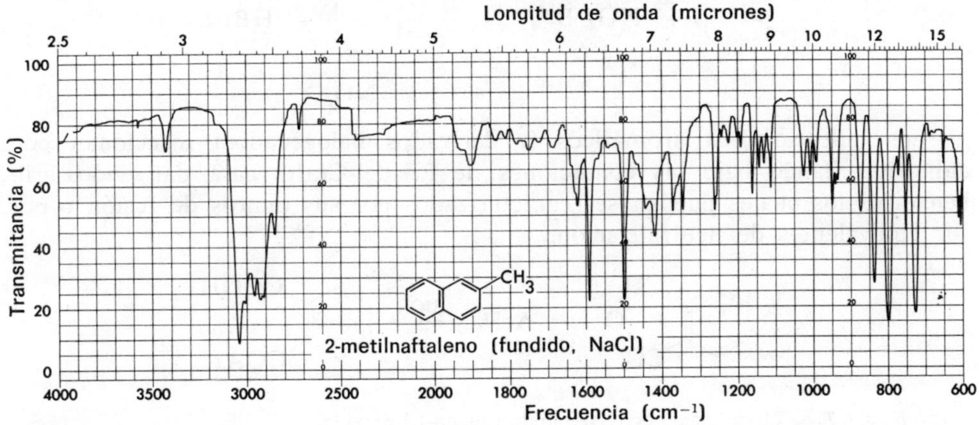

Fig. 12.4. Espectros de infrarrojo típicos de hidrocarburos aromáticos. Nótese la ausencia de una $\nu_{C=C}$ en el espectro del *trans*-estilbeno.

pueden aplicar descritos en el procedimiento 12.1.4c, están ordenados en orden creciente de vigorosidad de las condiciones. El método (b) normalmente conduce a compuestos mononitro, excepto para sustratos altamente reactivos tales como el fenol y la acetanilida. El método (c) da usualmente di- o trinitroderivados.

12.1.4c Procedimiento: Nitración

(a) Calentar a reflujo una mezcla de 0,5 g del compuesto, 2 ml de ácido acético glacial y 0,5 ml de ácido nítrico fumante durante 10 min. Verterla en agua con hielo y filtrar el precipitado, lavar con agua fría y recristalizar en etanol acuoso.

(b) Añadir de 0,5 a 1 g del compuesto a una cantidad de 2 a 4 ml de ácido sulfúrico concentrado. Se añade un volumen igual de ácido nítrico concentrado gota a gota, sacudiendo después de cada adición, calentando durante 5 o 10 min en un baño de agua a 60°. Sacar el tubo del baño y sacudirlo frecuentemente. Enfriar y verter en agua con hielo. Separar por filtración el precipitado, lavarlo con agua, y recristalizarlo en etanol acuoso.

(c) Seguir el anterior procedimiento, sustituyendo el ácido nítrico concentrado por ácido nítrico fumante. Calentar la mezcla en un baño de vapor durante 10 min.

Puede efectuarse una nitración eficiente y limpia de hidrocarburos mediante el uso de fluorborato de nitronio en sulfolano * o acetonitrilo.[13] Este método tiene la ventaja de que no se hidrolizan los grupos ácidos lábiles durante la nitración, y que permite controlar fácilmente las diversas etapas de la nitración.

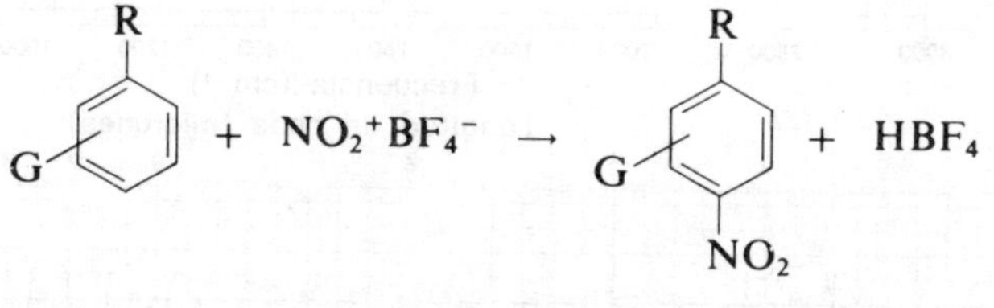

Los hidrocarburos aromáticos (y derivados halogenados) reaccionan con anhídrido ftálico bajo las condiciones de Friedel-Crafts para dar ácidos arilbenzoicos los cuales pueden ser caracterizados por sus puntos de fusión o por sus equivalentes de neutralización.

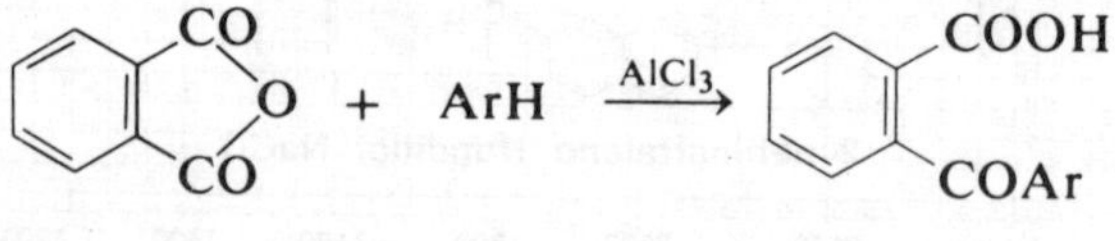

* *N. del T.* — El sulfolano es el tetrahidrotiofeno-1,1-dióxido.

13 S. J. Kuhn y G. A. Olah, *J. Am. Chem. Soc.*, **83**, 4564 (1961); el reactivo se puede obtener de Ozark-Mahoning Co., 310 West 6th St., Tulsa, Okla. 74119.

12.1.4d Procedimiento: Ácidos arilbenzoicos

PRECAUCIÓN: El sulfuro de carbono es muy inflamable.

En un pequeño aparato equipado con un condensador de reflujo y una válvula para retener el cloruro de hidrógeno colocar 0,4 g de anhídrido ftálico, 10 ml de sulfuro de carbono, 0,8 g de cloruro de aluminio anhidro, y 0,4 g del hidrocarburo aromático. Calentar la mezcla hasta que no se desprenda cloruro de hidrógeno, o durante unos 30 min en un baño de agua; enfriándolo seguidamente en el grifo del lavadero. Decantar lentamente la capa de sulfuro de carbono. Añadir 5 ml de ácido clorhídrico concentrado enfriando y después añadir al residuo 5 ml de agua. Sacudir o agitar con fuerza la mezcla. Enfriar si es necesario, para inducir la cristalización. Recoger el sólido, lavar con agua fría, y recristalizar en etanol acuoso. Si el producto se resiste a cristalizar, extraer el aceite con hidróxido amónico diluido, tratar con carbón activado, filtrar, enfriar y neutralizar con ácido clorhídrico concentrado.

Los *alquilbencenos se oxidan a ácidos carboxílicos arílicos* por medio del ácido crómico o de permanganato alcalino. Se recomienda este proceso siempre que haya una cadena lateral, en cuyo caso se obtiene ácido benzoico o ácido benzoico sustituido, o cuando hay dos cadenas laterales en posición orto, en cuyo caso se obtienen ácidos *o*-ftálicos (se ha determinado el punto de fusión de un gran número de ácidos anhidros *o*-ftálicos sustituidos): El proceso preferido es generalmente la oxidación por permanganato.

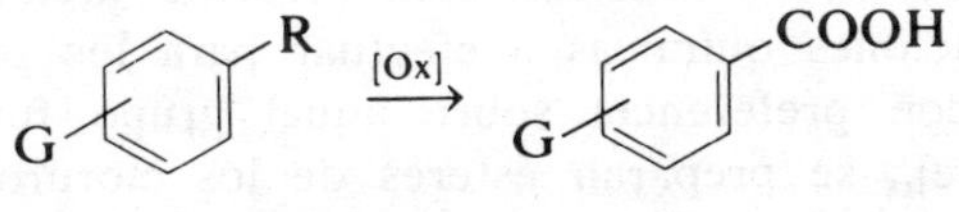

12.1.4e Procedimiento: Oxidación por permanganato

En un pequeño frasco debidamente equipado para reflujo, colocar 1,5 g de permanganato potásico, 25 ml de agua, 6,5 ml de hidróxido sódico 6 *N*, 2 trozos de plato poroso y 0,4 a 0,5 g de alquibenceno. Calentar suavemente a reflujo durante 1 hora, o hasta que desaparezca el color púrpura del permanganato. Enfriar la mezcla de la reacción y acidificarla con ácido sulfúrico diluido. Calentar hasta que hierva, añadir un poco de sulfito ácido de sodio si es necesario para destruir cualquier resto de dióxido de manganeso de color marrón. Enfriar y filtrar el ácido. Purificarlo por cristalización con etanol acuoso o en agua, o por sublimación.

Los compuestos aromáticos polinitrados forman complejos de transferencia de carga[14] estables con la mayoría de los sistemas aromáticos ricos en electrones. Como ejemplos bien conocidos se encuentran los picratos de sis-

[14] L. N. Ferguson, *The Modern Structural Theory of Organic Chemistry*, Prentice-Hall Inc., Englewood Clif, N. J., 1963.

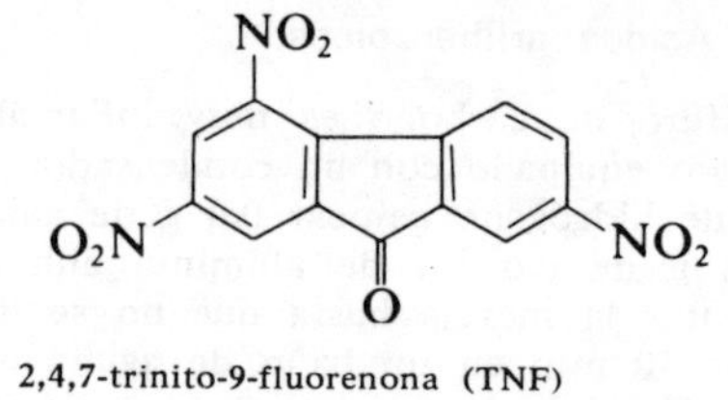

2,4,7-trinito-9-fluorenona (TNF)

temas aromáticos polinucleares y éteres arílicos (Sec. 12.4). Los *complejos de la 2,4,7-trinitro-9-fluorenona (TNF)* y los hidrocarburos aromáticos, o derivados, son de considerable utilidad en los trabajos de identificación, especialmente con sistemas polinucleares.[15]

12.1.4f Procedimiento: Complejos de TNF

Preparar por separado, soluciones calientes y casi saturadas de TNF y de la sustancia aromática en etanol absoluto, etanol-benceno, o ácido acético glacial. Mezclar las dos soluciones calientes y calentar durante 1 min, enfriar y recristalizar en alguno de los sistemas antes citados.

12.2 HALUROS

12.2.1a Clasificación

Los halógenos pueden encontrarse como substituyentes en combinación con otros grupos funcionales. Cuando está presente algún otro grupo funcional, las transformaciones químicas a efectuar para los propósitos de identificación se hacen con preferencia sobre aquel grupo funcional antes que con el halógeno; p. ej., se preparan ésteres de los cloruros de ácidos, derivados carbonílicos de las clorocetonas, y uretanos a partir de los bromoalcoholes.

Se puede detectar la presencia o ausencia de halógeno en un compuesto recurriendo tan sólo al espectro infrarrojo (fig. 12.5). Las absorciones de tensión carbono flúor se producen en la región de 1350 a 960 cm^{-1} (7,41 a 10,42 μ), las del cloro ocurren en la región de 850 a 500 cm^{-1} (11,7 a 20 μ) (a menudo oscurecidas por los disolventes clorados o por los sustituyentes aromáticos), mientras que las del iodo y bromo ocurren por debajo de 667 cm^{-1} (16 μ) y no se observan en la región infrarroja normal.

La presencia o ausencia de halógenos puede determinarse por el ensayo de Beilstein, por el análisis del filtrado obtenido en una fusión con sodio, o por una aplicación de los ensayos del nitrato de plata o del ioduro sódico (véase más abajo). Los productos de pirólisis por cracking muy característicos y/o los picos de los isótopos observados en el espectro de masas de los compuestos

[15] M. Orchin y E. O. Woolfolk, *J. Am. Chem. Soc.*, **68**, 1727 (1946); M. Orchin, L. Reggel y E. O. Woolfolk, *Ibid.*, **69**, 1225 (1947); D. E. Laskowski y W. C. McCrone, *Anal. Chem.*, **30**, 1947 (1958).

halogenados suministran una evidencia definitiva sobre la presencia e identificación de los distintos tipos de halógenos. Algunas veces la presencia de halógenos viene sugerida por el desplazamiento químico característico en el espectro de rnm de los hidrógenos que están sobre el átomo de carbono que sustenta al halógeno. La presencia de flúor puede detectarse por espectroscopia rnm; en el espectro correspondiente a la zona de absorción del hidrógeno, puede observarse el acoplamiento hidrógeno-flúor; mientras que en el espectro de la zona del flúor, puede determinarse el número relativo de clases de átomos de flúor presentes a través de la integración y medida de los desplazamientos químicos característicos del flúor.

Además de los haluros alquílicos y arílicos, el halógeno aparece en los siguientes tipos de compuestos:

1. Sales (hidrocloruros de amina, sales de sulfonio, etc.).
2. Haluros de ácido (haluros de acilo, haluros de sulfonilo, etc.).
3. Haloaminas y haloamidas (N-bromosuccinimida, cloramina-T, etc.).
4. Compuestos diversos (dicloruros de iodobenceno, hidroclorito de alquilo, halosilanos, haluros de mercurio alquílicos y otros haluros organometálicos, etc.).

Los haluros de arilo y alquilo (junto con los hidrocarburos, éteres diarílicos y la mayoría de perfluoro compuestos) son insolubles en ácido sulfúrico. Los ensayos que se describen a continuación son útiles para la clasificación de los diversos tipos de compuestos alquílicos y arílicos halogenados siendo aconsejable ensayar la reactividad de todos los compuestos desconocidos frente a cada reactivo.

12.2.1b Nitrato de plata alcohólico

$$AgNO_3 + X^- \longrightarrow AgX + NO_3^-$$

El ensayo depende de la reacción rápida y cuantitativa del nitrato de plata con el ion haluro para producir haluro de plata insoluble (excepto el flúor).

El nitrato de plata en solución acuosa o etanólica da inmediatamente un precipitado con los compuestos que contienen haluro en forma iónica, o con compuestos tales como cloruros de ácido los cuales reaccionan inmediatamente con agua o etanol para producir el ion haluro; existiendo otras muchas sustancias que contienen halógeno que reaccionan con el nitrato de plata para producir haluros de plata insolubles. La velocidad de tales reacciones es una medida de la reactividad del sustrato en reacciones $S_N 1$.

$$RX \longrightarrow R^+ + X^-$$

Las sales de plata y otros metales pesados catalizan las reacciones $S_N 1$ de los haluros de alquilo por formación de complejos con los electrones no compartidos del haluro, haciendo que el grupo saliente sea un haluro metálico, y no el ion haluro.

$$R{-}\ddot{\underset{..}{X}}{:} \xrightarrow{Ag^+} R{-}\ddot{\underset{..}{X}}{:}{\cdots}Ag^+ \xrightarrow{\text{lento}} R^+ + AgX$$

$$R^+ \longrightarrow \text{alcoholes, éteres, olefinas, etc.}$$

La velocidad de precipitación del haluro de plata depende del grupo saliente, I > Br > Cl (el fluoruro de plata es soluble), y de la estructura del grupo alquilo; cualquier factor estructural que estabilice la deficiencia electrónica del ion carbonio (R^+) acelerará la reacción. Así se encuentra el orden de reactividad que sería de esperar

bencil ≈ alilo > terciario > secundario > primario > metilo > vinilo ≈ arilo

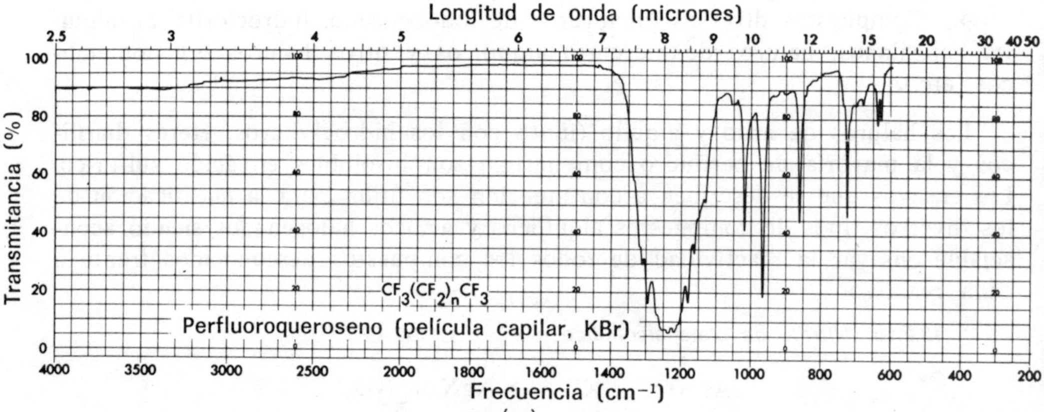

(a)

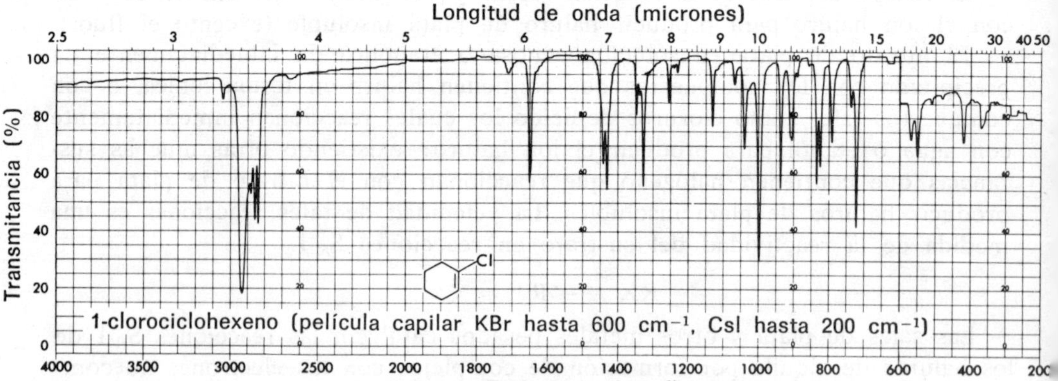

(b)

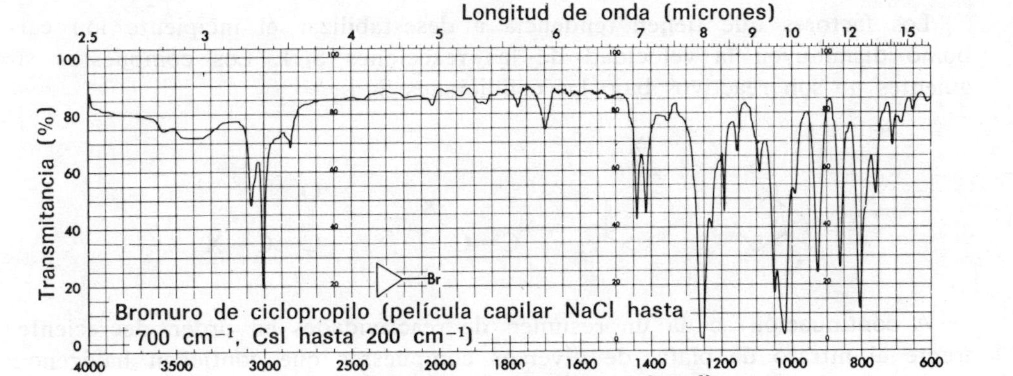

Fig. 12.5. Espectros de infrarrojos característicos de los haluros.

Las siguientes ecuaciones ilustran otros tipos de estructuras que normalmente son reactivas en las condiciones de reacción S_N1.

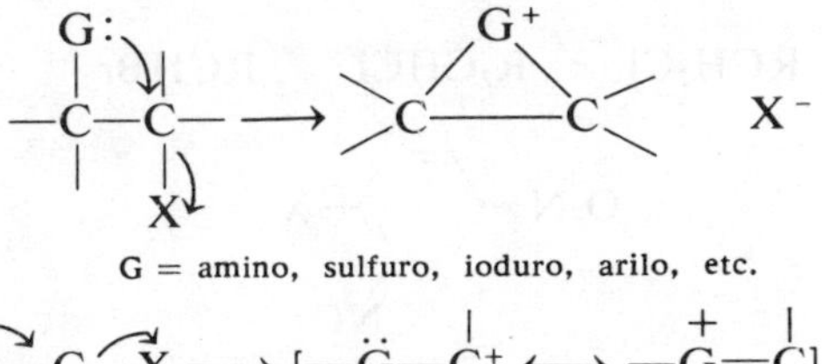

G = amino, sulfuro, ioduro, arilo, etc.

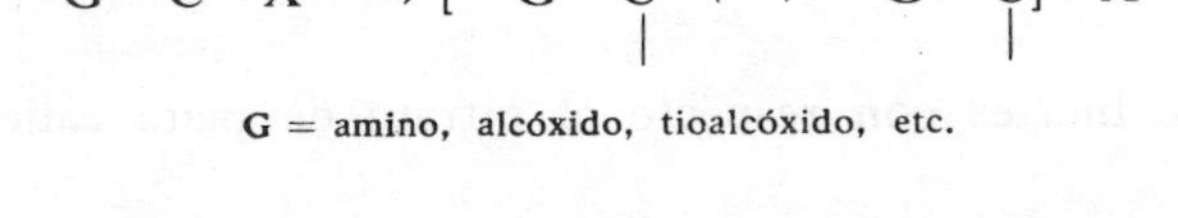

G = amino, alcóxido, tioalcóxido, etc.

Los factores que tienen tendencia a desestabilizar el incipiente ion carbonio disminuyen la velocidad de las reacciones $S_N 1$. Los compuestos siguientes no son reactivos bajo las condiciones $S_N 1$:

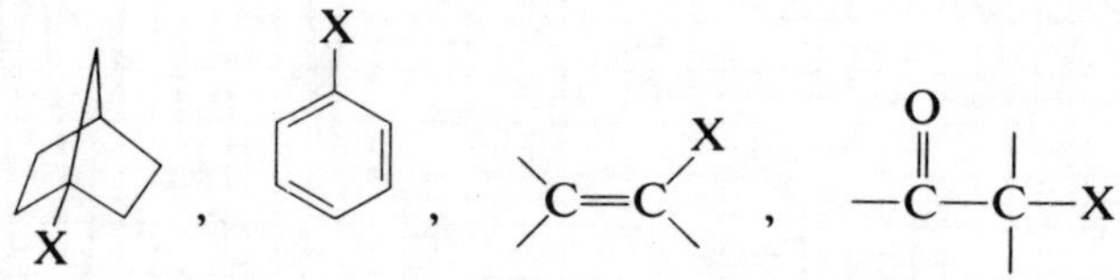

A continuación se da un resumen de reactividades en orden decreciente, frente al nitrato de plata, de diversos compuestos que contienen halógeno: (X = I, Br o Cl).

1. Compuestos solubles en agua que dan un precipitado inmediato con nitrato de plata acuoso.
   (a) Sales.
   (b) Compuestos halogenados que tienen agua se hidrolizan inmediatamente, tales como haluros de sulfonilo o acilo de bajo peso molecular.
2. Reactividad de compuestos insolubles en agua con nitrato de plata alcohólico.
   (a) Precipitación inmediata.

RCOCl RSO_2Cl RO—C—X (C con dos enlaces libres)

R—CH=CH—CH_2—X R—CHBrCH_2Br

ArCH_2X R_3CX RI

   (b) Productos que a temperatura ambiente o bien no precipitan o lo hacen muy lentamente, pero que precipitan de una manera rápida cuando se calientan en un baño de vapor.

RCH_2Cl R_2CHCl $RCHBr_2$

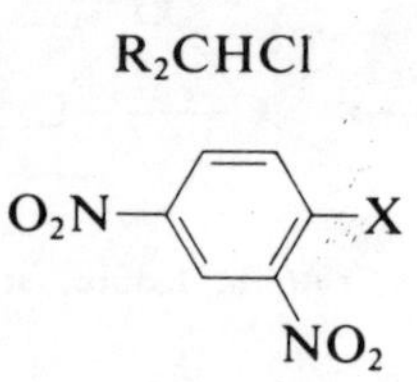

   (c) Inertes con respecto al nitrato de plata caliente.

$$ArX \qquad RCH{=}CHX \qquad HCCl_3 \qquad -\overset{O}{\overset{\|}{C}}-CH_2X$$

12.2.1c Procedimiento: Ensayo con nitrato de plata

Añadir 1 gota (o varias gotas de una solución en etanol) del compuesto halogenado a 2 ml de nitrato de plata etanólico al 2 %; si después de 5 min no se observa reacción, calentar la solución durante varios minutos hasta que hierva; observando el color del precipitado formado; añadir dos gotas de ácido nítrico al 5 % Algunos ácidos orgánicos dan sales de plata insolubles, mientras que los haluros de plata son insolubles en ácido nítrico diluido; pero por lo general las sales de plata de los ácidos orgánicos son solubles.

Para los compuestos orgánicos solubles en agua, el ensayo deberá efectuarse usando nitrato de plata acuoso.

12.2.1d Ioduro sódico en acetona

$$NaI + RX \xrightarrow{\text{acetona}} RI + NaX$$

$$X = Br \text{ or } Cl$$

La velocidad de reacción del ioduro sódico disuelto en acetona con un compuesto que contenga cloro o bromo covalente es una medida de la reactividad del compuesto frente a las substituciones nucleofílicas bimoleculares (reacciones S_N2). El ensayo depende del hecho que el ioduro sódico se disuelve fácilmente en acetona, mientras que el cloruro y el bromuro de sodio son sólo ligeramente solubles.

Las reacciones S_N2 están relacionadas e implican desplazamientos nucleofílicos en los que el reactivo ataca por el lado opuesto al ion desplazado y que dan como resultado una inversión de la configuración del átomo de carbono en el que se verifica la reacción.

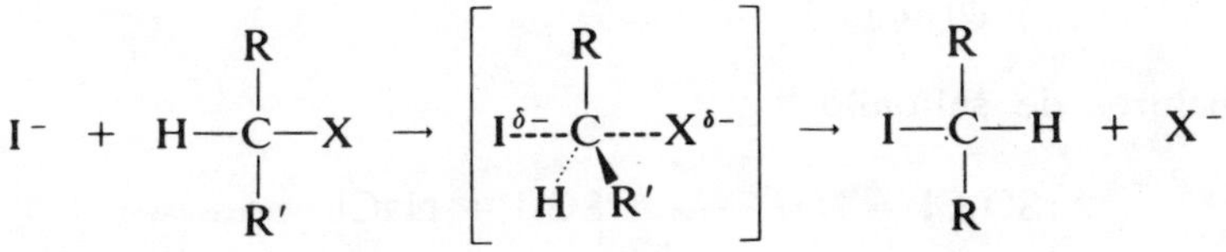

Como cabe esperar del estudio del estado de transición, tales reacciones son relativamente insensibles a los efectos electrónicos de los grupos R siendo los efectos estéricos los de mayor importancia. En contraste con las reacciones S_N1, las velocidades de reacción S_N2 siguen el siguiente orden

$$\text{metilo} > \text{primario} > \text{secundario} > \text{terciario}$$

Debe también notarse que los compuestos α-halocarbonilos y α-halonitrilos presentan una elevada reactividad bajo las condiciones S_N2. Este hecho ha sido atribuido a la estabilidad del estado de transición por una distribución parcial de la carga de los grupos entrantes y salientes sobre el oxígeno carbonílico, etc., o también puede ser importante el hecho de que la estereoquímica de los grupos nitrilo y carbonilo proporcione un medio ambiente favorable para un ataque nucleofílico.

A continuación se da un resumen de los resultados que podían esperarse del ensayo de ioduro sódico en acetona:

1. Precipitan dentro de 3 min a temperatura ambiente.
   (a) bromuros primarios
   (b) haluros de acilo
   (c) haluros de alilo
   (d) α-halocetonas, -ésteres, -amidas y -nitrilos
   (e) tetrabromuro de carbono
2. Precipitan sólo cuando se calientan a 50° durante menos de 6 minutos.
   (a) cloruros primarios y secundarios
   (b) bromuros secundarios y terciarios
   (c) compuestos polibromados geminales (bromoformo)
3. No reaccionan a 50° en 6 min.
   (a) haluros de vinilo
   (b) haluros de arilo
   (c) compuestos policlorados geminales (cloroformo, tetracloruro de carbono, ácido tricloroacético)
4. Reaccionan para dar precipitados y también liberan iodo.
   (a) haluros vecinales

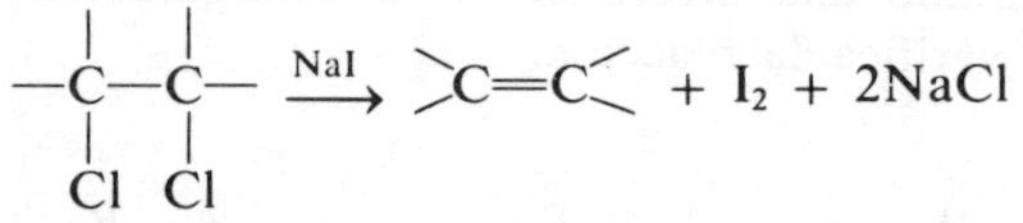

   (b) haluros de sulfonilo

$$ArSO_2Cl + NaI \longrightarrow ArSO_2I + NaCl \quad \text{(inmediato)}$$
$$ArSO_2I \xrightarrow{NaI} ArSO_2Na + I_2$$

   (c) haluros de trifenilmetilo

$$(C_6H_5)_3CX + NaI \longrightarrow NaX + (C_6H_5)_3CI \longrightarrow (C_6H_5)_3C{-}C(C_6H_5)_3 + I_2$$

12.2.1e Procedimiento: Ioduro sódico en acetona

Reactivo: Disolver 15 g de ioduro sódico en 100 ml de acetona pura, y guardar el reactivo en una botella oscura. Al dejar reposar se decolora ligeramente debiendo rechazarse si toma un color marrón rojo permanente.

Ponemos de 1 a 2 ml del reactivo en un pequeño tubo de ensayo, y le añadimos 2 gotas (o 0,1 g en un pequeño volumen de acetona) del compuesto, mezclar y dejar reposar la solución a temperatura ambiente durante 3 o 4 min. Observar si se forma precipitado o si la solución adquiere un color rojo-marrón. Si a temperatura ambiente no ocurre ningún cambio, calentar el tubo en un baño de agua hasta 50° durante 6 min. Enfriar a temperatura ambiente y anotar todos los cambios.

12.2.2 Haluros de alquilo

12.2.2a Caracterización

La mayoría de los haluros de alquilo que encontramos corrientemente pueden ser identificados por referencia a sus propiedades físicas y espectrales; en los laboratorios de química orgánica pueden encontrarse corrientemente un buen número de ellos. No debe sobrevalorarse la utilidad de la espectroscopia infrarroja y de la cromatografía gas-líquido comparativa. Su utilidad se acrecienta por el hecho de que en ciertos casos, como en los halogenuros de hidrocarburos no bencenoides no se dispone de métodos eficaces para preparar derivados, quedando en tal caso su identificación limitada a los datos físicos y espectrales y a la comparación cromatográfica.

Un grupo de derivados sólidos que se forman fácilmente a partir de los haluros de alquilo primarios y secundarios son los *picratos de S-alquiltiouronio.* La reacción inicial implica el desplazamiento directo del ion haluro por la tiourea que es fuertemente nucleofílica; los haluros terciarios no reaccionan.

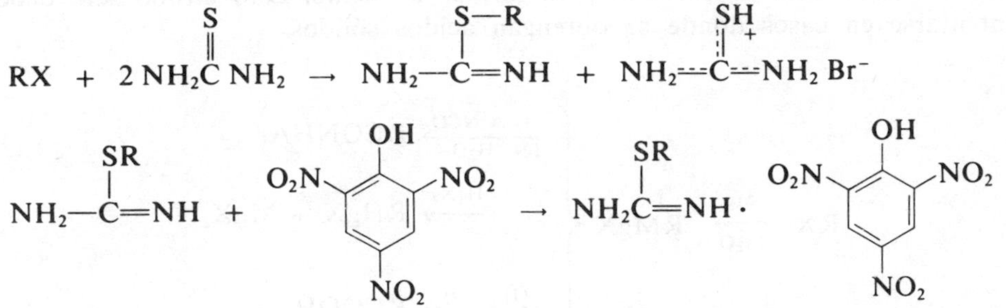

Picrato de S-alquiltiouronio

12.2.2b Procedimiento: Picratos de S-alquiltiouronio

Se disuelven el haluro de alquilo (1 mmol) y la tiourea (2 mmoles) en 5 ml de etilenglicol contenidos en un pequeño tubo o un frasco cerrado con un condensador. Se calienta la mezcla en un baño de aceite durante 30 min. Los ioduros de alquilo primarios reaccionan a 65°; los demás requieren temperaturas cercanas a los 120°. A continuación añadir 1 ml de una solución saturada de ácido pícrico en etanol y continuar calentando durante 15 min más. Enfriar la mezcla de la reacción y añadir 5 ml de agua fría. Dejar reposar en un baño de hielo. Recoger el precipitado y recristalizarlo en metanol.

Los *3,5-dinitrobenzoatos de alquilo* pueden ser preparados por la acción de los ioduros de alquilo con la sal de plata del ácido 3,5-dinitrobenzoico.

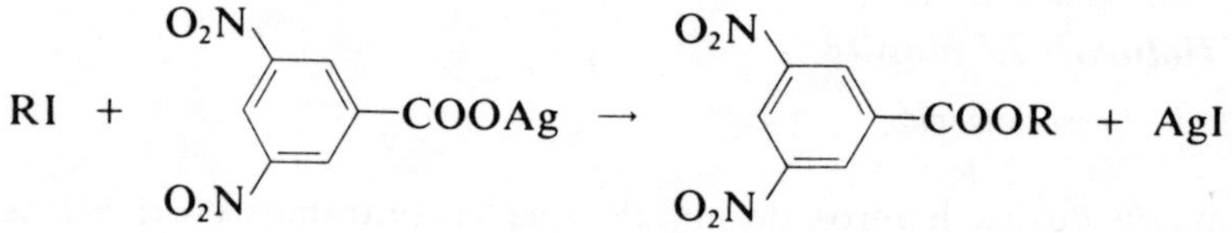

12.2.2c Procedimiento: 3,5-dinitrobenzoatos

Se calientan a reflujo el ioduro de alquilo y un ligero exceso de 3,5-dinitrobenzoato de plata finamente pulverizado en un pequeño volumen de alcohol hasta que aparenta haber precipitado todo el ioduro de plata. Evaporar la mezcla a sequedad, y extraer con éter. Recristalizarlo en alcohol.

12.2.2d Derivados preparados a partir de los reactivos de Grignard

Los haluros de alquilo pueden convertirse en reactivos de Grignard, los cuales, a su vez, pueden tratarse con un isocianato para formar una amida sustituida, con un haluro mercúrico para formar un haluro mercúrico alquílico o con dióxido de carbono para formar un ácido. Esto último sólo deberá intentarse en casos donde se obtengan ácidos sólidos.

$$\mathrm{RX} \xrightarrow[\mathrm{Et_2O}]{\mathrm{Mg}} \mathrm{RMgX} \begin{cases} \xrightarrow[(2)\ \mathrm{H_2O}]{(1)\ \mathrm{ArNCO}} \mathrm{RCONHAr} \\ \xrightarrow{\mathrm{HgX_2}} \mathrm{RHgX} + \mathrm{MgX_2} \\ \xrightarrow[(2)\ \mathrm{H_3O^+}]{(1)\ \mathrm{CO_2}} \mathrm{RCOOH} \end{cases}$$

Los reactivos de Grignard de tipo alílico o bencílico es probable que sufran reagrupaciones y/o productos diméricos

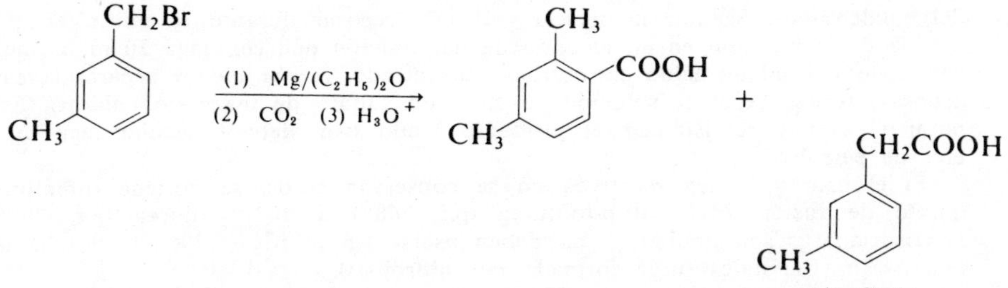

$$CH_3CH{=}CH{-}CH_2Br \xrightarrow[(2)\ CO_2\ (3)\ H_3O^+]{(1)\ Mg/(C_2H_5)_2O} CH_3\underset{\displaystyle COOH}{\underset{|}{C}}HCH{=}CH_2$$

$$CH_2{=}CH{-}CH_2Br \xrightarrow[(C_2H_5)_2O]{Mg} CH_2{=}CH{-}CH_2{-}CH_2{-}CH{=}CH_2$$

12.2.2e Procedimiento: Preparación de reactivos de Grignard

Reactivo de Grignard: La elección del aparato viene determinada por las etapas involucradas en la reacción de preparación del reactivo de Grignard. El aparato consistirá en un frasco, un tubo o un pequeño embudo de decantación usado como recipiente de reacción, un condensador y un tubo de secado. Dentro del aparato, que se habrá secado cuidadosamente, se colocan unos 0,5 mmoles (120 mg) de virutas de magnesio finamente cortadas, 0,55 moles del haluro, 5 ml de éter absoluto y un pequeño cristal de iodo. Si en un principio la reacción es lenta, calentar con un vaso de vidrio lleno con agua caliente. La reacción se completa normalmente en 5 o 10 min.

12.2.2f Procedimiento: Haluros de alquilmercurio

PRECAUCIÓN: *Estos productos son muy tóxicos y deben ser manejados con cuidado.*

La mezcla de la reacción de Grignard (equivalente a 0,5 mmoles) se filtra a través de un disco microporoso o un poco de lana de vidrio dentro de un pequeño tubo de ensayo que contenga 1 a 2 g de cloruro mercúrico, bromuro o ioduro (correspondiente al halógeno del haluro de alquilo). Tapar el tubo y sacudir vigorosamente la mezcla. Sacar el tapón, calentar el tubo en un baño de vapor durante un min o dos y volver a sacudir. Evaporar a sequedad, añadir de 8 a 10 ml de etanol, y calentar en un baño de vapor hasta que el alcohol hierva. Filtrar y diluir con 1/2 volumen de agua. Enfriar en un baño de hielo; cuando se haya completado la cristalización, recoger el producto y recristalizarlo en etanol diluido.

12.2.2g Procedimiento: N-arilamidas

Preparar la solución de Grignard como se explicó anteriormente. Sumergir el recipiente de la reacción en agua fría. Disolver 0,5 moles de isocianato de α-naftilo, fenilo o p-tolilo en 10 ml de éter absoluto. Mediante un cuentagotas, añadir en pequeñas porciones la solución de isocianato a la solución de Grignard a través del condensador. Sacudir la mezcla y dejarla reposar durante 10 min. Verter la mezcla de la reacción en un embudo de decantación que contenga 20 ml de agua con hielo y 1 ml de ácido clorhídrico concentrado. Agitar bien y separar la capa acuosa inferior. Secar la solución de éter con sulfato de magnesio anhidro. Evaporar el éter y recristalizar el producto crudo con alcohol, alcohol acuoso, o éter de petróleo.

Si el aparato o los reactivos no se conservan secos, se obtiene difenilurea (punto de fusión 241°), di-p-tolilurea (p.f. 268°) o di-1-naftilurea (p.f. 297°). Los isocianatos son líquidos y no deben usarse sin purificar si en la botella del reactivo hay cristales (urea formada por hidrólisis).

12.2.2h Procedimiento: Ácidos carboxílicos

(a) Filtrar el reactivo de Grignard sobre una mezcla de éter y hielo seco finamente picado. Verter la mezcla de la reacción dentro de 20 ml de agua y 1 ml de ácido clorhídrico concentrado contenidos en un embudo de decantación. Una vez completada la reacción, separar la capa de éter.

(b) En zonas de mucha humedad, pueden condensar grandes cantidades de agua en la mezcla hielo seco/éter descrita anteriormente. En tales casos es aconsejable burbujear dióxido de carbono dentro, o sobre la solución de Grignard mientras se agita. El dióxido de carbono puede obtenerse de una bombona o de hielo seco.

12.2.3 *Fluoruros de alquilo y fluorocarbonos*

12.2.3a Caracterización

Los fluoruros de alquilo sencillos y cíclicos se identifican con el estudio de sus propiedades físicas y espectrales.

Recientemente, la química de los compuestos altamente fluorados ("fluorocarbonos") ha sido objeto de especial atención, englobando a los compuestos perfluorados (todos los átomos de hidrógeno, excepto los del grupo funcional, se reemplazan por flúor) y los grupos que contienen el grupo perfluormetilo. Las propiedades químicas y físicas de estas substancias difieren considerablemente de los compuestos análogos no fluorados. A continuación se resuelven algunos puntos característicos.

Los puntos de ebullición son normalmente menores que los análogos hidrogenados, ej., perfluorpentano (29°) y pentano (36°), acetofenona (202°), y perfluormetilfenilacetona (152°).

Las olefinas altamente fluoradas no adicionan bromo bajo las condiciones normales. Sin embargo, reaccionan con el permanganato potásico. La mayoría de compuestos altamente halogenados no pueden arder manteniendo la llama.

Un alto grado de fluoración aumenta la acidez de los ácidos ($pK_a \sim 1$) y alcoholes ($pK_a \sim 10$ a 12) y reduce la basicidad de las aminas. Los aldehídos y cetonas perfluorados exhiben anormales bandas carbonílicas de gran frecuencia en la región del infrarrojo; si se les somete a la acción de hidróxido se escinden rápidamente en ácidos y perfluoralcanos monohidrogenados muy volátiles (reacción del haloformo). Los derivados carbonílicos corrientes de estos compuestos pueden prepararse mediante el uso de los reactivos carbonílicos adecuados (p. ej., hidrocloruro de semicarbazida, etc.), diluidos en alcohol con reacciones que suelen durar mucho tiempo.

12.2.4 Haluros de vinilo

12.2.4a Caracterización

Los haluros de vinilo, al igual que los de arilo, son mucho menos reactivos que los haluros en los carbonos saturados; debiéndose efectuar su intensificación a través del estudio de sus datos físicos y espectrales. La naturaleza y estereoquímica de la sustitución en el doble enlace puede deducirse a partir de las bandas de tensión C=C y flexión C—H (Sec. 4.2.1b) en el espectro infrarrojo y por las constantes de acoplamiento en la rnm (Sec. 5.7). Para el análisis de los fluoruros de vinilo pueden ser particularmente útiles los valores de J_{FH}.

A partir de los cloruros de vinilo pueden prepararse reactivos de Grignard, así como de los bromuros y ioduros, siempre que el tetrafurano seco se substituya por éter etílico (Sec. 12.2.2d).

12.2.5 Haluros de arilo

12.2.5a Caracterización

Como en el caso de muchos otros tipos de compuestos aromáticos, el mejor procedimiento para preparar derivados sólidos de los haluros de arilo implica la substitución adicional del núcleo aromático, siendo por lo general el procedimiento más útil la nitración tal como se señaló para los hidrocarburos aromáticos sencillos (Sec. 12.1.4).

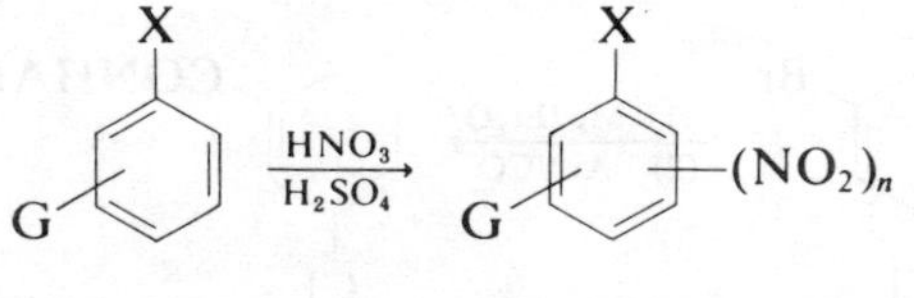

Los haluros de arilo reaccionan rápidamente con el ácido clorosulfónico para dar cloruros de sulfonilo, los cuales, a su vez, pueden ser tratados con amoniaco para dar sulfonamidas.

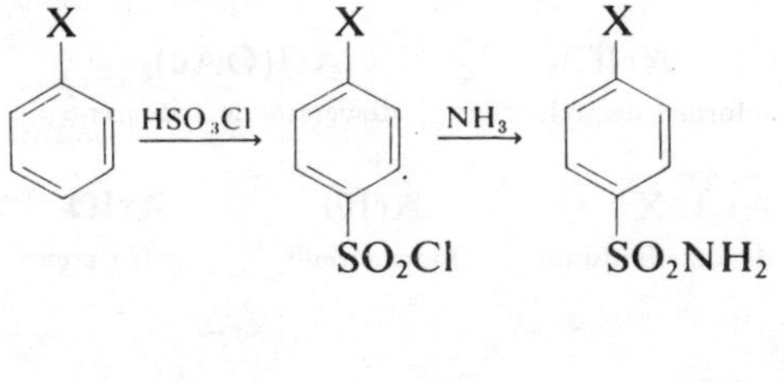

Puede emplearse el proceso señalado para los éteres aromáticos (Sec. 12.4.1e). Algunas veces el cloruro de sulfonilo intermedio puede servir como un derivado caracterizable. Con los compuestos aromáticos polihalogenados, suelen requerirse condiciones más vigorosas para obtener el cloruro de sulfonilo, debiendo calentarse la solución de cloroformo o los reactivos casi a 100°. Algunas veces producen con preferencia reacciones colaterales, obteniéndose productos resultantes de la cloración nuclear, o la reacción puede suministrar sulfonas de diarilo.

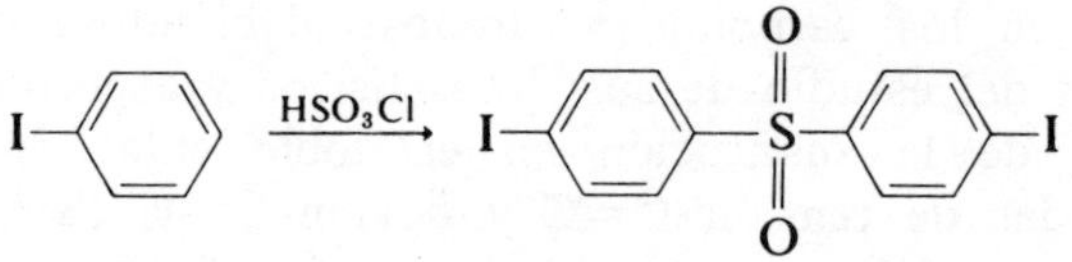

Los cloruros y bromuros de arilo que tienen cadenas laterales alifáticas pueden oxidarse a los correspondientes ácidos. Los ioduros y bromuros de arilo pueden convertirse a reactivos de Grignard y posteriormente carbonarlos para dar ácidos o pueden reaccionar con los isocianatos para formar amidas (Sec. 12.2.g). Los cloruros de arilo sólo forman reactivos de Grignard en tetrahidrofurano; en éter, los bromoclorbencenos forman reactivos de Grignard únicamente en la posición del bromo.

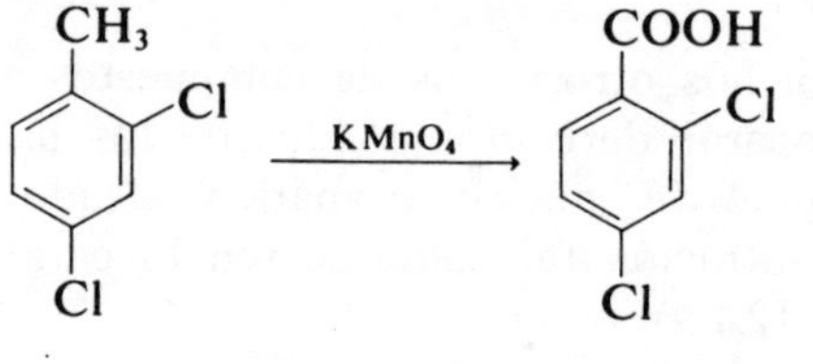

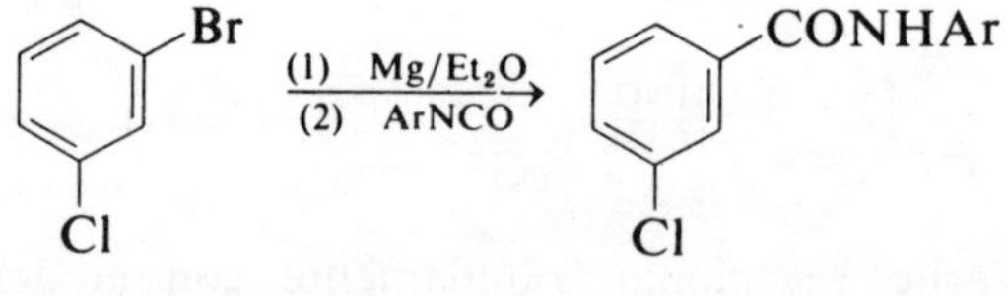

Ocasionalmente, pueden encontrarse compuestos aromáticos con ioduro polivalente, de los cuales se dan a continuación algunos ejemplos representativos:

$ArICl_2$	$ArI(OAc)_2$
dicloruro de iodoareno	diacetato de iodoareno

$Ar_2I^+X^-$	$ArIO$	$ArIO_2$
sales de diariliodonio	Iodosoareno	Iodoxiareno

El dicloruro de iodoareno actúa como una buena fuente de cloro, adicionando cloro a las olefinas. Los derivados oxigenados actúan todos como oxidantes. Con la excepción de las sales de diariliodonio, todos liberan iodo de un papel de ioduro almidonado, acidificado. Las sales de diariliodonio son agentes arilantes; pueden ser pirolizadas para dar ArI y ArX.

12.3 ALCOHOLES Y FENOLES

En ausencia de la banda de absorción carbonílica, la aparición de una banda de intensidad entre fuerte y media en la región del espectro infrarrojo que va de 3600 a 3400 cm^{-1} (2,78 a 2,94 μ) es indicativa de un alcohol, un fenol, o una amina primaria o secundaria (o posiblemente una muestra húmeda, véase figura 12.6 para el espectro infrarrojo del agua). Las aminas pueden distinguirse de los alcoholes y fenoles por su carácter básico. Las aminas insolubles en agua son solubles en ácido clorhídrico diluido; las aminas solubles en agua tienen un olor a amoniaco característico y son básicas con el tornasol. Los fenoles son considerablemente más ácidos que los alcoholes y pueden diferenciarse de éstos por su solubilidad en una solución al 5 % de hidróxido sódico y por la coloración que normalmente se produce cuando se tratan con una solución de cloruro férrico. Para detalles adicionales, deberán consultarse las secciones de clasificación de alcoholes (12.3.1, 12.3.2) fenoles (12.3.3) y aminas (12.14.1).

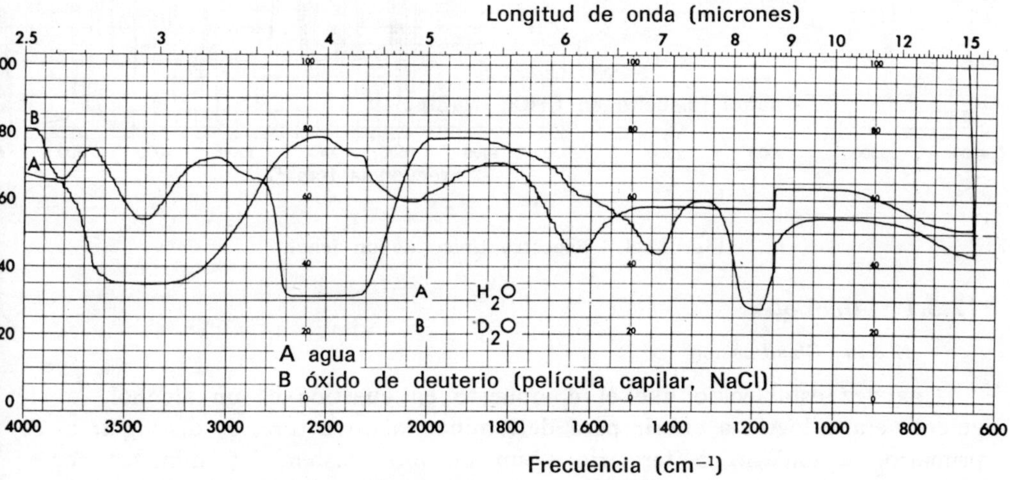

Fig. 12.6. Espectro del agua y del óxido de deuterio.

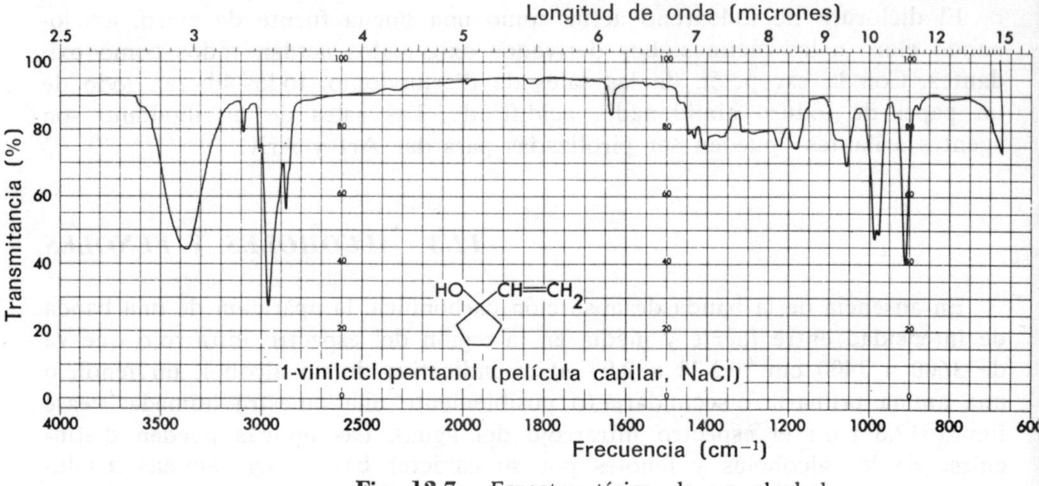

Fig. 12.7. Espectro típico de un alcohol.

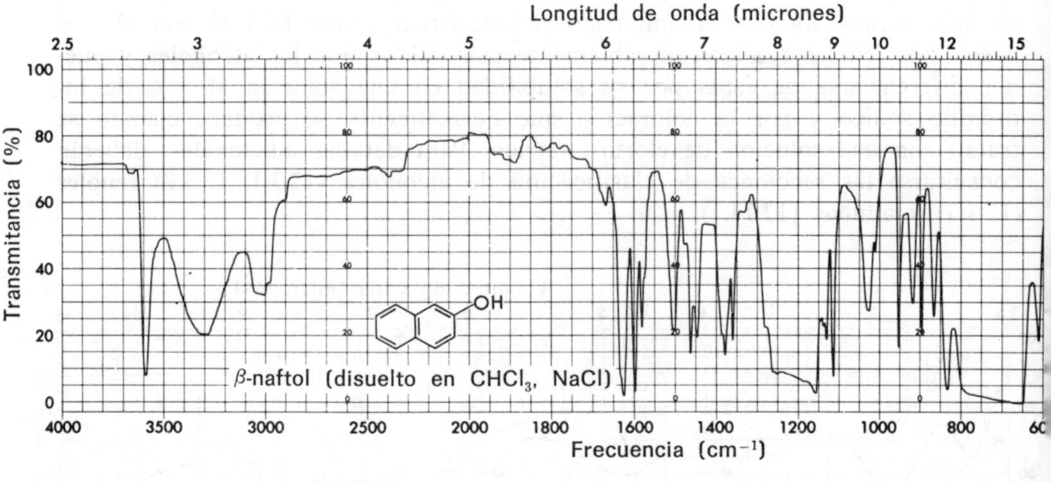

Fig. 12.8. Espectro típico de un fenol.

12.3.1 Alcoholes

12.3.1a Clasificación

Una vez establecido que el compuesto en cuestión es un alcohol, la siguiente etapa lógica a cubrir para determinar la estructura, es distinguir si es primario, secundario o terciario. Aun cuando existen determinadas correlaciones entre las frecuencias de tensión del O—H y del C—O y las subclases de alcoholes, la posición exacta del pico y los factores que la afectan son muy variables, y en consecuencia debe evitarse usar la espectroscopia infrarroja para determinar la subclase. Sólo a través de la consideración de distintas experiencias hechas con una serie de alcoholes, el infrarrojo puede tener cierto éxito (Sec. 4.2.7), pero ciertamente no puede recomendarse para uso general.

Se ha utilizado repetidamente un reactivo clásico consistente en *una solución de cloruro de cinc en ácido clorhídrico concentrado (reactivo de Lucas)* para distinguir entre alcoholes primarios bajos, secundarios y terciarios. Con este reactivo el orden de reactividad es el típico de las reacciones S_N1. Indudablemente el cloruro de cinc asiste a la rotura heterolítica del enlace C—O, tal como se ilustra en la siguiente ecuación; pero el ensayo es sólo aplicable a alcoholes que sean solubles en el reactivo.

$$ROH + ZnCl_2 \rightleftharpoons R-\overset{\delta^+}{\underset{\underset{H}{|}}{O}}\cdots\overset{\delta^-}{ZnCl_2} \xrightarrow{-[HOZnCl_2]^-} R^+ \xrightarrow{Cl^-} RCl$$

12.3.1b Procedimiento: Ensayo de Lucas

Reactivo: Disolver 16 g de cloruro de cinc anhidro en 10 ml de ácido clorhídrico concentrado, enfriando para evitar una pérdida de cloruro de hidrógeno.

Añadir tres o cuatro gotas de alcohol a 2 ml del reactivo en un pequeño tubo de ensayo. Agitar vigorosamente el tubo, y dejar reposar la mezcla a temperatura ambiente. Los alcoholes primarios inferiores al hexílico se disolverán; los superiores al hexílico no se disolverán apreciablemente, y la fase acuosa permanecerá clara; después de 2 a 5 min los alcoholes secundarios reaccionarán para producir una solución opalescente de cloruro de alquilo insoluble. Con los alcoholes terciarios, alílicos y bencílicos, hay una separación casi inmediata de dos fases debido a la formación de un cloruro de alquilo insoluble. Si queda alguna duda acerca de si el alcohol es secundario o terciario puede repetirse el ensayo empleando esta vez ácido clorhídrico concentrado. Con este reactivo, los alcoholes terciarios reaccionan inmediatamente para formar el cloruro de alquilo insoluble, mientras que los alcoholes secundarios no reaccionan.

Un segundo método para distinguir entre primarios y secundarios o terciarios se basa en que los terciarios son inertes frente a la oxidación con *ácido crómico.*

$$3\,H-\overset{|}{\underset{|}{C}}-OH + 2\,CrO_3 + 6H^+ \longrightarrow 3\,{>}C{=}O + 2\,Cr^{+3} + 6\,H_2O$$

12.3.1c Procedimiento: Ensayo con ácido crómico

Reactivo: Disolver 1 g de óxido crómico en 1 ml de ácido sulfúrico concentrado, y diluirlo cuidadosamente con 3 ml de agua.

Disolver 20 mg o una gota de alcohol en 1 ml de acetona de una pureza de grado reactivo y añadir 1 gota del reactivo. Sacudir la mezcla. Los alcoholes primarios y secundarios reaccionan en unos 10 segundos para dar una suspensión opaca de color azul verdoso. Los alcoholes terciarios no reaccionan con el reactivo. Otras sustancias fácilmente oxidables tales como aldehídos, fenoles y enoles también reaccionan con este reactivo.

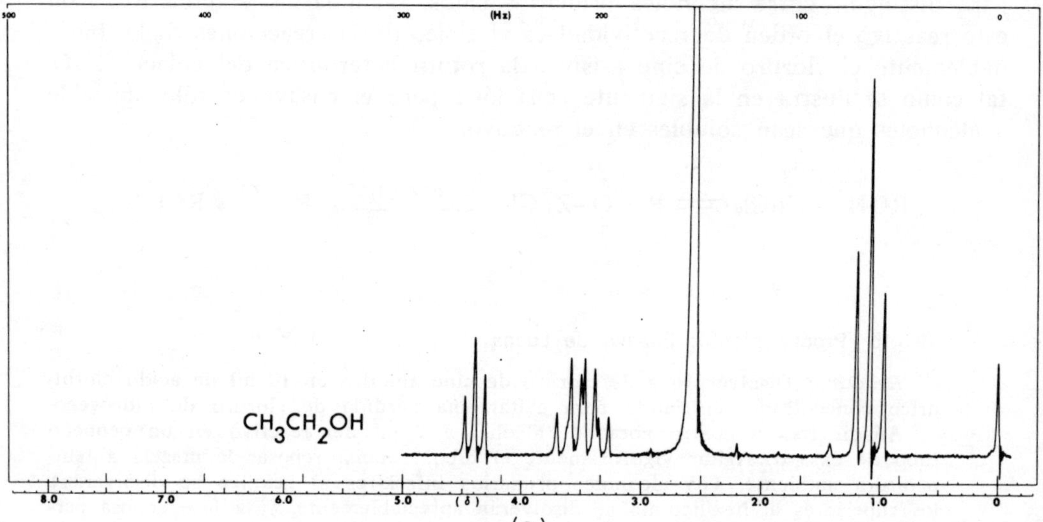

(a)

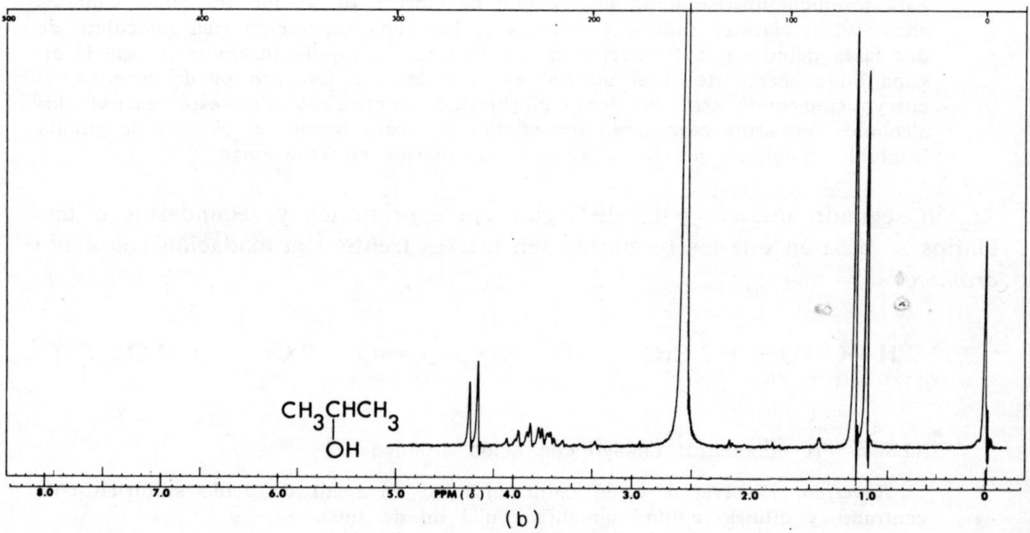

(b)

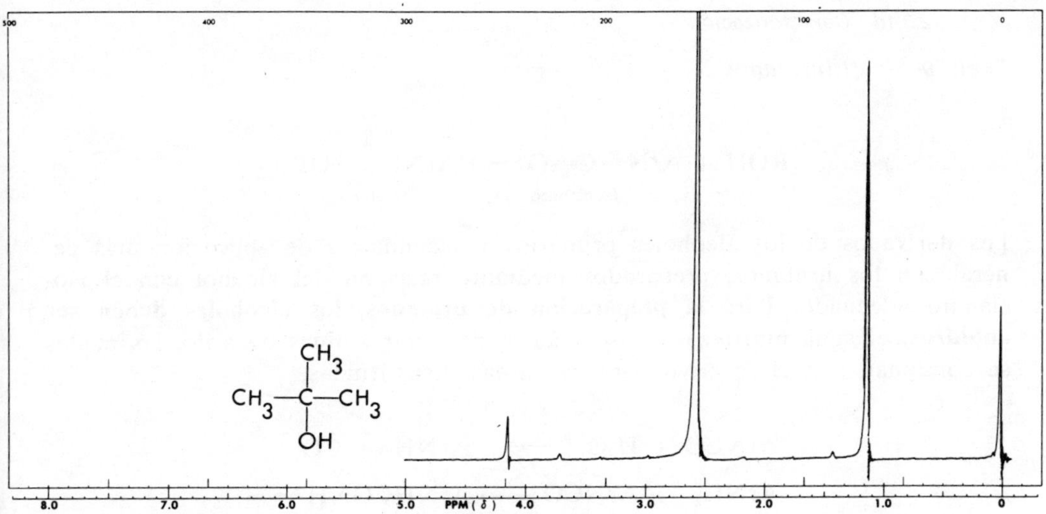

(c)

Fig. 12.9. Espectro característico de rnm de unos alcoholes primarios, secundarios y terciarios efectuados en dimetilsulfóxido. La absorción en δ 2,6 se debe al dimetilsulfóxido.

La *espectroscopia de resonancia magnética nuclear* puede también usarse para clasificar en subclases a los alcoholes. En la mayoría de disolventes de rnm comunes tales como deuterocloroformo, o tetracloruro de carbono, la resonancia del carbono hidroxílico a menudo no está oscurecida, pero ligeras trazas de ácido presentes en el disolvente pueden catalizar el intercambio protónico de tal manera que raramente pueden observarse el acoplamiento spin-spin de los picos hidroxílicos. Sin embargo, en el sulfóxido de dimetilo, el hidrógeno fuertemente enlazado al disolvente desplaza la resonancia del hidrógeno hidroxílico campo abajo a δ4 o incluso más abajo, y la velocidad de intercambio es lo suficiente lenta como para permitir la observación del acoplamiento carbinólico del hidrógeno-hidrógeno hidroxílico (fig. 12.9).[16] A causa de la resonancia de bajo campo de los hidrógenos hidroxílicos, es posible usar dimetilsulfóxido en vez de su análogo deuterado. El hidrógeno hidroxílico en metanol da un cuarteto; los alcoholes primarios, secundarios y terciarios dan tripletes, dobletes y singuletes, respectivamente, que están claramente resueltos; los compuestos polihidroxílicos a menudo dan picos separados por cada hidrógeno hidroxílico. Este método no es eficaz cuando se hallan presentes grupos ácidos o básicos, p. ej., aminoalcoholes, ácidos hidroxílicos, o fenoles.

16 O. L. Chapman y R. W. King, *J. Am. Chem. Soc.*, **86**, 1256 (1964).

12.3.1d Caracterización

Fenil y α-naftiluretanos.

$$ROH + ArN{=}C{=}O \longrightarrow ArNH\overset{\overset{\displaystyle O}{\|}}{C}{-}OR$$

Isocianato   Uretano

Los derivados de los alcoholes primarios y secundarios de aplicación más general son los uretanos, preparados mediante reacción del alcohol con el isocianato adecuado. **Para la preparación de uretanos, los alcoholes deben ser anhidros;** el agua hidroliza los isocianatos para dar aminas de arilo, las cuales se combinan con el reactivo para dar ureas disustituidas.

$$ArNCO + H_2O \longrightarrow ArNH_2 + CO_2$$

$$ArNH_2 + ArNCO \longrightarrow ArNHCONHAr$$

Estas ureas, que tienen mayor punto de fusión y menor solubilidad que los uretanos, hacen que el aislamiento y purificación de estos derivados sea muy difícil. No es aconsejable intentar la preparación de estos uretanos a partir de alcoholes terciarios, puesto que a bajas temperaturas la reacción es demasiado lenta y a temperaturas superiores los reactivos producen una deshidratación dando como resultado la formación de una olefina y agua que, a su vez, reacciona para producir ureas diarílicas.

12.3.1e Procedimiento: Uretanos

Secar completamente sobre una llama o en un horno un tubo de ensayo pequeño; taparlo con un corcho y dejarlo enfriar. Con la ayuda de una pipeta, colocar 0,2 ml de alcohol anhidro y 0,2 ml de α-naftil o fenil isocianato dentro del tubo (si el reactivo es un fenol, añadir una gota de piridina), y volver a colocar inmediatamente el corcho. Si no se produce una reacción espontánea, la solución deberá calentarse en un baño de agua entre 60 y 70° durante 5 min. Enfriar en un baño de hielo y frotar los lados del tubo con una varilla de vidrio para inducir la cristalización. El uretano se purifica recristalizándolo en éter de petróleo o tetracloruro de carbono. Filtrar la solución en caliente para eliminar la urea menos soluble que haya podido formarse debido a las trazas de humedad. Enfriar el filtrado en un baño de hielo y recoger los cristales. Los puntos de fusión de la difenilurea, de la di-*p*-tolilurea y de la di-1-naftilurea son 241, 268 y 297°, respectivamente.

Arenosulfeniluretanos. El cianato de bencenosulfenilo y el isocianato de *p*-toluenosulfenilo, que son considerablemente más reactivos que el isocianato de fenilo y compuestos parecidos, pueden ser utilizados ventajosamente en la preparación de uretanos de alcoholes terciarios y otros impedidos estéricamente,[17] sin embargo en la literatura no se encuentran recopilaciones de datos muy extensas.

R = H or CH_3

12.3.1f Procedimiento: Arenosulfeniluretanos

Añadir 1 mmol de alcohol a una solución formada por 1 mmol de arenosulfenilcianato en 1 ml de tolueno. Después de 5 min enfriar a 0°; y recoger por filtración el precipitado; en el caso de que el derivado se resista a precipitar añadir éter de petróleo. Recristalizar en benceno o en tolueno.

Para la preparación de uretano a partir de fenoles, usar un ligero exceso de fenol, tapar el tubo, calentar entre 80 y 100° durante 1 a 6 horas. Normalmente 1 h es suficiente para los fenoles sencillos, pero para compuestos impedidos estéricamente se requieren tiempos de reacción mayores.

Ésteres. Se han usado numerosos ésteres como ayuda en la caracterización de alcoholes, comprendiendo una amplia variedad de ésteres de ácidos ftálicos, xantatos, benzoatos y acetatos. Estos dos últimos son especialmente útiles para la caracterización de glicoles y compuestos polihidroxílicos (Sección 12.3.2). Entre los ésteres que generalmente son más útiles están los *3,5-dinitro* y *p-nitrobenzoatos.* Estos ésteres pueden prepararse a partir de los correspondientes cloruros de benzoilo por uno de los procedimientos que se dan más abajo, siendo especialmente recomendable para alcoholes solubles en agua, los cuales probablemente contienen algo de humedad y por tanto pueden inducir a dudas en la formación de los derivados del uretano. El método que se describe más abajo y contiene piridina como disolvente es uno de los más útiles para preparar derivados de los alcoholes terciarios.

Los haluros de acilo cuando se guardan tienden a hidrolizarse: es aconsejable comprobar el punto de fusión del reactivo antes de usarlo [cloruro de 3,5-dinitrobenzoilo, p.f. 74° (ácido, 202°), cloruro de *p*-nitrobenzoilo, p.f. 75° (ácido, 241°)].

12.3.1g Procedimiento: 3,5-dinitro y *p*-nitrobenzoatos

(a) Colocar en un pequeño tubo de ensaño 200 mg de cloruro de *3,5-dinitrobenzoilo* o de cloruro de *p-nitrobenzoilo* y 0,1 ml (2 gotas) de alcohol. Calentar el tubo durante 5 minutos (10 minutos si el alcohol hierve por encima de 160°) empleando un micromechero de manera que la masa en el fondo del tubo

[17] J. W. McFarland y J. B. Howard, *J. Org. Chem.*, **30**, 957 (1965); J. W. McFarland, D. E. Lenz y D. J. Grosse, *Ibid.*, **31**, 3798 (1966); *p*-toluensulfonilisocianato se puede obtener de Upjohn Co., Carwin Organic Chemicals, North-Have, Conn.

se mantenga en estado líquido, pero no sobrecalentarla. Dejar que la masa fundida se enfríe y solidifique. Pulverizar la masa cristalina con una varilla de vidrio o una espátula. Añadir 3 o 4 ml de una solución de carbonato sódico al 2 % al mismo tiempo que se mezcla vigorosamente y se tritura. Calentar gradualmente la mezcla hasta 50 o 60° y agitar. Recoger el precipitado remanente y lavar varias veces con pequeñas partes de agua. Recristalizarlo en agua o en etanol acuoso.

(b) En un tubo pequeño de ensayo o en un frasco de fondo redondo, colocar 100 mg de alcohol o fenol, 100 mg de cloruro de *p*-nitrobenzoilo o de cloruro de 3,5-dinitrobenzoilo, 2 ml de piridina, y un trozo de plato poroso. Colocar el condensado en su sitio y calentarlo suavemente a reflujo durante 1 h y dejarlo reposar toda la noche. Enfriar la mezcla de la reacción y añadir 5 ml de agua y dos o tres gotas de ácido sulfúrico. Agitar o sacudir fuertemente y recoger los cristales. Suspender los cristales en 5 ml de hidróxido sódico al 2 %, y sacudir con el fin de eliminar el ácido nitrobenzoico. Filtrar, lavar varias veces con agua fría, y recristalizar el derivado en alcohol o en mezclas de alcohol-agua.

Oxidación a compuestos carbonílicos. La oxidación de alcoholes primarios y secundarios se ha probado que es a menudo un método extraordinariamente útil para la identificación. A partir de los compuestos carbonílicos se pueden preparar fácilmente derivados en pequeña escala e, igualmente importante, las características espectroscópicas del grupo carbonilo pueden suministrar una valiosa información estructural.

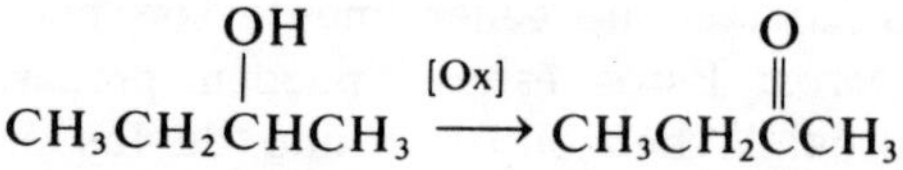

espectro de rmn complejo — espectro de rmn simple

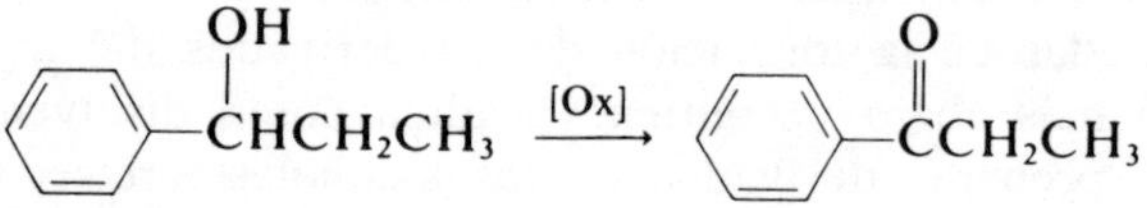

El infrarrojo o el ultravioleta no revelan la posición del hidroxilo.

Cetona conjugada indicada por el infrarrojo y el ultravioleta.

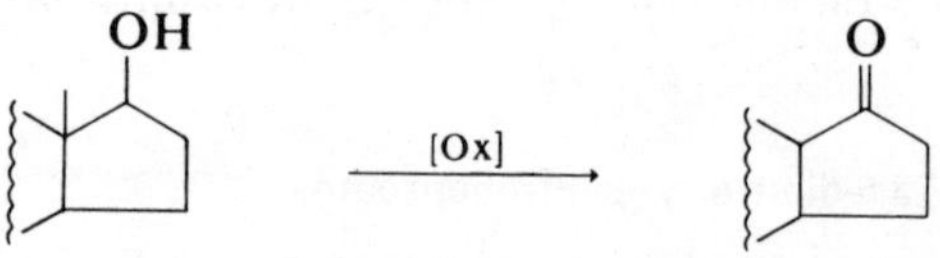

El infrarrojo indica el hidroxilo.

El infrarrojo revela una cetona en un anillo de cinco miembros.

Se disponen de numerosos métodos para la oxidación de los alcoholes a compuestos carbonílicos. Aquí sólo daremos unos cuantos de ellos que se han escogido por la suavidad de las condiciones requeridas y por su facilidad de adaptación a la utilización en pequeña escala.

El complejo anhídrido crómico-piridina (reactivo de Sarrett)[18] es particularmente útil para la oxidación de sustancias que contengan grupos sensibles a los ácidos. Los alcoholes, tanto los alílicos como los bencílicos, pueden ser oxidados a sus correspondientes aldehídos o cetonas.

12.3.1h Procedimiento: Reactivo de Sarrett

Se colocan 2 ml de piridina en un pequeño frasco de fondo redondo equipado con un agitador magnético y se enfría hasta unos 15 o 20°. Se añaden, en pequeñas porciones, 200 mg de trióxido de cromo a una velocidad tal que la temperatura no rebase los 30°. PRECAUCIÓN: *Si se adiciona la piridina al trióxido de cromo la mezcla puede inflamarse.* Después de la última adición queda una papilla amarilla del complejo con la piridina.

A esta pasta se añaden 100 mg del alcohol en 1 ml de piridina. Se tapa el frasco y deja con agitación durante toda una noche. Se vierte la mezcla reaccionante dentro de 20 ml de éter; y se separan por filtración las sales de cromo que han precipitado. El filtrado se coloca en un embudo de decantación y se lava con agua tres veces como mínimo para extraer la piridina. Se seca la capa de éter sobre sulfato sódico y se concentra para obtener el aldehído o la cetona.

Las cetonas de bajo peso molecular y que sean solubles en agua se pueden aislar vertiendo la mezcla de la reacción directamente en agua, neutralizando la piridina con un ácido y extrayendo con un disolvente adecuado.

El ácido crómico en acetona (reactivo de Jones)[19] es muy adecuado para oxidar a cetonas los alcoholes secundarios que son solubles en acetona. El reactivo no ataca los centros de insaturación. Este método es aplicable en escalas del orden de 1 mmol a 1 mol. El reactivo oxida a ácidos los alcoholes primarios y los aldehídos.

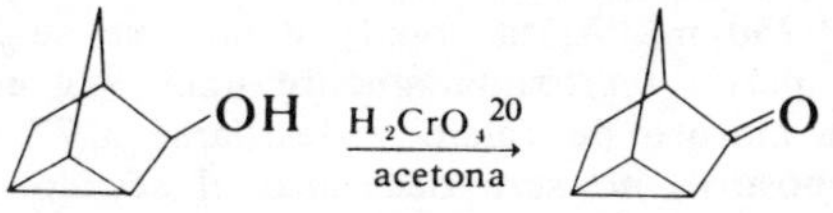

$$RCH_2OH \xrightarrow{H_2CrO_4} RCHO \xrightarrow{H_2CrO_4} RCOOH$$

12.3.1i Procedimiento: Reactivo de Jones

Reactivo: Disolver 6,7 g de anhídrido crómico (CrO_3) en 6 ml de ácido sulfúrico concentrado y diluirlo cuidadosamente con agua destilada hasta 50 ml. Un ml de este reactivo es suficiente para oxidar a cetona 2 mmol de un alcohol secundario o bien para oxidar a ácido 2 mmol de aldehídos, o 1 mmol de alcohol primario.

18 G. I. Poos, G. E. Arth, R. E. Beyler y L. H. Sarrett, *J. Am. Chem. Soc.*, **75**, 422 (1963).
19 K. Bodwen, I. M. Heilbron, E. R. H. Jones y B. C. L. Weedon, *J. Chem. Soc.*, 39 (1946); A. Bowers, T. G. Halsall, E. R. H. Jones y A. J. Lemin, *Ibid.*, 2555 (1943).
20 J. Meinwald, J. Crandall y W. E. Hymans, *Org. Syn.*, **45**, 77 (1965).

La oxidación se lleva a cabo mediante la adición del reactivo desde un embudo de decantación a una solución agitada del alcohol en acetona (con grado de pureza de reactivo) mantenida a 15 o 20°. La reacción es casi instantánea; la mezcla se separa en dos capas, una inferior con las sales cromosas de color verde y una superior que es una solución en acetona del producto oxidado. Puede separarse la mezcla procedente de la reacción por la adición de agua y por otros métodos que dependen de las propiedades del producto oxidado. Si quedan restos de color marrón, causado por un exceso del agente oxidante que permanece en la capa superior de la mezcla, puede eliminarse por la adición de un poco de sulfito ácido de sodio o unas cuantas gotas de metanol para destruir el exceso de reactivo.

Para oxidar los alcoholes secundarios puede emplearse el *hipoclorito de t-butilo* convirtiéndolos en cetonas; los alcoholes primarios dan ésteres, por ejemplo, el *n*-butanol da butirato de *n*-butilo.

$$H-\overset{\diagdown}{\underset{/}{C}}-OH + (CH_3)_3COCl \longrightarrow {>}C{=}O + HCl + (CH_3)_3COH$$

Bajo las condiciones que daremos más abajo, se produce cloro por reacción del hipoclorito con cloruro de hidrógeno; el cloruro de hidrógeno puede estar retenido como sal de piridina, por la adición de un equivalente de piridina a la mezcla de la reacción.

12.3.1j Procedimiento: Oxidación con hipoclorito de t-butilo

Reactivo: A temperatura ambiente y bajo la acción de la luz, añadir 6 ml de ácido acético y 10 ml de alcohol *t*-butílico a 150 ml de Clorox * en un embudo de decantación de 250 ml. Agitar bien; dejar que se separe el hiploclorito formando una capa superior (aproximadamente unos 9 g con una pureza del 99 %). Debe secarse sobre cloruro de calcio y destilarse a 77 o 78°; sin embargo, para la mayoría de propósitos, no será necesario el secado y la destilación. El hipoclorito tiene una gran estabilidad cuando se almacena en un refrigerador en la oscuridad.

Recubrir la parte exterior de un tubo de ensayo con una capa de aluminio para evitar que entre la luz; poner sobre el tubo de ensayo un tapón agujereado. Colocar dentro del tubo de ensayo 1 mmol del alcohol secundario en 5 ml de tetracloruro de carbono. Añadir a esta solución 0,25 ml de hipoclorito de *t*-butilo. Colocar el tapón, y poner el tubo en un cubilete de agua a 50°; dejar reposar durante 30 min. Verter la mezcla en un embudo de decantación que contenga 0,2 g de arsenito sódico en 10 ml de agua. Agitar bien, y vaciar la capa inferior de cetona en tetracloruro de carbono.

El nitrato de amonio y cerio. Cerio (IV) es un oxidante muy propicio para la conversión de alcoholes bencílicos en benzaldehídos.[21]

* *N. del T.* — Clorox es una solución de un blanqueante comercial.

21 W. S. Trahanovsky y L. B. Young, *J. Chem. Soc.*, 5777 (1965).

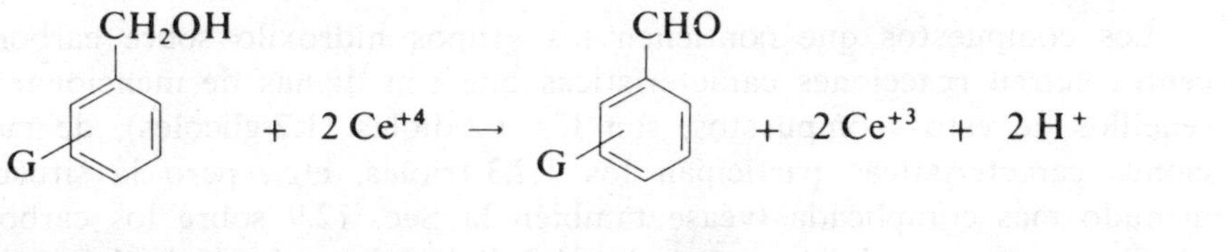

12.3.1k Procedimiento: Oxidación de los alcoholes bencílicos con cerio (IV)

Añadir un ligero exceso de una solución de ácido acético acuoso al 50 % que contenga nitrato de amonio y cerio 0,5 *M* al alcohol bencílico. Entonces calentar la solución en un baño de vapor, si es necesario, durante unos cuantos minutos. Después de que la solución de cerio (IV) de color naranja haya tomado una coloración amarillo pálido perteneciente al de una solución de cerio (III), extraer con éter la mezcla, lavar la solución de éter con hidróxido potásico 1,5 *N*, y secar. La extracción del éter por destilación suministra aldehído puro con un rendimiento superior al 90 %.

El dióxido de manganeso activado [22, 23] se usa a menudo para oxidar a aldehídos y cetonas los alcoholes alílicos y bencílicos.

El dióxido de manganeso activado (a diferencia del dióxido de manganeso corriente) se obtiene mezclando soluciones acuosas de sulfato de manganeso, hidróxido sódico y permanganato potásico. La oxidación se lleva a cabo sacudiendo una suspensión de dióxido de manganeso activo con el alcohol en un disolvente inerte, normalmente éter de petróleo o cloroformo. La oxidación de alcoholes con este reactivo se ha utilizado como una indicación de si los alcoholes eran alílicos o bencílicos. Este criterio no es absolutamente riguroso y en consecuencia debe usarse con precaución ya que ocasionalmente otros alcoholes son atacados por este reactivo.

12.3.2 Alcoholes polihidroxílicos

12.3.2a Clasificación

Los alcoholes polihidroxílicos tienen una apariencia física comprendida entre líquidos viscosos de alto punto de ebullición y sólidos de alto punto de fusión; los más sencillos son bastante solubles en agua; la mayoría tienden a ser más o menos insolubles en disolventes no polares. Pueden ser detectados y caracterizados por los métodos que se señalaron para los alcoholes. Los alcoholes polihidroxílicos dan en la rnm, cuando se emplea como disolvente el sulfóxido de dimetilo, picos que son distintos para cada hidróxido químicamente diferenciable.

[22] S. Ball, T. W. Goodwin y R. A. Morton, *Biochem, J.*, **42**, 516 (1948).
[23] J. Attenburrow, A. F. B. Cameron, J. H. Chapman. R. M. Evans, B. A. Hems, A. B. A. Jansen y T. Walker, *J. Chem. Soc.*, 1094 (1952).

Los compuestos que contienen los grupos hidroxilo sobre carbonos adyacentes sufren reacciones características que son dignas de mencionar. Los más sencillos de estos compuestos, son los 1,2-dioles (1,2-glicoles), de cuyas reacciones características participan los 1,2,3-trioles, etc., pero la situación es a menudo más complicada (véase también la Sec. 12.9 sobre los carbohidratos).

El *ensayo con el bórax* para los 1,2-dioles depende de la formación reversible de ésteres cíclicos de boro que son mucho más ácidos que el ácido bórico.

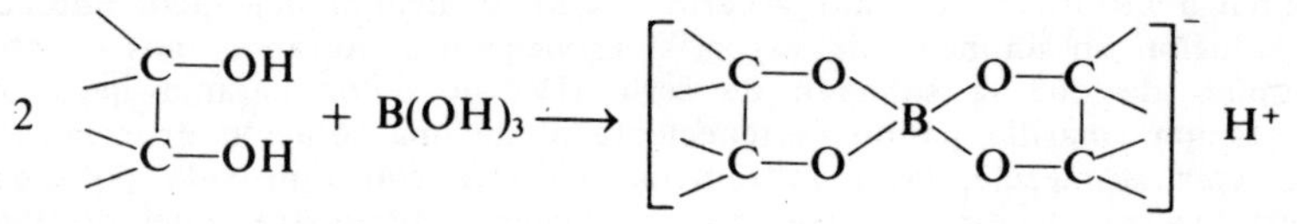

12.3.2b Procedimiento: Ensayo con el bórax

Reactivo: Una solución de bórax al 10 % (borato sódico) que contenga suficiente fenolftaleina para producir una coloración rosada.

Añadir una o dos gotas de alcohol polihidroxílico a 0,5 ml del reactivo. Un diol 1,2 hace que desaparezca el color. Reaparece al calentar y se diluye a medida que se enfría.

El *ácido periódico* y los 1,2-glicoles reaccionan para producir compuestos carbonílicos y iodato (véase la discusión en la Sec. 12.3.2d). El ensayo cualitativo depende del hecho de que el iodato de plata es sólo ligeramente soluble en ácido nítrico diluido, mientras que el periodato de plata es muy soluble. Es importante que se empleen cantidades exactas de reactivos y de ácido nítrico; si se encuentra presente demasiado ácido nítrico, el iodato de plata no precipitará.

12.3.2c Procedimiento: Ensayo con periodato para los glicoles

Reactivo: Disolver 0,5 g de ácido paraperiódico (H_5IO_6) en 100 ml de agua destilada.

En un tubo de ensayo que contenga 2 ml del reactivo, añadir una gota de ácido nítrico concentrado y mezclar completamente. Añadir una gota o una cantidad similar del compuesto que quiera ensayarse (para compuestos insolubles en agua, puede emplearse como codisolvente el dioxano). Sacudir la mezcla durante 15 segundos y añadir una o dos gotas de disolución de nitrato de plata al 5 %. La formación instantánea de un precipitado blanco de iodato de plata constituye un resultado positivo del ensayo.

12.3.2d Caracterización

El ácido periódico es un oxidante selectivo capaz de romper el enlace carbono-carbono de los 1,2-glicoles, los β-aminoalcoholes, α-amino y α-hidroxi aldehídos y cetonas, y las α-dicetonas; en determinados casos, los α-hidroxiácidos también reaccionan con este reactivo.

$$\begin{array}{l} R—CH—OH \\ \quad\;\; | \\ R—CH—OH \end{array} + HIO_4 \longrightarrow 2\,RCHO + H_2O + HIO_3$$

$$\begin{array}{l} R'—C{=}O \\ \quad\;\; | \\ R—CH—OH \end{array} + HIO_4 \longrightarrow RCHO + R'COOH + HIO_3$$

$$\begin{array}{l} R—CH—OH \\ \quad\;\; | \\ R'—CH—NH_2 \end{array} + HIO_4 \longrightarrow RCHO + R'CHO + NH_3 + HIO_3$$

La reacción sucede a causa de la rápida formación de un éster cíclico con el periodato; el grupo hidroxilo debe estar situado de manera que sea estéricamente posible la formación del éster cíclico. En el caso de compuestos carbonílicos, el éster se forma aparentemente a partir de los compuestos carbonílicos hidratados, por ejemplo, —C(OH)$_2$—CHOH—

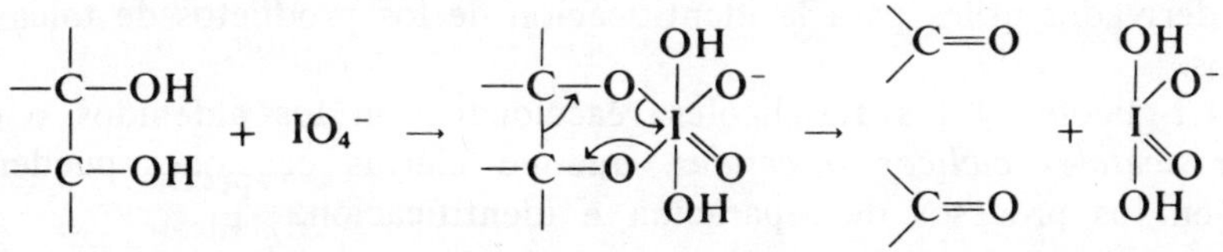

La reacción del periodato puede usarse como un ensayo cualitativo (véase más abajo) o también para determinaciones cuantitativas. En los ensayos cuantitativos, se hace que un exceso de periodato de concentración conocida reaccione con el compuesto. El exceso de periodato se reduce a pH controlado con arsenito sódico de concentración conocida usando iodo como catalizador; por último se titula el exceso de arsenito con una solución de iodo normal. Pueden encontrarse los detalles del proceso en numerosos libros de texto corrientes y en libros de referencia. Por ejemplo, en un ensayo cuantitativo puede determinarse que 1 mol de gliceraldehído consumirá 2 mol de periodato y producirá 2 mol de ácido fórmico y 1 mol de formaldehído. Con el tetracetato de plomo se producen reacciones similares.

$$\begin{array}{c} CHO \\ | \\ H—C—OH \\ | \\ CH_2OH \end{array} + 2\,IO_4^- \longrightarrow 2\,HCOOH + CH_2O + 2\,IO_3^-$$

El clásico *reagrupamiento catalizado por ácido de los 1,2-glicoles* es la trasposición pinacol-pinacolona.

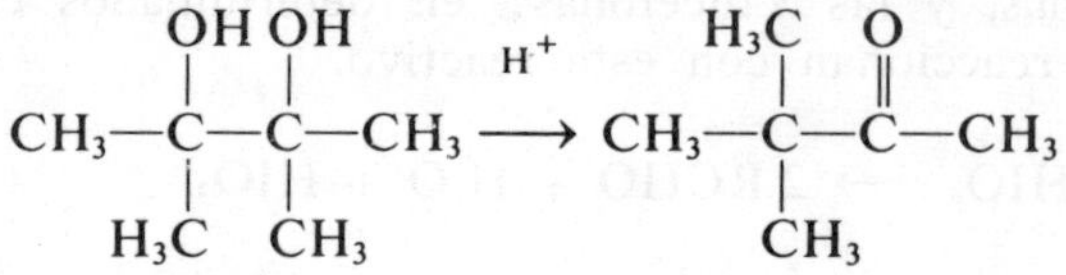

Pinacol Pinacolona

En tales reagrupamientos, el hidrógeno "migra" con preferencia hacia un grupo alquilo.

$$RCHOHCH_2OH \xrightarrow{H^+} RCH_2CHO$$

$$RCHOHCHOHR \xrightarrow{H^+} RCH_2COR$$

El reagrupamiento, que puede efectuarse calentando el glicol con cualquier ácido fuerte, tiene gran utilidad en la detección y caracterización de glicoles. Calentando el etilenglicol con un poco de sulfato ácido de potasio da acetaldehído; el glicerol da acroleína ($CH_2 = CHCHO$) la cual es la responsable del característico olor de grasa quemada. Los derivados carbonílicos característicos son derivados útiles para la identificación de los productos de tales reagrupamientos.

Los 1,2-glicoles y los 1,3-glicoles reaccionan con los aldehídos o cetonas para dar *acetales cíclicos o cetales,* que en ciertas ocasiones pueden tener utilidad en los procesos de separación e identificación.

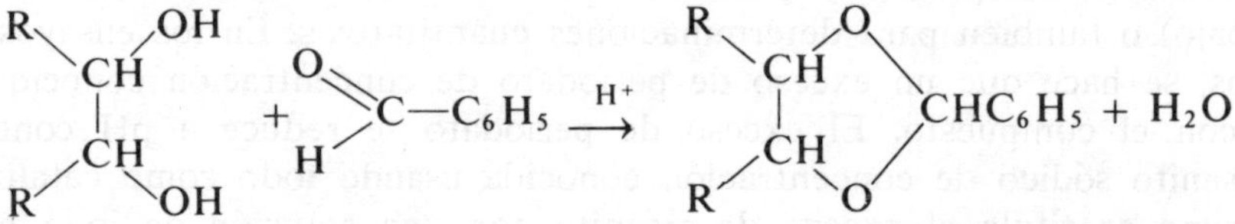

Derivado del bencilideno

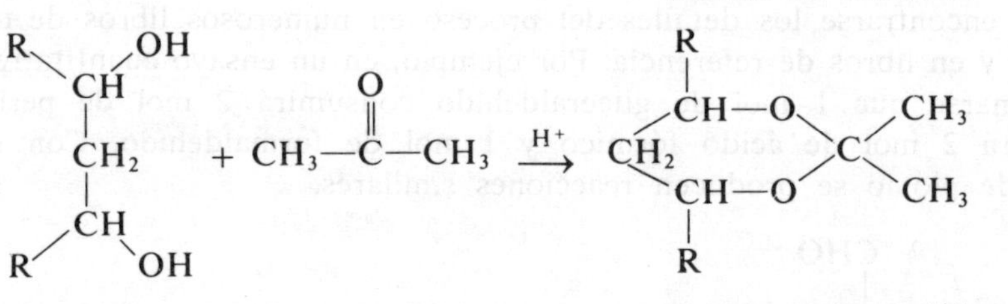

Derivado del iso-propilideno (acetónido)

Los *acetónidos* se preparan fácilmente empleando acetona o 2,2-dimetoxipropano.

12.3.2e Procedimiento: Acetónidos

(a) Disolver 100 mg de diol en 2 ml de 2,2-dimetoxipropano, y añadir 5 mg de ácido *p*-toluensulfónico. Dejar reposar la mezcla de 30 min a 2 h, separar el exceso del reactivo y metanol, y purificar el producto. En algunos casos es ventajoso dirigir el equilibrio hacia el cetal deseado por la adición de benceno a la mezcla de reacción y la extracción del metanol por destilación del azeotropo benceno-metanol.

(b) Disolver 0,5 g del diol en 50 ml de acetona. Añadir 0,5 ml de ácido perclórico al 70 % y dejar que la mezcla repose entre 2 h y 1 día. Añadir 1 g de carbonato sódico sólido. Filtrar y eliminar el exceso de acetona para obtener el acetónido crudo.

A causa de su volatilidad, los cetales, acetales, y los éteres con el trimetilsilano son derivados muy útiles de los polihidroxi compuestos para emplearlos en cromatografía gas-líquido y/o espectroscopia de masas.

Los *acetatos* pueden prepararse usando una mezcla de ácido acético, anhídrido acético y de acetato sódico, o con anhídrido acético que contenga una pequeña cantidad de ácido sulfúrico o de piridina como catalizador. Los siguientes procedimientos dan mejores rendimientos bajo condiciones suaves.

12.3.2f Procedimiento: Acetatos

Los polihidroxi compuestos (0,5 g) se añaden a 5 ml de piridina; a continuación se añade al anhídrido acético (2 g) gota a gota mientras se agita. Después que se haya producido la reacción inicial, se calienta la solución a reflujo durante 3 a 5 minutos. Se enfría la mezcla y se vierte dentro de 15 ml de agua con hielo. Se recoge el derivado y se lava con ácido clorhídrico al 2 % y agua, fríos. Se recristalizan con etanol los productos obtenidos.

A menudo los *benzoatos* son unos derivados cristalinos muy útiles de los polihidroxi compuestos.

12.3.2g Procedimiento: Benzoatos

(a) Añadir gradualmente 0,5 ml de cloruro de benzoilo a una solución de 0,1 g de alcohol en 1 ml de piridina. Calentar con llama pequeña la mezcla durante 1 min o dos; después verterlo dentro de agua con hielo con agitación. Recoger el precipitado y suspenderlo en 1 ml de una solución de carbonato sódico al 5 %. Recoger otra vez y recristalizar en etanol.

(b) En un tubo de ensayo, colocar 100 mg del polihidroxi compuesto y 0,5 ml de cloruro de benzoilo. Añadir 5 ml de hidróxido sódico al 10 %. Colocar un tapón de goma en el tubo y agitar vigorosamente durante 1 min y después ocasionalmente durante más de 5 min. Dejar enfriar en un baño frío durante 30 min. Recoger el precipitado y lavarlo completamente con agua. Secar y recristalizar en etanol.

La reacción de *trimetilsilanización* transcurre suave, rápida y a menudo cuantitativamente para suministrar derivados de los alcoholes mono y polihidroxílicos, los cuales exhiben alta volatilidad y a menudo pueden separarse fácilmente de compuestos muy parecidos por cromatografía de gas-líquido.

$$2\,ROH + (CH_3)_3SiNHSi(CH_3)_3 \longrightarrow 2\,ROSi(CH_3)_3 + NH_3$$

12.3.2h Procedimiento: Derivados trimetilsilánicos

Reactivo: Mezclar piridina anhidra (10 ml), hexametildisilazano (2 ml) y trimetilclorosilano (1 ml). Puede encontrarse en el mercado un reactivo de composición similar bajo el nombre de TRI-SIL, fabricado por la Pierce Chemical Company.

Colocar 10 mg o menos de la muestra en un frasco pequeño. Añadir 1 ml del reactivo, colocar el tapón en el frasco, y agitar vigorosamente durante 30 seg; calentar si es necesario para que se efectúe la disolución. Dejar reposar la mezcla durante 5 min, después de lo cual se puede inyectar directamente en un cromatógrafo de gas.

12.3.3 Fenoles

12.3.3a Clasificación

Los fenoles son compuestos cuya acidez es intermedia entre la de los ácidos carboxílicos y los alcoholes. Los alcoholes, en los sistemas acuosos no presentan propiedades ácidas, mientras que los ácidos y fenoles son solubles y reaccionan con una solución acuosa al 5 % de hidróxido sódico (son excepciones los fenoles altamente obstruidos, tales como el *o*-di-*t*-butilfenol, que es insoluble en álcali). Los ácidos y fenoles pueden diferenciarse basándonos en que los fenoles son insolubles en una solución al 5 % de carbonato ácido de sodio. Los fenoles que contienen sustituyentes altamente electronegativos, tales como el 2,4-dinitrofenol y el 2,4-tribromofenol, muestran una creciente acidez y son solubles en una solución de carbonato ácido de sodio.

En el *ensayo de cloruro férrico* la mayoría de fenoles dan unas coloraciones intensas de rojo, azul, púrpura o verde. No todos los fenoles producen color con este reactivo; un ensayo negativo no debe considerarse una confirmación de la ausencia de la función fenol sin que haya una evidencia adicional. Otros grupos funcionales también producen cambios de color con el cloruro férrico; los ácidos alifáticos dan una solución marrón; los ácidos aromáticos pueden producir un precipitado de color canela; los enoles dan compuestos que varían de rojo-canela a rojo-violeta; las oximas, ácidos hidroxámicos, y los ácidos sulfínicos dan coloraciones de rojo a rojo-violeta.

12.3.3b Procedimiento: Ensayo del cloruro férrico

A 1 ml de una solución acuosa diluida (0,1 a 0,3 %) del compuesto en cuestión, añadir varias gotas de solución al 2,5 % de cloruro férrico. Comparar el color desarrollado con el del agua pura que contenga una cantidad equivalente de una solución de cloruro férrico. El color obtenido puede no ser permanente, por tanto debe hacerse la observación en el momento en que se efectúa la adición del reactivo.

Con el proceso anterior, determinados fenoles no producen coloración. Como un proceso opcional, disolver o suspender 20 mg si el compuesto es sólido o 1 gota si es líquido en 1 ml de cloroformo, y añadir 2 gotas de una solución que se habrá preparado disolviendo 1 g de cloruro férrico en 100 ml de cloroformo. A la solución a ensayar añadir 1 gota de piridina y observar el cambio de color.

Los fenoles reaccionan rápidamente con el *agua de bromo* para dar productos de sustitución insolubles; se broman todas las posiciones orto o para disponibles. Esta reacción tiene la ventaja de poderse utilizar tanto como un ensayo cualitativo para detectar la presencia de un grupo fenólico como para la preparación de derivados sólidos; estos ensayos deben aplicarse con precaución ya que la anilina y sus derivados sustituidos también reaccionan con el agua de bromo para producir precipitados insolubles.

12.3.3c Procedimiento: Ensayo con agua de bromo

A una solución acuosa al 1 % del sospechado fenol, añadir una solución saturada de agua de bromo, gota a gota, hasta que el color del bromo permanezca estable. Un resultado positivo vendrá indicado por la precipitación de un producto de sustitución con el bromo escasamente soluble y la producción de una mezcla de reacción fuertemente ácida. En el caso del fenol, el producto es el 2,4,6-tribromofenol.

En la región ultravioleta, la ionización por una base de un fenol incrementa a la vez las intensidades y las longitudes de onda de las bandas de absorción.

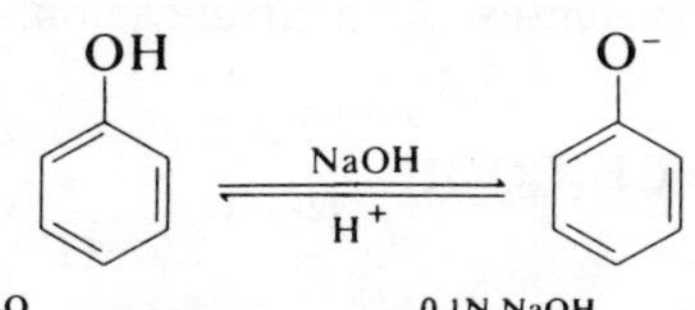

$\lambda_{max}^{H_2O}$ 211, 270 mμ (6200, 1450) $\lambda_{max}^{0.1N\ NaOH}$ 235, 287 mμ (9400, 2600)

Este desplazamiento puede ser observado visualmente en el caso del *p*-nitrofenol; el *p*-nitrofenol es amarillo mientras que el *p*-nitrofenolato de sodio es rojo.

12.3.3d Caracterización

Los fenoles al igual que los alcoholes, reaccionan con los isocianatos para producir uretanos. Los α-naftiluretanos son los derivados que se usan generalmente para la identificación de fenoles. El procedimiento que se utiliza es el mismo que se dio para los alcoholes (Sec. 12.3.1). Para fenoles altamente impedidos, se elige como reactivo el benceno sulfenilisòcianato.

Se dispone del punto de fusión de gran número de 3-5-dinitrobenzoatos de fenoles. Estos derivados pueden prepararse usando el método de la piridina que se describió para los alcoholes (Sec. 12.3.1).

La preparación de *fenoles bromados* es un proceso extraordinariamente simple, y los fenoles bromo sustituidos son unos derivados muy útiles. Aunque puede emplearse satisfactoriamente el agua de bromo saturada para esta bromación, el siguiente proceso suele dar mejores resultados en escala preparativa.

12.3.3e Procedimiento: Bromación

En un tubo de ensayo o un Erlenmeyer, disolver 1 g de bromuro potásico en 6 ml de agua. Añadir cuidadosamente 0,6 g de bromo. En un segundo tubo de ensayo, colocar 100 mg del fenol, 1 ml de metanol, y 1 ml de agua; añadirle 1 ml de la solución de bromo preparada y agitar. Continuar la adición de la solución de bromo hasta que la mezcla adquiera un color amarillo después de sacudir. Añadir 3 a 4 ml de agua fría y sacudir vigorosamente. Filtrar el bromofenol, y lavar bien el prepicitado con agua. Disolver los cristales en metanol caliente, filtrar la solución y añadir agua gota a gota al filtrado hasta que aparezca una opalescencia permanente. Dejar que se enfríe la mezcla para completar la cristalización.

Los iones fenóxidos, producidos por la disolución en álcali de los fenoles reaccionan fácilmente con el ácido cloroacético para dar *ácidos ariloxiacéticos.* Estos derivados son muy útiles puesto que cristalizan muy bien en agua, tienen puntos de fusión perfectamente determinados, y pueden caracterizarse por la medida de sus equivalentes de neutralización.

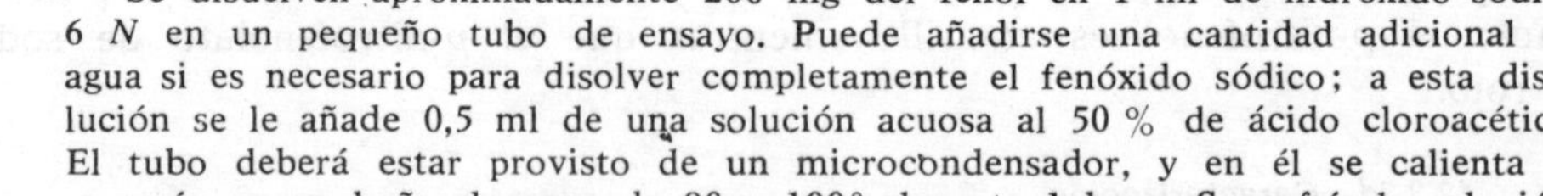

12.3.3f Procedimiento: Ácidos ariloxiacéticos

Se disuelven aproximadamente 200 mg del fenol en 1 ml de hidróxido sódico 6 *N* en un pequeño tubo de ensayo. Puede añadirse una cantidad adicional de agua si es necesario para disolver completamente el fenóxido sódico; a esta disolución se le añade 0,5 ml de una solución acuosa al 50 % de ácido cloroacético. El tubo deberá estar provisto de un microcondensador, y en él se calienta la reacción en un baño de agua de 90 a 100° durante 1 hora. Se enfría la solución, se añaden 2 ml de agua, y se acidifica con ácido clorhídrico diluido. La mezcla se extrae varias veces con pequeñas porciones de éter. El extracto éter se lava con 2 ml de agua y se extrae con una solución de carbonato sódico al 5 %. El carbonato sódico extraído se acidifica con HCl diluido para precipitar el ácido ariloxiacético. Los derivados pueden recristalizarse con agua caliente. Se determina el punto de fusión, y si es necesario, el equivalente de neutralización.

12.4 ÉTERES

[Véase también epóxidos (Sec. 12.5) y acetales y cetales (Sec. 12.6)].

12.4.1a Clasificación

La identificación del agrupamiento éter en el infrarrojo es complicada por el hecho que otros grupos funcionales contienen el enlace C—O y, consecuentemente, tienen bandas en la misma región. A modo de guía general, una banda relativamente fuerte en la región de 1250 a 1100 cm^{-1} (8,0 a 9,9 μ) y la ausencia de las bandas C=O y O—H son buenos indicios para sospechar que se trata de un éter (fig. 12.10). Los éteres alifáticos absorben en el extremo inferior del intervalo; la conjugación eleva la frecuencia.

Al igual que los hidrocarburos los éteres no son muy reactivos, pero pueden distinguirse químicamente de los hidrocarburos saturados mediante el ensayo de transferencia de carga con el iodo (Sec. 12.1.1b) y por su solubilidad en ácido sulfúrico (excepto los éteres diarílicos). Los éteres dialquílicos son también solubles en ácido clorhídrico concentrado, mientras que los otros no.

En ausencia de las absorciones hidroxílica y carbonílica en el infrarrojo, un metilo (especialmente con una resonancia característica) en el espectro rnm cerca de $\delta 4$ o un metino o un metileno a un campo ligeramente más bajo pondrá en alerta al investigador sobre la posibilidad de la presencia de un éter alquílico.

CUIDADO: *Cuando permanecen en reposo los éteres tienen tendencia a formar peróxidos altamente explosivos, especialmente cuando están expuestos al aire y la luz.* Si están presentes peróxidos, éstos se acumulan en el recipiente durante la destilación y pueden conducir a una violenta explosión. La presencia de peróxidos puede detectarse con papel de ioduro almidonado el cual ha sido previamente humedecido con ácido clorhídrico diluido. El resultado es positivo si el papel ioduro almidonado toma una coloración azul. Los peróxidos (así como el agua y los alcoholes) pueden eliminarse de los éteres filtrando el éter a través de una columna corta de alúmina altamente activa. (Se recomienda la alúmina básica de Woelm, en un grado de actividad 1.) Los hidroperóxidos (pero no los dialquilos o los peróxidos de diacilo insolubles en agua) pueden eliminarse de los materiales orgánicos con un tratamiento con sulfato ferroso; lavar 10 ml del éter que contiene algo de peróxidos con 3 a 5 ml de una solución al 1 % del sulfato ferroso acidificado con una gota de ácido sulfúrico.

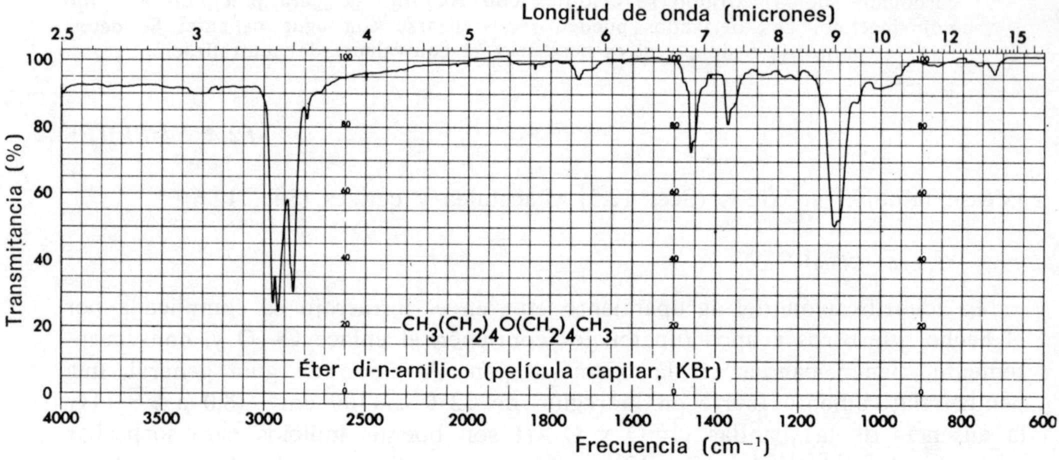

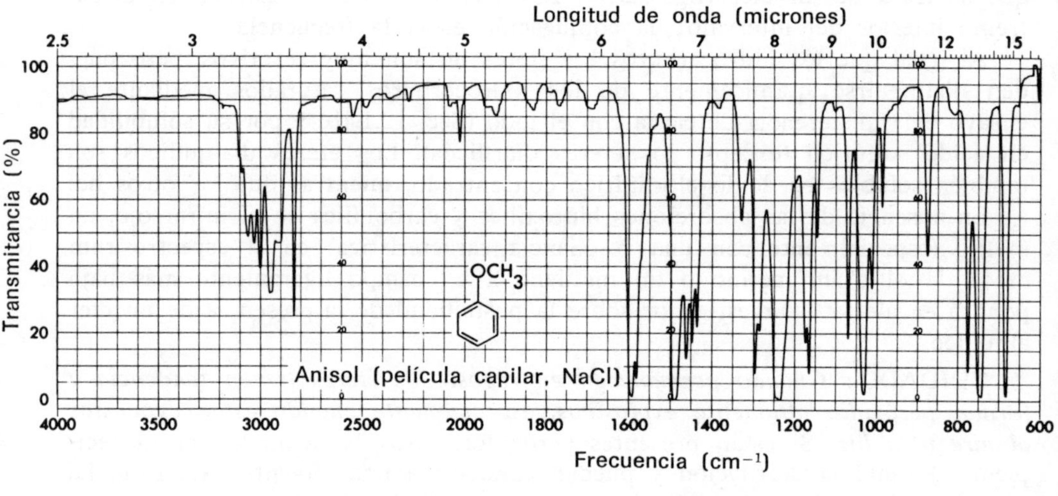

Fig. 12.10. Espectros infrarrojos típicos de éteres.

12.4.1b Caracterización

Éteres alifáticos. La baja reactividad de los éteres alifáticos hace que el problema de preparación de derivados sea bastante difícil. Como en el caso de los hidrocarburos debemos apoyarnos más que nada en propiedades físicas y espectrales.

Los éteres alifáticos pueden fraccionarse con cloruro de 3,5-dinitrobenzoilo y $ZnCl_2$ como catalizador para dar *3,5-dinitrobenzoatos.*

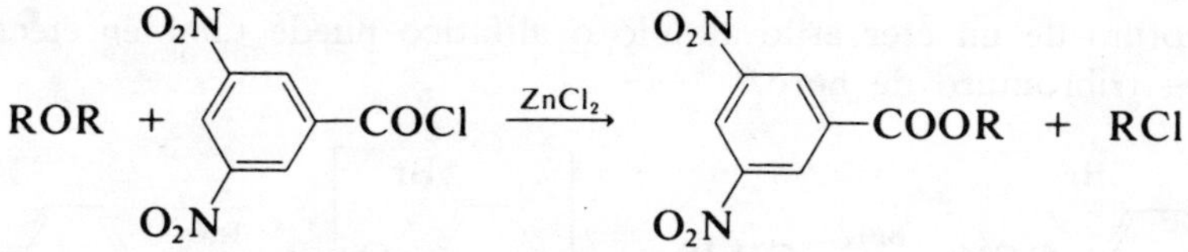

El método, no obstante, sólo es útil para éteres simétricos y requiere al menos 1 ml de la muestra. Con éteres alifáticos de bajo punto de ebullición, la reacción puede fallar debido a una pérdida del éter antes de que se efectúe la rotura. En estos casos para obtener el derivado deseado en cantidad suficiente es necesario usar el método del tubo cerrado.

12.4.1c Procedimiento: 3,5-dinitrobenzoatos

Para obtener resultados óptimos hay que asegurarse de que el equipo se ha secado a la llama. A menudo se obtienen mejores resultados con cloruro de cinc recientemente fundido. Dentro de un microfrasco, colocar de 400 a 500 mg de cloruro de cinc, 0,5 ml de éter y 250 mg de cloruro de 3-5-dinitrobenzoilo. Insertar inmediatamente un condensador equipado con un tubo de secado. Calentar a reflujo de 1 a 2 horas. Sacar el condensador y dejar escapar el material volátil. Pulverizar el residuo. Añadir 5 ml de carbonato sódico al 5 %, y agitar y calentar la mezcla entre 60 y 70° (o sea 1 min en un baño de vapor). Recoger el precipitado por filtración a succión. Lavar el precipitado con 2 ml de carbonato sódico al 5 %, y seguidamente hacer varios lavados con pequeñas partes de agua y dejar secar. El éster crudo puede recristalizarse en etanol acuoso, en tetracloruro de carbono o en cloroformo. La cantidad resultante puede ser tan pequeña como 5 mg o incluso menor.

Los éteres alifáticos sufren una rotura oxidativa con bromo acuoso a 25°. Los productos obtenidos dependen de las condiciones y de la proporción bromo a éter empleada.[24] Son ilustrativos los siguientes ejemplos:

$$(CH_3)_2CHOCH(CH_3)_2 \xrightarrow[25^\circ]{Br_2,\ H_2O} CH_3\overset{O}{\overset{\|}{C}}CH_3$$

$$CH_3CH_2OCH_2CH_3 \xrightarrow[25^\circ]{Br_2,\ H_2O} CH_3COOH$$

$$C_6H_5CH_2OCH_2C_6H_5 \xrightarrow[25^\circ]{Br_2,\ H_2O} C_6H_5CHO$$

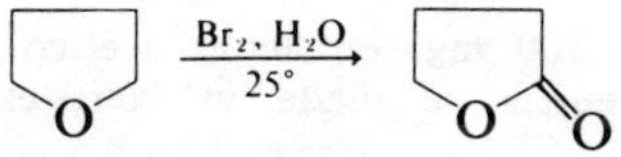

[24] N. C. Deno y N. H. Potter, *J. Am. Chem. Soc.*, **89**, 3550 (1967).

La rotura de un éter arilo alquilo o alifático puede también efectuarse mediante el tribromuro de boro.[25, 26]

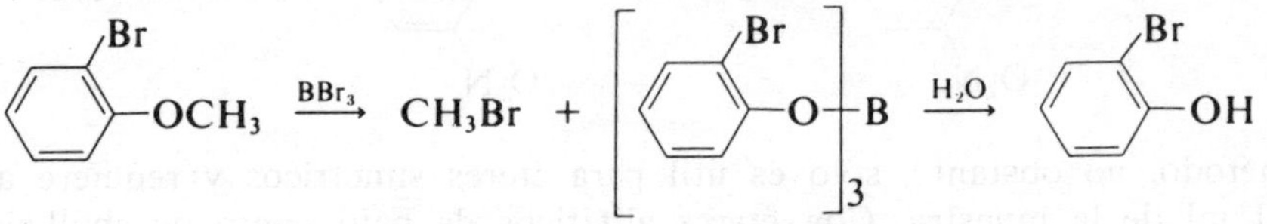

Los éteres arílicos y alquílicos se rompen por la acción del ácido iodhídrico.

$$R_2O + 2\,HI \longrightarrow 2\,RI + H_2O$$

$$ArOR + HI \longrightarrow ArOH + RI$$

Para obtener suficiente producto, especialmente para la caracterización de ioduros de alquilo, es necesario utilizar una cantidad de muestra de 4 a 5 gramos. Los ioduros de alquilo y fenoles pueden transformarse en derivados útiles para la identificación.

Los éteres de vinilo bajo la acción de los ácidos minerales diluidos se rompen con facilidad pasando a alcoholes y compuestos carbonílicos.

Éteres aromáticos. Los derivados de los éteres aromáticos que se emplean más frecuentemente son los que se obtienen mediante substituciones aromáticas electrofílicas.

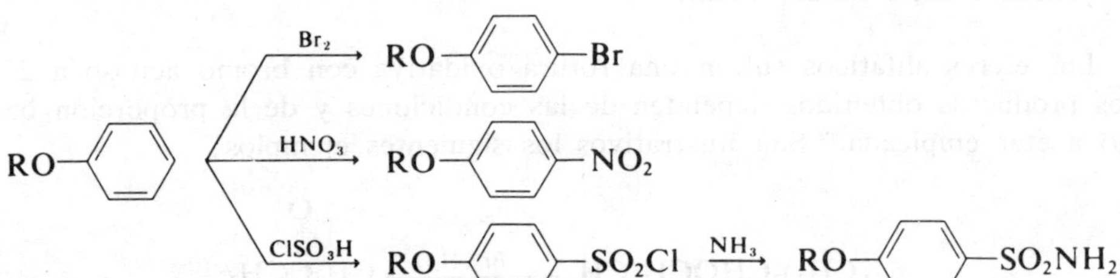

La extensión con la cual se produce la *bromación* en los éteres aromáticos depende de los grupos presentes.

12.4.1d Procedimiento: Bromación

Disolver el éter (de 5 a 100 mg) en ácido acético glacial y colocarlo en un baño de hielo; mientras se enfría, se añade un ligero exceso de bromo (para ope-

[25] F. L. Benton y T. E. Dillon, *Ibid.*, **64**, 1128 (1952)
[26] J. F. W. McOmie y M. L. Watts, *Chem. Ind.* (London), 1659 (1963)

raciones en pequeña escala puede usarse bromo líquido; se recomienda una solución de bromo en ácido acético glacial). Se deja reposar la mezcla de la reacción en un baño de hielo durante poco tiempo. Después se saca del baño de hielo y se deja reposar a temperatura ambiente unos 10 a 15 min. Se separará el compuesto bromado mediante la adición de agua. Se recristaliza el producto crudo en alcohol diluido o éter de petróleo. En algunos casos es ventajoso usar disolventes distintos al ácido acético como medio de reacción. El tetracloruro de carbono, el cloroformo y el éter han sido algunas veces utilizados, aunque por evaporación del disolvente se obtiene el producto menos puro.

Los éteres aromáticos se clorosulfonan con facilidad con ácido clorosulfónico. Los cloruros de sulfonilo intermedios pueden ser aislados pero generalmente resulta más conveniente convertirlos directamente a *sulfonamidas*.

12.4.1e Procedimiento: Sulfonamidas

Se coloca en un tubo de ensayo una solución de 0,25 gr o 0,25 ml de éter aromático en 2 ml de cloroformo, y se enfría en un baño de hielo. Se añade aproximadamente 1 g de ácido clorosulfónico gota a gota durante unos 5 min. El tubo se saca del baño de hielo y se deja reposar durante 30 min. Se vierte la mezcla de la reacción dentro de un pequeño embudo de decantación que contenga 5 ml de agua con hielo. Se separa la capa de cloformo y se lava con agua. La capa de cloroformo se añade, mientras se agita, a 3 ml de una solución concentrada de amoniaco (o se burbujea gas amónico dentro de la solución de cloroformo). Se agita la solución durante 10 min y después se evapora el cloroformo. Se disuelve el residuo en 3 ml de hidróxido sódico al 5 % y se filtra para eliminar los productos insolubles. Se acidifica el filtrado con ácido clorhídrico diluido y se enfría en un baño de hielo. Se recoge la sulfonamida y se recristaliza en etanol diluido.

La *nitración* puede llevarse a cabo por alguno de los procesos que se señalaron para los hidrocarburos aromáticos (Sec. 12.1.4). Aquí también la extensión con la cual se produce la nitración depende de las condiciones empleadas y de los grupos que se hallen presentes.

Los éteres aromáticos forman *complejos moleculares con el ácido pícrico.*

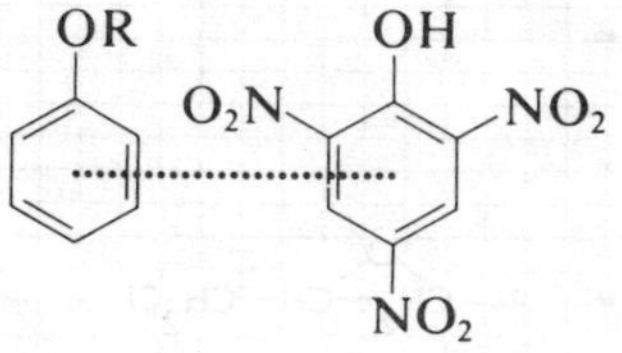

12.4.1f Procedimiento: Complejos del ácido pícrico

Disolver 1 mmol del éter aromático en un pequeño volumen de cloroformo hirviente y 1,05 mmol (0,241 g) de ácido pícrico en 10 ml de cloroformo hirviente. Las dos soluciones calientes se mezclan y se dejan enfriar. Se recogen los cristales, se secan rápidamente entre papeles de filtro, y se determina inmediatamente el punto de fusión. Aunque un buen número de tales picratos se descomponen al reposar, algunos son lo suficientemente estables como para ser recristalizados (a partir de un volumen mínimo de cloroformo).

Los éteres aromáticos que contienen una cadena lateral alquílica pueden ser oxidados a ácidos benzoicos sustituidos con permanganato potásico (véanse los procedimientos descritos en hidrocarburos aromáticos, Sec. 12.1.4). Como anteriormente se remarcó con los éteres alifáticos, los éteres de arilo-alquilo se escinden con el ácido iodhídrico y tribromuro de boro. Los éteres de arilo-alquilo sufren el reagrupamiento de Claisen, al ser calentados, dando *o*-alilfenoles.

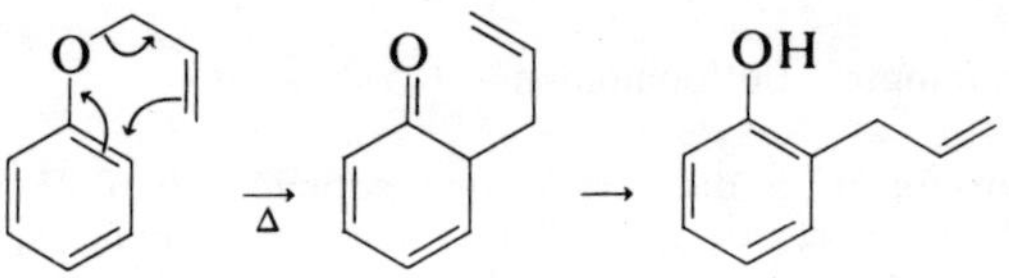

12.5 EPÓXIDOS

12.5.1a Clasificación

Los epóxidos son éteres cíclicos de tres miembros, los cuales difieren grandemente en su reactividad química si se comparan con los éteres acíclicos de anillo grande. Los epóxidos, que a menudo son líquidos, en el infrarrojo presentan bandas anchas de intensidad moderada a 1250 cm^{-1} (8,0 μ) y en la re-

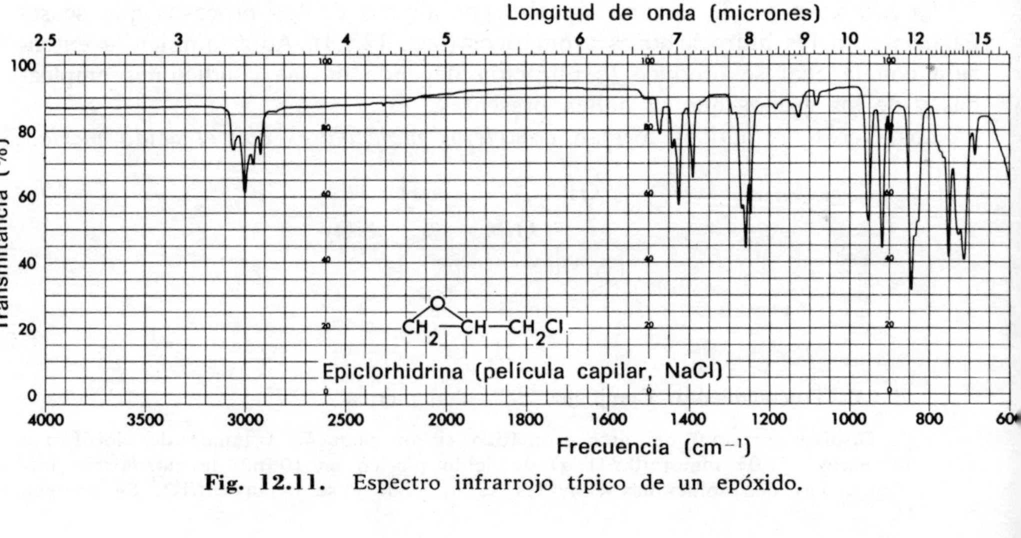

Fig. 12.11. Espectro infrarrojo típico de un epóxido.

gión de 900 a 800 cm^{-1} (11 a 12,5 μ). (Fig. 12.11.) El espectro rnm de los epóxidos es muy complejo.

El *ensayo del periodato* para los epóxidos es una modificación del ensayo usado para detectar glicoles (Sec. 12.3.2c).

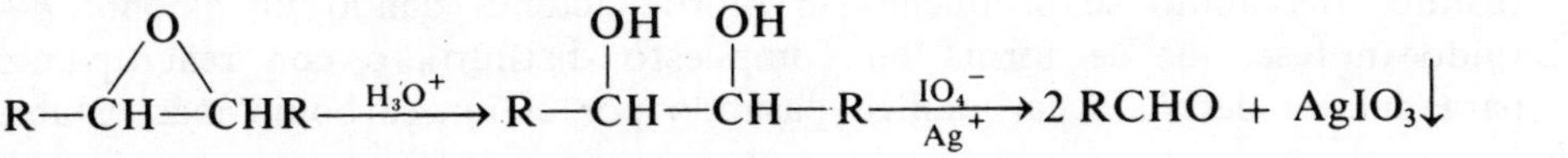

12.5.1b Procedimiento: Ensayo del periodato para epóxidos

Añadir 2 gotas de ácido nítrico concentrado a 2 ml de una solución de ácido periódico al 0,5 %, y después añadir una o dos gotas de epóxido. Los compuestos insolubles en agua pueden disolverse en ácido acético. Sacudir vigorosamente la mezcla, y añadir 2 gotas de una solución al 5 % de nitrato de plata. Un resultado positivo vendrá indicado por la aparición de un precipitado blanco de iodato de plata, siendo aconsejable el efectuar un ensayo en blanco.

La mayoría de epóxidos *reaccionan con ácido clorhídrico concentrado* para producir clorhidrinas que son insolubles en el reactivo. Este ensayo sólo deberá efectuarse después de haber establecido que el compuesto desconocido no es un alcohol (véase el ensayo de Lucas, en la Sec. 12.3.1). La mayoría de éteres alifáticos son solubles en ácido clorhídrico, aunque no son atacados por él.

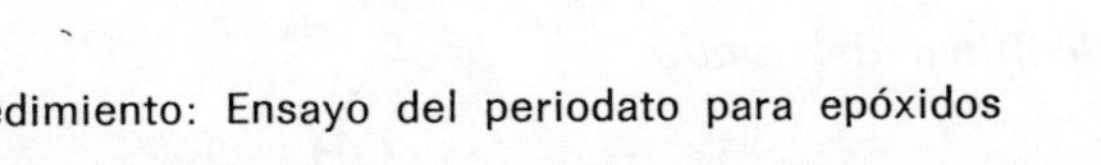

12.5.1c Procedimiento: Clorhidrinas

Añadir dos gotas del compuesto desconocido, a 0,5 ml de ácido clorhídrico concentrado frío colocado en un tubo de ensayo. Si el producto desconocido no se disuelve inmediatamente en el ácido clorhídrico añadir otras dos gotas de dioxano para producir una solución homogénea. Dejar que reaccionen a temperatura ambiente y luego dejarlo reposar de 10 a 15 min. Un resultado positivo será la formación de un aceite insoluble (clorhidrina). Las clorhidrinas de menos de cuatro carbonos son solubles.

12.5.1d Caracterización

Los epóxidos pueden caracterizarse parcialmente por medio de sus puntos de ebullición y sus índices de refracción.

Debido a que generalmente no es posible la formación de derivados que puedan ser útiles a partir de los epóxidos, será normalmente necesario realizar conversiones químicas a otros agrupamientos funcionales. La química de los epóxidos se caracteriza por su alta reactividad respecto a las reacciones de apertura de anillo, las cuales se clasifican en dos categorías: nucleofílicas y electrofílicas. El ataque nucleofílico ocurre en el átomo de carbono menos sustituido para dar un alcohol β-sustituido. Las reacciones de apertura electrofílica del anillo se producen sin reordenaciones dando un alcohol β-sustituido (nótese que se forma un compuesto distinto), o con reagrupamientos para dar un derivado carbonílico pasando por el ion carbonio más estable.

Apertura nucleofílica del anillo

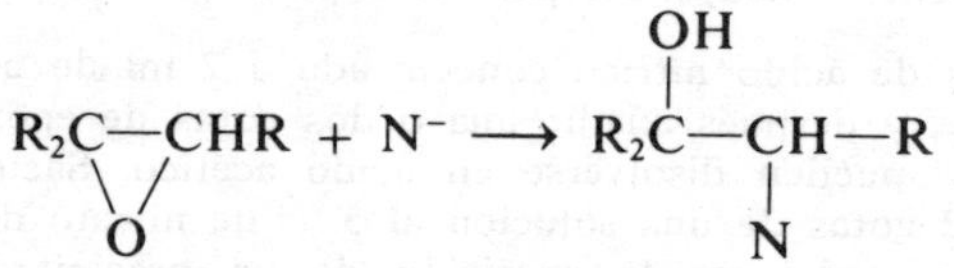

Apertura electrofílica del anillo

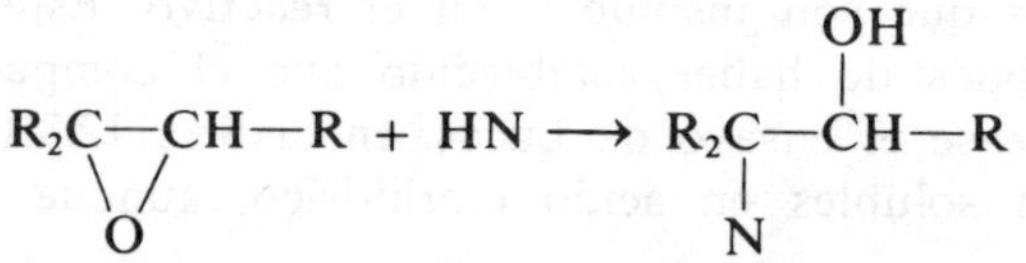

Reagrupamientos

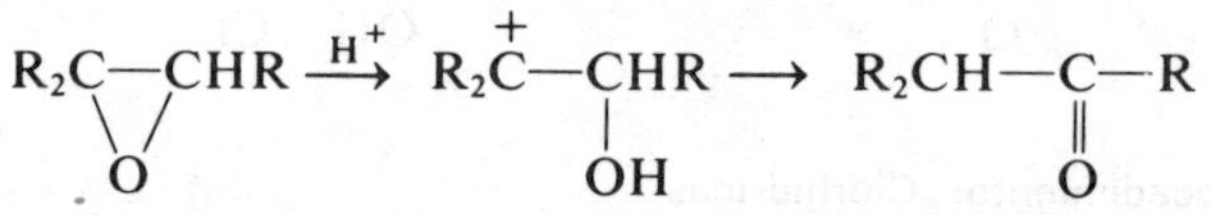

Las dos reacciones de conversión de epóxidos a otros derivados útiles para propósitos de identificación que más se utilizan son los reagrupamientos catalizados por el sulfúrico o reordenaciones de Lewis catalizadas por ácido (véase en Sec. 12.3.2d, las reacciones de reagrupamiento de los glicoles por la acción de alcoholes prolihídricos) y la *reducción con hidruro de litio y aluminio*. Se prefiere generalmente esta última debido que tiene menos reacciones colaterales.

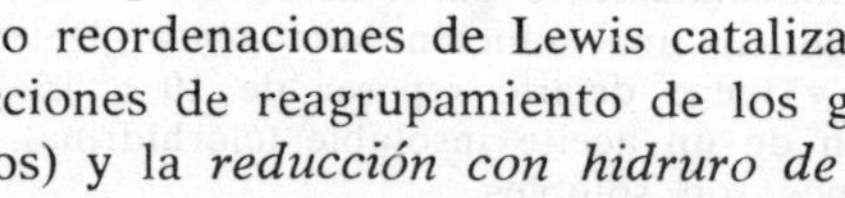

12.5.1e Procedimiento: Reducción con hidruro de litio y aluminio

A una solución con un exceso del 50 % de hidruro de aluminio y litio (basándose en el peso molecular supuesto para el epóxido) en 20 ml de éter absoluto se añade lentamente 300 mg del epóxido desconocido disuelto en 5 ml de éter. La mezcla de la reacción se refluye durante 30 min y el exceso de hidruro se descompone cuidadosamente por la adición gota a gota de agua o una solución acuosa saturada de sulfato sódico (evitar un gran exceso de agua). A veces puede resultar conveniente disolver el hidróxido de aluminio con una adición de tartrato sódico potásico, y entonces extraer la mezcla con éter. Se filtra la mezcla de la reacción para sacar el residuo inorgánico insoluble. La solución de éter se seca sobre sulfato magnésico, y se elimina el éter por destilación. El alcohol puede caracterizarse de la manera usual.

12.6 ACETALES Y CETALES

(Véase la Sec. 12.19.2, sobre sulfuros para ditio- y monotioacetales y cetales.)

12.6.1a Clasificación

Una gran parte de acetales y cetales son líquidos y tienen un olor bastante agradable. Se sospechará que se trata de un acetal o un cetal si en el espectro infrarrojo aparecen tres bandas en la región de tensión del enlace C—O [1190 a 1160, 1195 a 1125, y 1098 a 1063 cm^{-1} (8,40 a 8,62, 8,37 a 8,89 y 9,11 a 9,14 μ, respectivamente)], especialmente en ausencias de absorciones hidroxílicas y carbonílicas (fig. 12.12). Además, en el espectro de un acetal aparece una fuerte banda de deformación por flexión del enlace C—H en la región de 1116 a 1103 cm^{-1} (8,96 a 9,02 μ), la cual, sin embargo, puede estar oscurecida por los picos C—O.

Un compuesto del que se sospeche que es un cetal o un acetal se some-

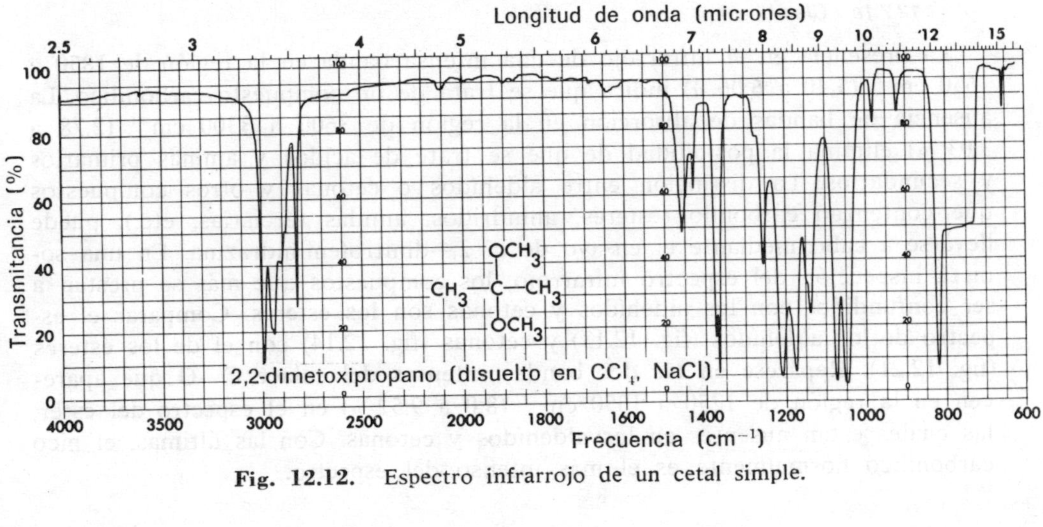

Fig. 12.12. Espectro infrarrojo de un cetal simple.

terá a hidrólisis con ácido diluido, y el hidrolizado deberá ensayarse para detectar la presencia de un aldehído o una cetona. Una manera sencilla de ejecutar tal ensayo consiste en añadir varias gotas del compuesto al reactivo 2,4-dinitrofenilhidrazina y calentar la mezcla. El ácido contenido en el reactivo normalmente es suficiente para producir hidrólisis.

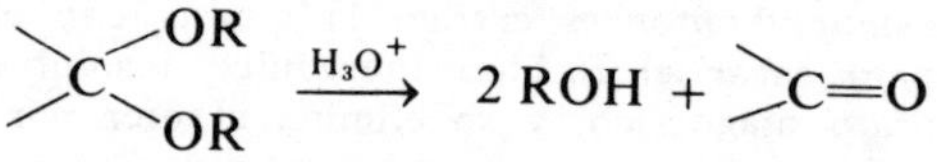

PRECAUCIÓN: *Los acetales, al igual que los éteres, forman peróxidos altamente explosivos cuando están expuestos al aire y a la luz.*

12.6.1b Caracterización

La preparación de derivados de acetales y cetales se basa sobre su hidrólisis para obtener el componente alcohólico y el componente carbonílico. Normalmente la hidrólisis puede efectuarse calentando con ácido mineral diluido de 10 a 30 min con un codisolvente como el dioxano caso de ser necesario para tener la muestra en disolución. El hidrolizado se separará en dos fracciones. Una de ellas se empleará en preparar el 3,5-dinitrobenzoato u otro derivado adecuado del alcohol. (En algunos casos el identificar químicamente el componente alcohólico puede ser innecesario debido a que aquella parte de la molécula se puede identificar de un modo preciso con los datos de rnm o espectrometría de masas obtenidos con el cetal o acetal original.) La segunda parte se utiliza para caracterizar el aldehído o cetona transformándolo en 2,4-dinitrofenilhidrazona o semicarbazona.

12.7 ALDEHÍDOS Y CETONAS

12.7.1a Clasificación

La presencia en el infrarrojo de una intensa banda en la región de 1850 a 1650 cm^{-1} (5,40 a 6,06 μ) indica que se trata de un compuesto carbonílico. La ausencia de bandas de absorción en la región de 3600 a 3300 cm^{-1} (2,78 a 3,03 μ) elimina la posibilidad de que se trate de ácidos y aminas primarios y secundarios. La distinción entre aldehídos o cetonas y otros compuestos que contengan carbonilo (ésteres, anhídridos, amidas terciarias, etc.), puede llevarse a cabo mediante el ensayo de la 2,4-dinitrofenilhidrazina. En una somera inspección del espectro infrarrojo, los compuestos que más se prestan a ser confundidos con los aldehídos y cetonas son los ésteres. Comparar el espectro de los aldehídos (fig. 12.13) y cetonas (fig. 12.14) con el de los ésteres (fig. 12.21). Repárese en las dos bandas intensas del enlace C—O que aparecen en la región de 1250 a 1050 cm^{-1} (8,0 a 9,52 μ) en el espectro del éster, las cuales están ausentes en los aldehídos y cetonas. Con las últimas, el pico carbonílico normalmente es el más intenso del espectro.

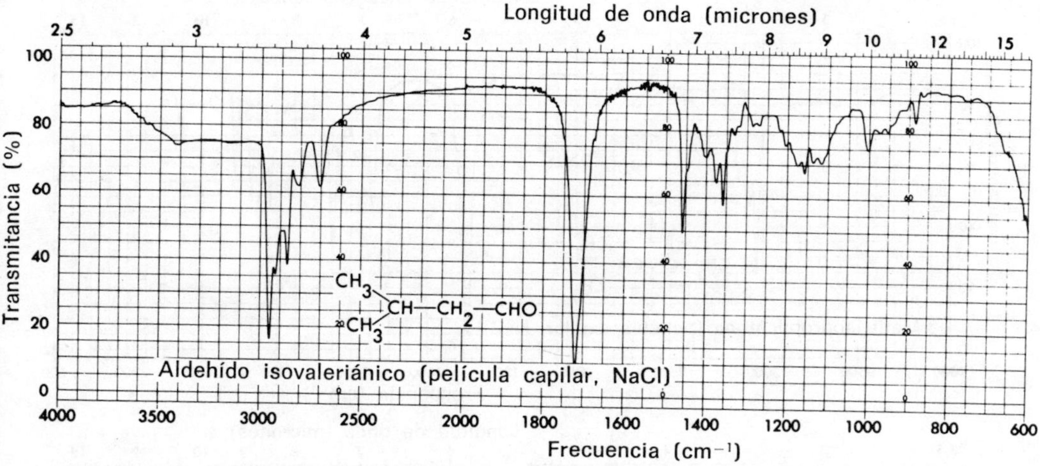

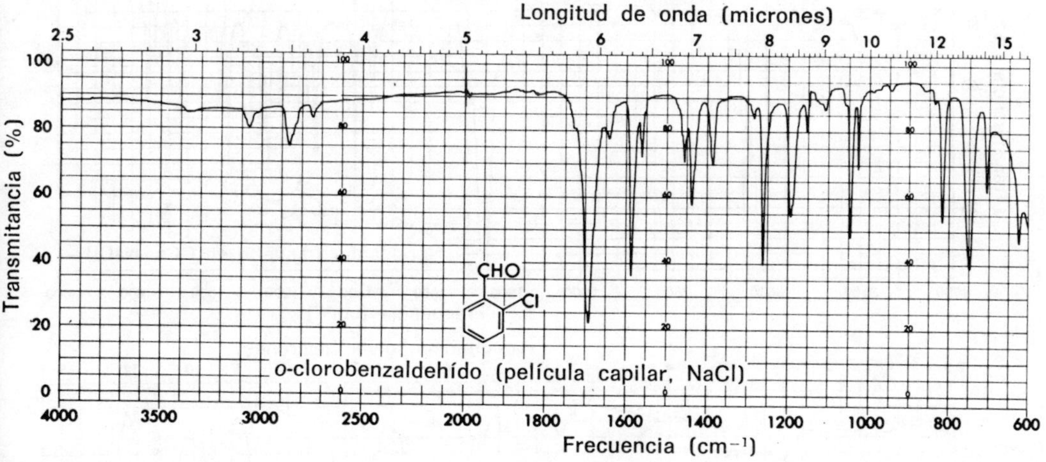

Fig. 12.13. Espectro característico en el infrarrojo de los aldehídos.

12.7.1b Ensayo de la 2,4-dinitrofenilhidrazina

La utilidad de la 2,4-dinitrofenilhidrazina se apoya en el hecho de que casi todos los aldehídos y cetonas dan rápidamente 2,4-dinitrofenilhidrazonas sólidas. Hay unas cuantas excepciones entre las cetonas alifáticas de cadena larga que dan aceites.

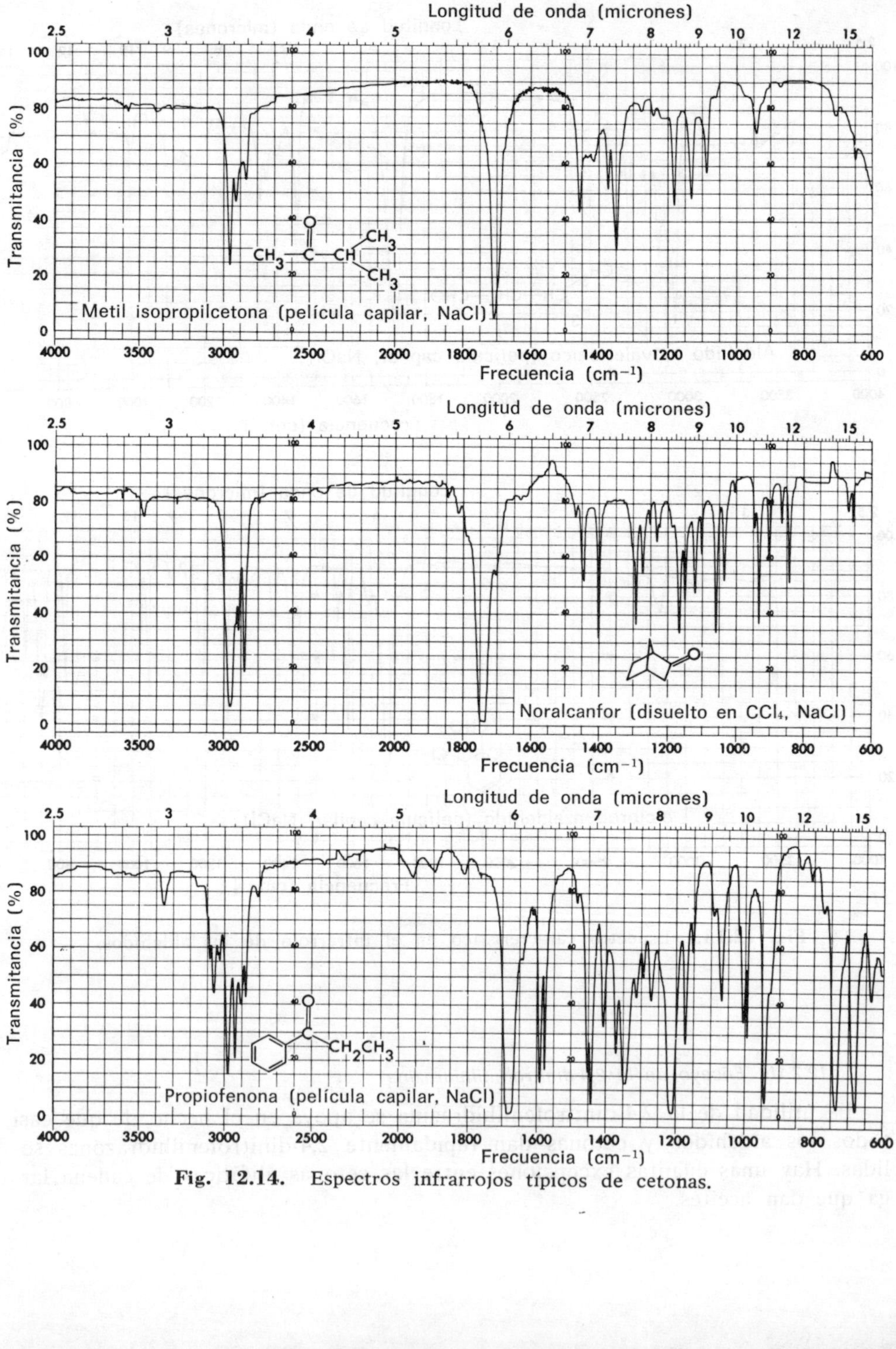

Fig. 12.14. Espectros infrarrojos típicos de cetonas.

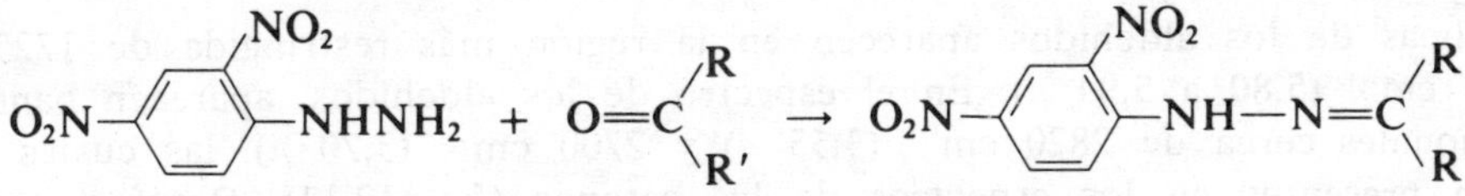

R y R′ = alquilo, arilo o hidrógeno

Es necesario aplicar el ensayo con alguna precaución, es decir, sólo a compuestos que den en el infrarrojo evidencia de ser aldehídos o cetonas, puesto que el reactivo puede reaccionar con anhídridos o ésteres de gran reactividad y es capaz de oxidar ciertos alcoholes alílicos y bencílicos a aldehídos y cetonas, que dan entonces ensayos positivos. El reactivo puede dar complejos insolubles de transferencia de carga con las aminas, fenoles, etc.; éstos, sin embargo, normalmente son bastante más solubles que las fenilhidrazonas y sobre esta base se pueden distinguir. El uso indiscriminado de este reactivo puede suministrar ensayos positivos equívocos debido a la hidrólisis de compuestos tales como cetales, o trazas de impurezas de compuestos carbonílicos.

El color de una 2,4-dinitrofenilhidrazona puede proporcionar una indicación cualitativa acerca de la conjugación, o las características del entorno, en el compuesto carbonílico inicial. Las dinitrofenilhidrazonas de aldehídos y cetonas saturados son típicamente amarillas. La conjugación con un doble enlace carbono-carbono o con un anillo aromático cambia el color de amarillo a rojo anaranjado. Debe reseñarse que la 2,4-dinitrofenilhidrazona por sí misma tiene un color rojo anaranjado y algunas veces y bajo ciertas condiciones de reacción este material precipita o contamina la dinitrofenilhidrazona. Cualquier precipitado de color anaranjado que funda cerca del punto de fusión de la 2,4- dinitrofenilhidrazina (198°d) deberá ser analizado con desconfianza.

12.7.1c Procedimiento: Ensayo de la 2,4-dinitrofenilhidrazina

Reactivo: Disolver 3 g de 2,4-dinitrofenilhidrazina en 15 ml de ácido sulfúrico concentrado. Añadir esta solución al mismo tiempo que se agita, a 20 ml de agua y 70 ml de etanol del 95 %. Mezclar intensamente estas soluciones y filtrar.

Colocar 1 ml del reactivo 2,4-dinitrofenilhidrazina en un pequeño tubo de ensayo y añadirle una gota del compuesto carbonílico líquido que quiera ensayarse o una cantidad equivalente del producto disuelta en etanol, caso de ser este sólido. Sacudir vigorosamente el tubo; si no se forma inmediatamente un precipitado, dejar reposar la solución durante 15 min; la formación de un precipitado entre amarillo o rojo anaranjado se considera un resultado positivo.

12.7.2 Distinción entre aldehídos y cetonas

12.7.2a Métodos espectrales

Espectro infrarrojo. El espectro infrarrojo de las cetonas exhibe bandas carbonílicas en la región de 1780 a 1665 cm^{-1} (5,62 a 6,01 μ). Las bandas carbonílicas de los aldehídos aparecen en la región más restringida de 1725 a 1685 cm^{-1} (5,80 a 5,94 μ). En el espectro de los aldehídos, aparecen bandas adicionales cerca de 2820 cm^{-1} (3,55 μ) y 2700 cm^{-1} (3,70 μ), las cuales no están presentes en los espectros de las cetonas (fig. 12.13). Desafortunadamente, estas bandas a menudo son débiles y/o poco resueltas.

Espectro rnm. La resonancia a un campo muy bajo del hidrógeno aldehídico (δ9,5 a 10,1) es de gran valor en el diagnóstico de un aldehído. Los hidrógenos que se hallan en carbonos saturados adyacentes al carbonilo de aldehídos y cetonas caen normalmente en la región δ2 a 3. En el caso de aldehídos, estos hidrógenos se acoplan con el hidrógeno aldehídico con una constante de acoplamiento relativamente pequeña (1—3 Hz). Las metil-alquil cetonas exhiben singuletes muy agudos debidos al metilo cerca de δ2,2; en las aril-metil cetonas aparece cerca de δ2,6.

Espectro de masas. Si en el espectro de masas aparecen un pico molecular muy bien definido y un pico molecular-1 muy intenso, el espectro debe analizarse para buscar más evidencia de que se trata de un aldehído. En el espectro de masas de las cetonas, el ion molecular queda también muy realzado. En las cetonas acíclicas se produce una mayor fragmentación, resultando más picos, debido a la rotura del enlace en alfa, para producir iones lineales. En las alquil-aril cetonas el pico base corresponde al fragmento $ArCO^+$.

12.7.2b *Métodos químicos*

La posibilidad de oxidación de los aldehídos para dar ácidos es la base de un gran número de ensayos tendentes a distinguir los aldehídos de las cetonas.

La mayoría de aldehídos reducen al ion plata a plata metálica a partir de una *solución amoniacal de nitrato de plata (reactivo de Tollens).*

$$RCHO + 2\,Ag(NH_3)_2OH \longrightarrow 2\,Ag\downarrow + RCOO^-NH_4^+ + H_2O + NH_3$$

Este ensayo lo dan asimismo las hidroxicetonas (azúcares reductores así como determinados aminocompuestos tales como hidroxilaminas). Las cetonas normales no reaccionan. Este ensayo sólo se deberá efectuar después que se haya establecido que el compuesto en cuestión es un aldehído o una cetona.

12.7.2c Procedimiento: Ensayo de Tollens

Reactivo: Solución A. Disolver 3 g de $AgNO_3$ en 30 ml de agua. *Solución B.* Hidróxido sódico al 10 %. Cuando se requiere utilizar el reactivo, mezclar en un tubo de ensayo limpio 1 ml de la solución *A* con 1 ml de la solución *B*, y añadir a gotas una solución diluida de amoniaco justo hasta que se disuelva el óxido de plata.

PRECAUCIÓN. *Preparar el reactivo sólo antes de usarlo;* no calentar el reactivo durante su preparación ni dejar reposar el reactivo ya que puede formarse un fulminato de plata *muy explosivo*. Lavar los residuos que queden debajo del sumidero con una gran cantidad de agua. Al completar el ensayo enjuagar el tubo de ensayo con HNO_3 diluido.

Añádanse unas cuantas gotas de una solución diluida del compuesto a 2 o 3 ml de la solución de reactivo preparado. En un ensayo positivo, la plata se deposita en forma de espejo de plata en las paredes del recipiente ya sea en frío o después de calentar en un cubilete de agua caliente.

El ácido crómico en acetona oxida rápidamente los aldehídos o ácidos (el reactivo ataca también a los alcoholes primarios y secundarios, Sec. 12.3.1), mientras que las cetonas o bien no son atacadas o sólo lo son ligeramente por este reactivo. Los aldehídos alifáticos son atacados algo más rápido que los aldehídos aromáticos; esta diferencia de velocidades se ha utilizado para diferenciar los aldehídos aromáticos de los alifáticos.[27]

12.7.2d Procedimiento: Ensayo con ácido crómico

Reactivo: Disolver 1 g de óxido crómico en 1 ml de ácido sulfúrico concentrado, y diluir con 3 ml de agua.

Disolver una gota o 10 mg del compuesto en 1 ml de acetona pura para análisis (o mejor, acetona que ha sido destilada en presencia de permanganato). Añadir varias gotas del reactivo con el ácido crómico. Un resultado positivo vendrá indicado por la formación de un precipitado verde de sales cromosas. Con los aldehídos alifáticos, la solución se vuelve turbia dentro de 5 seg, y aparece un precipitado en unos 30 seg. Los aldehídos aromáticos requieren, por lo general, de 30 a 90 seg para la formación de un precipitado.

Con los aldehídos alifáticos (pero no con los aromáticos) y con las α-hidroxicetonas el *reactivo de Benedict (un citrato complejo de ion cúprico)* da un precipitado entre amarillo y rojo. La suspensión amarilla al estar en la solución azul da la sensación de que es verde. En determinados casos, se desconoce la composición exacta del precipitado; se supone normalmente que se trata de óxido cuproso. Éste es el método clásico que ha sido utilizado para distinguir los aldehídos alifáticos de los aromáticos.

$$RCHO + 2\,Cu^{++}\,(citrato)_2 + 4\,OH^- \longrightarrow RCOOH + Cu_2O\downarrow + H_2O$$

12.7.2e Procedimiento: Ensayo de Benedict

Reactivo: Disolver 86,5 g de citrato sódico hidratado y 50 g de carbonato sódico anhidro en unos 350 ml de agua. Añadir al mismo tiempo que se agita

[27] J. D. Morrison, *J. Chem. Ed.*, **42**, 554 (1965).

una solución de 8,65 g de sulfato cúprico en 50 ml de agua. Diluir la solución resultante hasta 500 ml; si es necesario, filtrar. Al dejar reposar la solución no se deteriora de un modo apreciable.

Dentro de un tubo de ensayo que contenga 4 ml de la solución de Benedict, añadir de dos a tres gotas del líquido desconocido, o en el caso de que el compuesto sea sólido, una cantidad equivalente diluida en un pequeño volumen de etanol o agua. Calentar la mezcla hasta que hierva. Un resultado positivo es aquel en que se obtiene un precipitado rojo-amarillo.

Los aldehídos reaccionan con la metona para dar derivados del tipo dimetona. Las cetonas no reaccionan y el método puede servir para diferenciar ambos tipos de compuestos (véase la próxima sección).

12.7.3 *Aldehídos*

12.7.3a Caracterización

Los derivados de los aldehídos que se emplean con más frecuencia incluyen las *p*-nitro y 2,4-dinitro fenilhidrazonas, y las fenil hidrazonas no sustituidas así como las semicarbazonas y las oximas. En la sec. 12.7.5 se presentará la discusión de los procesos para la obtención de estos derivados, así como un método para efectuar su reducción a alcoholes primarios.

La *oxidación de un aldehído a su correspondiente ácido* es un método particularmente útil para efectos de identificación, especialmente en el caso de aldehídos aromáticos que conducen a ácidos sólidos (caracterizados por sus puntos de fusión y sus equivalentes de neutralización).

12.7.3b Procedimiento: Oxidación a ácidos

(a) La oxidación puede llevarse a cabo por el método del ácido crómico en acetona señalado para los alcoholes (Sec. 12.3.1).

(b) Colocar en un tubo de ensayo 0,5 g de aldehído, de 5 a 10 ml de agua, y varias gotas de una disolución acuosa saturada de permanganato potásico. Sacudir vigorosamente la mezcla y añadir permanganato adicional hasta que el color púrpura sea permanente. Acidificar la mezcla con ácido sulfúrico diluido y añadir la cantidad suficiente de solución de bisulfito sódico para convertir el exceso de permanganato y dióxido de manganeso en sulfato de manganeso soluble e incoloro. Separar el ácido por filtración o extracción con cloroformo o éter. El ácido puede recristalizarse en agua o alcohol-agua, o puede purificarse por sublimación.

Las ecuaciones que siguen a este párrafo ilustran la reacción entre un aldehído y la 5,5-dimetilciclohexano-1,3-diona (metona, dimetildihidrorresorcinol). Un mol de aldehído se condensa con 2 mol del reactivo para dar la *dimetona,* llamado a veces un *derivado dimedónico.* Como las cetonas no dan derivados las reacciones puede servir como otro método para la diferenciación entre aldehídos y cetonas; incluso los aldehídos pueden hacerse reaccionar en presencia de cetonas. La reacción puede también servir para la determinación cuantitativa de formaldehído. Las dimetonas son unos derivados más adecuados que las 2-4 dinitrofenilhidrazonas para aldehídos de bajo peso molecular.

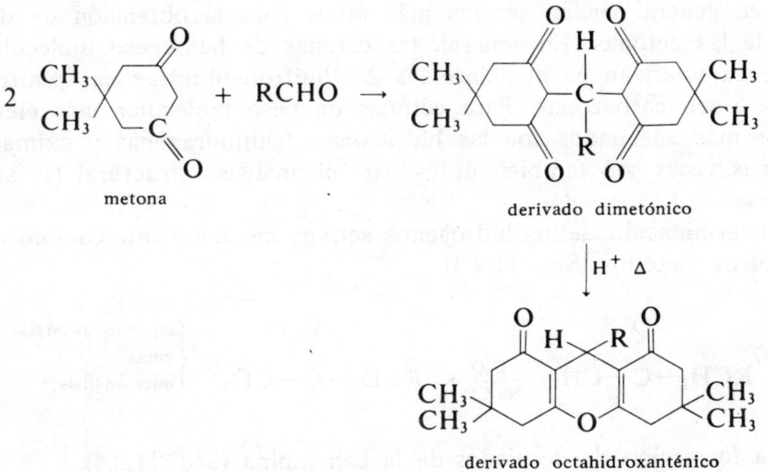

12.7.3c Procedimiento: Derivados de la dimetona

Añadir 0,3 g de metona y una gota de piperidina a una solución de 100 mg del aldehído en 4 ml de etanol al 50 %. Hervir suavemente la mezcla durante 5 min; si en este punto la solución permanece aún clara, añadir agua gota a gota hasta el punto de opalescencia; a continuación, enfriar la mezcla en un baño de hielo hasta que se complete la cristalización, la cual es a menudo lenta pudiendo requerir de 3 a 4 horas. Recoger los cristales por filtración al vacío, y lavar con la cantidad mínima de etanol frío al 50 %. Si es necesario, el derivado puede recristalizarse en mezclas de alcohol y agua.

Si los derivados dimedónicos se calientan con anhídrido acético o con alcohol que contenga una pequeña cantidad de ácido clorhídrico se produce una ciclación para dar *octahidroxanteno (anhídrido de mentona).* La ciclación es rápida y cuantitativa, y los xantenos obtenidos pueden servir como derivados secundarios.

12.7.3d Procedimiento: Octahidroxantenos

Los derivados de la dimedona anteriores pueden convertirse a octahidroxantenos hirviendo una solución de 100 mg del derivado en un pequeño volumen de etanol al 80 % al cual se ha añadido previamente una gota de ácido clorhídrico concentrado. La ciclación se completa en 5 min, pasados los cuales se añade agua hasta el punto en que empieza a enturbiarse y se enfría la solución para inducir la cristalización. El producto normalmente es puro y no es necesaria una posterior recristalización.

12.7.4 Cetonas

12.7.4a Caracterización

Los métodos que se describirán en la próxima sección para aldehídos y cetonas en general suelen ser los más útiles para la obtención de derivados sólidos de las cetonas. En general, las cetonas de bajo peso molecular como mejor se caracterizan es mediante las 2,4-dinitrofenilhidrazonas *p*-nitrofenilhidrazonas o semicarbazonas. Para cetonas de peso molecular más elevado los derivados más adecuados son las hidrazonas, fenilhidrazonas y oximas.

Algunas veces son también útiles para el análisis estructural las siguientes reacciones:

1. Determinación de los hidrógenos activos mediante intercambio con deuterio u otros métodos (Sec. 11.2.4).

$$RCH_2-\overset{\overset{\displaystyle O}{\|}}{C}-CH_3 \xrightarrow[Na_2CO_3]{D_2O} RCD_2-\overset{\overset{\displaystyle O}{\|}}{C}-CD_3 \quad \left\{\begin{array}{l}\text{espectro de masas}\\ \text{rmn}\\ \text{microanálisis}\end{array}\right.$$

2. La formación de derivados de la bencilidina (Sec. 11.2.4).

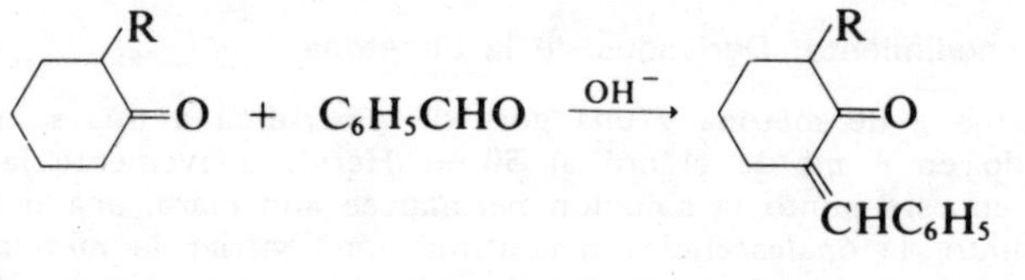

3. Los reagrupamientos de Beckmann de oximas a amidas.[28]

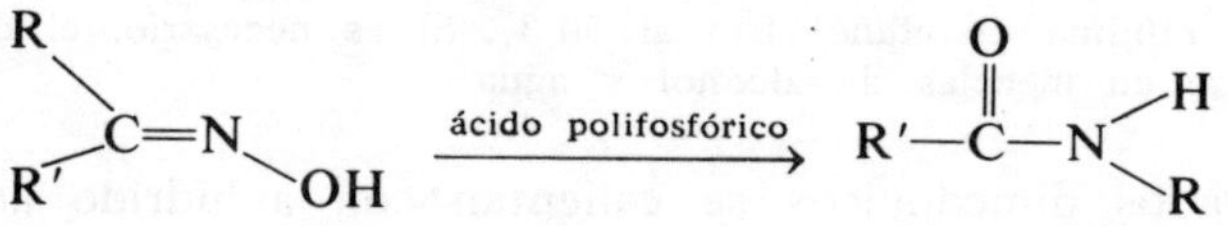

4. La oxidación de Baeyer-Villiger de cetonas a ésteres o lactamas.[29]

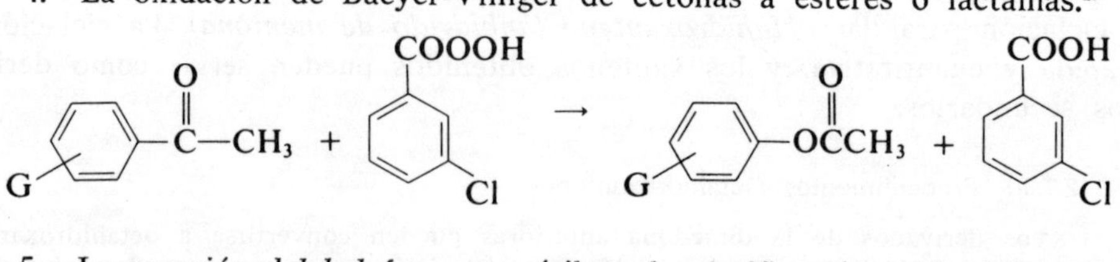

5. La *reacción del haloformo* es útil en la clasificación e identificación de las metilcetonas. La halogenación de aldehídos y cetonas se cataliza por ácidos

[28] L. G. Donaruma y W. Z. Heldt, *Org. Reactions*, **11**, 1 (1960).
[29] C. H. Hassall, *Ibid.*, **9**, 73 (1957).

y bases; con la catálisis ácida, la etapa que regula la velocidad de reacción es la formación del enol y con la catálisis básica es la formación de enolato, siendo por ello la reacción independiente de la concentración y de la clase de halógeno. Por catálisis básica, la reacción inicial se produce en el carbono menos sustituido.

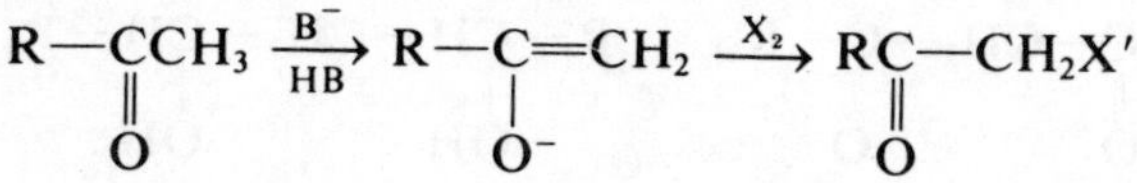

Debido a que el halógeno es altamente electronegativo, los hidrógenos sucesivos se reemplazan más rápidamente, y ocurre una polisustitución asimétrica.

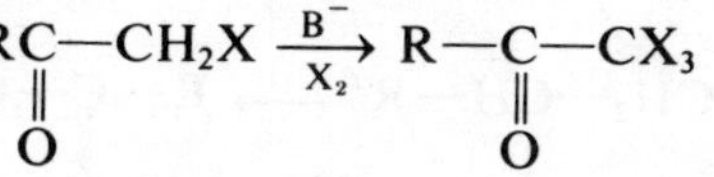

Con las metilcetonas o acetaldehído, se forma, un producto trihalogenado. Estos compuestos trihalocarbonílicos se rompen por acción de una base dando lugar a un haloformo y una sal del ácido carboxílico.

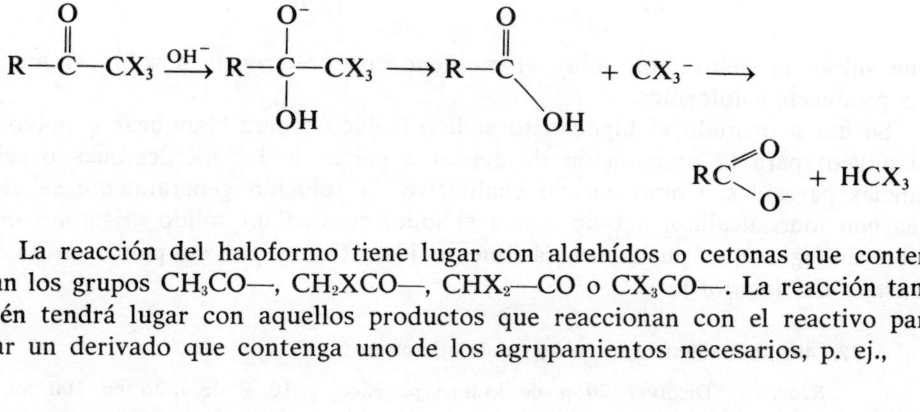

La reacción del haloformo tiene lugar con aldehídos o cetonas que contengan los grupos CH_3CO—, CH_2XCO—, CHX_2—CO o CX_3CO—. La reacción también tendrá lugar con aquellos productos que reaccionan con el reactivo para dar un derivado que contenga uno de los agrupamientos necesarios, p. ej.,

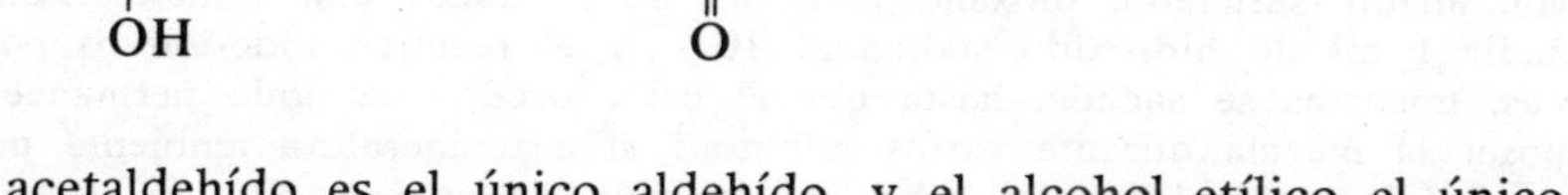

El acetaldehído es el único aldehído, y el alcohol etílico el único alcohol primario, que producen haloformo. Los principales tipos de compuestos que dan positiva la reacción del haloformo son las metilcetonas y los alquilmetilcarbinoles.

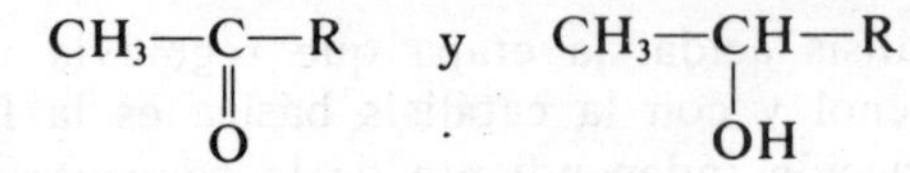

R = alquil, vinil o aril

y compuestos que tengan las estructuras

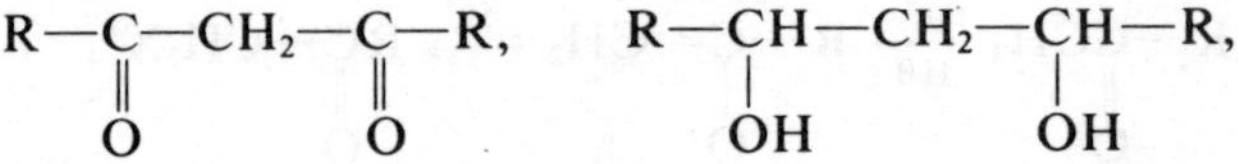

etc.

que son, o bien que después de ser oxidados se convierten en cetoalcoholes, o dicetonas que son hidrolizadas por la acción de los álcalis dando metilcetonas.

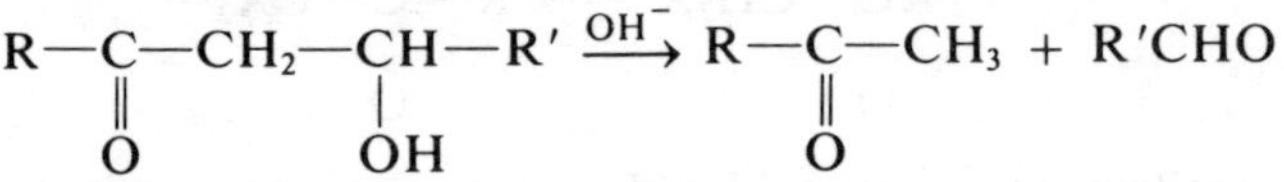

El ácido acético, sus ésteres y compuestos tales como

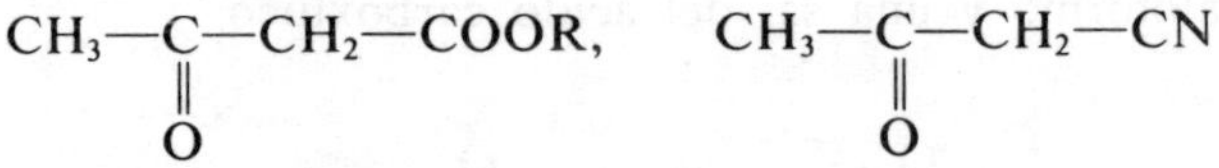

que sufren la sustitución sobre el metileno con preferencia a sobre el metilo, no producen haloformos.

Se usa a menudo el hipoclorito sódico (solución para blanquear o polvo de blanqueo) para la preparación de ácidos a partir de las metilcetonas o substancias parecidas. Como ensayo cualitativo, la solución generalmente se efectúa con iodo alcalino, debido a que el iodoformo es un sólido cristalino insoluble en agua que puede ser fácilmente identificado por su punto de fusión *(ensayo del iodoformo).*

12.7.4b Procedimiento: Ensayo del iodoformo

Reactivo: Disolver 20 g de ioduro potásico y 10 g de iodo en 100 ml de agua.

Disolver 0,1 g o 4 a 5 gotas del compuesto en 2 ml de agua; si es necesario, añadir suficiente dioxano para que se produzca una solución homogénea. Añadir 1 ml de hidróxido sódico al 10 % y el reactivo iodo-ioduro potásico a gotas, mientras se sacude, hasta que el color oscuro del iodo permanece. Dejar reposar la mezcla durante varios minutos; si a temperatura ambiente no se separa iodoformo, calentar el tubo en un baño de agua a 60°. Si desaparece el color, continuar la adición del reactivo de iodo, a gotas, hasta que el color no desaparezca después de 2 min de calentamiento. Eliminar el exceso de iodo mediante la adición de unas cuantas gotas de una solución de hidróxido sódico. Diluir la mezcla de la reacción con agua y dejarlo reposar durante 15 min. Un resultado positivo vendrá indicado por la formación de un precipitado amarillo. Recoger el precipitado y secarlo sobre papel de filtro. Nótese el característico olor medicinal, y determinar el punto de fusión; el iodoformo funde de 119 a 121°.

12.7.5 *Derivados generales de aldehídos y cetonas*

12.7.5a 2,4-dinitrofenilhidrazonas y p-nitrofenilhidrazonas

$$ArNHNH_2 + RCOR' \longrightarrow ArNHN{=}CRR'$$

Ar = 2, 4-dinitrofenilhidrazonas y *p*-nitrofenilhidrazonas
R y R' = alquil, aril o hidrógeno

Las 2,4-dinitrofenilhidrazonas son unos derivados excelentes para preparaciones en pequeña escala. Para propósitos de caracterización a menudo es posible obtener suficientes cantidades del derivado en el ensayo de clasificación descrito anteriormente (Sec. 12.7.1b). Existen determinadas limitaciones para el uso de las nitrofenilhidrazonas como derivados. A partir de las tablas de derivados podrá observarse que, en muchos casos, los puntos de fusión de las nitrofenilhidrazonas son demasiado altos para que tengan utilidad práctica, de aquí que se recomiende el uso de otros derivados tales como las semicarbazonas o fenilhidrazonas. El reactivo sufre reacciones secundarias con los α-hidroxi-aldehídos y cetonas (véase la discusión al hablar de carbohidratos, Sección 12.9). Además de los isómeros geométricos ocasionados por el sistema C=N, las 2,4-dinitrofenilhidrazonas tienden a cristalizar en diversas formas cristalinas con distintos puntos de fusión, habiéndose encontrado que resulta muy útil el redeterminar los puntos de fusión de las 2,4-dinitrofenilhidrazonas después de dejar que el producto fundido vuelva a resolidificar.

12.7.5b Procedimiento: 2,4-dinitro y *p*-nitrofenilhidrazonas

Colocar 100 mg de 2,4-dinitro o *p*-nitrofenilhidrazina en un tubo de ensayo o en un Erlenmeyer que contenga 10 ml de metanol. Añadir cuidadosamente cinco gotas de ácido clorhídrico concentrado, y si es necesario para completar la disolución, calentar sobre un baño de vapor. Disolver aproximadamente 1 mmol del compuesto carbonílico en un 1 ml de metanol, y añadirlo al reactivo. Calentar la mezcla sobre un baño de vapor durante 1 o 2 min y dejarla reposar de 15 a 30 min. La mayoría de derivados precipitan al enfriar, pero para obtener una precipitación completa es aconsejable añadir agua hasta el punto de opalescencia. El derivado puede purificarse por recristalización a partir de mezclas alcohol-agua. En el caso de materiales menos solubles, con frecuencia el acetato de etilo es uno de los disolventes más adecuados.

Este proceso es generalmente adecuado, tanto para la preparación de dinitrohidrazonas como para la de nitrofenilhidrazonas. Se dispone también de numerosos procedimientos optativos,[30] algunos de ellos son más adecuados para compuestos menos reactivos, mientras que otros pueden evitar reacciones laterales indeseables.

Aunque no se recomienda como un proceso general, a veces resulta ventajoso aislar los compuestos carbonílicos como derivados de la dinitrofenilhidrazona, habiéndose desarrollado a tal fin procedimientos para la regeneración del compuesto carbonílico inicial por reacciones de intercambio sobre la hidrazona involucrando el ácido pirúvico, levulínico y otros cetoácidos.[31]

12.7.5c Semicarbazonas

$$R_2C{=}O + \underset{\text{Semicarbazida}}{NH_2NHCONH_2} \longrightarrow \underset{\text{Semicarbazona}}{RR'C{=}NNHCONH_2} + H_2O$$

Las semicarbazonas preparadas a partir de compuestos carbonílicos e hidrocloruros de semicarbazida son unos excelentes derivados para aldehídos y cetonas con un número de átomos de carbono superior a cinco debido a su facilidad de formación, sus propiedades altamente cristalinas, sus puntos de fusión definidos y la facilidad de recristalización. Los aldehídos menores reaccionan lentamente y/o dan derivados solubles. Como en el caso de la mayoría de los derivados carbonílicos, las semicarbazonas procedentes de compuestos carbonílicos no simétricos son capaces de existir en dos formas que son isómeros geométricos. En algunos casos resulta conveniente utilizar las semicarbazonas y tiosemicarbazonas.

12.7.5d Procedimiento: Semicarbazonas

En un tubo de ensayo de 20 cm, colocar 100 mg de hidrocloruro de semicarbacida, 150 mg de acetato sódico, 1 ml de agua, y 1 ml de alcohol. Añadir 100 mg (0,1 ml) del aldehído o cetona. Si la mezcla es turbia, añadir alcohol hasta que se obtenga una solución clara. Sacudir la mezcla durante unos minutos y dejar reposar. La semicarbazona generalmente cristalizará en la solución al enfriar, variando el tiempo necesario desde unos minutos hasta varias horas. En el caso de los compuestos carbonílicos menos reactivos, la reacción puede acelerarse calentando la mezcla en un baño de agua durante 10 min, y enfriando después en un baño de hielo los cristales se separan por filtración y se lavan con un poco de agua fría; normalmente se recristalizan en alcohol metílico o etílico solos o bien mezclados con agua.

30 H. J. Shine, *J. Org. Chem.*, **24**. 252 (1959); J. A. Maynard, *Australian, J. Chem.*, **15**, 867 (1962); J. Parrick y J. W. Rasburn, *Can. J. Chem.*, **43**, 3453 (1965).

31 E. Hershberg, *J. Org. Chem.*, **13**, 542 (1948); C. H. DePuy y B. W. Ponder, *J. Am. Chem. Soc.*, **81**, 4629 (1959).

12.7.5e Oximas

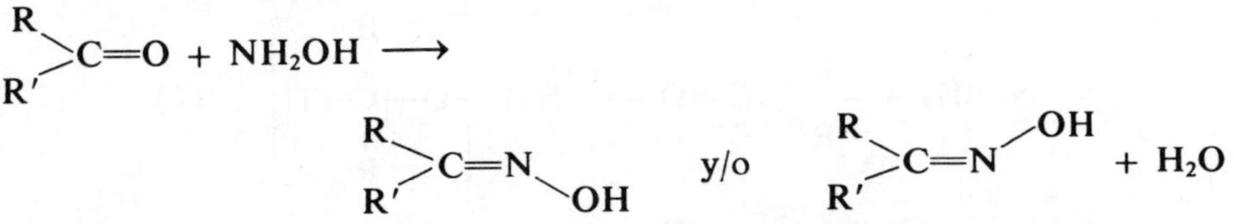

syn- y *anti*-oximas

Las oximas para los propósitos de identificación de aldehídos y cetonas no tienen una utilidad tan amplia como los otros derivados carbonílicos, puesto que son algo más difíciles de obtener cristalinos y suelen presentarse como mezclas de isómeros geométricos. Sin embargo, en ciertas ocasiones pueden tener utilidad y por ello deberán ser consideradas.

12.7.5f Procedimiento: Oximas

(a) Puede emplearse el método descrito para la preparación de semicarbazonas. Debe sustituirse el clorhidrato de semicarbazida por el clorhidrato de hidroxilamina. Generalmente es necesaria la etapa de calentamiento.

(b) Calentar a reflujo una mezcla de 0,1 g de aldehído o cetona, 0,1 g de clorhidrato de hidroxilamina, 2 ml de etanol y 0,5 ml de piridina en un baño de agua durante 15 a 60 minutos; eliminar el disolvente a presión reducida o por evaporación en una cápsula con una corriente de aire. Añadir varios mililitros de agua fría, y triturar a fondo. Recoger la oxamina y recristalizarla en etanol, alcohol-agua o benceno.

12.7.5g Fenilhidrazonas

Las fenilhidrazonas se recomiendan especialmente para los compuestos arilcarbonílicos, para los cuales la dinitrofenilhidrazona no es fácil de preparar o adecuada para los fines de identificación. La manipulación de estos derivados debe ser lo más rápida posible puesto que en contacto con el aire se descomponen lentamente.

12.7.5h Procedimiento: Fenilhidrazonas

Colocar en un tubo de ensayo 100 mg de aldehído o cetona, 4 ml de metanol, y 4 gotas de fenilhidrazina. Hervir la mezcla durante 1 minuto, añadir una gota de ácido acético glacial y volver a hervir suavemente durante 3 min. Añadir agua fría a gotas hasta que aparezca una neblina permanente, enfriar, recoger los cristales, y lavarlos con 1 ml de agua que contenga una gota de ácido acético. Recristalizar rápidamente el producto disolviéndolo en metanol caliente, añadir agua hasta el punto de opalescencia, enfriar, y si es necesario, rascar las paredes del tubo para que se induzca la cristalización. Recoger los cristales, lavar con unas pocas gotas de metanol diluido y determinar el punto de fusión tan pronto como sea posible. Secar los cristales apretándolos entre papel de filtro.

12.7.5i Reducción a alcoholes

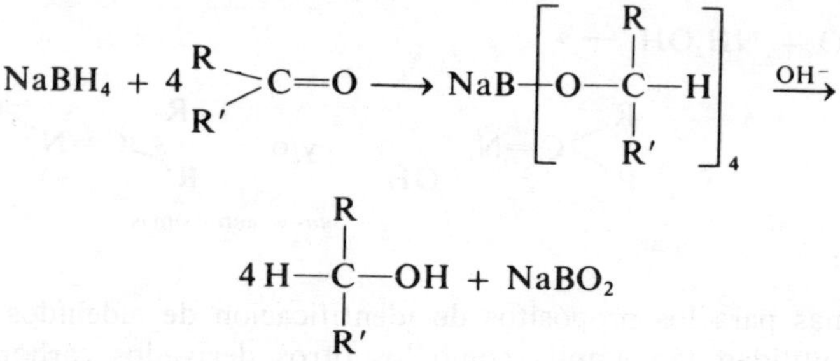

Los alcoholes suelen ser líquidos, aceites, o sólidos de bajo punto de fusión. Sin embargo, hay ocasiones, cuando los alcoholes se forman por reducción de un aldehído o una cetona, que son sólidos cristalinos bien definidos, muy adecuados para propósitos de identificación. Las reducciones con hidruro de metal de los compuestos carbonílicos para dar los alcoholes correspondientes suelen proceder con suavidad y dar un buen rendimiento del producto deseado. El borohidruro de sodio es menos reactivo, que otros hidruros tales como el hidruro de aluminio y litio, pero tiene la ventaja de ser estable frente al aire y a la humedad. El borohidruro de sodio puede disolverse en agua fría sin que se produzca una notable descomposición, en tanto que el hidruro de aluminio y litio en contacto con el agua se descompone explosivamente.

Un método que suele usarse para la reducción consiste en disolver el compuesto orgánico en etanol y añadir una solución acuosa de borohidruro sódico. El borohidruro sódico aunque es estable en agua, reacciona con una velocidad apreciable con el etanol; es por ello necesario usar un exceso de borohidruro para compensar las pérdidas por solvólisis; el exceso de borohidruro que puede permanecer después de la reacción se puede destruir hirviendo la mezcla durante unos minutos. El éster con el borato formado en la reducción se hidroliza al hervir si se añade una fase acuosa.

12.7.5j Procedimiento: Reducción con borohidruro sódico

Dentro de un tubo de ensayo pequeño, disolver 2 mmol del compuesto carbonílico en 3 o 5 ml de etanol. En un segundo tubo de ensayo colocar 50 mg de borohidruro sódico y disolver en 5 gotas de agua destilada. Añadir la solución en etanol del compuesto carbonílico a la solución de borohidruro. Agitar varias veces la mezcla en reacción durante un período de unos 15 min. Añadir 0,5 ml de una solución acuosa de hidróxido sódico 6 *N* y un trocito de plato poroso a la mezcla en reacción. Hervir suavemente en un baño de vapor durante 5 min. Verter la mezcla sobre una pequeña cantidad de hielo, y recoger el precipitado mediante filtración al vacío. Si el alcohol no cristaliza, éste puede recuperarse mediante extracción con éter y luego purificarse.

12.7.6 Métodos especiales para separación y purificación de aldehídos y cetonas

La mayoría de aldehídos, alquil metil cetonas y cetonas cíclicas reaccionan con una solución saturada de bisulfito sódico para formar *compuestos bisulfíticos de adición.* Otras cetonas aromáticas y alifáticas no dan compuestos de adición.

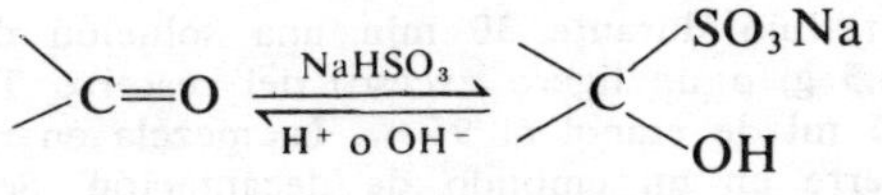

La reacción es reversible y el aldehído o la cetona puede recuperarse haciendo reaccionar el compuesto de adición con carbonato sódico acuoso o bien con ácido clorhídrico diluido. La sucesión de formaciones y descomposiciones de los compuestos de adición pueden usarse para la purificación y/o la separación de aldehídos y ciertas cetonas de otros productos.

12.7.6a Procedimiento: Compuestos de adición con bisulfito

Sacudir o agitar vigorosamente la mezcla que contiene el aldehído o la cetona con una solución saturada de bisulfito sódico. Se elevará la temperatura debido a que la reacción de adición es exotérmica. Extraer el material orgánico residual con éter y recuperarlo. Recoger el precipitado cristalino, lavarlo con un poco de etanol seguido por éter, y dejar que se seque. Para descomponer el compuesto de adición, usar una solución de carbonato sódico al 10 % o ácido clorhídrico diluido.

El reactivo sufrirá la reacción de adición de Michael sobre los compuestos carbonílicos insaturados en α y β para dar sales de ácidos sulfúricos.

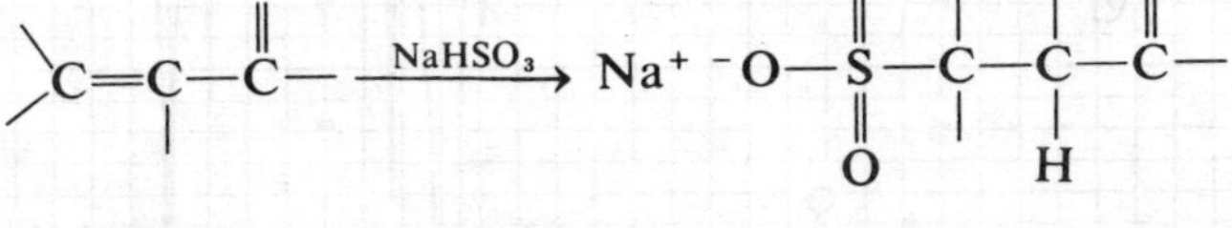

Otro método químico para la separación de aldehídos y cetonas a partir de otro compuesto neutro e insoluble en agua implica el uso del *reactivo T de Girard.* Este producto reacciona con los compuestos carbonílicos para dar hidrazonas de amonio cuaternarias que son solubles en agua. Los compuestos que restan insolubles en agua se separan por extracción con éter. El aldehído o la cetona se regenera por hidrólisis con un ácido diluido.

$$(CH_3)_3\overset{+}{N}CH_2CONHNH_2\ \ Cl^- + \ >C{=}O \longrightarrow$$

Reactivo T de Girard

$$>C{=}NNHCOCH_2\overset{+}{N}(CH_3)_3\ \ Cl^- \xrightarrow[\Delta]{HCl} \ >C{=}O$$

soluble en agua

12.7.6b Procedimiento: Reactivo T de Girard

Se hierven a reflujo durante 30 min una solución de 0,5 g de aldehído o cetona impuros, 0,5 g (o un ligero exceso) del reactivo T de Girad, y 0,5 ml de ácido acético en 5 ml de etanol al 95 %. La mezcla en reacción se enfría y posteriormente se vierte en un embudo de decantación. Se añade agua, éter y la cantidad suficiente de una solución saturada de cloruro sódico para evitar la formación de una emulsión. Sacudir bien. Separar las capas y recuperar el material soluble en éter. Tratar la capa acuosa con 1 ml de ácido clorhídrico concentrado y calentar para que se efectúe la hidrólisis del derivado para volver a dar el aldehído o la cetona. Aislar por extracción el aldehído o la cetona.

El reactivo P de Girard puede emplearse de manera análoga

Reactivo P de Girard

12.8 QUINONAS

12.8.1a Clasificación

Las quinonas son compuestos cristalinos coloreados (la mayoría amarillos)

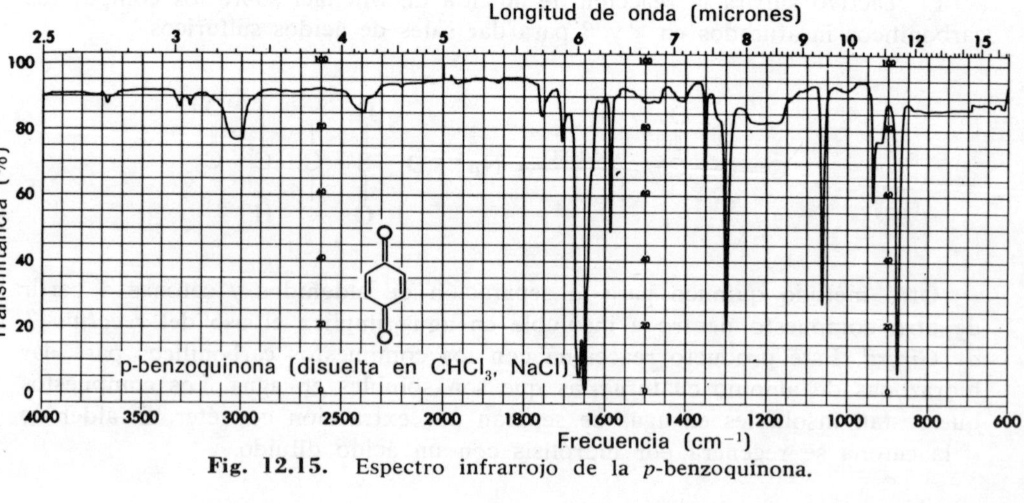

Fig. 12.15. Espectro infrarrojo de la *p*-benzoquinona.

que tienen un penetrante olor. La mayoría de *o*- y *p*-quinonas presentan en el infrarrojo una banda carbonílica cercana a 1670 cm^{-1} (6,0 μ) (fig. 12.15). Las quinonas que tienen los carbonílicos en anillos diferentes, p. ej., 2,6-naftoquinona, la banda aparece cerca de 1645 cm^{-1} (6,08 μ). Algunas *p*-benzoquinonas presentan absorciones desdobladas en un doblete. El espectro ultravioleta es a menudo útil para establecer la presencia y tipo de quinona así como el tipo de sustitución (Sec. 3.5.2a).

La mayoría de quinonas liberan iodo de las disoluciones acidificadas de ioduro potásico.

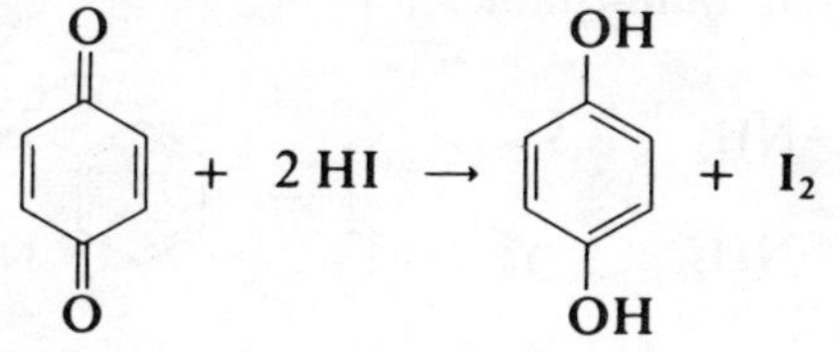

12.8.1b Caracterización

Las quinonas forman oximas y semicarbazonas, generalmente a partir de un medio alcohólico acuoso. Los derivados carbonílicos pueden no tener la estructura usual, p. ej.,

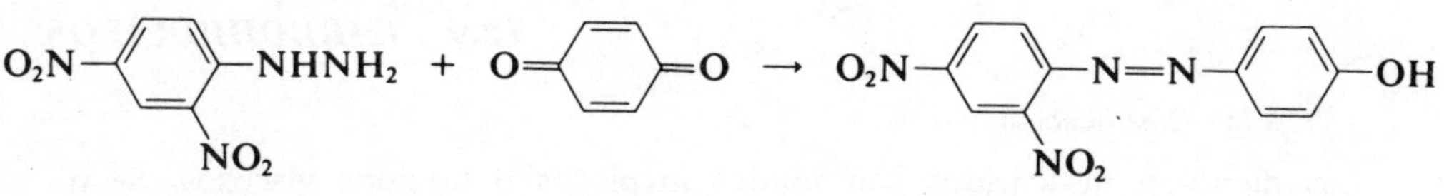

Las quinonas pueden fácilmente *reducirse a hidroquinonas* mediante una gran variedad de agentes reductores, ejemplo, cinc y ácido clorhídrico diluido o bien ditionato sódico.

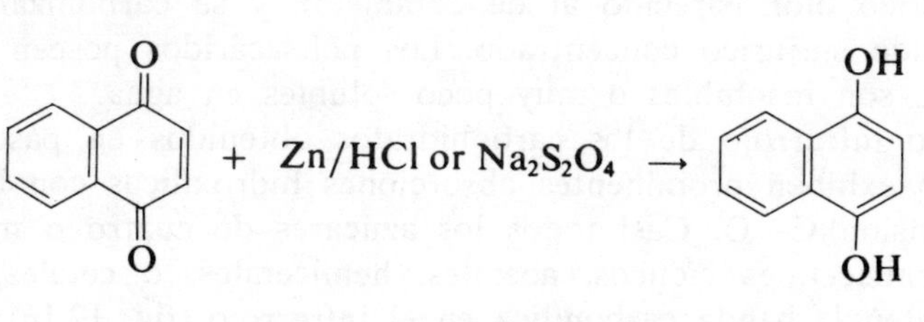

12.8.1c Procedimiento: Reducción a hidroquinonas

(a) Suspender la quinona en ácido clorhídrico diluido y añadir una pizca de polvo de cinc. Cuando la solución se haya vuelto incolora, neutralizarla con bicarbonato sódico y extraer la hidroquinona con éter. Evaporar el disolvente e identificar la hidroquinona. (Si es necesario pueden prepararse derivados como los de los fenoles.)

(b) Disolver o suspender la quinona (0,5 g) en 5 ml de benceno o éter en un pequeño embudo de decantación. Añadir una solución de 1 g de ditionato sódico ($Na_2S_2O_4$) en 10 ml de hidróxido sódico 1 *N*. Sacudir la mezcla hasta que desaparezca el color característico de la quinona. Separar la solución alcalina acuosa, enfriarla en un baño de hielo, y acidificarla cuidadosamente con ácido clorhídrico concentrado. Recoger el producto (extraer con éter si es necesario) y recristalizarlo con etanol diluido.

Al igual que otras dicetonas aromáticas, las *o*-quinonas reaccionan con la *o*-fenilendiamina para dar *quinoxalinas.*

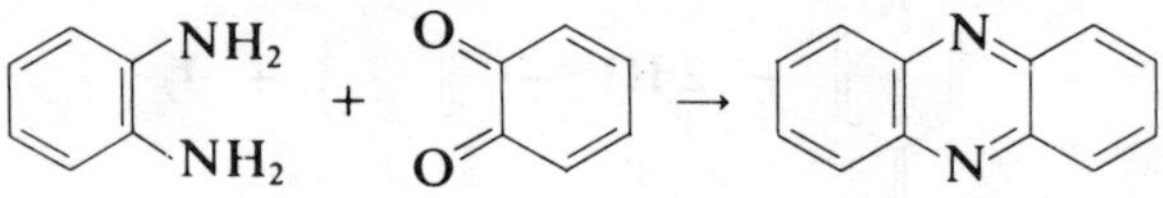

12.8.1d Procedimiento: Quinoxalinas

Disolver la *o*-quinona en alcohol o ácido acético glacial, añadir una cantidad equivalente de *o*-fenilendiamina en alcohol. Calentar la mezcla sobre un baño de vapor durante 15 o 20 min, enfriar y diluir con agua para cristalizar. Recristalizar en etanol acuoso.

12.9 CARBOHIDRATOS

12.9.1a Clasificación

Los mono- y disacáridos son sólidos incoloros o líquidos viscosos. Se disuelven fácilmente en agua pero son casi completamente insolubles en la mayoría de disolventes orgánicos. Los sólidos suelen fundir a altas temperaturas (superiores a 200°) con descomposición (volviéndose marrones y produciendo una característico olor parecido al de caramelo), y se carbonizan cuando se tratan con ácido sulfúrico concentrado. Los polisacáridos poseen propiedades similares, pero son insolubles o muy poco solubles en agua.

El espectro infrarrojo de los carbohidratos obtenidos en pastilla de bromuro potásico exhiben prominentes absorciones hidroxílicas con la fuerte absorción de tensión C—O. Casi todos los azúcares de cuatro o más carbonos existen en hemiacetales cíclicos, acetales, hemicetales, o cetales, y de aquí que no presenten la banda carbonílica en el infrarrojo (fig. 12.16).

Los azúcares que contienen un aldehído o una α-hidroxicetona en la forma libre o hemiacetálica (pero no acetálica) son oxidados por los reactivos de Tollens y Benedict (sección 12.7.2c). A tales azúcares solemos designarlos como "azúcares reductores".

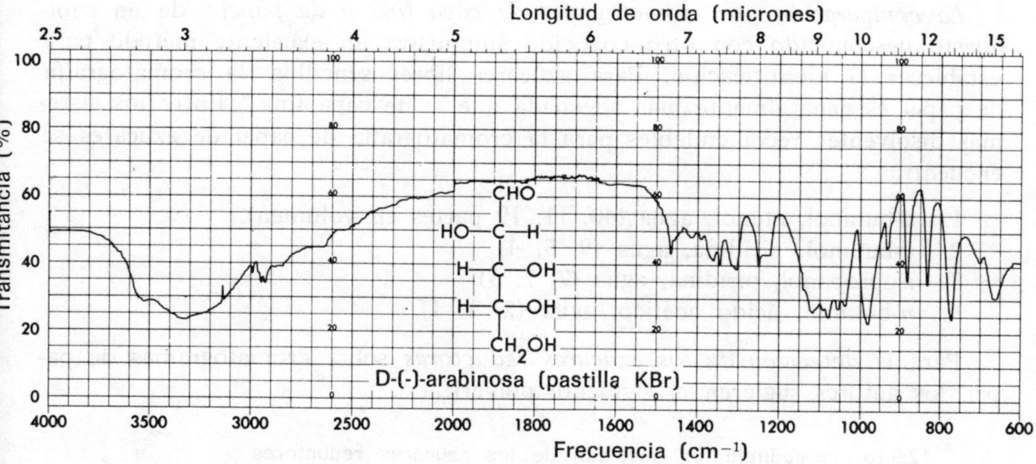

Fig. 12.16. Espectro infrarrojo típico de un carbohidrato. Nótese la ausencia de la banda carbonílica. Tales compuestos existen como hemiacetales cíclicos.

Las pentosas y hexosas se deshidratan por el ácido sulfúrico concentrado para formar furfural o hidroximetilfurfural respectivamente. En el *ensayo de Molisch,* estos furfurales se condensan con el 1-naftol para dar productos coloreados.

12.9.1b Procedimiento: Ensayo de Molisch

Colocar 5 mg de la sustancia en un tubo de ensayo que contenga 0,5 ml de agua. Añadir dos gotas de una solución al 10% de 1-naftol en etanol. Con la ayuda de un cuentagotas, verter un ml de ácido sulfúrico concentrado de modo que se deslice por un lado del tubo inclinado de manera tal que el ácido más denso forme una capa inferior, sin mezclarse con el agua; si está presente un carbohidrato, aparecerá un anillo rojo en la superficie de separación de los dos líquidos; al mezclarlo todo se forma una solución violeta. Dejar reposar la solución mezclada durante dos min y después diluirla con 5 ml de agua. Aparecerá un precipitado violeta oscuro.

12.9.1c Caracterización

Debido a que los azúcares se descomponen al calentarlos no tienen puntos característicos de fusión bien definidos. Esto mismo es también cierto para sus derivados, ejemplo, osazonas. Afortunadamente, el número de azúcares que normalmente se encuentran en los trabajos de identificación es relativamente pequeño, estando además fácilmente disponibles muestras abundantes de la mayoría de ellos para efectuar comparaciones.

La comparación por cromatografía de capa fina y de papel[32] de un compuesto desconocido con otro conocido suministra un excelente método para establecer la identificación. Para azúcares libres sencillos, la cromatografía de papel es generalmente más adecuada que la de capa fina.* Entre los sistemas disolventes recomendables para la cromatografía de papel de azúcares se encuentran:

1. *n*-butanol, etanol, agua (40, 11, 19 partes en volumen).
2. *n*-butanol, piridina, agua (9, 5, 4).
3. isopropanol, piridina, agua (7, 7, 5).
4. *n*-butanol, ácido acético, agua (2, 1, 1).

Para la *detección de los azúcares reductores* sobre cromatogramas de papel, los autores sugieren el siguiente pulverizado.

12.9.1d Procedimiento: Revelado de los azúcares reductores

El cromatograma seco se pulveriza con una solución al 3 % de hidrocloruro de *p*-anisidina en *n*-butanol y se calienta a 100° de 3 a 10 min. Las aldo- y cetohexosas, así como otros azúcares, dan manchas coloreadas con este reactivo.

La estructura y estereoquímica de un gran número de azúcares y sus derivados han sido examinadas por rnm y espectrometría de masas. Para más detalles debe consultarse la literatura original. La relación entre el ángulo diedro y la constante de acoplamiento para hidrógenos ha sido de gran utilidad para la determinación de las relaciones estereoquímicas de los diversos hidrógenos unidos al anillo en derivados de azúcares cíclicos.

La rotación específica de los azúcares y su derivado es un medio muy útil para su identificación. Las rotaciones deben ser medidas bajo condiciones normalizadas de concentración, disolvente, y temperatura, empleando muestras puras.

12.9.1e Reacción de los azúcares con la fenilhidrazina

Los azúcares que contienen un grupo aldehído o cetona (como hemiacetal o hemicetal) reaccionan en frío con un equivalente de fenilhidrazina para dar las correspondientes fenilhidrazonas. Estos derivados son solubles en agua y no precipitan. Al calentar estos azúcares con un exceso de fenilhidrazina (de 3 a 4 equivalentes) producen *osazonas* y polizonas.[33]

[32] E. Heftmann, *Chromatography,* 2.ª ed., Reinhold Publishing Corporation, New York, 1967; R. J. Block, E. L. Durram y G. Zweig, *Paper Chromatography and Paper Electrophoresis,* Academic Press, New York, 1958; E. Lederer y M. Lederer, *Chromatography,* 2.ª ed. Elsevier Publishing Company, Amsterdam, 1957.

[33] O. L. Chapman, R. W. King, W. J. Welstead, Jr. y T. J. Murphy, *J. Am. Chem. Soc.,* **86**, 4968 (1964); O. L. Chapman, *Tetrahdron Letters,* 2599 (1966).

* No obstante, la cromatografía de capa fina da resultados inmejorables usando un recubrimiento de celulosa.

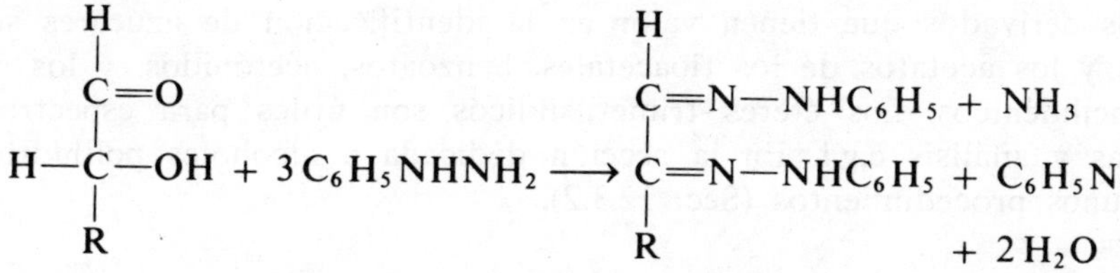

Osazona

Debe tenerse en cuenta que, en la formación de osazonas, se oxida un grupo carbinol, y de aquí que un gran número de azúcares isómeros den la misma osazona, por ejemplo, *D*-glucosa, *D*-manosa y *D*-fructosa todos producen la misma osazona. Las osazonas existen en estructuras en forma de quelato en equilibrio con isómeros libres.[34]

12.9.1f Procedimiento: Osazonas

Colocar una muestra de 0,1 g del azúcar desconocido y 0,2 g de uno conocido (que se sospecha es como el desconocido) en tubos de ensayo distintos. A cada muestra, añadir 0,2 g de clorhidrato de fenilhidrazina, 0,3 g de acetato sódico, y 2 ml de agua destilada. Tapar los tubos con tapones agujereados, y colocarlos juntos en un cubilete con agua hirviente. Anotar el tiempo que están sumergidos y el tiempo de precipitación de cada osazona. De vez en cuando sacudir los tubos. El tiempo requerido para la formación de la osazona puede usarse como una evidencia para la identificación del azúcar desconocido.

Bajo estas condiciones, la osazona de la fructosa precipita en 2 minutos, la de la glucosa en 4 o 5 minutos, la de xilosa en 7 min, la de la arabinosa en 10 minutos y la de la galactosa de 15 a 19 minutos, mientras que las osazonas de la lactosa y de la maltosa son solubles en agua caliente.

Después de 30 min secar los tubos del agua caliente y dejar que enfríen. Recoger cuidadosamente los cristales, y comparar los cristales conocidos con los desconocidos bajo un microscopio de bajo poder. Los puntos de fusión (descomposición) de las osazonas dependen de la velocidad de calentamiento y aunque pueden inducir a falsas conclusiones pueden ser de cierta utilidad.

Las osazonas pueden convertirse a osotriazoles que tienen puntos de fusión muy claros.[34]

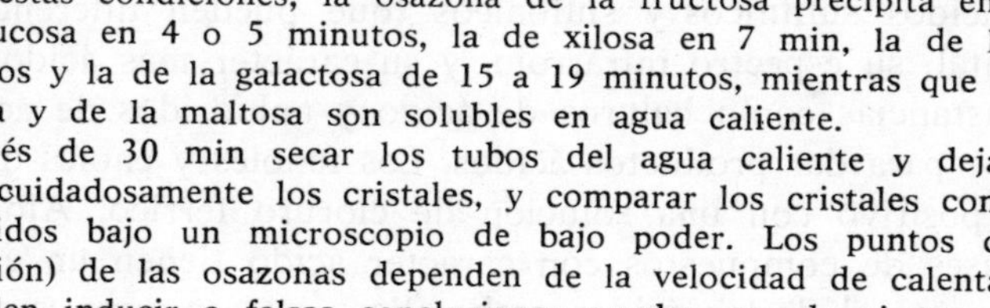

Osotriazol

[34] W. T. Haskins, R. M. Hahn y C. S. Hudson, *J. Am. Chem. Soc.*, **69**, 1461 (1947) y publicaciones previas.

Otros derivados que tienen valor en la identificación de azúcares son los acetatos y los acetatos de los tioacetales, benzoatos, acetónidos, y los derivados bencilidénicos. Los éteres trimetilsilílicos son útiles para espectroscopia de masas y análisis c.g.l. En la sección dedicada a alcoholes polihídricos se dan algunos procedimientos (Sec. 12.3.2).

12.10 ÁCIDOS CARBOXÍLICOS

12.10.1a Clasificación

Los compuestos acídicos que sólo contienen carbono, hidrógeno y oxígeno son ácidos carboxílicos, fenoles o posibles enoles. Una indicación de si un compuesto insoluble en agua es un ácido o un fenol puede obtenerse por simples ensayos de solubilidad. Ambas clases de compuestos son solubles en hidróxido sódico, pero sólo los ácidos carboxílicos son solubles en bicarbonato sódico al 5 % liberando dióxido de carbono (para excepciones, véase Sec. 10.1.4). Los ácidos solubles en agua también liberan dióxido de carbono de una solución de bicarbonato sódico. Otra clase de compuestos que también liberan dióxido de carbono de una solución de bicarbonato sódico son: las sales de aminas primarias y secundarias (éstas pueden diferenciarse con seguridad por la liberación de aminas libres, su punto de fusión, y su análisis elemental); los ácidos sulfínicos y sulfónicos (que pueden diferenciarse por su análisis elemental, su espectro infrarrojo, y su carácter más ácido), y una gran variedad de sustancias como haluros de ácido y anhídridos de ácido que pueden hidrolizarse para dar productos ácidos. Los fenoles y enoles dan un ensayo de coloración positivo con una solución de cloruro férrico. Afortunadamente todas estas clases de compuestos con carácter ácido tienen un espectro infrarrojo muy diferente al de los ácidos carboxílicos que es muy característico, en lo cual nos apoyamos para diferenciarlos. Los ácidos carboxílicos dan lugar a una banda O—H muy ancha y característica y una banda carbonílica cercana a los 1700 cm^{-1} (5,88 μ) (fig. 12.17). Todo químico aunque tenga poca experiencia en espectroscopia infrarroja aprenderá a distinguir pronto los ácidos carboxílicos de los otros compuestos.

12.10.1b Caracterización

Una de las maneras más sencillas e informativas para caracterizar un ácido carboxílico es determinar su *equivalente de neutralización* (véase la Sec. 10.3). El equivalente de neutralización de un ácido o un compuesto acídico es su peso equivalente; el peso molecular puede ser determinado a través del equivalente de neutralización multiplicándolo por el número de grupos ácidos de la molécula.

Debido a que el pK_a tanto de los ácidos orgánicos como del indicador cambia con el disolvente, se deberá de emplear sólo el etanol necesario para

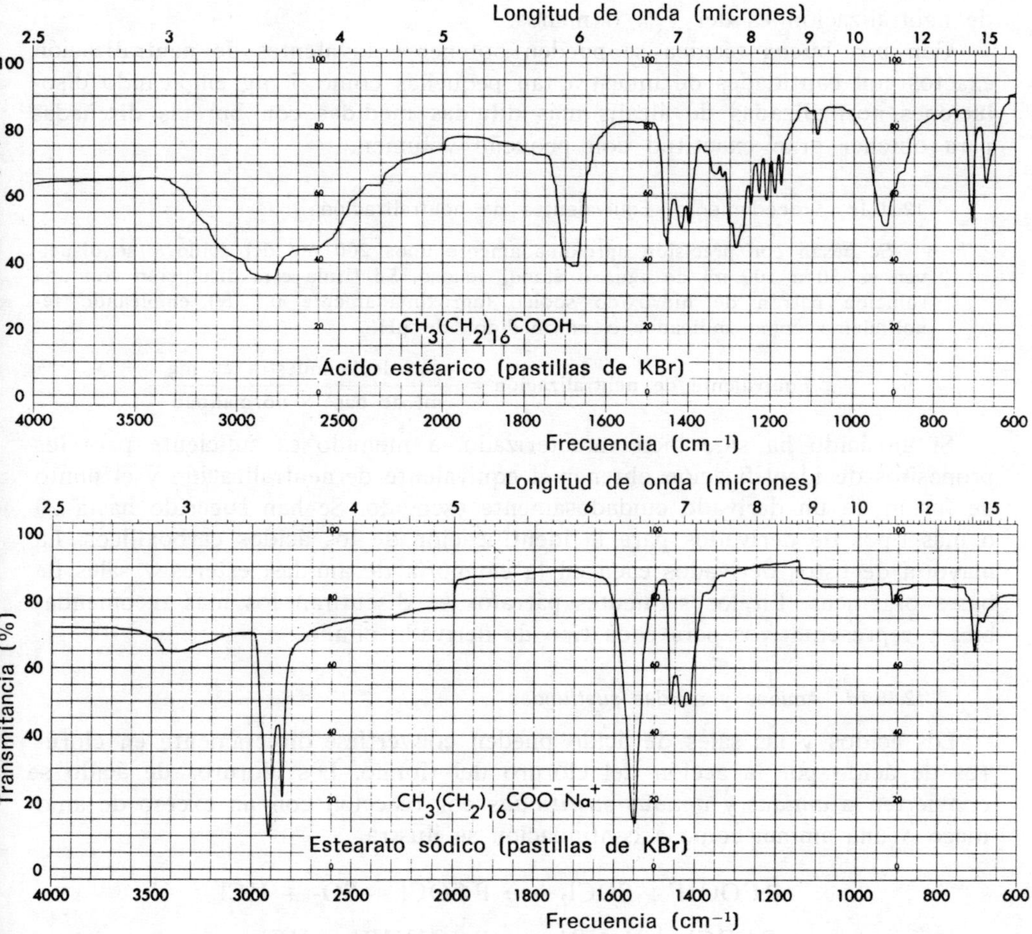

Fig. 12.17. Espectro infrarrojo característico de un ácido y su sal sódica. Nótese el desplazamiento en la frecuencia carbonílica.

disolver el ácido orgánico; con concentraciones elevadas de etanol y empleando la fenolftaleína no se pueden obtener puntos de viraje bien definidos; si es necesario emplear como disolvente el alcohol absoluto o del 95 %, deberá utilizarse como indicador el azul de bromotimol.

Para obtener resultados exactos, deberá efectuarse un ensayo en blanco con el disolvente, y tomar las precauciones necesarias para asegurarse de que se determina el equivalente de neutralización a partir de una substancia que sea pura y anhidra. La exactitud con que se puede determinar el equivalente de neutralización es del 1 % o menos.

Con una buena técnica se pueden obtener equivalentes de neutralización exactos con cantidades de muestra tan pequeñas como 5 mg empleando disoluciones normalizadas de álcalis más diluidas medidas con buretas diseñadas para obtener gran exactitud con pequeño volumen.

12.10.1c Procedimiento: Equivalentes de neutralización

Se pesan con precisión aproximadamente unos 200 mg del ácido y se disuelven en 50 á 100 ml de agua o etanol acuoso. Se titula esta disolución con una solución patrón de hidróxido sódico (aproximadamente 0,1 *N*) empleando fenolftaleína como indicador o un medidor de pH.

$$\text{Equivalente de neutralización} = \frac{\text{peso de la muestra en mg}}{\text{ml de base} \times \text{normalidad}}$$

Si un ácido ha sido bien caracterizado, a menudo es suficiente para los propósitos de identificación obtener el equivalente de neutralización y el punto de fusión de un derivado cuidadosamente escogido. Se han sugerido hasta 70 o más tipos de derivados para la identificación de los ácidos carboxílicos. La mayoría de estos derivados caen en la categoría de amidas, ésteres y sales de bases orgánicas. En los siguientes párrafos se discutirán los más recomendables y representativos para cada tipo de derivado citado.

12.10.1d Amidas y amidas sustituidas

Los ácidos y las sales de ácido pueden convertirse directamente en cloruros de ácido por la acción del cloruro del tionilo. Los cloruros de ácido se convierten a *amidas* y *amidas sustituidas* por reacción con un exceso de amoniaco o una amina, como a continuación se ilustra.

$$RCOOH + SOCl_2 \longrightarrow RCOCl + SO_2 + HCl$$

$$RCOCl + H_2NR' \longrightarrow RCONHR' + HCl$$

12.10.1e Procedimiento: Amidas a partir de ácidos

(a) *Cloruro de ácido.* En un frasco de fondo redondo de 25 ml, equipado con un condensador y un tubo de cloruro de calcio o un tapón de algodón en la cima del condensador para evitar la humedad, se colocan de 0,5 a 1,0 g del ácido anhidro o de la sal sódica anhidra y se añaden de 2;5 a 5 ml de cloruro de tionilo. Se hierve a reflujo suavemente la mezcla durante 30 min; a continuación se prepara un dispositivo para destilar, y se elimina por destilación el exceso de cloruro de tionilo (punto de eb. 78°). Para los ácidos que tengan menos de

4 carbonos el punto de ebullición del cloruro de ácido puede estar demasiado cerca del del cloruro de tionilo para que la destilación sea eficiente. En este caso, el exceso de reactivo puede ser destruido por la adición de ácido fórmico.

$$HCOOH + SOCl_2 \longrightarrow CO + SO_2 + 2\,HCl$$

(b) *Amidas primarias.* Para la preparación de amidas primarias no es necesario destilar el exceso de cloruro de tionilo; bastará con verter cuidadosamente toda la mezcla de la reacción sobre 15 ml de amoniaco concentrado enfriado con hielo. La amida precipitada se recoge por filtración al vacío y se purifica por recristalización en agua o en etanol acuoso.

Como un segundo método opcional el cloruro de ácido se disuelve en 5 o 10 ml de benceno seco, y se pasa un exceso del gas amoniaco a través de la solución. Si la amida no precipita, se puede recuperar por evaporación del disolvente.

(c) *Anilidas y anilidas sustituidas.* Disolver el cloruro de ácido en 5 ml de benceno, y añadir una solución de 2 g de anilina, *p*-bromoanilina, o *p*-toluidina puras en 15 ml de benceno. Puede ser conveniente efectuar esta reacción en un pequeño embudo de decantación. Sacudir la mezcla en reacción con 5 ml de ácido clorhídrico diluido para eliminar el exceso de anilina, lavar la capa de benceno con 5 ml de agua, evaporar el disolvente, y recristalizar la anilida en agua o en alcohol acuoso.

Las *anilidas* y *p-toluidas* también pueden ser preparadas directamente de los ácidos o de las sales metálicas alcalinas de los ácidos calentándolos directamente con anilina o el clorhidrato de la anilina.

$$RCOOH + C_6H_5NH_2 \longrightarrow RCOO^{-+}NH_3C_6H_5 \xrightarrow[\Delta]{} RCONHC_6H_5 + H_2O$$

$$RCOONa + C_6H_5NH_3^{+}Cl^{-} \xrightarrow[\Delta]{} RCONHC_6H_5 + NaCl + H_2O$$

12.10.1f Procedimiento: Anilinas y *p*-toluidas

Colocar 0,5 g del ácido y 1 g de la anilina o *p*-toluidina en un pequeño frasco de fondo redondo seco, colocarle un condensador de aire corto y calentar la mezcla en un baño de aceite a 140 o 160° durante 2 horas. Debe tenerse cuidado de no calentar la mezcla demasiado vigorosamente ya que podría causarse una pérdida del ácido por destilación o sublimación. Si se dispone del material en forma de sal sódica, usar 0,5 g de sal y 1 g de clorhidrato de amina. Si hay evidencia de que la sustancia es un diácido, se debe emplear doble cantidad de amina y aumentar la temperatura de la reacción hasta 180 o 200°. Al finalizar el tiempo de reacción, enfriar la mezcla y triturarla con 20 o 30 ml de ácido clorhídrico al 10 %, o bien disolver el residuo en un disolvente apropiado y lavar con ácido clorhídrico, hidróxido sódico diluido y agua, evaporando después el disolvente. Las amidas generalmente pueden ser recristalizadas en etanol acuoso.

12.10.1g Ésteres

Los ésteres sólidos constituyen una segunda serie de compuestos útiles en la identificación y caracterización de ácidos. Los que más comúnmente se usan son los ésteres de *p*-nitrobencilo, y los de *p*-bromofenacilo aunque ocasionalmente también se usan los de fenacilo, *p*-clorofenacilo y *p*-fenilfenacilo. Los haluros correspondientes a estos ésteres, por ejemplo, los haluros de *p*-nitrobencilo y haluros de fenacilo, sufren fácilmente reacciones de desplazamiento S_N2. Estos ésteres se preparan en soluciones hidroalcohólicas por desplazamiento del haluro correspondiente por el anión carboxilato, débilmente nucleofílico, tal como se ilustra en la siguiente ecuación.

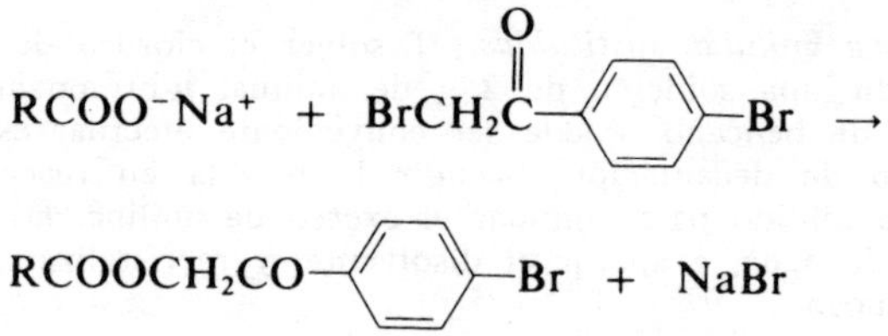

El método es particularmente ventajoso ya que no requiere que el ácido sea anhidro, y puede efectuarse con igual facilidad con las sales alcalinas de los ácidos.

Aunque los ésteres de fenacilo y bencilo son extremadamente útiles para preparar derivados de los ácidos que no se pueden obtener fácilmente en condiciones anhidras, por ejemplo, por saponificación de ésteres de ácidos carboxílicos de pocos carbonos o directamente de sus sales de metales alcalinos, existen ciertas desventajas que los hacen indeseables en los trabajos de identificación rutinarios. *Los haluros de bencilo y fenacilo tienen todos intensas propiedades vesicantes y lacrimógenas.* La formación de los ésteres es generalmente lenta, y cualquier resto de haluro que no reaccione es a menudo difícil de separar del éster. Por esta razón, deberá usarse menos de un equivalente de haluro y la reacción deberá continuarse durante 1,5 a 2 horas para asegurarse de que se ha completado. Las trazas de haluros que permanecen en los ésteres les confieren propiedades irritantes y rebajan apreciablemente el punto de fusión.

12.10.1h Procedimiento: Ésteres de fenacilo y *p*-nitrobencilo

En un pequeño tubo de ensayo o un pequeño frasco de fondo redondo equipado con condensador de reflujo, colocar 1 mmol del ácido y 1 ml de agua. Añadir una gota de fenolftaleína y neutralizar cuidadosamente añadiendo gota a gota hidróxido sódico al 10 % hasta que el color sea rosado. Añadir una o dos gotas de ácido clorhídrico diluido para hacer desaparecer el color rosa del indicador. Añadir una solución alcohólica de 0,9 mmol del haluro disueltos en 5 u 8 ml del alcohol. Hervir a reflujo la disolución de 1,5 a 2,5 h; enfriar, añadir 1 ml de agua, y raspar los lados del tubo. Cuando la precipitación sea completa, recoger el éster por filtración; lavar con una pequeña cantidad de solución de carbonato sódico al 5 % y después varias veces con pequeñas cantidades de agua fría. Los ésteres normalmente pueden recristalizarse en etanol acuoso. Un proceso que se usa frecuentemente es disolver los cristales en alcohol caliente, filtrar y añadir agua al filtrado caliente hasta que se forme una opalescencia. Recalentar la solución hasta que desaparezca la opalescencia, después enfriar. Rascar las paredes interiores del tubo si es necesario, para inducir la cristalización. *Evitar que al manejar los cristales entren en contacto con la piel.*

Si el ácido original se encuentra en forma de sal alcalina, disolver un equivalente de ella en una pequeña cantidad de agua, añadir una gota de fenolftaleína, y ajustar la acidez como anteriormente.

Los ésteres de metilo en ciertas ocasiones se utilizan como derivados, los cuales a veces son sólidos pero en la mayoría de casos parecen como aceites. Cuando son sólidos de punto de fusión relativamente alto, son a menudo derivados muy interesantes para los propósitos de identificación por determinación de puntos de fusión. Con frecuencia, se preparan los ésteres de metilo para efectuar comparaciones cromatográficas en fase de vapor de los tiempos de retención de compuestos conocidos con otros desconocidos. Los ésteres de metilo tienen la ventaja de que son más volátiles, se separan más fácilmente y para cromatografía en fase de vapor eluyen de la columna dando picos más agudos que los ácidos correspondientes. Los ésteres de metilo se pueden preparar cuantitativamente en muy pequeña escala empleando diazometano. También se pueden preparar convenientemente en muy pequeña escala empleando 2,2-dimetoxipropano con una pequeña cantidad de ácido *p*-toluensulfónico o ácido clorhídrico concentrado.

$$RCOOH + CH_2N_2 \longrightarrow RCOOCH_3 + N_2$$

$$RCOOH + CH_3\underset{\underset{\displaystyle OCH_3}{|}}{\overset{\overset{\displaystyle OCH_3}{|}}{C}}CH_3 \xrightarrow{H^+} RCOOCH_3 + CH_3OH + CH_3COCH_3$$

12.10.1i Sales

Los haluros de alquiltiouronio preparados calentando los haluros de alquilo con tiourea reaccionan con las sales sódicas o potásicas de los ácidos carboxílicos disueltos en etanol acuoso para dar los correspondientes carboxilatos de alquiltiouronio. Estas sales se preparan fácilmente con elevado rendimiento y dando productos de alta pureza. Desafortunadamente, sus puntos de fusión están muy cercanos. Normalmente la más empleada es la sal de S-benziltiouronio; algunas veces se preparan las de S-*p*-bromo y S-*p*-clorobenciltiouronio y de S-1-naftilmetiltiouronio.

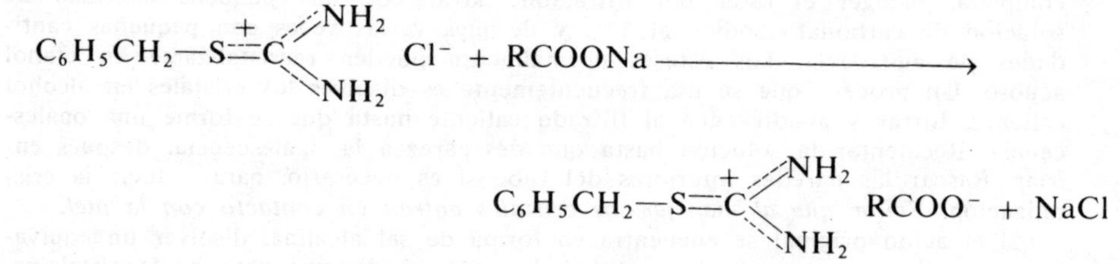

12.10.1j Procedimiento: Sales de S-benciltiouronio

Reactivo: El cloruro de S-benciltiouronio, aunque puede encontrarse en el mercado, puede prepararse fácilmente calentando a reflujo una mezcla de 2 gramos de cloruro de bencilo, 1,2 g de tiourea, y 3 ml de metanol durante 30 minutos. Enfriar en un baño de hielo. Recoger el producto y lavarlo varias veces con pequeñas cantidades de acetato de etilo.

Disolver o suspender 0,25 g de ácido o su sal sódica o potásica en 5 ml de agua. Ajustar el pH hasta que quede virada la fenolftaleína empleando hidróxido sódico 1 *N*. Añadir varias gotas de ácido clorhídrico 0,1 *N* hasta que la solución presente una coloración rosa pálido (casi neutra). Añadir una solución de 1 g de cloruro de S-benciltiouronio en 5 ml de agua o 10 ml de metanol. Enfriar en un baño de hielo. Recristalizar la sal en etanol diluido.

Una segunda categoría de sales que tienen alguna utilidad en la identificación de ácidos orgánicos son las sales de fenilhidrazonio. Las sales con la fenilhidrazina se obtienen a partir de los ácidos fuertes alifáticos tales como los ácidos alifáticos dibásicos, calentándolos con una solución bencénica de fenilhidrazina. La fenilhidrazina puede utilizarse también para convertir los ácidos directamente en fenilhidrazidas. En el punto de ebullición de la fenilhidrazina (243°), los ácidos alifáticos sencillos forman fenilhidrazidas.

$$RCOOH + C_6H_5NHNH_2 \longrightarrow \underset{\text{Sal de fenilhidrazonio}}{C_6H_5NH\overset{+}{N}H_3\,RCOO^-}$$

$$RCOOH + C_6H_5NHNH_2 \xrightarrow[\Delta]{} \underset{\text{Fenilhidrazida}}{RCONHNHC_6H_5}$$

12.10.2 *Sales de ácidos carboxílicos*

12.10.2a Clasificación

Se sospechará la presencia de sales metálicas de los ácidos carboxílicos —las que se encuentran con más frecuencia son las sales sódicas y potásicas— a partir de su solubilidad, punto de fusión, y del ensayo de ignición. Son algo solubles en agua, produciendo soluciones alcalinas de las cuales precipitan los ácidos libres después de la neutralización con ácido mineral. Son insolubles en la mayoría de disolventes orgánicos, y funden o se descomponen sólo a temperaturas muy altas. Después de la ignición dejan un residuo alcalino de óxido de carbono levemente coloreado. Si es necesario, puede establecerse la identidad del metal por ensayos normalizados que podrán encontrarse en los textos de análisis inorgánicos cualitativos o por fotometría de llama.

También es posible encontrar las sales amónicas o las aminas de los ácidos carboxílicos. El amoniaco o la amina se libera de la sal agregando a la disolución un álcali acuoso; para ello colocar de 20 a 30 mg de la muestra en un pequeño tubo de ensayo que contenga 0,5 ml de hidróxido sódico diluido. Puede detectarse la presencia del amoniaco o de una amina de bajo peso molecular colocando un trozo de papel de tornasol dentro del vapor producido al calentar el tubo con una llama pequeña. Para un ensayo más sensible, humedecer un papel de filtro con una solución al 10 % de sulfato de cobre y sostener el papel en el vapor; el resultado será positivo si aparece en el papel el color azul del complejo entre el cobre y el amoniaco o amina. La amina puede aislarse por extracción de una disolución alcalina de la sal e identificarla como se describió en la Sección 12.14.

El espectro infrarrojo de las sales de los ácidos, efectuado normalmente en emulsiones con el Nujol, presenta fuertes bandas carbonílicas entre 1610 y 1550 cm^{-1} (6,24 a 6,45 μ) y cerca de 1400 cm^{-1} (7,14 μ) (fig. 12.17).

12.10.2b Caracterización

Para la caracterización de las sales de ácidos carboxílicos, es necesario apoyarse en las constantes físicas y químicas del ácido. La adición de sulfúrico u otros ácidos minerales fuertes a la solución acuosa de la sal de un ácido carboxílico libera el ácido libre que puede aislarse por extracción, destilación con arrastre de vapor, o filtración; preparando a continuación los derivados necesarios a partir del ácido libre. Las sales sódicas o potásicas pueden convertirse directamente a sales de tiouronio o ésteres de fenacilo (Sec. 12.10.1).

12.11 ANHÍDRIDOS DE ÁCIDO Y HALUROS DE ÁCIDO

12.11.1a Clasificación

Los anhídridos de ácido y los haluros de ácido se clasifican con bastante facilidad mediante la combinación de las propiedades espectrales únicas y sus elevadas reactividades.

Los anhídridos exhiben normalmente dos bandas en la región carbonílica del espectro infrarrojo (fig. 12.18); en los anhídridos alifáticos lineales estas bandas aparecen cerca de 1820 y 1760 cm^{-1} (5,49 y 5,68 μ), presentando las variaciones usuales con la insaturación y el tamaño del anillo. La intensidad

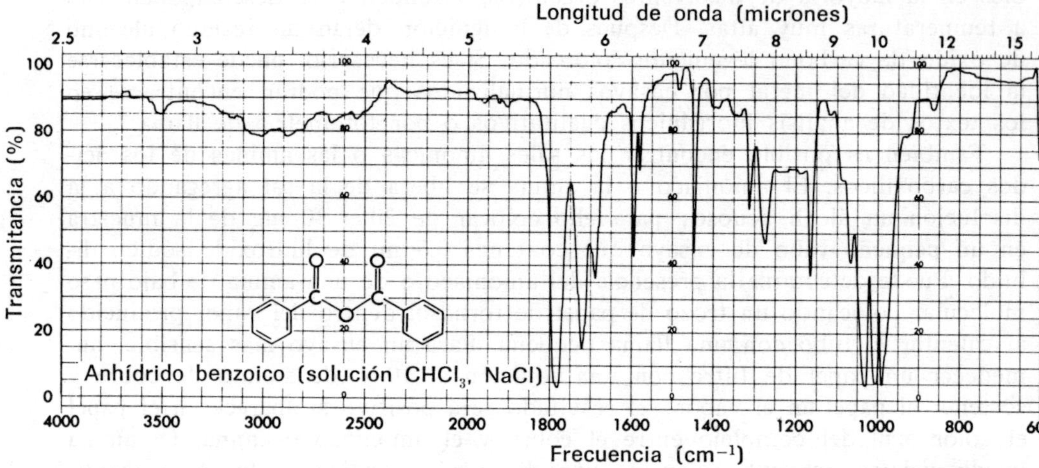

Fig. 12.18. Espectro infrarrojo del anhídrido benzoico. Nótese la impureza del ácido benzoico que se presenta como una banda OH ancha y débil y la banda carbonílica cerca de 1690 cm^{-1}.

relativa de las dos bandas es variable; la banda de frecuencia más elevada es mayor en los anhídridos acíclicos, pero en los anhídridos cíclicos la banda de menor frecuencia es la más intensa. Los peróxidos de diacilo también presentan en el infrarrojo bandas carbonílicas dobles (Sec. 12.12).

Los cloruros de ácido, que son los más comunes entre los haluros de ácido, presentan una fuerte banda infrarroja cerca de 1800 cm^{-1} (5,56 μ) (figura 12.19). La banda sólo se desplaza ligeramente a menores frecuencias cuando hay conjugación; en los haluros de aroílo, generalmente aparece un hombro prominente en el lado de baja frecuencia de la banda carbonílica. Como podría predecirse, los fluoruros de ácido están desplazados hacia frecuencias mayores, mientras que los bromuros y ioduros lo están a frecuencias más bajas. La presencia de esta banda carbonílica intensa y la ausencia en el espectro de las bandas O—H, N—H y C—O, la presencia de un halógeno reactivo (ensayo del nitrato de plata, Sec. 12.2.1b) y la alta reactividad de la sustancia frente al agua, alcohol y aminas suministran datos suficientes para diagnosticar la presencia del grupo haluro de ácido.

12.11.2b Caracterización

Los anhídridos que se encuentran normalmente con mayor frecuencia son los anhídridos simétricos y sencillos de los ácidos benzoico y acético y los

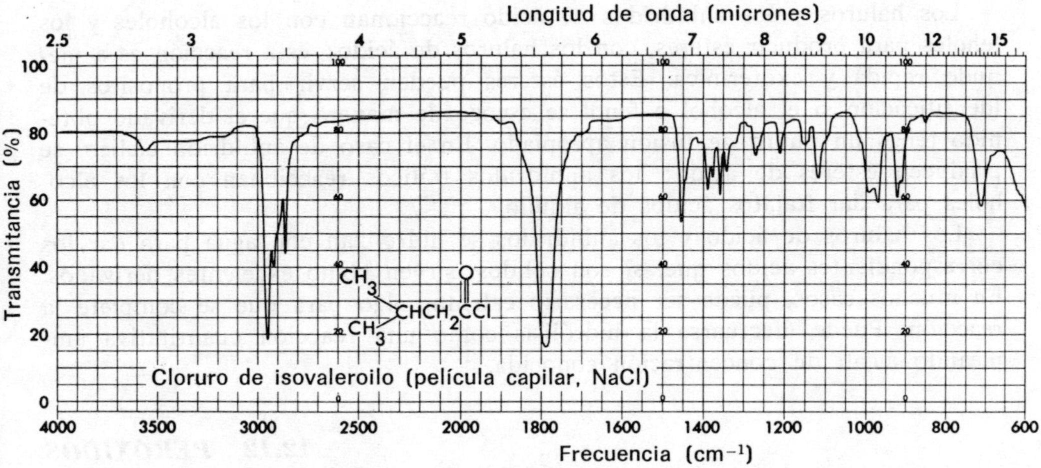

Fig. 12.19. Espectro infrarrojo típico de un cloruro de ácido.

anhídridos cíclicos de los ácidos succínico, maleico y ftálico. Son conocidas las mezclas de anhídridos formados por dos ácidos carboxílicos o por un ácido sulfónico, pero raramente se encuentran.

Para los propósitos de identificación, los haluros y anhídridos de ácido se convierten con frecuencia directamente en amidas. Recordamos que en la identificación de un ácido carboxílico, los ácidos normalmente se convierten primero en cloruros de ácido para preparar después las amidas. Se recomiendan encarecidamente las anilidas (Sec. 12.10.1d).

$$RCOCl + 2\,NH_2C_6H_5 \longrightarrow RCONHC_6H_5 + C_6H_5\overset{+}{N}H_3Cl^-$$

$$(RCO)_2O + 2\,NH_2C_6H_5 \longrightarrow RCONHC_6H_5 + C_6H_5\overset{+}{N}H_3\,CH_3COO^-$$

Los anhídridos cíclicos, al reaccionar con las aminas, pueden dar la monoamida o la imida, dependiendo de las condiciones de la reacción.

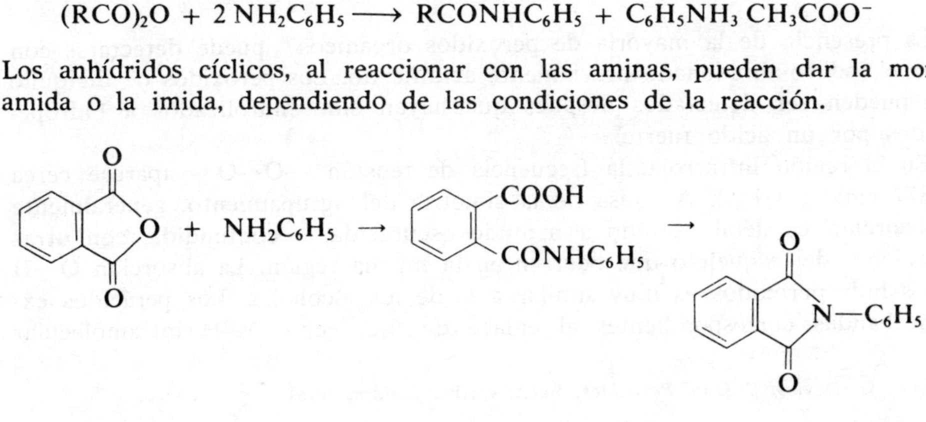

Los haluros y los anhídridos de ácido reaccionan con los alcoholes y los fenoles para producir ésteres, con los haluros de ácido; esta reacción es a menudo rápida y exotérmica. Estos ésteres pueden servir para propósitos de identificación si el alcohol o fenol se escoge de manera que el derivado obtenido tenga un punto de fusión apropiado. En el caso de anhídrido cíclico, se producen ésteres de ácido; los anhídridos ftálicos reaccionan con los alcoholes para dar ftalatos ácidos de alquilo.

Los haluros de ácido y los anhídridos se hidrolizan con agua para dar los correspondientes ácidos que, si son sólidos, sirven como excelentes derivados. En muchos casos, puede ser necesario calentar algo para que se complete la reacción. Puede efectuarse la hidrólisis como una reacción cuantitativa empleando álcali de concentración conocida.

12.12 PERÓXIDOS

12.12.1a Clasificación

Debe recalcarse que todos los peróxidos orgánicos son potencialmente explosivos. Siempre que se trabaje con ellos deben usarse gafas, guantes y pantallas de seguridad.

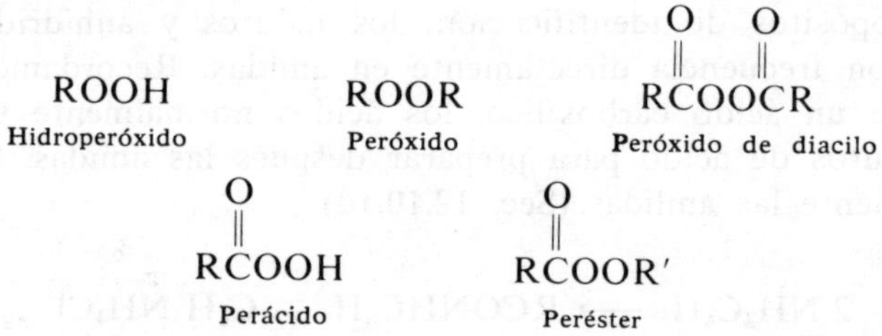

La presencia de la mayoría de peróxidos orgánicos [35] puede detectarse con el papel ioduro-almidonado previamente acidificado. Los peróxidos de dialquilo sólo pueden ser detectados después que hayan sido hidrolizados a hidroperóxidos por un ácido fuerte.

En la región infrarroja, la frecuencia de tensión —O—O— aparece cerca de 877 cm^{-1} (11,4 μ). A causa de la simetría del agrupamiento, generalmente la absorción es débil estando a menudo oscurecida, o confundida, con otras vibraciones del esqueleto que ocurren en la misma región. La absorción O—H en los hidroperóxidos es muy similar a la de los alcoholes. Los perácidos exhiben bandas correspondientes al enlace de hidrógeno O—H intramolecular

[35] A. G. Davies, *Organic Peroxides*, Butterworths, London, 1961.

a 3280 cm⁻¹ (3,05 μ) y una carbonílica cerca de 1750 cm⁻¹ (5,71 μ). En los perésteres alifáticos, la banda carbonílica aparece cerca de 1770 cm⁻¹ (5,65 μ), algo más alta que los ésteres normales. Los peróxidos de diacilo simétricos exhiben un doblete carbonílico en el infrarrojo. Los peróxidos de diacilo alifáticos presentan una absorción cerca de 1815 cm⁻¹ (5,51 μ) y 1790 cm⁻¹ (5,59 μ); los compuestos aromáticos absorben a frecuencias ligeramente más

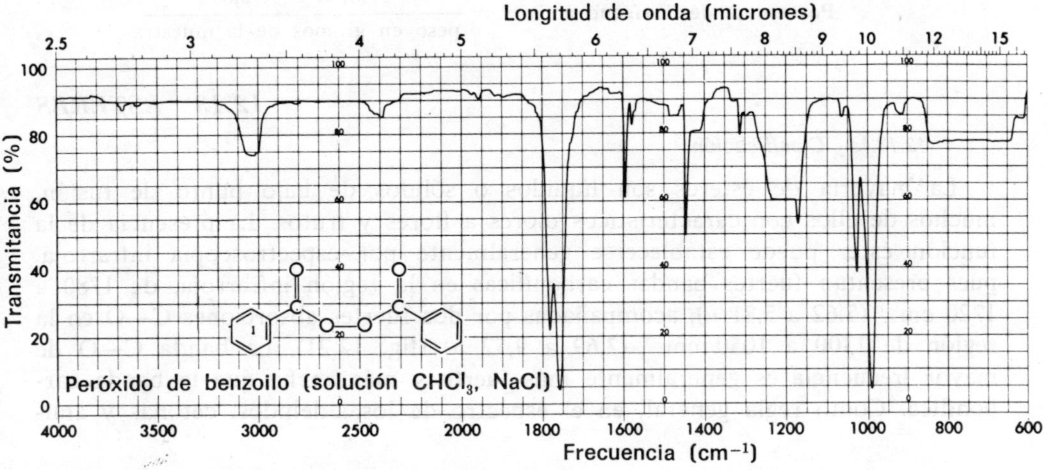

Fig. 12.20. Espectro infrarrojo del peróxido de benzoilo. Compararlo con el espectro del anhídrido benzoico (fig. 12.18).

bajas (fig. 12.20). En los diacilperóxidos lineales, la banda de menor frecuencia es fuerte y aguda (véase anhídridos, Sec. 12.11).

12.12.1b Caracterización

La identificación de los peróxidos normalmente se lleva a cabo por procesos cuantitativos de reducción. Los productos reducidos ácidos, alcoholes, etcétera, pueden caracterizarse por los métodos usuales. Generalmente se emplean métodos iodométricos para la *evaluación cuantitativa de los peróxidos.*

$$ROOH + 2I^- + H^+ \longrightarrow ROH + H_2O + I_2$$

12.12.1c Procedimiento: Titulación de los peróxidos

El perácido o el hidroperácido (0,1 a 0,2 g) se pesa con exactitud en un frasco de iodo. La muestra se disuelve en 10 ml de cloroformo y se hace pasar una corriente de nitrógeno por el frasco. Se añade una solución saturada de ioduro sódico (2 ml), seguido por 15 ml de ácido acético glacial. Se tapa el frasco y se deja reposar en la mesa de 5 a 10 min. Se añade agua (50 ml) y la solución se valora hasta el punto de viraje en presencia de almidón con tiosulfato 0,1 *N*, efectuando previamente a la valoración, un ensayo en blanco con los reactivos.

Este procedimiento puede adaptarse para ser usado con los perésteres, y peróxidos de diacilo, procurando que el ácido acético contenga un 0,002 % de cloruro férrico hexahidratado como catalizador para la reducción.[36]

Los peróxidos de dialquilo pueden evaluarse si se tratan con ácido iodhídrico en ácido acético a 60° durante 45 a 60 min.

$$\text{Porcentaje de "oxígeno activo"} = \frac{\text{ml} \times N \times 0{,}8}{\text{peso en gramos de la muestra}}$$

12.13 ÉSTERES

12.13.1a Clasificación

La mayoría de ésteres son líquidos o sólidos de bajo punto de fusión, muchos de ellos con característicos olores a flores y frutos. La presencia de la función éster puede establecerse generalmente por espectroscopia infrarroja, pues presentan fuertes bandas carbonílicas en la región infrarroja, de 1780 a 1720 cm^{-1} (5,62 a 5,81 μ), acompañadas por dos fuertes absorciones C—O en la región de 1300 a 1050 cm^{-1} (7,69 a 9,52 μ) (fig. 12.21). La banda C—O de mayor frecuencia es generalmente más fuerte y más ancha que la banda carbonílica. Como regla general, en el espectro de los aldehídos, cetonas y ami-

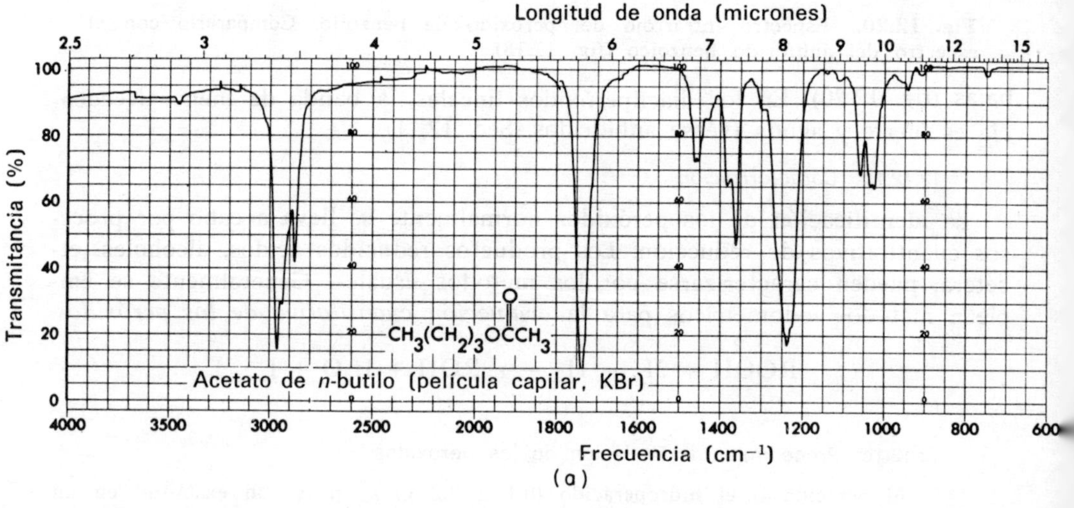

(a)

[36] L. S. Silbert y D. Swern, *Anal. Chem.*, **30**, 385 (1958); *J. Am. Chem. Soc.*, **81**, 2364 (1959).

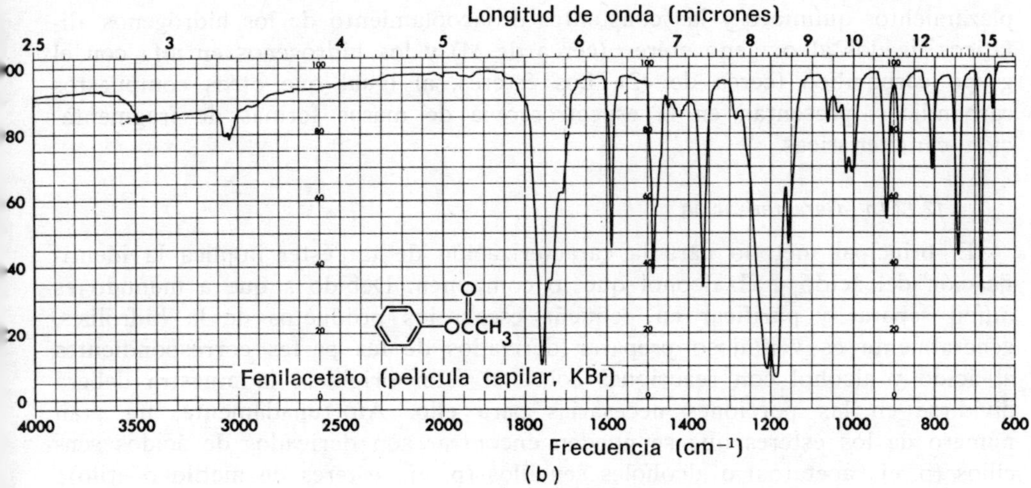

(b)

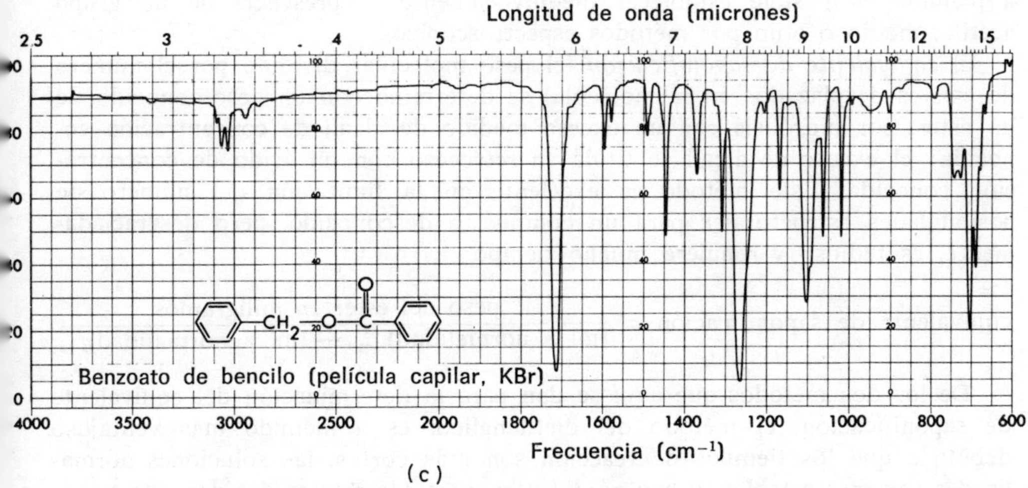

(c)

Fig. 12.21. Espectros de infrarrojos típicos de los ésteres.

das, la banda carbonílica es la más intensa del espectro (véanse figs. 12.13, 12.14, 12.21 y 12.26).

Los compuestos carbonílicos cuyos espectros infrarrojos tienen las anteriores características, junto con ausencia de las absorciones NH y OH, y que además dan ensayo negativo con la 2,4-dinitrofenilhidrazina, casi puede asegurarse que son un éster. En algunos casos puede confundirse el espectro de un éster con el de una cetona, pero si se dispone del espectro de rnm del sospechado éster la evidencia de que es un éster puede deducirse por los desplazamientos químicos y las constantes de acoplamiento de los hidrógenos alifáticos ligados al oxígeno etéreo (cerca de $\delta 4$) y los hidrógenos en alfa con el grupo carbonílico (cerca de $\delta 2$). Los ésteres, al igual que otros compuestos carbonílicos, presentan en la espectroscopia de masas formas de fragmentación características.

12.13.1b Caracterización

El principal método para la caracterización de un éster implica la identificación del ácido y el alcohol que lo componen. Debido a que a menudo es difícil separar y purificar en pequeña escala los productos de la hidrólisis, generalmente es ventajoso preparar derivados de las partes correspondientes al ácido y alcohol con reacciones sobre el éster original; la muestra deberá dividirse en las porciones necesarias para ello. Afortunadamente, un gran número de los ésteres que se pueden encontrar son derivados de ácidos sencillos (p. ej., acetatos) o alcoholes sencillos (p. ej., ésteres de metilo o etilo); a menudo es posible establecer inequívocamente la presencia de un grupo acetilo, metilo o etilo por métodos espectroscópicos.

El *equivalente de saponificación* (el peso molecular dividido por el número de ésteres desplazados en la molécula) se determina con un peso conocido de un éster, por hidrólisis con un exceso medido de álcali de concentración conocida; el exceso de álcali se titula en retroceso con un ácido de concentración conocida. Este método es excelente en la limitación del número de posibilidades estructurales para un compuesto desconocido, pero desgraciadamente, es tedioso y requiere mucho tiempo.

$$\text{equivalente de saponificación} = \frac{\text{peso del éster en miligramos}}{(\text{ml} \times \text{normalidad})_{\text{alcali}} - (\text{ml} \times \text{normalidad})_{\text{acido}}}$$

De los dos métodos que aquí se dan para la determinación del equivalente de saponificación, el método del dietilenglicol es a menudo más ventajoso debido a que los tiempos de reacción son más cortos, las soluciones normalizadas son más estables, y hay pérdidas menores de ésteres debidas a la transesterificación a ésteres de etilo más volátiles. Sin embargo, la solución viscosa de glicol es algo más difícil de medir con exactitud. Con cualquier procedimiento, deberá emplearse un equipo de vidrio esmerilado. Si no se dispone de tal equipo, pueden emplearse tapones de caucho que hayan sido hervidos con álcali y lavados a fondo con agua destilada.

12.13.1c Método del dietilenglicol

Reactivo: Disolver 6,0 g de lentejas de hidróxido potásico en 30 ml de dietilenglicol con la ayuda de calor. Usar un termómetro como varilla agitadora, y mantener la temperatura por debajo de 130° para evitar la decoloración de la solución. Transferir la disolución a una botella con cierre de vidrio, y añadir 70 ml de dietilenglicol. Mezclar completamente la solución, y dejar que enfríe; establecer su normalidad con ácido clorhídrico 0,5 *N*. Pipetear 10 ml del reactivo (ca. 1 *N*) en un frasco Erlenmeyer de 125 ml, añadir 15 ml de agua, y valorarlo hasta el punto de viraje de las fenolftaleínas. A causa de la viscosidad de la disolución, es aconsejable emplear una pipeta con un agujero de vertido grande. Alternativamente, la normalización y la saponificación deben efectuarse con cantidades exactamente pesadas de la solución de etilenglicol.

Procedimiento: Para la determinación del equivalente de saponificación del éster, transferir aproximadamente 10 ml del reactivo normalizado, exactamente pesado o medido, en un frasco Erlenmeyer de 50 ml con tapón de vidrio. Transferir cuantitativamente unos 0,5 g cuidadosamente pesados del éster hacia el interior del frasco, y colocar en su sitio el tapón. Mezclar el éster y el reactivo haciendo oscilar el frasco. Mientras se aguanta el tapón en su lugar y se agita haciéndolo oscilar, calentar la mezcla en un baño de aceite que previamente ha sido calentado hasta 120 o 130°. Después de 2 o 3 min, sacar el frasco del baño, sacudirlo bien, dejarlo escurrir, y sacar cuidadosamente el tapón para permitir que desaparezca la presión interna. Volver a colocar el tapón y continuar calentado en el baño de aceite hasta que la temperatura de la mezcla sea de unos 120°. Si el éster tiene un punto de ebullición elevado, puede sacarse el tapón e insertar el termómetro. Después de varios minutos a esta temperatura, enfriar el frasco hasta 80 o 90°; sacar el tapón y lavar con agua destilada, de modo que el líquido del lavado caiga dentro del frasco. Añadir de 10 a 15 ml de agua destilada y varias gotas del indicador fenolftaleína y valorar con ácido clorhídrico o ácido sulfúrico normalizado.

12.13.1d Método del hidróxido potásico etanólico

Reactivo: Colocar 8 g de hidróxido potásico en 250 ml de alcohol etílico (95 %) y sacudir para que se produzca la disolución. Dejar reposar la mezcla durante 24 horas; después decantar o filtrar la disolución clara del residuo de carbonato potásico. Es necesario normalizar la disolución de hidróxido potásico etanólico (aprox. 0,5 *N*) inmediatamente antes del uso siendo adecuado para ello tanto el ácido sulfúrico como el clorhídrico normalizados, usando como indicador la fenolftaleína.

Procedimiento: Colocar una muestra exactamente pesada del éster (unos 0,5 gramos) en un frasco de fondo redondo de 100 ml. Añadir 25 ml de hidróxido potásico alcohólico 0,5 *N* por medio de una pipeta. (PRECAUCIÓN: *Asegurarse de usar una pipeta con un bulbo de succión con fines de seguridad y protección del operador.*) Colocar un condensador de reflujo eficiente y calentar suavemente a reflujo sobre un baño de vapor de 1,5 a 2 horas o hasta que la hidrólisis sea completa. Dejar enfriar la mezcla. Introducir unos 25 ml de agua a través del condensador, separar el condensador, añadir dos o tres gotas de fenolftaleína y valorar con ácido normalizado.

12.13.2 Derivados de la función acilo

12.13.2a Hidrólisis a ácidos

Si el ácido obtenido por hidrólisis del éster es sólido, nos servirá de excelente derivado (punto de fusión y equivalente de neutralización). El ácido puede obtenerse por aplicaciones cualitativas o cuantitativas de los procedimientos que se utilizan para la determinación de equivalentes de saponificación, o por *hidrólisis con hidróxido sódico acuoso.* El método del hidróxido potásico/dietilenglicol es especialmente efectivo para ésteres insolubles en agua que hiervan por encima de 200°C.

12.13.2b Procedimiento: Hidrólisis de ésteres

Dentro de un pequeño frasco de fondo redondo, colocar de 0,2 a 1 g del éster, añadir de 2 a 10 ml de hidróxido sódico acuoso al 25 % y un trozo de plato poroso. Montar un condensador y calentar a reflujo durante 30 minutos para los ésteres que hiervan por debajo de 110°C y durante 1 o 2 horas para los ésteres que hiervan entre 110 y 200°C, o bien hasta que la capa aceitosa y/o el olor característico del éster desaparezca. Enfriar el frasco y acidificar con ácido diluido, recomendándose para ello el fosfórico debido a la alta solubilidad del fosfato sódico. Recuperar el ácido por filtración o extracción y purificar por los métodos adecuados.

12.13.2c Conversión a amidas

Los ésteres se pueden calentar con amoniaco acuoso o alcohólico para obtener amidas. Algunos ésteres sencillos reaccionan en reposo a reflujo. No obstante la mayoría deben calentarse bajo presión.

$$RCOOCH_3 + NH_3 \longrightarrow RCONH_2 + CH_3OH$$

Muchos ésteres pueden convertirse a *N-bencilamidas* cristalinas calentando a reflujo con bencilamina en presencia de un ácido como catalizador. Éste es a menudo el método preferido para preparar un derivado del alcohol desplazado.

$$RCOOR' + CH_3OH \xrightarrow[\text{o HCl}]{CH_3O^-} RCOOCH_3 + R'OH$$

$$RCOOCH_3 + C_6H_5CH_2NH_2 \xrightarrow{NH_4Cl} RCONHCH_2C_6H_5 + CH_3OH$$

12.13.2d Procedimiento: *N*-bencilamidas a partir de ésteres

Dentro de un tubo de ensayo o un frasco de fondo redondo de 10 ml equipado con un condensador de reflujo colocar 100 mg de cloruro amónico, 1 ml ó 1 gramo de éster y 3 ml de bencilamina y una piedra de ebullición. Hervir a reflujo suavemente durante una hora. Enfriar y lavar el producto de la reacción con agua para separar el exceso de bencilamina y sales solubles. Si no se produce la cristalización, añadir 1 o 2 gotas de ácido clorhídrico diluido; si a pesar de ello la cristalización aún no ocurre, puede ser debido a un exceso de éster. A menudo es posible eliminar el éster hirviendo el producto de la reacción durante unos minutos en una cápsula. Recoger la *N*-bencilamida sólida por filtración, lavarla con un poco de ligroína y recristalizarla en alcohol acuoso o acetona.

La amonolisis de ésteres de más carbonos que los de etilo generalmente es muy lenta; siendo preferible en estos casos convertir el éster a éster metílico antes de intentar preparar la bencilamida; esto se consigue calentando a reflujo 1 g del éster con 5 ml de metanol absoluto en el cual se han disuelto 0,1 g de sodio o bien hirviendo a reflujo con una disolución al 3 % de cloruro de hidrógeno en metanol. Separar luego el metanol por destilación y tratar el residuo de la manera anteriormente descrita.

Ocasionalmente es más expeditivo convertir el éster en la correspondiente *p*-toluida a través de la sucesión de reacciones que más abajo se citan.[37] Se puede emplear también la sal de litio de la amina, preparada por reacción de la *p*-toluidina con el *n*-butil-litio.

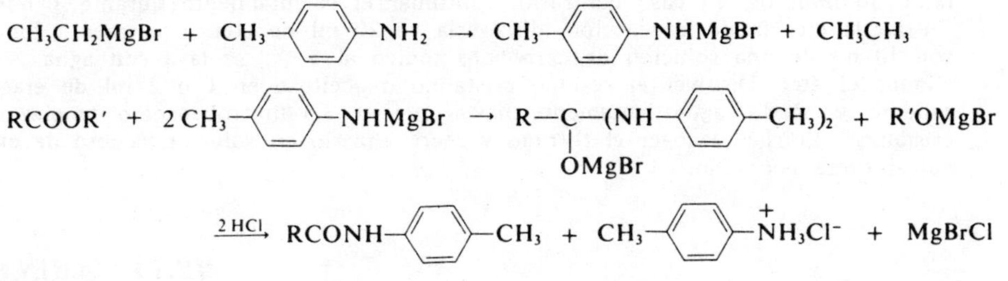

La hidracina reacciona con los ésteres de metilo y etilo para dar hidrazidas. El éster se hierve a reflujo con hidratos de hidracina, se añade una pequeña cantidad de etanol y se continúa hirviendo a reflujo durante varias horas.

$$RCOOCH_2CH_3 + NH_2NH_2 \longrightarrow RCONHNH_2 + CH_3CH_2OH$$

12.13.3 Derivados del alcohol desplazado

En ciertas ocasiones el alcohol obtenido por hidrólisis del éster es un sólido, en cuyo caso él y los derivados subsiguientes pueden servir para identificar aquella parte del éster. Por lo general los alcoholes de más de cuatro carbonos se pueden recuperar de los hidrolizados acuosos por procedimientos de extracción. En bastantes casos es mucho más conveniente identificar el alcohol desplazado mediante una reacción de transesterificación con ácido 3,5-dinitrobenzoico para producir un *3,5-nitrobenzoato de alquilo.*

[37] C. F. Koelsch y D. Tannenbaum, *J. Am. Chem. Soc.*, **55**, 3049 (1933); D. V. N. Hardy, *J. Chem. Soc.*, 398 (1936).

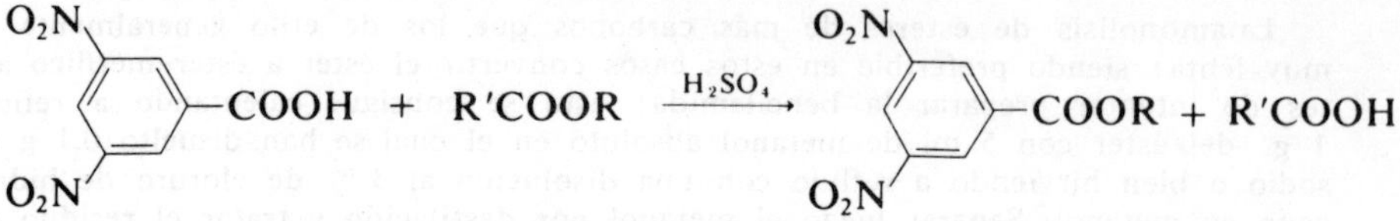

12.13.3a Procedimiento: 3,5-dinitrobenzoatos a partir de ésteres

Mezclar 0,5 g de éster con 0,4 g de ácido 3,5-dinitrobenzoico y añadir una gota de ácido sulfúrico concentrado. Si el éster hierve por debajo de 150°, calentar a reflujo con refrigerante; si el caso no fuera el anterior (punto de ebullición a temperatura superior a 150° C) efectuar la reacción en un tubo de ensayo abierto sumergiéndolo en un baño de aceite a 150°. Agitar la mezcla ocasionalmente. Si el ácido se disuelve antes de 15 minutos, calentar la mezcla durante 30 minutos, en caso contrario, continuar el calentamiento durante 1 hora. Enfriar la mezcla de la reacción, disolverla en 20 ml de éter, y extraer a fondo con 10 ml de una solución de carbonato sódico al 5 %; se lava con agua y se elimina el éter. Disolver el residuo cristalino o aceitoso en 1 o 2 ml de etanol caliente y añadir agua lentamente hasta que el 3,5-dinitrobenzoato empieza a cristalizar. Enfriar, recoger el filtrado y recristalizarlo en solución acuosa de etanol si fuese necesario.

12.14 AMINAS

12.14.1a Clasificación general

La mayoría de aminas sencillas se reconocen fácilmente por su solubilidad en ácidos minerales diluidos. Sin embargo, muchas aminas aromáticas substituidas (por ejemplo la difenilamina) y heterociclos aromáticos nitrogenados, que formalmente pueden clasificarse como aminas, no son solubles en ácidos diluidos. (El sistema anular de base de estos últimos, puede determinarse con frecuencia por su espectro ultravioleta característico.) Las aminas solubles en agua pueden determinarse por su reacción básica mediante el tornasol u otros indicadores, o bien por el *ensayo con ion cúprico.*

12.14.1b Procedimiento: Ensayo con ion cúprico

Se añaden 10 mg o una gota pequeña del compuesto desconocido sobre 0,5 ml de una solución de sulfato de cobre al 10 %. Un precipitado de color azul o azul verdoso es indicativo de la presencia de una amina.

La prueba puede efectuarse como ensayo a la gota sobre papel de filtro que haya sido tratado con la solución de sulfato de cobre. El amoniaco da resultado positivo en esta prueba.

La espectroscopia infrarroja puede ser muy útil en el reconocimiento y clasificación de aminas (figs. 12.22 y 12.23). Las aminas primarias tanto alifáticas como aromáticas, presentan un doblete débil aunque reconocible en la

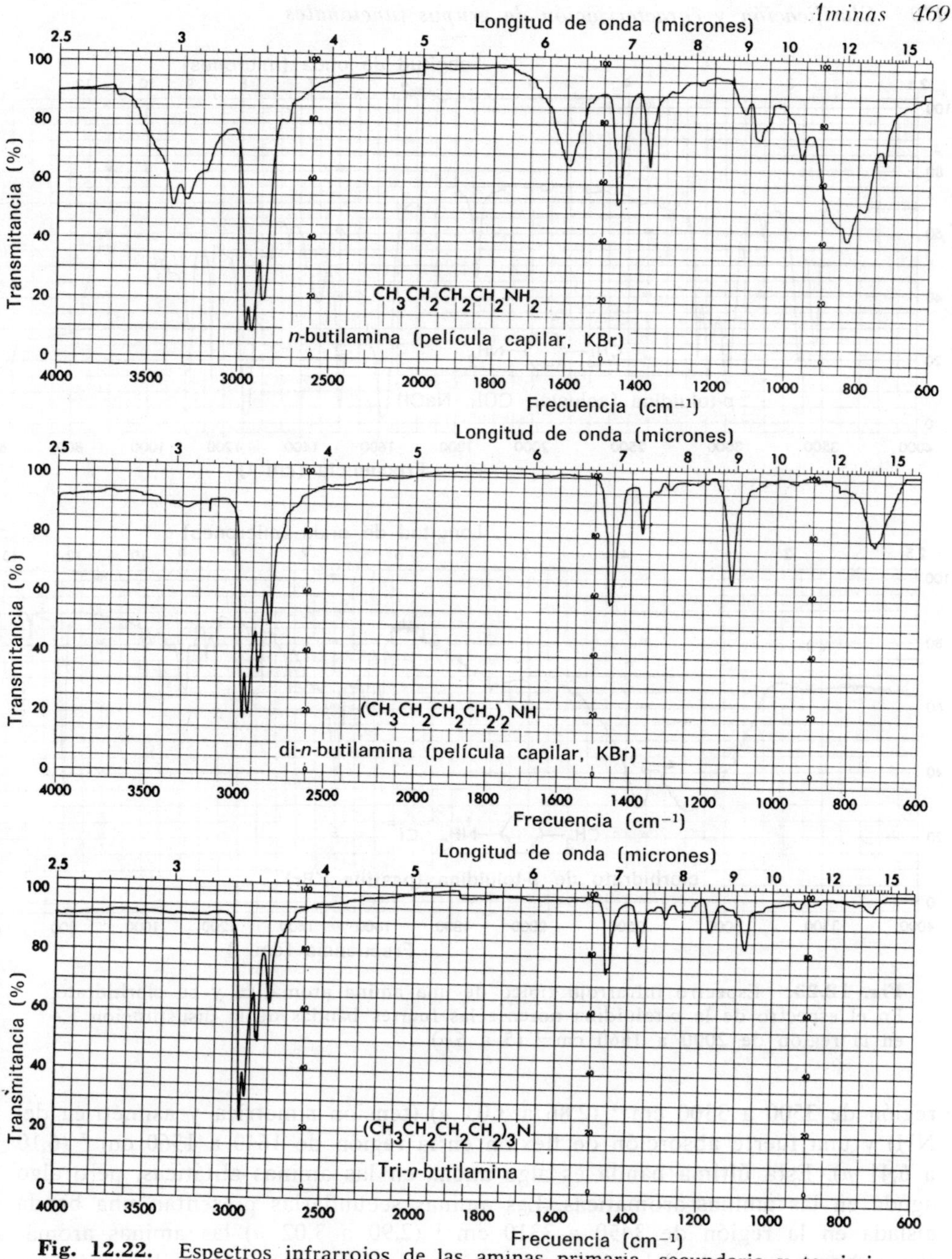

Fig. 12.22. Espectros infrarrojos de las aminas primaria, secundaria y terciaria. En el espectro de la amina primaria nótense las bandas fuertes de tensión, flexión y deformación del NH. Las bandas de tensión y flexión de NH de las aminas secundarias son frecuentemente muy débiles y no pueden observarse con las células de espesor normal.

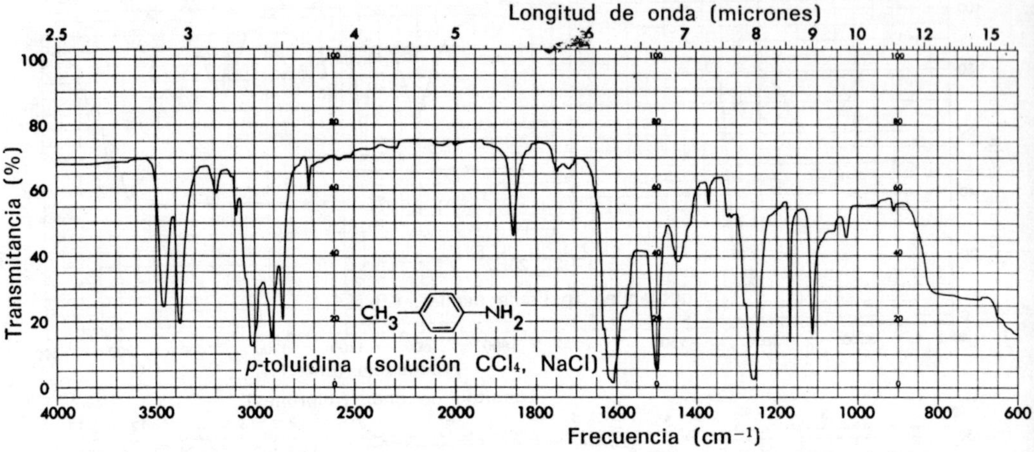

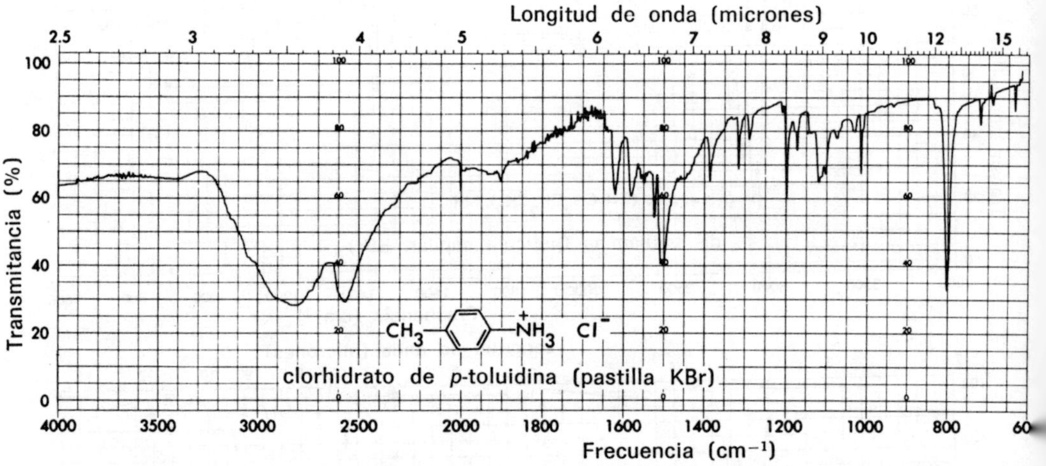

Fig. 12.23. Espectro infrarrojo típico de una amina aromática y su clorhidrato. En el espectro de la *p*-toluidina nótense las fuertes bandas de la disustitución 1,4 en la región de 2000 a 1660 cm^{-1} (5 a 6 μ).

región de 3500 a 3300 cm^{-1} (2,86 a 3,03 μ) (tensión simétrica y asimétrica del NH) y una fuerte absorción de flexión en la región de 1640 a 1560 cm^{-1} (6,10 a 6,41 μ). Esta última banda es algo ancha en las aminas alifáticas, pero algo aguda en las aminas aromáticas. Las aminas secundarias presentan una banda aislada en la región de 3450 a 3310 cm^{-1} (2,90 a 3,02 μ) las aminas aromáticas absorben cerca del extremo superior de este intervalo, y las alifáticas cerca del extremo inferior. La banda de flexión en las aminas secundarias en la región de 1580 a 1490^{-1} (6,33 a 6,71 μ) es débil y generalmente no tiene valor diagnóstico. Las aminas terciarias no presentan absorciones características de utilidad. (Sin embargo la ausencia de las absorciones características de grupo NH es una absorción que ayuda a clasificar un compuesto del que se sabe que es una amina.) La presencia de un grupo amino terciario puede establecerse mediante el examen infrarrojo del clorhidrato o de cualquier otra sal protónica de la amina; la absorción $\equiv\overset{+}{N}H$ ocurre en la región de 2700 a 2250 cm^{-1} (3,70 a 4,45 μ).

12.14.1c Prueba de Hinsberg

Este ensayo se basa en el hecho de que las aminas primarias y secundarias reaccionan con los haluros de arilsulfonilo para dar sulfonamidas *N*-sustituidas. Las aminas terciarias no dan derivados. Las sulfonamidas de las aminas primarias reaccionan con álcali para formar sales solubles (las sales sódicas de ciertas aminas alicíclicas primarias y algunas aminas con cadena alquílica larga son relativamente insolubles y dan resultados confusos).

Aminas primarias

$$ArSO_2Cl + RNH_2 + 2\,NaOH \longrightarrow \underset{\text{Soluble}}{[ArSO_2NR]^-Na^+} + NaCl + 2\,H_2O$$

$$[ArSO_2NR]^-\,Na^+ + HCl \longrightarrow \underset{\text{Insoluble}}{ArSO_2NHR} + NaCl$$

Aminas secundarias

$$ArSO_2Cl + R_2NH + NaOH \longrightarrow \underset{\text{Insoluble}}{ArSO_2NR_2} + H_2O + NaCl$$

Aminas terciarias

$$ArSO_2Cl + R_3N + NaOH \longrightarrow \text{amina terciaria recuperada}$$

12.14.1d Procedimiento: Ensayo de Hinsberg

En un tubo de ensayo se añade 0,1 ml o 0,1 g de la amina, 0,2 g de cloruro de *p*-toluensulfonilo (puede usarse 0,2 ml de bencensulfonilo pero los productos tienden a dar aceites), y 5 ml de una solución de hidróxido sódico al 10 %. Se tapa el tubo y se agita intermitentemente durante 3 a 5 min. Sacar el tapón, y calentar el tubo, mientras, se agita durante 1 min. Si no se verifica reacción, la sustancia es probablemente una amina terciaria. Si en la solución alcalina hay presente un precipitado, diluir la mezcla de la reacción con 5 ml de agua y agitar; si el precipitado no se disuelve es que está presente una sulfonamida *N,N*-disustituida, indicando con ello que la amina de la que se parte es secundaria. Si la solución es clara, acidificarla cuidadosamente con ácido clorhídrico diluido. Un precipitado de sulfonamida *N*-sustituida es indicativo de amina primaria.

Este proceso puede usarse para preparar mezclas de aminas primarias, secundarias y terciarias. Las aminas terciarias que no han reaccionado se pueden recuperar mediante extracciones en disolventes o por destilación con arrastre de vapor. Las sulfonamidas de aminas primarias y secundarias pueden separarse teniendo en cuenta la solubilidad de los derivados de las primarias en hidróxido sódico diluido. Las aminas primarias y secundarias originales pueden recuperarse por hidrólisis de las sulfonamidas con 10 partes de ácido clorhídrico al 25 %, seguida de neutralización y extracción. Las sulfonamidas de las aminas primarias requieren entre 24 y 36 horas de reflujo, mientras que las aminas secundarias necesitan de 10 a 12 horas para hidrolizarse.

12.14.1e *Ácido nitroso*

Las siguientes ecuaciones ilustran las reacciones del ácido nitroso con aminas. Estas reacciones son la base del método clásico para distinguirlas de los diferentes tipos de aminas.

Aminas primarias

$$RNH_2 \xrightarrow{HONO} R{-}N_2^+ \xrightarrow{-N_2} R^+ \longrightarrow \text{Productos con ion carbonio}$$

$$ArNH_2 \xrightarrow{HONO} ArN_2^+ \xrightarrow[\beta\text{-naftol}]{OH^-}$$

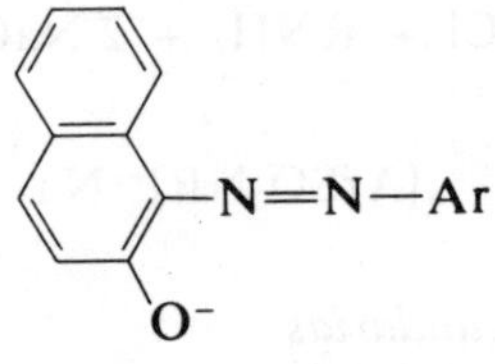

Colorante azoico rojo

Aminas secundarias

$$R_2NH \xrightarrow{HONO} R_2N{-}NO \quad \text{(aceites amarillos o sólidos)}$$

Aminas terciarias

$$R_3N \xrightarrow{HONO} R_3\overset{+}{N}{-}NO \xrightarrow{H_2O} R_2NNO + \text{aldehidos, cetonas}$$

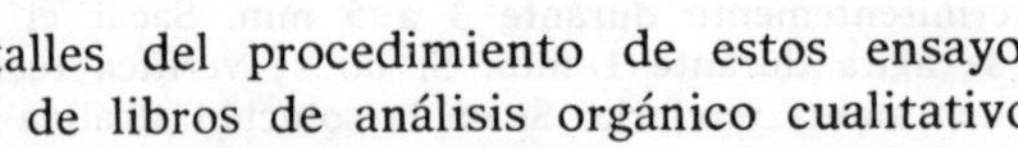

Los detalles del procedimiento de estos ensayos pueden encontrarse en la mayoría de libros de análisis orgánico cualitativo.

La mayor utilidad es la demostración de la presencia del grupo amino alifático primario (por pérdida de N_2) y el grupo amino aromático primario (por copulación de un núcleo aromático reactivo tal como el β-naftol para formar colorantes azoicos).

12.14.1f Procedimiento: Ensayo con ácido nitroso

(a) Disolver 0,1 g de amina alifática primaria en 3 ml de ácido clorhídrico 2 *N*; enfriarlo en un baño de hielo y añadir 1 ml de una solución fría acuosa de nitrito sódico al 10 %. Calentar suavemente; el nitrógeno se desprenderá rápidamente.

(b) Colocar tres tubos de ensayo pequeños en un baño de sal y hielo. En un tubo poner 50 mg de amina arílica primaria, 1 ml de agua, y cuatro gotas de ácido sulfúrico concentrado. En el segundo tubo, colocar 1 ml de nitrito sódico acuoso al 10 %. En el último tubo se prepara una solución de 100 mg de β-naftol en 2 ml de hidróxido sódico al 10 %. Cuando las soluciones están completamente frías, añadir gota a gota nitrito sódico, mientras se agita la solución de la amina. Después añadir gota a gota la solución de β-naftolato sódico a la mezcla. Un color rojo del precipitado nos indica la existencia de una amina arílica primaria.

Antes de efectuar este ensayo debe comprobarse si hay sólo el grupo funcional amino, ya que el ácido nitroso puede reaccionar con otros grupos funcionales, llevándonos a una interpretación errónea del resultado. A continuación se describen algunas reacciones de este tipo.

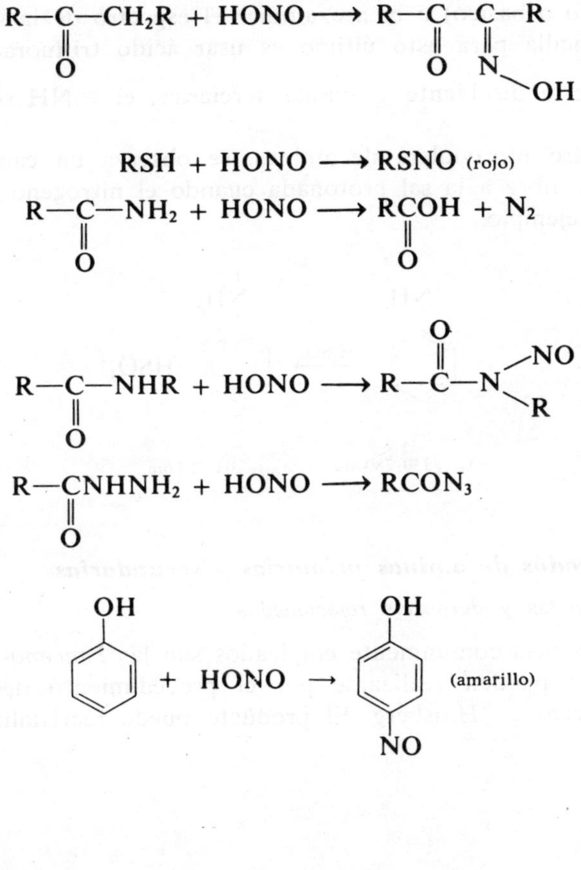

12.14.1g Caracterización

Nota: Existen muchos métodos para la preparación de derivados de aminas que son rápidos, sencillos y pueden ejecutarse en pequeña escala. Por esta razón es a menudo expeditivo usar algunas de estas reacciones como un procedimiento combinatorio entre la clasificación-derivación.

En la mayoría de casos, con aminas sencillas, la combinación entre los puntos de fusión y ebullición, solubilidad en ácido y el espectro infrarrojo suministra al investigador información suficiente para escoger un derivado apropiado. En otros casos, es prudente buscar selectivamente ensayos de clasificación y obtener datos físicos adicionales (por ejemplo, pK_b) y espectrales (rmn o ultravioleta) antes de operar. Véase Sección 5.4.1b para corrimientos químicos del NH. En algunos casos, las señales del protón en el NH se encuentran ensanchadas por interacciones cuádruples con el nitrógeno, aunque apenas pueden diferenciarse de la línea base; en otros casos, la señal es mucho más aguda. Si existe alguna duda en la asignación del pico debido a los protones unidos al nitrógeno, el investigador puede tener una ayuda muy útil al cambiar los protones del nitrógeno por deuterio (óxido de deuterio con un catalizador ácido o básico) o bien examinar el espectro de la sal de la amina; una técnica sencilla para esto último es usar ácido trifluoracético como disolvente; con este disolvente y aminas terciarias, el $\equiv \overset{+}{N}H$ se presenta entre $\delta 2{,}3$ y 2,9.

En el espectro ultravioleta de aminas, se observa un cambio drástico al pasar de la base libre a la sal protonada cuando el nitrógeno forma parte del cromóforo, por ejemplo.

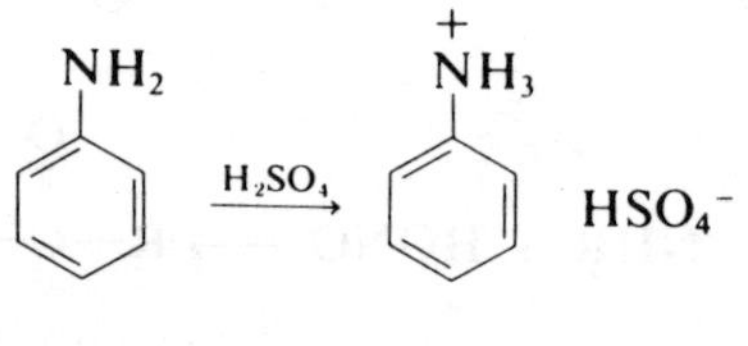

λ_{max} 230, 280 mμ λ_{max} 203, 254 mμ

12.14.2 *Derivados de aminas primarias y secundarias*

12.14.2a Amidas y derivados relacionados

Los derivados más comúnmente empleados son las *benceno-* y *p-toluenosulfonamidas.* Éstas pueden realizarse por el procedimiento descrito anteriormente en el ensayo de Hinsberg. El producto puede recristalizarse en etanol al 95 %.

Algunas veces también se emplean *bencil-(α-tolueno-)*, *p-bromobenceno-*, *m-nitrobenceno-*, *α-naftaleno-* y *metanosulfonamidas.*

12.14.2b Procedimiento: Sulfonamidas

Se refluye durante 5 a 10 minutos una mezcla de 1 mmol de cloruro de sulfonilo y 2,1 mmol de amina en 4 ml de benceno seco. La mezcla se deja enfriar. Se elimina por filtración el clorhidrato de la amina que precipita. Del filtrado se evapora el benceno para obtener la sulfonamida cruda. Se recristaliza en etanol del 95 %.

Las amidas primarias y secundarias reaccionan rápidamente a temperatura ambiente con el cloruro de 2,4-dinitrobencenosulfenilo para dar *2,4-dinitrobencenosulfenamidas.*

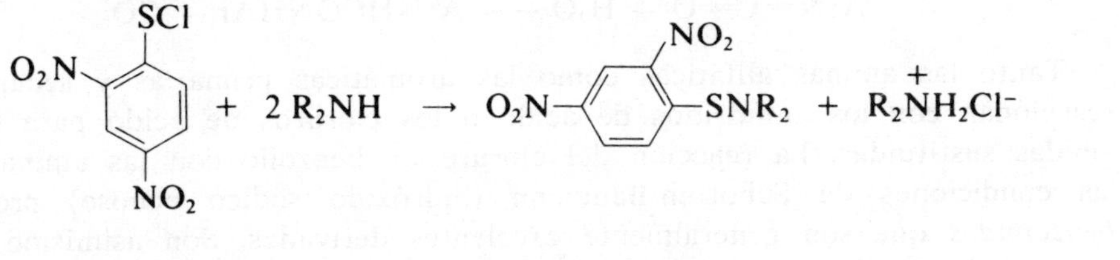

12.14.2c Procedimiento: 2,4-dinitrobencenosulfenamidas

A una solución de 2 mmol de amina en 4 ml de éter, se añade gota a gota una solución de cloruro de 2,4-dinitrobencenosulfenilo en éter [aproximadamente 1 mmol (235 mg) en 4 ml de éter] hasta que el clorhidrato de la amina ha precipitado totalmente. Filtrar el clorhidrato, y lavarlo con éter. El éter de lavado y de la solución de filtrado se mezclan y se evaporan; la sulfenamida cruda se recristaliza varias veces en etanol.

Las aminas primarias y secundarias reaccionan con los isotiocianatos para dar *tioureas sustituidas.* Los derivados más útiles se obtienen a partir del fenil- y 2-naftilisotiocianato; estos reactivos tienen la ventaja de ser insensibles al agua y a los alcoholes.

$$RNH_2 + ArN{=}C{=}S \longrightarrow ArNH{-}\overset{\displaystyle S}{\overset{\|}{C}}{-}NHR$$

12.14.2d Procedimiento: Tioureas

(a) Calentar a reflujo una solución de 1 mmol de isotiocianato y 1,2 mmol de amina en 2 ml de alcohol durante 5 o 10 minutos. Añadir agua a la mezcla caliente y gota a gota hasta que se produzca un enturbiamiento permanente. Enfriar, y rascar con una varilla de vidrio si es necesario, para inducir la cristalización. Recoger el sólido. Lavar con 1 o 2 ml de hexano. Recristalizarlo en alcohol caliente.

(b) Mezclar partes iguales de amina en isotiocianato en un tubo de ensayo y agitar durante 2 minutos. Si no hay reacción, calentar suavemente la mezcla sobre una pequeña llama durante 1 o 2 minutos. Enfriar en un baño de hielo y purificarlo por recristalización.

Las aminas primarias y secundarias reaccionan con los isocianatos de arilo para producir ureas sustituidas. En contraste con los isotiocianatos, los isocianatos reaccionan rápidamente con el agua y alcoholes. Trazas de humedad en las aminas dan como resultado la formación de ureas diarílicas, las cuales son con frecuencia difíciles de separar del compuesto deseado.

$$R_2NH + ArN{=}C{=}O \longrightarrow ArNHCONR_2$$

$$2\,ArN{=}C{=}O + H_2O \longrightarrow ArNHCONHAr + CO_2$$

Tanto las aminas alifáticas como las aromáticas primarias y secundarias reaccionan con los anhídridos de ácido o los cloruros de ácido para formar amidas sustituidas. La reacción del cloruro de benzoilo con las aminas bajo las condiciones de Schotten-Baumann (hidróxido sódico acuoso) producen *benzamidas* que son generalmente excelentes derivados. Son asimismo útiles como derivados las *p-nitro* y *3,5-dinitrobenzamidas.*

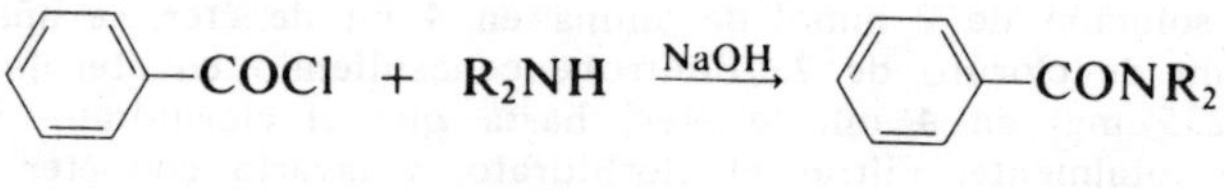

12.14.2e Procedimiento: Benzamidas

PRECAUCIÓN: *El cloruro de benzoilo es lacrimógeno y debe ser usado y almacenado en una vitrina.*

(a) Se suspende aproximadamente 1 mmol de la amina en 1 ml de hidróxido sódico al 10 %, y se añaden gota a gota de 0,3 a 0,4 ml de cloruro de benzoilo, mientras se agita vigorosamente y enfría. Después de unos 5 o 10 minutos se neutraliza cuidadosamente hasta pH 8 (papel de pH). Se recoge la benzamida *N*-sustituida, se lava con agua y se recristaliza en etanol-agua.

(b) El cloruro de benzoilo, *p*-nitrobenzoilo o 3-5 dinitrobenzoilo (2 a 3 mmol) se disuelven en 2 o 3 ml de benceno; se añade 1 mmol de amina, seguido por 1ml de hidróxido sódico al 10 %, la mezcla se agita durante 10 o 15 minutos; la amida cruda se obtiene por evaporación de la capa de benceno. Alternativamente la amina y el cloruro de aroilo se mezclan con 2 ml de piridina, y la mezcla se calienta a reflujo durante 30 minutos, se vierte en agua helada y el derivado se recoge por filtración y recristaliza en etanol-agua.

La mayoría de aminas primarias y secundarias forman *acetamidas* cristalinas por reacción con anhídrido acético.

$$RNH_2 + (CH_3CO)_2O \xrightarrow{NaOH} CH_3CONHR$$

12.14.2f Procedimiento: Acetamidas

Disolver aproximadamente 0,2 g de amina insoluble en agua en 10 ml de ácido clorhídrico al 5 %. Añadir hidróxido sódico (5 %) con una bureta hasta que empiece a aparecer una turbidez y eliminar esta neblina mediante la adición de unas cuantas gotas de ácido clorhídrico al 5 %. Añadir unos trocitos de hielo y 1 ml de anhídrido acético. Agitar la mezcla y añadir 1 g de acetato sódico (trihidrato) disuelto en 2 ml de agua. Enfriar en un baño de agua helada, y recoger el sólido; recristalizarlo en etanol-agua.

Las aminas primarias y secundarias reaccionan con anhídrido 3-nitroftálico para suministrar ácidos ftalámicos; los de las aminas primarias se deshidratan cuando se calienta a 150° para formar *N*-alquil-3-nitroftalamidas.

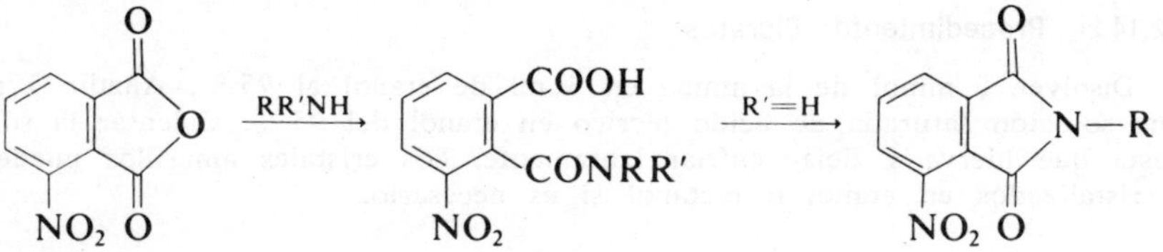

12.14.2g Sales

Las sales de aminas de cierto número de ácidos protónicos son útiles para propósitos de identificación y purificación. Algunas sales tienen puntos de fusión reproducibles o puntos de descomposición; otras pueden ser útiles como derivados sólidos que pueden purificarse cuidadosamente para propósitos de microanálisis, estudios espectroscópicos, cristalografía por rayos X, etc.

Los *clorhidratos* pueden prepararse pasando cloruro de hidrógeno seco (de una bala o de un generador con ácido sulfúrico/cloruro sódico) al interior de una disolución en éter, benceno o alcohol isopropílico de aminas primarias, secundarias o terciarias. Los bromohidratos o iodohidratos son usualmente más higroscópicos que los clorhidratos.

Los *fluorboratos* (BF_4^-) y *percloratos* (ClO_4^-) son a menudo sustancias cristalinas bien definidas. *Todos los percloratos deben manejarse como sustancias potencialmente explosivas.* Los puntos de fusión de los percloratos deberán tomarse mediante muestras muy pequeñas y sólo de compuestos que tengan éste por debajo de 230°.

12.14.2h Procedimiento: Sales de perclorato y perfluorato

PRECAUCIÓN: *Debe evitarse que las soluciones de ácido perclórico en éter o alcohol-éter se mantengan juntas por más tiempo del necesario.* Puede formarse el perclorato de etilo que es altamente explosivo. Lavar y desprenderse de estas soluciones tan pronto como se haya completado la reacción.

Añadir ácido fluobórico o perclórico al 70 % a un pequeño volumen de éter que hemos puesto en un tubo de ensayo. Mezclar y permitir que se separen las capas. Usando un cuentagotas eliminar un pequeño volumen de la capa etérea superior, y añadirlo gota a gota a una solución de la amina en éter hasta que la precipitación sea completa. Alternativamente, puede añadirse el ácido fluobórico o perclórico gota a gota a una solución de éter y alcohol hasta que la precipitación sea completa. Recristalizar las sales en alcohol o mezclas alcohol-éter.

Los *picratos* se emplean frecuentemente como derivados de las aminas terciarias. El ácido pícrico forma compuestos de adición con aminas primarias y secundarias aunque sólo se pueden hallar datos abundantes para aminas terciarias. (El ácido pícrico también forma complejos cristalinos con los aminóxidos, ciertos hidrocarburos aromáticos y éteres arílicos.)

12.14.2i Procedimiento: Picratos

Disolver 1 mmol de la amina en 5 ml de etanol al 95 %. Añadir 5 ml de una solución saturada de ácido pícrico en etanol del 95 %. Calentar la solución hasta que hierva y dejar enfriar lentamente. Los cristales amarillos pueden ser recristalizados en etanol o metanol si es necesario.

Los *tetrafenilboratos de amonio* son casi insolubles en agua. La adición de una solución acuosa de tetrafenilborato de sodio a una solución de una sal de amina da lugar a la precipitación inmediata de la amina como la sal de tretrafenilborato. Este método puede ser adaptado como un medio de detección de aminas y sales de aminas, incluyendo sales de amonio cuaternarias. Se ha determinado un gran número de puntos de fusión de tetrafenilboratos de amonio.[38]

$$RNH_2 \xrightarrow{HCl} R\overset{+}{N}H_3Cl^- \xrightarrow{NaB(C_6H_5)_4} R\overset{+}{N}H_3\ B(C_6H_5)_4^-$$

$$R_4N^+\ X^- \xrightarrow{NaB(C_6H_5)_4} R_4N^+\ B(C_6H_5)_4^-$$

12.14.2j Procedimiento: Tetrafenilboratos

Disolver o suspender la amina (0,1 g) en 5 a 10 ml de agua. Añadir suficiente ácido clorhídrico para disolver la amina y para ajustar la solución hasta un pH 2 o 3. Añadir lentamente con agitación, una solución acuosa de tetrafenilborato de sodio hasta que la precipitación de la sal sea completa. Recoger el precipitado blanco, lavar a fondo con agua destilada, y secar por debajo de 60°.

[38] F. E. Crane, Jr., *Anal. Chem.*, **28**, 1794 (1956).

Entre otras sales que suelen ser útiles se incluyen los reineckatos[39] [sales de $HCr(NH_3)_2(SCN)_4$] y los *cloroplatinatos.*

12.14.2k Procedimiento: Cloroplatinatos

A una solución de 50 mg de amina en 1 ml de ácido clorhídrico al 10 %, se le añade gota a gota 1 ml de una solución acuosa al 25 % de ácido cloroplatínico ($H_2PtCl_6 \cdot 6H_2O$). Recoger y lavar el cloroplatinato con ácido clorhídrico diluido. Si es necesario, la sal puede recristalizarse en etanol que contiene una gota de ácido clorhídrico concentrado. Los cloroplatinatos se reducen fácilmente a platino metálico; evítese que entre en contacto con espátulas metálicas.

12.14.3 Derivados de aminas terciarias

Para los derivados sólidos de aminas terciarias, generalmente suelen prepararse sales. Se han usado las sales cuaternarias de amonio, formadas por la alquilación de una amina terciaria con ioduro de metilo, cloruro de bencilo, o metil-*p*-toluensulfonato. La mayor parte de los datos disponibles se refieren a los *iodo metilatos.*

$$R_3N + CH_3I \longrightarrow R_3\overset{+}{N}CH_3I^-$$

12.14.3a Procedimiento: Iodo metilatos

(a) Calentar una mezcla de 0,5 g de amina y 0,5 g de ioduro de metilo en un tubo de ensayo a llama lenta o en un baño de agua durante unos minutos y después se enfría en un baño de hielo. Si es necesario, rascar el tubo con una varilla de vidrio para inducir la cristalización. Recristalizar en alcohol o en acetato de etilo si es necesario.

(b) Una mezcla de ioduro de metilamina terciaria, se calienta a reflujo hasta que la precipitación del iodo metilato sea completa.

Las sales formadas a partir de aminas terciarias y ácidos protónicos forman una importante categoría de derivados. Los más importantes son los *picratos.* También hay disponibles datos amplios de *clorhidratos* y *cloroplatinatos.* Los procesos son los que se dieron para derivados de aminas primarias y secundarias.

Para la determinación de estructuras de aminas terciarias complejas, a menudo es necesario emplear métodos de degradación. Las siguientes ecuaciones ilustran las reacciones que se usan con más frecuencia.

Reacción de von Braun.[40]

$$R_2NR' + BrCN \longrightarrow R_2NCN + R'Br$$

[39] B. F. Aycock, E. J. Eisenbraun y R. W. Schrader, *J. Am. Chem. Soc.*, **73**, 1351 (1951).
[40] H. A. Hageman, *Org. Reactions*, **7**, 198 (1953).

Pirólisis de los aminóxidos [41]

$$R_2NCH_2CH_2R \xrightarrow{H_2O_2} R_2\overset{+}{\underset{|}{N}}(O^-)CH_2CH_2R \xrightarrow[\Delta]{} R_2NOH + CH_2{=}CHR$$

Degradación de Hoffman [41]

$$R_2NCH_2CH_2R \xrightarrow[2)\ Ag_2O]{1)\ CH_3I} R_2\overset{+}{N}(CH_3){-}CH_2CH_2R\ \ {}^-OH \xrightarrow[\Delta]{} R_2NCH_3 + CH_2{=}CHR$$

Las vinil aminas o *enaminas* [42] forman una categoría especial de aminas terciarias. Las vinil aminas primarias y secundarias son inestables y se trasponen para dar imidas. Las enaminas son importantes intermedios sintéticos cuya reactividad es muy parecida a la de los enolatos.

Por *C*-protonación las enaminas forman sales de iminio estables; los percloratos suelen ser sales cristalinas muy bonitas.[43]

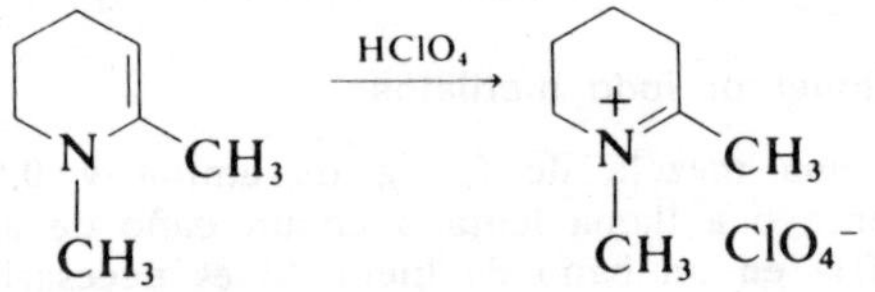

La mayoría de enaminas pueden hidrolizarse a aminas secundarias y compuestos carbonílicos, los cuales pueden identificarse y purificarse por los métodos corrientes.[44]

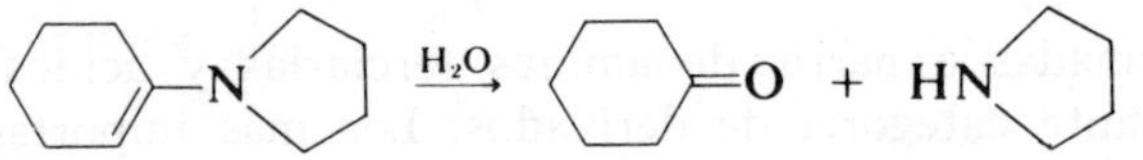

Las enaminas se reducen a aminas terciarias saturadas por hidrogenación catalítica o con ácido fórmico.[45]

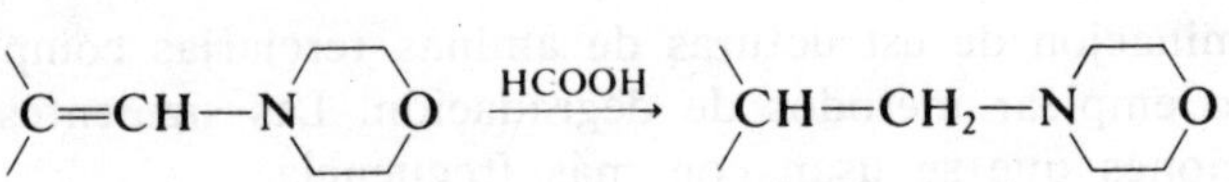

41 A. C. Cope y E. R. Trumbull, *Ibid.*, **11**, 317 (1960).
42 J. Szmuszkovicz, *Advan. Org. Chem.*, **4**, 1 (1963).
43 N. J. Leonard y K. Jann, *J. Am. Chem. Soc.*, **84**, 4806 (1962).
44 J. L. Johnson, M. E. Herr, J. C. Babcock, A. E. Fonken, J. E. Stafford y F. W. Heyl, *Ibid.*, **78**, 430 (1956); J. Joska, J. Fajkos y F. Sorm, *Collection Czech. Chem. Comm.*, **26**, 1646 (1961).
45 P. L. DeBenneville y J. H. Macartney, *J. Am. Chem. Soc.*, **72**, 3073 (1950).

12.14.4 Sales de aminas

Las sales de aminas caen en dos categorías —las sales de aminas primarias, secundarias y terciarias y las sales de amonio cuaternarias. Ambos tipos son generalmente solubles en agua e insolubles en disolventes no polares tales como éteres e hidrocarburos. Muchos son solubles en alcohol, cloruro de metileno y cloroformo. Véanse Sec. 4.2.3 y figura 12.23 para las características de absorción en el infrarrojo de $-\overset{+}{N}H_3$, $-\overset{+}{N}H_2$ y $-\overset{+}{N}H$. No existen bandas características para las sales de amonio cuaternarias (fig. 12.24). Los aniones inorgánicos pueden identificarse por métodos usuales de análisis químico cualitativo.

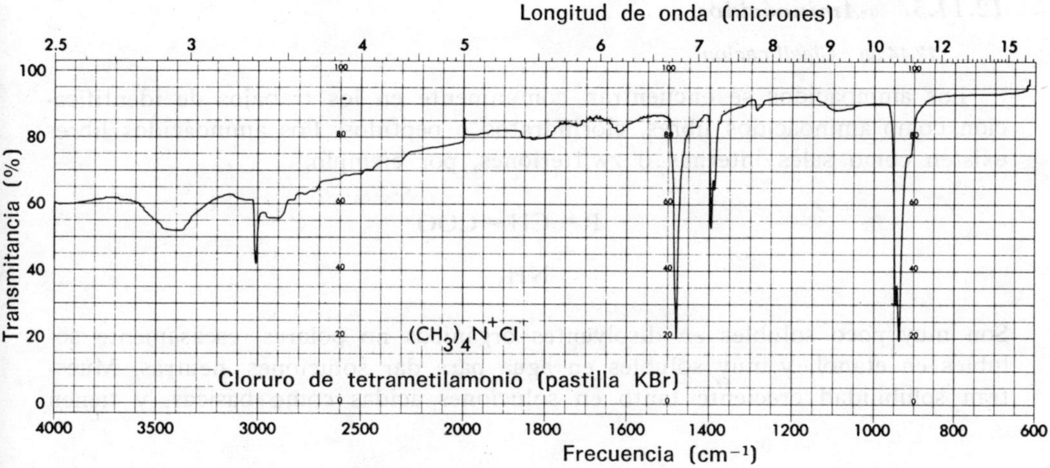

Fig. 12.24. Espectro infrarrojo típico de una sal de amonio cuaternaria.

Las *sales de ácidos protónicos* suelen dar soluciones ligeramente ácidas; las excepciones son las sales de ácido débiles como el acético, propiónico, etcétera. Por tratamiento con álcali diluido, la amina se separará si es insoluble o ligeramente soluble en agua; incluso si no se produce la separación, la presencia de amina libre se reconocerá por su olor característico. A menudo es conveniente recuperar la amina libre de la solución alcalina mediante la extracción con éter. En otros casos, puede ser más conveniente ajustar el pH de la solución y hacer una sulfonamida, benzamida, o acetamida de acuerdo con las directrices dadas para las aminas.

Las *sales de amonio cuaternarias* forman soluciones entre neutras y básicas; los hidróxidos y alcóxidos son bases muy fuertes. Estas sales pueden convertirse en otras más adecuadas para propósitos de reconocimiento por reacción de intercambio de anión, tal como se ilustra en las siguientes ecuaciones.

$$R_4N^+I^- + AgBF_4 \longrightarrow R_4N^+BF_4^- + AgI$$

$$R_4N^+\,Cl^- + Na\,B(C_6H_5)_4 \longrightarrow R_4N^+\,B\,(C_6H_5)_4^- + NaCl$$

$$R_4N^+\,SO_4H^- \xrightarrow[\text{columna}]{\text{Intercambio iónico}} R_4N^+\,OH^- \xrightarrow{HClO_4} R_4N^+\,ClO_4^-$$

También pueden degradarse a aminas terciarias por la reacción de eliminación de Hoffman ilustrada para aminas terciarias.

12.14.5 *α-Aminoácidos*

12.14.5a Clasificación

Los aminoácidos se encuentran comúnmente en los trabajos de identificación como aminoácidos libres, clorhidratos o péptidos. Los aminoácidos libres existen como sales internas o zwitteriones, por ejemplo,

$$R{-}\underset{\overset{+|}{NH_3}}{CH}{-}COO^-$$

Son muy poco solubles en disolventes orgánicos no polares, escasamente solubles en etanol, y muy solubles en agua para dar soluciones neutras. Muestran solubilidad creciente tanto en soluciones ácidas como básicas, y tienen

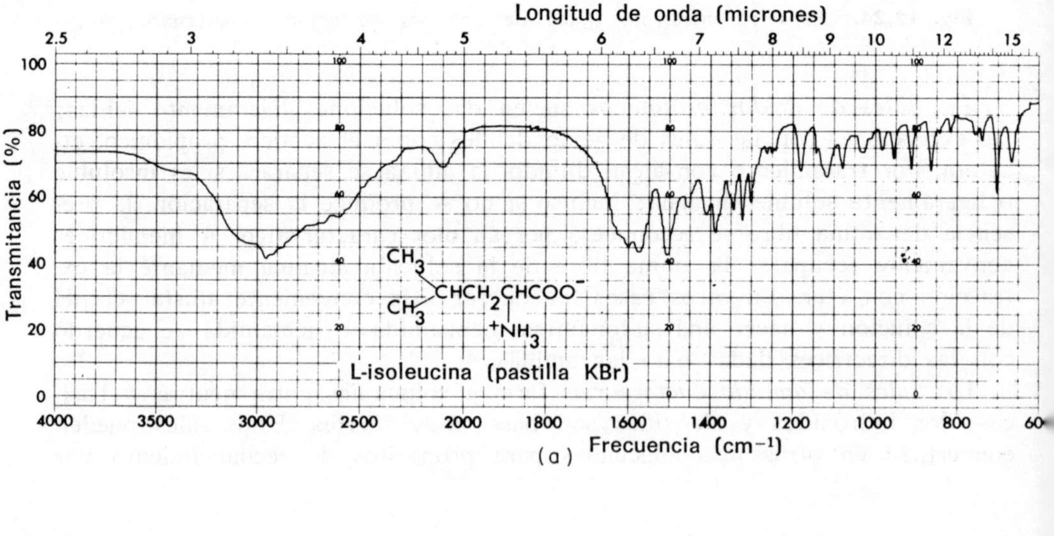

(a)

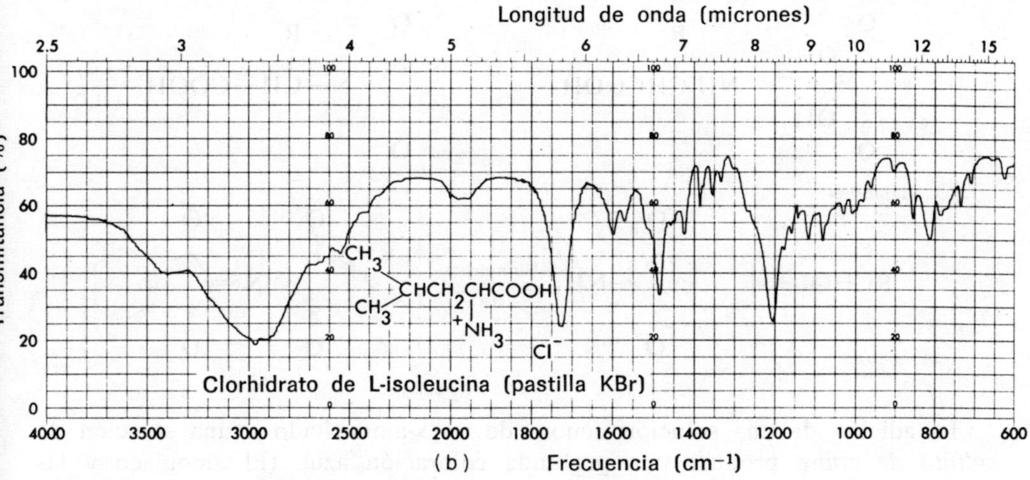

Fig. 12.25. Espectro infrarrojo de un aminoácido típico y su clorhidrato.

los puntos de descomposición y de fusión entre 120 y 300°, que dependen de la velocidad de calentamiento.

Las principales bandas de absorción en el infrarrojo de los aminoácidos libres son las que surgen del carboxilato —tensión asimétrica cerca de 1600 cm^{-1} (6,25 μ) y tensión simétrica cerca de 1400 cm^{-1} (7,05 μ)— y el grupo amonio [$\overset{+}{N}H_3$ bandas de tensión que solapan las bandas del CH próximas a 3000 cm^{-1} (3,33 μ); sobre los sobretonos que algunas veces se presentan en la región 2600 a 1900 cm^{-1} (3,85 a 2,26 μ); la flexión asimétrica cerca de 1600 cm^{-1} (6,25 μ) y flexión simétrica cerca de 1500 cm^{-1} (6,67 μ)]. (Véase figura 12.25.) En las sales en forma de clorhidratos la banda del —OH del ácido carboxílico es muy ancha e interfiere en la región de tensión de —$\overset{+}{N}H_3$ y CH. Las otras bandas del —$\overset{+}{N}H_3$ aparecen como anteriormente, con el carbonilo carboxílico, cerca de 1720 cm^{-1} (5,81 μ) (fig. 12.25). A causa de su baja solubilidad, los ácidos libres y sales se efectúan normalmente en pastillas de bromuro potásico o como suspensiones. Bajo estas condiciones, el espectro de las formas ópticamente activa y racémica pueden mostrar diferencias consideragles. Los espectros de la solución, sin embargo, son idénticos.

Por calentamiento de una solución acuosa de un α-aminoácido con unas cuantas gotas de *ninhidrina* al 0,25 % (hidrato de indano-1,2,3-triona) aparece un color azul-violeta. La prolina y la hidroxiprolina dan color amarillo. (Las sales de amonio dan resultado positivo en este ensayo.)

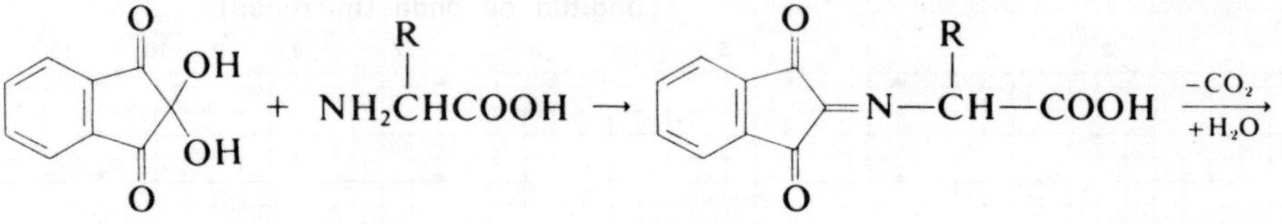

Ninhidrina

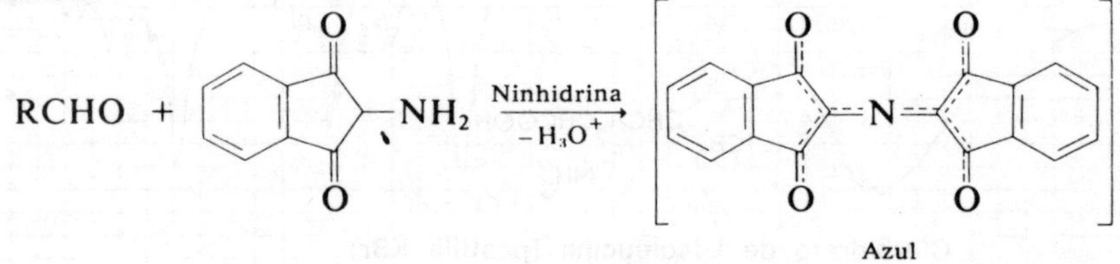

Azul

La adición de una solución acuosa de un α-aminoácido a una solución de *sulfato de cobre* produce una profunda coloración azul. (El amoniaco y las aminas también dan color azul con el sulfato de cobre.)

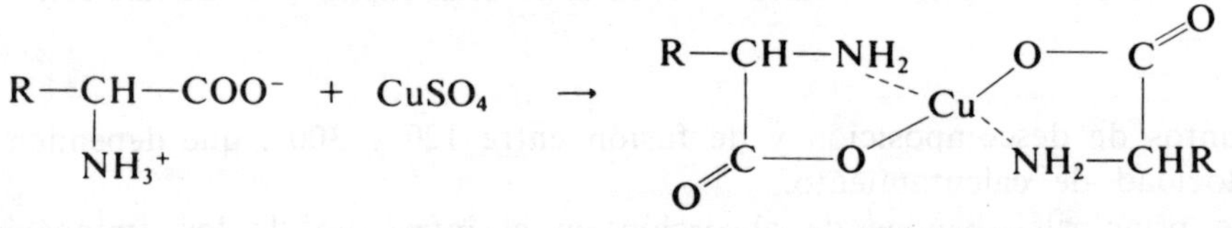

Azul intenso

Los aminoácidos dan hidroxiácidos y nitrógeno cuando se tratan con *ácido nitroso;* la cantidad de nitrógeno presente en los aminoácidos o en los péptidos, así como en los grupos amino primarios puede determinarse cuantitativamente por la medida del volumen de nitrógeno desprendido.

12.14.5b Caracterización

Los veinte aminoácidos que se encuentran más corrientemente como constituyentes de las proteínas son ópticamente activos (excepto la glicina) y tienen configuración L. Un número menor de otros aminoácidos menos corrientes se encuentran en otros lugares de la naturaleza, algunos de los cuales tienen configuración D. Son valiosas las rotaciones específicas en la identificación.

Las cromatografías en papel[46] y en capa fina[47] son excelentes técnicas para la tentativa de identificación de aminoácidos. Las *Tablas para identificación de compuestos orgánicos* dan los valores de R_F para papel empleando distin-

[46] R. J. Block, E. L. Durrum y G. Zweig, *Paper Chromatography and Paper Electrophoresis*, 2.ª ed., Academic Press, New York, 1958.

[47] E. Stahl, *Thin-Layer Chromatography*, Springer-Verlag, Berlín, 1965.

tos sistemas disolventes. Cuando sea posible, debe hacerse una comparación entre uno conocido y uno desconocido y una mezcla de ambos. La cromatografía sobre papel bidimensional se ha reconocido como especialmente útil para la separación de mezclas de aminoácidos.[46]

Con cromatografía sobre papel y de capa fina, las manchas se detectan usualmente revelando el cromatograma con ninhidrina. El cromatograma se rocía con una solución al 0,25 % de ninhidrina en acetona o alcohol y se deja en una estufa entre 80 y 100° durante 5 minutos.

Se ha desarrollado una técnica interesante para determinar la configuración absoluta con cantidades de microgramos de aminoácidos. Rociando un cromatograma en papel con una solución de D-aminoácido oxidasa (un enzima disponible comercialmente, aislado de los riñones de cerdo) en una solución tope de pirofosfato e incubándola, sólo se destruyen los D-aminoácidos;[48] los α-cetoácidos, así formados, pueden determinarse rociando con 2,4-dinitrofenilhidrazina ácida.[49]

La composición cuantitativa y cualitativa de las mezclas de aminoácidos (como los obtenidos a partir de la hidrólisis de los péptidos), puede alcanzarse mediante analizadores automáticos de aminoácidos que existen en el mercado; estos instrumentos emplean soluciones topes para separar los aminoácidos de las columnas de intercambio iónico. El efluente de la columna se mezcla con ninhidrina, y la intensidad del color azul se mide fotoeléctricamente y se representa como una función del tiempo.

Los derivados cristalinos de los aminoácidos se obtienen corrientemente por reacciones en el grupo amino por tratamiento con reactivos convencionales de las aminas en solución alcalina. Se dispone de gran número de datos sobre derivados *N-acetilo, N-benzoilo* y *N-p-toluensulfonilo.*

$$\underset{\displaystyle NH_3^+}{R{-}\overset{|}{C}H{-}COO^-} + NaOH \longrightarrow \underset{\displaystyle NH_2}{R{-}\overset{|}{C}H{-}COO^-Na^+} + H_2O$$

$$\underset{\displaystyle NH_2}{R{-}\overset{|}{C}H{-}COO{-}Na^+} \xrightarrow[(2)\ HCl]{(1)\ R'COCl} \underset{\displaystyle NHCOR'}{R{-}\overset{|}{C}H{-}COOH}$$

12.14.5c Procedimiento: Derivados como *N*-acetilo, *N*-benzoilo y *N-p*-toluensulfonilo

(a) Soluciones alcalinas acuosas de aminoácidos reaccionan con anhídrido acético o cloruro de benzoilo para dar derivados acetilados o benzoilados (véanse Secciones 12.14.2e y f). En relación a la precipitación del derivado, la solución debe

[48] T. S. G. Jones, *Biochem, J.*, **42**, LIX (1948).
[49] J. L. Auclair y R. L. Patton, *Rev. Can. Biol.*, **9**, 3 (1959).

neutralizarse con ácido mineral diluido. En el caso del benzoilo, cualquier cantidad de ácido benzoico que precipite al añadir ácido puede separarse de la derivada que deseamos obtener mediante un lavado con un poco de éter frío.

(b) Los derivados del *p*-toluensulfonilo pueden lograrse convenientemente agitando durante 3 o 4 horas una solución alcalina de 1 equivalente de aminoácido con una solución en éter de un exceso de cloruro de *p*-toluensulfonilo. La capa acuosa se acidifica hasta viraje del rojo congo con ácido clorhídrico diluido, y se enfría si es necesario. La sulfonamida cruda puede recristalizarse con etanol diluido.

Los *derivados del 2,4-dinitrofenilo* son materiales cristalinos amarillos de puntos de fusión relativamente delimitados. Las mezclas de estos derivados "DNF" de los aminoácidos pueden separarse por cromatografía de capa fina en silica gel. Este método ha sido usado para análisis de grupos *N* terminales en aminoácidos de proteínas y péptidos; los grupos amino libres que estén en el extremo de los péptidos o proteínas se hacen reaccionar con los reactivos de DNF antes de proceder a la hidrólisis.[50] Los derivados DNF de aminas primarias y secundarias son a veces útiles en trabajos de identificación.

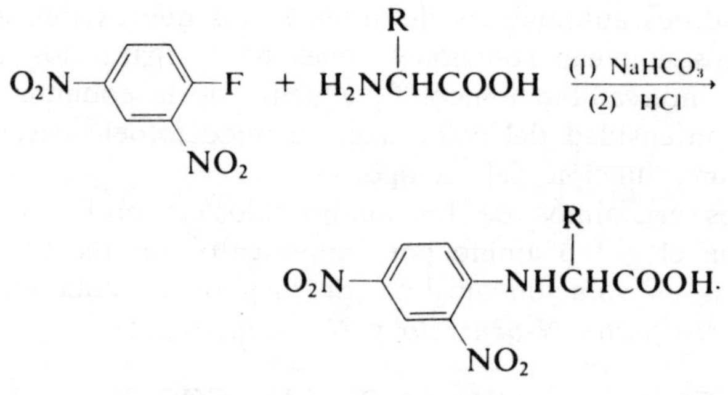

Amarillo

12.14.5d Procedimiento: Derivados del *N*-2,4-dinitrofenilo

Disolver o suspender 0,25 g de aminoácido en 5 ml de agua que contengan 0,5 g de bicarbonato sódico. Añadirlo a una solución de 0,4 g de 2-4-dinitrofluorbenceno en 3 ml de etanol. Agitar la mezcla durante 1 hora. Añadir 3 ml de una solución saturada de sal, y extraer varias veces con pequeños volúmenes de éter para eliminar el reactivo que no haya reaccionado.

Verter la capa acuosa en 12 ml de ácido clorhídrico al 5 % frío, mientras se agita.

La mezcla debería ser claramente ácida al rojo congo. El derivado puede ser recristalizado en etanol al 50 %. Estos derivados son fotosensibles; la reacción debe ser ejecutada en la oscuridad (debe recubrirse el frasco con una hoja de aluminio) y los productos deberán guardarse en lugar oscuro o en recipientes donde no pueda entrar la luz. Como un sustituto del 2-4 dinitrofluorbenzeno puede usarse

[50] F. Sanger, *Biochem, J.*, **45**, 563 (1949) y publicaciones previas.

el compuesto clorado; sin embargo en este caso la mezcla reactiva deberá calentarse a reflujo durante 4 horas.

12.15 AMIDAS Y COMPUESTOS AFINES

12.15.1a Clasificación

Las amidas, imidas, ureas y uretanos son compuestos que contienen nitrógeno, que presentan una banda del grupo carbonilo en la región infrarroja y no dan resultado positivo en el ensayo con 2,4-dinitrofenilhidracina, ni muestran una evidencia para otros grupos funcionales tales como nitrilo, amino y nitro. Casi todos son sólidos cristalinos incoloros; entre las excepciones más notables están las *N*-alquilformamidas y tetraalquilureas que son líquidos de alto punto de ebullición.

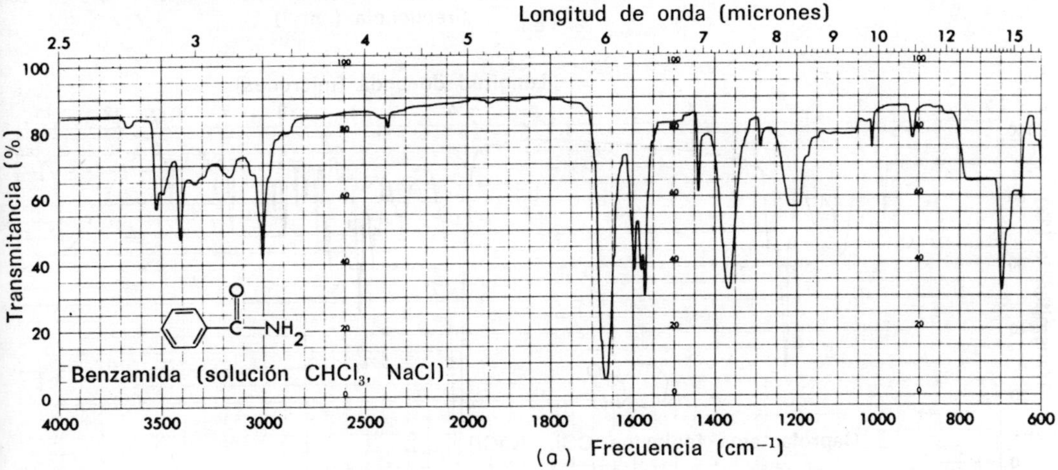

(a)

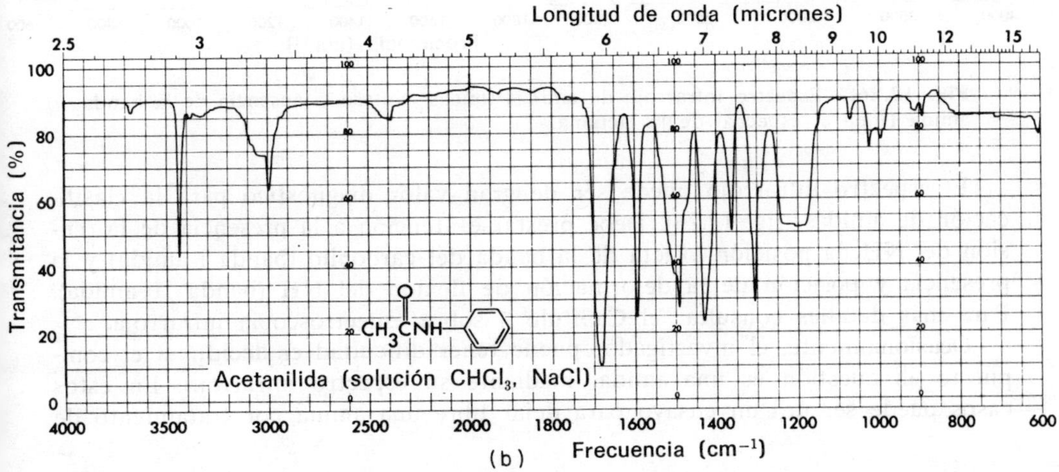

(b)

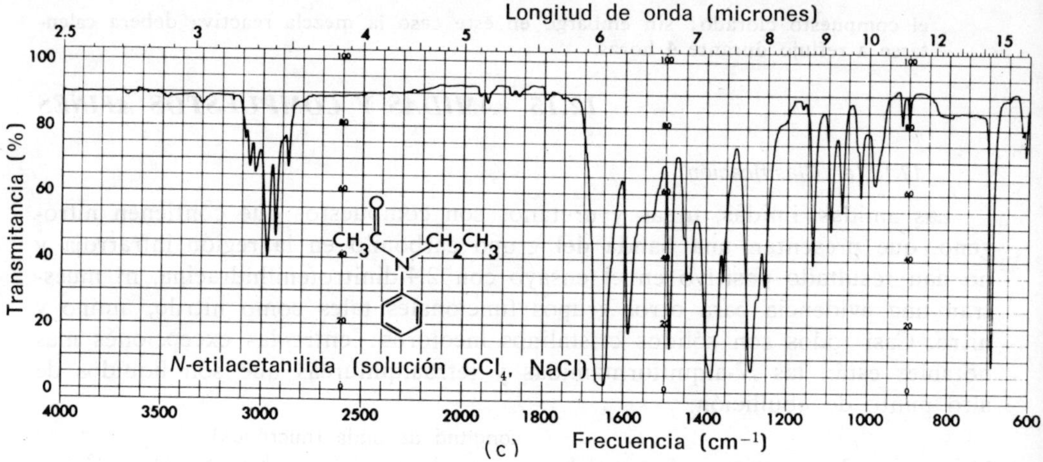

(c)

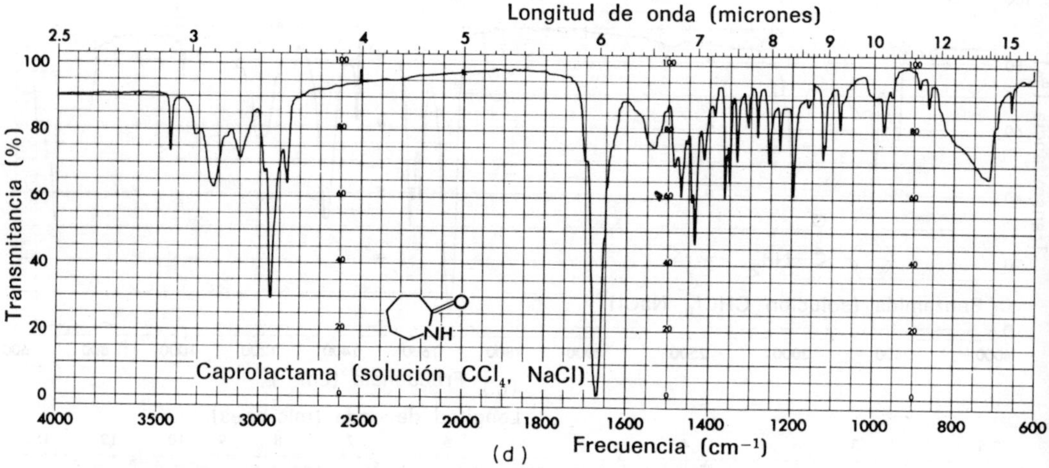

(d)

Fig. 12.26. Espectro infrarrojo de amidas típicas. Nótese la ausencia de la banda amida II en el espectro de la lactama.

El espectro infrarrojo puede ser de gran valor diagnóstico para la clasificación de amidas (fig. 12.26). Debe prestarse atención a la presencia de la tensión del NH, la posición exacta de la banda del carbonilo (banda I amida) y la presencia y posición de la deformación de flexión del NH (banda II amida). Para más detalles consultar el Capítulo 4 sobre espectroscopia infrarroja.

Ocasionalmente, el investigador puede tener dificultad en decidir si el compuesto en cuestión es una amida, mediante su espectro infrarrojo. En estos casos puede ser útil un ensayo para dejar libre una amina por tratamiento de una pequeña muestra del compuesto desconocido con hidróxido sódico al 20 % mediante reflujo o fusión con hidróxido de sodio pulverizado. También se han desarrollado muchos ensayos de coloración para distintas clases de amidas, ureas, etc.[51,52]

En el espectro de resonancia magnética nuclear, los hidrógenos de las amidas presentan amplias absorciones en la región de δ1,5 a 5,0. El espectro de las amidas terciarias indica una no equivalencia magnética de los grupos *N*-alquilo debido a que el C—N tiene un carácter parcial de doble enlace.

12.15.1b Caracterización

El único método completamente general para la preparación de derivados de amidas es la *hidrólisis* y la identificación de los productos.

$$R'CONR_2 \xrightarrow{H_2O} R'COOH + R_2NH$$

Amidas

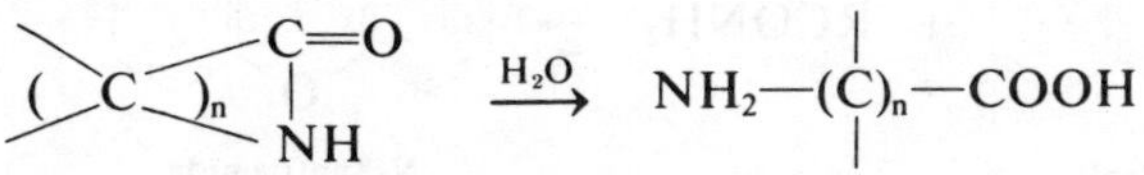

Lactamas

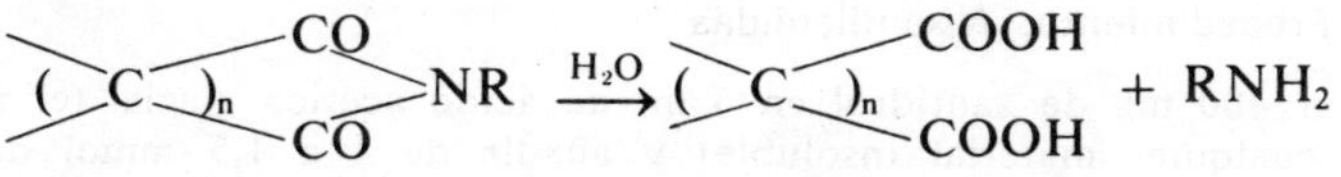

Imidas

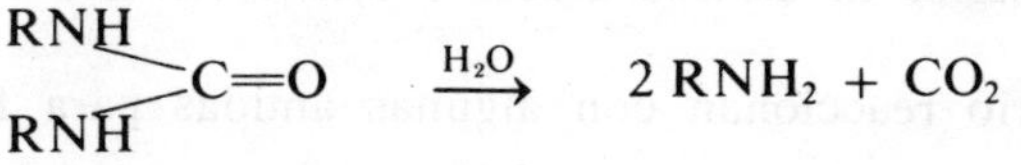

Ureas

Uretanos

La hidrólisis alcalina produce la amina libre y la sal del ácido carboxílico; la hidrólisis ácida nos conduce al ácido libre y a la sal de la amina. Un caso especial se presenta en las lactamas, que dan aminoácidos después de la hidrólisis; estos aminoácidos se pueden convertir en derivados utilizando los principios generales que se discutieron en la Sec. 12.14.5, para α-aminoácidos.

La hidrólisis puede realizarse por reflujo con ácido clorhídrico 6 *N*, o hi-

[51] N. D. Cheronis, J. B. Entrikin y E. M. Hodnett, *Semimicro Qualitative Organic Analysis*, 3.ª ed., Interscience Publishers, Inc., New York, 1965.

[52] F. Feigl, *Spot Tests in Organic Analysis*, Elsevier, Amsterdam, 1960.

dróxido sódico del 10 % al 20 %. Este último es generalmente más rápido. Las amidas que se resistan pueden hidrolizarse hirviéndolas con ácido fosfórico al 100 % (preparado mediante la disolución de 400 mg de pentóxido de fósforo en 1 g de ácido fosfórico al 85 %), o calentándolas a 200°C en una solución al 20 % de hidróxido potásico en glicerol. En cualquier caso deben tomarse las precauciones adecuadas para recoger ácidos o aminas volátiles. Las amidas primarias pueden convertirse en ácidos por la reacción con ácido nitroso.

$$RCONH_2 + HONO \longrightarrow RCOOH + N_2 + H_2O$$

Los xantidroles reaccionan con la mayoría de amidas no sustituidas, imidas, ureas y barbituratos para formar *N-xantilamidas (9 acilamidoxantenos)*. Las oxamidas, tricloracetamidas y salicilamidas no reaccionan.

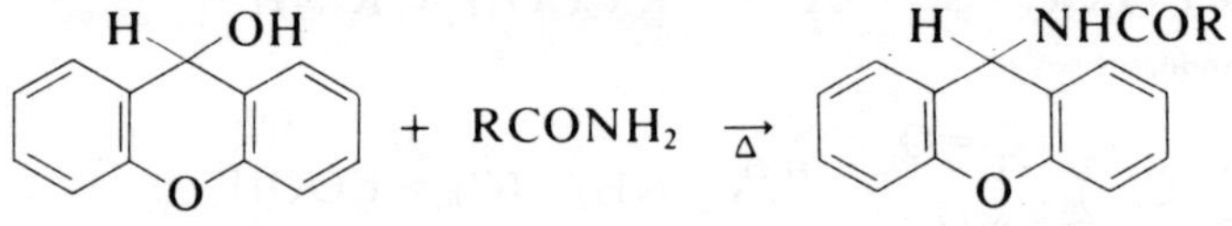

Xantidrol   *N*-Xantilamida

12.15.1c Procedimiento: *N*-xantilamidas

Disolver 400 mg de xantidrol en 5 ml de ácido acético glacial (eliminando por filtración cualquier material insoluble) y añadir de 1 a 1,5 mmol de la amida. Calentar la mezcla de 10 a 45 min. La *N*-xantilamida que cristaliza después de enfriar puede recristalizarse en dioxano acuoso o alcohol acuoso.

Los óxidos de mercurio reaccionan con algunas amidas para formar sales mercúricas.

$$2\,RCONH_2 + HgO \longrightarrow (RCONH)_2Hg + H_2O$$

La degradación de Hoffman es frecuentemente de valor en trabajos estructurales. Bajo condiciones adecuadas pueden obtenerse a partir de los isocianatos intermedios ureas simétricas o uretanos.

$$RCONH_2 \xrightarrow{Br_2,\,NaOH} RNCO \xrightarrow{H_2O} RNH_2 + CO_2$$

12.16 NITRILOS

12.16.1a Clasificación

Los nitrilos alifáticos normalmente son líquidos. Los nitrilos aromáticos más sencillos son líquidos o sólidos de bajo punto de fusión. Ambos tipos tienen un olor característico que recuerda al cianuro.

En el infrarrojo la absorción de los nitrilos aparece como una banda débil en la región de 2260 a 2210 cm^{-1} (4,42 a 4,52 μ). Esta región se solapa algo con la de los isocianatos pero puede diferenciarse perfectamente de éstos a causa de su reactividad con agua, alcoholes, etc., y al hecho que la absorción de los isocianatos es mucho más intensa que la de un nitrilo (fig. 12.28). Normalmente no son necesarios más ensayos preliminares para los grupos nitrilo. Otros textos han recomendado la conversión de un nitrilo a ácido hidroxámico mediante la reacción con hidroxilamina cuya frecuencia puede indicarse por el ensayo de color con cloruro férrico. Alternativamente, una pequeña cantidad del supuesto nitrilo puede calentarse con hidróxido potásico en glicerol y el desprendimiento del amoniaco detectarse por el olor o por el tornasol o el ensayo con sulfato de cobre (véase Sec. 12.14 sobre aminas). Ambos métodos, sin embargo, dependen del establecimiento anterior de la ausencia de otros grupos funcionales tales como ésteres y amidas.

12.16.1b Caracterización

Los nitrilos pueden *hidrolizarse a ácidos* bajo condiciones ácidas o alcalinas. Si el ácido resultante es sólido, puede ser empleado como un derivado; si es líquido o soluble en agua, normalmente suele convertirse en su derivado sólido.

$$RCN + 2\,H_2O \longrightarrow RCOOH + NH_3$$

12.16.1c Procedimiento: Hidrólisis a ácidos

(a) *Hidrólisis ácida:* En un matraz pequeño equipado con un refrigerante de reflujo, se colocan 4 ml de ácido fosfórico al 85 %, 1 ml de ácido sulfúrico al 75 % y 0,2 a 0,5 g de nitrilo. Añadir piedra porosa para que hierva y calentar suavemente a reflujo la mezcla durante 1 hora. Enfriar la mezcla y verterla sobre una pequeña cantidad de hielo triturado. Si el ácido es un sólido, puede precipitar en este momento. Deberá recogerse sobre un filtro. Si hay presentes impurezas de la amida, el precipitado puede disolverse en una base, filtrar y reacidificar para recuperar el ácido. Si el ácido no precipita, la mezcla de reacción deberá extraerse varias veces con éter y evaporarse el éter para recobrar el ácido sólido. Si el ácido es líquido, puede convertirse en un derivado ácido convencional tal como la *p*-toluidida, éster *p*-bromobencílico, o sal de *S*-benciltiuronio.

(b) *Hidrólisis alcalina.* En un pequeño frasco equipado con un condensador a reflujo poner 2 g de hidróxido potásico, 4 g de glicerol o etilenglicol, y de 250 a 500 mg de nitrilo. Calentar a reflujo durante 1 hora. Diluir con 5 ml de agua, enfriar y añadir varios ml de éter. Agitar y dejar que las capas se separen; decantar la capa de éter y despreciarla. Acidular la solución acuosa mediante la adición lenta de clorhídrico 6 *N* o ácido sulfúrico. Extraer el ácido con varias porciones de éter y manejar el extracto, como antes se indicó en la hidrólisis ácida.

Para aquellos nitrilos que den amidas sólidas o insolubles en agua, un método muy satisfactorio para la obtención de derivados es la ***hidrólisis*** parcial *a amidas*.

$$RCN \xrightarrow[H_2O]{H_2SO_4} RCONH_2$$

12.16.1d Procedimiento: Hidrólisis a amidas

Una solución de nitrilo (0,1 g) en 1 ml de ácido sulfúrico concentrado, se calienta sobre un baño de vapor durante varios minutos. La mezcla se enfría y se vierte en agua fría, la amida cruda precipitada se recoge y suspende en un pequeño volumen de una solución de bicarbonato para eliminar el ácido que se haya formado. La amida insoluble se recoge y recristaliza (alcohol acuoso) y puede posteriormente convertirse en ácido mediante la acción del ácido nitroso.

Los nitrilos, especialmente los aromáticos, pueden *convertirse en amidas mediante peróxidos de hidrógeno alcalino.*

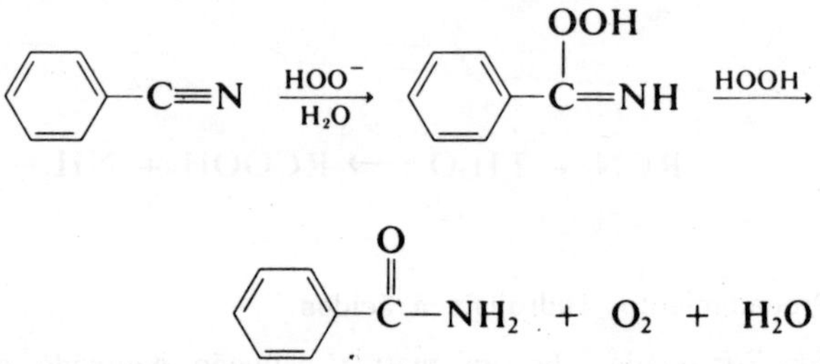

12.16.1e Procedimiento: Conversión a amidas mediante el peróxido de hidrógeno alcalino

En un pequeño tubo de ensayo, se coloca 0,1 g de nitrilo, 1 ml de etanol y 1 ml de hidróxido sódico 1 *N*. A esta mezcla añadir gota a gota (enfriando si la reacción forma espuma demasiado vigorosamente) 1 ml de peróxido de hidrógeno al 12 %. Después que se complete la adición mantener la solución en un baño de agua de 50 a 60° entre 30 min y 1 hora. Diluir la mezcla de reacción con agua fría y recoger la amida sólida. Recristalizar en alcohol acuoso.

Los nitrilos reaccionan con el ácido mercaptoacético en presencia de cloruro de hidrógeno seco para dar clorhidratos cristalinos del *ácido α-iminoalquilmercaptoacético.*

$$RCN + HSCH_2COOH + HCl \longrightarrow RC\!\!\begin{array}{l}\diagup\!\!\!\!\!=\overset{+}{N}H_2 \\ \diagdown S{-}CH_2COOH\end{array} Cl^-$$

12.16.1f Procedimiento: Clorhidratos del ácido α-iminoalquil-mercaptoacético

En un tubo de ensayo colocar 0,5 g de nitrilo, 1,0 g de ácido mercaptoacético y 7 ml de éter absoluto. Se enfría la mezcla en un baño de sal y hielo, y se satura con cloruro de hidrógeno seco. Tapar el tubo y dejarlo en el baño de hielo hasta que se separen cristales. (Aprox. 1 hora para nitrilos alifáticos y un día para los nitrilos aromáticos.) Recoger el producto, lavarlo con éter y secarlo en un desecador a vacío. Determinar el punto de descomposición y el equivalente de neutralización (azul de timol como indicador o bien potenciométricamente).

Los nitrilos pueden *reducirse a aminas primarias* por el hidruro de aluminio y litio o por el sodio disuelto en alcohol. Esta reacción también puede hacerse catalíticamente, pero pueden obtenerse como productos laterales aminas secundarias. Las aminas obtenidas por reducción son generalmente líquidas y requieren ulteriores transformaciones a derivados sólidos.

$$RCN \xrightarrow[\text{or } Na/ROH]{LiAlH_4} RCH_2NH_2$$

$$RCN \xrightarrow{H_2\text{ cat.}} RCH_2NH_2 \xrightarrow{RCN} RCH_2NH\overset{\overset{\displaystyle NH}{\|}}{C}{-}R \xrightarrow{H_2\text{ cat.}}$$

$$(RCH_2)_2NH + NH_3$$

12.16.1g Procedimiento: Reducción a aminas

(a) *Reducción con hidruro de aluminio y litio.* En un pequeño matraz seco equipado con un embudo de decantación y un agitador magnético, colocar 0,1 g de hidruro de aluminio y litio y 10 ml de éter anhidro; a la solución añadir gota a gota 0,2 g de nitrilo en 10 ml de éter anhidro. Cuando la reacción se ha verificado, añadir gota a gota agua con mucha precaución mientras se enfría hasta que cesa el desprendimiento de hidrógeno. Serán suficientes unas cuantas gotas. Después añadir a la mezcla reactiva 10 ml de una solución al 20 % de tartrato potásico sódico. Transferir la mezcla a un embudo de decantación. Separar la capa de éter y extraer la capa acuosa una o más veces con pequeños volúmenes de éter. Se elimina el éter y se realizan los derivados de las aminas de la forma habitual. La feniltiourea es un derivado particularmente adecuado para reacciones a pequeña escala.

(b) *Reducción con sodio en alcohol.* Colocar 0,5 g de nitrilo y 10 ml de etanol absoluto en un frasco de fondo redondo seco de 100 ml equipado con un refrigerante de reflujo, añadir a través de la parte superior del refrigerante aproximadamente unos 0,75 g de sodio limpio y finamente cortado, de manera tal, que la velocidad de la reacción permanezca bajo control. Cuando el sodio se haya disuelto, enfriar la mezcla de la reacción en un baño de hielo y añadir con cautela gota a gota 10 ml de ácido clorhídrico concentrado a través del refrigerante. La solución deberá ser ácida con respecto al tornasol. Transferir la mezcla de la reacción a un balón y colocarlo sobre un baño de vapor para eliminar el etanol. Enfriar la mezcla de la reacción en un baño de hielo y con cautela volverla básica mediante hidróxido sódico concentrado. Extraer la amina con éter y usarla para obtener amidas o tioureas derivadas. Si la amina es particularmente volátil, destilarla directamente de la solución que hemos hecho básica en el balón de destilación para recogerla sobre agua (el extremo del tubo de conducción deberá estar por debajo de la superficie del agua; sin embargo, asegurarse de retirar dicho tubo antes de reducir el calor del matraz de destilación). Añadir 20 gotas de fenil isotiocianato y agitar la mezcla de la reacción vigorosamente durante varios minutos. Si es necesario, enfriar y rascar el frasco para inducir la cristalización.

La transformación de *nitrilos a aldehídos por reducción parcial e hidrólisis* o a cetonas por reacción con los compuestos de Grignard es un método de identificación particularmente adecuado para nitrilos de bajo peso molecular, que en la reducción dan aminas altamente volátiles, en la hidrólisis ácidos líquidos, o amidas solubles en agua en la hidrólisis parcial. Se obtienen con rapidez los derivados sólidos de aldehídos o cetonas; algunas veces puede ser necesario aislar los aldehídos o cetonas mediante los reactivos *T* de Grignard (Sec. 12.7.5.)

En la reacción de Grignard los mejores resultados se obtienen por el uso de un gran exceso de bromuro de fenilmagnesio.[53] La reacción puede fácilmente adaptarse a usos en pequeña escala.

$$RC{\equiv}N + C_6H_5MgBr \longrightarrow R{-}\overset{\overset{\displaystyle NMgBr}{\|}}{C}{-}C_6H_5 \xrightarrow{H_3O^+} R{-}\overset{\overset{\displaystyle O}{\|}}{C}{-}C_6H_5$$

Los aldehídos pueden prepararse fácilmente a partir de los nitrilos por el uso de hidruros complejos como agentes reductores. Son de particular utilidad para este tipo de reducción los reactivos hidruro de diisobutilaluminio,[54] e hidruro de trietoxialuminio litio.[55]

$$RC{\equiv}N \xrightarrow{(IsoBu)_2AlH} R{-}\overset{\overset{\displaystyle N{-}Al(IsoBu)_2}{\|}}{C}{-}H \xrightarrow{H_2O} R{-}C\begin{matrix}{=}O\\ \diagdown H\end{matrix}$$

[53] R. L. Shriner y T. A. Turner, *J. Am. Chem. Soc.*, **52**, 1267 (1930).

[54] A. I. Zakhaikin y I. M. Kharlina, *Polk. A. Rad. Nauk SSSR*, **116**, 422 (1957). *Chem. Abstracts*, **52**, 8040 (1958).

[55] H. C. Brown y C. P. Garg, *J. Am. Chem. Soc.*, **86**, 1085 (1964).

12.17 NITROCOMPUESTOS

12.17.1a Clasificación

La mayoría de los nitroalcanos son líquidos incoloros cuando son puros, pero se vuelven amarillos cuando se almacenan. Los nitrocompuestos líquidos tienen olores característicos, son insolubles en agua y su densidad es mayor que la unidad. La mayoría de compuestos aromáticos son sólidos cristalinos. Los nitrocompuestos aromáticos son generalmente amarillos; el color se intensifica marcadamente con la polinitración.

Cuando el grupo nitro es de funcionalidad primaria en la molécula, su pre-

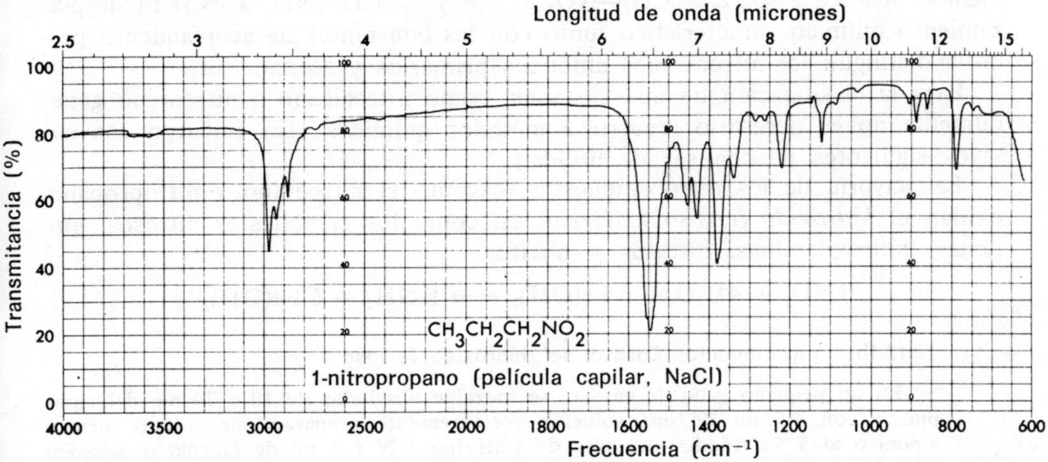

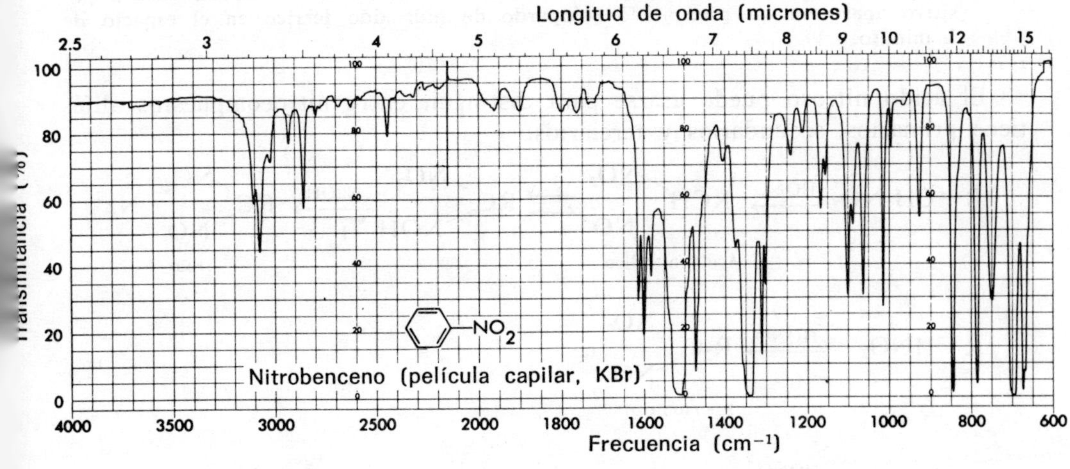

Fig. 12.27. Espectros infrarrojos típicos de nitrocompuestos.

sencia se revela prontamente con la inspección fortuita del espectro infrarrojo; las bandas fuertes aparecen cerca de 1560 y 1350 cm^{-1} (6,41 y 7,41 μ) (figura 12-27). Más frecuentemente el grupo aparece como un sustituyente en otras clases de compuestos, y con frecuencia se revela por las constantes físicas del compuesto y sus derivados y/o por una inspección más cuidadosa del espectro infrarrojo. Al igual que los constituyentes halógenos, cuando el grupo nitro está presente junto con una función más reactiva, p. ej., carbonilo, hidroxilo, etc., los derivados se producen en los lugares más reactivos. La alta electronegatividad del grupo nitro da como resultado un amplio desapantallamiento de los hidrógenos alifáticos adyacentes en el espectro de rnm; el nitrometano aparece a δ5,72, $-CH_2-NO_2$ a δ5,6 y $>CH-NO_2$ a δ5,3. El desplazamiento químico característico junto con las constantes de acoplamiento permiten distinguir los nitroalcanos alifáticos primarios y secundarios.

Para la clasificación de una sustancia como nitroalcano o nitroareno generalmente no es necesario recurrir a métodos químicos; sin embargo, los ensayos siguientes pueden ser de utilidad.

La mayoría de los nitrocompuestos (excepto el nitroetano y nitropropano) oxidan el *hidróxido ferroso* a férrico, así como los compuestos nitrosos, quinonas, hidroxilaminas, nitratos y nitritos.

$$RNO_2 + 4H_2O + 6\,Fe(OH)_2 \longrightarrow RNH_2 + 6\,Fe(OH)_3$$

12.17.1b Procedimiento: Ensayo del hidróxido ferroso

En un pequeño tubo de ensayo, se mezclan alrededor de 10 a 20 mg del compuesto con 1,5 ml de una solución recientemente preparada de sulfato ferroso amónico al 5 %. Añadir una gota de sulfúrico 3 *N* y 1 ml de hidróxido potásico 2 *N* en metanol. Tapar rápidamente el tubo y agitarlo bien. En un ensayo positivo aparecerá un precipitado rojopardo de hidróxido férrico en el espacio de 1 minuto.

El ácido nitroso puede usarse para distinguir entre nitrocompuestos alifáticos primarios, secundarios y terciarios.

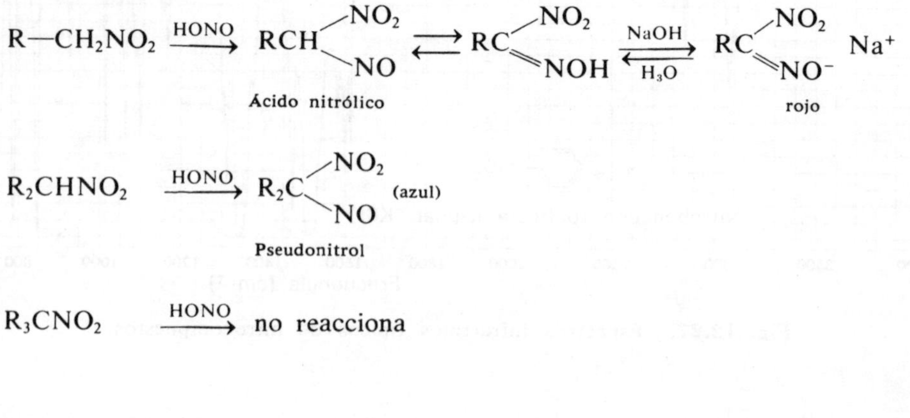

12.17.1c Procedimiento: Ensayo de ácido nitroso para nitrocompuestos

Añadir 5 gotas de nitroalcano a 2 ml de hidróxido sódico al 10 %. Dejar reposar la mezcla durante 3 min y entonces añadir 1 ml de una solución de nitrito sódico al 10 %; después añadir gota a gota ácido sulfúrico al 10 %. Con nitroalcanos primarios aparece un intenso color rojo de la sal del ácido nitrólico que pierde intensidad con la acidificación. Con nitrocompuestos secundarios aparece un color azul o azul verdoso del pseudonitrol. Con nitrocompuestos terciarios no hay reacción.

12.17.1d Caracterización

La mayoría de nitroalcanos simples pueden ser identificados en relación a sus propiedades físicas o espectrales. Se conocen relativamente pocos nitrocompuestos vinílicos; el nitroetileno y otras nitrolefinas de bajo peso molecular se polimerizan rápidamente.

Tanto los nitrocompuestos alifáticos como aromáticos pueden convertirse a *aminas primarias mediante la reducción con estaño y ácido clorhídrico.* La reducción también puede efectuarse por hidrogenación catalítica. La amina así obtenida se identifica mediante procedimientos usuales. De esta manera se dispone del único método general para la conversión de nitroalcanos a derivados sólidos.

$$RNO_2 \xrightarrow{Sn/HCl} RNH_2$$

12.17.1e Procedimientos: Reducción con estaño y ácido clorhídrico

En un matraz de fondo redondo de 50 ml unido a un refrigerante de reflujo se colocan 1 g de nitrocompuesto (nitroso, azo, azoxi, hidrazo) y 2 o 3 g de estaño granulado. Si el compuesto es altamente insoluble en agua añadir 5 ml de etanol, y a continuación 20 ml de ácido clorhídrico al 10 % en pequeñas porciones, con agitación después de cada adición. Al completar ésta, calentar la mezcla en un baño de vapor durante 10 min. Decantar la solución caliente en 10 ml de agua y añadir la cantidad suficiente de hidróxido sódico al 40 % para disolver el hidróxido de estaño. Extraer la mezcla varias veces con éter, secar el éter con sulfato de magnesio; filtrar o decantar y eliminar e identificar la amina por conversión en uno o más derivados cristalinos.

Para aminas muy volátiles el proceso debe modificarse; al hacer alcalina la solución, la amina puede destilarse y recogerla sobre ácido clorhídrico diluido.

Con catalizadores básicos, los nitroalcanos primarios y secundarios dan *aductos con carbonilo y carbonilo α,β-no saturados y compuestos relacionados.* Tales aductos sólo tienen un uso ocasional en identificación.

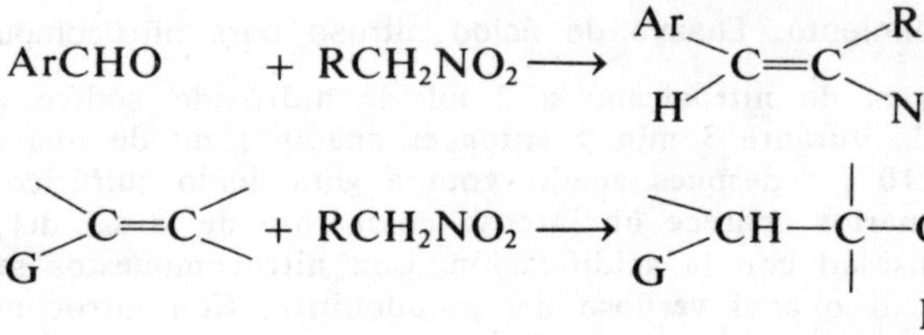

$$G = -COR, -CO_2R, CN, -SO_2R$$

Los nitroalcanos primarios y secundarios pueden *oxidarse a sus respectivos compuestos carbonílicos correspondientes* mediante permanganato potásico. Como agente tampón se puede añadir una solución de sulfato magnésico.[56]

$$R-CH_2NO_2 + KMnO_4 \xrightarrow{MgSO_4} RCHO$$

Los compuestos aromáticos mononitrados pueden caracterizarse por conversión a *di- o trinitro derivados* (seguir los procesos para hidrocarburos aromáticos, Sec. 12.1.4). Muchos aromáticos polinitrados forman *complejos de transferencia de carga* estables con el naftaleno y otros compuestos aromáticos ricos en electrones.[57]

Los nitroderivados de los alquilbencenos pueden oxidarse a sus correspondientes ácidos nitrobenzoicos con dicromato (preferentemente) o permanganato (seguir los procedimientos para alquilbencenos, Sec. 12.1.4). La bromación del anillo proporciona con frecuencia un derivado adecuado.

12.18 DIVERSOS COMPUESTOS NITROGENADOS

(Véanse las tablas 4.5 y 4.6 para absorciones infrarrojas características de los diversos compuestos nitrogenados.)

12.18.1 Isocianatos y carbodiimidas

El grupo isocianato puede detectarse rápidamente por espectroscopia infrarroja —una banda muy intensa en la región de 2275 a 2250 cm^{-1} (4,40 a 4,04 μ)— que suele ser más fuerte que las de los nitrilos que aparecen en la misma región (fig. 12.28). Los isocianatos también pueden distinguirse de los nitrilos por su facilidad de reacción con agua, alcoholes y aminas para dar amidas, uretanos y ureas respectivamente, todos los cuales sirven para identificar el isocianato.

[56] H. Shechter y F. T. Williams, Jr., *J. Org. Chem.*, **27**, 3699 (1962).
[57] O. C. Dermer y R. B. Smith, *J. Am. Chem. Soc.*, **61**, 748 (1939).

$$2\,RN{=}C{=}O \xrightarrow{Cat.} R{-}N{=}C{=}N{-}R + CO_2$$

Las carbodiimidas, se obtienen rápidamente a partir de isocianatos, se usan en síntesis de péptidos y otras reacciones de condensación que implican la eliminación de agua. Son altamente reactivas (con aminas, alcoholes, ácidos, etc.), y pueden identificarse rápidamente por su reacción con agua dando líneas simétricas. La carbodiimida que se encuentra más corrientemente es la diciclohexilcarbodiimida (fig. 12-18).

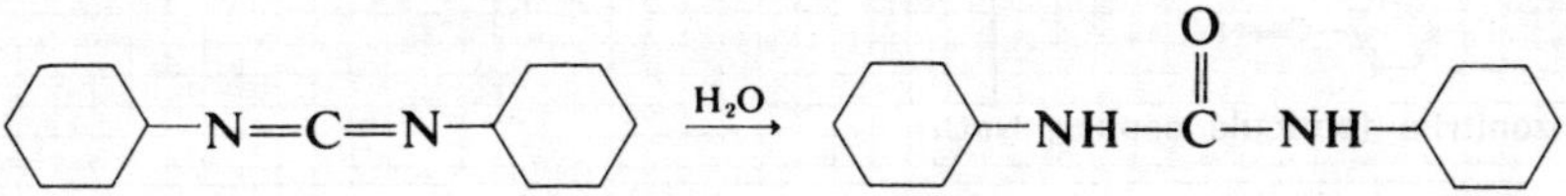

12.18.2 Compuestos, azo, azoxi e hidrazo

Los compuestos azo y azoxi son sustancias muy coloreadas. Pueden usarse como ayuda en su identificación, la espectroscopia visible y ultravioleta, así como la cromatografía de capa fina comparativa.

Las siguientes ecuaciones ilustran tipos de reacciones que pueden ser útiles para preparar derivados.

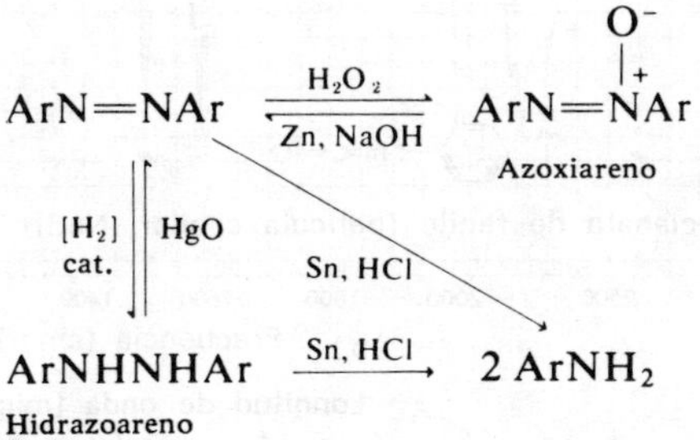

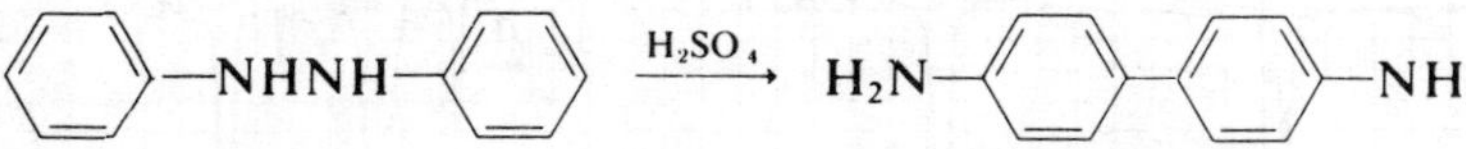

Hidrazobenceno Bencidina

12.18.3 Hidrazinas

$$RNHNH_2 \qquad R_2NNH_2 \qquad RNHNHR$$

El carácter básico de las hidrazinas oscila entre débil y de fuerza intermedia; se disuelven en ácidos minerales para formar sales. Las hidrazinas

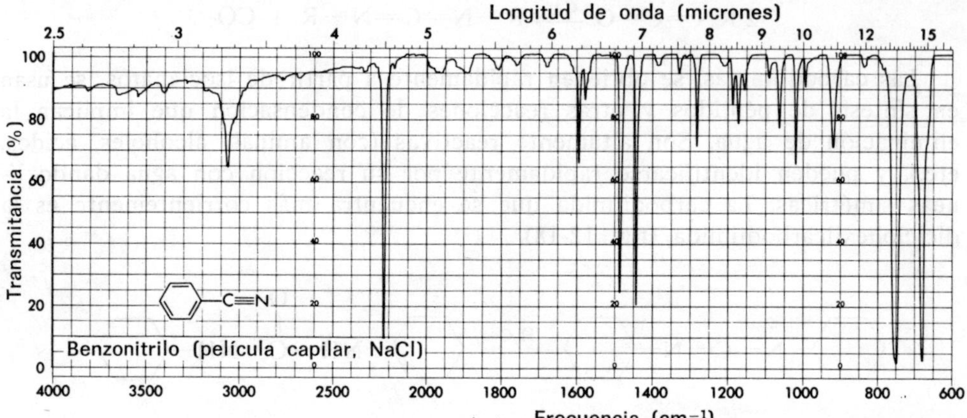
Longitud de onda (micrones)
Transmitancia (%)
Benzonitrilo (película capilar, NaCl)
C≡N
Frecuencia (cm⁻¹)

(a)

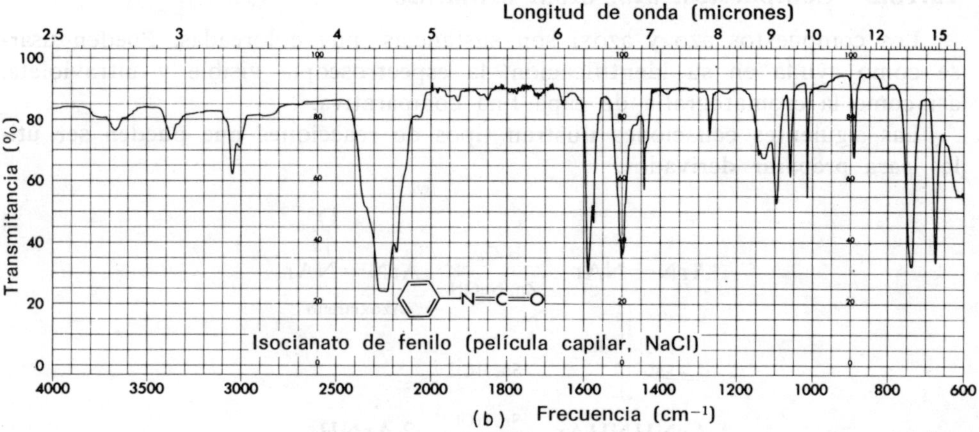
Longitud de onda (micrones)
Transmitancia (%)
N=C=O
Isocianato de fenilo (película capilar, NaCl)
Frecuencia (cm⁻¹)

(b)

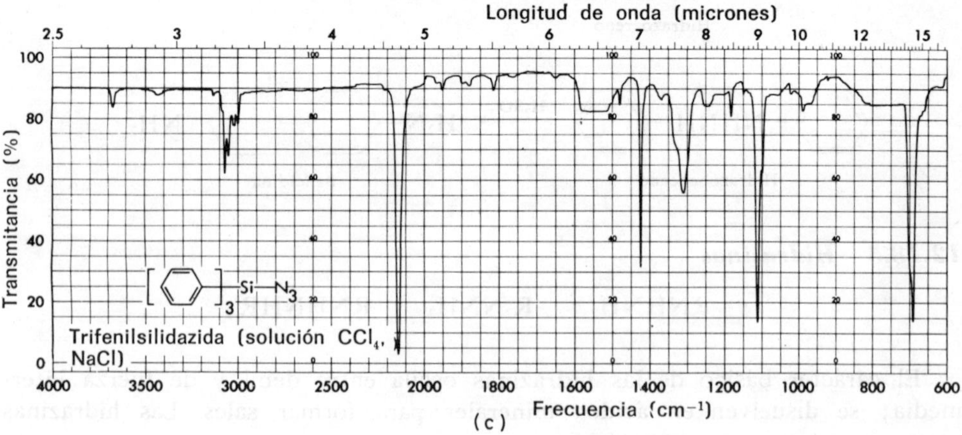
Longitud de onda (micrones)
Transmitancia (%)
Si—N3
Trifenilsilidazida (solución CCl4, NaCl)
Frecuencia (cm⁻¹)

(c)

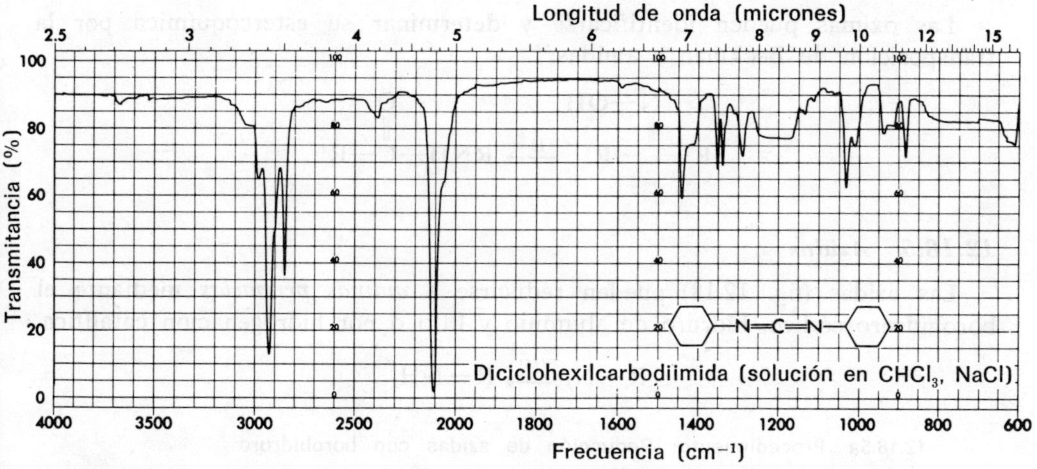

Fig. 12.28. Espectro típico de compuestos nitrogenados representativos, que tienen bandas en la región de 2100 a 2200 cm^{-1}.

mono-, y disustituidas asimétricas pueden detectarse e identificarse por condensación con compuestos carbonílicos para dar hidrazonas.

El enlace N—N de las hidrazinas puede romperse fácilmente por la acción del estaño y ácido clorhídrico (método para nitrocompuestos, Sec. 12.17.1e) o en algunos casos con amalgama de aluminio.

12.18.4 Oximas, hidrazonas y semicarbazonas

Estos compuestos pueden hidrolizarse por la acción de ácido clorhídrico concentrado para dar el clorhidrato de hidroxilamina, hidrazina, o semicarbazina y el compuesto carbonílico. Los compuestos carbonílicos originarios pueden en algunos casos regenerarse por reacciones de intercambio,[58] por ejemplo,

$$R_2C{=}NNHCONH_2 + CH_3{-}\overset{\overset{\displaystyle O}{\|}}{C}{-}COOH \xrightarrow[H_2O]{AcOH,\ NaOAc} R_2C{=}O + CH_3{-}\underset{\underset{\displaystyle COOH}{|}}{C}{=}NNHCONH_2$$

Las semicarbazonas también reaccionan con el ácido nítrico para regenerar los aldehídos o cetonas.

[58] E. B. Hershber, *J. Org. Chem.*, **13**, 542 (1948).

Las oximas pueden identificarse y determinar su estereoquímica por la transposición de Beckman a amidas.[59]

$$\mathrm{R{-}C({=}N{-}OH){-}R'} \xrightarrow{H^+} \mathrm{RNH{-}C({=}O){-}R'}$$

12.18.5 Azidas

Las azidas (fig. 12.18) pueden reducirse a *aminas primarias* mediante el borohidruro sódico, hidruro de aluminio y litio o por hidrogenación catalítica.

$$\mathrm{R{-}N_3} \xrightarrow{[H]} \mathrm{R{-}NH_2}$$

12.18.5a Procedimiento: Reducción de azidas con borohidruro

A 0,3 g de azida en 5 ml de isopropanol, se añaden de 0,2 a 0,3 g de borohidruro sódico y se calienta a reflujo en un baño de vapor durante la noche. Evaporar el isopropanol, añadir agua, y calentar a reflujo hasta que haya cesado la efervescencia. Aislar la amina mediante extracción con éter.

Las azidas alquílicas y arílicas experimentan adiciones 1,3-dipolares con olefinas[60] y acetilenos[61] reactivos.

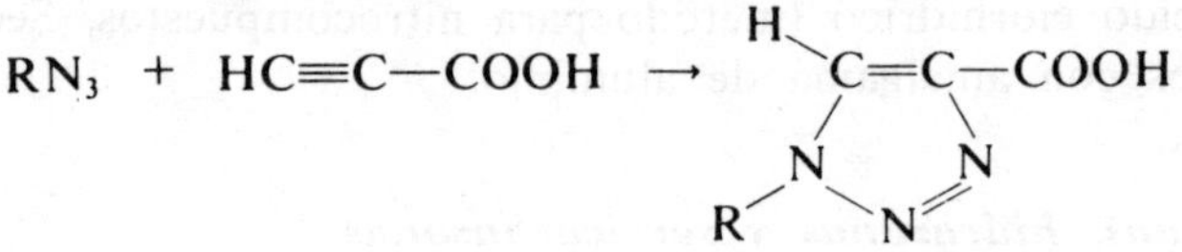

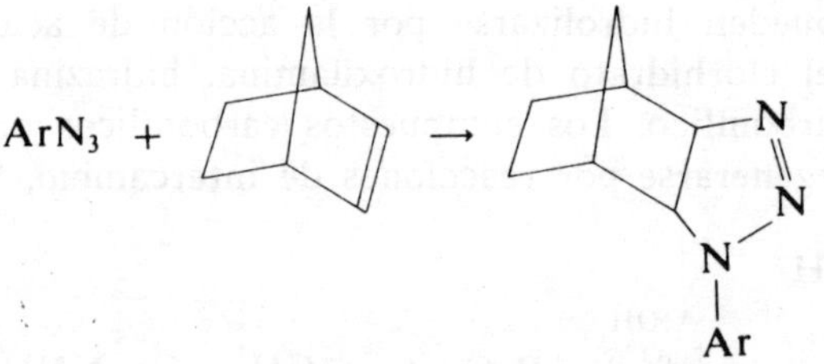

12.18.6 Isonitrilos

Los isonitrilos son muy poco frecuentes. Tienen un olor característico muy

59 L. G. Donaruma y W. Z. Heldt, *Org. Reactions*, **11**, 1 (1960).
60 R. Huttle, *Chem. Ber.*, **74B**, 1680 (1941).
61 P. Scheiner, J. H. Schumaker, S. Deming, W. J. Libbey y G. P. Nowack, *J. Am. Chem. Soc.*, **87**, 306 (1965).

desagradable. Pueden identificarse por hidrólisis ácidas a su correspondiente amina primaria y ácido fórmico, o por reducción a aminas secundarias.

$$RN{=}C: \xrightarrow{H_3O^+} RNH_3^+ + HCOOH$$

$$RN{=}C: \xrightarrow{H_2} RNHCH_3$$

12.18.7 *Nitraminas*

Las nitraminas primarias son ácidas y forman sales con álcali acuoso. Estas sales pueden alcohilarse con reactivos tales como ioduro de metilo para dar nitraminas secundarias que son neutras.

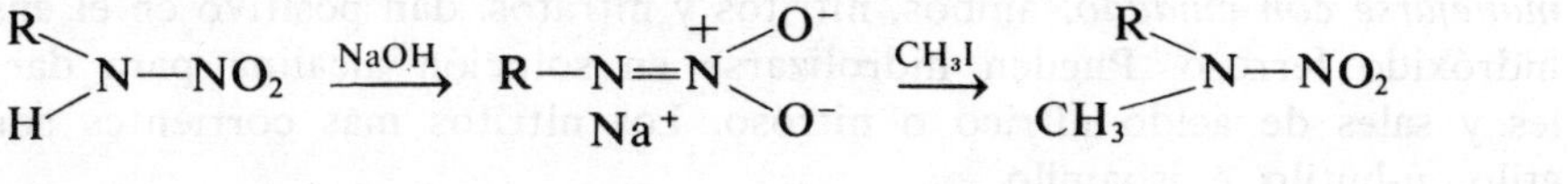

La mayoría de alquilnitraminas eliminan el grupo nitro por tratamiento con ácido. Las arilnitraminas, al igual que las nitrosoaminas, experimentan isomerización en presencia de ácidos minerales; v.g., la fenil nitramina da una mezcla de *o*- y *p*-nitroanilinas. Las nitraminas se pueden reducir a sus correspondientes aminas primarias.

12.18.8 *Compuestos C-nitrosados*

Los nitrosoalcanos y arilnitrosados sencillos existen generalmente como dímeros, que son sólidos cristalinos blancos, pero que toman color azul del monómero cuando se funden o vaporizan.

Los compuestos nitrosos se reducen a aminas primarias mediante cinc, hierro o estaño en solución ácida, o por hidrogenación catalítica. El nitrosobenceno y sus derivados se condensan rápidamente con anilina para formar azocompuestos.[62]

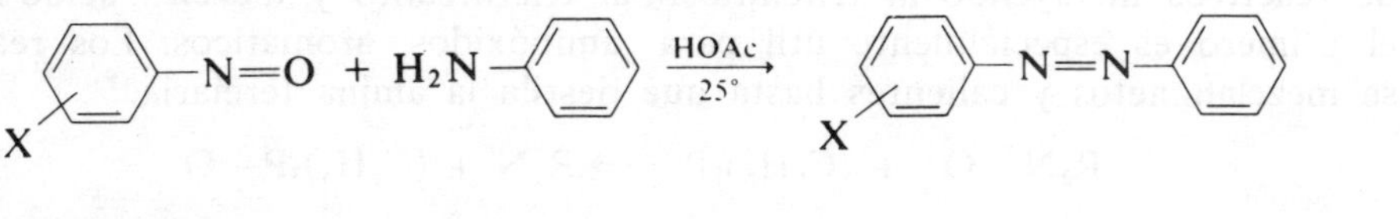

12.18.9 *N-nitroso compuestos*

Sólo los derivados N-nitroso de las aminas secundarias son estables; son compuestos neutros o débilmente básicos. Las arilnitrosoaminas se transpo-

[62] H. D. Anspon, *Org. Syn.*, **Coll. Vol. 3**, 711 (1955); C. M. Atkinson, *J. Chem. Soc.*, 2023 (1954).

nen de nuevo para formar *p*-nitrosoarilaminas en presencia de ácido mineral. Las nitrosoaminas pueden reducirse a hidrazinas con cinc y ácido acético, o a aminas secundarias mediante estaño y ácido clorhídrico. Las N-nitrosoaminas dan diazocompuestos después de tratarlas con NaOH.

12.18.10 *Nitritos y nitratos*

$$\underset{\text{Nitrito}}{R—O—N{=}O} \qquad \underset{\text{Nitrato}}{R—O—\overset{+}{N}\begin{matrix}{=}O\\ \diagdown O^-\end{matrix}}$$

Estos productos son ésteres de ácidos inorgánicos. *Son tóxicos y deben manejarse con cuidado;* ambos, nitritos y nitratos, dan positivo en el ensayo con hidróxido ferroso. Pueden hidrolizarse en solución alcalina para dar alcoholes y sales de ácido nítrico o nitroso. Los nitritos más corrientes son los de etilo, *n*-butilo e isoamilo.

12.18.11 *Aminóxidos* *

$$R_3N \xrightarrow{H_2O_2} R_3N^+—O^-$$

Los aminóxidos formados por oxidación de aminas terciarias con peróxidos suelen ser jarabes viscosos muy higroscópicos. Algunos forman hidratos cristalinos.

Los aminóxidos presentan una banda intensa de tensión del N—O a 970 a 950 cm^{-1} (10,31 a 10,53 μ). En aminóxidos heteroaromáticos, por ejemplo, *N*-óxido de piridina, esta banda aparece en la región de 1300 a 1200 cm^{-1} (7,69 a 8,33 μ). Estas bandas son desplazadas a frecuencias más bajas mediante enlace con hidrógeno. Los aminóxidos forman picratos cristalinos cuando se tratan con soluciones alcohólicas o acuosas de ácido pícrico.

Pueden llevarse a cabo reducciones a aminas terciarias con gran variedad de reactivos incluyendo la trifenilfosfina, trietilfosfito y mezclas ácido-metal; el primero es especialmente útil para aminóxidos aromáticos. Los reactivos se mezclan netos y calientes hasta que destila la amina terciaria.[63]

$$R_3\overset{+}{N}—O^- + (C_6H_5)_3P \longrightarrow R_3N + (C_6H_5)_3P{=}O$$

Los aminóxidos con hidrógenos β que son estéricamente accesibles al óxido son fácilmente pirolizados a hidroxilaminas y olefinas.[64]

[63] L. Horner y H. Hoffman, *Angew Chem.*, **68**, 480 (1956); E. Howard, Jr. y W. F. Olszewski, *J. Am. Chem. Soc.*, **81**, 1483 (1956).
[64] A. C. Cope y E. R. Trumbull, *Org. Reactions*, **11**, 317 (1960).
* Óxidos de amina.

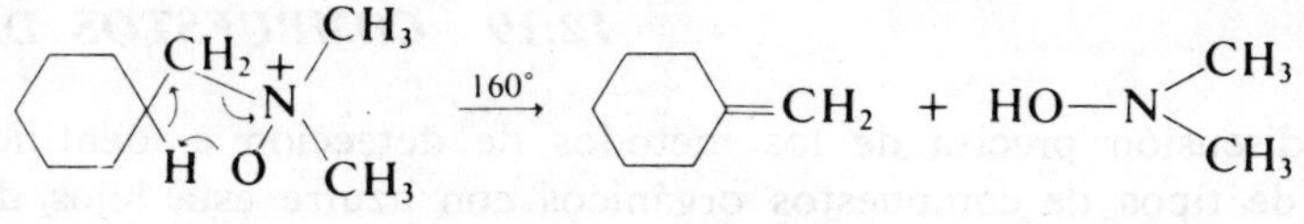

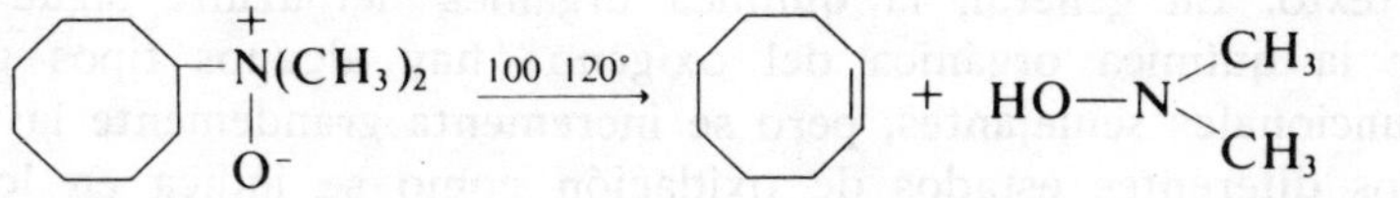

12.18.12 Nitronas

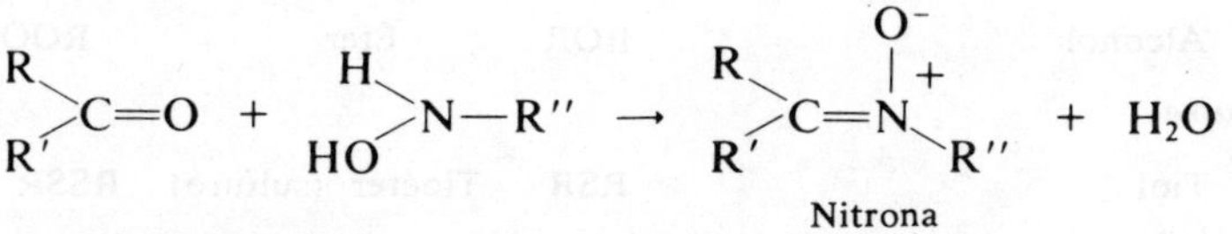

Nitrona

Las nitronas,[65] formadas por condensación de aldehídos o cetonas con hidroxilaminas *N*-sustituidas, pueden ser sólidas o líquidas. A menos que estén presentes grupos arilos, las nitronas tienden a ser muy solubles en agua. Las nitronas presentan una fuerte banda en la región infrarroja de 1615 a 1560 cm^{-1} (6,20 a 6,40 μ). Las nitronas alifáticas muestran una absorción ultravioleta característica cerca de 229 a 235 mμ ($\epsilon = 9000$), que se desplaza a mayores longitudes de onda por conjugación.

Las nitronas pueden reducirse a hidroxilaminas con borohidruro sódico o hidruros de litio y aluminio; con cinc y ácido mineral se obtienen aminas secundarias o también por hidrogenación catalítica.

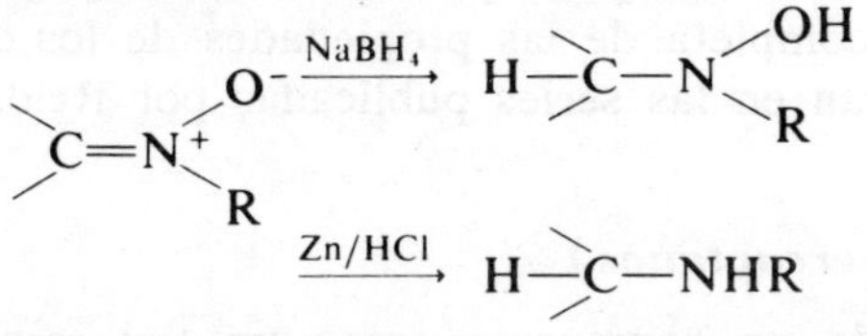

Con olefinas, las nitronas experimentan reacciones de cicloadición 1,3- para dar lugar a isoxazolidinas. La facilidad de tales reacciones es considerablemente intensificada por sustituyentes fenilo o carbonilo en la olefina.

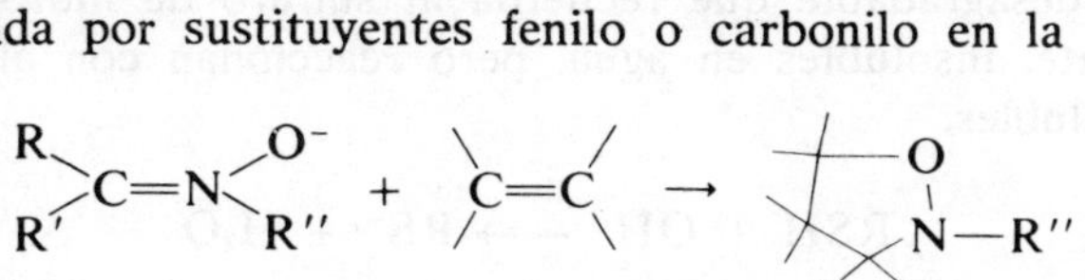

[65] G. R. Delpierre y M. Lamchen, *Quart, Revs.*, **19**, 329 (1965).

12.19 COMPUESTOS DE AZUFRE

Una discusión precisa de los métodos de detección e identificación de la mayoría de tipos de compuestos orgánicos con azufre está lejos del propósito de este texto. En general, la química orgánica del azufre sigue las mismas líneas de la química orgánica del oxígeno; hay algunos tipos generales de grupos funcionales semejantes, pero se incrementa grandemente la variedad debido a los diferentes estados de oxidación como se indica en los siguientes ejemplos.

Serie del oxígeno

ROH	Alcohol	ROR	Éter	ROOR	Peróxido

Serie del azufre

RSH	Tiol	RSR	Tioéter (sulfuro)	RSSR	Disulfuros
RSO_2H	Ácido sulfínico y derivados	$R\overset{\overset{O}{\|}}{S}R$	Sulfóxido		
RSO_3H	Ácido sulfónico y derivados	$R\overset{\overset{O}{\|}}{\underset{\underset{O}{\|}}{S}}R$	Sulfonas		

En este capítulo, las funciones orgánicas con azufre que se presentan más frecuentemente se discutirán con algún detalle; muchas otras sólo se mencionarán brevemente quizás sólo para que el lector tenga conciencia de su existencia. La lista más completa de las propiedades de los compuestos de azufre divalente se encuentran en las series publicadas por Reid.[66]

12.19.1 Tioles (mercaptanos)

La clasificación de un compuesto como un tiol rara vez espera a la interpretación del espectro infrarrojo. Para los no iniciados, la mayoría de tioles tienen un olor desagradable que recuerda al sulfuro de hidrógeno. Los tioles, son, generalmente, insolubles en agua, pero reaccionan con álcali acuoso para formar sales solubles.

$$RSH + OH^- \longrightarrow RS^- + H_2O$$

66 E. E. Reid, *Organic Chemistry of Bivalent Sulfur*, Vol. I-V, Chemical Publishing Co., Inc., New York.

En el infrarrojo la banda S—H aparece en la región de 2600 a 2550 cm^{-1} (3,85 a 3,92 μ) (fig. 12.29). Es una banda relativamente débil y en algunos ca-

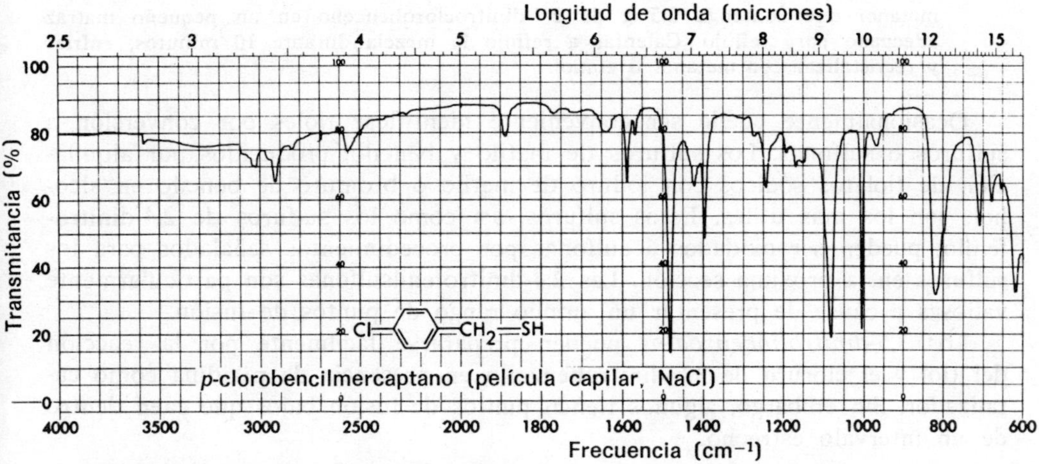

Fig. 12.29. Espectro típico de infrarrojos de un tiol. Nótese el pico muy débil de la banda del SH a 2560 cm^{-1}.

sos puede no observarse, especialmente si el compuesto se encuentra en solución diluida. Esto puede dar como resultado una falsa asignación del compuesto como un sulfuro. Los sulfuros y tioles pueden diferenciarse a causa de la solubilidad de este último en álcali diluido y por el ensayo de formación *mercaptida de plomo;* el primero es insoluble en una base y no precipita con el ensayo de mercaptidas.

$$2\,RSH + Pb^{++} + 2H_2O \longrightarrow Pb(SR)_2\downarrow + 2\,H_3O^+$$

12.19.1a Procedimiento: Ensayo de mercaptida de plomo

Añadir 2 gotas de tiol a una solución saturada de acetato de plomo en etanol; precipitan mercaptidas de plomo amarillas.

Quizá los derivados más útiles de los tioles alquílicos y arílicos son los *sulfuros de 2,4-dinitrofenilo* y sus correspondientes sulfonas.

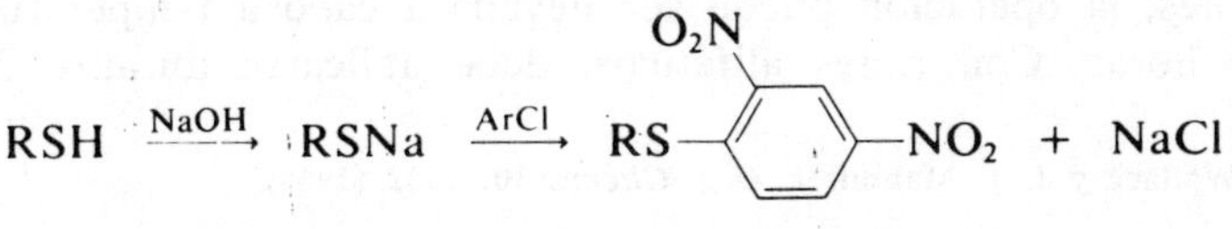

12.19.1b Procedimiento: Sulfuros de 2,4-dinitrofenilo

Disolver en un tubo de ensayo 250 mg de tiol en 5 ml de metanol. Añadir 1 ml de solución de hidróxido sódico al 10 %. Añadir esta solución a 3 ml de metanol que contenga 0,5 g de 2,4-dinitroclorobenceno en un pequeño matraz adecuado para reflujo. Calentar a reflujo la mezcla durante 10 minutos, enfriar y recristalizar con metanol o etanol.

Ocasionalmente puede ser conveniente identificar tioles por conversión a sulfuros o sulfonas. Los sulfuros de metilo y bencilo, producidos por alquilación de tiolatos sódicos con ioduro de metilo o bromuro de bencilo en alcohol, son los más útiles. Estos sulfuros, así como los sulfuros de 2,4-dinitrofenilo, pueden ser oxidados a sulfonas por procedimientos señalados para los sulfuros en la próxima sección. Las 2,4-dinitrofenilsulfonas son particularmente valiosas a causa de presentar un amplio rango de puntos de fusión.

Los *3,5-dinitrotiobenzoatos* pueden prepararse fácilmente por la reacción del tiol y el cloruro de 3,5-dinitrobenzoilo en presencia de piridina como catalizador. Sin embargo, algunos tienen puntos de fusión bajos que caen dentro de un intervalo estrecho.

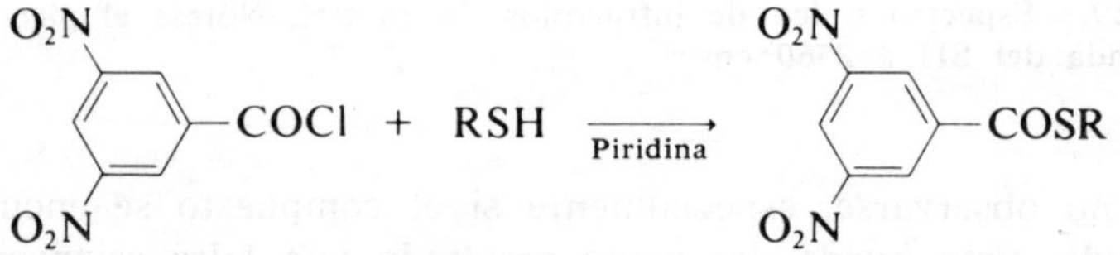

12.19.1c Procedimiento: 3,5-dinitrotiobenzoatos

En un tubo de ensayo seco, se colocan 200 mg de cloruro de 3,5-dinitrobenzoilo, 100 mg (5 o 6 gotas) de tiol, y tres gotas de piridina. Calentar la mezcla en un recipiente con agua hirviendo durante 10 minutos. Añadir 2 ml de agua y unas cuantas gotas de piridina para destruir cualquier reactivo remanente. Agitar con una varilla de vidrio para inducir la cristalización. Filtrar, lavar con agua, suspender el polvo crudo en varios mililitros de una solución de bicarbonato sódico y calentar si es necesario para eliminar el ácido 3,5-dinitrobenzoico. Recoger, lavar otra vez con agua, y recristalizar con etanol diluido.

En aquellos casos en que el *disulfuro* sea un sólido cristalino, los derivados de los tioles pueden obtenerse fácilmente por oxidación con sulfóxidos.[67]

$$2\,RSH + CH_3\overset{\overset{\displaystyle O}{\|}}{S}CH_3 \longrightarrow RSSR + CH_3SCH_3 + H_2O$$

Con tiofenoles, la operación puede ser llevada a cabo a temperatura ambiente durante 24 horas. Con tioles alifáticos, debe aplicarse durante 24 horas un

[67] T. J. Wallace y J. J. Mahon, *J. Org. Chem.*, **30**, 1502 (1965).

calentamiento superior a 160°. Los disulfuros también pueden obtenerse por oxidación de tioles con hipoiodito, ferricianuros y una variedad de otros oxidantes débiles.

12.19.2 Sulfuros y disulfuros

La espectroscopia infrarroja por sí sola no nos suministra suficiente información para clasificar adecuadamente un compuesto como perteneciente a un sulfuro o a un disulfuro (fig. 12.30). Ambas clases de compuestos

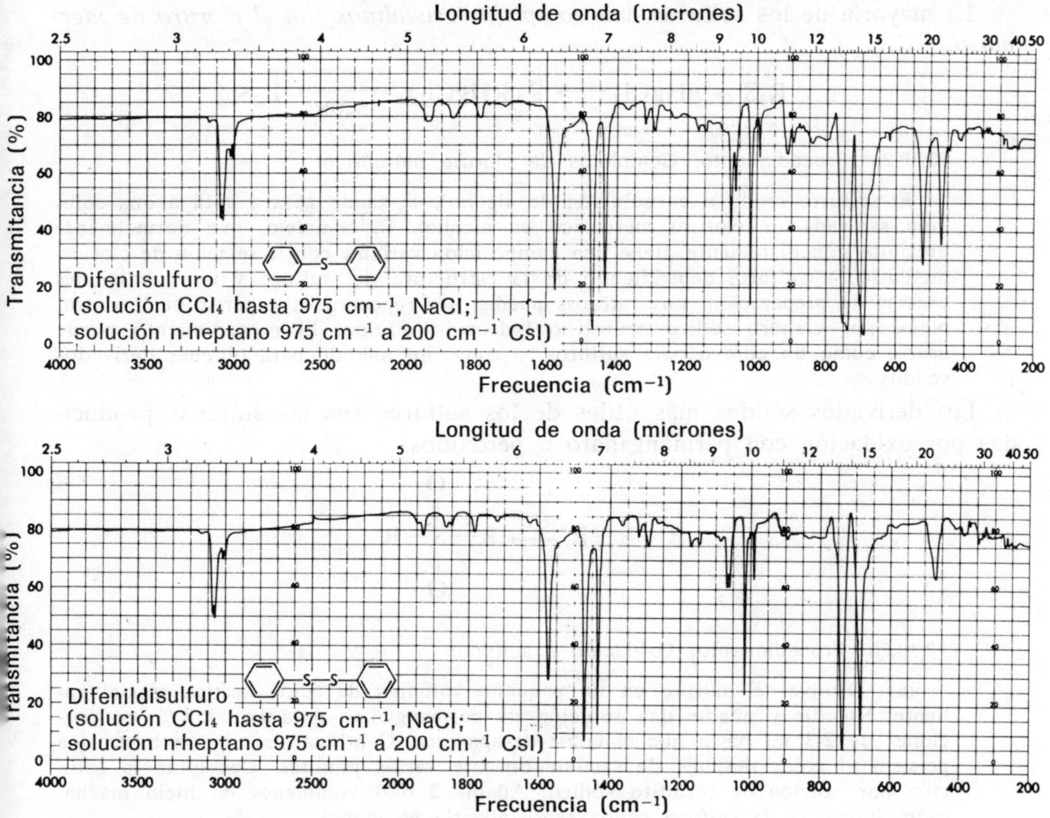

Fig. 12.30. Espectro infrarrojo de un sulfuro y su correspondiente disulfuro. Nótese la similitud de ambos espectros.

presentan una frecuencia de tensión, de carbono-azufre en la región de 800 a 600 cm^{-1} (12,5 a 16,7 μ) que es de muy poca utilidad, ya que fácilmente pueden confundirse con otras bandas de aquella región y, además, está frecuentemente desdibujada por el disolvente. La frecuencia de tensión azufre-azufre es una banda débil en la región de 550 a 450 cm^{-1} (18,2 a 22,2 μ), y es por tanto inaccesible a la mayoría de instrumentos.

Los sulfuros alifáticos y la mayoría de los aromáticos tienen un olor desagradable que se parece algo al sulfuro de hidrógeno. Compuestos con tales olores, que no son mercaptanos ni sulfóxidos (como se determina por la ausencia de bandas infrarrojas características), puede sospecharse que son sulfuros o disulfuros. La mayoría de sulfuros y disulfuros alifáticos son líquidos. Los sulfuros aromáticos son líquidos o sólidos de bajo punto de fusión. También se conocen polisulfuros de fórmula general R—S_n—R.

La mayoría de los sulfuros dan *complejos cristalinos con el cloruro de mercurio.*

$$R_2S + nHgCl_2 \longrightarrow R_2S(HgCl_2)_n \xrightarrow[NaOH]{} R_2S$$

12.19.2a Procedimiento: Complejos de cloruro mercúrico

El sulfuro, crudo o en solución de alcohol, se añade gota a gota a una solución saturada de cloruro mercúrico en alcohol. El complejo, que normalmente precipita inmediatamente, tiene una composición variable con la relación de cloruro mercúrico a sulfuro, dependiendo de la estructura del sulfuro y las condiciones exactas de preparación. Los sulfuros pueden ser regenerados a partir de los complejos por cianuro sódico acuoso o hidróxido diluido. El procedimiento puede usarse como un ensayo para sulfuros, o como un método para obtener derivados sólidos.

Los derivados sólidos más útiles de los sulfuros son las sulfonas producidas por oxidación con permanganato o peróxidos.

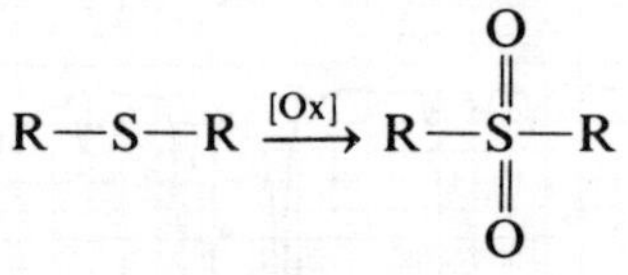

12.19.2b Procedimiento: Oxidación a sulfonas

(a) Disolver el sulfuro en un pequeño volumen de ácido acético glacial caliente. Sacudir y añadir una solución de permanganato potásico al 3 % en porciones de 2-3 ml hasta que el color desaparezca. Continuar la adición hasta que persista el color después de sacudir durante varios minutos. Decolorar la solución por adición de bisulfito sódico. Añadir 2 o 3 volúmenes de hielo machacado. Filtrar, y la sulfona sólida recristalizarla en etanol.

(b) Disolver 1 mmol de sulfuro en 3 ml de benceno y 3 ml de metanol. Añadir de 0,5 a 1 mmol de pentóxido de vanadio y calentar a 50° con agitación. Lentamente se añade un ligero exceso de hidroperóxido de *t*-butilo hasta que el exceso pueda detectarse mediante acidificación de papel almidonado de ioduro. Añadir bisulfito sódico sólido en pequeñas porciones, y agitar de 5 a 10 min. Filtrar y concentrarlo hasta que dé un aceite denso. Añadir una pequeña cantidad de agua, extraer con cloruro de metileno u otro disolvente adecuado, y secar sobre sulfato de magnesio.

(c) Disolver el sulfuro en ácido acético glacial. Añadir exceso de peróxido de hidrógeno y dejarlo reposar toda la noche. Calentar la solución de 50 a 60° durante de 5 a 10 minutos. Verterlo dentro de agua de hielo y recoger la sulfona cristalina.

Entre otros derivados de los sulfuros que pueden ser útiles se encuentran los sulfóxidos, sulfiliminas y sales de sulfonio.

Los sulfóxidos se producen por oxidación de sulfuros con periodato sódico acuoso o acuoso-alcohólico a 0° para sulfuros alifáticos y a temperatura ambiente para los sulfuros aromáticos.[68]

$$>S + IO_4^- \longrightarrow >S{=}O + IO_3^-$$

Las sulfiliminas de *N-p*-toluensulfonilo se preparan fácilmente sacudiendo una suspensión del sulfuro en una solución acuosa de *T*-cloramina.

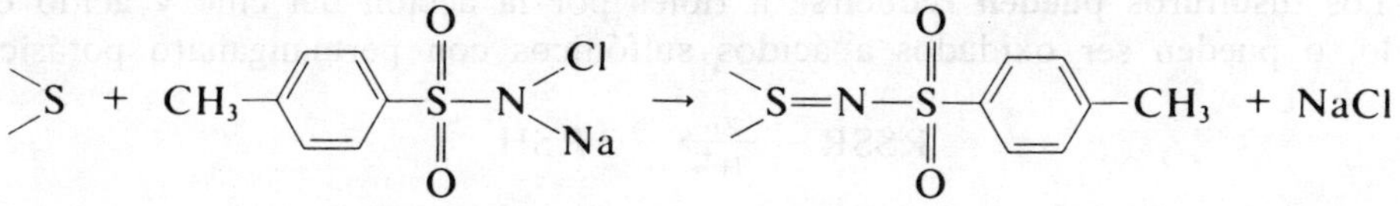

T-cloramina

Los metilioduros de sulfuros pueden prepararse por calentamiento del sulfuro crudo o en solución de benceno con ioduro de metilo.

$$>S + CH_3I \longrightarrow >S^+{-}CH_3\ I^-$$

Los sulfuros y disulfuros (así como los tioles, sulfonas, sulfóxidos y muchos otros derivados del azufre) cuando se tratan con el catalizador de níquel Raney experimentan una hidrogenólisis.[69]

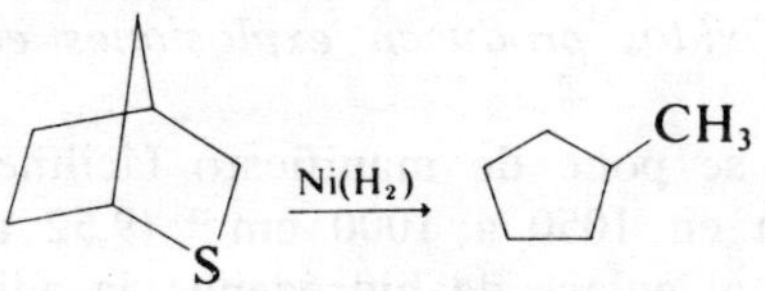

Ditio- y hemitioacetales y cetales forman una clase especial de sulfuros. Los más comunes son los tiocetales de etileno y etilenhemitiocetales. Las siguientes ecuaciones ilustran reacciones que pueden ser usadas en la determinación de su estructura.

[68] N. J. Leonard y C. R. Johnson, *J. Org. Chem.*, **27**, 282 (1962).
[69] G. R. Pettit y E. E. van Tamelen, *Org. Reactions*, **12**, 356 (1962).

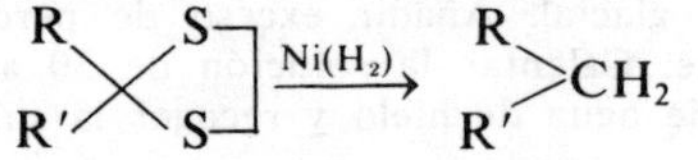

69

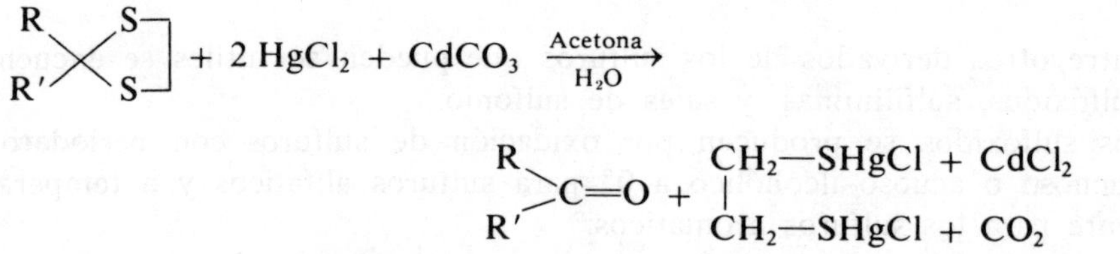

70

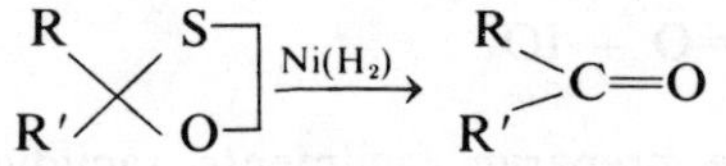

69

Los disulfuros pueden reducirse a tioles por la acción del cinc y ácido diluido, o pueden ser oxidados a ácidos sulfónicos con permanganato potásico.

$$\text{RSSR} \xrightarrow[\text{H}^+]{\text{Zn}} 2\,\text{RSH}$$

$$\text{RSSR} \xrightarrow{\text{KMnO}_4} 2\,\text{RSO}_3\text{H}$$

12.19.3 Sulfóxidos

Los sulfóxidos son normalmente sólidos, altamente higroscópicos de bajo punto de fusión con un notable olor a sulfuros, lo que de hecho, se debe a trazas de sulfuros que los contaminan. El grupo sulfóxido es piramidal y configuracionalmente estable; de aquí que los sulfóxidos puedan existir como isómeros ópticos o geométricos. Los sulfóxidos son débilmente básicos y se pueden aislar como sales con algunos ácidos fuertes incluyendo el nítrico. PRECAUCIÓN: *Los sulfóxidos producen explosiones en contacto con el ácido perclórico.*

El grupo sulfóxido se pone de manifiesto fácilmente por su fuerte banda infrarroja característica en 1050 a 1000 cm^{-1} (9,52 a 10 μ) (fig. 12.31). Esta banda es muy sensible al enlace de hidrógeno; la adición de metanol a la solución causa un notable desplazamiento hacia frecuencias más bajas. Asimismo, un desplazamiento a frecuencia más baja se observa al pasar de tetracloruro de carbono a cloroformo.

En rmn los hidrógenos alfa con respecto al sulfóxido aparecen en la región δ2,0 a 2,5. Los protones metilénicos adyacentes a los sulfóxidos aparecen a menudo como un sistema *AB*.

[70] M. L. Wolfrom, *J. Am. Chem. Soc.*, **51**, 2188 (1929); H. W. Arnold y W. L. Evans, *Ibid.*, **58**, 1950 (1936); J. English, Jr. y P. H. Griswold, *Ibid.*, **67**, 2040 (1945).

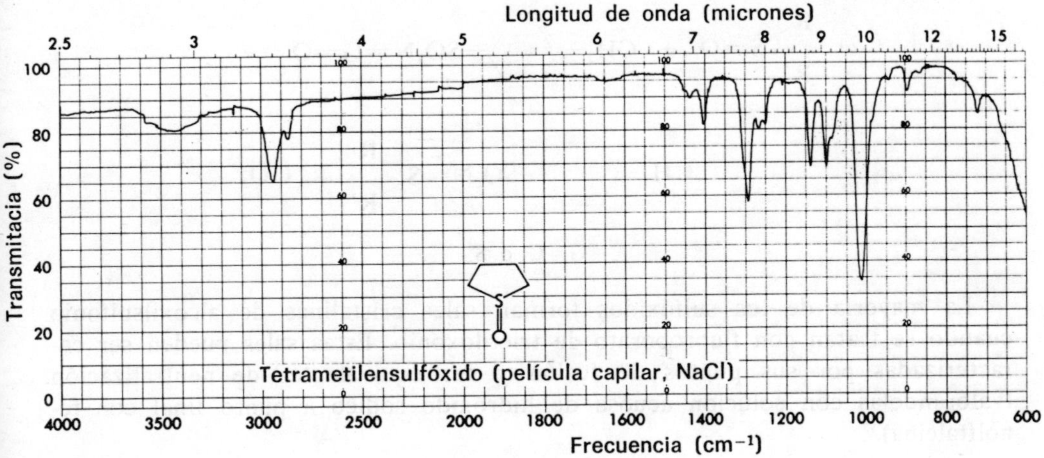

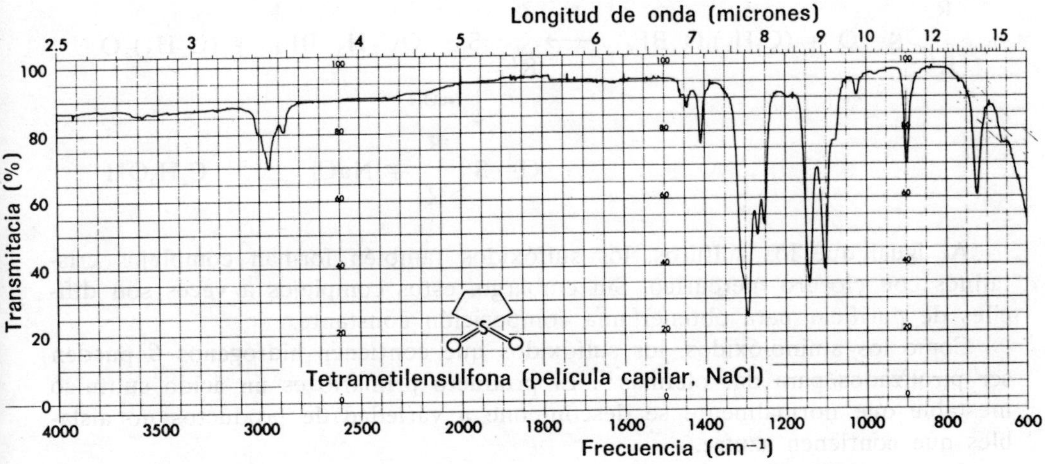

Fig. 12.31. Espectro infrarrojo típico de un sulfóxido y una sulfona.

Los sulfóxidos pueden oxidarse a sulfonas por los métodos señalados para los sulfuros.

$$R_2SO \xrightarrow{[Ox]} R_2SO_2$$

La conversión a sulfiliminas puede realizarse por reacción en isocianato de sulfonilo[71] o *N*-sulfinilsulfonaminas.[72]

[71] C. King, *J. Org. Chem.*, **25**, 352 (1960).

[72] G. Schultz y G. Kresze, *Angew. Chem.*, **75**, 1022 (1963); J. Day y D. J. Cram, *J. Am. Chem. Soc.*, **87**, 4398 (1965).

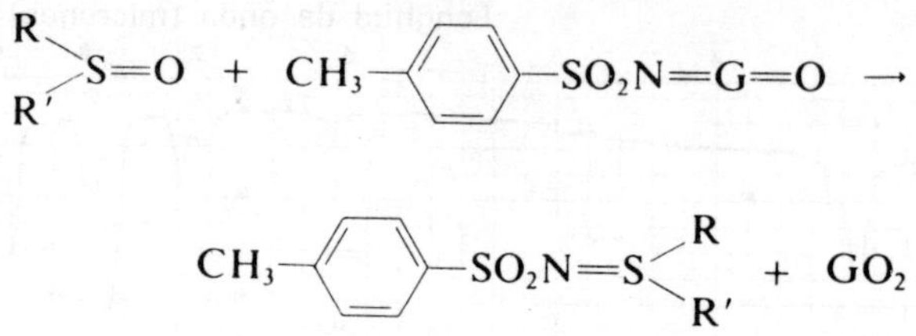

G = C o S

La mayoría de los sulfóxidos forman sales cristalinas de alcoxilsulfonio cuando se tratan con fluoroborato de trietiloxonio. Estas sales pueden ser caracterizadas por sus puntos de fusión y sus equivalentes de neutralización (valorándolas con solución acuosa de hidróxido sódico a punto final con fenolftaleina).[73]

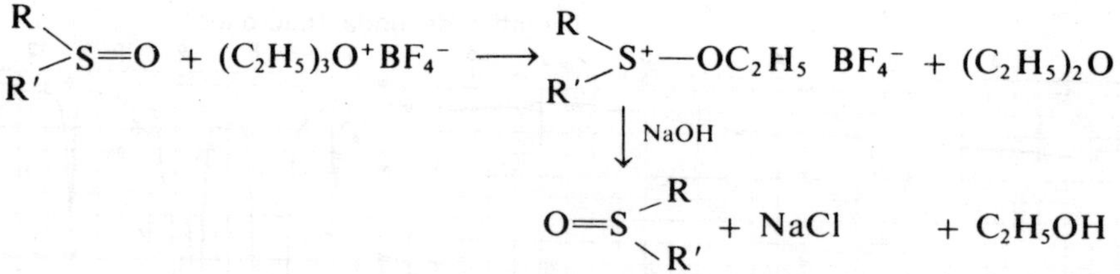

Al igual que los sulfuros, los sulfóxidos también forman complejos cristalinos con cloruro mercúrico. Sin embargo, estos complejos a veces son difíciles de purificar para obtener una composición constante.

Como los amino-óxidos, los sulfóxidos que contienen hidrógenos β pueden ser pirolizados para dar olefinas[74]. El producto primario es un ácido sulfínico inestable que normalmente se descompone a variedad de productos no aislables que contienen azufre.

$$R-\overset{\overset{\displaystyle O}{\|}}{S}-CH_2-CH_2-R' \xrightarrow[\Delta]{} [RSOH] + CH_2{=}CH-R$$

12.19.4 Sulfonas

Las sulfonas son sólidos incoloros e inodoros; sin embargo, determinadas sulfonas dialquílicas tienen bajo punto de fusión.

Cuando la sulfona es de funcionalidad primaria en la molécula, las dos

[73] C. R. Johnson y W. G. Phillips, *J. Org. Chem.*, **32**, 1926 (1967).
[74] L. Bateman, M. Cain, T. Colclough y J. I. Cunneen, *J. Chem. Soc.*, 3570 (1962).

bandas fuertes de la sulfona a 1325 y 1175 cm^{-1} (7,55 y 8,51 μ) son las prominentes en el espectro infrarrojo (fig. 12.31).

Las sulfonas son sustancias relativamente inertes; el grupo no experimenta con facilidad cambios químicos; algunas sulfonas pueden reducirse a sulfuros mediante hidruro de aluminio y litio.[75] El grupo sulfona incrementa marcadamente la acidez de hidrógenos α. Los aniones sulfona se forman fácilmente por acción de bases fuerte (p. ej., butil-litio), experimentando las esperadas reacciones de halogenación, alquilación y acilación.

Los datos espectrales de masa, infrarrojo y de resonancia magnética nuclear (el grupo SO_2 es transparente en el ultravioleta por debajo de 185 mμ), conjuntamente con las constantes físicas son los mejores métodos de identificación.

Las sulfonas aromáticas dan fenoles al ser fundidas con hidróxido potásico sólido.

$$ArSO_2R \xrightarrow[(2)\ H_3O^+]{(1)\ KOH,\Delta} ArOH$$

12.19.5 Ácido sulfénico y derivados

RSOH	RSCl
Ácidos alcano- o arilsulfénicos	Cloruro de sulfenilo
RSOR′	$R—S—NR_2'$
Sulfenato	Sulfenamida

Los ácidos sulfénicos libres son sustancias altamente inestables; sólo unos pocos pueden caracterizarse. Son producidos por pirólisis de sulfóxidos.

Los cloruros de sulfenilo (preparados por la reacción de cloro y disulfuros) son algo más estables. Los que más comúnmente se encuentran son los cloruros sulfenil de 2,4-dinitrobenceno, benceno y triclorometano. Los derivados pueden hacerse por reacción con aminas, para producir amidas, reacción con alcóxidos en disolvente no polar (éter) para producir sulfenatos, o por adición radical a olefinas para producir β-clorosulfuros.

12.19.6 Ácidos sulfínicos y derivados

$RS(=O)OH$	$RS(=O)OR$
Ácido alcohil- o arilsulfínico	Sulfinato

[75] F. G. Bordwell y W. H. McKellin, *J. Am. Chem. Soc.*, **73**, 2251 (1951).

Los ácidos sulfínicos libres son relativamente inestables, pero sus sales sódicas y potásicas son bastante estables. Las sales se oxidan fácilmente (permanganato) a sales del ácido sulfónico.

Los sulfinatos sódicos o potásicos, pueden alcohilarse para dar sulfonas.

$$ArSO_2Na + CH_3I \longrightarrow Ar{-}\overset{\displaystyle O}{\overset{\|}{\underset{\underset{\displaystyle O}{\|}}{S}}}{-}CH_3 + NaI$$

Los cloruros de sulfinilo se producen fácilmente por reacción de sales sódicas o potásicas con cloruro de tionilo. Dichos cloruros sulfinilo experimentan las esperadas reacciones con alcoholes, etc. Los ésteres (sulfinatos), que son capaces de existir en formas ópticamente activas, experimentan rápidamente transesterificaciones con alcoholes en presencia de cloruro de hidrógeno, y reaccionan con los compuestos de Grignard para producir sulfóxidos.

12.19.7 Ácidos sulfónicos; RSO_3H Ácidos aril o alcohilsulfónicos

Los ácidos sulfónicos son ácidos fuertes, comparables al ácido sulfúrico. Los ácidos libres y sus sales metálicas de cationes alcalinos son solubles en agua e insolubles en disolventes orgánicos no polares (éter, etc.).

El espectro infrarrojo de los ácidos sulfónicos presenta tres bandas SO —1250 a 1160 cm^{-1}, 1080 a 1000 cm^{-1} y 700 a 610 cm^{-1} (8,00 a 8,62 μ, 9,26 a 10 μ y 14,28 a 16,39 μ). La primera de éstas es la más intensa.

Los ácidos libres son muy higroscópicos y no dan puntos de fusión netos. Los ácidos se encuentran tabulados en las *Tablas para identificación de compuestos orgánicos* en orden creciente de puntos de fusión de las sulfonamidas.

La preparación de *sulfonatos de S-bencíltiouronio* a partir de ácido sulfónico libre y sus sales es altamente recomendable a causa de la facilidad con que se obtienen y la gran cantidad de datos disponibles.

$$RSO_3Na + C_6H_5CH_2SC(NH_2)_2^+\ Cl^- \longrightarrow C_6H_5CH_2SC(NH_2)_2^+\ RSO_3^- + NaCl$$

12.19.7a Procedimiento: Sulfonatos de *S*-benciltiouronio

A una solución de 0,5 g de sal en 5 ml de agua, añadir varias gotas de ácido clorhídrico 0,1 *N*; a continuación adicionar una solución fría de 1 g de cloruro de *S*-benciltiouronio en 5 ml de agua. Enfriar en un baño de hielo, recoger y recristalizar el derivado en alcohol acuoso.

Si se puede disponer del ácido libre, disolver 0,5 g en 5 ml de agua y neutralizar hasta punto final de la fenolftaleína con hidróxido sódico. Entonces añadir de 2 a 3 gotas de ácido clorhídrico 0,1 *N* y proceder como antes.

Probablemente el método más comúnmente empleado para obtener derivados de los ácidos sulfónicos y sales es la *conversión a sulfonamidas* por medio del cloruro de sulfonilo.

$$RSO_3Na + PCl_5 \longrightarrow RSO_2Cl + POCl_3 + NaCl$$

$$RSO_2Cl + 2\,NH_3 \longrightarrow RSO_2NH_2 + NH_4Cl$$

12.19.7b Procedimiento: Sulfonamidas

Colocar 1,0 g de ácido libre o de sal anhidra y 2,5 de pentacloruro de fósforo en un balón pequeño y seco equipado con un refrigerante de reflujo. Calentarlo en un baño de aceite a 150° durante 30 min. Enfriar y añadir 20 ml de benceno; entonces calentar y agitar para efectuar una completa extracción. [Si se desea el cloruro de sulfonilo puede aislarse por eliminación del disolvente (benceno o cloroformo). Recristalizarlo en éter de petróleo.] Añadir lentamente la solución de benceno, mientras se agita, a 10 ml de solución concentrada de amoniaco. Si la sulfonamida precipita, aislarla por filtración. De otra forma, puede aislarse por la evaporación de la capa de benceno. Puede llevarse a cabo la recristalización a partir del agua o etanol.

Las sulfonamidas sustituidas pueden obtenerse por tratamiento del anterior cloruro de sulfonilo con aminas en la forma habitual.

La preparación de *sales de arilamina* de los ácidos sulfónicos se representa por la siguiente ecuación.

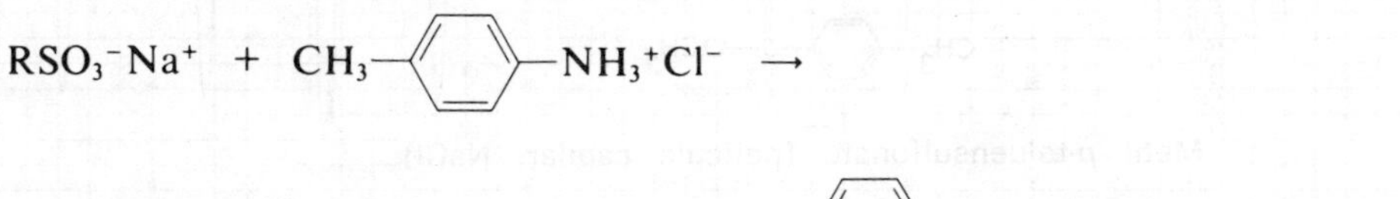

12.19.7c Procedimiento: Sales de arilamina

Disolver 0,5 g de ácido sulfónico o de su sal en un volumen mínimo de agua hirviendo y añadir una solución acuosa saturada de 1 g de clorhidrato *p*-toluidina. Se enfría y recristaliza con agua caliente que contiene 1 gota de clorhídrico concentrado o en etanol diluido.

Las sales de otras aminas aromáticas pueden prepararse de manera similar; se han utilizado las de la anilina, *o*-toluidina, piridina y fenilhidrazina.

12.19.8 Cloruros de sulfonilo; RSO_2Cl

Los cloruros de sulfonilo alifáticos sencillos y gran número de aromáticos son líquidos; son sólidos los alifáticos de alto peso molecular y los aromáticos sustituidos. Son insolubles en agua y solubles en la mayoría de los disolventes orgánicos. Sus vapores tienen un olor característico irritante y son lacrimógenos. En el infrarrojo, se observan fuertes bandas a 1360 cm^{-1} y 1170 cm^{-1} (7,35 y 8,55 μ).

Los cloruros de sulfonilo se convierten fácilmente a amidas o amidas sustituidas por reacción con solución de amoniaco concentrado o con aminas en presencia de álcali (véase Sec. 12.14.2 de aminas).

12.19.9 Sulfonatos de alquilo; RSO_3R'

El grupo sulfonato es un excelente grupo que retiene el carbono; consecuentemente estos ésteres, que pueden ser líquidos o sólidos cristalinos, son altamente reactivos en reacciones de desplazamiento nucleofílicas. Probablemente los que más comúnmente se encuentran son los *p*-toluensulfonatos *(tosilatos).* (Fig. 12.32.)

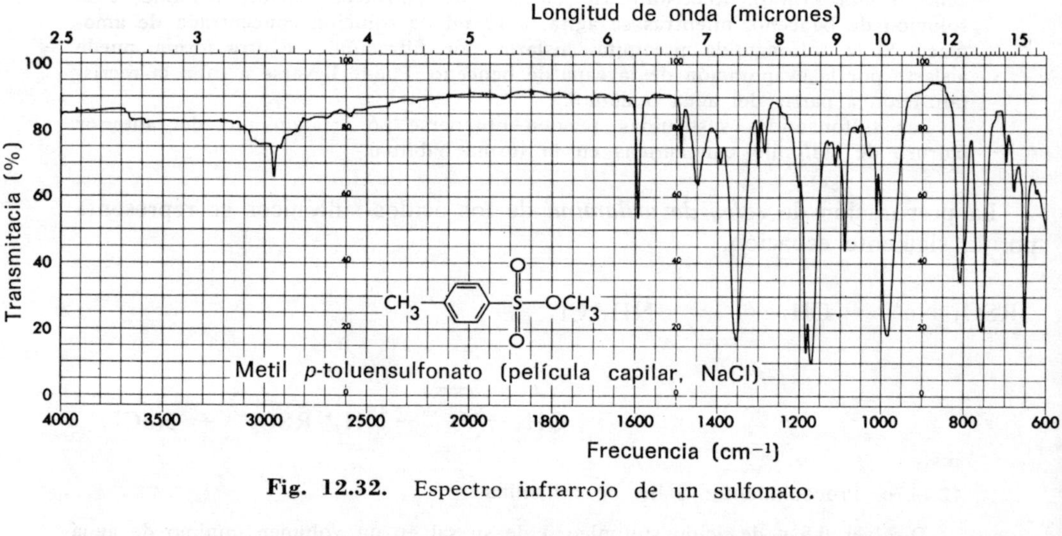

Fig. 12.32. Espectro infrarrojo de un sulfonato.

La mayoría de los sulfonatos se solvolizan calentándolos en agua, alcohol o ácido acético para dar ácido sulfónico y alcoholes, éteres o acetatos, respectivamente. Los sulfonatos de alquilo primarios y secundario (especialmente los tosilatos), pueden reducirse a los correspondientes hidrocarburos con hidruro de litio y aluminio.

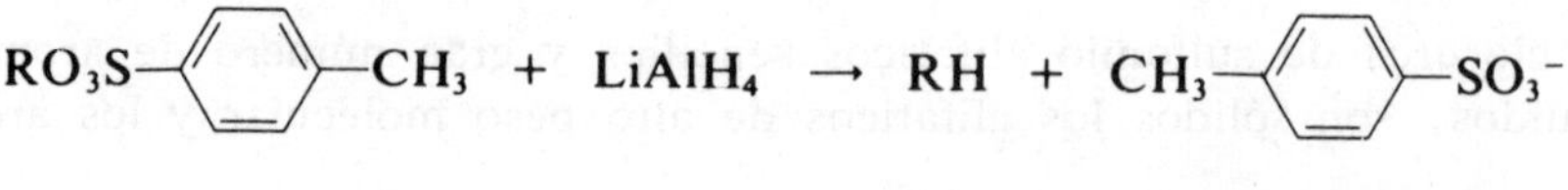

Los sulfonatos primarios y secundarios pueden usarse como agentes alquilantes para formar sales de amonio cuaternarias, sales de sulfonio, etc.

12.19.10 Sulfonamidas; RSO_2NH_2

La mayoría de sulfonamidas son sólidos cristalinos incoloros de alto punto de fusión e insolubles en agua. Las sulfonamidas primarias y secundarias son solubles en álcali acuoso (ensayo de Hinsberg). En el infrarrojo las sulfona-

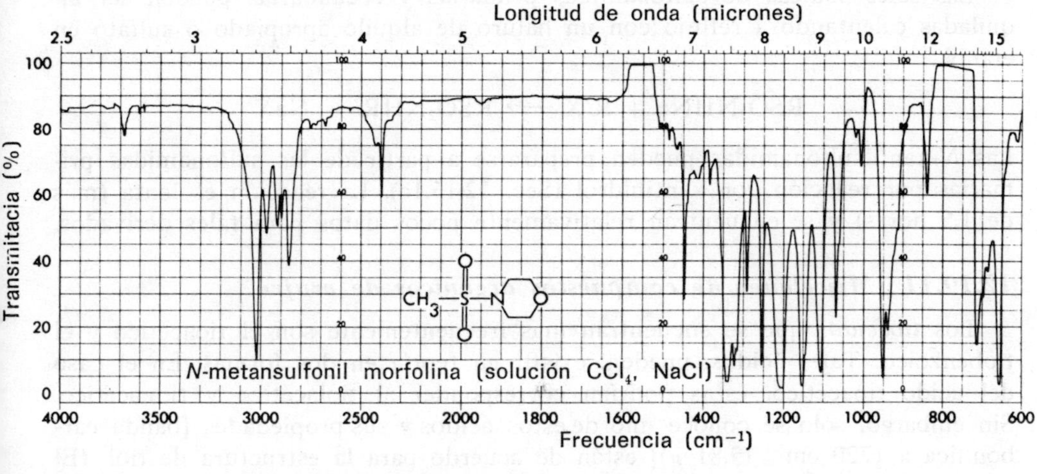

Fig. 12.33. Espectro infrarrojo de una sulfonamida.

midas presentan las bandas apropiadas de tensión y deformación —N—H, así como las tensiones asimétricas [1370 a 1330 cm^{-1} (7,30 a 752 μ)] y simétricas [1180 a 1160 cm^{-1} (8,47 a 8,62 μ)] del grupo sulfonilo (fig. 12.33).

Un ensayo de coloración muy sensible para las sulfonamidas se ha desarrollado empleando la *N,N*-dimetil-α-naftilamina y ácido nitroso.[76]

El único método general para la caracterización de sulfonamidas es la *hidrólisis a ácido sulfónico y amina.* La hidrólisis puede efectuarse de muchas maneras. Calentando a reflujo con ácido clorhídrico a 25 % se requieren de 12 a 36 horas. También puede usarse ácido sulfúrico al ochenta por ciento o una mezcla de fosfórico al 85 % y sulfúrico al 80 %. Este último método es particularmente eficaz.

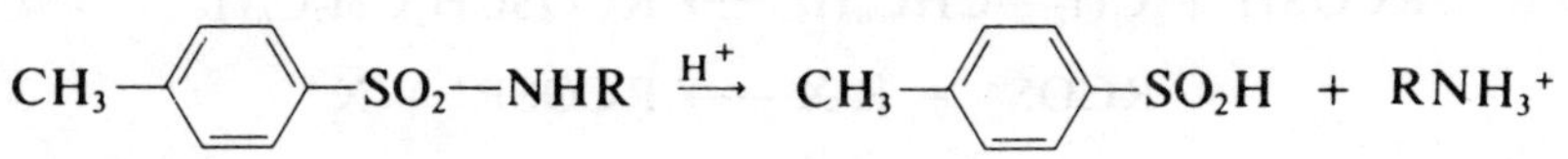

[76] C. Hackmann, *Deut. med. Wechschr.*, **72**, 71 (1947): *Chem. Abstracts*, **41**, 4824 (1947).

12.19.10a Procedimiento: Hidrólisis de sulfonamidas

En un tubo de ensayo mezclar 1 ml de sulfúrico al 80 % con 1 ml de ácido fosfórico al 85 % Añadir 0,5 g de sulfonamida y calentar la mezcla a 160° durante 10 min o hasta que la disuelva la sulfonamida. Se obtendrá una mezcla viscosa y oscura. Enfriar y añadir 6 ml de agua. Continuar enfriando y, mientras se agita, hacer la solución alcalina con una disolución de hidróxido sódico al 25 %. Separar la amina por extracción o destilación. Preparar un derivado apropiado de la amina (benzoil) y del sulfonato sódico (sal de *S*-benziltiouronio).

Las sales sódicas de sulfonamidas primarias y secundarias pueden ser alquiladas calentando a reflujo con un haluro de alquilo apropiado o sulfato en etanol.

$$RSO_2NHNa + R'X \longrightarrow RSO_2NHR' + NaX$$

Las *N*-xantilsulfonamidas pueden prepararse a partir de las sulfonamidas primarias por reacción con xantihidrol (Sec. 12.15.1c). La reacción es lenta (más de 1,5 horas) y se encuentran relativamente pocos datos para tales derivados.

12.19.11 Miscelánea de compuestos orgánicos de azufre

Los *tioácidos* que se encuentran más frecuentemente son el tioacético y el tiobenzoico. Tales ácidos, pueden, existir en teoría en dos formas. En el caso del ácido tioacético, éstas podrían corresponder al tiolacético y tionacético. Sin embargo, sólo se conoce uno de estos ácidos y sus propiedades [banda carbonílica a 1720 cm^{-1} (5,81 μ)] están de acuerdo para la estructura de tiol. (El ácido mercaptoacético tiene la estructura $HSCH_2COOH$.)

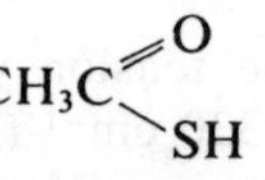

Ácido tiolacético

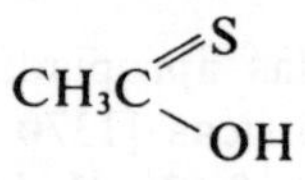

Ácido tionacético

Las siguientes ecuaciones ilustran las reacciones características que son de valor en la preparación de derivados de tioácidos.

$$RCOSH + C_6H_5NH_2 \xrightarrow{25^\circ} RCONHC_6H_5 + H_2S$$

$$RCOSH + H_2O_2 \longrightarrow RCOOH$$

$$RCOSH + CH_2{=}CHC_6H_5 \longrightarrow RCOSCH_2CH_2C_6H_5$$

$$RCOS^- + R'X \longrightarrow RCOSR' + X^-$$

Los *tiolésteres* se hidrolizan rápidamente por ácidos o bases para dar el ácido carboxílico y el tiol.

$$RC(=O)SR' \xrightarrow{H_2O} RCOOH + R'SH$$

La banda carbonílica de los tiolésteres alifáticos aparece cerca de 1690 cm^{-1} (5,29 μ). Los tiolésteres se oxidan a ácidos sulfónicos mediante el peróxido de hidrógeno.[77]

$$CH_3C(=O)SR \xrightarrow{H_2O_2} CH_3COOH + RSO_3H$$

Los *tionésteres* se hidrolizan para dar un ácido, un alcohol y sulfuro de hidrógeno. Se conocen relativamente pocos de estos ésteres.

$$RC(=S)OR' \xrightarrow{H_2O} RC(=O)OH + R'OH + H_2S$$

A causa de su inestabilidad, los *ditioácidos* no son bien conocidos. Los *ditioésteres* son aceites rojizo-amarillentos, muchos de los cuales son termocrómicos. Son muy sensibles al oxígeno atmosférico, y se pueden desulfurar fácilmente con níquel Raney.

$$C_6H_5CH_2{-}C(=S){-}SCH_3 \xrightarrow{H_2(Ni)} C_6H_5CH_2CH_3$$

Entre los compuestos que contienen un grupo tiocarbonilo los más comunes y estables son las *tioamidas*. Forman compuestos de adición con cloruro mercúrico, se alcohílan en el azufre para producir sales (análogas a las sales de *S*-alquiltiouronio) y reaccionan con muchos oxidantes para producir las correspondientes amidas.

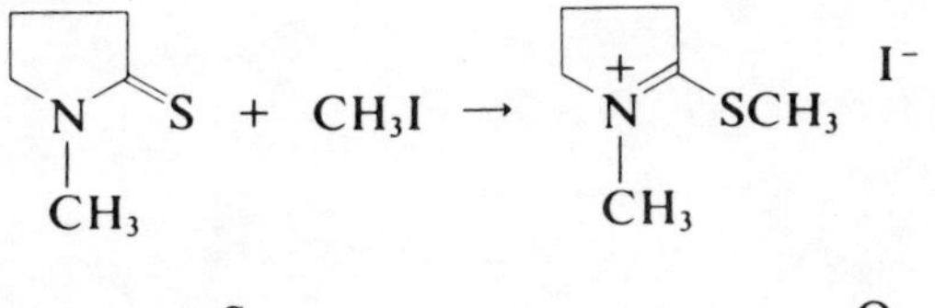

$$C_6H_5CH_2C(=S){-}NH_2 + PbO \rightarrow C_6H_5C(=O){-}NH_2 + PbS$$

Se conocen relativamente pocos *tiales* y *tionas*. La mayoría son inestables con respecto a la dimerización, trimerización y polimerización.

77 J. S. Showell, J. R. Russell y D. Sweren, *J. Org. Chem.*, **27**, 2853 (1962).

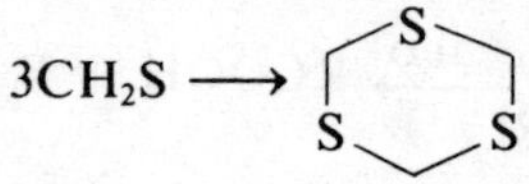

La *tiobenzofenona* es un compuesto estable de un azul muy bonito con una banda de tiocarbonilo a 1220 cm^{-1} (8,20 μ).

La banda del nitrilo en los *tiocianatos* alifáticos aparece como una absorción muy fuerte cerca de 2140 cm^{-1} (4,67 μ); los derivados aromáticos aparecen a frecuencias ligeramente superiores.

$$RSCN + R'OH + HCl \longrightarrow RSC\begin{matrix} \overset{+}{=}NH_2\,Cl^- \\ \diagdown OR' \end{matrix} \longrightarrow RS\overset{\overset{O}{\|}}{C}NH_2$$

$$RSCN + [Ox] \longrightarrow RSO_3H + HCN$$

Los *isotiocianatos* tienen una absorción extremadamente intensa en el infrarrojo en la región de 2140 a 1990 cm^{-1} (4,67 a 5,26 μ). La mayoría aparecen cerca del límite superior de dicho intervalo.

$$R{-}N{=}C{=}S + R'NH_2 \longrightarrow R{-}NH{-}\overset{\overset{S}{\|}}{C}{-}NH{-}R'$$

13

Recopilación bibliográfica

El problema de localizar datos específicos en la literatura original se está convirtiendo casi en un desafío para los químicos, en vista de la reciente y tremenda proliferación y extensión de la literatura original. Un ejemplo de la velocidad de expansión de la literatura periódica se indica por el hecho que en 1942, *Chemical Abstracts* cubría unas 4000 revistas, mientras que en 1967 este número era aproximadamente de 10 000. No sólo ha aumentado el número de revistas sino que el número de páginas ha aumentado incluso más drásticamente. Por ejemplo, en este mismo período de 15 años el *Journal of the American Chemical Society* ha aumentado de 3066 a 7242 páginas, y el *Journal of Organic Chemistry* de 590 a 4220 páginas, y el *Journal of the Chemical Society* (Londres) de 758 a 5480 páginas. Es obvio entonces que la obtención de información a partir de la literatura original exija potencialmente un gran consumo de tiempo y sea una tarea muy complicada.

La dificultad de completar una búsqueda a través de la literatura depende de la cantidad de datos y la clase de los mismos disponibles para el buscador, y de la clase de información deseada. La información específica de las propiedades físicas y químicas de un compuesto determinado pueden encontrarse con una relativa facilidad. El conocimiento de sólo la fórmula molecular y la clase funcional requiere una considerable reunión de literatura. Las revisiones bibliográficas relacionadas con reacciones químicas son bastante complicadas, reuniendo una búsqueda de los grupos funcionales implicados, reactivos usados, proceso químico general involucrado (p. ej., hidrólisis, esterificación, etcétera) y el tipo de productos formados.

Afortunadamente, son asequibles varias publicaciones de resúmenes, que nos suministran la cobertura de la literatura de actualidad. La figura 13.1 ilustra las publicaciones de resúmenes y sus años de publicación. Generalmente, sólo es necesario usar el *Chemical Abstracts* y el *Chemisches Zentralblatt,* debido a que cubren una parte muy extensa de la literatura.

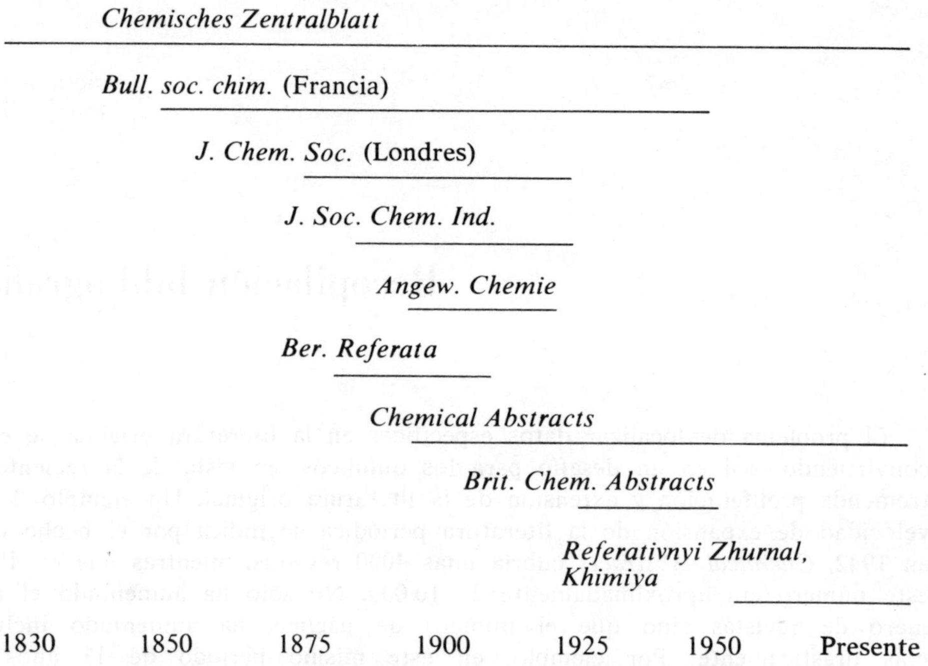

Fig. 13.1. Revistas de resúmenes.

Han aparecido varias recopilaciones extensas de datos físicos y químicos de compuestos (véase fig. 13.2). La habilidad para localizar fácilmente un compuesto determinado en las revistas de resúmenes y para encontrar algunos de los datos de compilaciones para compuestos individuales, requiere saber el nombre preferencial del compuesto. Es aconsejable buscarlo bajo varios nombres alternativos del compuesto en los cambios de nomenclatura que puedan haber ocurrido durante el intervalo de tiempo cubierto por la revista de resúmenes. Cuando se opera con compuestos heterocíclicos particularmente complejos, es aconsejable que el químico recurra al *The Ring Index* por A. M. Patterson, L. T. Capell y D. F. Walker [publicado por Chemical Abstracts Service of the American Chemical Society (1960)] para el nombre preferencial y el sistema de numeración de los derivados sustituidos. Las fórmulas de mo-

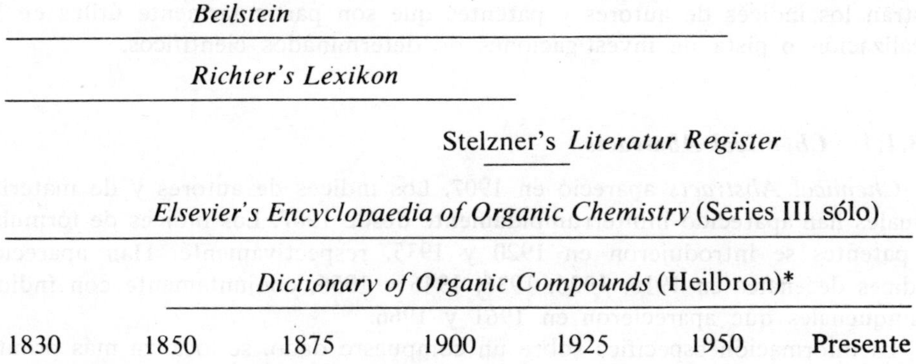

* Contiene sólo compuestos seleccionados.

Fig. 13.2. Compilaciones de datos sobre compuestos individuales.

léculas en los índices de las revistas de resúmenes, y algunas de las recopilaciones de datos, se ajustan a dos sistemas básicos: los de Hill y Richtor, que describiremos en términos generales en las siguientes secciones.

Cuando se emprende una búsqueda en la literatura, es generalmente aconsejable empezar con los índices más recientes y extensivos. Una excepción a esta generalización está en el hallazgo de propiedades físicas de un compuesto específico; en este caso debe consultarse primero el Beilstein. En general la literatura más reciente es más probable que contenga un gran número de datos de confianza y proporcione una cobertura más extensa de la literatura. Las distintas revistas de resúmenes y las compilaciones de datos sobre compuestos específicos se discutirán en términos generales, así como el método de su utilización. La amplitud de las explicaciones son, por necesidad, limitadas, y el estudiante recurrirá a guías literarias más amplias como las que se citan al final de este capítulo.

13.1 REVISTAS DE RESÚMENES

Las dos revistas de resúmenes más importantes son el *Chemical Abstracts* y el *Chemisches Zentralblatt.* Estas dos revistas suministran casi los mismos datos; las únicas diferencias, sin importancia, se presentan en el método de los índices. La información sobre un compuesto específico se localiza más rápidamente por el uso del índice de materias y de fórmulas. También se suministran los índices de autores y patentes que son particularmente útiles en la localización o pista de investigaciones de determinados científicos.

13.1.1 Chemical Abstracts

Chemical Abstracts apareció en 1907. Los índices de autores y de materias anuales han aparecido ininterrumpidamente desde 1907. Los índices de fórmulas y patentes se introdujeron en 1920 y 1935, respectivamente. Han aparecido índices decenales en 1916, 1926, 1936, 1946 y 1956, conjuntamente con índices quinquenales que aparecieron en 1961 y 1966.

La información específica sobre un compuesto dado, se localiza más prontamente por el uso de los índices de materias y de fórmulas. El índice de materias indica brevemente en qué contexto fue utilizado el compuesto, por ejemplo caracterización física, derivados o participación en reacciones químicas, con números de referencia que facilitan la localización del resumen en *Chemical Abstracts.* El uso de los índices de materias requiere la determinación del nombre preferencial para el compuesto. Se puede lograr más rápidamente por la localización del compuesto en el índice de fórmulas en el que viene dado el nombre preferencial de cada compuesto que figura en él. Cuando no se dispone de índices de fórmulas, deberán emplearse todos los nombres adecuados del compuesto. Los métodos de nomenclatura para cierta clase de compuestos se han cambiado varias veces desde que fueron incluidos en *Chemical Abstracts,* y el investigador debe estar enterado de tales cambios.

Los índices de fórmulas se disponen de acuerdo con el sistema de Hill. Las fórmulas moleculares van dispuestas en orden alfabético, excepto cuando el compuesto contiene carbono; en este caso primero se dispone el carbono seguido por el hidrógeno, si lo hay. En compuestos que contengan carbono e hidrógeno los restantes elementos se ordenan alfabéticamente. Por ejemplo, el cloroaurato de plata amónico aparecerá como $Ag_2Au_3Cl_{17}H_{24}N_6$ y el ácido 5-bromo-4-metil-2-tiazobencarboxílico se ordena como $C_5H_5BrNO_2S$. Bajo cada fórmula, los nombres preferenciales de los compuestos incluidos se disponen por orden alfabético. Siguiendo a los nombres están los números de referencia que localizan el resumen.

Los índices de autores se usan cuando debe localizarse un trabajo específico o una serie de artículos monográficos de un determinado científico. En los índices de patentes sólo se consignan los números de patentes y el número de referencia del resumen.

Los resúmenes suministrados por *Chemical Abstracts* indican generalmente sólo una parte del material esencial contenido en el trabajo original. Si es posible, deberá consultarse la literatura original para obtener la información deseada.

13.1.2 Chemisches Zentralblatt

Chemisches Zentralblatt es la revista de resúmenes más antigua, que vio la luz pública en 1830. En ella, se han producido un número mínimo de cambios en los títulos y numeraciones de los volúmenes anuales.

La información suministrada por el *Chemisches Zentralblatt* es casi idéntica a la suministrada por el *Chemical Abstracts;* la diferencia principal está en la organización del índice de fórmulas, que emplea el sistema Richter de clasificación de los compuestos que contienen carbono, empezando con el sexto índice colectivo (1922 a 1924). Los compuestos están tabulados de acuerdo con su fórmula molecular, empezando con aquellos compuestos que contienen un átomo de carbono.

La secuencia de elementos en combinación con el carbono vienen dados por la sucesión H, O, N, Cl, Br, I, F, S y P, los elementos restantes de la tabla periódica siguen por orden alfabético. A cada fórmula se le asigna un número guía. Este número guía está compuesto de un número arábigo que es el número de átomos de carbono presentes y un número romano que es el número de otros elementos. Por ejemplo al ácido 5-bromo-4-metil-2-tiazobencarboxílico se le asigna el número guía 5V. Entonces deberá mirarse en la parte superior de la página, en el índice de fórmulas, hasta que se localice el número de guía. El compuesto puede estar localizado en aquella página.

13.1.3 Miscelánea de revistas resúmenes

Se encuentran a disposición otras revistas de resúmenes. Muchas de ellas, cubren áreas especiales y por tanto más limitadas. Sin embargo, debido a su naturaleza más específica, pueden abarcar revistas altamente especializadas, que en algunos casos pueden ser bastante más difíciles de comprender. Estas revistas de resúmenes incluyen el *Journal of the Chemical Society,* 1871-1925, *Journal of the Society of Chemical Industry,* 1882-1925; *British Chemical Abstracts,* 1926-1953; *Bulletin de la Société Chimique de France,* 1863-1946; *Berichte der deutschen chemischen Gesellschaft (Referata),* 1880-1895; *Nuclear Science Abstracts,* 1948- , y *Science Abstracts,* 1898-

13.2 SERVICIOS DE COBERTURA DE LA LITERATURA CORRIENTE

Los índices anuales de varias revistas resúmenes, quedan generalmente bastante desfasados con respecto a la publicación del resumen. Para componer las revistas de resúmenes se requiere un tiempo considerable.

Chemical Titles, publicado por el Chemical Abstracts Service de la American Chemical Society, publica un índice de palabras clave de títulos a partir de las revistas de química seleccionadas. De cada título se eligen las palabras más significativas (palabras claves) que se tabulan separadamente en orden alfabético. Esto permite muy fácilmente abarcar toda la literatura hasta la fecha.

Current Contents, Chemical Science, una publicación semanal del Institute for Scientific Information, suministra una reproducción de los índices de materias de las revistas químicas aparecidas aquella semana. Los títulos de los artículos de la revista se pueden buscar y seleccionar en una relación de diagramas estructurales representativos que se reproduce en la página contigua al contenido analizado. También elabora un índice de palabras y una lista de autores con sus direcciones.

Current Chemical Papers, publicado por la Chemical Society (Londres) compila sólo los títulos y autores. La lista de títulos se divide en áreas de interés; de esta manera se evitan las pérdidas de tiempo que lleva consigo el revisar la totalidad de los títulos.

13.3 RECOPILACIONES DE DATOS QUÍMICOS Y FÍSICOS

Se han hecho numerosos intentos para tabular los datos físicos, y en muchos casos, los datos químicos de compuestos específicos. Muchas de estas recopilaciones se incluyen en la figura 13.2 ilustrando su período de tiempo de cobertura. Algunas de las más importantes recopilaciones se discutirán individualmente.

13.3.1 Beilstein

Quizás la recopilación más importante de datos físicos y químicos en los compuestos individuales y de aquí que a menudo sea llamado "La biblia del químico orgánico", es el libro de Beilstein *Handbuch der organischen Chemie.* El Beilstein se compone de una serie principal de 29 volúmenes, que cubre todos los compuestos orgánicos hasta 1909 y tres series suplementarias, que cubren los años 1910-1919, 1920-1929 y 1930-1949 (el último no se había completado cuando se publicó este libro).

La clasificación de compuestos en el Beilstein es compleja y no se discutirá con detalle en este texto. Para una descripción detallada del sistema de clasificación, el lector puede recurrir a la lectura de la pág. 1 a 46 del volumen 1 de la serie principal o al libro de E. H Huntress "A Brief Introduction of Beilstein's *Handbuch der organischen Chemie*", de E. H. Huntress y publicado por John Wiley & Sons, Inc., 1938.

La localización de un compuesto deseado en el Beilstein se facilita grandemente por la disponibilidad del índice de fórmulas de compuestos, que abarca la serie principal y las dos primeras series suplementarias. El índice de fórmulas suministra el nombre de los distintos isómeros que poseen una fórmula dada, y conjuntamente un número de referencia. El número de referencia está compuesto de un número romano que indica el volumen *(band)* y un número arábigo que indica en qué página de la serie principal será encontrado ocasionalmente el compuesto de referencia; si un compuesto no se encontrara en la serie principal, el número de Beilstein indica entonces el volumen y la página sobre la cual el compuesto aparecerá si está contenido en la serie principal. Las series suplementarias contienen el número de referencia de Beilstein en el centro superior de cada página. El estudiante entonces busca simplemente el número de referencia para localizar un compuesto dado en las series complementarias.

La descripción de cada compuesto incluye citas bibliográficas, forma de preparación e incidencias, propiedades físicas, reacciones químicas, propiedades fisiológicas, usos, métodos de análisis, y sus derivados.

13.3.2 El Lexikon de Richter

El *Lexikon* de Richter contiene una recopilación de todos los compuestos orgánicos conocidos hasta la fecha de su publicación en 1910. Los compuestos se clasifican de acuerdo con el sistema de Richter. Los 4 volúmenes están clasificados así: volumen I, C_1 a C_9 (1I a 9III); volumen II, C_9 a C_{13} (9III a 13IV); volumen III, C_{13} a C_{20} (13IV a 20II), y volumen IV, C_{20} y superiores (20II a 1039IV). El *Lexikon* de Richter contiene los puntos de fusión y ebullición y unas cuantas referencias de la literatura original.

13.3.3 Registro de la literatura de Stelzner

Es una recopilación de datos físicos de los compuestos que cubre el período 1910-1921. Las referencias que le acompañan son más extensas que la del *Lexikon* de Richter. Las entradas se clasifican de acuerdo con el sistema de Richter. Los cinco volúmenes se dividen sobre la base del tiempo que cubren y no sobre la clasificación de los compuestos como el *Lexikon* de Richter; volumen I cubre el período 1910-1911; volumen II, 1912-1913; volumen III, 1914-1915; volumen IV, 1916-1918; volumen V, 1919-1921.

13.3.4 Recopilaciones de Mulliken y Huntress

Se han publicado una serie de volúmenes preparados por Mulliken y Huntress tabulando propiedades físicas de una gran variedad de compuestos. El volumen original de esta serie escrito por Mulliken, y titulado *A Method for the Identification of Pure Organic Compounds,* vol I. (1904) describe también ciertas técnicas para la determinación de estructuras.

Los compuestos que aparecen en estos volúmenes se clasifican de acuerdo con los tipos de átomos presentes, posesión de color y grupos funcionales, y sus propiedades físicas.

Los compuestos se dividen en *órdenes* sobre la base de los tipos de átomos presentes, y en dos *subórdenes* dependiendo de que el tipo de compuestos sea incoloro o no. Ulteriores subdivisiones en *géneros* se fundamentan en el tipo de grupos funcionales presentes. La clasificación final por *divisiones* y *secciones* depende del estado físico (sólido o líquido), y datos de solubilidad y densidad respectivamente. En las secciones respectivas los compuestos se relacionan en orden creciente de sus puntos de fusión o ebullición. En los dos últimos títulos reseñados más abajo, los números de localización se asignan para cada sección (véase la sección de introducción de estos dos volúmenes), y los compuestos se localizan en el texto por el uso de estos números de localización. Estos volúmenes suministran datos sobre las propiedades físicas, derivados, referencias bibliografías y frecuentemente propiedades químicas.

1. Mulliken, S. P., *Identification of Pure Organic Compounds,* Vol. II. New York, John Wiley & Sons, Inc., 1916.

2. Mulliken, S. P., *Identification of Pure Organic Compounds,* Vol. IV. New York, John Wiley & Sons, Inc. 1922.

3. Huntress, E. H., y Mulliken, S. P., *Identification of Organic Compounds of Order I* (conteniendo C, H o C, H y O). New York, John Wiley & Sons, Inc., 1941.

4. Huntress, E. H., *Organic Chlorine Compounds* (libro III, conteniendo cloro en adición a C, H, y C, H y O). New York, John Wiley & Sons, Inc., 1948.

13.3.5 *Tablas de puntos de fusión para compuestos orgánicos*

Las *Melting Point Tables of Organic Compounds* [segunda edición corregida y aumentada, por W. Utermark y W. Schicke, y publicadas por Interscience Publishers, Inc., New York, N.Y. (1963)] es una tabulación de propiedades físicas y químicas de compuestos orgánicos puros. Las tablas presentan los puntos de fusión, ebullición, forma cristalina, otras propiedades físicas, reacciones químicas, y números de referencia de Beilstein. Aunque los compuestos se ordenan de acuerdo con los puntos de fusión crecientes, un índice de fórmulas facilita la localización de un compuesto específico.

Otra recopilación esencialmente idéntica a la anterior es *Schmelzpunktstabellen* por R. Kempf y F. Kutter (Druck und Verlag von Friedr. Vieweg & Sohn Akt-Gess., Braunschweig, Alemania, 1928).

13.3.6 Enciclopedia Elsevier de compuestos orgánicos

La *Encyclopaedia of Organic Compounds,* de Elsevier (Elsevier Publishing Company, Amsterdam) fue dirigida originariamente "para dar información completa sobre todas las propiedades físicas, químicas y las más importantes propiedades fisiológicas de los compuestos orgánicos". La ejecución de tal propósito es ciertamente una tarea tremenda y se ha probado, en la práctica, que es demasiado ambiciosa. Aunque el área de la química orgánica se dividió originariamente en 4 grandes series (Serie I, compuestos acíclicos; Serie II, compuestos cíclicos no condensados; Serie III, compuestos cíclicos condensados, y Serie IV compuestos heterocíclicos), sólo han aparecido los volúmenes 12, 13 y 14 de la Serie III. El Volumen 12 cubre los compuestos bicíclicos, el Volumen 13, los compuestos tricíclicos y el Volumen 14, tetracíclicos y policíclicos superiores. Han aparecido algunos suplementos en años recientes haciendo un total de 19 volúmenes.

Los compuestos en cada categoría se dividen de acuerdo con el número total de átomos de carbono y, si son cíclicos, el de menor tamaño primero. Ulteriores clasificaciones van de acuerdo con los grupos funcionales presentes, en el orden de hidrocarburos, haluros, funciones nitrogenadas, hidroxicompuestos, compuestos carbonílicos, ácidos carboxílicos, seguidos por compuestos que contengan S, Se, Te, P, As y otros metales. La información suministrada para cada compuesto incluye las propiedades físicas, formas de obtención o fuentes, referencias, reacciones químicas y derivados. Cada sistema más complejo (particularmente el sistema de estructuras carbonadas) es introducido mediante una detallada inspección sistemática que abarca los distinos métodos de formación de la estructura de carbono.

13.3.7 Diccionario de compuestos orgánicos

El *Dictionary of Organic Compounds* (Oxford University Press), comúnmente llamado *Heilbron,* es una recopilación de propiedades físicas y químicas, con referencias a la literatura original, de compuestos seleccionados. La primera edición publicada en 1934, 1936 y 1937 estaba compuesta de 3 volúmenes. El diccionario está formado por cinco volúmenes, más suplementos (cuarta edición publicada en 1965), cubriendo aproximadamente 12 000 compuestos. Los compuestos se ordenan alfabéticamente, de acuerdo con las reglas de nomenclatura de la I.U.P.A.C. 1957.

13.3.8 Índice de Merck

Merck y Compañía, Rahway, N.J., publica periódicamente una recopilación de propiedades físicas y químicas de las drogas o compuestos relacionados con ellas o usados en su industria. Esta recopilación es particularmente útil en esta área algo limitada.

13.3.9 Otras fuentes de propiedades físicas de compuestos

Las siguientes referencias suministran fuentes adicionales, pero bastante limitadas, de datos sobre propiedades físicas en los compuestos. Sólo nos limitaremos a citarlas.

1. Cheronis, N. D., Entrikin, J. B. y E. M. Hodnett, *Semimicro Qualitative Organic Analysis,* 3.ª ed. New York, Interscience Publishers Inc., 1965.
2. *Chemical Rubber Handbook.* Chemical Rubber Publishing Company, Cleveland, Ohio.
3. *Tables for Identification of Organic Compounds.* Chemical Rubber Publishing Company, Cleveland, Ohio, 1960.
4. *Lange's Handbook of Chemistry.* Handbook Publishers, Inc., Sandusky, Ohio.
5. Shriner, R. L., Fuson, R. C. y Curtin, D. Y., *The Systematic Identification of Organic Compounds,* 5.ª ed. New York, John Wiley & Sons, Inc., 1964.

13.3.10 Recopilaciones espectrales

Se han publicado extensas recopilaciones de espectros en diversas regiones del espectro electromagnético. Las referencias para tales recopilaciones aparecen al final de cada sección de espectroscopia (Secs. 3.10, 4.11, 5.18, 6.6 y 8.9).

13.4 TEXTOS DE REFERENCIA EN EL USO DE LA LITERATURA

Se dispone de algunos textos más extensos para el manejo de las fuentes blibliográficas. Entre éstos están:

1. Crane, E. J., Patterson, A. M. y Marr, E. B., *A Guide to the Literature of Chemistry,* 2.ª ed. New York, John Wiley & Sons, Inc., 1957.
2. Mellon, M. G., *Chemical Publications—Their Nature and Their Use.* New York, McGraw-Hill Book Company, 1958.
3. Soule, B. A., *Library Guide for the Chemist.* New York, McGraw-Hill Book Company, 1938.

Una serie de trabajos de Hancock [*J. Chem. Ed.,* **45**, 193, 260, 336 (1968)], son altamente recomendables para ulteriores discusiones.

14

Problemas estructurales

14.1 INTRODUCCIÓN

La solución satisfactoria de un problema estructural requiere el reconocimiento de distintas estructuras parciales, que manifiestan su presencia en la molécula con algunos datos químicos y físicos (principalmente espectrales). Es el montaje de estos datos lo que es la parte más difícil del problema. Es necesario estar capacitado para reconocer ciertas características comunes (átomos o grupos de átomos) que pueden aparecer en dos o más estructuras parciales las cuales pueden utilizarse como cemento para unir los fragmentos. Hay determinadas técnicas que pueden ser útiles para resolver problemas estructurales y que serán señaladas mediante ejemplos específicos.

Problema muestra 1. Los espectros ir y rmn de un compuesto **A** vienen dados en las figuras 14.1 y 14.2. El compuesto **A**, $C_{10}H_{14}O$ reacciona con el reactivo de Lucas para dar un aceite insoluble.

La oxidación de **A** con ácido crómico produce **B,** $C_{10}H_{12}O$, el cual produce un precipitado rojo-anaranjado cuando se trata con 2,4-dinitrofenilhidrazina. Los espectros ir y rnm de **B** se encuentran en las figuras 14.3 y 14.4.

Deducir las estructuras de **A** y **B**.

El primer objeto es el de determinar el número de estados de insaturación en **A** mediante el uso de la ecuación.

$$N = \frac{\sum_i n_i(\nu_i - 2) + 2}{2}$$

Encontramos

$$N = \frac{10(4\text{-}2) + 14(1\text{-}2) + 1(2\text{-}2) + 2}{2} = \frac{8}{2} = 4$$

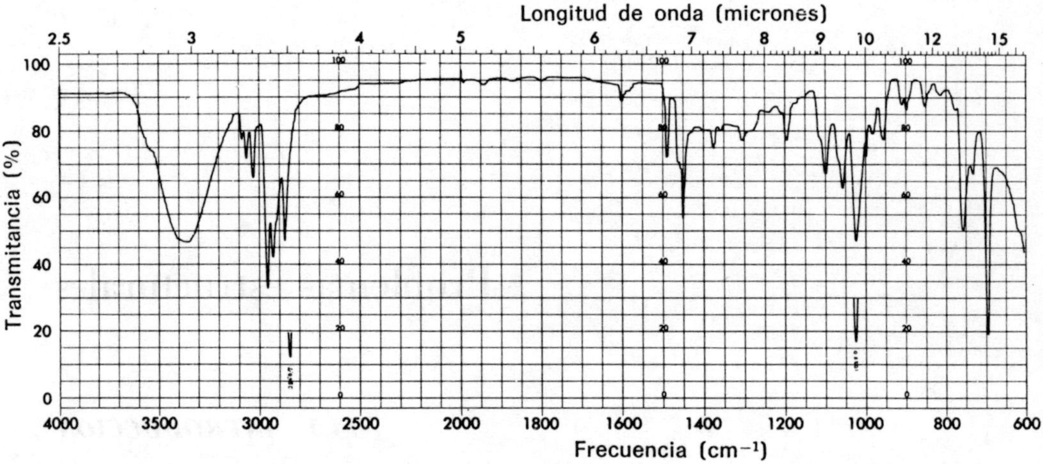

Fig. 14.1. Espectro ir (película) de un compuesto desconocido **A**, problema muestra 1.

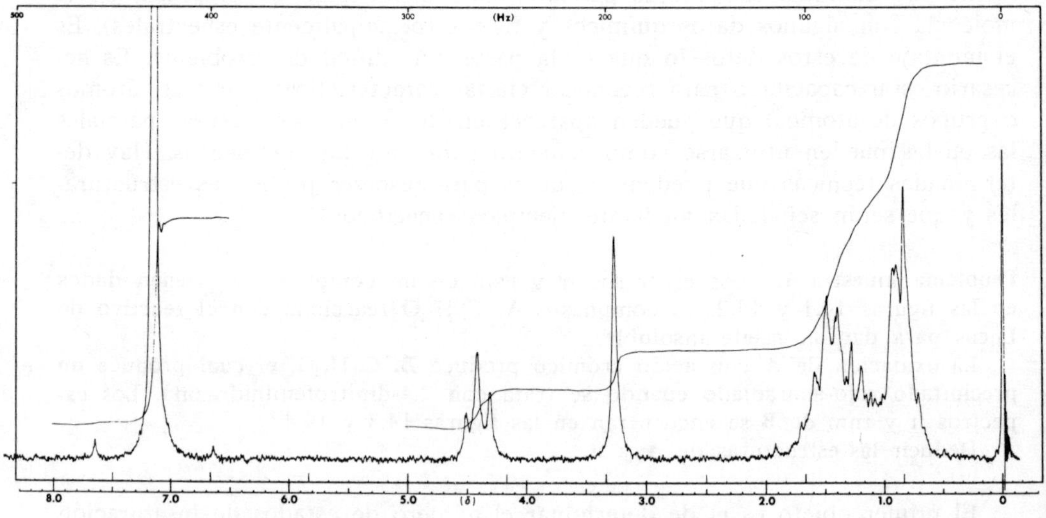

Fig. 14.2. Espectro rnm de un compuesto desconocido **A**, problema muestra 1.

El espectro infrarrojo de **A** indica la presencia de un grupo hidroxilo (3360 cm^{-1}). El espectro rnm muestra un singulete a δ7,13 con una intensidad relativa de 5 consistente con un benceno sustituido monoalquílico. El triplete ligeramente distorsionado a δ4,41 (intensidad relativa 1) está sustancialmente desapantallado y es adyacente a un grupo metileno (CH_2). Este sistema representa, probablemente, la estructura parcial.

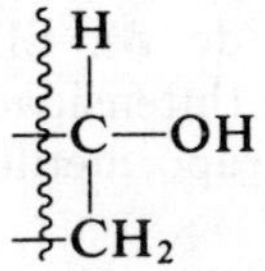

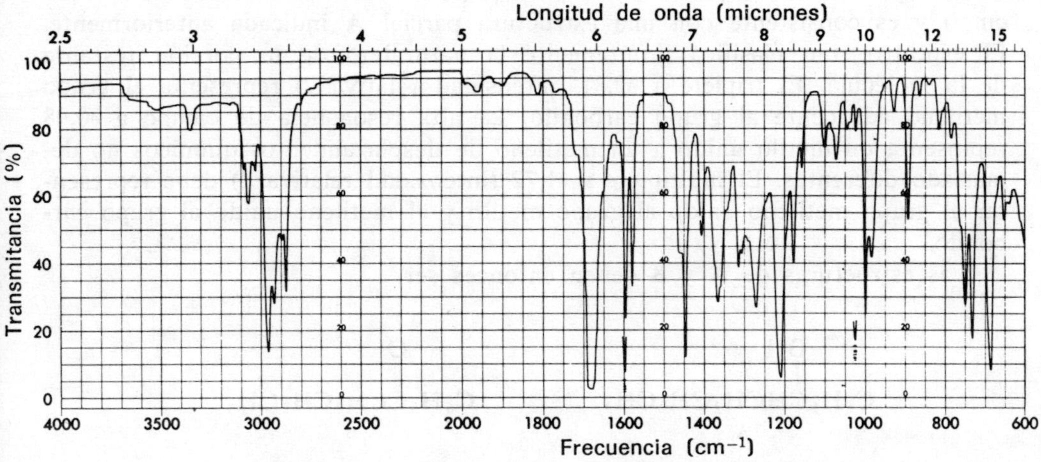

Fig. 14.3. Espectro ir (película) de un compuesto **B**, problema muestra 1.

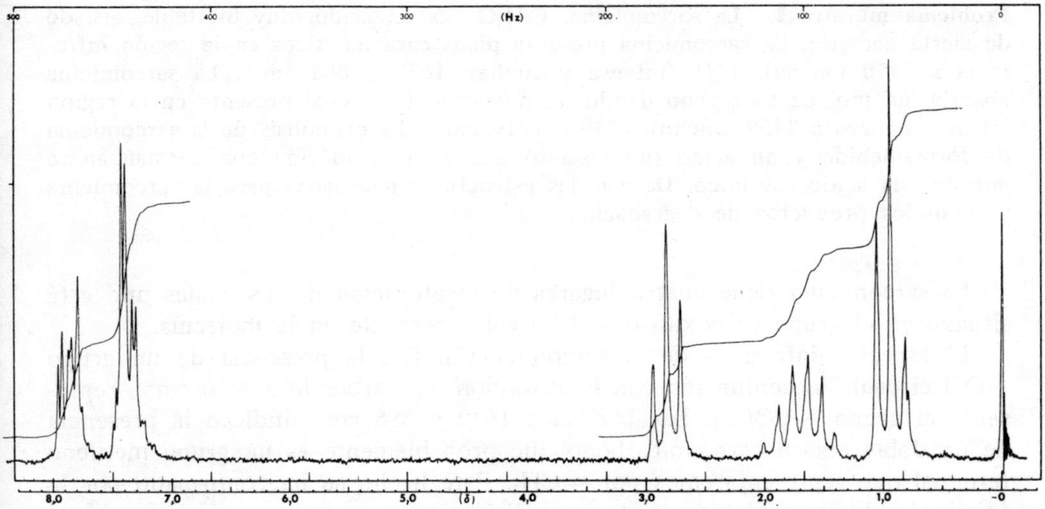

Fig. 14.4. Espectro rmn de un compuesto **B**, problema muestra 1.

El ensayo de Lucas positivo indica la presencia de un alcohol (u otro grupo funcional capaz de reaccionar con un reactivo de Lucas tal como un epóxido), el cual reacciona por mecanismo S_N1 (terciario, alílico o bencílico). Este ensayo químico sugiere que el anillo bencénico está ligado al carbono carbinol (esto será confirmado por el dato ir de **B**). El espectro rnm presenta un sistema altamente distorsionado a δ0,83 (intensidad relativa 3) que representa probablemente un metilo unido a un grupo metileno (este modelo es típico de un sistema spin $\mathbf{A_2B_3}$).

El espectro infrarrojo de **B** indica la presencia de una cetona arílica (1680 cm^{-1}) y es consistente con una estructura parcial **A** indicada anteriormente. El espectro rnm clasifica prontamente la naturaleza de la porción restante de la molécula. El triplete a δ2,81 (intensidad relativa 2) representa el grupo metileno adyacente al grupo carbonilo. La alta resonancia de campo a δ0,98 representa un metilo unido a un metileno de desplazamientos químicos no demasiado diferentes. El multiplete a δ1,72 (intensidad relativa 2) debe representar el grupo metileno unido al grupo metilo y al metileno unido al grupo carbonilo.

Las estructuras de **A** y **B** deben entonces ser

$$C_6H_5\overset{\displaystyle OH}{\overset{|}{C}}HCH_2CH_2CH_3 \qquad\qquad C_6H_5\overset{\displaystyle O}{\overset{\|}{C}}CH_2CH_2CH_3$$

A **B**

Problema muestra 2. La sarcomicina, $C_7H_8O_3$, es un ácido muy inestable, aislado de cierta bacteria. La sarcomicina presenta picos característicos en la región infrarroja a 3450 (ancha), 1710 (intensa y ancha), 1639 y 886 cm^{-1}. La sarcomicina absorbe un mol de hidrógeno dando un nuevo ácido el cual presenta en la región infrarroja picos a 3450 (ancho), 1739 y 1710 cm^{-1}. La ozonólisis de la sarcomicina da formaldehído y un ácido (no aislado) que en la oxidación con permanganato potásico da ácido succínico. Derivar las estructuras adecuadas para la sarcomicina y todos los productos de degradación.

La sarcomicina tiene cuatro lugares de insaturación de los cuales uno está situado en el grupo carboxilo que debe estar presente en la molécula.

El espectro infrarrojo de la sarcomicina indica la presencia de un grupo —OH el cual, en conjunción con la absorción del carbonilo a 1710 cm^{-1}, representa el grupo —COOH. Las bandas a 1639 y 886 cm^{-1} indican la presencia de un doble enlace carbono-carbono que probablemente es un grupo metileno terminal que representaremos por $=CH_2$. Este hecho se ha confirmado por la formación de formaldehído en la ozonólisis.

La hidrogenación de la sarcomicina produce un dihidroderivado que todavía muestra absorciones del —COOH a 3450 y 1710 cm^{-1}. Sin embargo, se ha generado una nueva banda en la región del carbonilo a 1739 cm^{-1}, que es característica de las cetonas cíclicas de 5 miembros o 6 miembros o ésteres acíclicos. Se descarta la última posibilidad a causa de que no existe un número suficiente de átomos de oxígeno presentes para acomodar a la vez al grupo —COOH y al grupo $-\overset{\displaystyle O}{\overset{\|}{C}}-O-$ de un éster. La obtención en la hidrogenación de una banda a 1739 cm^{-1} justifica el paso de una cetona cíclica α,β no-saturada de 5 eslabones (1710 cm^{-1}) a un sistema saturado. Por otra parte la estructura parcial **1** debe estar presente en la sarcomicina y sólo será necesario localizar la posición del grupo —COOH.

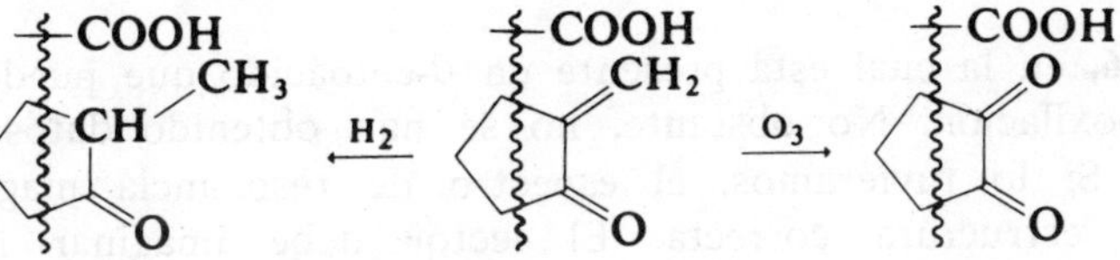

1 **2**

La ozonólisis de la sarcomicina debe dar una estructura parcial **2**, que por ulterior oxidación da ácido succínico. Esta oxidación implica la pérdida de dos átomos de carbono, probablemente como dióxido de carbono. Sólo existen dos posibilidades para la colocación del grupo —COOH en **2**, o bien adyacente al grupo carbonilo (**3**), o a la posición 4 (**4**). La oxidación con permanganato de **4**, en la forma enólica en la cual probablemente existe, daría (**5**), que por des-

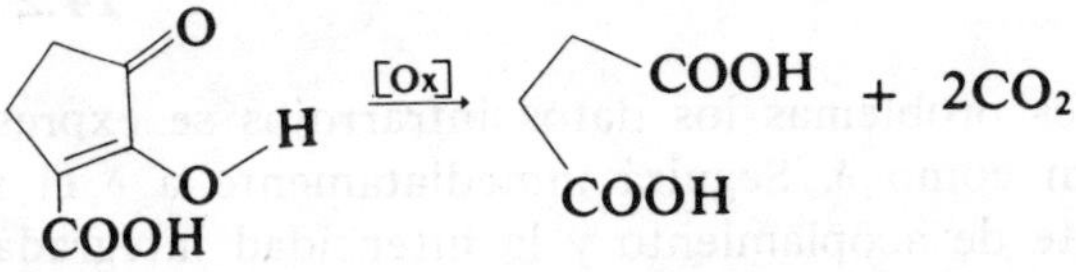

3

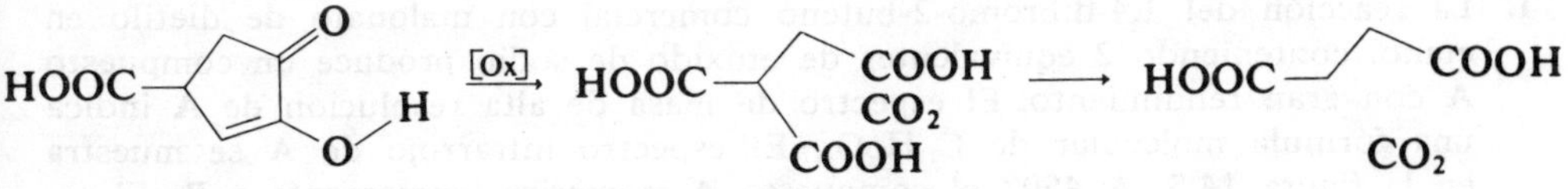

4 **5**

carboxilación daría ácido succínico. La oxidación de **3**, en su esperada forma enólica, daría ácido succínico directamente.

Es obvio que sobre la base de la información obtenida se puede proponer una estructura no única para la sarcomicina. Son posibles tres estructuras y vienen dadas abajo (**6**, **7** y **8**). La indicada inestabilidad de la sarcomicina tendería a

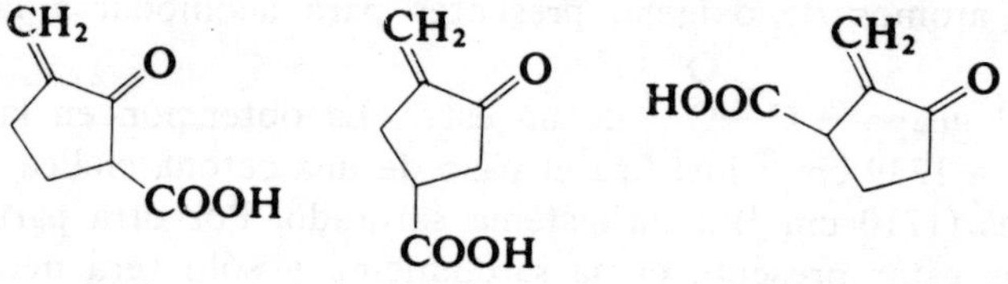

6 **7** **8**

favor de la **6**, en la cual está presente un β-cetoácido que puede experimentar una descarboxilación. No obstante, no se han obtenido datos pertinentes a este punto. Si lo tuviéramos, el espectro de resonancia magnética nuclear indicaría la estructura correcta. El lector debe imaginar las diferencias esperadas en los espectros de resonancia de **6**, **7** y **8**.

En los casos que no puede atribuirse una única estructura, el estudiante deberá considerar qué información adicional puede ser necesaria, y cómo obtener esta información (bien física o química). Una parte importante de cualquier problema estructural es reconocer las limitaciones de los datos y qué datos adicionales se necesitan.

14.2 PROBLEMAS

En los siguientes problemas los datos infrarrojos se expresan sólo en cm^{-1} y los datos de rnm como δ. Seguirá inmediatamente a δ el valor de la multiplicidad,[1] constante de acoplamiento y la intensidad integrada relativa se dará entre paréntesis, por ejemplo δ2,09 ($d, J = 6{,}0$ Hz; 3).

1. La reacción del 1,4-dibromo-2-buteno comercial con malonato de dietilo en etanol conteniendo 2 equivalentes de etóxido de sodio produce un compuesto **A** con gran rendimiento. El espectro de masa de alta resolución de **A** indica una fórmula molecular de $C_{11}H_{16}O_4$. El espectro infrarrojo de **A** se muestra en la figura 14.5. A 450° el compuesto **A** isomeriza limpiamente a **B**. El espectro rnm de **B** se reproduce en la figura 14.6. Sugerir estructuras para **A** y **B**.

[1] La multiplicidad se indica por *s* (singulete), *d* (doblete), *t* (triplete) y *m* (complejo múltiple).

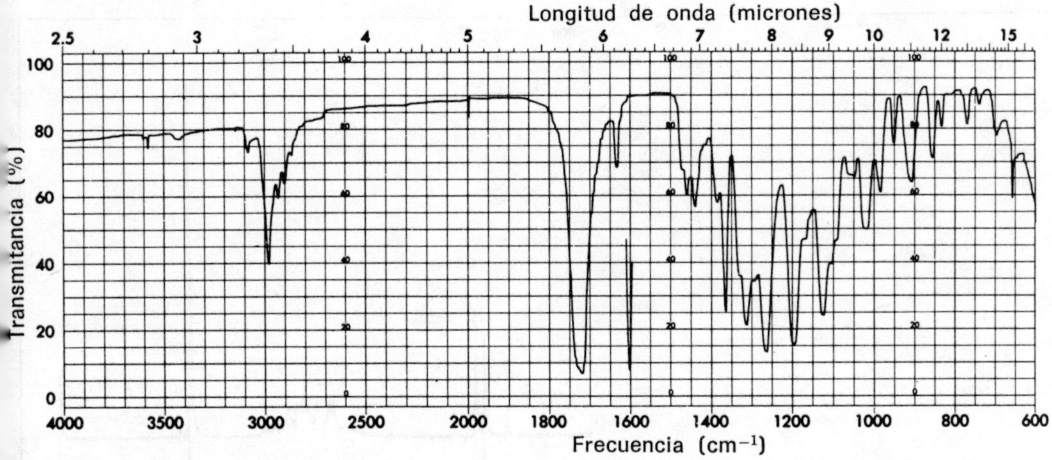

Fig. 14.5. Espectro ir (película) de la sustancia desconocida **A**, problema 1.

2. La reacción de la ciclobutanona con el cloruro de isopropenilmagnesio en tetrahidrofurano, seguido por tratamiento con cloruro amónico acuoso suministrará el compuesto **X**. Cuando **X** reacciona con hipoclorito de *t*-butilo en solución clorofórmica y en la oscuridad, se produce el compuesto **Y**. El espectro infrarrojo de **Y** no presenta absorción significativa sobre 3000 cm^{-1} pero

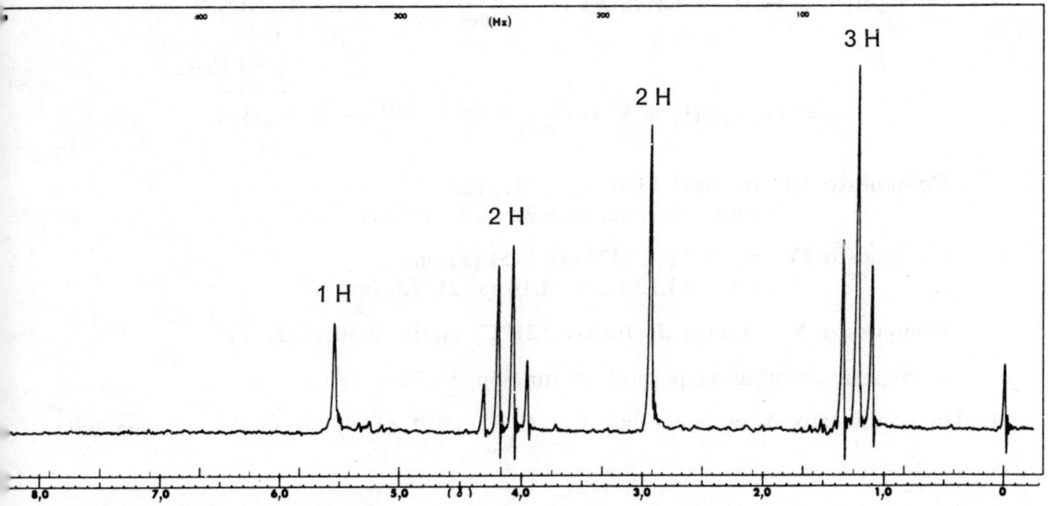

Fig. 14.6. Espectro de rmn de la sustancia desconocida **B**, problema 1.

contiene una banda muy fuerte a 1743 cm^{-1}. El espectro de rnm completo de **Y** se muestra en la figura 14.7. Sugerir estructuras para **X** e **Y**.

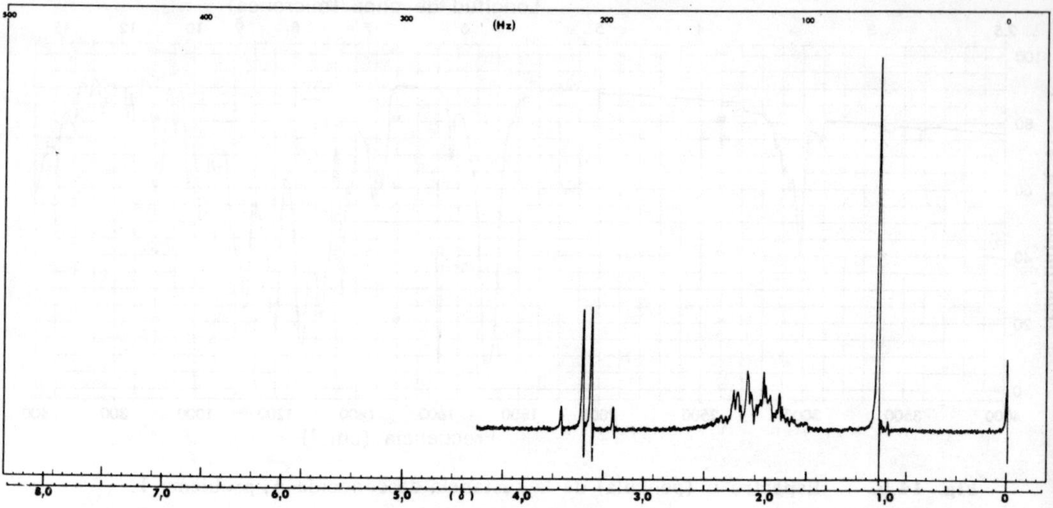

Fig. 14.7. Espectro de resonancia nuclear magnética completo de la sustancia **Y**, problema 2.

3. Empezando con la enamina **I** se ejecutará la siguiente sucesión de reacciones:

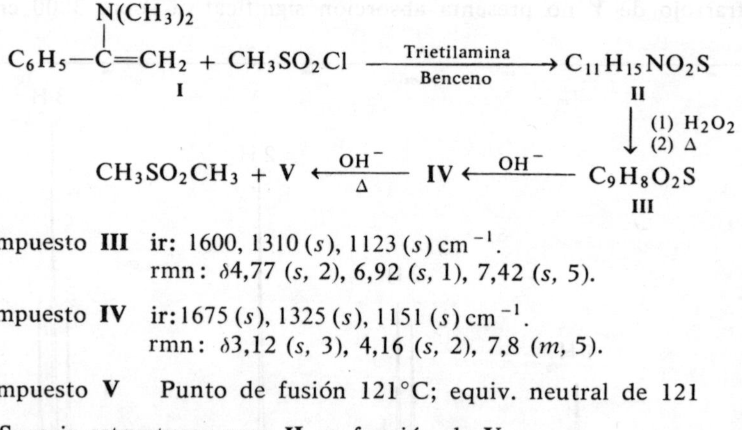

Compuesto **III** ir: 1600, 1310 (*s*), 1123 (*s*) cm^{-1}.
rmn: δ4,77 (*s*, 2), 6,92 (*s*, 1), 7,42 (*s*, 5).

Compuesto **IV** ir: 1675 (*s*), 1325 (*s*), 1151 (*s*) cm^{-1}.
rmn: δ3,12 (*s*, 3), 4,16 (*s*, 2), 7,8 (*m*, 5).

Compuesto **V** Punto de fusión 121°C; equiv. neutral de 121

Sugerir estructuras para **II** en función de **V**.

4. Un compuesto **A** se isomerizó a **B** ($\nu^{C=O}_{max}$ 1712 cm^{-1}) hirviendo en agua bajo

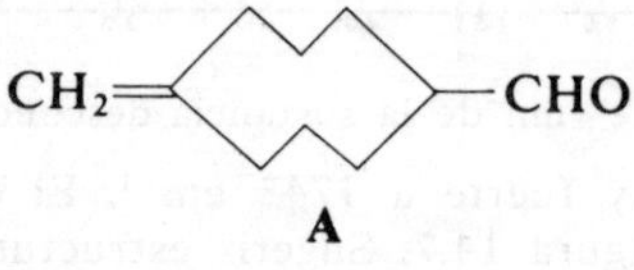

A

atmósfera de nitrógeno. El tratamiento de **B** con peróxido de hidrógeno da el compuesto **C**. La valoración de **C** con hidróxido sódico 0,01 *N* indica un equivalente de neutralización de 167. El espectro rnm de **C** incluye un singulete (3H) a δ1,1 y no hay absorciones debidas a hidrógenos olefínicos. Sugerir estructuras para **B** y **C**.

5. El compuesto **I**, $C_{11}H_{16}O$, presenta absorciones en el infrarrojo a 1683 y 1600 cm^{-1}. El espectro ultravioleta tiene un máximo a 239 (6500) y 320 mμ (75). La determinación de Kuhn-Roht indica la presencia de 0,8 C—CH_3.

El tratamiento de **I** con ioduro de metilmagnesio produce un alcohol **II**, que por deshidratación conduce al producto predominante **III**, $C_{12}H_{18}$ con λ_{max}^{EtOH} a 283 mμ (16 000). La deshidrogenación de **III** con selenio produce el 1,3-dimetilnaftaleno. Proponer estructuras para **I**, **II** y **III**.

6. El extracto obtenido de la chinche negra Hemiptera proporciona un aceite incoloro **I** que posee un olor nauseabundo. El microanálisis (*Anal.* Encontrado: 75,02 % C; 10,62 % H) indica la ausencia de nitrógeno, azufre y halógeno. El tratamiento de **I** con 2,4-dinitrofenilhidrazina produce un precipitado amarillo. El compuesto **I** da resultados positivos con las soluciones de Fehling y Tollens. El espectro infrarrojo **I** muestra picos característicos a 1725, 1380 y 975 cm^{-1}.

El compuesto sintético **I** puede producirse por transposición térmica del de 3-(1-pentenil) vinil éter. Proponer una estructura para el compuesto **I**.

7. La reacción de la bencilidinanilina ($C_6H_5CH = NC_6H_5$) con anhídrido acético da lugar a un compuesto **A**, $C_{17}H_{17}NO_3$. El espectro infrarrojo de **A** no presenta absorción por encima de 3050 cm^{-1}; pero sí fuertes bandas a 1750 y 1676 cm^{-1}. El tratamiento de **A** con etóxido sódico en etanol durante dos horas produce acetato de etilo, benzaldehído y acetanilida. Un tratamiento prolongado de **A** con etanol da el compuesto **B**, $C_{17}H_{19}NO_2$. El espectro infrarrojo de **B** no presenta absorción característica por encima de 3050 cm^{-1}, pero muestra una intensa banda a 1652 cm^{-1}. Proponer estructuras para **A** y **B**.

8. La oxidación del pirrol con peróxido de hidrógeno en ácido acético da un compuesto **I** (*Anal.* Encontrado: 63,99 % C; 6,54 % H; 18,61 % N). Los espectros ir y uv de **I** exhiben bandas características de 3460 a 3490 y 1700 cm^{-1}, y λ_{max}^{EtOH} 215 mμ. El compuesto **I** no reacciona con reactivos del grupo carbonilo. La oxidación por ácido crómico de **I** da ácido succínico. La oxidación en medio básico con permanganato seguida por esterificación con diazometano conduce a 2-metilpirrolencarboxilato. Ulterior oxidación de **I** con peróxido de hidrógeno en ácido acético, da succinimida. La ozonólisis de **I** da ácido piroglutámico (ácido 2-pirrolidón-5-carboxílico). Proponer una estructura para **I**.

9. El tratamiento de ioduro de 2-bencil-3-fenil-propil-trimetilamonio con amiduro sódico en amoniaco líquido, produce varios compuestos $C_{16}H_{16}$, que pueden separarse por cromatografía gas-líquido. El espectro rnm de tres de estos compuestos se da a continuación. Identificar cada compuesto.

Compuesto **I** Rnm: δ3,2 (*s*, ancho 2), 4,8 (*s*, ancho 1) y 7,1 (*s*, ancho 5).

Compuesto **II** Rnm: δ1,80 (*d*, $J = 1{,}0$ Hz), 3,62 (*d*, $J = 1{,}2$ Hz, 2), 6,58 (*m*, 1), y 7,2 a 7,3 (*m*, 10).

Compuesto **III** Rnm: δ0,96 (*m*, 2), 1,28 (*m*, 1), 1,73 (*m*, 1), 2,65 (porción AB de un sistema ABX, $J = 12{,}0$, 6,5 y 6,0 Hz, 2) y 7,2 (*m*, 10).

10. La pirólisis del 6,7-dimetilbiciclo [3.2.0] hept-6-en-2-ol a 405° produce dos compuestos **A** y **B** de fórmula molecular $C_7H_{14}O$. Los compuestos **A** y **B** muestran las siguientes propiedades espectrales:

Compuesto **A** Ir: 1670 y 1650 cm^{-1}.
Uv: λ_{max}^{EtOH} 238 mμ (11 300).
Rnm: δ1,18 (*d*, $J = 6{,}8$ Hz, 3), 1,85 (*m*, 4), 1,91 (*d*, $J = 1{,}5$ Hz, 3), 2,50 (*m*, 3) y 5,72 (*m*, 1).

Compuesto **B** Ir: 1705 y 1661 cm^{-1}
Uv: λ_{max}^{EtOH} 295 mμ (450).
Rnm: δ1,80 (*s*, 6), 2,00 (*m*, 2), 2,40 (*m*, 4), y 3,02 (*s*, 2).

11. La adición del bromuro de hidrógeno a aleno en la oscuridad produce cuatro compuestos que son separables por cromatografía gas-líquido. Identificar cada compuesto a partir de la información suministrada.

Compuesto **I** Espectro de masa: 120 (100) y 122 (97,7).
Rnm: δ2,3 (*s*, 3) y 5,3 (dobletes AB ensanchados; $J = 1{,}3$ Hz, 2).

Compuesto **II** Espectro de masa: 200 (100), 202 (195) y 204 (95,5).
Rnm: δ2,2.

Compuesto **III** Espectro de masa: 240 (100), 242 (195) y 244 (95,5).
Rnm: δ1,95 (*s*, 3) y 3,4 (*s*, 2).

Compuesto **IV** Espectro de masa: 240 (100), 242 (195) y 244 (95,5).
Rnm: δ1,8 (*s*, 3) y 3,2 (dobletes AB. $J = 11{,}5$ Hz, 2).

12. El compuesto **I** reacciona con la 2,4-dinitrofenilhidrazina y posee las siguientes propiedades espectrales:

Ir: 1687 y 1595 cm^{-1}.

Uv: 222 mμ.
Rnm: δ1,2 (*t*, J = 6,5 Hz, 3), 3,4 (*m*, 2), 5,40 (doblete *d*, J = 10 y 2,5 Hz, 1), 6,30 (doblete *t*, J = 10 y 5 Hz, 1) y 11,2 (*d*, J = 2,5 Hz, 1).

Una oxidación suave de **I** nos da **II.** Las propiedades espectrales de **II** son:

Ir: 3200, 1678 y 1595 cm^{-1}.
Uv: 209 mμ.
Rnm: δ1,20 (*t*, J = 6,5 Hz, 3), 2,40 (*m*, 2), 5,5 (*d*, J = 10,2 Hz, 1), 6,55 (*t* doblete, J = 10,2 y 5,5 Hz, 1), y 12,2 (*s*, 1).

Deducir las estructuras para **I** y **II**.

13. La extracción de las hojas de *Trewia nudiflora* Linn. produce un compuesto **A**, $C_7H_6N_2O$, que contiene un grupo *N*-metilo. Las propiedades espectrales de **A** son las siguientes:

Ir: 2200, 1670 y 1605 cm^{-1}.
Uv: 206 (log ϵ 4,27), 254 (4,32) y 306 mμ (3,89).
Rnm: δ3,57 (*s*, 3), 6,55 (*d*, J = 9,5 Hz, 1) 7,34 (*d* doblete, J = 9,5 y 3,0 Hz, 1) y 7,90 (*d*, J = 3,0 Hz, 1).

La hidrólisis de **A** en ácido sulfúrico al 57 % conduce al ácido **B**, $C_7H_7NO_3$, que posee las siguientes propiedades espectrales.

Ir: 3020, 1695, 1660 y 1605 cm^{-1}.
Uv: 206 (4,14), 255 (4,20) y 300 mμ (3,72).

La esterificación **B** con diazometano produce el éster metílico $C_8H_9NO_3$ (Ir: 1720, 1662 y 1610 cm^{-1}).

Proponer estructuras para los compuestos **A** y **B**.

14. Un compuesto **A**, $C_9H_{16}O$ muestra bandas características en la región infrarroja a 3570, 1620 y 800 cm^{-1}. Una oxidación suave con ácido crómico produce una cetona **B**, ν_{max} 1680 cm^{-1} y λ_{max}^{EtOH} 239 mμ. La ozonólisis de **B** seguida por una oxidación da lugar a un cetoácido **C**, $C_8H_{14}O_3$. El tratamiento de **C** con hipobromito, produce un diácido **D**, $C_7H_{12}O_4$. El espectro rnm de **D** presenta picos a δ1,1 (*s*, 3), 2,2 (*s*, 2) y 10,8 (*s*, 1).

Proponer estructuras para los compuestos **A**, **B**, **C** y **D**.

15. El tratamiento de la acetofenona con cloruro de hidrógeno y sulfuro de hidrógeno en etanol absoluto produce "disulfuro de acetofenona anhidro" $C_{24}H_{22}S_2$. El espectro rnm de éste, exhibe los siguientes picos: δ1,45 (*s*, 3), 1,79 (*s*, 3), 6,24 (*s*, $J < 0,1$ Hz, 1), y un multiplete asimétrico con centros en 7,22 y 7,55 (15). La ozonólisis del compuesto en cloruro de metileno seguida por oxidación con ácido fórmico y peróxido de hidrógeno da ácido benzoico como producto único. La ozonólisis en piridina-cloruro de metileno (en condiciones de trabajo no oxidativas) no produce acetofenona.

Proponer una estructura adecuada para el "disulfuro de acetofenona anhidro".

16. El compuesto **I**, $C_{15}H_{26}O_2$ posee los siguientes datos espectrales:

Ir: 3300, 1380, 1120 y 825 cm^{-1}.
Rmn: δ0,76 (*d*, *J* = 7,2 Hz, 3), 0,94 (*d*, *J* = 7,2 Hz, 3) 1,28 (*s*, 3) 1,67 (*s*, ancho, 3), 3,85 (*t*, aparente, 1), 4,95 y 5,19 (singuletes que se cambian fácilmente en óxido de deuterio, 1) y 5,34 (*t*, ensanchado, 1) en adición a otros sistemas no resolubles.

El tratamiento de **I** con selenio produce el 1,6-dimetil-4-isopropil-naftaleno. La oxidación de **I** con ácido crómico da **II**, $C_{15}H_{24}O_2$, poseyendo las siguientes propiedades espectrales:

Ir: 3500, 1680, 1129 y 810 cm^{-1}.
Uv: 236 mμ (14 640).

El compuesto **I** forma un monoacetato **III**, $C_{17}H_{28}O_3$ (Ir: 3500 y 1740 cm^{-1}) el cual con tratamiento con oxicloruro de fósforo nos da el principal producto **IV** $C_{17}H_{26}O_2$. Las propiedades espectrales de **IV** son

Ir: 1740, 1650, 893 y 825 cm^{-1}.
Rmn: δ0,79 (*d*, *J* = 7,2 Hz, 3), 0,94 (*d*, *J* = 7,2 Hz, 3), 1,72 (*s*, ensanchado, 3), 2,03 (*s*, 3), 4,95 (*t* aparente, 1), 5,05 (*m*, 2) y 5,44 (*d*, 1), además de otros sistemas sin resolver.

El tratamiento de **I** con cloruro de *p*-toluensulfonilo produce un monotosilato, que por eliminación de ácido *p*-toluenosulfónico da un compuesto **V**, $C_{15}H_{24}O$ [uv: λ_{max} 260 mμ (2606)].

Proponer estructuras para **I** a partir de **V**. ¿Qué aspectos de la estructura total son desconocidos? ¿Cómo se derivaría la información necesaria para completar la asignación de estructura?

17. La irradiación del éter metílico de la α-tropolona (**I**) con luz ultravioleta en

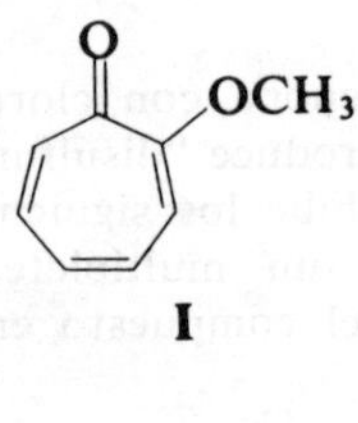

I

presencia de oxígeno y un sensibilizador en etanol, produce un compuesto **II** muy inestable. Las propiedades espectrales de **II** son las siguientes:

Ir: 3500, 1725 y 1625 cm^{-1}.
Uv: λ_{max}^{EtOH} 220 $m\mu$ (nota: ésta es una longitud de onda ligeramente mayor que la esperada).
Rmn: δ3,8 (*s*) (como un sistema reconocible debido a la descomposición aparente de **II**).

La oxidación con ácido crómico de **II** da **III** (*Anal.* Encontrado: 54,38 % C; 5,06 % H), que posee las siguientes propiedades espectrales:

Ir: 1728, 1672 y 1622 cm^{-1}.
Uv: λ_{max}^{EtOH} 240 $m\mu$.
Rmn: δ3,9 (*s*, 3), 6,9 y 7,4 (dobletes AB, $J = 16$ Hz, 1 cada).

El compuesto **II** se traspone lentamente al dejarlo en reposo para dar **IV**, isómero con **II**, que posee las siguientes propiedades espectrales:

Ir: 1740, 1713, 1680 y 1626 cm^{-1}.
Rmn: δ2,2 (sistema A_2B_2, 4), 3,4 (*s*, 3), 3,8 (*s*, 3), y 6,87 y 7,30 (dobletes AB, $J = 16$ Hz, 1 cada).

Realizando la cromatografía de **II** resulta la formación de **V** (*Anal.* Encontrado: 57,07 C %; 4,83 H %), que posee las siguientes propiedades espectrales:

Ir: 1784, 1744, 1615 y 1590 (débil) cm^{-1}.
Rmn: δ3,6 (*d*, $J = 8$ Hz, 2), 3,8 (*s*, 3), 5,6 (*t*, $J = 8$ Hz, 1) y 6,3 y 7,5 (dobletes AB, $J = 6$ Hz, 1 cada).
Espectro de masa: 168 (pico padre).

Deducir estructuras para **II**, **III**, **IV** y **V**.

18. El tratamiento de 1,1-di-*t*-butilprop-2-in-1-ol con metilo de litio seguido por cloruro de acetilo produce el compuesto **I** [ir: 3320 (agudo), 2270 y 1743 cm^{-1}]. El tratamiento de **I** con potasio *t*-butóxido en *t*-butanol produce el producto **II** ($C_{15}H_{28}O$) y **III** ($C_{11}H_{18}$). Las propiedades espectrales de estos productos son como sigue:

Compuesto **II** Ir: 1935 y 1955 cm^{-1}.
Rmn: δ1,20 (*s*, 18), 1,26 (*s*, 9) y 3,75 (*s*, 1).

Compuesto **III** Ir: 2020 y 1990 cm^{-1}.

Uv: 273 (185 000), 308 (28 900) y 316 mμ (33 000).
Rmn: δ1,28 (*s*) (pico único).

El compuesto **III** al fundir se convirtió en **IV**. Las propiedades espectrales de **IV** son:

Ir: 1950 y 1925 cm^{-1}.
Uv: 250 (18 500), 258 (16 300), 268 (13 200), 298 (1720) y 316 mμ (2040).
Rmn: δ1,20 (*s*) (pico único).
Espectro de masa: 600 (ion molecular).

19. La reacción del bis (trifluormetil) diazometano [$(CF_3)_2CN_2$] con el *cis*-2-buteno produce 3 compuestos $C_7H_8F_6$ isómeros **A**, **B** y **C**. Las propiedades espectrales de estos tres compuestos vienen dadas debajo:

Compuesto **A** Ir: Sin absorción característica en la región de 1500 a 1700 cm^{-1}.
Rmn: Espectro de resonancia de ^{19}F: δ5,50 (*s*).
Espectro de resonancia de ^1H: δ0,8 a 1,5 (*m*).

Compuesto **B** Ir: Sin absorción característica en la región de 1500 a 1700 cm^{-1}.
Rmn: Espectro de resonancia de ^{19}F: δ0,84 (*q*, 1) y —9,83 (*q*, 1).
Espectro de resonancia de ^1H: δ0,8 a 1,5 (*m*).

Compuesto **C** Ir· 1647 cm^{-1}.
Rmn: Espectro de resonancia ^{19}F: δ10,1 (*m*).
Espectro de resonancia ^1H: δ1,19 (*t*, *J* = 7,0 Hz, 3), 2,11 (*s*, ensanchado, 3) y 2,46 (*q*, *J* = 7,0 Hz con ulterior desdoblamiento fino, 2).

Proponer estructuras para **A**, **B** y **C**.

20. El compuesto **A**, $C_{10}H_{14}O$, da un resultado positivo de cetonas. Las propiedades espectrales son las siguientes:

Ir: 1780 y 801 cm^{-1}.
Uv: 310 mμ (260).
Rmn: δ1,12 (*s*, 3), 1,19 (*s*, 3), 1,75 (*s*, ensanchado, 3), 2,55 (*m*, 3), 4,03 (*m*, 1), y 5,46 (*m*, 1).

La hidrogenación de **A** produce **B**, $C_{10}H_{16}O$, que muestra las siguientes propiedades espectrales:

Ir: 1778 cm^{-1}.

Uv: 309 mμ (53).
Rmn: δ0,96 (*s*, 3), 1,03 (*d*, *J* = 6 Hz, 3), 1,22 (*s*, 3), 1,5 a 2,7 (*m*, 5), 3,54 (*t*, realmente solapado con ambos *J* = 7 Hz, 2).

El tratamiento de **A** con hidróxido potásico metanólico produce un compuesto ácido **C**, $C_{10}H_{16}O_2$. El tratamiento de **C** con diazometano da el correspondiente éster metílico **D**, idéntico con el producto obtenido a partir de **A** por tratamiento con cloruro de hidrógeno metanólico. Las propiedades espectrales de **D** son las siguientes:

Ir: 1734 y 802 cm^{-1}.
Rmn: δ1,08 (*s*, 3), 1,13 (*s*, 3), 1,72 (*s*, ensanchado, 3), 1,85 a 2,40 (*m*, 5), 3,67 (*s*, 3) y 5,20 (*m*, 1).

El tratamiento de **A** con ácido sulfúrico al 30 %, o **C** con ácido *p*-toluensulfónico a reflujo en tolueno, o **B** con ácido trifluorperacético, producen entre otros productos el compuesto **E**, $C_{10}H_{16}O_2$. Las propiedades espectrales de **E** son:

Ir: 1776 cm^{-1}.
Rmn: δ1,15 (*d*, *J* = 6 Hz, 3), 1,20 (*s*, 3), 1,30 (*s*, 3), 1,50 a 2,70 (*m*, 6) y 4,80 (solapando dobletes con las *J* = 6 Hz, 1).

Proponer estructuras para **A** a través de **E**.

21. La reacción de alcohol alílico con una cantidad catalítica de cloruro de paladio, aproximadamente a 40°C, seguido por destilación a vacío conduce a una mezcla de 2 isómeros **A** y **B**, $C_6H_{10}O_2$. Ambos compuestos decoloran rápidamente el agua de bromo y reaccionan con cloruro de acetilo.

El compuesto **A** muestra las siguientes propiedades espectrales:

Ir: 3410 (ancha), 3073, 2985, 1661 y 895 cm^{-1}.
Rmn: δ2,47 (*m*, 2), 3,55 (*d*, 2), 4,00 (*m*, 1), 4,30 (*s*, 1) que solapa 4,30 (*m*, 2) y 4,95 (*m*, 2).

El compuesto **B** muestra las propiedades espectrales:

Ir: 3410 (ancha), 3010, 1661 y 840 cm^{-1}.
Rmn: δ1,74 (*s*, dividido finamente, 3), 3,55 (*d*, 2), 4,30 (*s*, 1) que solapa 4,46 (*m*, 2), 4,72 (*m*, 1), y 5,44 (*m*, 1).

La esterificación de **A** con anhídrido acético en piridina da como resultado la formación de un monoacetato cuyo espectro rnm difiere sólo del de **A** en el desplazamiento del doblete δ3,55 a δ4,05 y la desaparición del singulete δ4,30. Un tratamiento similar de **B** da como resultado un desplazamiento del doblete de δ3,55 a δ4,05 y la desaparición del singulete a δ4,30.

La hidrogenación de **A** y **B** tiene lugar con adición de 1 mol de hidrógeno y produce un producto idéntico, **C**, $C_6H_{12}O_2$. Las propiedades espectrales de **C** son las siguientes:

Ir: 3400 y 1030^{-1} (además de otros numerosos picos débiles en la región de 1200 a 900 cm^{-1}).
Rmn: δ0,96 (*d*, 3), 1,24 (*m*, 1), 1,93 (*m*, 1), 2,22 (*m*, 1), 3,26 (*m*, 1), 3,39 (*d*, 2), 3,75 (*m*, 1), 3,81 (*m*, 1) y 4,15 (*s*, 1).

Proponer estructuras para **A**, **B** y **C**.

22. La condensación de la pulegona (**I**) con acetato de etilo en etóxido de sodio alcohólico conduce a la "acetón pulegona" que ha sido formulado por diversos autores como **IIa**, **IIb**, **IIc** y **IId**.

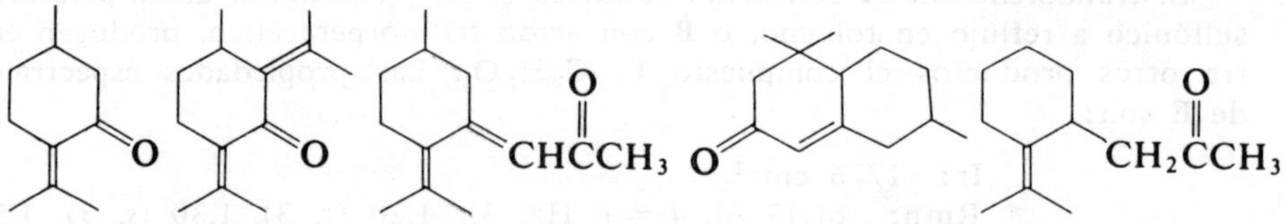

I **IIa** **IIb** **IIc** **IId**

La acetón pulegona no da positivo el ensayo del iodoformo. Absorbe dos equivalentes de hidrógeno para producir un alcohol saturado. Las propiedades espectrales de la pulegona son las siguientes:

Ir: 1675 y 1640 cm^{-1}.
Uv: λ_{max}^{EtOH} 241 m (15 200).
Rmn: δ0,97 (*d*, 3), 1,11 (*s*, 6), 2,0 a 2,2 (*m*, 8), 2,30 (*s*, 2) y 6,1 (*s*, 1).

La ozonólisis de la acetón pulegona conduce a un ácido **III** ($C_{13}H_{20}O_4$) que mediante calentamiento da **IV** ($C_{12}H_{18}O_2$). El compuesto **IV** presenta hidrógenos no olefínicos en el rnm. El espectro infrarrojo **IV** exhibe una fuerte banda 1775 cm^{-1} y una banda débil a 1686 cm^{-1}.

Escoger la correcta estructura para la acetón pulegona y derivar estructuras adecuadas para los compuestos **III** y **IV**.

23. El tratamiento del sulfuro de γ,γ-dimetilalilfenilo con tricloroacetato de etilo y metóxido en éter de petróleo da como producto predominante **I**, $C_{12}H_{14}SCl_2$. Las propiedades espectrales de **I** son las siguientes:

Ir: 1640, 995 y 925 cm^{-1}.
Rmn: δ1,50 (*s*, 6), 5,17 (AB es parte de un sistema ABX, 2), 6,34 (X es parte del sistema ABX, 1) y 7,20 (*m*, 5).

La cromatografía de **I** en gel de sílice separa **II**, $C_{12}H_{14}OS$, junto con cloruro de hidrógeno. Las propiedades espectrales de **II** son:

Ir: 1690, 1630, 960 y 910 cm^{-1}.
Rmn: δ1,30 (*s*, 6), 5,20 (AB es parte de un sistema ABX, 2), 6,06 (X es parte de un sistema ABX, 1), y 7,23 (*m*, 5).

El tratamiento de **II** a reflujo con hidróxido de sodio acuoetanólico produce entre otros, el compuesto **III**, $C_6H_{10}O_2$, que posee las siguientes propiedades espectrales:

Ir: 3000 a 2500 (ancha), 1710, 1645, 960 y 910 cm^{-1}.
Rmn: δ1,30 (*s*, 6), 5,17 (AB es parte de un sistema ABX, 2), 6,16 (X es parte de un sistema ABX, 1) y 12,50 (*s*, 1).

Proponer estructuras para **I**, **II** y **III**.

24. Un compuesto **A**, $C_{11}H_{16}O$, es un producto natural que se encuentra en varios aceites de menta, especialmente la menta verde americana. El compuesto **A** posee las siguientes propiedades espectrales:

Ir: 1717, 1640, 965 cm^{-1}.
Uv: λ_{max}^{EtOH} 239 mμ.

La hidrogenación catalítica de **A** nos da **B**, $C_{11}H_{20}O$. El compuesto **B** muestra una banda en la región infrarroja a 1746 cm^{-1}.

La ozonólisis de **A** seguida por oxidación da un ácido **C**, $C_9H_{12}O_5$, y un ácido volátil **D.** El ácido **D** tiene un equivalente de neutralización de 59 ± 1., **C** produce un color con cloruro férrico y reacciona con hipoiodito sódico para dar, después de acidular, un ácido dibásico **E**, $C_8H_{10}O_6$. El ácido **E** reacciona con peróxido de hidrógeno alcalino dando como único producto ácido succínico. El ácido **C**, después de calentarlo con hidrazina en medio básico, da un ácido identificado como *n*-nonanoico.

Deducir estructuras para **A** a través de **B**.

25. La adrenalina (**I**) por tratamiento con anhídrido acético en solución acuosa

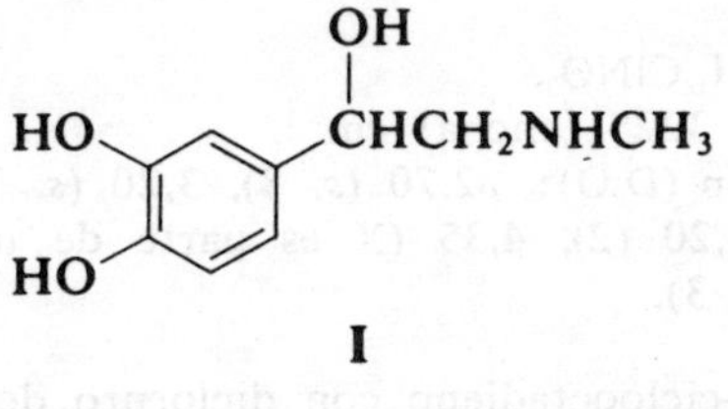

I

de bicarbonato da el compuesto **II**. El compuesto **II** se convierte en **III** por tratamiento con cloruro de tionilo en benceno, seguido de reflujo con cloruro de hidrógeno metanólico anhidro. El compuesto **III** no es soluble en disolventes orgánicos pero es razonablemente soluble en agua. El compuesto **III** da un precipitado inmediato con nitrato de plata acuoso y produce color con cloruro férrico. La disolución de **III** en una solución tampón acuosa de pH 2-5 seguida por la recuperación del material orgánico da predominantemente un compuesto **IV**, mientras que la disolución de **II** en bicarbonato acuoso produce **V**. El compuesto **IV** es soluble en agua (insoluble en disolventes orgánicos) y da resultados positivos en los ensayos con cloruro férrico y nitrato de plata; **IV** se convierte en **V** refluyendo en piridina. El compuesto **IV** se transforma en **VI** por tratamiento con cloruro de hidrógeno metanólico. El compuesto **VI** es soluble en agua, es inapreciablemente soluble en disolventes orgánicos, y da resultados positivos con los ensayos de cloruro férrico y nitrato de plata.

Sobre la base de la anterior información, y la información espectral de más abajo, proponer estructuras para los compuestos del **I** al **V**.

Compuesto **II** $C_{15}H_{19}NO_6$.
Ir: 3220 (ancho), 1770 y 1627 cm^{-1}.
Rmn ($CDCl_3$): δ2,07 (*s*, 3), 2,27 (*s*, 6), 2,82 (*s*, 3), 3,58 (AB es parte de un sistema ABX con un singulete solapante, total, 3), 4,83 (X es parte de un sistema ABX, 1) y 7,23 (*m*, 3).

Compuesto **III** $C_{11}H_{14}ClNO_3$.
Ir: 3110 (ancha) y 1667 cm^{-1}.
Rmn (D_2O): δ2,82 (*s*, 3), 3,24 (*s*, 3), 3,22 (*m*, 2), 4,43 (X es parte de un sistema ABX, 1) y 6,92 (*m*, 3).

Compuesto **IV** $C_{11}H_{16}ClNO_4$.
Ir: 3090 (ancha) y 1740 cm^{-1}.
Rmn (D_2O): δ2,19 (*s*, 3), 2,82 (*s*, 3), 3,38 (AB es parte de un sistema ABX, 2), 5,85 (X es parte de un sistema ABX, 1) y 6,92 (*m*, 3).

Compuesto **V** $C_{11}H_{15}NO_4$.
Ir (en nujol): 3120 (ancha) y 1624 cm^{-1}.
Rmn: no disponible debido a su mala solubilidad en la totalidad de los disolventes ensayados.

Compuesto **VI** $C_{10}H_{16}ClNO_3$.
Ir: 3225 (ancha) cm^{-1}.
Rmn (D_2O): δ2,70 (*s*, 3), 3,20 (*s*, 3) solapando un multiplete a 3,20 (2), 4,35 (X es parte de un sistema ABX, 1) y 8,1 (*m*, 3).

26. La reacción del 1,5-ciclooctadieno con dicloruro de azufre en cloruro de metileno produce un rendimiento bruto del 96 % de un producto **A**, $C_8H_{12}ClS$. El compuesto **A** posee cloros reactivos, que dan lugar a un precipitado inmediato por tratamiento con nitrato de plata, así como experimenta muy fácilmente desplazamientos nucleofílicos (ensayo positivo con ioduro de sodio). El espectro de resonancia magnética nuclear de **A** muestra multipletes solapantes a δ2,34 y 2,80 (5) y una sexta línea a δ4,68 (1). La saturación del multiplete δ2,80 produce una dislocación del multiplete δ4,68 al triplete con $J = 8$ Hz, mientras que de la saturación del multiplete δ2,34 resulta la dislocación del multiplete δ4,68 a un doblete con $J = 3$ Hz.

El tratamiento de **A** con hidruro de aluminio y litio produce un compuesto **B**, $C_8H_{14}S$. La oxidación de **B** con metaperiodato sódico en metanol da lugar a un único sulfóxido **C**, $C_8H_{14}SO$. La hidrogenólisis desulfurante, con níquel Raney de **B** produce ciclooctano.

Deducir la estructura de **A** con la estereoquímica apropiada.

27. Una cetona natural **I**, $C_{10}H_{14}O$, posee las siguientes propiedades espectrales:

Ir: 1676 y 1600 cm^{-1}.
Uv: λ_{max}^{EtOH} 253 mμ (no correlaciona con las reglas de Woodward).
Rnm: δ0,7 (*s*, 3), 0,9 (*s*, 3), 1,6 (*m*, 2), 2,0 (*d*, doble, $J = 8$ y 3,5 Hz, 1), 2,6 (*d*, doble, $J = 7$ y 3 Hz, 2), 2,3 (*d*, $J = 1{,}9$ Hz, 3), y 5,97 (*q*, $J = 1{,}0$ Hz, 1).

La hidrogenación de **I** da **II** que presenta absorciones carbonílicas en la región infrarroja a 1705 cm^{-1} sin absorción intensa en la región ultravioleta. Los únicos picos resolubles para diagnóstico en el espectro rnm fueron singuletes a δ0,9 y 1,0 (3 cada uno) y un doblete a δ1,1 (3). El compuesto **II** presenta una curva de efecto Cotton anómalo que es positiva.

La ozonólisis de **I** seguida por oxidación produce un ácido **III** ópticamente inactivo, $C_8H_{12}O_4$.

Proponer estructuras para **I**, **II** y **III** incluyendo la estereoquímica absoluta.

28. Un compuesto **X**, $C_7H_{14}O$ se convierte en **Y** en el tratamiento con ácido trifluorperacético. El compuesto **Y**, por hidrólisis básica da (+)-2-butanol y ácido propiónico. El compuesto **X** se convierte a **Z**, C_7H_{16}, por tratamiento con hidrazina y una base. El compuesto **Z** es ópticamente inactivo.

¿Cuál es la estructura de **X**, **Y**, **Z**? Deducir la estereoquímica absoluta de **X**, **Y** y del 2-butanol empleando las reglas de Brewster.

29. Un sesquiterpeno natural **A**, $C_{15}H_{24}$, posee los siguientes datos espectrales:

Ir: 3080, 2975, 1655, 1383 y 900 cm^{-1}.
Uv: débil absorción en el extremo inferior.
Rnm: δ0,85 (*s*, 3), 1,77 (*m*, $J \approx 1{,}5$ Hz, 3), 4,85 (*m*, $J \approx 1{,}5$ Hz, 2), 4,70 (*m*, $J \approx 1{,}5$ Hz, 2) más otros sistemas sin resolver.

La deshidrogenación de **A** sobre selenio produce un hidrocarburo identificado como 1-metil-7-isopropilnaftaleno. (Los grupos alquílicos situados sobre átomos de carbono totalmente sustituidos se pierden en este proceso.)

La ozonólisis de **A** produce una dicetona **B**, $C_{13}H_{20}O_2$ con ν_{max} 1715 cm^{-1}.. El espectro rnm de **B** muestra una absorción característica a δ0,8 (s, 3) y 2,2 (*s*, 3). **B** se transforma en un cetoácido mediante tratamiento cuidadoso con hipobromito sódico. **B** se esterifica con diazometano para dar un cetoéster **C**, $C_{13}H_{20}O_3$.

El compuesto **C** no es isomerizable por tratamiento con metóxido de sodio por reflujo en metanol (indicando que todos los grupos epimerizables están en la configuración más estable). Varios tratamientos de **C** con metóxido de sodio en metanol deuterado, dan lugar a **C** que contiene 4 átomos de deuterio.

En el tratamiento con benzaldehído y una base, **C** da un derivado monobenzilidénico.

El cetoéster muestra una curva de dispersión óptica rotatoria negativa.

Proponer estructuras para **A**, **B** y **C** indicando la esteroquímica absoluta de cada estructura.

30. La extracción con éter de un cultivo de hongo basidiomiceto *Fistulina hepatica* suministra una mezcla de compuestos que se separan en fracciones polares y no polares. La separación de la fracción polar por distribución en contracorriente da un compuesto cristalino **A**, débilmente activo ópticamente, incoloro, con fórmula molecular $C_{13}H_{12}O_4$. El análisis de Kuhn-Roth indica la presencia de un C—CH_3. Las propiedades espectrales de **A** son:

Ir: 3300 (ancha), 2220, 2175, 2150 cm^{-1}.
Uv: Multitud de bandas intensas entre 207 y 358 mμ.
Rmn: δ2,1 (*s*, 3), 3,82 (*d*, 2) y absorciones complejas en la región de 3,5 a 5,0.

Un compuesto **A** reacciona con algo más de 3 mol de $NaIO_4$ para producir formaldehído (identificado con dimedona), un aldehído ($C_{10}H_4O$) y otros fragmentos no identificados. La reducción del aldehído con borohidruro de sodio seguida por hidrogenación produce 1-decanol.

El tratamiento de **A** con una base diluida produce un compuesto **B** ($C_{13}H_{12}O_4$). El espectro infrarrojo del compuesto **B** presenta varias bandas a 3300 (ancha), 2200 y 1655 cm^{-1}. El espectro ultravioleta muestra un número de bandas intensas entre 246 y 343 mμ. El compuesto **B** consume 1 mol de periodato.

La ozonólisis del compuesto **B** produce un compuesto neutro **C** ($C_5H_8O_5$, ν_{max} 1742 cm^{-1}) idéntico por cromatografía sobre papel con un compuesto obtenido oxidando D-lixosa con iodo diluido en medio básico y posterior acidificación. El compuesto **C** derivado de **B** tiene un signo de rotación opuesto al del derivado obtenido de la D-lixosa y consume 1 mol de periodato.

Deducir estructuras para **A**, **B** y **C** incluyendo su estructura química absoluta.

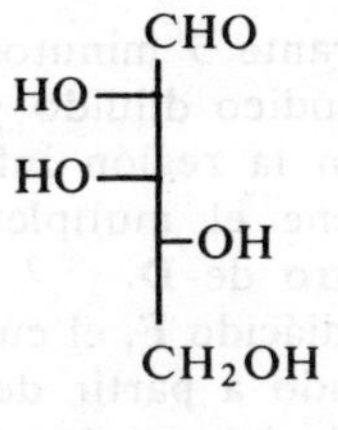

D-lixosa

31. Un compuesto natural **A**, $C_{10}H_{16}O$, que posee actividad óptica presenta bandas en la región infrarroja a 1682 y 1624 cm^{-1} con λ_{max}^{EtOH} 237 mμ. La ozonólisis de **A** en solución de piridina da **B**, que es ópticamente activo, no absorbe fuertemente en el ultravioleta, muestra bandas en el infrarrojo a 1710 y 1724 cm^{-1}, y da ensayo positivo de aldehídos.

Tratado con permanganto potásico da un ácido **C** ópticamente inactivo con equivalente de neutralización de 73 ± 1, y un ácido **D** ópticamente inactivo cuyo equivalente de neutralización es 88 ± 1. El ácido **D** tiene un doblete a alto campo y un septete a bajo campo en el espectro rnm. **C** se convierte a una nueva substancia **E** por calentamiento. El compuesto **E** presenta bandas en la región infrarroja a 1855 y 1780 cm^{-1}.

El tratamiento de **A** con amalgama de sodio y etanol da **F** que exhibe una banda en el infarrojo a 1711 cm^{-1}, no absorbe fuerte en el ultravioleta, y da una curva de dispersión óptica rotatoria positiva.

Deducir estructuras de **A** hasta **F** que incluyan la configuración absoluta.

32. La condensación de un malonato de dietilo con metilvinil cetona produce un compuesto neutro **A** y uno ácido **B**.

El compuesto **A** se hidroliza con ácido sulfúrico acuoso para dar un ácido **C** con puntos de fusión 76,5 a 77,0° El compuesto **C** posee un equivalente de neutralización de 182 y da positivo el ensayo del iodoformo. Las propiedades espectrales de **C** son las siguientes:

Ir: 3330, 1710, 1685 y 1618 (w) cm^{-1}.
Uv: λ_{max}^{EtOH} 248 mμ (7000).
Rmn: δ1,81 (*s*, 3), 2,15 (*s*, 3), 11,29 (*s*, 1) además de otros sistemas sin resolver.

El compuesto **B**, $C_{11}H_{12}O_4$, que funde de 187 a 188° con desprendimiento de un gas, es soluble en bicarbonato sódico, produciendo un profundo color rojo con cloruro férrico, y da un resultado negativo en el ensayo del iodoformo. El tratamiento de **B** con diazometano produce **D**, $C_{13}H_{16}O_4$, cuyas propiedades espectrales son:

Ir: 1752, 1667 y 1622 cm^{-1} (todas intensas).
Rmn: δ3,7 (2 singuletes solapados, 3 cada uno), 5,3 (*m*, 1), 5,1 (*s*, 1), 1,7 (*s*, ensanchado, 3), y otros sistemas sin resolver.

Calentando **B** a 210° durante 5 minutos produce **E** y dióxido de carbono. **E** es soluble en hidróxido sódico diluido y da un intenso color con cloruro férrico. **E** muestra bandas en la región infrarroja a 3230, 1707 y 1608 cm^{-1} El espectro rnm de **E** retiene el mutiplete δ5,3 y el singulete ensanchado δ1,7 observados en el espectro de **D.**

La oxidación de **E** da un diácido **F**, el cual por isomerización en una base da un diácido idéntico al formado a partir de **C** en tratamiento con hipoiodito.

Deducir las estructuras de los productos desde **A** hasta **F.**

33. Una mezcla de hidrocarburos aislados a partir de una planta se fracciona y da una porción con puntos de ebullición desde 80 a 110° a 1 mm. Esta fracción de hidrocarburos fue oxidada con ácido crómico produciendo un compuesto **A**, $C_{15}H_{20}O$. Las propiedades espectrales de **A** son:

Ir: 1685, 1618, 1602, 1573, 1515, 1450, 1370 (ancha) y 827 cm^{-1}.
Uv: λ_{max}^{EtOH} 239 mμ (11 500).
Rnm: δ1,28 (*d*, $J = 7$ Hz, 3), 2,06 (*s*, 3), 2,10 (*s*, 3), 2,25 (*s*, 3), 2,43 (porción AB de un sistema ABX, 2), 3,20 (*m*, 1), 6,00 (*t*, 1) y 7,0 (*s*, ancho, 4).
Rotación óptica: $[\alpha]_D + 68°$.

Una porción de 2,0 g de **A** se ozonoliza durante 8 horas en acetato de etilo (6,5 mg de ozono por hora). La mezcla de reacción se oxida con peróxido de hidrógeno en ácido fórmico para dar un ácido crudo **B**. El compuesto **B** se purifica a través de la sal de *S*-bencíltiouronio y se esterifica con etanol y ácido sulfúrico para dar el correspondiente éter etílico **C**, $C_{13}H_{18}O_2$. Las propiedades espectrales de **C** son las siguientes:

Ir: 1742, 1604, 1574, 1515, 1450, 1410, 1370 y 819 cm^{-1}.
Uv: λ_{max}^{EtOH} 251 (hombro, 290), 257 (370), 263 (425) y 272 mμ (350).
Rnm: δ1,13 (*t*, $J = 7$ Hz, 3), 1,23 (*d*, $J = 7$ Hz, 3), 2,25 (*s*, 3), 2,40 (porción AB de un sistema ABX, 2), 3,16 (*m*, 1), 3,97 (*q*, $J = 7$ Hz, 2), y 7,0 (*s*, ancho, 4).

El compuesto **C** se reduce a **D** con hidruro de aluminio y litio. **D** por tratamiento con cloruro de *p*-toluensulfonilo en piridina da **E**, que si lo tratamos con hidruro de litio aluminio nos da **F**, $C_{11}H_{16}$, cuyas propiedades espectrales son:

Ir: 1579, 1515, 1375 y 794 cm^{-1}.
Uv: λ_{max}^{EtHO} 252 (hombro, 130), 259 (185), 264 (230) y 272 mμ (180).
Rnm: δ0,78 (*t*, $J = 7$ Hz, 3), 1,18 (*d*, $J = 7$ Hz, 3), 1,55 (*m*, 2), 2,29 (*s*, 3), 2,7 (*m*, 1) y 7,0 (*s*, ancho, 4) .
Curva de dispersión óptica rotatoria: $[\phi]_{589} + 25°$, $[\phi]_{758} + 26°$, $[\phi]_{546} + 30°$, $[\phi]_{436} + 54°$, $[\phi]_{364} + 91°$ y $[\phi]_{313} + 127°$.

Deducir las estructuras de **A** hasta **F** incluyendo la estereoquímica absoluta utilizando las reglas de Brewster.

Apéndice I

Nomógrafo de presión de vapor en función de la temperatura

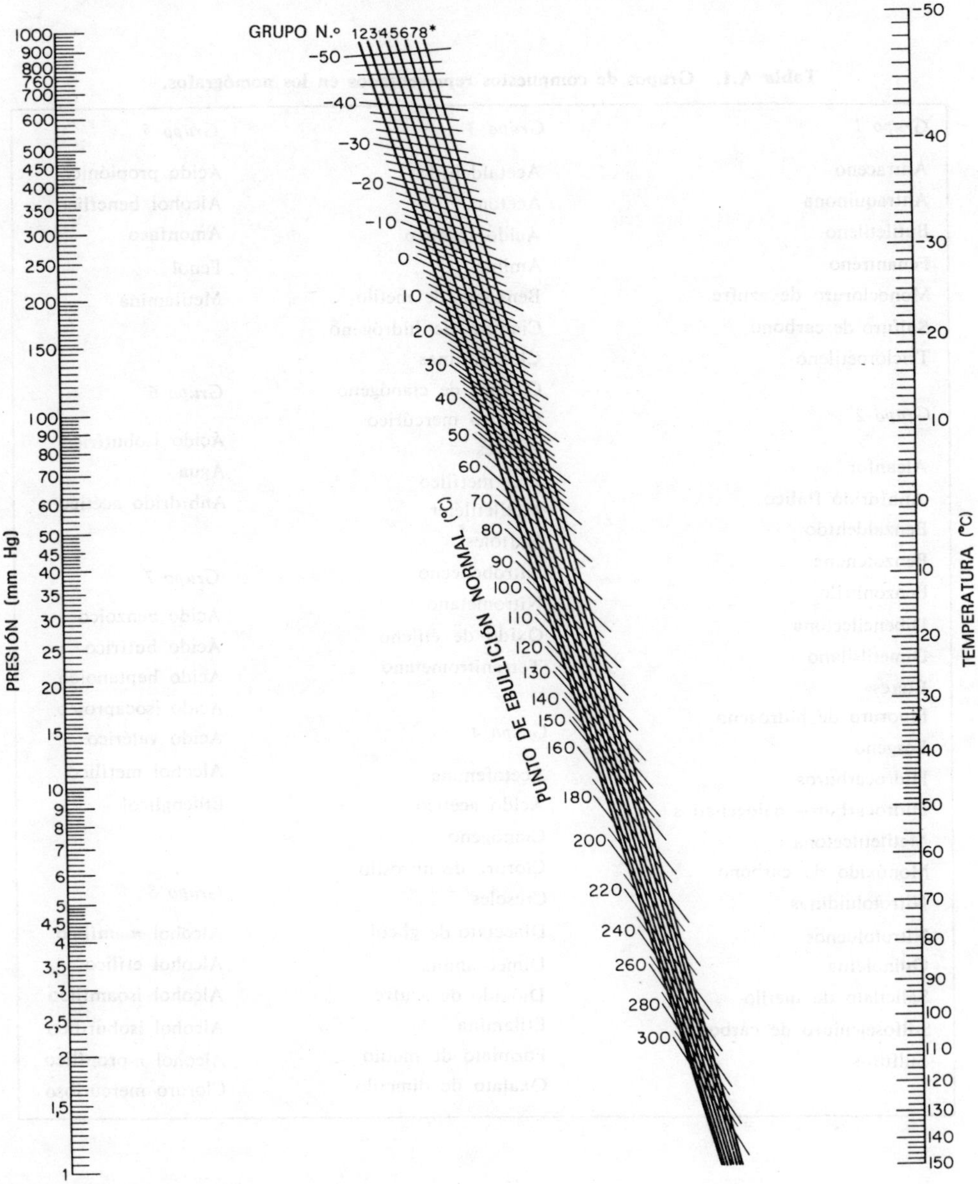

De *Industrial and Engineering Chemistry,* Vol. 38, pág. 320, 1946. Copyright 1946 por American Chemical Society y reproducido con permiso del propietario.

* Ver Tabla A.1.

Tabla A.1. Grupos de compuestos representados en los nomógrafos.

Grupo 1

Antraceno
Antraquinona
Butiletileno
Fenantreno
Monocloruro de azufre
Sulfuro de carbono
Tricloroetileno

Grupo 2

Alcanfor
Anhídrido ftálico
Benzaldehído
Benzofenona
Benzonitrilo
Dibencilcetona
Dimetilsilano
Éteres
Fluoruro de hidrógeno
Fosgeno
Hidrocarburos
Hidrocarburos halogenados
Metiletilcetona
Monóxido de carbono
Nitrotoluidinas
Nitrotoluenos
Quinoleína
Salicilato de metilo
Sulfoseleniuro de carbono
Sulfuros

Grupo 3

Acetaldehído
Acetona
Ácido fórmico
Aminas
Benzoato de metilo
Cianuro de hidrógeno
Cloroanilinas
Cloruro de cianógeno
Cloruro mercúrico
Ésteres
Éter metílico
Metiletiléter
Naftoles
Nitrobenceno
Nitrometano
Óxido de etileno
Tetranitrometano

Grupo 4

Acetofenona
Ácido acético
Cianógeno
Cloruro de nitrosilo
Cresoles
Diacetato de glicol
Dimetilamina
Dióxido de azufre
Etilamina
Formiato de metilo
Oxalato de dimetilo

Grupo 5

Ácido propiónico
Alcohol bencílico
Amoníaco
Fenol
Metilamina

Grupo 6

Ácido isobutírico
Agua
Anhídrido acético

Grupo 7

Ácido benzoico
Ácido butírico
Ácido heptanoico
Ácido isocaproico
Ácido valérico
Alcohol metílico
Etilenglicol

Grupo 8

Alcohol *n*-amílico
Alcohol etílico
Alcohol isoamílico
Alcohol isobutílico
Alcohol *n*-propílico
Cloruro mercurioso

Nomógrafo de presión de vapor en función de la temperatura

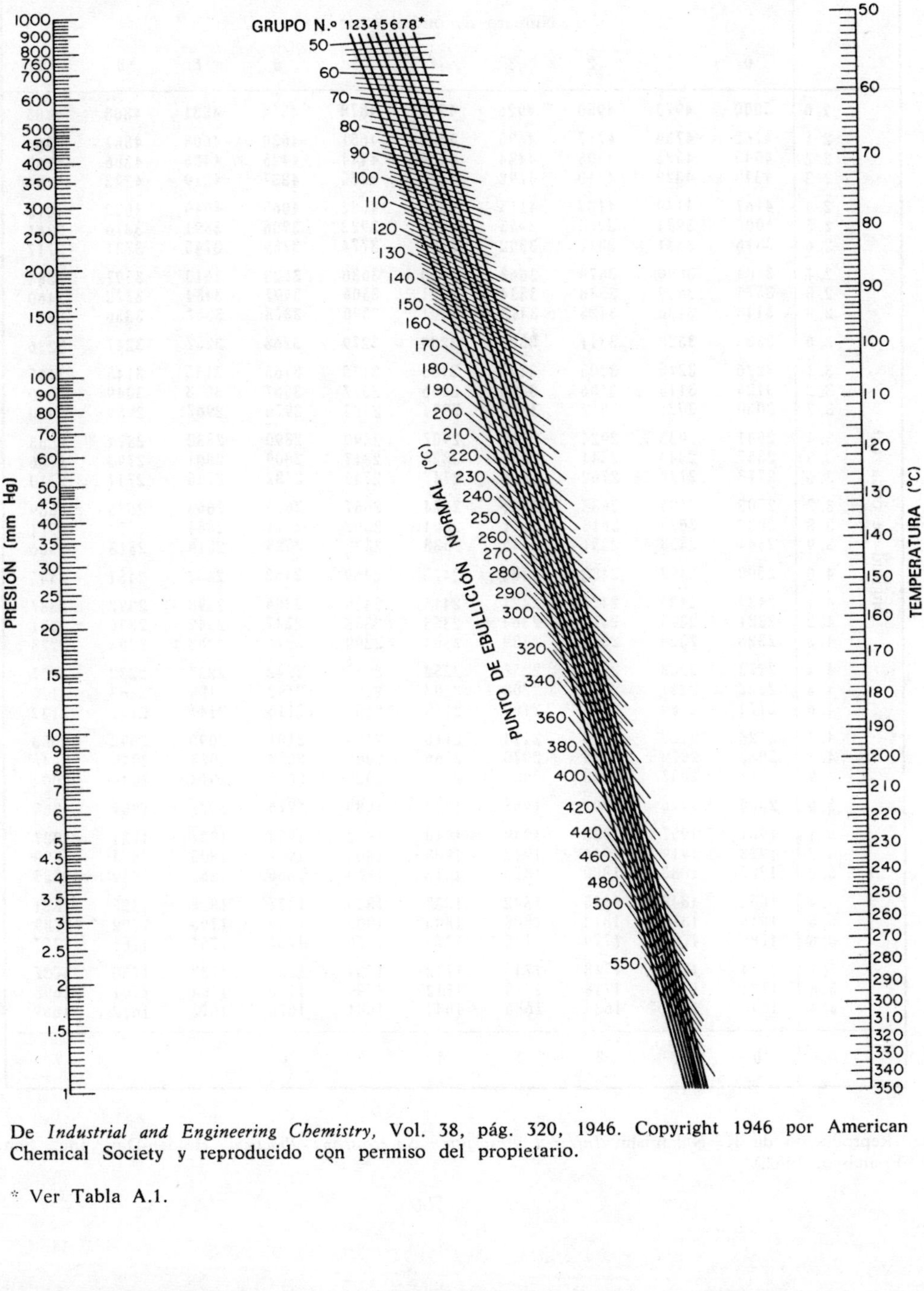

De *Industrial and Engineering Chemistry,* Vol. 38, pág. 320, 1946. Copyright 1946 por American Chemical Society y reproducido con permiso del propietario.

* Ver Tabla A.1.

Apéndice II

Tabla de conversión de número de ondas en longitud de onda

Longitud de onda (μ)	Número de ondas (cm^{-1}) 0	1	2	3	4	5	6	7	8	9
2.0	5000	4975	4950	4926	4902	4878	4854	4831	4808	4785
2.1	4762	4739	4717	4695	4673	4651	4630	4608	4587	4566
2.2	4545	4525	4505	4484	4464	4444	4425	4405	4386	4367
2.3	4348	4329	4310	4292	4274	4255	4237	4219	4202	4184
2.4	4167	4149	4132	4115	4098	4082	4065	4049	4032	4016
2.5	4000	3984	3968	3953	3937	3922	3906	3891	3876	3861
2.6	3846	3831	3817	3802	3788	3774	3759	3745	3731	3717
2.7	3704	3690	3676	3663	3650	3636	3623	3610	3597	3584
2.8	3571	3559	3546	3534	3521	3509	3497	3484	3472	3460
2.9	3448	3436	3425	3413	3401	3390	3378	3367	3356	3344
3.0	3333	3322	3311	3300	3289	3279	3268	3257	3247	3236
3.1	3226	3215	3205	3195	3185	3175	3165	3155	3145	3135
3.2	3125	3115	3106	3096	3086	3077	3067	3058	3049	3040
3.3	3030	3021	3012	3003	2994	2985	2976	2967	2959	2950
3.4	2941	2933	2924	2915	2907	2899	2890	2882	2874	2865
3.5	2857	2849	2841	2833	2825	2817	2809	2801	2793	2786
3.6	2778	2770	2762	2755	2747	2740	2732	2725	2717	2710
3.7	2703	2695	2688	2681	2674	2667	2660	2653	2646	2639
3.8	2632	2625	2618	2611	2604	2597	2591	2584	2577	2571
3.9	2564	2558	2551	2545	2538	2532	2525	2519	2513	2506
4.0	2500	2494	2488	2481	2475	2469	2463	2457	2451	2445
4.1	2439	2433	2427	2421	2415	2410	2404	2398	2392	2387
4.2	2381	2375	2370	2364	2358	2353	2347	2342	2336	2331
4.3	2326	2320	2315	2309	2304	2299	2294	2288	2283	2278
4.4	2273	2268	2262	2257	2252	2247	2242	2237	2232	2227
4.5	2222	2217	2212	2208	2203	2198	2193	2188	2183	2179
4.6	2174	2169	2165	2160	2155	2151	2146	2141	2137	2132
4.7	2128	2123	2119	2114	2110	2105	2101	2096	2092	2088
4.8	2083	2079	2075	2070	2066	2062	2058	2053	2049	2045
4.9	2041	2037	2033	2028	2024	2020	2016	2012	2008	2004
5.0	2000	1996	1992	1988	1984	1980	1976	1972	1969	1965
5.1	1961	1957	1953	1949	1946	1942	1938	1934	1931	1927
5.2	1923	1919	1916	1912	1908	1905	1901	1898	1894	1890
5.3	1887	1883	1880	1876	1873	1869	1866	1862	1859	1855
5.4	1852	1848	1845	1842	1838	1835	1832	1828	1825	1821
5.5	1818	1815	1812	1808	1805	1802	1799	1795	1792	1789
5.6	1786	1783	1779	1776	1773	1770	1767	1764	1761	1757
5.7	1754	1751	1748	1745	1742	1739	1736	1733	1730	1727
5.8	1724	1721	1718	1715	1712	1709	1706	1704	1701	1698
5.9	1695	1692	1689	1686	1684	1681	1678	1675	1672	1669
	0	1	2	3	4	5	6	7	8	9

(Reproducido de K. Nakanishi, *Infrared Absorption Spectroscopy - Practical,* Holden-Day, Inc., San Francisco, 1962.)

Longitud de onda (μ)	Número de ondas (cm^{-1}) 0	1	2	3	4	5	6	7	8	9
6.0	1667	1664	1661	1658	1656	1653	1650	1647	1645	1642
6.1	1639	1637	1634	1631	1629	1626	1623	1621	1618	1616
6.2	1613	1610	1608	1605	1603	1600	1597	1595	1592	1590
6.3	1587	1585	1582	1580	1577	1575	1572	1570	1567	1565
6.4	1563	1560	1558	1555	1553	1550	1548	1546	1543	1541
6.5	1538	1536	1534	1531	1529	1527	1524	1522	1520	1517
6.6	1515	1513	1511	1508	1506	1504	1502	1499	1497	1495
6.7	1493	1490	1488	1486	1484	1481	1479	1477	1475	1473
6.8	1471	1468	1466	1464	1462	1460	1458	1456	1453	1451
6.9	1449	1447	1445	1443	1441	1439	1437	1435	1433	1431
7.0	1429	1427	1425	1422	1420	1418	1416	1414	1412	1410
7.1	1408	1406	1404	1403	1401	1399	1397	1395	1393	1391
7.2	1389	1387	1385	1383	1381	1379	1377	1376	1374	1372
7.3	1370	1368	1366	1364	1362	1361	1359	1357	1355	1353
7.4	1351	1350	1348	1346	1344	1342	1340	1339	1337	1335
7.5	1333	1332	1330	1328	1326	1325	1323	1321	1319	1318
7.6	1316	1314	1312	1311	1309	1307	1305	1304	1302	1300
7.7	1299	1297	1295	1294	1292	1290	1289	1287	1285	1284
7.8	1282	1280	1279	1277	1276	1274	1272	1271	1269	1267
7.9	1266	1264	1263	1261	1259	1258	1256	1255	1253	1252
8.0	1250	1248	1247	1245	1244	1242	1241	1239	1238	1236
8.1	1235	1233	1232	1230	1229	1227	1225	1224	1222	1221
8.2	1220	1218	1217	1215	1214	1212	1211	1209	1208	1206
8.3	1205	1203	1202	1200	1199	1198	1196	1195	1193	1192
8.4	1190	1189	1188	1186	1185	1183	1182	1181	1179	1178
8.5	1176	1175	1174	1172	1171	1170	1168	1167	1166	1164
8.6	1163	1161	1160	1159	1157	1156	1155	1153	1152	1151
8.7	1149	1148	1147	1145	1144	1143	1142	1140	1139	1138
8.8	1136	1135	1134	1133	1131	1130	1129	1127	1126	1125
8.9	1124	1122	1121	1120	1119	1117	1116	1115	1114	1112
9.0	1111	1110	1109	1107	1106	1105	1104	1103	1101	1100
9.1	1099	1098	1096	1095	1094	1093	1092	1091	1089	1088
9.2	1087	1086	1085	1083	1082	1031	1080	1079	1078	1076
9.3	1075	1074	1073	1072	1071	1070	1068	1067	1066	1065
9.4	1064	1063	1062	1060	1059	1058	1057	1056	1055	1054
9.5	1053	1052	1050	1049	1048	1047	1046	1045	1044	1043
9.6	1042	1041	1040	1038	1037	1036	1035	1034	1033	1032
9.7	1031	1030	1029	1028	1027	1026	1025	1024	1022	1021
9.8	1020	1019	1018	1017	1016	1015	1014	1013	1012	1011
9.9	1010	1009	1008	1007	1006	1005	1004	1003	1002	1001
	0	1	2	3	4	5	6	7	8	9

Longitud de onda (μ)	Número de ondas (cm^{-1}) 0	1	2	3	4	5	6	7	8	9
10.0	1000.0	999.0	998.0	997.0	996.0	995.0	994.0	993.0	992.1	991.1
10.1	990.1	989.1	988.1	987.2	986.2	985.2	984.3	983.3	982.3	981.4
10.2	980.4	979.4	978.5	977.5	976.6	975.6	974.7	973.7	972.8	971.8
10.3	970.9	969.9	969.0	968.1	967.1	966.2	965.3	964.3	963.4	962.5
10.4	961.5	960.6	959.7	958.8	957.9	956.9	956.0	955.1	954.2	953.3
10.5	952.4	951.5	950.6	949.7	948.8	947.9	947.0	946.1	945.2	944.3
10.6	943.4	942.5	941.6	940.7	939.8	939.0	938.1	937.2	936.3	935.5
10.7	934.6	933.7	932.8	932.0	931.1	930.2	929.4	928.5	927.6	926.8
10.8	925.9	925.1	924.2	923.4	922.5	921.7	920.8	920.0	919.1	918.3
10.9	917.4	916.6	915.8	914.9	914.1	913.2	912.4	911.6	910.7	909.9
11.0	909.1	908.3	907.4	906.6	905.8	905.0	904.2	903.3	902.5	901.7
11.1	900.9	900.1	899.3	898.5	897.7	896.9	896.1	895.3	894.5	893.7
11.2	892.9	892.1	891.3	890.5	889.7	888.9	888.1	887.3	886.5	885.7
11.3	885.0	884.2	883.4	882.6	881.8	881.1	880.3	879.5	878.7	878.0
11.4	877.2	876.4	875.7	874.9	874.1	873.4	872.6	871.8	871.1	870.3
11.5	869.6	868.8	868.1	867.3	866.6	865.8	865.1	864.3	863.6	862.8
11.6	862.1	861.3	860.6	859.8	859.1	858.4	857.6	856.9	856.2	855.4
11.7	854.7	854.0	853.2	852.5	851.8	851.1	850.3	849.6	848.9	848.2
11.8	847.5	846.7	846.0	845.3	844.6	843.9	843.2	842.5	841.8	841.0
11.9	840.3	839.6	838.9	838.2	837.5	836.8	836.1	835.4	834.7	834.0
12.0	833.3	832.6	831.9	831.3	830.6	829.9	829.2	828.5	827.8	827.1
12.1	826.4	825.8	825.1	824.4	823.7	823.0	822.4	821.7	821.0	820.3
12.2	819.7	819.0	818.3	817.7	817.0	816.3	815.7	815.0	814.3	813.7
12.3	813.0	812.3	811.7	811.0	810.4	809.7	809.1	808.4	807.8	807.1
12.4	806.5	805.8	805.2	804.5	803.9	803.2	802.6	801.9	801.3	800.6
12.5	800.0	799.4	798.7	798.1	797.4	796.8	796.2	795.5	794.9	794.3
12.6	793.7	793.0	792.4	791.8	791.1	790.5	789.9	789.3	788.6	788.0
12.7	787.4	786.8	786.2	785.5	784.9	784.3	783.7	783.1	782.5	781.9
12.8	781.3	780.6	780.0	779.4	778.8	778.2	777.6	777.0	776.4	775.8
12.9	775.2	774.6	774.0	773.4	772.8	772.2	771.6	771.0	770.4	769.8
13.0	769.2	768.6	768.0	767.5	766.9	766.3	765.7	765.1	764.5	763.9
13.1	763.4	762.8	762.2	761.6	761.0	760.5	759.9	759.3	758.7	758.2
13.2	757.6	757.0	756.4	755.9	755.3	754.7	754.1	753.6	753.0	752.4
13.3	751.9	751.3	750.8	750.2	749.6	749.1	748.5	747.9	747.4	746.8
13.4	746.3	745.7	745.2	744.6	744.0	743.5	742.9	742.4	741.8	741.3
13.5	740.7	740.2	739.6	739.1	738.6	738.0	737.5	736.9	736.4	735.8
13.6	735.3	734.8	734.2	733.7	733.1	732.6	732.1	731.5	731.0	730.5
13.7	729.9	729.4	728.9	728.3	727.8	727.3	726.7	726.2	725.7	725.2
13.8	724.6	724.1	723.6	723.1	722.5	722.0	721.5	721.0	720.5	719.9
13.9	719.4	718.9	718.4	717.9	717.4	716.8	716.3	715.8	715.3	714.8
14.0	714.3	713.8	713.3	712.8	712.3	711.7	711.2	710.7	710.2	709.7
14.1	709.2	708.7	708.2	707.7	707.2	706.7	706.2	705.7	705.2	704.7
14.2	704.2	703.7	703.2	702.7	702.2	701.8	701.3	700.8	700.3	699.8
14.3	699.3	698.8	698.3	697.8	697.4	696.9	696.4	695.9	695.4	694.9
14.4	694.4	694.0	693.5	693.0	692.5	692.0	691.6	691.1	690.6	690.1
14.5	689.7	689.2	688.7	688.2	687.8	687.3	686.8	686.3	685.9	685.4
14.6	684.9	684.5	684.0	683.5	683.1	682.6	682.1	681.7	681.2	680.7
14.7	680.3	679.8	679.3	678.9	678.4	678.0	677.5	677.0	676.6	676.1
14.8	675.7	675.2	674.8	674.3	673.9	673.4	672.9	672.5	672.0	671.6
14.9	671.1	670.7	670.2	669.8	669.3	668.9	668.4	668.0	667.6	667.1
	0	1	2	3	4	5	6	7	8	9

	Número de ondas (cm^{-1})									
Longitud de onda (μ)	0	1	2	3	4	5	6	7	8	9
15.0	666.7	666.2	665.8	665.3	664.9	664.5	664.0	663.6	663.1	662.7
15.1	662.3	661.8	661.4	660.9	660.5	660.1	659.6	659.2	658.8	658.3
15.2	*657.9*	*657.5*	*657.0*	*656.6*	*656.2*	*655.7*	*655.3*	*654.9*	*654.5*	*654.0*
15.3	653.6	653.2	652.7	652.3	651.9	651.5	651.0	650.6	650.2	649.8
15.4	649.4	648.9	648.5	648.1	647.7	647.2	646.8	646.4	646.0	645.6
15.5	645.2	644.7	644.3	643.9	643.5	643.1	642.7	642.3	641.8	641.4
15.6	641.0	640.6	640.2	639.8	639.4	639.0	638.6	638.2	637.8	637.3
15.7	*636.9*	*636.5*	*636.1*	*635.7*	*635.3*	*634.9*	*634.5*	*634.1*	*633.7*	*633.3*
15.8	632.9	632.5	632.1	631.7	631.3	630.9	630.5	630.1	629.7	629.3
15.9	628.9	628.5	628.1	627.7	627.4	627.0	626.6	626.2	625.8	625.4
16.0	625.0	624.6	624.2	623.8	623.4	623.1	622.7	622.3	621.9	621.5
16.1	621.1	620.7	620.3	620.0	619.6	619.2	618.8	618.4	618.0	617.7
16.2	*617.3*	*616.9*	*616.5*	*616.1*	*615.8*	*615.4*	*615.0*	*614.6*	*614.3*	*613.9*
16.3	613.5	613.1	612.7	612.4	612.0	611.6	611.2	610.9	610.5	610.1
16.4	609.8	609.4	609.0	608.6	608.3	607.9	607.5	607.2	606.8	606.4
16.5	606.1	605.7	605.3	605.0	604.6	604.2	603.9	603.5	603.1	602.8
16.6	602.4	602.0	601.7	601.3	601.0	600.6	600.2	599.9	599.5	599.2
16.7	*598.8*	*598.4*	*598.1*	*597.7*	*597.4*	*597.0*	*596.7*	*596.3*	*595.9*	*595.6*
16.8	595.2	594.9	594.5	594.2	593.8	593.5	593.1	592.8	592.4	592.1
16.9	591.7	591.4	591.0	590.7	590.3	590.0	589.6	589.3	588.9	588.6
17.0	588.2	587.9	587.5	587.2	586.9	586.5	586.2	585.8	585.5	585.1
17.1	584.8	584.5	584.1	583.8	583.4	583.1	582.8	582.4	582.1	581.7
17.2	*581.4*	*581.1*	*580.7*	*580.4*	*580.0*	*579.7*	*579.4*	*579.0*	*578.7*	*578.4*
17.3	578.0	577.7	577.4	577.0	576.7	576.4	576.0	575.7	575.4	575.0
17.4	574.7	574.4	574.1	573.7	573.4	573.1	572.7	572.4	572.1	571.8
17.5	571.4	571.1	570.8	570.5	570.1	569.8	569.5	569.2	568.8	568.5
17.6	568.2	567.9	567.5	567.2	566.9	566.6	566.3	565.9	565.6	565.3
17.7	*565.0*	*564.7*	*564.3*	*564.0*	*563.7*	*563.4*	*563.1*	*562.7*	*562.4*	*562.1*
17.8	561.8	561.5	561.2	560.9	560.5	560.2	559.9	559.6	559.3	559.0
17.9	558.7	558.3	558.0	557.7	557.4	557.1	556.8	556.5	556.2	555.9
18.0	555.6	555.2	554.9	554.6	554.3	554.0	553.7	553.4	553.1	552.8
18.1	552.5	552.2	551.9	551.6	551.3	551.0	550.7	550.4	550.1	549.8
18.2	*549.5*	*549.1*	*548.8*	*548.5*	*548.2*	*547.9*	*547.6*	*547.3*	*547.0*	*546.7*
18.3	546.4	546.1	545.9	545.6	545.3	545.0	544.7	544.4	544.1	543.8
18.4	543.5	543.2	542.9	542.6	542.3	542.0	541.7	541.4	541.1	540.8
18.5	540.5	540.2	540.0	539.7	539.4	539.1	538.8	538.5	538.2	537.9
18.6	537.6	537.3	537.1	536.8	536.5	536.2	535.9	535.6	535.3	535.0
18.7	*534.8*	*534.5*	*534.2*	*533.9*	*533.6*	*533.3*	*533.0*	*532.8*	*532.5*	*532.2*
18.8	531.9	531.6	531.3	531.1	530.8	530.5	530.2	529.9	529.7	529.4
18.9	529.1	528.8	528.5	528.3	528.0	527.7	527.4	527.1	526.9	526.6
19.0	526.3	526.0	525.8	525.5	525.2	524.9	524.7	524.4	524.1	523.8
19.1	523.6	523.3	523.0	522.7	522.5	522.2	521.9	521.6	521.4	521.1
19.2	*520.8*	*520.6*	*520.3*	*520.0*	*519.8*	*519.5*	*519.2*	*518.9*	*518.7*	*518.4*
19.3	518.1	517.9	517.6	517.3	517.1	516.8	516.5	516.3	516.0	515.7
19.4	515.5	515.2	514.9	514.7	514.4	514.1	513.9	513.6	513.3	513.1
19.5	512.8	512.6	512.3	512.0	511.8	511.5	511.2	511.0	510.7	510.5
19.6	510.2	509.9	509.7	509.4	509.2	508.9	508.6	508.4	508.1	507.9
19.7	*507.6*	*507.4*	*507.1*	*506.8*	*506.6*	*506.3*	*506.1*	*505.8*	*505.6*	*505.3*
19.8	505.1	504.8	504.5	504.3	504.0	503.8	503.5	503.3	503.0	502.8
19.9	502.5	502.3	502.0	501.8	501.5	501.3	501.0	500.8	500.5	500.3
	0	1	2	3	4	5	6	7	8	9

Longitud de onda (μ)	Número de ondas (cm^{-1}) 0	1	2	3	4	5	6	7	8	9
20.0	500.0	499.8	499.5	499.3	499.0	498.8	498.5	498.3	498.0	497.8
20.1	497.5	497.3	497.0	496.8	496.5	496.3	496.0	495.8	495.5	495.3
20.2	495.0	494.8	494.6	494.3	494.1	493.8	493.6	493.3	493.1	492.9
20.3	492.6	492.4	492.1	491.9	491.6	491.4	491.2	490.9	490.7	490.4
20.4	490.2	490.0	489.7	489.5	489.2	489.0	488.8	488.5	488.3	488.0
20.5	487.8	487.6	487.3	487.1	486.9	486.6	486.4	486.1	485.9	485.7
20.6	485.4	485.2	485.0	484.7	484.5	484.3	484.0	483.8	483.6	483.3
20.7	483.1	482.9	482.6	482.4	482.2	481.9	481.7	481.5	481.2	481.0
20.8	480.8	480.5	480.3	480.1	479.8	479.6	479.4	479.2	478.9	478.7
20.9	478.5	478.2	478.0	477.8	477.6	477.3	477.1	476.9	476.6	476.4
21.0	476.2	476.0	475.7	475.5	475.3	475.1	474.8	474.6	474.4	474.2
21.1	473.9	473.7	473.5	473.3	473.0	472.8	472.6	472.4	472.1	471.9
21.2	471.7	471.5	471.3	471.0	470.8	470.6	470.4	470.1	469.9	469.7
21.3	469.5	469.3	469.0	468.8	468.6	468.4	468.2	467.9	467.7	467.5
21.4	467.3	467.1	466.9	466.6	466.4	466.2	466.0	465.8	465.5	465.3
21.5	465.1	464.9	464.7	464.5	464.3	464.0	463.8	463.6	463.4	463.2
21.6	463.0	462.7	462.5	462.3	462.1	461.9	461.7	461.5	461.3	461.0
21.7	460.8	460.6	460.4	460.2	460.0	459.8	459.6	459.3	459.1	458.9
21.8	458.7	458.5	458.3	458.1	457.9	457.7	457.5	457.2	457.0	456.8
21.9	456.6	456.4	456.2	456.0	455.8	455.6	455.4	455.2	455.0	454.8
22.0	454.5	454.3	454.1	453.9	453.7	453.5	453.3	453.1	452.9	452.7
22.1	452.5	452.3	452.1	451.9	451.7	451.5	451.3	451.1	450.9	450.7
22.2	450.5	450.2	450.0	449.8	449.6	449.4	449.2	449.0	448.8	448.6
22.3	448.4	448.2	448.0	447.8	447.6	447.4	447.2	447.0	446.8	446.6
22.4	446.4	446.2	446.0	445.8	445.6	445.4	445.2	445.0	444.8	444.6
22.5	444.4	444.2	444.0	443.9	443.7	443.5	443.3	443.1	442.9	442.7
22.6	442.5	442.3	442.1	441.9	441.7	441.5	441.3	441.1	440.9	440.7
22.7	440.5	440.3	440.1	439.9	439.8	439.6	439.4	439.2	439.0	438.8
22.8	438.6	438.4	438.2	438.0	437.8	437.6	437.4	437.3	437.1	436.9
22.9	436.7	436.5	436.3	436.1	435.9	435.7	435.5	435.4	435.2	435.0
23.0	434.8	434.6	434.4	434.2	434.0	433.8	433.7	433.5	433.3	433.1
23.1	432.9	432.7	432.5	432.3	432.2	432.0	431.8	431.6	431.4	431.2
23.2	431.0	430.8	430.7	430.5	430.3	430.1	429.9	429.7	429.6	429.4
23.3	429.2	429.0	428.8	428.6	428.4	428.3	428.1	427.9	427.7	427.5
23.4	427.4	427.2	427.0	426.8	426.6	426.4	426.3	426.1	425.9	425.7
23.5	425.5	425.4	425.2	425.0	424.8	424.6	424.4	424.3	424.1	423.9
23.6	423.7	423.5	423.4	423.2	423.0	422.8	422.7	422.5	422.3	422.1
23.7	421.9	421.8	421.6	421.4	421.2	421.1	420.9	420.7	420.5	420.3
23.8	420.2	420.0	419.8	419.6	419.5	419.3	419.1	418.9	418.8	418.6
23.9	418.4	418.2	418.1	417.9	417.7	417.5	417.4	417.2	417.0	416.8
24.0	416.7	416.5	416.3	416.1	416.0	415.8	415.6	415.5	415.3	415.1
24.1	414.9	414.8	414.6	414.4	414.3	414.1	413.9	413.7	413.6	413.4
24.2	413.2	413.1	412.9	412.7	412.5	412.4	412.2	412.0	411.9	411.7
24.3	411.5	411.4	411.2	411.0	410.8	410.7	410.5	410.3	410.2	410.0
24.4	409.8	409.7	409.5	409.3	409.2	409.0	408.8	408.7	408.5	408.3
24.5	408.2	408.0	407.8	407.7	407.5	407.3	407.2	407.0	406.8	406.7
24.6	406.5	406.3	406.2	406.0	405.8	405.7	405.5	405.4	405.2	405.0
24.7	404.9	404.7	404.5	404.4	404.2	404.0	403.9	403.7	403.6	403.4
24.8	403.2	403.1	402.9	402.7	402.6	402.4	402.3	402.1	401.9	401.8
24.9	401.6	401.4	401.3	401.1	401.0	400.8	400.6	400.5	400.3	400.2
	0	1	2	3	4	5	6	7	8	9

Indice alfabético

A

O

P

Q

R

S